基礎熱力學

第八版

THERMODYNAMICS
An Engineering Approach

EIGHTH EDITION

YUNUS A. ÇENGEL
University of Nevada, Reno

MICHAEL A. BOLES
North Carolina State University

蔡建雄　張金龍　王耀男 編譯
國立屏東科技大學車輛工程學系

國家圖書館出版品預行編目資料

基礎熱力學 / Yunus A. Çengel, Michael A. Boles 作；蔡建雄, 張金龍, 王耀男編譯. -- 初版. -- 臺北市：麥格羅希爾, 2016.01

面； 公分. -- (機械工程叢書；ME012)

譯自：Thermodynamics : an engineering approach, 8th ed.

ISBN 978-986-341-226-7(平裝)

1.熱力學

335.6　　　　　　　　　　　　　　　　　　104026083

機械工程叢書　ME012

基礎熱力學 第八版

作　　　者	Yunus A. Çengel, Michael A. Boles
編　譯　者	蔡建雄 張金龍 王耀男
教科書編輯	陳俊傑
企　劃　編　輯	陳佩狄
業　務　行　銷	李本鈞 陳佩狄 林倫全
業　務　副　理	黃永傑
出　版　者	美商麥格羅希爾國際股份有限公司台灣分公司
地　　　址	台北市 10044 中正區博愛路 53 號 7 樓
讀　者　服　務	E-mail: tw_edu_service@mheducation.com TEL: (02) 2383-6000　　FAX: (02) 2388-8822
法　律　顧　問	惇安法律事務所盧偉銘律師、蔡嘉政律師
總經銷(台灣)	臺灣東華書局股份有限公司
地　　　址	10045 台北市重慶南路一段 147 號 3 樓 TEL: (02) 2311-4027　　FAX: (02) 2311-6615 郵撥帳號：00064813
網　　　址	http://www.tunghua.com.tw
門　　　市	10045 台北市重慶南路一段 147 號 1 樓　TEL: (02) 2382-1762
出　版　日　期	2016 年 1 月（初版一刷）

Traditional Chinese Abridge Copyright © 2016 by McGraw-Hill International Enterprises, LLC., Taiwan Branch
Original title: Thermodynamics: An Engineering Approach, 8e　ISBN: 978-0-07-339817-4
Original title copyright © 2015 by McGraw-Hill Education
All rights reserved.

ISBN：978-986-341-226-7

※著作權所有，侵害必究。如有缺頁破損、裝訂錯誤，請寄回退換

編譯序

熱力學為應用科學中的基本課程，其涉及到流體力學、熱傳學、化學、內燃機與冷凍空調等學科的應用基礎。若能徹底瞭解個中精髓，對讀者在升學、研究及將來就業必有助益。承美商麥格羅希爾公司台灣分公司所託，將 Yunus A. Çengel 及 Michael A. Boles 所著之《熱力學》第八版（*Thermodynamics: An Engineering Approach*, 8e）一書以去蕪存菁的方式翻譯成《基礎熱力學》，以利台灣讀者閱讀。

作者深入淺出的寫作方式是本書的一大特色。本書首先介紹熱力學的重要專有名詞、物質的基本狀態觀念以及生活實例的應用，而後即藉由各種能量型態的描述，快速導入熱力學第一定律：能量不滅原理。其中也特別針對封閉系統與開放系統的能量分析，展開明確及深入的探討。接著透過熱能貯存器、可逆與不可逆過程、熱機、冷凍機與熱泵的介紹，以及古典熱力學第二定律論述來探討卡諾循環，並發展絕對熱力溫標。同時也藉由數學上的熱力關係式來推導物質的熱物理性質。最後介紹熱力學第一定律與第二定律實際應用中的各種循環裝置，如氣體動力循環、蒸氣與複合動力循環、冷凍循環以及空調系統等，以利讀者瞭解目前實際工程應用的狀況。

綜觀全書，從熱力學簡單定義與原理開始，中間貫穿第一定律與第二定律之理論，而後實際應用於生活與工程應用上。本書各章章末所附之習題與各章節的內容相互呼應，使讀者在學習過程中能確實掌握熱力學的觀念，並明瞭各種工程應用上及生活中經常遭遇的問題。

本書以培養核心能力為基礎來編列習題，並刪除許多原文書原有的繁雜計算題目，以提高初學者的學習興趣。書中所使用的專有名詞，以教育部的機械工程名詞為準，一些特殊名稱則以工業界慣用之名稱為主，並附上原文。本書對讀者研習熱力學有莫大的助益，相當適合作為各大專院校熱力學相關科系的教科書或參考用書。

在此次改版的過程中，除了感謝麥格羅希爾公司台灣分公司在專業上的協助，也要感謝各位辛苦翻譯的老師，以及幫忙打字、校對、編輯和排版的助理群。在大家的通力合作下，讓本書得以順利付梓。惟本書篇幅甚多，若有任何不足、疏漏與錯誤之處，尚祈各位先進不吝指正，使本書真正成為讀者心目中的好書。

蔡建雄　張金龍　王耀男

謹誌

作者簡介

Yunus A. Çengel　是內華達州雷諾大學（University of Nevada, Reno）機械工程系榮譽退休教授。他在土耳其伊斯坦堡工業大學（Istanbul Technical University, ITU）取得機械工程學士，在北卡羅萊納州立大學（North Carolina State University, NCSU）取得機械工程碩士和博士。其研究領域含括再生能源、能源效率、能源政策、熱傳增強及工程教育。1996 至 2000 年間，他在內華達州雷諾大學的 Industrial Assessment Center（IAC）擔任主任。他帶著學生團隊前往北內華達州和加州的製造工廠進行工業評估，也為這些工廠製作能量守恆、浪費最小化、生產力提高的報告。他也在許多政府機構與民間公司擔任顧問一職。

　　Çengel 博士著有多本十分暢銷的教科書，皆由 McGraw-Hill 出版，書名分別為 *Heat and Mass Transfer: Fundamentals and Applications*（第五版，2015）、*Fluid Mechanics: Fundamentals and Applications*（第三版，2014）、*Fundamentals of Thermal-Fluid Sciences*（第四版，2012）、*Introduction to Thermodynamics and Heat Transfer*（第二版，2008），以及 *Differential Equations for Engineers and Scientists*（第一版，2013）。這些教科書大都被翻譯成多種語言，包括中文、日文、韓文、泰文、西班牙文、葡萄牙文、土耳其文、義大利文、希臘文和法文。

　　Çengel 博士經常獲得傑出教師獎，也因為這些優秀的著作，分別在 1992 年和 2000 年獲得 ASEE Meriam/Wiley 傑出作者獎。他在內華達州是位經過認證的專業工程師，也是美國機械工程師學會（American Society of Mechanical Engineers, ASME）和美國工程教育學會（American Society for Engineering Education, ASEE）的會員。

Michael A. Boles　是北卡羅萊納州立大學機械工程和航太工程系副教授，也是在該大學取得博士學位並成為傑出教授校友。因為在工程教育上的優秀表現，他獲得許多獎項和榮譽。他曾獲得美國汽車工程師學會（Society of Automotive Engineers, SAE）的 Ralph R. Teetor 教育獎，並曾兩次被推選為北卡羅萊納州大學傑出教師，常獲選當年度傑出教師，對於學生具有一定的影響力。

　　Boles 博士專攻熱傳學中的相變化，以及多孔介質乾燥的解析解與數值解，他也是美國機械工程師學會（ASME）、美國工程教育學會（ASEE）及 Sigma Xi 的會員。他也因為優秀的著作，而在 1992 年獲得 ASEE Meriam/Wiley 傑出作者獎。

目 次

編譯序　iii
作者簡介　iv

第 1 章
基本概念　1

1-1　熱力學與能量　2
1-2　因次與單位　3
1-3　系統與控制體積　8
1-4　系統的性質　9
1-5　密度與比重　10
1-6　狀態與平衡　11
1-7　過程與循環　13
1-8　熱力學與熱力學第零定律　14
1-9　壓力　17
摘　要　22
參考書目　22
習　題　22

第 2 章
能量、能量傳遞和能量分析　25

2-1　簡介　26
2-2　能量的形式　27
2-3　熱形式的能量傳遞　34
2-4　功形式的能量傳遞　37
2-5　機械形式的功　40
2-6　熱力學第一定律　44
2-7　能量轉換效率　51
摘　要　59
參考書目　59
習　題　59

第 3 章
純物質的性質　63

3-1　純物質　64
3-2　純物質的相　64
3-3　純物質的相變化　65
3-4　相變化過程的性質圖　70
3-5　性質表　75
3-6　理想氣體狀態方程式　85
3-7　壓縮性因子──理想氣體的偏離度　89
3-8　van der Waals 狀態方程式　92
摘　要　94
參考書目　94
習　題　95

第 4 章
封閉系統的能量分析　101

4-1　邊界移動功　102
4-2　封閉系統下的能量平衡方程式　107
4-3　比熱　111
4-4　理想氣體的內能、焓與比熱　112
4-5　固體及液體的內能、焓與比熱　119
摘　要　122
參考書目　123
習　題　123

第 5 章
控制體積的質量與能量分析　127

5-1　質量不滅　128
5-2　流功與流動流體的能量　135
5-3　穩流系統之能量分析　138
5-4　一些穩流工程裝置　141
5-5　非穩流過程之能量平衡　155
摘　要　159
參考書目　160
習　題　160

第 6 章
熱力學第二定律　171

6-1　第二定律簡介　172
6-2　熱能貯存器　173

6-3　熱機　174
6-4　冷凍機與熱泵　179
6-5　永動機　185
6-6　可逆過程與不可逆過程　187
6-7　卡諾循環　191
6-8　卡諾原理　193
6-9　熱力溫標　194
6-10　卡諾熱機　196
6-11　卡諾冷凍機與熱泵　199
摘　要　202
參考書目　203
習　題　203

第 7 章
熵　209

7-1　熵　210
7-2　熵增加原理　213
7-3　純物質的熵變化　217
7-4　等熵過程　219
7-5　熵的性質圖　221
7-6　何謂熵？　222
7-7　$T\,ds$ 關係式　226
7-8　液體與固體的熵變化　227
7-9　理想氣體的熵變化　230
7-10　可逆穩流功　236
7-11　壓縮機的最小功　239
7-12　穩流裝置的等熵效率　242
7-13　熵平衡　248
摘　要　259
參考書目　260
習　題　261

第 8 章
氣體動力循環　271

8-1　分析動力循環的基本考量　272
8-2　卡諾循環與其在工程上的價值　274
8-3　空氣標準假設　275
8-4　往復式引擎概述　276
8-5　奧圖循環：火花點火引擎的理想循環　277

8-6　迪賽爾循環：壓縮點火引擎的理想循環　284
8-7　史特靈引擎和艾力克生循環　287
8-8　布雷登循環：燃氣輪機引擎的理想循環　291
摘　要　296
參考書目　297
習　題　297

第 9 章
蒸氣與複合動力循環　303

9-1　卡諾蒸氣循環　304
9-2　朗肯循環：蒸氣動力循環的理想循環　305
9-3　實際蒸氣動力循環與理想動力循環的偏離　308
9-4　如何提高朗肯循環的效率？　310
摘　要　314
參考書目　314
習　題　315

第 10 章
冷凍循環　317

10-1　冷凍機與熱泵　318
10-2　逆卡諾循環　319
10-3　理想蒸氣－壓縮冷凍循環　320
10-4　實際蒸氣－壓縮冷凍循環　322
10-5　蒸氣－壓縮冷凍循環之熱力學第二定律分析　324
10-6　選用正確的冷媒　329
10-7　熱泵系統　330
摘　要　332
參考書目　332
習　題　332

第 11 章
熱力性質關係式　335

11-1　馬克斯威爾關係式　336
11-2　克拉佩龍方程式　338

11-3　du、dh、ds、c_v 與 c_p 的一般關係式　340

11-4　焦耳－湯姆遜係數　347

摘　要　349

參考書目　349

習　題　349

第 12 章
氣體－蒸氣混合物與空氣調節 351

12-1　乾空氣與大氣空氣　352

12-2　空氣的比溼度與相對溼度　353

12-3　露點溫度　355

12-4　絕對飽和溫度與溼球溫度　357

12-5　空氣線圖　360

12-6　人類舒適感與空氣調節　361

12-7　空氣調節過程　363

摘　要　368

參考書目　369

習　題　369

附錄 A：性質表與圖（SI 單位） 373

附錄 B：符號索引　415

附錄 C：單位轉換　418

中英文索引　421

Chapter 1

基本概念

每一種科學都有一套專業用語,當然熱力學也不例外。精準的定義與用語可以作為發展科學的基礎,更可以避免不必要的誤解。本章主要探討熱力學的單位系統與基本概念,包括系統、狀態、狀態假說、平衡和過程,並討論內延、外延系統性質,定義密度、比重和比重量;此外,本章也談論溫度、壓力的定義與量測。讀者必須深入瞭解上述熱力學專有名詞的定義和概念,建立往後章節的學習基礎。

學習目標

- 瞭解熱力學的專有名詞。
- 複習公制(SI)與英制的單位互換。
- 解釋系統、狀態、狀態假說、平衡、過程與循環。
- 討論系統性質,並定義密度、比重、比重量。
- 瞭解溫度、溫標、壓力、絕對壓力與錶壓力的概念。

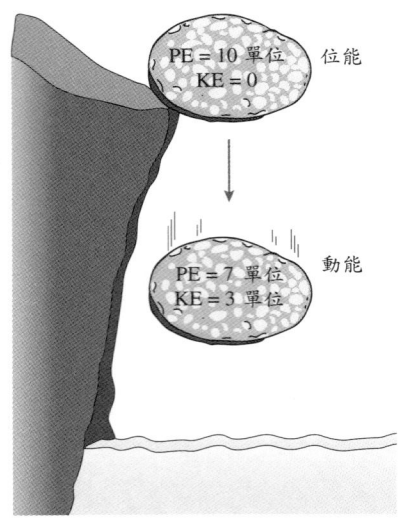

圖 1-1
能量不會增加或消失，只會以不同的形式進行互相轉換（熱力學第一定律）。

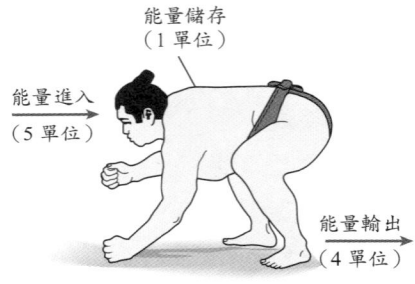

圖 1-2
能量守恆（以人體為例）。

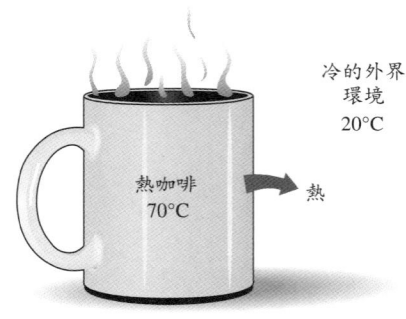

圖 1-3
熱從高溫往低溫移動。

1-1 熱力學與能量

熱力學可以稱為是一門能量的科學。雖然每一個人都或多或少可感覺到能量是什麼，但很難給它一個明確的定義。我們可以將能量視為「一種能引發改變的能力」。

熱力學的英文 thermodynamics 來自於希臘字 therme（熱）與 dynamis（功），用來描述早期熱轉換為功的現象。現今熱力學一詞也廣泛地解釋各式各樣能量間的轉換，包括動力的產生、冷凍與物質性質間的關係。

能量守恆（conservation of energy principle）是大自然界中一個基本的定律，描述不同能量之間可以轉移，但是能量的總量不變；也就是說，總能量不會無故地增加或減少。舉例來說，如圖 1-1 所示，一顆石頭從懸崖落下，速度的增加是因為石頭位能轉移成動能的關係。同樣地，能量守恆也可以用來解釋一個人變胖或變瘦。如圖 1-2 所示，當一個人從食物獲得的能量大於工作或運動所消耗的能量，則多餘的能量就會以脂肪的形式儲存在人體中使人變胖；反之，當一個人獲得的能量少於消耗的能量時，就會變瘦。一個人或是一個系統在能量上的改變量 ΔE，等於輸入能量 E_{in} 減去輸出能量 E_{out}，即 $\Delta E = E_{in} - E_{out}$。

熱力學第一定律（first law of thermodynamics）就是能量守恆定律，主張能量是熱力學的性質之一。**熱力學第二定律**（second law of thermodynamics）確立能量不只是一個量，同時也具有質的特性，亦即能量會往質較低的方向進行。舉例來說，圖 1-3 中的熱咖啡會從 70°C 慢慢地向外散熱而變成 20°C，但不會從 20°C 再變回 70°C（在同一個房間內）。也就是說，當咖啡杯中的熱傳至較低溫的外界時，咖啡中高溫能量的質就下降了。

雖然宇宙誕生時熱力學原理就存在，但是直到 Thomas Savery（1697）和 Thomas Newcomen（1712）發明蒸汽機，熱力學才成為一門科學。這些引擎雖然又慢又沒有效率，卻開啟了使用熱力學系統化研究這些引擎的開端。

熱力學第一定律與第二定律是在 1850 年代同時出現的，主要是 William Rankine、Rudolph Clausius 與 Lord Kelvin 的研究工作。熱力學一詞首次出現在 1849 年 Lord Kelvin 的文獻中。第一本熱力學的教科書則是 Glasgow 大學的 William Rankine 教授在 1859 年所撰寫。

物質是由分子（molecule）構成，所以物質的性質由這些分子的行為來決定。例如，容器內氣體壓力就是因為這些分子與容

器壁之間的動量傳遞所產生。但是，量測氣體壓力只需使用壓力計，而不需要瞭解氣體分子的運動行為。**古典熱力學**（classical thermodynamics）主要從巨觀觀點來研究系統性質的變化，不需要瞭解每一個分子的行為，一般工程上的問題皆使用此種方法。**統計熱力學**（statistical thermodynamics）則從微觀觀點來分析，主要是利用統計物質中各分子的性質，來描述熱力學系統中各種性質的變化。

⊃ 熱力學的應用領域

自然界中的活動大多皆會牽涉到一些能量與物質間的相互作用，所以很難找到與熱力學毫無相關的領域。因此，對於熱力學基本定律的瞭解已經成為工程教育中最基礎的項目。

熱力學普遍發生在各個工程系統或生命體。例如，心臟不斷地將血液傳送至人體各部分，此時多種能量就在身體裡無數的細胞中交換，而人身上的熱也會傳至環境中。人體的舒適度與熱的代謝有很大的關聯。衣服就是用來調整身體散發至大氣中的熱量。

熱力學也與我們的生活息息相關。如圖 1-4 所示，許多家用電器與器具都是使用熱力學的原理所設計的，例如除溼機、電冰箱、太陽能集熱板、電視、電腦等。圖 1-5 也顯示許多熱力學的應用範圍，例如飛機、汽車引擎、水箱等。

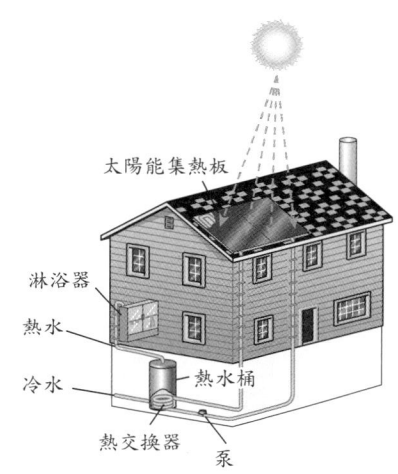

圖 1-4
許多工程系統的設計含有熱力學原理，像是太陽能熱水系統。

1-2 因次與單位

任何物理量需要用**因次**（dimension）來描繪其特性。**單位**（unit）就是指定給因次的大小計量尺度。物理量的**基本因次**（primary dimension；fundamental dimension）包括質量 m、長度 L、時間 t 與溫度 T。由基本因次衍生的因次稱為**衍生因次**（secondary dimension；derived dimension），包括速度 V、能量 E 和體積 V。

單位有兩種系統，一為**英制**（English System），另一種為 **SI 公制**（System International）。公制單位使用十進位，例如 1 公尺 = 10 公寸 = 100 公分，較為工程人員所接受。英制單位間的變化較為任意，例如 1 哩 = 5280 呎，1 呎 = 12 吋。經過多年的努力協調，CGPM（General Conference of Weights and Measures）在 1971 年共訂下七種 SI 的基本因次與單位，如表 1-1 所示。由於 SI 使用十進位制，所以當數量很大或很小時，若在單位前加入縮

表 1-1　七種基本因次和其 SI 單位

因次	單位
長度	公尺（m）
質量	公斤（kg）
時間	秒（s）
溫度	凱氏溫度（K）
電流	安培（A）
光的量	燭光（cd）
物質的量	莫耳（mol）

冰箱
© McGraw-Hill Education, Jill Braaten

船
© Doug Menuez/Getty Images RF

飛機、太空船
© PhotoLink/Getty Images RF

發電廠
© Malcolm Fife/Getty Images RF

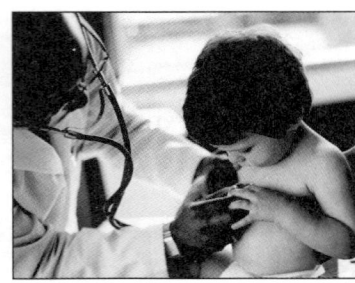
人體
© Ryan McVay/Getty Images RF

汽車
© Mark Evans/Getty Images RF

風力發電機
© F. Schussler/PhotoLink/Getty Images RF

食品加工
Glow Images RF

工廠的管路設施
Courtesy of UMDE Engineering Contracting and Trading. Used by permission

圖 1-5
熱力學的部分應用領域。

寫，就十分便於使用，如表 1-2 與圖 1-6 所示。讀者應將這些縮寫與使用牢記在心，因為這在工程的使用上相當普遍。

⊃ 一些公制單位與英制單位

在公制中，質量、長度與時間的單位分別為公斤（kg）、公尺（m）與秒（s），英制的單位則是磅－質量（pound-mass, lbm）、呎（ft）與秒（s）。公制與英制間質量與長度的單位轉換為

表 1-2	SI 單位的標準縮寫		
倍率	縮寫	倍率	縮寫
10^{24}	yotta, Y	10^{-1}	deci, d
10^{21}	zetta, Z	10^{-2}	centi, c
10^{18}	exa, E	10^{-3}	milli, m
10^{15}	peta, P	10^{-6}	micro, μ
10^{12}	tera, T	10^{-9}	nano, n
10^{9}	giga, G	10^{-12}	pico, p
10^{6}	mega, M	10^{-15}	femto, f
10^{3}	kilo, k	10^{-18}	atto, a
10^{2}	hecto, h	10^{-21}	zepto, z
10^{1}	deka, da	10^{-24}	yocto, y

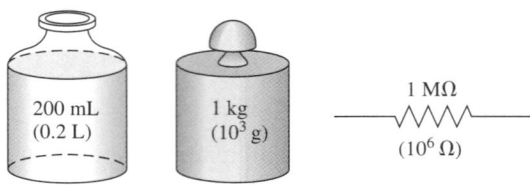

圖 1-6
SI 單位的標準縮寫普遍應用於各種工程領域。

$$1 \text{ lbm} = 0.45359 \text{ kg}$$
$$1 \text{ ft} = 0.3048 \text{ m}$$

在英制中，力原本也是一個基本因次，但為了避免一些麻煩，後來成為衍生因次，這主要來自於牛頓第二運動定律，即

$$\text{力} = \text{質量} \times \text{加速度}$$

或

$$F = ma \qquad (1\text{-}1)$$

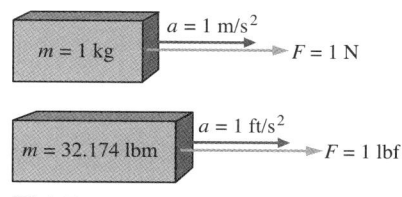

圖 **1-7**
力的單位定義。

在公制中，力的單位為牛頓（N），定義為使 1 kg 的物體具有 1 m/s² 之加速度所需的力；在英制中，力的單位為**磅重（pound-force, lbf）**，定義為使 32.174 磅的物體具有 1 ft/s² 之加速度所需的力，如圖 1-7 所示。也就是說

$$1 \text{ N} = 1 \text{ kg} \cdot \text{m/s}^2$$
$$1 \text{ lbf} = 32.174 \text{ lbm} \cdot \text{ft/s}^2$$

1 N 的力大約為 1 顆蘋果（$m = 102$ g）的重量，而 1 lbf 的力則相當於 4 顆蘋果（$m_{\text{total}} = 454$ g）的重量，如圖 1-8 所示。圖中也有一個歐洲國家常用的單位：公斤重（kilogram-force, kgf），定義為 1 kg 物體在海平面所具有的重量（1 kgf = 9.807 N）。

上面談到**重量（weight）**一詞，常與質量混淆。其實重量與質量不同，重量 W 為一個力，是重力施予在物體上的力，大小則由牛頓第二定律決定，即

$$W = mg \text{ (N)} \qquad (1\text{-}2)$$

其中，m 為物體質量，g 為當地的重力加速度（在緯度 45° 的海平面，$g = 9.807$ m/s² 或 $g = 32.174$ ft/s²）。

一個物體的質量與所在的位置（月球、地球）無關，但是重量則與位置有關，這可以清楚地從公式 1-2 看出。若重力加速度不同，重量就會不同。如圖 1-9 所示，一個人在地球是 66 公斤重，在月球則只剩 11 公斤重，因為月球的重力場只有地球的六分之一。

如圖 1-10 所示，在海平面時 1 kg 的物體重 9.807 N，但 1 磅（1 lbm）的物體重 1 lbf（磅重），這也就是大家容易誤認為 1 lbm 與 1 lbf 可以互用的原因，也是英制最常出錯之處。

功（work）是能量的一種，定義為力與同方向位移的乘積，因此單位為 N·m，稱為**焦耳（joule, J）**，也就是

$$1 \text{ J} = 1 \text{ N} \cdot \text{m} \qquad (1\text{-}3)$$

SI 制常用的能量單位為千焦耳（1 kJ = 10³ J），而英制的能量單

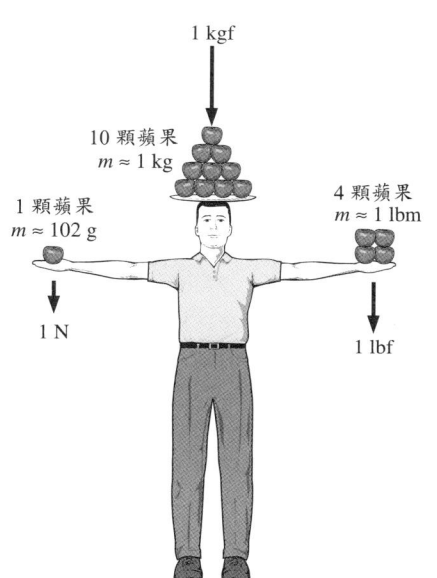

圖 **1-8**
牛頓、公斤重與磅重的相對關係。

圖 **1-9**
在地球表面上 66 公斤重的人，在月球上只有 11 公斤重。

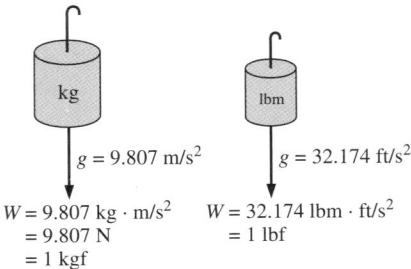

圖 1-10
在海平面處單位質量的重量。

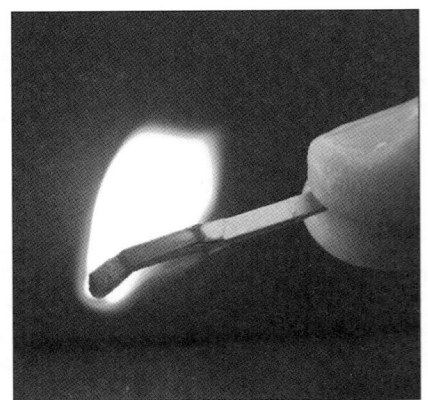

圖 1-11
燃燒完一支火柴所釋放出的總能量約 1Btu（或 1kJ）。
Photo by John M. Cimbala.

圖 1-12
例 1-1 所討論的風力發電機。
©Bear Dancer Studios/Mark Dierker RF

位為 **Btu（British thermal unit）**，定義為 1 lbm 水從 68°F 升溫至 69°F 時所需的能量。在公制中，將 1 g 的水從 14.5°C 升溫至 15.5°C 所需的能量為 1 **卡（calorie, cal）**，而 1 cal 為 4.1868 J，故 1 kJ 與 1 Btu 的大小約相同（1 Btu = 1.0551 kJ）。舉例來說，如果你燃燒完一支火柴，所釋放出的能量約為 1 Btu（或 1 kJ），如圖 1-11 所示。單位時間所使用的能量，稱為功率，它的單位為 J/s，也稱為瓦特（watt, W）。

馬力（hp）是一個經常使用的功率單位，相當於 746 W。電能則常使用千瓦－小時（kWh）為單位，相當於 3600 kJ。對於一個 1 kW 的電器來說，運轉一小時所消耗的電能量即為 1 kWh。讀者通常會混淆 kW 和 kWh 兩種單位；kW 或 kJ/s 為功率單位，kWh 為能量單位。所以對於描述一個風力發電機的性能來說，「新風力發電機能一年產生 50 kW 的電」，這句話是無意義的。正確的說法應為：「新風力發電機的功率為 50 kW，一年能產生 120,000 kWh 的電能」。

➲ 因次一致性

在公式等號兩邊所有的項，單位都必須相同，這就是工程上的因次一致性（dimensional homogeneity）。在分析時，可以用因次的單位一致性來找出錯誤，參考例 1-1 與例 1-2。

例 1-1　風力發電機產生的電功

有一所學校支付的電費費率為 $0.12/kWh，為了減少電費支出，該校安裝了一支風力發電機，如圖 1-12 所示，此風力發電機的輸出功率為 30 kW。假設該風力發電機每年可以此功率運轉 2200 個小時，求此風力發電機每年所輸出的電能和此學校每年可省下的電費。

解： 計算風力發電機每年所產生的電能量，並用費率轉換成每年省下的電費。

分析： 因為 30 kW = 30 kJ/s，所以每年所產生的電能總額為

$$\text{總電能} = \text{功率} \times \text{時間}$$
$$= (30 \text{ kW})(2200 \text{ h})$$
$$= \mathbf{66{,}000 \text{ kWh}}$$

省下的金額為

$$(66{,}000 \text{ kWh})(\$0.12/\text{kWh}) = \mathbf{\$7{,}920}$$

討論： 每年所發出的電能用 kJ 來表示，則可以下式來計算

$$總電能 = (30\text{ kW})(2200\text{ h})\left(\frac{3600\text{ s}}{1\text{ h}}\right)\left(\frac{1\text{ kJ/s}}{1\text{ kW}}\right) = 2.38 \times 10^8\text{ kJ}$$

也就是等於 66,000 kWh（1 kWh = 3600 kJ）。

例 1-2　從單位的運算得到公式

一個容器盛滿油，油的密度為 $\rho = 850\text{ kg/m}^3$。如果容器的體積 $V = 2\text{ m}^3$，求容器中油的質量 m。

解：由體積和密度可求出質量。

假設：油為不可壓縮物質，所以密度為常數。

分析：系統的示意圖如圖 1-13 所示。假設忘記體積、密度和質量三者的關係式，但我們知道質量的單位為 kg。透過觀察可以輕易得知，將密度與體積的單位相乘，可以消去 m^3 而得到 kg，所以三者的關係式即可以寫出

$$m = (850\text{ kg/m}^3)(2\text{ m}^3) = \mathbf{1700\text{ kg}}$$

討論：此法適用於簡單的公式，不適用於複雜的公式。公式中可能有無因次常數，但這些常數無法單以因次的關係來推導。記住，因次不一致的公式一定是錯的（圖 1-14），但因次一致的公式也不盡然是對的。

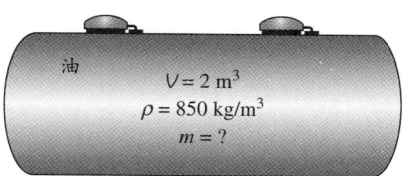

圖 1-13
例 1-2 的示意圖。

圖 1-14
計算時要隨時檢查單位。

單位轉換比

所有的衍生單位都由不同的基本單位組合而成，例如力的單位可以寫成

$$1\text{ N} = \text{kg}\frac{\text{m}}{\text{s}^2}\quad 與 \quad 1\text{ lbf} = 32.174\text{ lbm}\frac{\text{ft}}{\text{s}^2}$$

也可以表示成**單位轉換比（unity conversion ratios）**，如下所示：

$$\frac{1\text{ N}}{1\text{ kg·m/s}^2} = 1\quad 與 \quad \frac{1\text{ lbf}}{32.174\text{ lbm·ft/s}^2} = 1$$

單位轉換比大小為 1，而且沒有單位，所以可以用來變換運算的單位（圖 1-15）。讀者必須習慣使用這些單位轉換比來變換單位，參見例 1-3。

例 1-3　質量 1kg 的重量

利用單位轉換比，證明地球上 1.00 kg 的物體重 9.807 N（如圖 1-16 所示）。

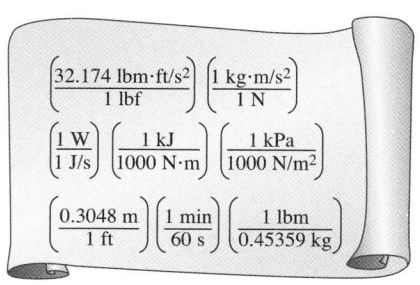

圖 1-15
每一個單位之轉換比大小都等於 1。

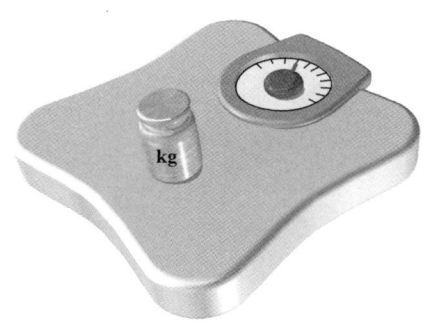

圖 1-16
在地球上，質量 1 kg 的重量為 9.807 N。

解：由 1.00 kg 質量的物質與地球上的標準重力加速度求出物體重。
假設：位於標準海平面。
性質：重力加速度為常數，$g = 9.807 \text{ m/s}^2$。
分析：使用牛頓第二定律計算物體的重量，一個物體的重量等於質量乘以重力加速度，也就是

$$W = mg = (1.00 \text{ kg})(9.807 \text{ m/s}^2)\left(\frac{1 \text{ N}}{1 \text{ kg} \cdot \text{m/s}^2}\right) = \mathbf{9.807 \text{ N}}$$

討論：質量不會隨著物體所在位置改變，但重量會隨著物體所在星球重力加速度的不同而改變。

圖 1-17
公制單位的不嚴謹用法。

在圖 1-17 中，包裝顯示盒內穀物重 1 磅（454 g）。嚴格來說，盒內穀物在海平面處重 1.00 lbf，質量為 453.6 g，利用牛頓第二定律可以計算出這些穀物的重量為

$$W = mg = (453.6 \text{ g})(9.81 \text{ m/s}^2)\left(\frac{1 \text{ N}}{1 \text{ kg} \cdot \text{m/s}^2}\right)\left(\frac{1 \text{ kg}}{1000 \text{ g}}\right) = 4.49 \text{ N}$$

1-3 系統與控制體積

系統（system）是指一個所欲研究的物質或區域。系統外的物質或區域稱為**外界**（surrounding）。系統與外界的中間為**邊界**（boundary），參見圖 1-18。系統的邊界可以是移動的，也可以是靜止的。邊界的兩個接觸面為系統與外界所使用，邊界沒有厚度，邊界內也不會有物質。

系統可分為開放系統與封閉系統。當物質不能通過系統邊界時，稱為**封閉系統**（closed system），又稱為**控制質量**（control mass），參見圖 1-19。封閉系統的能量是允許與外界交換的；而能量不能與外界交換的封閉系統，則稱為**隔絕系統**（isolated system）。

圖 1-20 為一個邊界可以移動的封閉系統例子。圖中顯示一個活塞－汽缸裝置，汽缸內含有氣體。當我們要研究汽缸內的氣體時，缸內氣體就是系統。邊界由汽缸和活塞的內表面所形成。由於沒有氣體可以通過這個邊界，所以此系統為封閉系統。當此系統受熱後，汽缸內氣體膨脹，邊界產生移動，而熱跨越邊界進入系統。在這個系統內，除了氣體以外，所有的汽缸與活塞都可稱為外界。

開放系統（open system），或稱為**控制體積**（control volume），是選擇空間中一個區域作為研究的對象。這個空間包含一

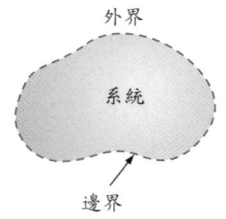

圖 1-18
系統、外界、邊界的示意圖。

些流體可以流進與流出的裝置，例如壓縮機、渦輪機或噴嘴。開放系統允許物質與能量通過邊界。

大部分的工程問題都牽涉到物質進出系統，所以可以使用控制體積來研究。例如熱水器、汽車水箱、壓縮機等機器都有物質的流動，所以皆可用控制體積來分析。而要如何選擇控制體積？其實空間中任何一個區域都可以作為控制體積，但是控制體積選擇得好，會使問題的分析變得更簡單。以噴嘴為例，較好的控制體積應該是在噴嘴內部。

控制體積的邊界稱為控制表面（control surface），此表面可以是真實的，也可以是虛擬的。以噴嘴為例，邊界上真實的面為噴嘴的內表面，而進出口處的邊界則是虛擬的控制表面。控制體積可以固定大小，如圖 1-21(a) 所示；也可以由於邊界的移動，使得控制體積內的大小產生變化，如圖 1-21(b) 所示。

圖 1-22 為熱水器，實務上經常需要計算應消耗多少熱量，以維持固定的熱水量供應。由於熱水器為穩定熱水流出、冷水流入的設備，所以使用封閉系統來研究並不方便，使用控制體積的方法則明顯簡單得多。控制體積的邊界可以熱水器槽內的表面作為固定邊界，而冷熱水則在控制表面上的兩個位置流入或是流出控制體積。

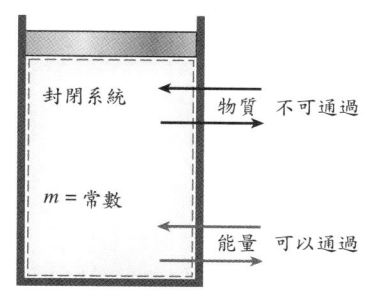

圖 1-19
封閉系統的邊界可以讓能量傳遞，但不允許物質通過。

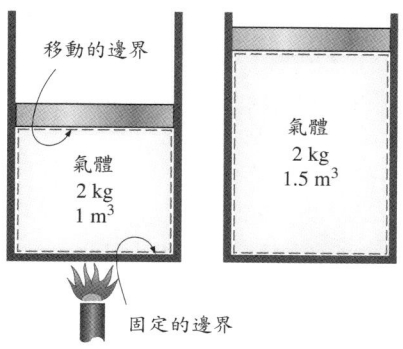

圖 1-20
封閉系統中可以具有移動的邊界。

1-4　系統的性質

系統的任一特性都可以稱為**性質（property）**，常見的性質包括壓力 P、溫度 T、體積 V 與質量 m。另外，黏滯係數、熱傳導度、彈性模數、熱膨脹係數、電阻等，也可以稱為性質。

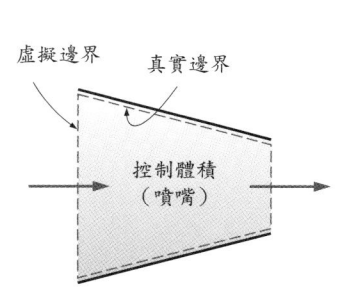

(a) 控制體積（CV）的虛擬邊界與真實邊界

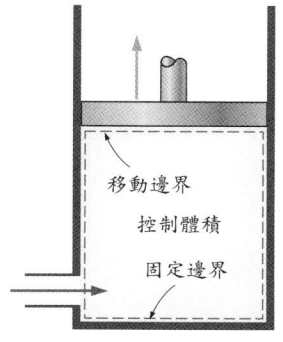

(b) 控制體積（CV）的固定邊界與移動邊界，它可以是虛擬邊界或真實邊界

圖 1-21
控制體積可以有固定、移動、真實、虛擬的邊界。

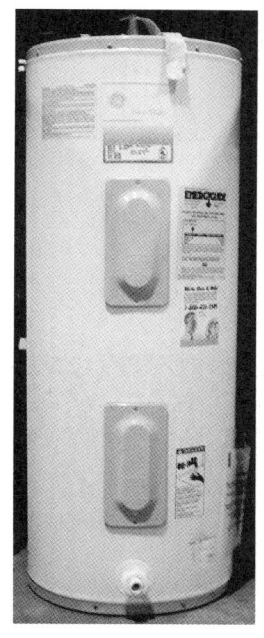

圖 1-22
有單一入口與單一出口的開放系統（控制體積）。

©*McGraw-Hill Education, Christopher Kerrigan*

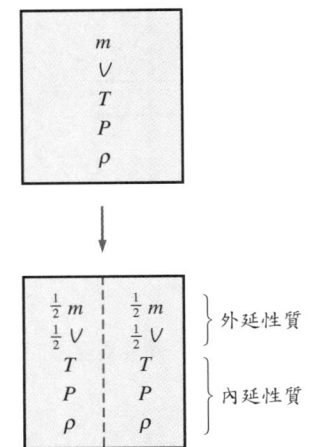

圖 1-23
外延性質與內延性質的示意圖。

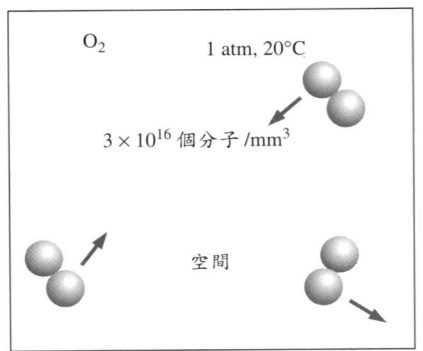

圖 1-24
儘管氣體分子之間的距離很大，但由於氣體在一個小空間中有非常多的粒子數，所以我們仍然視之為連續物質。

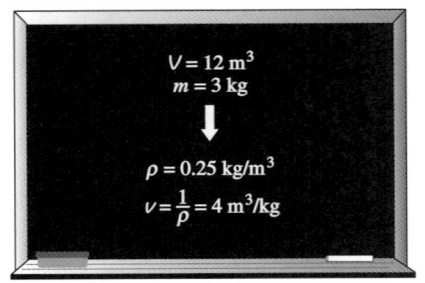

圖 1-25
密度為單位體積的質量，比容為單位質量所具有的體積。

性質可以分為兩種，即內延性質或外延性質。**內延性質**（intensive property）代表此性質與系統的質量大小無關，例如壓力、溫度與密度；反之，**外延性質**（extensive property）則代表此性質與系統的大小有關，例如總質量、總體積與總動量。我們可以用一個簡單的方法來區別是內延性質或外延性質，亦即虛擬地將系統一分為二，如圖 1-23 所示。若是不變的性質，就是內延性質；若性質變成一半，則是外延性質。

當外延性質除以質量時，則稱為**比性質**（specific property），例如比容（$v = V/m$）與比總能（$e = E/m$）。

⊃ 連續體

任何物質都由原子所組成，這些原子散布在整個空間中，原子之間具有距離。當系統的尺寸遠遠超過分子之間的距離（或平均自由徑）時，我們可以將此系統看成一個**連續體**（continuum），亦即不再深入探討各個原子的行為，只認為此物質是一個連續且均勻的物質。若系統符合連續體的假設，則該系統的性質就是點函數，而且在空間的變化是連續的，不會發生劇烈變化。

以下就分子間的距離進行估算，讓讀者瞭解在一般情形下分子間的距離有多大，且是否符合連續體的假設。假設有一個容器充滿氧氣（一般大氣狀態下），氧分子的直徑為 3×10^{-10} m，質量為 5.3×10^{-26} kg，平均自由徑（mean free path）在 1 大氣壓（atm）20°C 時為 6.3×10^{-8} m，也就是分子大約行經 200 個分子大小的距離時，才會撞到另一個分子。

在此容器內，1 mm³ 的空間內大約有 3×10^{16} 個分子（如圖 1-24 所示）。所以只要系統的大小夠大，都可以使用連續體的假設。但是當海拔很高時，例如 100 km 處，平均自由徑大約為 0.1 m，此時不能使用連續體假設，必須使用**稀薄氣體理論**（rarefied gas flow theory）來分析。在本書中，我們只談及連續體可應用的領域，而不涉及稀薄氣體理論的範圍。

1-5 密度與比重

密度（density）的定義為單位體積的物質所具有的質量（如圖 1-25 所示）。

密度：
$$\rho = \frac{m}{V} \quad (\text{kg/m}^3) \tag{1-4}$$

密度的倒數稱為**比容（specific volume）**，也就是單位質量的體積，表示如下：

$$v = \frac{V}{m} = \frac{1}{\rho} \tag{1-5}$$

密度的微分形式可以寫成 $\rho = \delta m/\delta V$，其中 δm、δV 分別為此微小物質的質量與體積。

密度通常是溫度與壓力的函數。對氣體來說，密度通常隨壓力變大而變大，隨溫度變大而變小；對於液體與固體來說，密度幾乎不隨壓力而變，但隨溫度變化的改變量較大。例如，在 20°C 時，水在 1 atm 的密度為 998 kg/m³，在 100 atm 時為 1003 kg/m³，變化只有 0.5%，幾乎可以忽略。但是在 1 atm 下，水在 20°C 時的密度為 998 kg/m³，在 75°C 時為 975 kg/m³，變化達 2.3%，所以對溫度的反應較壓力敏感。但基本上，固體與液體的密度變化都不及氣體，因此可視為不可壓縮物質。

有時除了密度之外，我們會使用**比重（specific gravity）**或是**相對密度（relative density）**來描述物質的密度。比重的定義是物質的密度除以水在 4°C 時的密度（$\rho_{H_2O} = 1000$ kg/m³），也就是

比重：
$$SG = \frac{\rho}{\rho_{H_2O}} \tag{1-6}$$

由定義可知，比重為無因次的參數，但是在 SI 制中，由於水在 4°C 的密度為 1 g/cm³ = 1 kg/L = 1000 kg/m³，所以比重的值恰好與使用 g/cm³ 單位的密度相同。舉例來說，0°C 時，水銀的比重為 13.6，則水銀的密度就是 13.6 g/cm³。表 1-3 列出一些物質在 0°C 時的比重，供讀者參考。當物質的比重小於 1 時，則此物質可以浮在水面上。

另外，有一個常用的參數稱為**比重量（specific weight）**，定義為單位體積物質所具有的重量，也就是

比重量：
$$\gamma_s = \rho g \quad (\text{N/m}^3) \tag{1-7}$$

其中，g 為重力加速度。

1-6 狀態與平衡

假設一個系統已不再有變化，此時系統內的性質都可以量測與計算，這些性質就可以用來描述系統的**狀態（state）**。換句話說，對於一個給定的狀態，所有的性質都是固定的，當系統中某一個性質改變，這個原始狀態就會變化至另一個狀態。圖 1-26 顯示兩種不同的狀態。

表 1-3

物質	比重
水	1.0
血液	1.05
海水	1.025
汽油	0.7
酒精	0.79
水銀	13.6
木材	0.3–0.9
金	19.2
骨頭	1.7–2.0
冰	0.92
空氣（1 atm）	0.0013

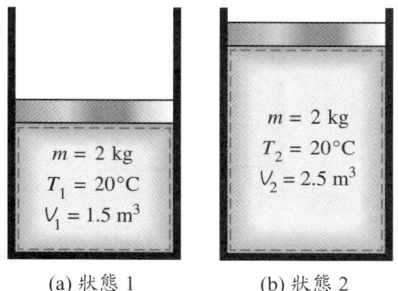

圖 1-26
相同系統在兩個不同狀態下。

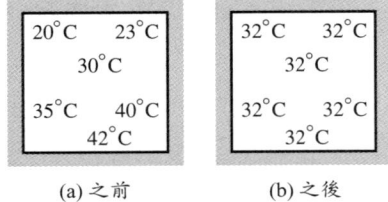

圖 1-27
熱平衡前與熱平衡後的封閉系統。

熱力學的性質都必須在**平衡（equilibrium）**狀態下量測才有意義。平衡意味著系統中沒有任何驅動力，使性質進行改變。

平衡的形式有很多，例如熱平衡、機械平衡等，而所得的熱力學平衡（thermodynamic equilibrium）是指系統中所有的平衡形式都必須達成平衡。例如，一個系統內各處的溫度皆相同（圖1-27），則稱為**熱平衡（thermal equilibrium）**，也就是系統內沒有溫度差而引發熱的傳遞；**機械平衡（mechanical equilibrium）**則是指系統內的壓力不再隨時間而改變。如果系統內有兩種相（phase），若兩相達成一定的比例而不再改變，則稱為**相平衡（phase equilibrium）**。最後，**化學平衡（chemical equilibrium）**則是指系統內的淨化學反應率為零，所以各組分不再隨時間改變。

⊃ 狀態假說

一個系統的狀態是由性質來描述，但問題是需要多少性質才能完整地描述一個系統的狀態呢？**狀態假說（state postulate）**提出：

> 對於一個簡單可壓縮系統，可以用兩個獨立的內延性質來描述其狀態。

簡單可壓縮系統（simple compressible system）是指當一個系統內除了壓縮功以外，沒有其他力作功的形式，如電場、磁場功、重力功、表面張力等。如果多一種形式，則描述狀態的性質數就必須多加一種。例如，系統中若有重力所作的功的效應時，此時必須有三個性質，才能完整描述這個系統。

兩個**獨立（independent）**的性質是指這兩個性質必須可以獨立變化，沒有相依性，也就是一個性質固定時，另一個性質可以隨意變化。對於一個簡單可壓縮系統來說，溫度 T 與比容 v 就是一對獨立的性質（如圖 1-28 所示）。然而，壓力與溫度就不一定是獨立的性質。對於單相系統來說，壓力與溫度是一對獨立的性質，而在兩相共存時，壓力與溫度就不是一對獨立的性質。舉例來說，在 1 atm 下，水的沸點為 100°C；在山上因壓力較低，水的沸點更低，而在兩相共存時，沸點 T 為壓力 P 的函數，也就是 $T = f(P)$，所以溫度與壓力在兩相共存時為相依性質，而非獨立性質。相變化過程將在第 3 章詳細說明。

圖 1-28
氮氣的狀態由兩個獨立的內延性質決定。

1-7 過程與循環

當一個系統從一個平衡狀態變化至另一個平衡狀態時，中間所經歷的變化稱為**過程**（process）；在過程中所經歷的一系列狀態，稱為過程的**路徑**（path），如圖 1-29 所示。若要完整描述一個過程，就必須給定過程中的初始狀態、最終狀態、路徑與環境的交互作用。

當系統進行一個緩慢的過程時，則系統內部就有足夠的時間進行調整，使系統內各處性質的變化都相同。此時，我們稱此系統處於**近似平衡過程**（quasi-static process；quasi-equilibrium process）。

我們舉圖 1-30 的例子來進一步說明，圖中為一活塞－汽缸裝置。當進行壓縮時，若壓縮得非常快，活塞前方就會累積一些分子，無法在短時間內分布至其他位置，以致於活塞前方的壓力較他處高，這個過程就不是近似平衡過程。反之，若壓縮的過程緩慢，則活塞前方的分子會有足夠時間來調整至汽缸內部，使各處的壓力都相等，這就是近似平衡過程。

值得注意的是，近似平衡過程是模擬真實過程的一種理想狀態。對於大部分的真實過程來說，以近似平衡過程來模擬都可以得到準確的結果。而且，近似平衡過程比真實的過程能輸出更多的功，或是輸入較少的功。

在工程上應用時，通常使用一些熱力學性質（例如 P、V、T）當座標，畫出過程圖來表示過程。圖 1-31 為氣體壓縮過程的 P-V 圖。

在近似平衡過程中，繪製過程圖是毫無問題的，但在非近似平衡過程時，由於無法以單一性質值來代表系統內部的值，所以在繪製過程圖時，初始狀態與最終狀態之間只能以虛線連接，不能使用實線。

在應用上，有些系統會經歷一些特殊的過程。例如，在**等溫過程**（isothermal process）中，溫度 T 保持不變；在**等壓過程**（isobaric process）中，壓力 P 保持不變；在**等容過程**（isochoric process；isometric process）中，比容 v 保持不變。

如果系統經歷一個過程，初始狀態與最終狀態均相等，稱為**循環**（cycle）。

穩態流動過程

在工程上有兩個名詞經常使用，但也容易誤用，讀者應多加

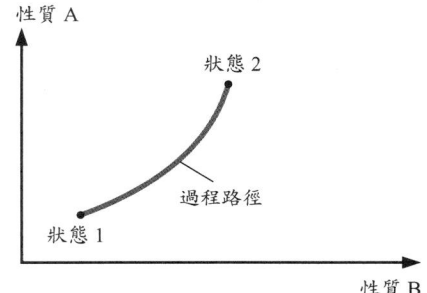

圖 1-29
狀態 1 至狀態 2 之間的過程與路徑。

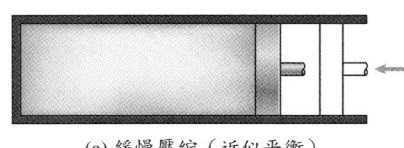

(a) 緩慢壓縮（近似平衡）

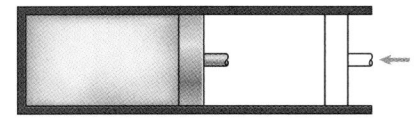

(b) 快速壓縮（非近似平衡）

圖 1-30
近似平衡與非近似平衡的壓縮過程。

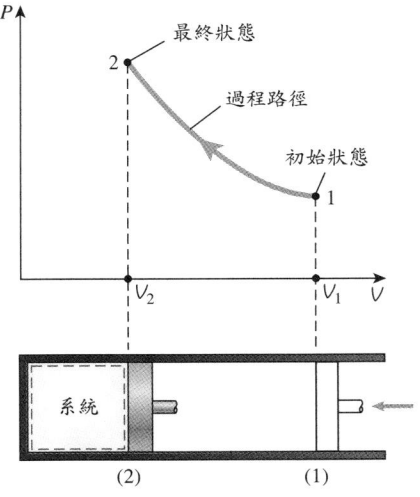

圖 1-31
壓縮過程的 P-V 圖。

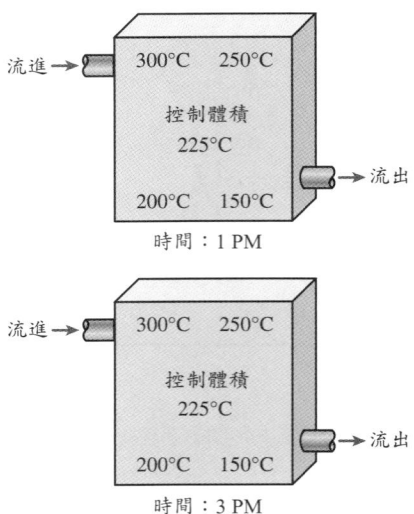

圖 1-32
在穩流過程中，流體的性質只會隨空間位置改變，不隨時間改變。

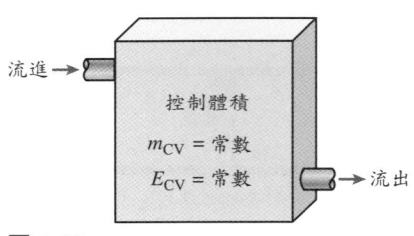

圖 1-33
在穩流過程中，控制體積內的質量與能量皆為固定值。

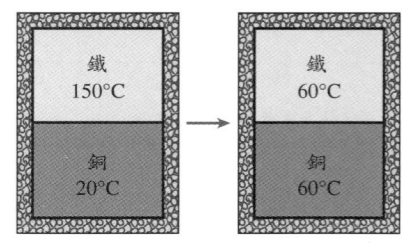

圖 1-34
在隔絕系統中，兩個物體接觸後達到熱平衡。

瞭解，即為穩態（steady）與均勻（uniform）。穩態代表系統的性質不隨時間改變，均勻代表系統內的性質不隨空間位置而改變。

大多數的工程設備都在同一狀態下運轉相當長的時間，因此歸類為穩態流動的設備，也可稱這些設備經歷**穩態流動過程**（**steady-flow process**，簡稱**穩流過程**），代表一個過程中有流體流進與流出控制體積（如圖 1-32 所示）。在控制體積內，各處的性質可以不同（不均勻），但卻不再隨時間改變。因此，控制體積內的體積 V、質量 m 和總能量 E 在穩流過程中都維持一定值（圖 1-33）。

長時間穩定操作的設備都適合使用穩流過程，例如渦輪機、泵、鍋爐、冷凝器、熱交換器或發電廠、冷凍系統等。至於週期性運轉的引擎或壓縮機，則因為在入口或出口呈現週期脈衝（pulsating）的變化，並不是真正的穩態過程，但由於是週期性變化，所以當使用時間平均來處理這些性質時，也可以使用穩流過程來分析。

1-8 熱力學與熱力學第零定律

雖然我們都知道溫度是「冷」或「熱」的量測指標，可是卻很難給溫度一個非常明確的定義。基於我們在生理上的感覺，通常只能給溫度一些定性的字眼，例如冰凍、寒冷、溫暖、炎熱及炙熱，無法給定溫度的值。以生理感覺來描述溫度，不只無法給定溫度的數值，而且容易發生錯覺，例如一張金屬椅子摸起來比同溫度的木頭椅子要涼。

一些物質的特性隨溫度的變化具有覆現性（repeatable 或 predictable），所以可以用來量測溫度的數值，例如常用的水銀溫度計就是利用水銀的體積隨溫度膨脹的特性來顯示溫度。

當一杯熱水放在桌上，最後變成常溫的水，這是大部分人都曾經有的經驗。這代表當兩個不同溫度的物體接觸後，熱會從高溫的物體傳向低溫的物體，最終兩個物體的溫度皆會相同，如圖 1-34 所示。當兩個物體溫度相同時，熱傳遞就立即停止，稱為**熱平衡**（**thermal equilibrium**）。

當 A、B 兩個物體分別與第三個物體 C 達成熱平衡，則此 A、B 兩物體也達成熱平衡。這就是**熱力學第零定律**（**zeroth law of thermodynamics**），提供了溫度量測正確性的基礎。若以溫度計來取代第零定律中的第三個物體，則第零定律就可以說成當兩

個物體有相同的溫度讀數時，這兩個物體處於熱平衡。雖然熱力學第零定律位於熱力學第一定律和第二定律之前，但此定律是在 1931 年才由 R. H. Fowler 命名，整整比第一定律和第二定律晚了半世紀。

◯ 溫標

溫標提供一個共同的溫度量測基準。現有的溫標有許多種，大部分的溫標都是基於容易產生的狀態，例如水的冰點（freezing point；ice point）與沸點（boiling point；steam point）。在 1 atm 時，液態水與固態冰平衡共存的狀態稱為冰點，液態水與蒸氣共存的狀態則稱沸點。

SI 與英制使用的溫標分別為**攝氏溫標（Celsius scale）**與**華氏溫標（Fahrenheit scale）**。在攝氏溫標中，冰點為 0°C，沸點為 100°C；在華氏溫標中，冰點為 32°F，沸點為 212°F。

在熱力學中，我們希望溫度的溫標不要與任何一種物質的性質有關，又稱為**熱力學溫標（thermodynamic temperature scale）**。在 SI 制中為**凱氏溫標（Kelvin scale）**，以 Lord Kelvin（1824-1907）命名。此溫標的單位為 **kelvin**，標示為 **K**，很多人會誤用為 °K（在 1967 年時已正式去除 °K 的標示，更正為 K），最低的凱氏溫標為 0 K。

在英制中，熱力學溫標則為**朗肯溫標（Rankine scale）**，以 William Rankine（1820-1872）命名。此溫標的單位為 **rankine**，標示為 R。

與凱氏溫標幾乎相同的是**理想氣體溫標（ideal-gas temperature scale）**。一般使用**定容氣體溫度計（constant-volume gas thermometer）**來量測此溫度。這種溫度計是由一個剛性的容器內充滿低壓的氦氣組成，利用的原理如下：在低壓的環境下，當氣體的體積保持不變，溫度與壓力成線性正比關係。因此，容器內的氣體溫度與壓力的關係為

$$T = a + bP \qquad (1\text{-}8)$$

其中，a 與 b 為實驗的常數。也就是說，當 a、b 值已知時，就可知道溫度與壓力的關係。只要量測此容器內的壓力，代入公式 1-8 就可以知道熱平衡下的物體溫度。

如何得知常數 a、b 呢？一般利用兩個已知的溫度點，例如冰點與沸點。量測此兩溫度點下的壓力點，並將這兩組溫度壓力的點用一直線連接，再經由線性方程式計算，很容易就可得

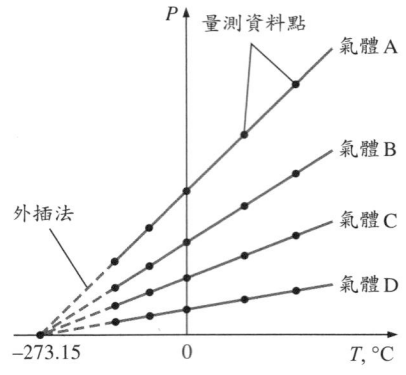

圖 1-35
在不同（低）壓力下，以四種不同氣體使用定容氣體溫度計的 P-T 實驗值。

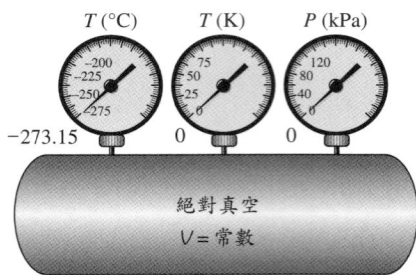

圖 1-36
在絕對壓力為零時，定容氣體溫度計的溫度為 $-273.15°C$。

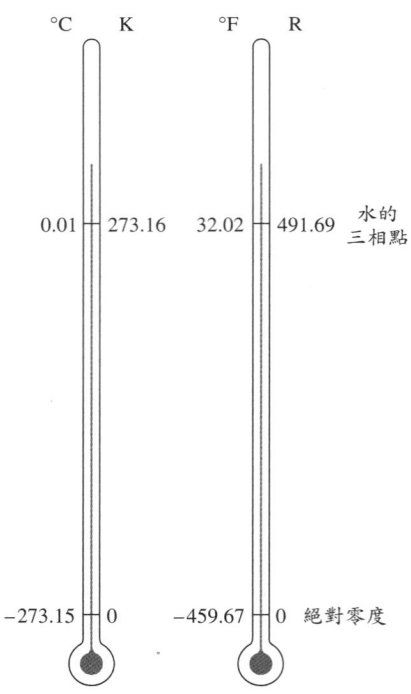

圖 1-37
不同溫標的比較。

到 a、b 的值，如圖 1-35 所示。要注意的是，不同定容溫度計的 a、b 值不一定相同。常數 a、b 與溫度計內氣體的種類與數量有關，並與兩個參考點的溫度有關（例如溫度是攝氏、凱氏或朗肯溫標）。舉例來說，若冰點為 $0°C$，沸點為 $100°C$，則此理想氣體溫標與攝氏溫標相同，此時無論溫度計內是何種氣體，常數 a 都等於 $-273.15°C$，圖 1-35 也顯示出此一現象。這是氣體溫度計所能量測的最低溫度。若將 -273.15 移到左項的 $T(°C)$ 中，則公式 1-8 可以改寫成 $(T + 273.15) = bP$。此時，$T(°C) + 273.15$ 稱為絕對氣體溫標（absolute gas temperature scale），在參考溫度點上的其中一點，均可以求出 b 值而得出絕對氣體溫標。

值得注意的是，絕對氣體溫標並不完全等於熱力學溫標，因為此溫標不適用於非常低的溫度（因容器內的物質會凝結），也不適用於非常高的溫度（因容器氣體會解離）。在可適用的溫度範圍內，絕對氣體溫度與熱力學溫度是相同的，所以我們通常將熱力學溫標視為一個理想的絕對氣體溫標，亦即假設氣體溫度計的容器內氣體在任何溫度下都可以適用（低溫不凝結，高溫不解離）。如果這個理想的氣體溫度計存在，那麼在絕對零壓力下的溫度為 $0 K$，對應於攝氏溫度就是 $-273.15°C$（如圖 1-36 所示）。

凱氏溫標與攝氏溫標的關係為：

$$T(K) = T(°C) + 273.15 \tag{1-9}$$

朗肯溫標與華氏溫標的關係則為：

$$T(R) = T(°F) + 459.67 \tag{1-10}$$

在應用上，通常會將公式 1-9 的 273.15 簡化為 273，公式 1-10 的 459.67 簡化為 460。

經整理後可以得到

$$T(R) = 1.8T(K) \tag{1-11}$$

$$T(°F) = 1.8T(°C) + 32 \tag{1-12}$$

圖 1-37 顯示不同溫標間的關係。

1954 年的第十屆度量衡會議（Tenth General Conference on Weights and Measures）中，決議以水的三相點（triple point）$0.01°C$（$273.16 K$）取代冰點 $0°C$（$273.15 K$）作為凱氏溫標的參考點溫度。

雖然凱氏溫度與攝氏溫度的值不同，但是 $1 K$ 與 $1°C$ 的大小是相同的（如圖 1-38 所示）；同樣地，$1 R$ 與 $1°F$ 的大小也是相同的。所以當處理溫度差（ΔT）的問題時，使用凱氏或攝氏來表示都是相同的。例如，溫度升高 $10°C$ 與 $10 K$ 是相同的，也就是

$$\Delta T(\text{K}) = \Delta T(°\text{C}) \qquad (1\text{-}13)$$
$$\Delta T(\text{R}) = \Delta T(°\text{F}) \qquad (1\text{-}14)$$

總括來說，在熱力學關係式中，若關係式含有溫度差，例如 $a = b\Delta T$，溫標使用 K 或 °C 都沒有關係；但是當關係式只是溫度的參數時，例如 $a = bT$，則必須使用 K。當不知道如何選擇 K 或 °C 時，使用 K 總是不會錯的。

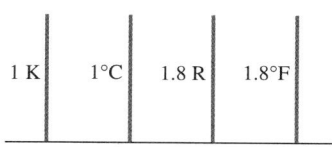

圖 1-38
不同溫標之單位值大小的比較。

 例 1-4　不同單位的溫度差表示方式

一個系統在加熱過程中，溫度共升高 10°C。若改用 K、°F 與 R 的溫標，則升高多少？

解： 用不同溫標來表達一個系統的升高溫度差。

分析： 此問題主要處理溫度差的問題。以溫差來說，攝氏溫標與凱氏溫標是一樣的，所以

$$\Delta T(\text{K}) = \Delta T(°\text{C}) = \mathbf{10\ K}$$

華氏溫標的溫度差則與朗肯溫標相同，可以使用公式 1-11 與公式 1-14 來求出：

$$\Delta T(\text{R}) = 1.8\,\Delta T(\text{K}) = 1.8 \times 10 = \mathbf{18\ R}$$

與

$$\Delta T(°\text{F}) = \Delta T(\text{R}) = \mathbf{18°F}$$

討論： 計算溫度差時，°C 與 K 是可以互用的。

1-9　壓力

流體在單位面積上施予的正向力，稱為**壓力**（**pressure**）。在固體力學中，單位面積上的正向力則不稱為壓力，而稱為垂直應力（normal stress）。應注意的是壓力是純量，但是應力是一個張量（tensor）。依照定義，壓力的單位為 N/m^2，也稱為**帕**（**pascal, Pa**），也就是

$$1\ \text{Pa} = 1\ \text{N/m}^2$$

在實務應用上，1 Pa 的壓力非常小，因此不常用到，通常使用 kPa（$= 10^3$ Pa）或 MPa（$= 10^6$ Pa）來計量。歐洲國家則經常使用巴（bar）、標準大氣壓（standard atmosphere, atm）與公斤重／平方厘米（kgf/cm^2）這三種單位

$$1\ \text{bar} = 10^5\ \text{Pa} = 0.1\ \text{MPa} = 100\ \text{kPa}$$
$$1\ \text{atm} = 101{,}325\ \text{Pa} = 101.325\ \text{kPa} = 1.01325\ \text{bars}$$

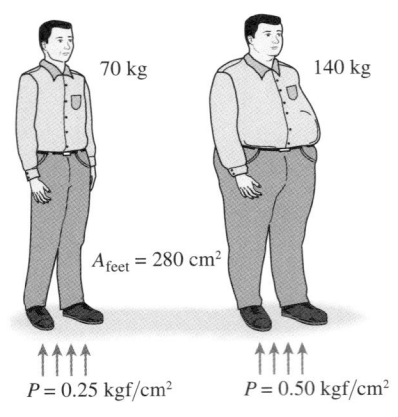

$P = \sigma_n = \dfrac{W}{A_{\text{feet}}} = \dfrac{70 \text{ kgf}}{280 \text{ cm}^2} = 0.25 \text{ kgf/cm}^2$

圖 1-39
肥胖的人其腳下所受的垂直應力（或「壓力」）大於苗條的人。

$$1 \text{ kgf/cm}^2 = 9.807 \text{ N/cm}^2 = 9.807 \times 10^4 \text{ N/m}^2 = 9.807 \times 10^4 \text{ Pa}$$
$$= 0.9807 \text{ bar}$$
$$= 0.9679 \text{ atm}$$

注意，bar、atm 與 kgf/cm² 這三種單位的大小幾乎相等。英制中常用的壓力單位則為 psi（lbf/in²）和 1 大氣壓 = 1 atm = 14.696 psi，1 kgf/cm² = 14.223 psi。在一些壓力錶（如胎壓錶）中，常將 kgf/cm² 寫成 kg/cm²，或將 lbf/in² 表示成 lb/in²。

在固體力學中，壓力相當於垂直應力，定義上也是施予單位面積垂直方向上的力。例如一個 70 kg 的人，腳印面積有 280 cm²，則這個人就施加 70 kgf/280 cm² = 0.25 kgf/cm² 的壓力在地板上（圖 1-39）。若此人以單腳站立，則壓力就變成兩倍（因為腳印的面積剩下一半）。這也顯示當人的重量增加一倍，而腳印面積不變時，壓力同樣增加一倍。

一個位置上壓力大小的表達方式有兩種，一為**絕對壓力**（absolute pressure），另一種為**錶壓力**（gage pressure）。絕對壓力是指此處真正壓力的大小，但大部分的壓力量測設備（壓力錶）在大氣中的讀數皆為零，如圖 1-40 所示。這些壓力錶量測出來的壓力都是相對於當地大氣壓的壓力（也就是絕對壓力減去當地大氣壓力），這個相對壓力即稱為錶壓力。當絕對壓力低於大氣壓力時（此時 P_{gage} 為負），此時，習慣上會用**真空壓力**（vacuum pressure）來代表，並以真空錶來量測，而量出的值是大氣壓力與絕對壓力的差值。上述絕對壓力、錶壓力與真空壓力的關係如下：

$$P_{\text{gage}} = P_{\text{abs}} - P_{\text{atm}} \tag{1-15}$$
$$P_{\text{vac}} = P_{\text{atm}} - P_{\text{abs}} \tag{1-16}$$

圖 1-41 顯示這三種壓力的關係。

圖 1-40
壓力錶。

Dresser Instruments, Dresser, Inc. Used by permission.

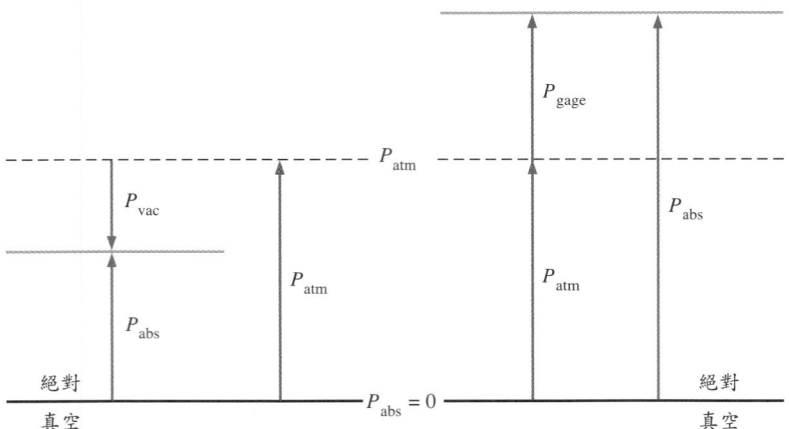

圖 1-41
絕對壓力、錶壓力、真空壓力的比較圖。

回到生活的應用層面，一般量測汽車輪胎胎壓的壓力錶所量出的壓力也是錶壓力，所以當你在胎壓錶上讀到 32.0 psi 時，則代表此時輪胎內的絕對壓力為 32.0 + 14.3（大氣壓力）= 46.3 psi（319 kPa）。

在熱力學的關係式或表中都使用絕對壓力，在本書中，除非有特別表明，否則壓力 P 都是指絕對壓力。通常在壓力單位加上 a（例如 psia）表示絕對壓力，加上 g（例如 psig）表示錶壓力。

例 1-5 真空容器內的絕對壓力

一個容器內用真空計量測出真空錶壓力為 40 kPa，當時大氣壓為 100 kPa。容器內絕對壓力為何？

解： 由真空的錶壓力求出絕對壓力。

分析： 從公式 1-16 可以求出

$$P_{abs} = P_{atm} - P_{vac} = 100 - 40 = \mathbf{60 \text{ kPa}}$$

討論： 絕對壓力的計算需要使用大氣壓力。

壓力隨深度變化

流體在靜止時，水平方向的力是平衡的，所以在水平方向壓力的大小都一樣。然而在垂直方向上，因為有重力場的作用，所以較深處的流體壓力較大，以便於平衡重力作用。圖 1-42 顯示壓力隨深度呈現線性正比的關係。

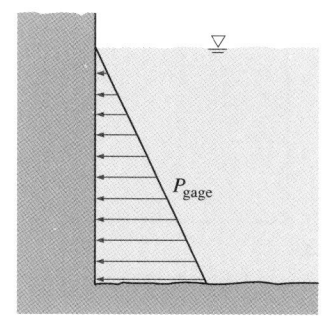

圖 1-42
液體內的壓力隨深度加深而變大。

使用以下簡單的模型就可以得到壓力與深度的關係式。假設一個流體元素（fluid element）具有長 Δx、高 Δz 和單位深度（$\Delta y = 1$），如圖 1-43 所示。假設流體密度 ρ 是常數，則在 z 方向的力平衡公式可以寫成

$$\sum F_z = ma_z = 0: \quad P_2 \Delta x - P_1 \Delta x - \rho g \Delta x \Delta z = 0$$

其中，$W = mg = \rho g \Delta x \Delta y \Delta z$ 為此流體元素的重量且 $\Delta z = z_2 - z_1$。將公式除以 $\Delta x \Delta y$ 後可以得到

$$\Delta P = P_2 - P_1 = -\rho g \Delta z = -\gamma_s \Delta z \tag{1-17}$$

其中，$\gamma_s = \rho g$ 為流體的比重量。由公式可以得到，在靜止的流體中，當流體的密度為一定值，則不同位置上壓力的差值正比於其垂直距離 Δz 和流體的密度 ρ。公式 1-17 中的負號代表靜止流體中壓力隨深度而變大。

另一個較容易記住的方程式可寫成

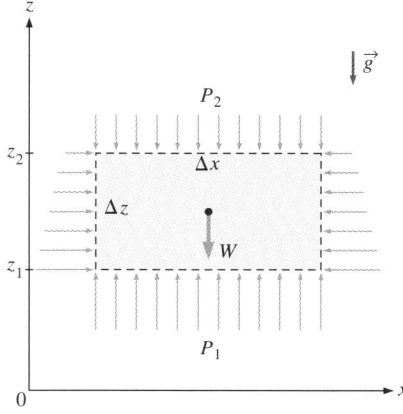

圖 1-43
在平衡下，流體元素的自由體圖。

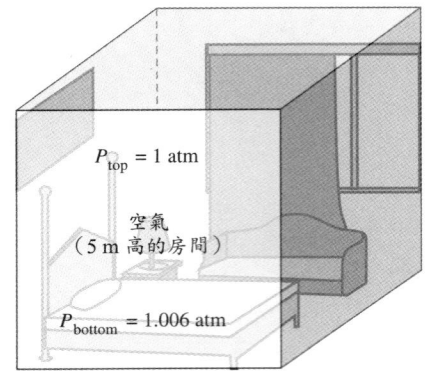

圖 1-44
房間內不同高度位置的壓力變化可以忽略。

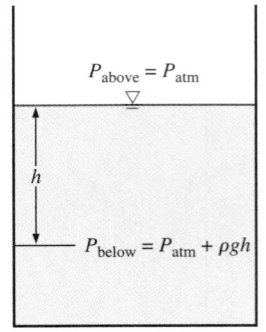

圖 1-45
液體內的壓力與深度具有線性關係。

$$P_{\text{below}} = P_{\text{above}} + \rho g |\Delta z| = P_{\text{above}} + \gamma_s |\Delta z| \tag{1-18}$$

此處 "below" 代表流體內較低（深）的位置，"above" 則代表較高（淺）的位置。

對於一個已知的流體，垂直距離 Δz 通常用來表達壓力的量測值，稱為壓力頭（pressure head）。

當流體為氣體時，通常氣體壓力隨高度的變化可以忽略（當高度不是很大時），因為氣體的密度小。從公式 1-17 可看出壓力差 Δp 很小，所以可以忽略。在應用上，一個普通大小容器內填充氣體時，可以視為此容器內各處的壓力都相等，因高度差而產生的壓力差很小，參見圖 1-44。

圖 1-45 顯示一個開口的容器內填充了一些液體。在液體與空氣接觸的表面處，液體壓力為大氣壓 P_{atm}，所以表面下深度 h 處的絕對壓力與錶壓力分別為

$$P = P_{\text{atm}} + \rho g h \quad \text{或} \quad P_{\text{gage}} = \rho g h \tag{1-19}$$

基本上，液體為不可壓縮的物質，所以在深度不大時，液體密度可視為常數。但是當深度很深時（例如深海處），則液體的密度就會因為壓力增大而變大，不再保持定值。

重力加速度 g 基本上也可以視為定值，例如在海平面時，$g = 9.807$ m/s^2，在海拔 14,000 m 的高度，$g = 9.764$ m/s^2，只有 0.4% 的差別，所以可以視為定值。

假設流體密度隨深度改變，則將公式 1-17 兩邊各除以 Δz，並令 $\Delta z \to 0$，可以得到下式

$$\frac{dP}{dz} = -\rho g \tag{1-20}$$

公式 1-20 中，等號右邊的負號是因為假設 z 方向向上為正且壓力隨著向下方向增加的關係。將公式 1-20 積分，就可以得出不同深度兩個位置下的壓力差為

$$\Delta P = P_2 - P_1 = -\int_1^2 \rho g \, dz \tag{1-21}$$

此式為壓力差與垂直位置關係的通式。

在相同靜止液體內的壓力只與垂直深度有關，與容器的形狀無關。因此，在同一種靜止流體的條件下，相同深度位置處的壓力都相等。德國數學家 Simon Stevin（1548-1620）在 1586 年發表這個原理，參見圖 1-46。圖中 A、B、C、D、E、F、G 點由於位在相同的深度，所以壓力值相同。其中，H 點與 I 點雖然位於同一深度，但因為處於不同密度的液體下，所以壓力並不相同

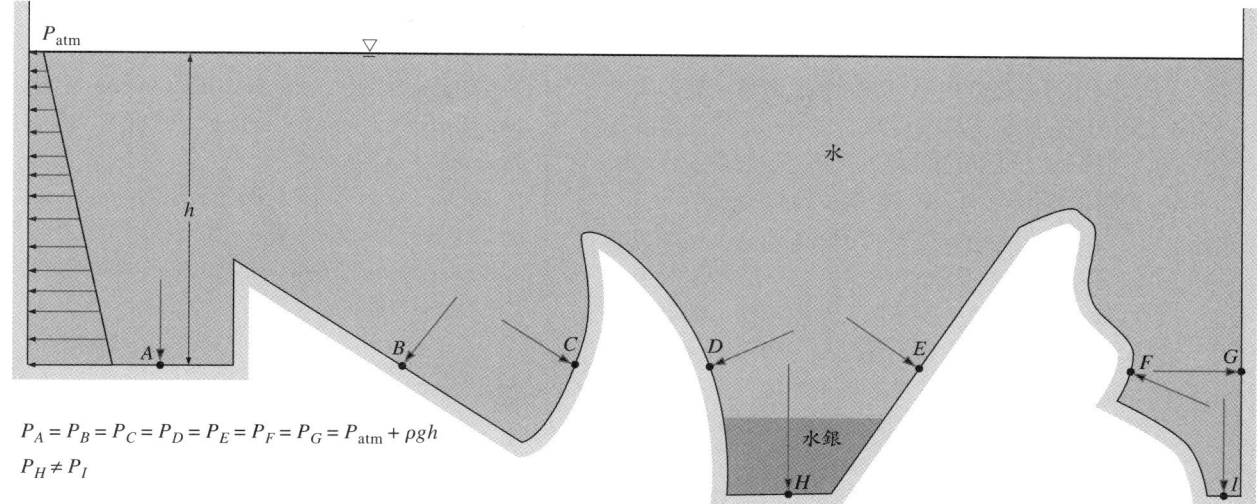

$P_A = P_B = P_C = P_D = P_E = P_F = P_G = P_{atm} + \rho g h$
$P_H \ne P_I$

圖 1-46
在靜力平衡時，相連的同一種液體容器內，相同高度上的壓力皆相同。

（讀者應有能力判斷 H 點與 I 點何者的壓力較大）。

　　由於在同一水平高度的流體壓力都相同，所以在被侷限住的流體內施加壓力時，各處增加的壓力大小都相同，這個原理稱為**巴斯卡原理（Pascal's law）**。巴斯卡（Blaise Pascal, 1623-1662）知道由於各處的壓力相同，所以流體可施加的力與表面積成正比。巴斯卡原理可應用在日常生活中的一些機器，例如液壓煞車與液壓起重機。圖 1-47 即是利用巴斯卡原理設計的液壓起重機，可以輕易地將車子頂起，這是因為 $P_1 = P_2$（因為點 1 與點 2 同高），所以輸出力與輸入力的比值為

$$P_1 = P_2 \quad \rightarrow \quad \frac{F_1}{A_1} = \frac{F_2}{A_2} \quad \rightarrow \quad \frac{F_2}{F_1} = \frac{A_2}{A_1} \quad \text{(1-22)}$$

公式 1-22 中，A_2/A_1 稱為液壓起重機的理想機械效益（ideal mechanical advantage）。假設 $A_2/A_1 = 100$，車子為 1000 kg，則舉起這台車子只要花十分之一的力量——10 kgf（= 90.8 N）——即可。

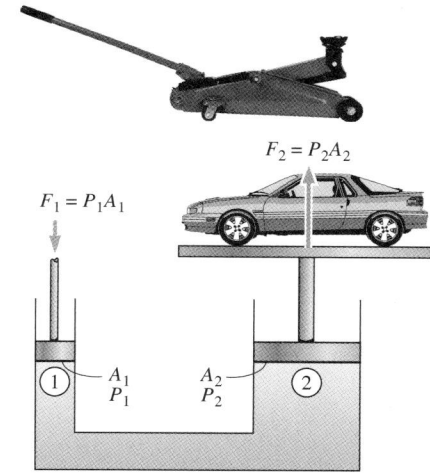

圖 1-47
利用巴斯卡原理的起重機。一個常用的案例就是千斤頂。

©*Stockbyte/Getty Images RF*

摘　要

本章主要介紹熱力學的基本觀念，熱力學主要是處理能量的科學，熱力學第一定律就是能量守恆定律，而熱力學第二定律談及能量的質，能量可以變化的方向為使能量的質變差的方向。

系統可分為封閉系統（控制質量）與開放系統（控制體積），而性質可分為外延性質與內延性質。當系統達到熱平衡、化學平衡、機械平衡與相平衡時，才可稱為達到熱力學平衡。系統從一個狀態到另一個狀態，稱為過程。系統經歷一個過程，前後狀態都相同時，稱為循環。系統變化較慢時，可以假設此系統處於近似平衡狀態。當系統為一簡單的可壓縮系統，則需要兩個獨立的內延性質來描述此系統。

熱力學第零定律指出，當兩個物體達熱平衡時，兩者的溫度相等。

英制與 SI 制的溫度轉換為

$$T(K) = T(°C) + 273.15$$
$$T(R) = T(°F) + 459.67$$
$$\Delta T(K) = \Delta T(°C)$$
$$\Delta T(R) = \Delta T(°F)$$

壓力為流體在單位面積上所施予的力，1 Pa = 1 N/m²。依照參考點的不同而有絕對壓力、錶壓力和真空壓力，它們之間的關係為

$$P_{gage} = P_{abs} - P_{atm} \text{（當壓力大於 } P_{atm}\text{）}$$
$$P_{vac} = P_{atm} - P_{abs} \text{（當壓力小於 } P_{atm}\text{）}$$

壓力與高度的關係為

$$\frac{dP}{dz} = -\rho g$$

其中，z 為向上的方向。當流體密度為常數時，因高度差 Δz 所引起的壓力差為

$$\Delta P = P_2 - P_1 = \rho g \Delta z$$

水面下深度 h 的絕對壓力與錶壓力可以下式表示

$$P = P_{atm} + \rho g h \text{ 或 } P_{gage} = \rho g h$$

液體壓力計是用來量測中等壓力大小的設備。在靜止流體中，相同高度有相同的壓力。在被侷限住的流體內施加壓力時，各處增加的壓力大小都相同，這稱為巴斯卡原理。氣壓計是用來量測大氣壓力的設備，大氣壓力可表示為

$$P_{atm} = \rho g h$$

此處，h 為液體高度。

參考書目

1. American Society for Testing and Materials. *Standards for Metric Practice*. ASTM E 380-79, January 1980.
2. A. Bejan. *Advanced Engineering Thermodynamics*. 3rd ed. New York: Wiley, 2006.
3. J. A. Schooley. *Thermometry*. Boca Raton, FL: CRC Press, 1986.

習　題*

■ 熱力學

1-1C　汽車處於空檔且靜止的狀態下，當煞車被放鬆時，車子似乎會往上坡移動。這是真的可能發生，或者僅是錯覺？你要如何確定道路確實是上坡或下坡？

■ 質量、力與單位

1-2C　在 (a) 平路及 (b) 上坡路時，作用於以 70 km/h 固定速度行駛之汽車的淨力為多少？

1-3　在緯度 45°，重力加速度為海平面上高度 z 的函數 $g = a - bz$，其中 $a = 9.807$ m/s², $b = 3.32 \times 10^{-6}$ s⁻²。求物體重量減少 0.3% 時的海平面高度。答：8862 m

1-4　一個 3 kg，體積為 0.2 m³ 的塑膠桶充滿了液態水。假設水的密度為 1000 kg/m³，整個裝置的重量為何？

1-5　熱水器中的 4 kW 之電阻式加熱器作用了 3 小時。此期間共使用了多少電能，分別以 kWh 和 kJ 兩種單位表示。

1-6　70 kg 的太空人，到月球上時（此處重力加速度 $g = 1.67$ m/s²），用彈簧秤與天平測出的重量各是多少？答：11.9 kgf、70 kgf

1-7　使用直徑為 D（單位為 m）的水管來充填體積 $\cup$（單位為 m³）的水池。假設充填速度為 V（單位為 m/s），充填時間為 t（單位為 s），求出三者之間的關係。

■ 系統、性質、狀態與過程

1-8C　圖 P1-8C 為汽車用來散去引擎熱量的水箱

---
*題號中有 C 的符號為觀念題，希望讀者每一題都能回答。

（用循環水將熱散至空氣中）。分析此水箱時，應視為開放系統或封閉系統？

圖 P1-8C
©McGraw-Hill Education, Christopher Kerrigan

1-9C 一罐常溫的飲料被放進冰箱中冷藏。分析這罐飲料時，應視為開放系統或封閉系統？

1-10C 系統的重量是屬於內延或外延性質？

1-11C 在隔絕房間中的空氣，其狀態是否完全受壓力和溫度來決定？為什麼？

1-12C 定義等溫、等壓及等容過程。

1-13C 如何描述水在浴缸中之狀態？如何描述當浴缸中的水逐漸冷卻時的過程？

■ 溫度

1-14C 考慮冰點讀數為 0°C，且沸點為 100°C 的酒精溫度計與水銀溫度計。將這兩點在兩個溫度計上之間的距離分為 100 等分，則在 60°C 時，兩個溫度計會有相同的讀數嗎？請解釋。

1-15C A、B 為兩個封閉系統。A 系統在 20°C 有 3000 kJ 的熱能，B 系統在 50°C 有 200 kJ 的熱能。當兩系統相接觸時，求熱傳的方向。

1-16 150°C 的熱空氣相當於多少 °F 和 R？

1-17 外界空氣為 −40°C。如果用 °F、K、R 來表示，各為多少？

1-18 一系統溫度在冷卻過程掉了 45°F。若以 K、R、°C 來表示，各為多少？

■ 壓力、液體壓力計與氣壓計

1-19C 一本健康雜誌描述內科醫生使用兩種不同的手臂位置測量 100 位成年人的血壓：與身體平行（沿著側邊）和與身體垂直。不管是病人站著、坐著或是躺下，與身體平行的位置都較垂直位置的讀數高 10%。解釋可能造成此差距的原因。

1-20 壓縮空氣儲存槽的壓力為 1200 kPa。將此儲存槽的壓力分別以 (a) kN 和 m 單位；(b) kg、m 和 s 單位；(c) kg、km 和 s 單位表示。

1-21 一液體壓力計用來量測槽內的空氣壓力。壓力計內的流體比重為 1.25，兩邊液體高度差為 72 cm。如果當地的大氣壓為 87.6 kPa，假設槽內這邊的液面 (a) 較高，(b) 較低，分別求槽內的空氣壓力。

1-22 容器內的水被空氣加壓，而其壓力以圖 P1-22 所表示的多流體液體壓力計量測。若 $h_1 = 0.2$ m、$h_2 = 0.3$ m，而 $h_3 = 0.4$ m，求容器內空氣的錶壓力。水、油及水銀的密度分別取為 1000 kg/m^3、850 kg/m^3 及 13,600 kg/m^3。

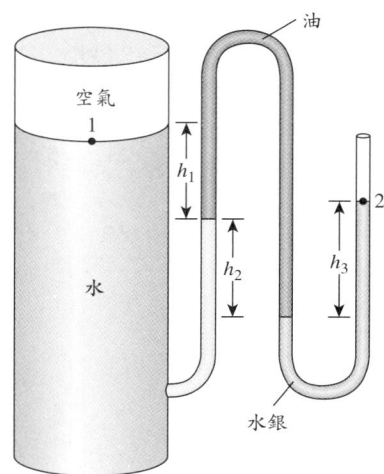

圖 P1-22

1-23 一液體在 3 m 深處的錶壓力讀數為 42 kPa，求相同液體在 9 m 深處的錶壓力。

1-24 在海面下 53 m 處的潛水艇表面所受的壓力為多少？假設大氣壓為 101 kPa，海水比重 1.03。

1-25 登山者的氣壓計在登山前的讀數為 750 mbars，而登山後為 650 mbars。若不計高度對重力加速度的影響，假設空氣平均密度為 1.20 kg/m^3，求登山的垂直高度。答：850 m

1-26 修車廠的液壓頂車機在頂車部位的缸徑為 30cm，需要頂起重 2,000 kg 的車。在另一端要保持的錶壓力為多少？

1-27 在一垂直無摩擦的活塞−汽缸裝置裡填充氣體，活塞質量為 3.2 kg，而截面積為 35 cm^2。活塞上方的壓縮彈簧施加 150 N 的力於活塞上，

若大氣壓力為 95 kPa，求汽缸內的壓力。答：147 kPa

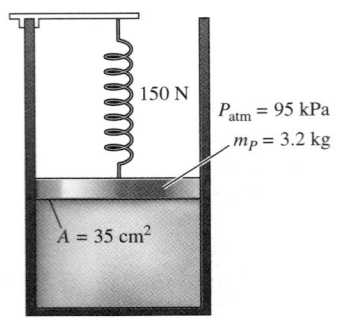

圖 P1-27

1-28 一個裝著油（$\rho = 850 \text{ kg/m}^3$）的液體壓力計裝設於充填著空氣的容器中。若兩柱油面的高度差為 80 cm，而大氣壓力為 98 kPa，求容器內空氣的絕對壓力。答：105 kPa

1-29 某天然氣管線如圖 P1-29 所示。假設大氣壓為 98 kPa，管線內的絕對壓力為何？

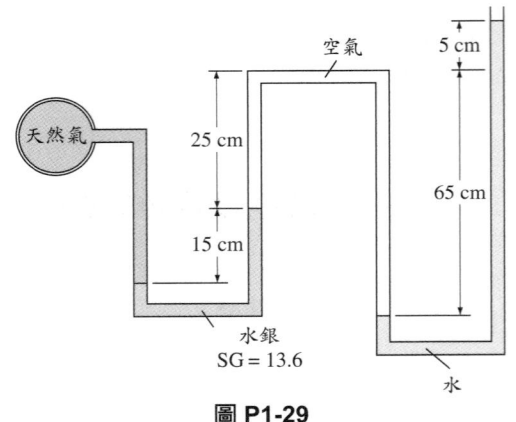

圖 P1-29

1-30 假設習題 1-29 中，空氣換成油（比重 0.69），則結果為何？

1-31 健康成人上臂處的最高血壓為 120 mm Hg。若將一開放於大氣的垂直管連接至上臂的血管，求管內血液上升的高度。血液的密度為 1050 kg/m³。

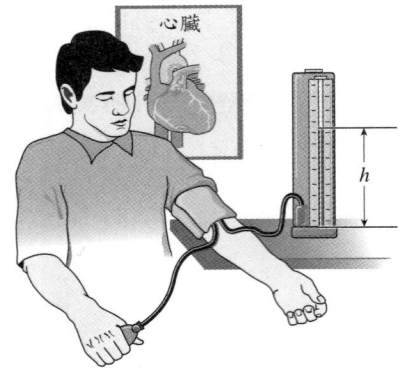

圖 P1-31

1-32 將 U 型管的兩端與大氣相連。若自一端將水倒入，而自另一端倒入油（$\rho = 790 \text{ kg/m}^3$），結果一端裝有 70 cm 高的水，而另一端裝著兩種流體，油對水的高度比為 4，求在該端中每一種流體的高度。

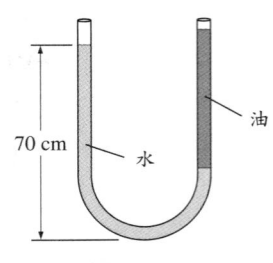

圖 P1-32

1-33 某雙液體液壓計與空氣管路連結，如圖 P1-33 所示，大氣壓為 100 kPa。若有一液體比重為 13.55，則另一液體比重 SG_2 為何？

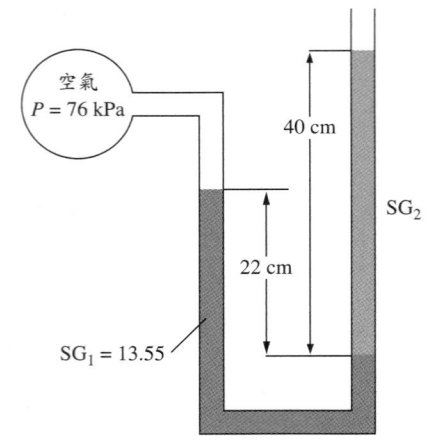

圖 P1-33

Chapter 2

能量、能量傳遞和能量分析

不管你是否意識到,能量是我們日常生活中非常重要的一部分。生活的品質及其基礎是建立在能量的可利用度上。所以,瞭解能量的來源、能量的轉換和能量的衍生對我們來說非常重要。

能量以多種形式存在,例如熱能、機械能、電能、化學能和核能等。甚至質量也可以視為是一種能量的形式。能量可以兩種截然不同的形式(熱和功)傳進或傳出封閉系統(質量固定)。在控制體積(開放系統)中,能量可以隨物質流而傳遞。當能量傳進或傳出封閉系統是由於溫差的存在時,這種能量形式稱為熱。如果是由於一定的力作用在一段距離,則這種能量形式稱為功。

本章首先討論能量的多種存在形式,以及能量如何以熱的形式傳遞,接著介紹功的各種形式,以及能量如何以功的形式傳遞。然後我們將提出熱力學第一定律的主觀表達形式,也稱為能量守恆定律,是自然界中最基本的定律之一。同時,我們會示範如何使用此定律。最後,會討論數種能量轉換過程的效率問題。熱力學第一定律將會在第 4 章(封閉系統)和第 5 章(開放系統)進行更詳細的討論。

學習目標

- 介紹能量的概念,並定義能量的各種形式。
- 討論內能的本質。

- 定義熱的概念和以熱的形式傳遞能量。
- 定義功的概念，包括電功和數種機械功的形式。
- 介紹熱力學第一定律、能量平衡，以及能量傳進或傳出系統的機制。
- 討論在一個開放系統的介面上，能量不僅可以熱或功的形式傳遞，也可以隨著物質的流動而流入和流出系統。
- 定義能量的轉換效率。

2-1　簡介

我們都十分熟悉能量守恆定律，它是熱力學第一定律的一種表達形式。自高中起，我們就一遍又一遍地被告知，能量既不能被產生也不能被消滅，只能從一種形式轉換成另一種形式。這個定律看起來非常簡單，下面例子可以考驗你對第一定律的理解程度，或你對這個定律的信任程度。

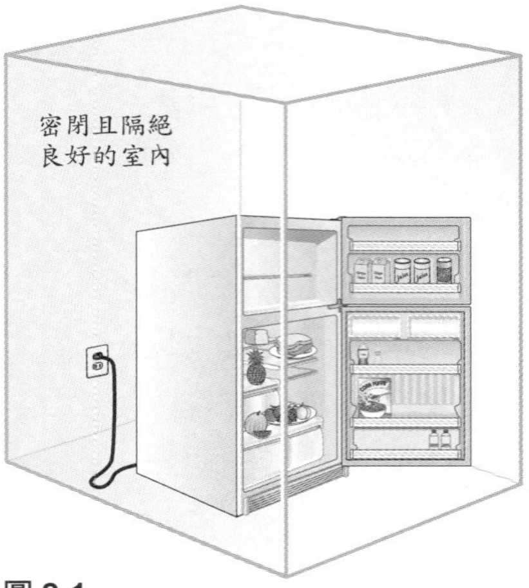

考慮一個門窗緊閉且隔絕良好的房間，沒有熱可以流入或流出。現在我們在這個房間中放置一台電冰箱，插上電源讓冰箱啟動，同時將冰箱門打開（圖 2-1）。如有必要，也可以利用一支小風扇來加速房間內的空氣流動，保持房間內的溫度均勻。現在，你認為房間內的平均溫度將會如何變化？是升高還是降低？或保持不變？

我們首先可能會想到房間內的平均溫度會降低，因為冰箱啟動後，不斷產生冷空氣，這些冷空氣會降低整個房間的溫度。有些人可能會注意到冰箱的馬達運轉時會產生熱，如果產生的熱大於冰箱的冷卻效果，房間裡的溫度便會升高。我們進一步假設冰箱的馬達全部是由超導材料構成，它運轉時產生的熱量可以忽略不計。

爭論可能會激烈地持續下去，直到我們想到必須遵守能量守恆定律：如果將整個房間（包括裡面的空氣和冰箱）視為一個系統，則這個系統是隔熱的，因為房間是密閉且隔絕良好的。唯一能進入這個房間的是驅動冰箱運轉的電能量。能量守恆定律要求這個房間內的總能量不斷增加，而且增加的能量和進入房間的電能量完全相同，而這個電能量可以用普通的電錶來測量。冰箱和馬達不能儲存這些能量，所以這些能量必須進入到房間的空氣中，導致房間內的空氣溫度不斷升高。基於能量守恆定律，根據空氣的物理性質和進入房間的電能量，我們可以計算出房間內氣

圖 2-1
一台開門的冰箱在密閉且隔絕良好的室內運轉。

溫到底升高多少。如果將冰箱換成空調，你認為房間裡的溫度會如何變化呢？或將冰箱換成風扇，會發生什麼情況（圖 2-2）？

冰箱在房間內的運轉過程中，能量是守恆的。電能被轉換成等量的熱能，並且儲存在房間的空氣中。如果能量已經守恆，那麼關於能量守恆或量化能量守恆，我們還有什麼要關心的嗎？其實，我們說「能量守恆」是指質量上的守恆，而非數量上的守恆。例如，電能是一種品質極高的能量形式，總是能轉換成同等數量的熱能。但是，熱能是一種低品質的能量形式，只有一小部分能轉換成電能，參見第 6 章的討論。現在可以知道的是電能被冰箱消耗，而房間內的溫度不斷升高。

我們現在還無法回答冰箱運轉所造成的能量轉換屬於哪一種，因為我們只是簡單地看到電能進入冰箱，熱能從冰箱出來並擴散到空氣中。顯然，我們必須先學習各種能量的形式，然後再學習能量的傳遞轉換機制。

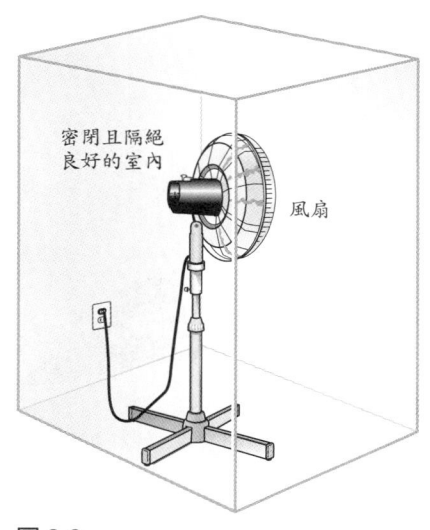

圖 2-2
一支風扇在密閉且隔絕良好的室內運轉，將會提高房間內的溫度。

2-2　能量的形式

能量可以多種形式存在，例如熱能、機械能、動能、位能、電能、磁能、化學能和核能（圖 2-3）等形式。這些能量的總和組成系統的**總能（total energy）** E。單位質量的總能用 e 表示為：

$$e = \frac{E}{m} \quad \text{(kJ/kg)} \tag{2-1}$$

(a) 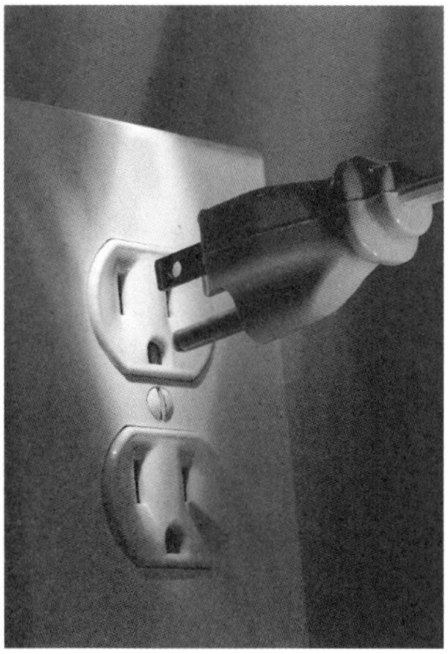　　　　　　　　　　　(b)

圖 2-3
從核電廠輸往住家的能量至少有六種形式：核能、熱能、機械能、動能、磁能、電能。
(a) ©Creatas/PunchStock RF
(b) ©Comstock Images/Jupiterimages RF

熱力學無法提供系統總能的絕對值，它僅考慮總能的變化，這也是工程問題所關心的重點。因此，我們可根據需要，在任一個參考點將一個系統的總能值設為零（$E = 0$）。一個系統的總能變化與如何設置這個參考位置無關。例如，一個墜落石塊的位能變化只與墜落的高度有關，而與以什麼地方為參考位置來計算絕對高度無關。

在熱力學中，我們經常將系統總能分成兩種形式：宏觀形式和微觀形式。**宏觀（macroscopic）**形式的能量通常是將一個系統視為整體，並相對於某一外在的參考體所具有的能量，例如動能和位能（圖 2-4）。**微觀（microscopic）**形式的能量通常涉及到組成這個系統之分子的結構和運動，通常與外在的參考體無關。所有微觀形式能量的總和通常稱為**內能（internal energy）**，以 U 表示。

圖 2-4
物體的宏觀能量會隨著速度和高度而產生改變。

「能量」這個術語首先由 Thomas Young 於 1807 年提出，之後 Lord Kelvin 於 1852 年將之應用於熱力學。「內能」這個術語和其符號 U 首先在十九世紀後半葉出現在 Rudolph Clausius 和 William Rankine 的著作中，這個詞最終替代了當時其他數個流行的詞彙。

宏觀的能量通常與某些外部的運動和影響有關，例如重力場、磁場、電場和表面張力等。一個系統的**動能（kinetic energy, KE）**是指這個系統相對於某一個參考體運動而具有的能量。當這個系統的所有組成部分皆以相同的速度運動時，其具有的動能為

$$KE = m\frac{V^2}{2} \quad \text{(kJ)} \qquad (2\text{-}2)$$

而單位質量的動能為

$$ke = \frac{V^2}{2} \quad \text{(kJ/kg)} \qquad (2\text{-}3)$$

其中，V 是這個系統相對於某一靜止參考體的運動速度。一個旋轉物體的動能是 $\frac{1}{2}I\omega^2$，其中，I 是這個系統的轉動慣量，ω 是角速度。

一個系統在重力場中由於高度變化而具有的能量，稱為**位能（potential energy, PE）**，表示為

$$PE = mgz \quad \text{(kJ)} \qquad (2\text{-}4)$$

而單位質量的位能為

$$pe = gz \quad \text{(kJ/kg)} \qquad (2\text{-}5)$$

其中，g 是重力加速度，z 是這個系統的重心相對於某一參考點的高度。

磁場、電場和表面張力只會在某些特殊的情況中有影響，而在一般的情況下，通常會被忽略。如果這些影響忽略不計，一個系統的總能將包括動能、位能和內能，可表示成

$$E = U + \text{KE} + \text{PE} = U + m\frac{V^2}{2} + mgz \quad \text{(kJ)} \quad \textbf{(2-6)}$$

單位質量的總能為

$$e = u + \text{ke} + \text{pe} = u + \frac{V^2}{2} + gz \quad \text{(kJ/kg)} \quad \textbf{(2-7)}$$

大部分封閉系統在一個過程中會保持靜止，所以動能和位能不會變化。當一個封閉系統的速度和重心在一個過程中保持不變，我們稱這個系統為**靜止系統**（stationary systems）。一個靜止系統的總能變化（ΔE）與內能變化（ΔU）完全等量。在本書中，除非特別說明，否則通常假設一個封閉系統是靜止系統。

控制體積通常與流體在一段期間內的流動有關，所以將能量的流動表示為伴隨著流體的流動會比較方便。流體的流量通常表示成**質量流率**（mass flow rate）$\dot{m}$，是指在單位時間內通過某一橫截面的流體質量。質量流率通常與**體積流率**（volume flow rate）$\dot{V}$ 有關，是指在單位時間內通過某一橫截面的流體體積。質量流率可以表示為

質量流率：
$$\dot{m} = \rho\dot{V} = \rho A_c V_{\text{avg}} \quad \text{(kg/s)} \quad \textbf{(2-8)}$$

這個公式可以與 $m = \rho V$ 相對應。其中，ρ 是流體密度，A_c 是流體的截面積，V_{avg} 是垂直於橫截面 A_c 的法向速度。在本書中，在數量上加一個點，是表示這個量的時間變化速率。如圖 2-5 所示，伴隨流體流率 $\dot{m}$ 的能量流率表示為

能量流率：
$$\dot{E} = \dot{m}e \quad \text{(kJ/s 或 kW)} \quad \textbf{(2-9)}$$

這個公式可以與 $E = me$ 相對應。

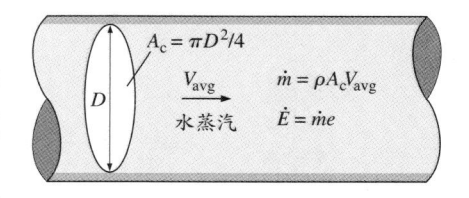

圖 2-5
管中流動水蒸汽的質量和能量流率與管徑 D 和平均速度 V_{avg} 有關。

⊃ 內能的基本物理解釋

內能定義為系統中所有以微觀形式存在之能量的總和。它與分子結構和分子的活動性相關，所以也被認為是分子動能和分子位能的總和。

為了更加瞭解內能，我們從分子級別來考慮系統。分子，例如氣體分子，以一定的速度在空間運動，因此這些分子具有一定的動能，此種動能稱為「平移動能」（translational energy）。如果是多原子分子，會繞某一軸轉動，因此該分子會具有「轉

動動能」（rotational kinetic energy）。多原子分子的原子還會不停地振動，而由於這些原子的往返運動，分子具有「振動動能」（vibrational kinetic energy）。對於氣體分子來說，動能主要是由於分子的平移和轉動所引起，振動引起的動能只有在高溫下才會變得明顯。電子圍繞原子核旋轉，所以電子具有轉動動能；外層旋轉的電子會有更高的動能。此外，電子本身還會自轉，所以電子具有自轉動能（spin energy）。原子核中的其他粒子也具有自轉動能。在一個系統的內能中，與分子動能相關的動能稱為**顯能（sensible energy）**（圖 2-6）。分子的平均速度和活動強度與溫度呈正比關係。系統的溫度愈高，分子就有愈大的動能，所以系統具有愈高的內能。

內能也與組成此物質的分子與分子之間、同一分子內的各原子之間，以及同一原子內的各粒子之間的各種結合力相關。就我們所知，將分子與分子結合在一起的力中，以固體最強，氣體最弱。如果傳遞足夠的能量給固體分子或液體分子，這些分子就會擺脫彼此間的束縛；固體或液體將因此變成氣體，這就是所謂的相變化過程。對同一種物質來說，在氣態存在的內能比液態或固態更高。這種與相態相關的內能稱為**潛能（latent energy）**。相變化過程不會改變系統的化學結構。大部分的實際問題皆屬於這一類，同一分子中，各原子間的相互作用經常被忽略。

原子是由原子核和圍繞著原子核運動並帶負電的電子所組成，原子核是由不帶電的中子和帶正電的質子以非常強的核力結合在一起。同一個分子中，與原子間結合力（化學鍵）相關的內能稱為**化學能（chemical energy）**。在化學反應中，例如燃燒，一些化學鍵被破壞，同時也建立一些新的化學鍵，所以系統的內能會變化。核力比電子和原子核之間的結合力要大很多。蘊涵在原子核中的巨大能量稱為**核能（nuclear energy）**（圖 2-7）。在熱力學中，我們不必考慮核能，除非是考慮核熔合或核分裂過程。在化學反應中，變化的是原子的電子；而在核反應中，變化的是原子核本身。所以，原子核在化學反應中保持不變，但是在核反應中會有變化。在外部電場和磁場作用下，原子可能具有電偶極矩和磁偶極矩能量，這是因為當電子繞原子核運動時，會產生電流和磁偶極矩。

以上討論的能量存在形式會組成系統的總能。它們被包含（或稱為儲存）在系統中，所以也被視為能量的靜態形式。不能儲存在系統中的能量，被視為能量的動態形式，或稱為能量的相互作用。當動態形式的能量穿過系統的邊界時，我們可以確認在

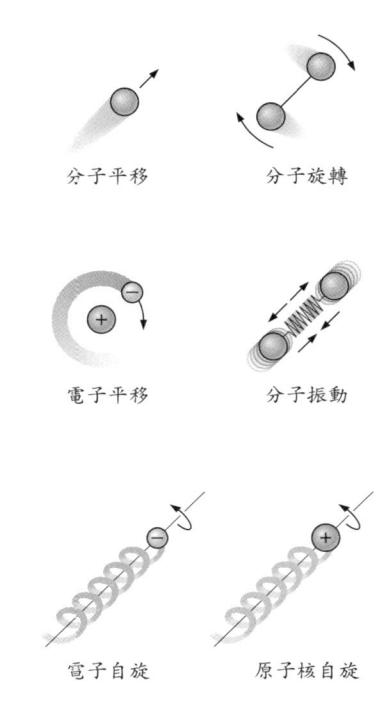

圖 2-6
組成顯能的各種不同微觀形式之能量。

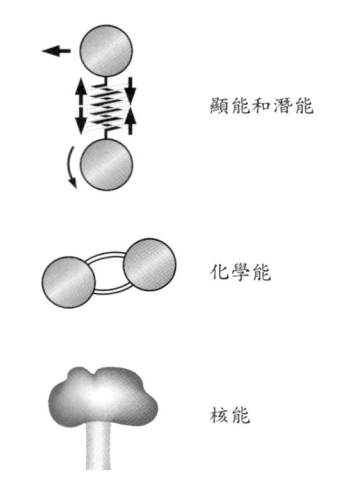

圖 2-7
系統的內能是所有微觀能量的總和。

過程中系統得到或失去能量。在一個封閉系統中，能量間的相互作用只存在於兩種形式，分別是**熱傳遞**（heat transfer）和**功**（work）。如果存在溫差，能量的相互作用就會有熱傳遞，否則會有作功，我們將在下一節討論。一個控制體積內，能量也可以隨物質流而流動，這是因為任何物質都含有一定的能量。

一個物體作為整體運動所具有的宏觀動能，與由組成這個物體的分子運動而具有的微觀動能，必須區分清楚（圖 2-8）。一個物體的宏觀動能是由於組成這個物體的所有分子統一向某一方向運動，或統一繞某一軸轉動所產生，所以分子的運動是有次序的。相反地，一個物體的微觀動能是因組成這個物體的分子雜亂無序地運動所產生。在本章稍後將會看到，有序的能量會比無序的能量具有更高的利用價值。在熱力學中，一個非常重要的應用就是研究如何將無序的能量（熱）轉換成有序的能量（功）。有序的能量可以無條件地完全轉換為無序的能量，但是無序的能量只有一部分能轉換為有序的能量，這個轉換設備稱為熱機（heat engines，例如汽車引擎或發電發電廠發電廠）。與動能類似，物體的宏觀位能是由於該物體作為一個整體而具有的，而微觀位能則是與分子結構相關。

圖 2-8
宏觀動能是有組織的能量，比分子無組織的微觀能量更有用。

⇒ 核能

最著名的核分裂反應是將鈾原子（U-235，一種鈾的同位素）分裂成其他原子。核分裂除了用來製造原子彈之外，也廣泛地用在核電廠以產生電能，並驅動核潛艇、航空母艦，甚至航空飛行器。在 2004 年，全世界共有 440 座核電廠，產生 363,000 MW 的電能。

在法國，核電占全國電力比重的 78%，在日本是 25%，在德國是 28%，在美國是 20%。Enrico Fermi 於 1942 年第一次實現了人工核鏈式反應。大規模的核反應爐首先建立於 1944 年，當時的主要目的是為了製造核子武器。U-235 吸收一個中子後會發生分裂反應，產生一個銫（Cs）-140 原子、一個銣（Rb）-93 原子、三個中子，以及 3.2×10^{-11} J 的能量。如果 1 kg 的 U-235 完全發生分裂反應，會釋放出 6.73×10^{10} kJ 的熱量，相當於燃燒 3000 噸煤的熱量。換言之，以相同質量的燃料來說，核分裂所釋放的能量是化學反應的數百萬倍。但是，如何安全地處理核廢料是另一個需要考慮的問題。

核熔合是將兩個較小的原子熔合成一個大的原子而放出能量。太陽和其他星體能釋放出巨大的能量，就是因為內部發生

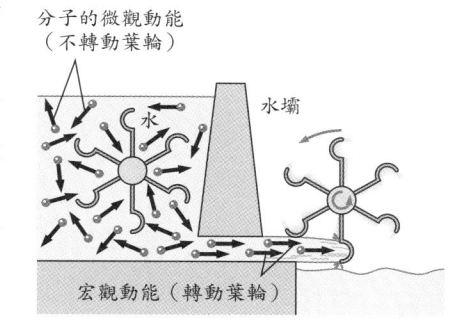

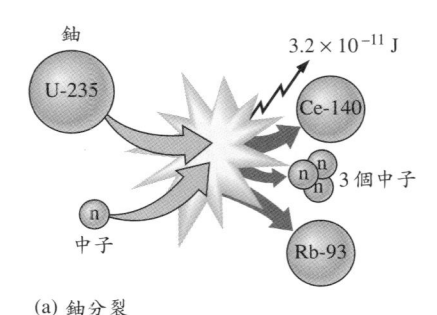

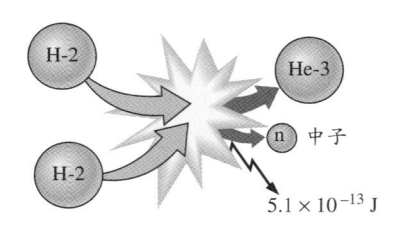

核熔合，而將兩個氫（H）原子熔合至一個氦（He）原子中。當兩個重氫原子（氘）熔合，會產生一個 He-3 原子和一個自由中子，同時產生 5.1×10^{-13} J 的能量（參見圖 2-9）。

與核分裂反應相比，核熔合反應更難實現，因為在兩個帶正電的原子核之間存在非常強大的排斥力，稱為庫侖排斥力（Coulomb repulsion）。要克服此排斥力而使兩個原子進行核熔合，必須將它們加熱到攝氏 1 億度的高溫。這樣高的溫度只有在恆星內部或原子彈爆炸時才可能出現。事實上，氫彈中不可控制的分裂反應即是由一個小型原子彈引發。最早的人工不可控制核熔合在 1950 年代初期實現，從那之後，人們研究使用各種方法來實現可控制的核熔合，例如大規模的雷射、高強力的磁場和電流，但都沒有成功。

圖 2-9
核反應的鈾分裂與氫熔合，以及核能的釋放。

圖 2-10
例 2-1 的示意圖。

例 2-1

核驅動車

一輛汽車的油箱容量大約為 50 L，每天平均消耗 5 L 的汽油，所以大約每十天加一次油。汽油的密度為 0.68 至 0.78 kg/L，熱值約為 44,000 kJ/kg（1 kg 的汽油完全燃燒能產生 44,000 kJ 的熱量）。假設核燃料和廢棄物的問題完全解決，汽車可以利用 U-235 為燃料。如果一部新車配有 0.1 kg 的 U-235 燃料，求在一般的開車狀況下，車子是否需要更換燃料（圖 2-10）。

解：一部車子以核能為動力，並配備核燃料，求車子是否需要更換燃料。

假設：(1) 汽油為不可壓縮物質，平均密度為 0.75 kg/L。(2) 核燃料完全轉換為熱能。

分析：車子每天使用的汽油質量為

$$m_{\text{gasoline}} = (\rho V)_{\text{gasoline}} = (0.75 \text{ kg/L})(5 \text{ L/天}) = 3.75 \text{ kg/天}$$

汽油的熱值為 44,000 kJ/kg，所以車子每天需要的能量為

$$E = (m_{\text{gasoline}})(\text{熱值})$$
$$= (3.75 \text{ kg/天})(44,000 \text{ kJ/kg}) = 165,000 \text{ kJ/天}$$

0.1 kg 的 U-235 完全分裂可以釋放的能量為

$$(6.73 \times 10^{10} \text{ kJ/kg})(0.1 \text{ kg}) = 6.73 \times 10^9 \text{ kJ}$$

可以供應車子能量需求的天數為

$$\text{天數} = \frac{\text{燃料所含的能量}}{\text{每天所使用的能量}} = \frac{6.73 \times 10^9 \text{ kJ}}{165,000 \text{ kJ/天}} = \mathbf{40{,}790 \text{ 天}}$$

大約為 112 年。然而，沒有車子的使用年限能超過 100 年，所以這部車子不需更換燃料。這個結果顯示，櫻桃大小的核燃料足以提供一部車子在使用期限內的所有動力。

討論：此問題並不完全可行，因為數量太少的燃料無法達成所需要的臨界質量。另外，因為部分轉換後的臨界質量問題，並非所有的鈾都可以進行核分裂。

◯ 機械能

許多工程設備是以特定的流率、速度或輸送的高度差，將流體從一個位置輸送到另一個位置。這些設備可能是渦輪機由流體推動來產生機械功，也可能是泵或風扇消耗機械功來推動流體（圖 2-11）。在這些設備中，不會有核能、化學能和熱能參與轉換成機械能。這些系統在近似恆溫的環境中運行，不會發生明顯的熱傳遞。當分析這些系統時，我們可以只考慮機械形式的能量和因摩擦而損失的能量（這些能量被轉換成熱能，而且不能再利用）。

機械能（mechanical energy）是一種能量的形式，它可以被理想機械設備（例如理想渦輪機）完全且直接地轉換為機械功。動能和位能是我們熟悉的機械能形式，但熱能不是機械能，因為它不能完全且直接地轉換成機械功（熱力學第二定律）。

泵可以透過提高流體的壓力，將機械能傳遞給流體；相反地，渦輪機可以透過降低流體的壓力，獲得機械能。所以，流動中流體的機械能與壓力是相關的。實際上，壓力的單位（Pa）定義為 Pa = N/m² = N·m/m³ = J/m³，相當於單位體積的能量，而 Pv 或 P/ρ 的單位是 J/kg，是指單位質量的能量。但要注意，壓力本身不是一種能量；壓力要在流體上作用一段距離才會產生功，稱為流功（flow work）。流功經常被視為流體本身的一種性質，是流體在流動中能量的一部分，稱為流動能（flow energy）。所以，流體在流動中的機械能（單位質量）通常表示成

$$e_{\text{mech}} = \frac{P}{\rho} + \frac{V^2}{2} + gz \quad \text{(2-10)}$$

其中，P/ρ 是流動能，$V^2/2$ 是流體的動能，gz 是流體的位能。它也可以表示成質量流率的形式

$$\dot{E}_{\text{mech}} = \dot{m} e_{\text{mech}} = \dot{m}\left(\frac{P}{\rho} + \frac{V^2}{2} + gz\right) \quad \text{(2-11)}$$

其中，$\dot{m}$ 是流體的質量流率。所以，對於不可壓縮流體（ρ = 常數），機械能的變化是

$$\Delta e_{\text{mech}} = \frac{P_2 - P_1}{\rho} + \frac{V_2^2 - V_1^2}{2} + g(z_2 - z_1) \quad \text{(kJ/kg)} \quad \text{(2-12)}$$

圖 2-11
機械能對流體而言是有一個非常有用的概念，其不包含熱傳遞或能量轉換，例如將油槽中汽油加入車子的汽油流動。
©Royalty-Free/Corbis

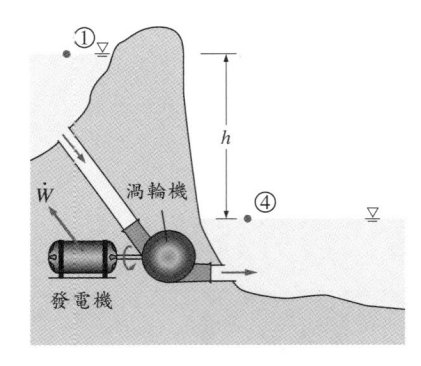

$$\dot{W}_{\max} = \dot{m}\Delta e_{\text{mech}} = \dot{m}g(z_1 - z_4) = \dot{m}gh$$

因為 $P_1 \approx P_4 = P_{\text{atm}}$ 與 $V_1 = V_4 \approx 0$

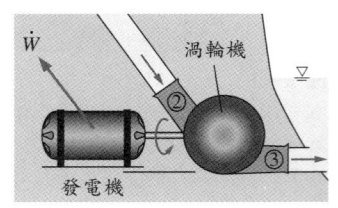

(a)

$$\dot{W}_{\max} = \dot{m}\Delta e_{\text{mech}} = \dot{m}\frac{P_2 - P_3}{\rho} = \dot{m}\frac{\Delta P}{\rho}$$

因為 $V_2 \approx V_3$ 與 $z_2 = z_3$

(b)

圖 2-12

利用一理想的水力渦輪機與理想發電機的偶合來說明機械能。在沒有不可逆損失下所產生的最大功，與 (a) 上游和下游儲液槽的高程差或 (b) 渦輪機上游與下游的壓力降成正比。

圖 2-13

例 2-2 討論風力農場的可能場址。
©Ingram Publishing/SuperStock RF

與

$$\Delta \dot{E}_{\text{mech}} = \dot{m}\Delta e_{\text{mech}} = \dot{m}\left(\frac{P_2 - P_1}{\rho} + \frac{V_2^2 - V_1^2}{2} + g(z_2 - z_1)\right) \quad \text{(kW)}$$

(2-13)

因此，若一種流體的壓力、密度、速度和高度在流動中沒有變化，則其機械能將恆定不變。如果不計算任何損失，機械能的變化可以代表對流體作機械功（若 $\Delta e_{\text{mech}} > 0$），或從流體得到機械功（若 $\Delta e_{\text{mech}} < 0$）。渦輪機所產生的最大功為 $\dot{W}_{\max} = \dot{m}\Delta e_{\text{mech}}$，如圖 2-12 所示。

例 2-2

風能

欲評估一個穩定風速 8.5 m/s 的場址是否可設為風力農場（圖 2-13）。求出下列的風能：(a) 每單位質量；(b) 10 kg 的質量；(c) 空氣流率為 1154 kg/s。

解：場址的風速已知。求每單位質量、特定質量及已知空氣質量流率的風能。

假設：風速穩定。

分析：唯一可以由大氣空氣獲得的能量形式是動能，其透過風力發電機來獲得能量。

(a) 每單位質量空氣的風能為

$$e = \text{ke} = \frac{V^2}{2} = \frac{(8.5 \text{ m/s})^2}{2}\left(\frac{1 \text{ J/kg}}{1 \text{ m}^2/\text{s}^2}\right) = \mathbf{36.1 \text{ J/kg}}$$

(b) 空氣質量 10 kg 的風能為

$$E = me = (10 \text{ kg})(36.1 \text{ J/kg}) = \mathbf{361 \text{ J}}$$

(c) 質量流率 1154 kg/s 的風能為

$$\dot{E} = \dot{m}e = (1154 \text{ kg/s})(36.1 \text{ J/kg})\left(\frac{1 \text{ kW}}{1000 \text{ J/s}}\right) = \mathbf{41.7 \text{ kW}}$$

討論：當空氣密度為 1.2 kg/m^3，直徑 12 m 的截面積可以產生題目指定的質量流率。因此，葉片直徑 12 m 的風力發電機可以發電的能量為 41.7 kW。實際的風力發電機只有三分之一的能量得以轉換為電能。

2-3 熱形式的能量傳遞

能量可以用熱和功兩種不同的形式，穿過一個封閉系統的邊界（圖 2-14）。區分這兩種形式的能量很重要。所以，我們先討論這兩種形式的能量，作為之後瞭解熱力學第一定律的基礎。

經驗告訴我們，一罐冰涼的汽水放在桌上會慢慢退冰，一顆

第 2 章　能量、能量傳遞和能量分析

烤好的熱馬鈴薯放在桌上會慢慢變涼。當一個物體被放在不同溫度的介質中，能量會在這個物體和周圍的介質間傳遞，直到建立熱平衡，也就是這個物體和介質達到相同的溫度。能量傳遞的方向永遠是從高溫物體到低溫物體。一旦溫度相同，能量傳遞就會停止。在上面描述的現象中，能量傳遞的形式稱為熱。

熱（heat）被定義為一種形式的能量，它是由溫差驅動，並在兩個系統（或系統和環境）之間傳遞（圖 2-15）。也就是說，熱形式的能量相互作用的必要條件是要存在溫差。在相同的溫度下，兩個系統之間沒有熱傳遞。

常用的詞彙，例如熱流、熱增加、熱排放、熱吸收、熱獲得、熱損失、熱儲存、熱產生、電加熱、電阻加熱、摩擦生熱、煤氣加熱、反應熱、放熱、比熱、顯熱、潛熱、廢熱、體熱、熱沉和熱源等，皆不是嚴格的熱力學意義上的熱。熱力學上的熱，只定義為熱能在一個過程中傳遞的方式。然而，這些詞彙深深地根植在我們的語言中，經常被誤用，包括一般人和科學家，但這並不會導致誤解，因為它們能被正確地理解，而不是按照字面上來理解（而且，我們現在也找不到其他詞彙來代替）。例如，我們認為體熱是身體所包含的熱能。同樣地，熱流為熱能的傳遞，而不是將一種類似流體的東西稱為熱。通常，將熱傳進一個系統，稱為加熱（heat addition）；而將熱從一個系統中傳出，稱為排熱（heat rejection）。

熱是一種傳遞狀態的能量。只有在熱穿過系統的邊界時，我們才能識別出來。接下來再看一下烤馬鈴薯的例子。烤好的馬鈴薯含有能量，但只有這些能量通過馬鈴薯皮（系統邊界）傳到空氣中時，才能稱為熱傳遞（heat transfer）；一旦傳到外界的空氣中，這些能量就變成空氣的內能（圖 2-16）。所以在熱力學中，熱這個字就表示熱傳遞。

沒有發生熱傳遞的過程稱為**絕熱過程（adiabatic process）**（圖 2-17）。只有在兩種情況下才可能出現絕熱過程。一種是這個系統被隔絕得非常好，沒有熱能通過邊界。另一種情況是兩個系統或系統與其環境的溫度相同；因為沒有驅動力（溫差）存在，所以也沒有熱傳遞。記住，不要將絕熱過程與等溫過程混淆。雖然絕熱過程沒有熱傳遞發生，但系統的內能和溫度可以產生變化，例如對這個物體作功。

熱是一種能量的形式，具有能量的單位，最常用的是 kJ。在兩個狀態（狀態 1 和狀態 2）之間發生的熱傳遞量表示為 Q_{12}，或簡單地以 Q 表示。單位質量的熱傳遞可表示為

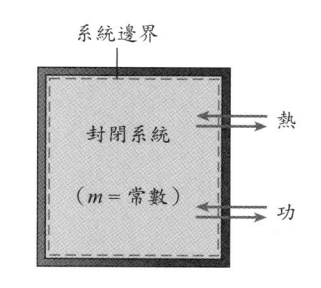

圖 2-14
能量能以熱和功的形式跨越封閉系統的邊界。

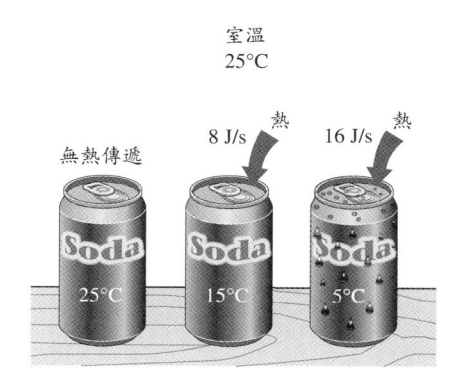

圖 2-15
溫差是熱傳遞的驅動力，溫差愈大，產生的熱傳率也愈大。

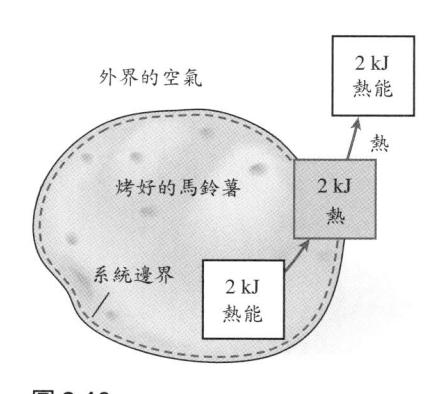

圖 2-16
能量以熱傳遞的形式跨越系統邊界。

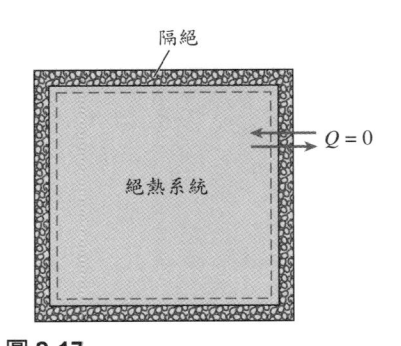

圖 2-17
在絕熱系統中，系統與外界沒有熱交換。

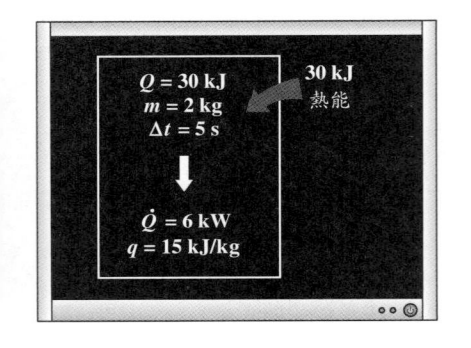

圖 2-18
q、Q 和 $\dot{Q}$ 的關係。

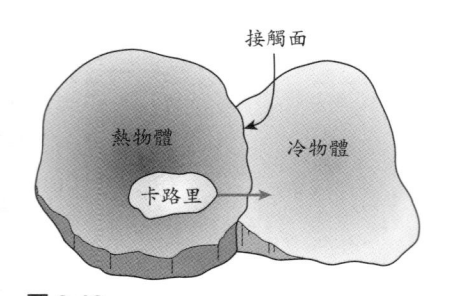

圖 2-19
在十九世紀初期，熱量稱為卡路里，是由熱物體流向冷物體的不可視流體。

$$q = \frac{Q}{m} \quad (kJ/kg) \quad (2\text{-}14)$$

有時候，我們想知道熱傳遞的速率（單位時間內傳遞的熱量），而不是在一段時間內傳遞的總熱量（圖 2-18）。熱傳遞的速率可表示為 $\dot{Q}$，上方的點代表時間的導數，也就是「每單位時間」。熱傳遞速率的單位是 kJ/s，相當於 kW。如果 $\dot{Q}$ 隨時間變化，在一個過程中，傳遞的總熱量為對熱傳遞速率的時間積分：

$$Q = \int_{t_1}^{t_2} \dot{Q}\, dt \quad (kJ) \quad (2\text{-}15)$$

如果 $\dot{Q}$ 在這個過程中保持恆定，則這個關係式可以簡化為

$$Q = \dot{Q}\, \Delta t \quad (kJ) \quad (2\text{-}16)$$

其中，$\Delta t = t_2 - t_1$ 是指該過程發生的持續時間。

熱的歷史背景

熱經常被認為是一種令人感覺溫暖的東西，也被許多人認為是人類最先知道的東西之一。然而，直到十九世紀中葉，我們才真正瞭解熱的物理本質。這都要歸功於當時**動力學（kinetic theory）**的發展，它將分子或原子視為隨機運動的小球，從而具有動能。當時，熱之所以被定義為一種動能，與此隨機運動有關。雖然在十八世紀和十九世紀早期，熱已被認為是分子層面的運動，但是這個觀點直到十九世紀中期才蔚為潮流，以法國化學家 Antoine Lavoisier（1744-1794）於 1789 年提出的卡路里理論（caloric theory）為基礎。卡路里理論認為熱是一種類似流體的物質，稱為**卡路里（caloric）**，是一種沒有質量、無色、無味的物質，並且能從一個物體流到另一個物體中（圖 2-19）。當卡路里加入一個物體後，這個物體的溫度會升高；當卡路里從一個物體流出時，這個物體的溫度會降低。當一個物體不能容納更多卡路里，就像一杯水不能溶解更多的鹽或糖時，我們稱這個物體到達卡路里飽和。這種解釋產生了「飽和液體」和「飽和蒸氣」這些目前仍在使用中的詞彙。

卡路里理論一經發表就立即受到批判。它主張熱這種物質不能被創造，也不能被消滅。但是常識告訴我們，當人們摩擦雙手或摩擦兩塊木板時會產生熱。1798 年，美國人 Benjamin Thompson（1754-1814）發表文章說明摩擦可以不斷地產生熱。卡路里理論的正確性也受到其他人的質疑。1843 年，英國人 James P. Joule（1818-1889）透過經過精心設計的實驗，終於說服了那些持懷疑態度的人們熱是一種能量，而不是一種物質，動搖

了卡路里理論的基礎。雖然卡路里理論在十九世紀中期被人們放棄，但它為熱力學和熱傳學的發展做出重大的貢獻。

熱有三種傳遞機制：傳導、對流和輻射。**傳導（conduction）**時，能量從高能量分子傳遞到相鄰的分子，是分子之間的相互作用。**對流（convection）**時，能量是在固體表面與接觸的流體間傳遞，是傳導和流體運動的綜合結果。**輻射（radiation）**時，是由電磁波來傳遞能量。

2-4 功形式的能量傳遞

與熱類似，功是一種系統和外界之間能量相互作用的形式。如前所述，能量可以熱和功的形式通過系統的邊界。所以，如果通過封閉系統邊界的能量不是熱，就必須是功。熱很容易辨識，其驅動力是系統和外界的溫差。所以，我們可以簡單地區分，如果能量的相互作用不是因為溫差引起的，則必定是因為功。更具體地說，功是由於力作用在一段距離上所產生的能量傳遞。一個升起的活塞、一個轉動的輪軸、一根通過系統邊界的金屬線，都會伴隨著功的相互作用。

因為功是另一種形式的能量傳遞，所以單位是 kJ。一個過程從狀態 1 變化到狀態 2 所作的功可以表示為 W_{12}，或簡單地以 W 表示。單位質量的功表示為

$$w = \frac{W}{m} \quad \text{(kJ/kg)} \quad (2\text{-}17)$$

單位時間內作的功稱為**功率（power）**，以 $\dot{W}$ 表示（圖 2-20）。功率的單位是 kJ/s 或 kW。

熱和功是有方向的量，所以要完整地表示熱和功，需要知道大小和方向。有一種作法是採取約定俗成的慣例。一般使用的**正式符號約定（formal sign convention）**如下：傳進系統的熱和系統對外所作的功是正的；傳出系統的熱和對系統作的功是負的。另一種方法是在下標以 in 和 out 來表示方向（圖 2-21）。例如，輸入 5 kJ 的功可以表示成 $W_{\text{in}} = 5$ kJ，熱損失 3 kJ 則表示成 $Q_{\text{out}} = 3$ kJ。當不清楚熱和功的方向時，我們可以自行假設一個方向。正的結果表示相互作用的方向與假設的方向一致，負的結果表示相互作用的方向與假設的方向相反。這就好像在靜力系統中，當不知道一個力的方向時，可以先假設一個方向，如果結果為正值，則這個力的方向與假設的方向相同，否則相反。

注意，在一個過程中，傳進或傳出一個系統的量不是系統本

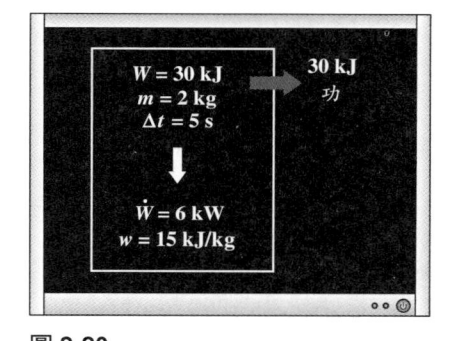

圖 2-20
w、W 和 $\dot{W}$ 的關係。

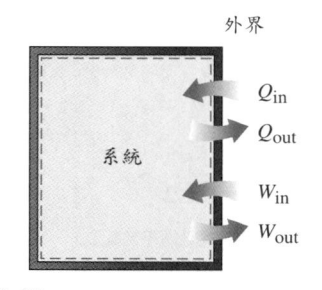

圖 2-21
熱和功的方向。

身的性質，因為這些量並非僅由系統的狀態決定。熱和功是系統和外界的能量傳遞方式，它們之間有很多類似的地方。

1. 兩者皆可以在跨越系統邊界時被辨識，所以熱和功皆屬於邊界現象。
2. 系統具有能量，但不具有熱和功。
3. 兩者皆與過程相關，而與狀態無關。不像物體本身具有的屬性，在狀態中，熱和功沒有任何意義。
4. 兩者都是路徑函數（亦即，它們的大小與過程的初始狀態和最終狀態有關，也與過程的路徑相關）。

路徑函數（path function）為**非正合微分**（inexact differentials），以 δ 表示。所以，熱和功的微分表示為 δQ 和 δW，而不是 dQ 和 dW。然而，性質是**點函數**（point function）（亦即，它們只與狀態有關，而與系統如何達到這個狀態的過程無關），為**正合微分**（exact differentials），以 d 表示。例如，體積的微小變化表示為 dV。在一個過程中，體積從狀態 1 到狀態 2 的變化是

$$\int_1^2 dV = V_2 - V_1 = \Delta V$$

也就是說，在 1-2 的過程中，體積的變化永遠是狀態 2 的體積減去狀態 1 的體積，而不論這個過程的變化路徑如何（圖 2-22）。在 1-2 的過程中，所作的功是

$$\int_1^2 \delta W = W_{12} \qquad (非 \Delta W)$$

換言之，這個過程作的總功是沿過程變化路徑的積分。δW 的積分不是 $W_2 - W_1$（狀態 2 的功減去狀態 1 的功），這是沒有意義的，因為功不是一種性質，而且一個系統在某一狀態不具有任何功。

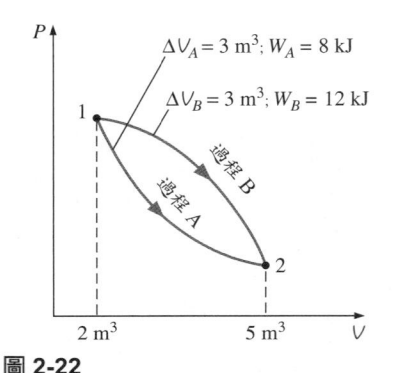

圖 2-22
性質是點函數，但熱和功是路徑函數（它們的大小依路徑而定）。

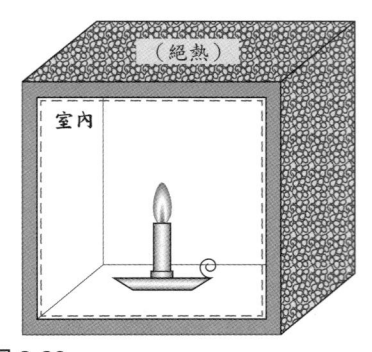

圖 2-23
例 2-3 的示意圖。

例 2-3　在絕熱的室內燃燒蠟燭

一支蠟燭在絕熱良好的室內燃燒。以室內（蠟燭與空氣）為系統，求：(a) 燃燒過程是否有熱傳遞？(b) 系統內能是否會變化？

解：考慮一支蠟燭在絕熱良好的室內燃燒，求出在這個過程中是否有熱傳遞和任何內能的變化。

分析：(a) 在圖 2-23 中，虛線表示室內內表面所形成的系統邊界。由於室內隔絕良好，所以此系統為絕熱系統，而且沒有熱量

穿過邊界。因此，在這個過程中，$Q = 0$。
(b) 內能包含以各種不同形式存在的能量（顯熱、潛熱、化學能、核能）。在這個過程中，部分化學能轉換為顯能。由於系統的總內能沒有增加或減少，所以 $\Delta U = 0$。

例 2-4　在烤箱內加熱馬鈴薯

將溫度與室溫 25°C 相同的馬鈴薯放入烤箱，以 200°C 烘烤，如圖 2-24 所示。在烘烤過程中，是否有熱傳遞發生？

解： 馬鈴薯在烤箱內烘烤，求出在這個過程中是否有熱傳遞發生。

分析： 假設我們以馬鈴薯當作系統，將馬鈴薯的皮視為系統邊界，烤箱部分的能量將穿越馬鈴薯皮進入馬鈴薯。由於能量傳遞的驅動力是溫差，所以是熱傳遞過程。

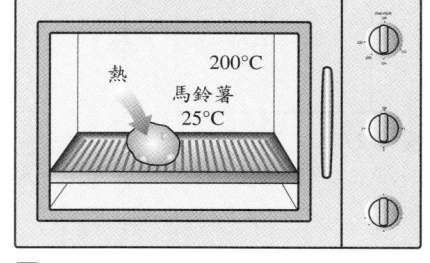

圖 2-24
例 2-4 的示意圖。

例 2-5　經由功轉換對烤箱加熱

一台隔熱良好的電烤箱透過加熱元件加熱，若將整台烤箱和加熱元件視為一個系統，這是否為一個熱或功的交互作用？

解： 一台隔熱良好的電烤箱利用加熱元件加熱，討論這是否為一個熱或功的交互作用。

分析： 對於這個問題，烤箱的內表面形成系統邊界，如圖 2-25 所示。烤箱在這個過程中所含的能量明顯升高，溫度升高就是證明。烤箱能量的轉移並非由烤箱和外界溫差造成，而是由於電子跨越系統邊界作功，所以這是功的交互作用。

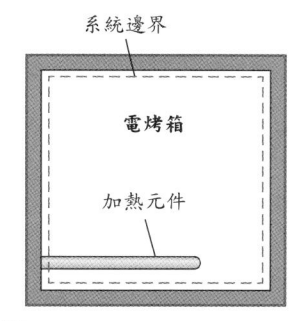

圖 2-25
例 2-5 的示意圖。

例 2-6　經由熱傳遞對烤箱加熱

若系統不包含加熱器，只取烤箱內的空氣，重做例 2-5。

解： 重新思考例 2-5，並且只將烤箱內的空氣視為系統。

分析： 系統邊界將包含加熱器的外表面，並未切過加熱器，如圖 2-26 所示。因此，沒有電子跨越系統邊界，加熱器所產生的能量將由加熱器與空氣間的溫差產生熱傳遞，所以這是一個熱傳遞過程。

討論： 對於這兩個狀況而言，傳遞到空氣中的總能量相同。這兩個例子顯示，根據選擇系統的狀況，能量可以功或熱的形式傳遞。

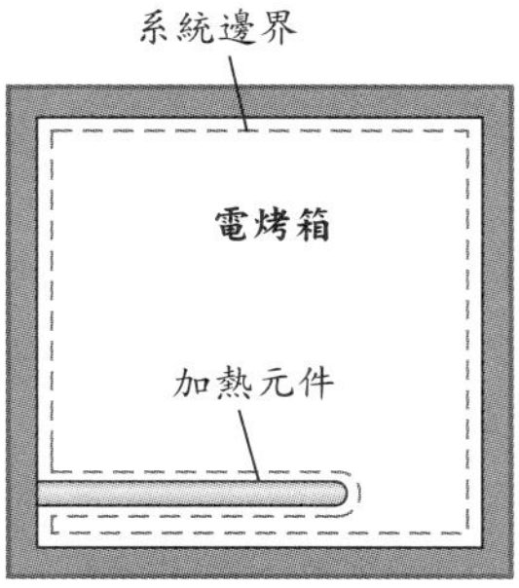

圖 2-26
例 2-6 的示意圖。

⊃ 電力功

在例 2-5 中提到，電子跨越系統邊界時會對系統作電力功。在電場中，由於電動力的作用，電子會在金屬線中運動而作功。當 N 庫侖的電荷通過電位差 $\mathbf{V}$ 時，電力功為

$$W_e = \mathbf{V}N$$

也可以表示成功率的形式

$$\dot{W}_e = \mathbf{V}I \quad (\text{W}) \tag{2-18}$$

其中，$\dot{W}_e$ 稱為**電功率**（**electrical power**），I 是單位時間內通過的電荷，也就是電流（圖 2-27）。一般而言，$\mathbf{V}$ 和 I 會隨時間變化，經過一段時間 Δt 的電力功表示成

$$W_e = \int_1^2 \mathbf{V}I \, dt \quad (\text{kJ}) \tag{2-19}$$

當 $\mathbf{V}$ 和 I 在一段時間 Δt 內保持恆定，則電力功可以簡化為

$$W_e = \mathbf{V}I \, \Delta t \quad (\text{kJ}) \tag{2-20}$$

圖 2-27
將電功以電阻 R、電流 I 及電位差 $\mathbf{V}$ 表示。

2-5 機械形式的功

我們有數種作功的方式，每一種方式都與一個力作用在一段距離上有關（圖 2-28）。在基礎力學中，一個恆定的力 F 作用在一個物體上，並使這個物體移動一段距離 s，則這個力所作的功表示為

$$W = Fs \quad (\text{kJ}) \tag{2-21}$$

如果這個力不是恆定的，則其所作的功必須表示成這個力對距離的積分

$$W = \int_1^2 F \, ds \quad (\text{kJ}) \tag{2-22}$$

圖 2-28
功與外加的力 F 及移動距離 s 成正比。

顯然，要計算這個積分，我們需要知道這個力如何隨路徑變化。由公式 2-21 和公式 2-22 只能得知功的大小，功的正負號則需要視具體問題而定。外力作用在系統運動方向的功為負；系統抵抗作用於運動相反方向的外力作功為正值。

一個系統和外界產生功的相互作用需要兩個條件：(1) 必須有一個力作用在邊界上；(2) 邊界必須移動。所以，一個力作用在邊界上，但邊界沒有位移；或邊界移動，但這個移動不是由於力的作用引起的（例如氣體擴散到真空中），這兩種情況都沒有功的作用，因為沒有傳遞能量。

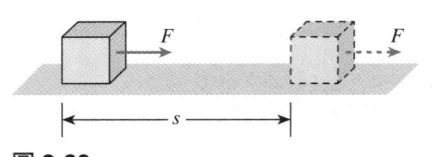

在許多熱力過程中，機械功是唯一形式的功，可以是整個系統的移動，或是系統一部分的移動。下面將介紹一些常見形式的機械功。

軸功

在工程實務中，由軸的轉動而傳遞能量是經常看到的（圖 2-29）。作用在一個軸上的扭矩 T 通常是一個常數，這意味產生扭矩的力 F 也是常數。如果扭矩是一個常數，則這個扭矩驅使軸轉動 n 次所作的功如下：一個力 F 通過一個扭矩臂 r，產生一個扭矩 T（圖 2-30）

$$T = Fr \quad \rightarrow \quad F = \frac{T}{r} \tag{2-23}$$

這個力作用的距離 s 與軸的半徑 r 有關，為

$$s = (2\pi r)n \tag{2-24}$$

所以軸功為

$$W_{sh} = Fs = \left(\frac{T}{r}\right)(2\pi rn) = 2\pi n T \quad \text{(kJ)} \tag{2-25}$$

通過軸作功的功率可表示為

$$\dot{W}_{sh} = 2\pi \dot{n} T \quad \text{(kW)} \tag{2-26}$$

其中，$\dot{n}$ 是軸單位時間的轉速。

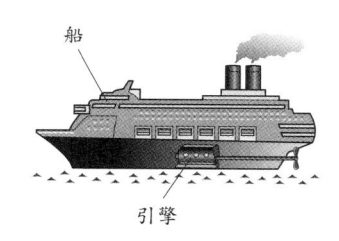

圖 2-29
在實務中，經常見到由旋轉軸來傳遞能量。

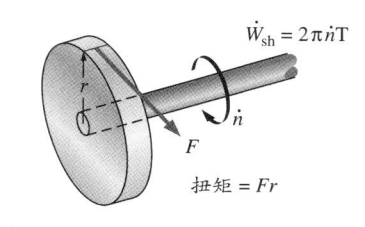

圖 2-30
軸功與外加的扭矩和旋轉軸的轉速成正比。

例 2-7　汽車傳動軸的動力傳輸

作用在軸上的扭矩為 200 N·m，軸的轉速為 4000 rpm，求車子傳遞的功率。

解： 已知車子引擎的轉速與扭矩，求車子傳遞的功率。
分析： 車子的示意圖如圖 2-31 所示，則軸功為

$$\dot{W}_{sh} = 2\pi \dot{n} T = (2\pi)\left(4000\frac{1}{\text{min}}\right)(200 \text{ N·m})\left(\frac{1 \text{ min}}{60 \text{ s}}\right)\left(\frac{1 \text{ kJ}}{1000 \text{ N·m}}\right)$$

$$= \mathbf{83.8 \text{ kW}} \quad \text{（或 112 hp）}$$

討論： 軸傳遞的功率與扭矩、轉速成正比。

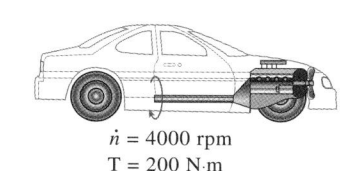

圖 2-31
例 2-7 的示意圖。

彈簧功

我們知道，當一個力作用在彈簧上時，彈簧的長度會發生變化（圖 2-32）。當在一個力 F 的作用下，彈簧的長度變化一個微小的長度 dx 時，所作的功為

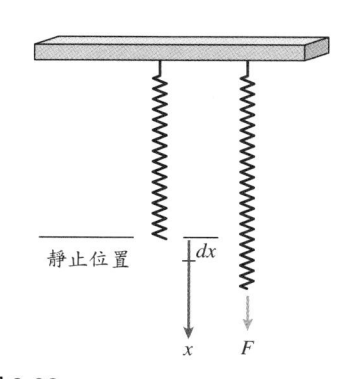

圖 2-32
在一力作用下的彈簧伸長量。

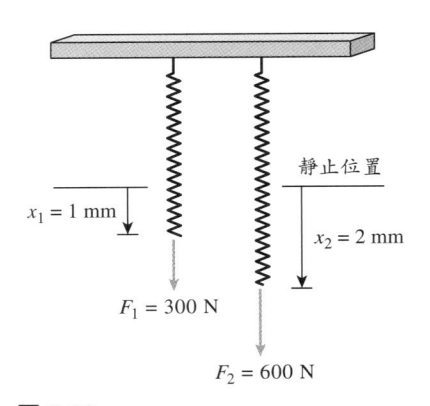

$$\delta W_{\text{spring}} = F\,dx \quad (2\text{-}27)$$

為了確定彈簧功的總量，我們需要知道力 F 和距離 x 之間的關係。對於線性彈簧，彈簧的位移量 x 與作用力成正比（圖 2-33），可表示為

$$F = kx \quad (\text{kN}) \quad (2\text{-}28)$$

其中，k 是彈簧的彈簧常數，單位是 kN/m。位移量 x 是從彈簧的原始狀態（亦即沒有力的作用，$F = 0$，則 $x = 0$）算起。將公式 2-28 代入公式 2-27 並積分，得到

$$W_{\text{spring}} = \tfrac{1}{2}k(x_2^2 - x_1^2) \quad (\text{kJ}) \quad (2\text{-}29)$$

其中，x_1 和 x_2 分別是彈簧的初始位移和最終位移，皆從彈簧的原始狀態算起。

另外還有很多其他形式的機械功，下面將簡單地介紹其中數種。

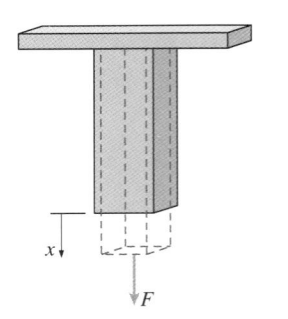

⇒ 彈性棒上的功

固體經常被視為線性彈簧，因為在一個力的作用下，它們會收縮或伸長，如圖 2-34 所示；當外力消失時，它們會回復原始長度。只要外力在彈性範圍內，也就是說外力不會造成固體的變形過大而造成永久的形變，這個模型是正確的。所以，上面列出計算彈簧功的公式也適用於固體彈性棒。另外，當計算彈性棒收縮或延長的功時，需要將力換成正應力 $\sigma_n = F/A$：

$$W_{\text{elastic}} = \int_1^2 F\,dx = \int_1^2 \sigma_n A\,dx \quad (\text{kJ}) \quad (2\text{-}30)$$

其中，A 是彈性棒的截面積。注意，正應力的單位與壓力的單位相同。

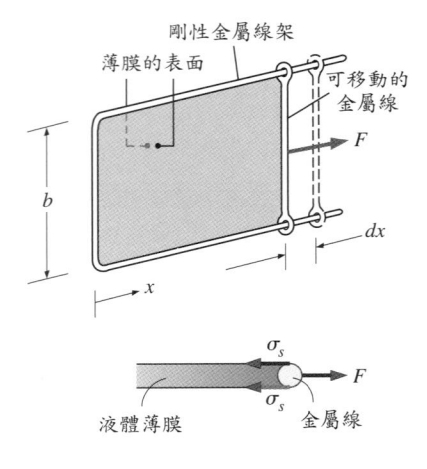

⇒ 與液膜相關的功

考慮一個液膜，例如在兩條金屬線之間的肥皂膜（圖 2-35）。根據經驗，我們知道需要一定的力來移動金屬線，以使液膜伸張。這個力是用來克服液膜內分子之間的微觀作用力。這些微觀作用力垂直於液膜面上的任何線。每單位長度的微觀作用力稱為**表面張力（surface tension）**σ_s，單位是 N/m。因此，與液膜伸張有關的功稱為表面張力功，表示成

$$W_{\text{surface}} = \int_1^2 \sigma_s\,dA \quad (\text{kJ}) \quad (2\text{-}31)$$

圖 2-33
當施加的外力變為兩倍時，線性彈簧的位移也變為兩倍。

圖 2-34
在力的作用下，彈性棒的變形行為與彈簧相同。

圖 2-35
以可移動的金屬線來伸張液體薄膜。

其中，$dA = 2b\,dx$ 是液膜的面積變化。式中的常數 2 是因為液膜有兩個面與空氣接觸。作用在金屬線上的力是由表面張力引起，為 $F = 2b\sigma_s$，其中 σ_s 是單位長度上的表面張力。

舉起或加速一個物體時作的功

當一個物體在重力場中被舉起，它的位能會增加。類似地，當一個物體被加速，它的動能會增加。能量守恆定律要求，要有等量的能量傳遞才能舉起或加速物體。我們知道能量可以熱或功的形式傳遞到一個物體，而在物體被舉起或加速的過程中，顯然沒有熱形式的能量傳遞，因為這些過程中沒有溫度的變化，所以必定是以功的形式傳遞。因此，可以做出以下結論：(1) 舉起一個物體所作的功，等於這個物體的位能變化量；(2) 加速一個物體所作的功，等於這個物體的動能變化量（圖 2-36）。同樣地，在物體被放下或減速的過程中，位能和動能可以轉換為功。

如果考慮到摩擦或其他形式的能量損失，我們可以決定驅動設備的馬達功率，例如升降梯、電扶梯、傳送帶和纜車。它也在設計如汽車和航空器引擎，或是用來在水力發電廠中計算水庫的發電效率（與水位高度和水輪機位置有關）上，扮演重要角色。

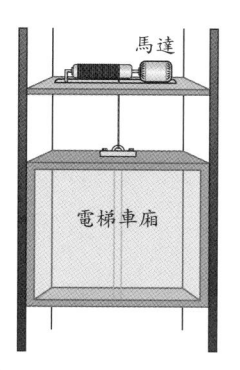

圖 2-36
當物體被舉起時，轉移到物體的能量等於物體位能的變化量。

例 2-8　車子爬坡所需的功率

一部 1200 kg 的車子在水平路面以 90 km/h 的速度穩定前進。現在車子開始爬上 30° 的斜坡（如圖 2-37 所示），如果車子在爬坡過程的速度維持不變，求引擎需要多少功率？

解： 一部車子欲維持等速爬坡，求所需的功率。

分析： 引擎所需的功率可以簡化為車子在單位時間內爬升高度所需的功，也等於車子在單位時間內的內能變化量：

$$\dot{W}_g = mg\,\Delta z/\Delta t = mgV_{\text{vertical}}$$

$$= (1200\text{ kg})(9.81\text{ m/s}^2)(90\text{ km/h})(\sin 30°)$$

$$\left(\frac{1\text{ m/s}}{3.6\text{ km/h}}\right)\left(\frac{1\text{ kJ/kg}}{1000\text{ m}^2/\text{s}^2}\right)$$

$$= 147\text{ kJ/s} = \mathbf{147\text{ kW}} \qquad (\text{或 } 197\text{ hp})$$

討論： 若車子欲維持等速爬坡，則引擎需要額外提供大約 200 hp 的功率。

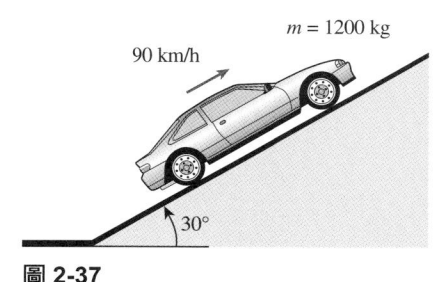

圖 2-37
例 2-8 的示意圖。

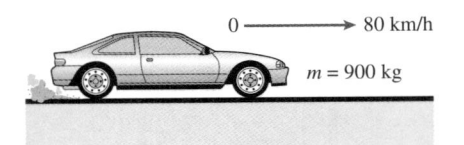

圖 2-38
例 2-9 的示意圖。

例 2-9 車子加速所需的功率

如圖 2-38 所示，求一部 900 kg 的車子在 20 s 內由靜止加速到 80 km/h 所需的功率。

解： 求出車子加速到指定速度所需的功率。

分析： 加速車子所需的功可以簡化為車子的動能變化量。

$$W_a = \tfrac{1}{2}m(V_2^2 - V_1^2) = \tfrac{1}{2}(900 \text{ kg})\left[\left(\frac{80{,}000 \text{ m}}{3600 \text{ s}}\right)^2 - 0^2\right]\left(\frac{1 \text{ kJ/kg}}{1000 \text{ m}^2/\text{s}^2}\right)$$

$$= 222 \text{ kJ}$$

平均功率為

$$\dot{W}_a = \frac{W_a}{\Delta t} = \frac{222 \text{ kJ}}{20 \text{ s}} = \mathbf{11.1 \text{ kW}} \qquad (或 14.9 \text{ hp})$$

討論： 這是除了克服摩擦力、滾動阻力等之外所需增加的功率。

⊃ 非機械形式的功

在第 2-5 節中，我們介紹了數種常見的機械功。但在實務中，我們經常會遇到非機械形式的功。這些非機械形式的功可以用最基本的形式計算，也就是一個廣義力 F 作用在一段廣義位移 x 上。這個廣義力 F 作用在一個微小廣義位移所作的功為 $\delta W = Fdx$。

下列舉出一些非機械形式的功，例如**電力功（electrical work）**的廣義力是電壓，廣義位移是電荷；**磁力功（magnetic work）**的廣義力是磁場強度，廣義位移是磁力矩；**電極化功（electrical polarization work）**的廣義力是電場強度，廣義位移是介質的極化度。這些功的詳細討論可以參考相關的進階書籍。

2-6　熱力學第一定律

到目前為止，已討論多種形式的能量，例如熱 Q、功 W 和總能 E，但尚未討論它們之間的關係。熱力學第一定律，也稱為能量守恆定律，為研究多種形式能量之間的關係和相互作用提供堅實的基礎。基於實驗觀察，熱力學第一定律說明，能量在一個過程中不能被創造，也不能被消滅，只能轉換能量的形式。所以在一個過程中，需要考慮所有能量的變化。

我們知道一塊石頭在某個位置具有位能，如果石頭落下，部分位能會轉變成動能（圖 2-39）。實驗資料顯示，如果忽略空氣的摩擦，則位能的損失（$mg\Delta z$）恰好等於動能的增加

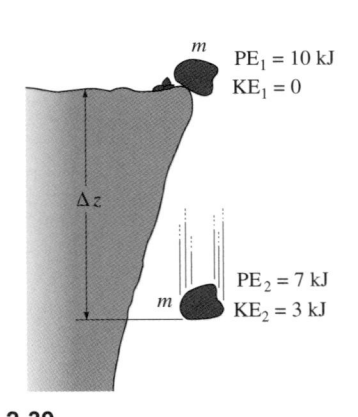

圖 2-39
能量不能被創造或消滅，只能改變形式。

$(m(V_2^2 - V_1^2)/2)$，這些實驗資料驗證了機械能的守恆。

考慮一個系統經歷一連串的絕熱過程，從狀態 1 變化到狀態 2。因為絕熱，這些過程顯然不會有熱傳遞參與，但會有各種功的相互作用。在這些過程中，經由仔細的測量顯示：一個封閉系統經歷絕熱過程，從一個狀態變化到另一個狀態，這個系統作的功只與初始狀態和最終狀態有關，與系統的本質和過程的細節無關。若一個系統從一個狀態變化到另一個狀態經歷無數個絕熱過程，則這個論述將變得非常強大，具有潛在和深遠的應用。這個論述是基於 Joule 在十九世紀初所做的實驗，它無法從任何已知的物理定律中得到，所以被認為是一個基本定律。這個定律稱為**熱力學第一定律（first law of thermodynamics）**，或簡稱為**第一定律（first law）**。

第一定律的一個重要結論是總能 E 的存在與定義。若一個封閉系統在兩個狀態之間經歷的各種絕熱過程中所作的功都相等，則其功必定只與最終狀態有關，因此會與系統某個性質的變化一致。這個系統性質就是總能。注意，第一定律並未提及封閉系統在特定狀態的總能值，它只是說明在一個絕熱過程中，總能的變化量必須與所作的功相等。所以，我們可以根據需要，將系統的總能設定成一個方便的值，以作為參考點。

第一定律也隱含能量守恆的論述。雖然第一定律的精華是指出總能的存在，然而也經常被視為是能量的守恆。以下將透過一些熟悉的例子來理解能量守恆。

首先，考慮一些過程，其中有熱傳遞，但是沒有作功。烤馬鈴薯就是一個很好的例子（圖 2-40）。當熱傳進馬鈴薯，馬鈴薯的溫度會升高。如果我們忽略質量的傳遞（例如水蒸汽從馬鈴薯中蒸發），則馬鈴薯整體增加的能量恰好等於熱傳遞的量。也就是說，如果有 5 kJ 的熱量傳進馬鈴薯，則馬鈴薯的內能會增加 5 kJ。

另一個例子，考慮將鍋內的水加熱的情況（圖 2-41）。如果有 15 kJ 的熱傳進鍋內的水，但是有 3 kJ 的熱量從水傳遞到外界空氣中而喪失，則水的內能增加量等於熱傳遞的淨增加量，也就是 12 kJ。

現在考慮在一個完全隔絕（絕熱）的房間中使用電熱器加熱的情況（圖 2-42）。只要電熱器運轉，房間內的能量就會增加。因為整個系統是完全隔絕的，所以不會有熱量從房間內傳遞到外界（$Q = 0$）。根據能量守恆定律，電熱器所作的電力功等於系統增加的能量。

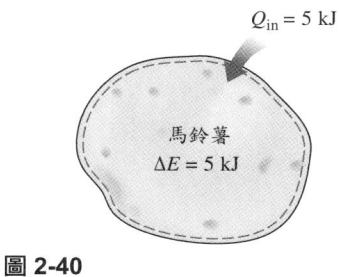

圖 2-40
馬鈴薯所增加的能量等於熱傳量。

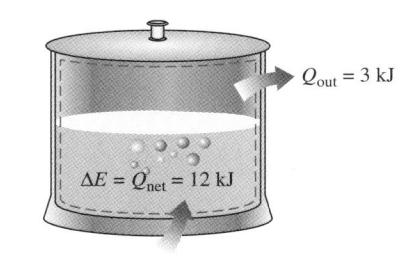

圖 2-41
在沒有任何功的交互作用下，系統能量的變化量等於淨熱傳量。

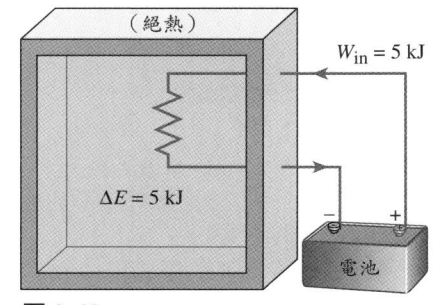

圖 2-42
在絕熱系統中，電所作的功等於系統能量的增加量。

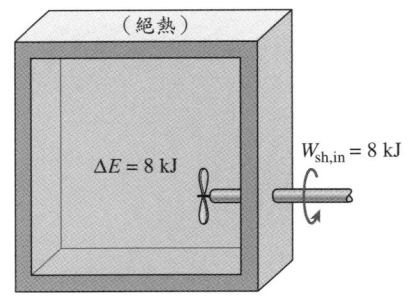

圖 2-43
在絕熱系統中，軸所作的功等於系統能量的增加量。

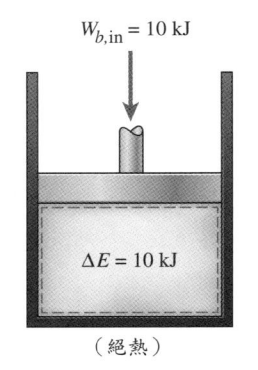

圖 2-44
在絕熱系統中，邊界所作的功等於系統能量的增加量。

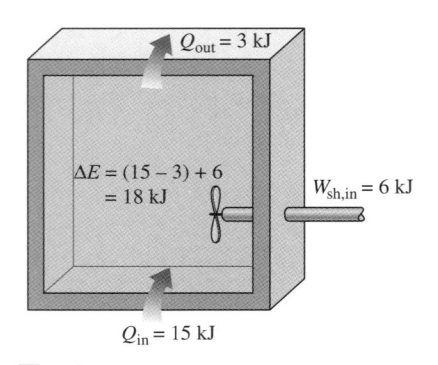

圖 2-45
系統在過程中的能量變化量等於系統與外界之間的淨功和熱傳量。

接著，將電熱器換成葉輪（圖 2-43）。只要葉輪轉動，系統的能量就會增加。同理，因為系統和外界之間沒有熱量交換（$Q = 0$），葉輪作的軸功會完全等於系統增加的能量。

很多人可能會注意到，當壓縮空氣時，空氣的溫度會升高（圖 2-44），這是因為能量以邊界作功的形式傳進空氣中。如果系統和外界之間沒有任何熱交換（$Q = 0$），邊界作的功會完全變成空氣總能量的一部分。能量守恆定律再次滿足系統能量的增加量完全等於邊界作功的量。

我們可以將這些想法延伸到更複雜的系統，包括各種熱和功的相互作用。例如在一個過程中，系統得到 12 kJ 的熱和 6 kJ 的功，則這個系統的內能在此過程中會增加 18 kJ（圖 2-45）。換言之，在此過程中，系統能量變化的量等於在該過程中能量傳進（出）系統的量。

能量平衡

基於以上的討論，能量守恆定律可以表示為：在一個過程中，系統總能的淨變化（增加或減少）等於進入系統的能量減去離開系統的能量，亦即

（進入系統的能量）－（離開系統的能量）＝（系統總能的變化）

或

$$E_{\text{in}} - E_{\text{out}} = \Delta E_{\text{system}}$$

這個關係式通常稱為**能量平衡（energy balance）**，可以應用於任何系統和任何過程。要成功應用這個關係式解決工程問題，就必須理解各種能量和能量交換的形式。

系統能量的變化：ΔE_{system}

在一個過程中，系統能量的變化是系統在過程結束時的能量減去系統在過程開始時的能量：

能量變化 ＝ 過程結束時的能量 － 過程開始時的能量

或

$$\Delta E_{\text{system}} = E_{\text{final}} - E_{\text{initial}} = E_2 - E_1 \tag{2-32}$$

注意，能量是系統的性質，除非系統的狀態發生變化，否則性質的值不會變化。所以，如果系統在一個過程中的狀態不會發生變化，則系統能量的變化量為零。而且，能量可以多種形式存在，例如內能（顯能、隱能、化學能和核能）、動能、位能、電能和磁能等，加總為系統的總能 E。如果忽略電能、磁能和表面張力

的影響（例如簡單的可壓縮系統），在一個過程中，系統總能的變化是其內能、動能和位能變化的總和，可表示為

$$\Delta E = \Delta U + \Delta \text{KE} + \Delta \text{PE} \qquad (2\text{-}33)$$

其中

$$\Delta U = m(u_2 - u_1)$$
$$\Delta \text{KE} = \tfrac{1}{2}m(V_2^2 - V_1^2)$$
$$\Delta \text{PE} = mg(z_2 - z_1)$$

如果初始狀態和最終狀態是特定的，則可以直接從性質表或熱力學關係式中得到系統的內能值 u_1 和 u_2。

實際上大部分的系統都是靜止的，也就是在一個過程中，它們的速度和高度不會發生變化（圖 2-46）。所以，對**靜止系統**（**stationary systems**）而言，動能和位能的變化量為零（也就是 $\Delta \text{KE} = \Delta \text{PE} = 0$），因此公式 2-33 可以簡化為 $\Delta E = \Delta U$。另外，只要系統有一種形式的能量發生變化，即使其他形式的能量保持不變，這個系統的內能也會改變。

圖 2-46
對於靜止系統而言，$\Delta \text{KE} = \Delta \text{PE} = 0$，因此 $\Delta E = \Delta U$。

⚙ 機械形式的能量傳遞：E_{in} 和 E_{out}

能量可以三種形式傳進或傳出一個系統：熱、功和質量流。能量的相互作用可以在經過系統邊界時被識別，它們表示出在一個過程中系統是得到或失去能量。只有兩種形式的能量作用與固定質量（或稱封閉系統）有關：熱傳遞和作功。

1. **熱傳遞（Q）**：熱傳進一個系統時，分子能量增加，所以系統的內能增加；反之，當熱傳出一個系統時，系統的內能降低，因為傳出的熱來自系統分子的能量。

2. **作功（W）**：如果能量的相互作用不是由於系統與外界的溫差造成，則這種能量的相互作用是作功。一個升高的活塞、一個旋轉的軸和一根通電的電線，都與作功有關。如果對系統作功，會增加系統的能量；如果系統對外界作功，則系統的能量降低，因為傳出的功來自系統的能量。汽車引擎、水輪機、蒸汽機和燃氣機皆會產生功，壓縮機、泵、混合器則消耗功。

3. **質量流（m）**：質量流進或流出提供另一種能量的傳遞方式。當質量流進一個系統，這個系統的能量會增加，因為流進的質量帶有能量（實際上，質量本身就是能量）；反之，當質量流出系統，系統的能量會降低。例如，當將熱水從加熱器中抽走並換成相同質量的冷水時，系統的能量會降低

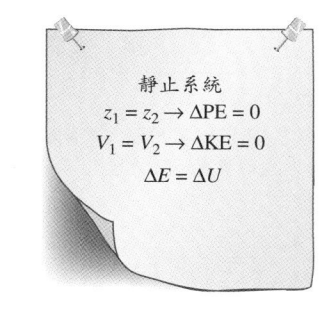

圖 2-47
控制體積所含的能量和熱與功的交互作用一樣，會因為質量流動而變化。

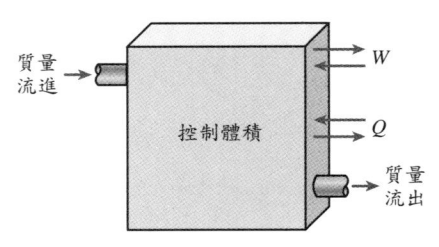

（圖 2-47）。

注意，能量可以熱、功和質量的形式傳進或傳出系統，所以能量的淨傳遞量等於傳進量和傳出量的差值，因此能量平衡可以表示成

$$E_{in} - E_{out} = (Q_{in} - Q_{out}) + (W_{in} - W_{out}) + (E_{mass,in} - E_{mass,out}) = \Delta E_{system} \quad (2\text{-}34)$$

其中，下標「in」和「out」表示進入和離開系統的量。方程式右邊的六個項都表示「量」，所以都是正值。能量的傳遞方向則以下標「in」和「out」表示。

對於一個絕熱系統，熱傳遞 Q 為零；如果一個過程沒有功的相互作用，則作功 W 為零；對於封閉系統，沒有質量通過邊界，所以質量流 E_{mass} 為零。

對於任何系統和任何過程，能量平衡可以表示成

$$\underbrace{E_{in} - E_{out}}_{\text{熱、功和質量的淨能量轉換}} = \underbrace{\Delta E_{system}}_{\text{內能、動能和位能等能量的變化}} \quad \text{(kJ)} \quad (2\text{-}35)$$

或以**變化率形式（rate form）**為

$$\underbrace{\dot{E}_{in} - \dot{E}_{out}}_{\text{熱、功和質量的淨能量轉換率}} = \underbrace{dE_{system}/dt}_{\text{內能、動能和位能等能量的變化率}} \quad \text{(kW)} \quad (2\text{-}36)$$

對於固定的質量流率，在一段時間 Δt 所發生的總量為

$$Q = \dot{Q}\,\Delta t, \quad W = \dot{W}\,\Delta t, \quad \text{與} \quad \Delta E = (dE/dt)\,\Delta t \quad \text{(kJ)} \quad (2\text{-}37)$$

能量的平衡也可以表示成**每單位質量（per unit mass）**的形式：

$$e_{in} - e_{out} = \Delta e_{system} \quad \text{(kJ/kg)} \quad (2\text{-}38)$$

這個公式是由公式 2-35 除以系統的質量 m 得到的。能量的平衡也可以表示成微分的形式：

$$\delta E_{in} - \delta E_{out} = dE_{system} \quad \text{或} \quad \delta e_{in} - \delta e_{out} = de_{system} \quad (2\text{-}39)$$

對於經歷一個**循環（cycle）**的封閉系統，其初始狀態和最終狀態相同，所以系統能量的變化 $\Delta E_{system} = E_2 - E_1 = 0$。因此，一個循環的能量平衡可以簡單地表示為 $E_{in} - E_{out} = 0$ 或 $E_{in} = E_{out}$。注意，對於經歷一個循環的封閉系統，能量平衡可以表示成熱和功的相互作用：

$$W_{net,out} = Q_{net,in} \quad \text{或} \quad \dot{W}_{net,out} = \dot{Q}_{net,in} \quad \text{（對於一個循環）} \quad (2\text{-}40)$$

亦即在一個循環中，功的淨輸出等於熱的淨流入（圖 2-48）。

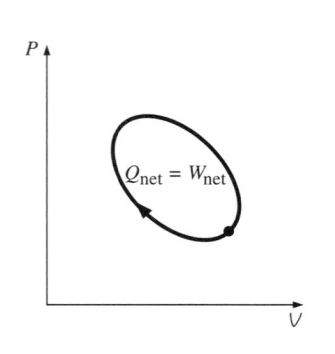

圖 2-48
對一個循環而言，$\Delta E = 0$，因此 $Q = W$。

例 2-10 容器中熱流體的冷卻

一個剛性容器中裝有熱流體,並使用葉輪攪拌冷卻。一開始,流體的內能為 800 kJ。在冷卻過程中,流體散失 500 kJ 的熱量,而葉輪對流體作功 100 kJ。若葉輪儲存的能量忽略不計,求流體最終的內能。

解: 剛性容器中的流體在攪拌時損失熱量,求流體最終的內能。

假設: (1) 容器靜止不動,因此動能和位能的變化量為零,$\Delta KE = \Delta PE = 0$,所以 $\Delta E = \Delta U$,而且內能是在該過程中系統能量可改變的唯一形式。(2) 葉輪儲存的能量忽略不計。

分析: 如圖 2-49 所示,以容器中的流體為系統,由於系統在過程中沒有質量跨越邊界,所以為封閉系統。由觀察得知,剛性容器的體積為定值,所以沒有移動邊界功。另外,軸功作用在系統上,而且熱由系統散發。利用系統的能量平衡,得到

$$\underbrace{E_{in} - E_{out}}_{\text{熱、功和質量的淨能量轉換}} = \underbrace{\Delta E_{system}}_{\text{內能、動能和位能等能量的變化}}$$

$$W_{sh,in} - Q_{out} = \Delta U = U_2 - U_1$$

$$100 \text{ kJ} - 500 \text{ kJ} = U_2 - 800 \text{ kJ}$$

$$U_2 = \mathbf{400 \text{ kJ}}$$

因此,系統最終的內能為 400 kJ。

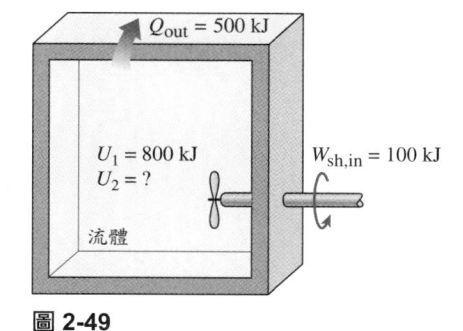

圖 2-49
例 2-10 的示意圖。

$Q_{out} = 500$ kJ
$U_1 = 800$ kJ
$U_2 = ?$
流體
$W_{sh,in} = 100$ kJ

例 2-11 風扇空氣的加速度

一台風扇消耗 20 W 的電力,聲稱操作時質量流率為 1.0 kg/s,風速為 8 m/s(圖 2-50)。該聲稱是否合理?

解: 一台風扇聲稱在消耗特定的電力下可以將風速增加至某一定值,探討其正確性。

假設: 室內相當平靜,空氣速度忽略不計。

分析: 首先檢視能量守恆,包括風扇的馬達轉換部分電力以產生軸功,來轉動空氣中的風扇葉片,經由葉片的轉動將大部分的機械功傳給空氣。在穩定運作限制的理想條件之下(沒有電能和機械能轉換成熱能),輸入的電能將等於空氣動能的增加率。因此,對於包含風扇馬達的控制體積之能量平衡方程式為

$$\underbrace{\dot{E}_{in} - \dot{E}_{out}}_{\text{熱、功和質量的淨能量轉換率}} = \underbrace{dE_{system}/dt}_{\text{內能、動能和位能等能量的變化率}}^{\nearrow 0 \text{(穩定)}} = 0 \rightarrow \dot{E}_{in} = \dot{E}_{out}$$

$$\dot{W}_{elect,in} = \dot{m}_{air} \text{ke}_{out} = \dot{m}_{air} \frac{V_{out}^2}{2}$$

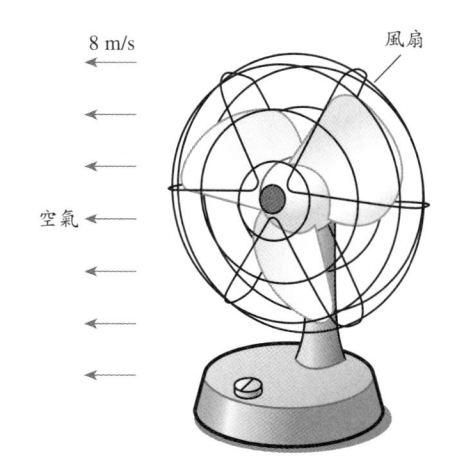

圖 2-50
例 2-11 的示意圖。

求解 V_{out}，可以得到最大的空氣速度為

$$V_{out} = \sqrt{\frac{2\dot{W}_{elect,in}}{\dot{m}_{air}}} = \sqrt{\frac{2(20\text{ J/s})}{1.0\text{ kg/s}}\left(\frac{1\text{ m}^2/\text{s}^2}{1\text{ J/kg}}\right)} = 6.3\text{ m/s}$$

速度小於 8 m/s，因此這個聲稱是錯誤的。

討論： 能量守恆定律在能量由一種形式轉換至另一種形式時必須保存能量，在該過程中，能量不能被創造或消滅。根據第一定律的觀點，將整個電能轉換成動能的守恆是正確的，因此第一定律對於空氣速度能達到 6.3 m/s 並無異議——但這是最上限。然而，題目的最高速度 8 m/s 違反第一定律，因此要達到此速度是不可能的。由於電能會轉換為機械的軸能量，而且機械的軸能量會轉換為空氣的動能而有所損失，因此實際的空氣速度將小於 6.3 m/s。

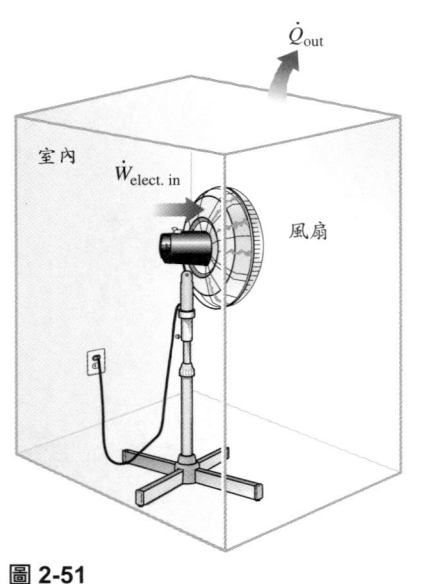

例 2-12　風扇的加熱效應

一間房間的初始溫度與室外的空氣溫度相同，皆為 25°C。今運轉一台消耗 200 W 電力的電風扇，如圖 2-51 所示。房間與室外空氣的熱傳率為 $\dot{Q} = UA(T_i - T_o)$，總熱傳係數 $U = 6\text{ W/m}^2 \cdot \text{°C}$，房間與室外接觸的面積 $A = 30\text{ m}^2$，T_i 與 T_o 分別為室內與室外的空氣溫度，求達到穩定狀況時室內的空氣溫度。

解： 風扇在室內持續運轉並散失熱量至戶外，求達到穩定狀況時室內的空氣溫度。

假設： (1) 經由地板的熱傳遞忽略不計。(2) 不包含其他熱量的交互作用。

分析： 風扇消耗的電力是室內的輸入能量，因此室內能量的取得為 200 W。由於取得能量，因此室內的空氣溫度會上升。但是當室內的溫度升高，室內的熱損失率會增加，直到熱損失率等於電力消耗為止。此時，空氣的溫度與室內所含的能量將保持定值，室內的能量守恆為

$$\underbrace{\dot{E}_{in} - \dot{E}_{out}}_{\text{熱、功和質量的淨能量轉換率}} = \underbrace{dE_{system}/dt}_{\text{內能、動能和位能等能量的變化率}} \nearrow^{0\,(\text{穩定})} = 0 \quad \rightarrow \quad \dot{E}_{in} = \dot{E}_{out}$$

$$\dot{W}_{elect,in} = \dot{Q}_{out} = UA(T_i - T_o)$$

代入

$$200\text{ W} = (6\text{ W/m}^2\cdot\text{°C})(30\text{ m}^2)(T_i - 25\text{°C})$$

得到

$$T_i = \mathbf{26.1\text{°C}}$$

因此，室內的空氣溫度最後將維持在 26.1°C。

討論： 一個 200 W 的風扇對房間加熱就像一個 200 W 的電阻加

圖 2-51
例 2-12 的示意圖。

熱器，對風扇而言，馬達轉換部分電能為軸旋轉的機械能，其餘部分因馬達的效率以熱散失至室內（即使某些大馬達的轉換效率超過97%，但沒有任何馬達能將得到的電能百分之百轉換成機械能）。軸的部分機械能經由風扇葉片轉換成空氣的動能，並因摩擦使空氣的分子速度減慢而轉換成熱能。最後，風扇馬達的全部電能轉換成空氣的熱能，並使空氣溫度上升。

例 2-13　教室每年的電費

教室的照明設備需求為 30 盞日光燈，每盞日光燈消耗 80 W 的電力（圖 2-52）。教室的燈每年使用 250 天，每天開啟 12 小時。電費是每 kWh 為 0.11 美元。計算教室每年的電費，並討論開燈對教室內加熱及空調需求的影響。

解： 計算教室照明設備一年所需的電費，並討論照明設備對加熱及空調需求的影響。

假設： 電壓變動忽略不計，日光燈消耗其標示的電力。

分析： 所有照明設備每小時的電力與使用時間為

照明設備的電力 = 每盞日光燈消耗的電力 × 日光燈的數量
　　　　　　　 =（80 W／每盞日光燈）(30 盞日光燈)
　　　　　　　 = 2400 W = 2.4 kW

使用時間 =（12 小時／天）(250 天／年) = 3000 小時／年

每年的電力與費用為

照明能量 = 照明功率 × 運轉時數
　　　　 = (2.4 kW)（3000 小時／年）= 7200 kWh／年

照明費用 = 照明能量 × 單位費用
　　　　 =（7200 kWh／年）(0.11 美元／kWh)
　　　　 = **792 美元／年**

燈光會被表面吸收並轉換為熱量。由窗戶散逸的燈光忽略不計，所消耗的 2.4 kW 電力完全轉換成教室中熱量的一部分。因此，照明系統將降低 2.4 kW 的加熱系統需求，但會增加空調設備 2.4 kW 的需求。

討論： 教室每年的照明費用將近 800 美元，顯示能量轉換估算的重要性。若利用燈泡取代日光燈，則照明費用將增加四倍，因為燈泡在產生相同的照明下需使用四倍電力。

圖 2-52
例 2-13 討論的教室日光燈照明。
© PhotoLink/Getty Images RF

2-7　能量轉換效率

效率是熱力學中常用的詞彙之一，表示一個過程結束時有多少能量被傳遞或轉換。效率也是熱力學中常被誤用的詞彙，或是

錯誤理解的根源。這是因為效率這個詞彙經常在未正確定義之前就被使用。以下我們將釐清這些誤會，並定義實務中經常用到的效率。

一般而言，性能或效率可以表示成期望的輸出與所需要的輸入之間的比值：

$$性能 = \frac{期望的輸出}{需要的輸入} \tag{2-41}$$

如果你要買一台熱水器，專業銷售員會告訴你，電熱水器的轉換效率是 90%（圖 2-53），你可能會對此感到困惑，因為電熱水器的加熱元件是熱電阻，所有熱電阻皆可以百分之百地將電能轉換成熱能。銷售員將會澄清，10% 的熱損失是因為熱會從熱水器流到周圍空氣中所致。此處，**熱水器的效率（efficiency of water heater）**定義為熱水器提供的能量與提供給熱水器的能量之間的比值。一個聰明的銷售員可能會建議你購買另一台較貴的熱水器，因為表面加裝較厚的絕緣材料，轉換效率可以達到 94%。如果你對此稍有瞭解，而且家裡使用天然氣，可能會想買瓦斯熱水器，但是它的效率只有 55%，因為瓦斯熱水器與電熱水器的價格和安裝費用相同，但是以一年總能量消耗的費用相較，瓦斯熱水器比電熱水器便宜許多。

也許你會好奇瓦斯熱水器的效率計算方式，為何比電熱水器的效率低上許多？有一個基本規則是，一個燃燒設備的效率是基於**燃料的熱值（heating value of the fuel）**來計算，也就是單位燃料在室溫下完全燃燒，並將燃燒產物冷卻到室溫時所釋放的熱量（圖 2-54）。所以，燃燒設備的性能〔即**燃燒效率（combustion efficiency）**〕可定義為

$$\eta_{combustion} = \frac{Q}{HV} = \frac{燃燒所釋放的熱量}{燃燒之燃料的熱值} \tag{2-42}$$

若燃燒效率為 100%，表示燃料完全燃燒，燃燒後之氣體以室溫離開燃燒室，如此燃燒所釋放的熱量等於燃燒之燃料的熱值。

大部分的燃料皆含有氫，在燃燒過程中會產生水，所以如果燃燒的產物為液態水或水蒸汽時，燃料的熱量將會不同。如果燃燒的產物是水蒸汽，燃料的熱量稱為低熱值（lower heating value, LHV）；如果燃燒的產物是液態水，燃料的熱量稱為高熱值（higher heating value, HHV）。兩者之間的差值等於燃燒產生液態水或水蒸汽之間的焓值差。例如，汽油的低熱值和高熱值分別是 44,000 kJ/kg 和 47,300 kJ/kg。一個清楚的效率定義必須說明是以

熱水器

形式	效率
傳統瓦斯熱水器	55%
高效率瓦斯熱水器	62%
傳統電熱水器	90%
高效率電熱水器	94%

圖 2-53
傳統與高效率電熱水器、瓦斯熱水器的效率。

© The McGraw-Hill Companies, Inc./
Christopher Kerrigan, photographer

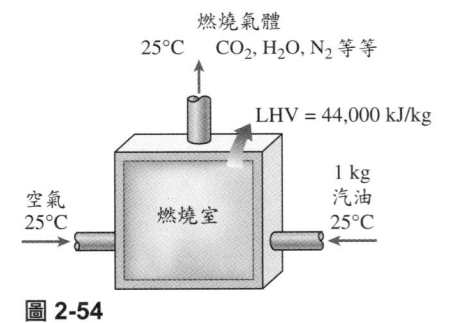

圖 2-54
汽油熱值的定義。

燃料的低熱值或高熱值來計算。汽車和噴射機的引擎效率通常以低熱值計算，因為它往往會產生水蒸汽而離開引擎。在這些設備中，要回復這些水蒸汽是不切實際的。相反地，鍋爐的效率則是以高熱值計算。

住宅用或商用室內加熱系統的效率通常會以**年燃料利用效率**（annual fuel utilization efficiency, AFUE）表示，並考慮燃料的燃燒效率、熱損失、未加熱區域、啟動和關閉過程的損失等綜合影響。以往加熱系統的 AFUE 皆低於 60%，但是目前大部分的加熱系統都可以達到 85%，有些甚至超過 96%。要達到如此高的燃料利用效率，必須滿足回復氣態燃料、凝結水蒸汽，而且廢氣溫度要低於 38°C（而非傳統形式的 200°C）等條件。

在汽車引擎中，輸出的功是由曲軸來傳遞動力。但是在發電廠發電廠中，輸出功是渦輪機傳遞的機械動力或發電機輸出的電力。

發電機是將機械能轉換成電能的設備，其效率以**發電機效率**（generator efficiency）表示，為輸出電能與輸入機械能的比值。發電廠發電廠的熱效率是熱力學感興趣的主要問題之一，通常定義為渦輪機輸出的軸功與工作流體熱輸入的比值。如果考慮其他因素的影響，一個發電廠發電廠的**總效率**（overall efficiency）可定義為淨電能輸出與燃料的能量輸入之間的比值：

$$\eta_{overall} = \eta_{combustion}\,\eta_{thermal}\,\eta_{generator} = \frac{\dot{W}_{net,electric}}{HHV \times \dot{m}_{net}} \quad (2\text{-}43)$$

汽油引擎的總燃燒效率大約是 26% 至 30%，柴油引擎大約是 34% 至 40%，而大型發電廠發電廠可以達到 60%。

我們皆十分熟悉當電通過燈泡、日光燈等時，電能會轉換成光能。將電能轉換成光能的效率可以定義為光能的輸出與電能的輸入之間的比值。例如，一般燈泡只能將電能的 5% 轉換成光能，其餘部分的電能則被轉換成熱能，這在夏天會加重空調的負擔。一個常用的詞彙是**光效率**（lighting efficacy），是指每瓦消耗的電能會輸出多少流明（lumen）的光能。

不同照明系統的效率如表 2-1 所示。省電日光燈泡的效率是燈泡的四倍，亦即一顆 15 W 的省電日光燈泡可以替代一顆 60 W 的燈泡（圖 2-55）。另外，省電日光燈泡的壽命大約為 10,000 小時，是燈泡的十倍，而且可以直接安裝在燈泡的插座上。所以雖然省電日光燈泡的價格較貴，但是花費較少，因為消耗的電能更少。高強度鈉氣燈具有最高的效率，但是一般只在室外使用，因為它們只能發出黃色的光。

表 2-1 不同照明系統的效率

照明的形式	效率，流明／W
燃燒	
蠟燭	0.3
煤油燈	1-2
燈泡	
一般	6-20
鹵素	15-35
日光燈	
省電	40-87
一般	60-120
高強度氣體放電	
水銀蒸氣	40-60
金屬鹵素燈	65-118
高壓鈉氣燈	85-140
低壓鈉氣燈	70-200
固態照明	
發光二極體	20-160
有機發光二極體	15-60
理論極限	300*

*此值依照假定的理想光源之光譜而定，對白光而言，金屬鹵素燈的上限約為 300 流明／W，日光燈約為 350 流明／W，發光二極體為 400 流明／W。於 555 nm（綠光）最佳光譜下，其光輸出為 683 流明／W。

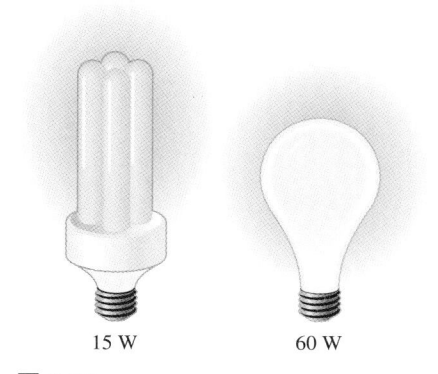

圖 2-55
一顆 15 W 的省電日光燈泡可以提供一顆 60 W 燈泡的亮度。

表 2-2 利用不同炊具烹調的能量價格 *

烹調炊具	烹調溫度	烹調時間	使用能量	費用
電爐	177°C	1 小時	2.0 kWh	$0.19
對流式電烤爐	163°C	45 分鐘	1.39 kWh	$0.13
瓦斯爐	177°C	1 小時	0.112 therm	$0.13
平底鍋	216°C	1 小時	0.9 kWh	$0.09
烤箱	218°C	50 分鐘	0.95 kWh	$0.09
電鍋	93°C	7 小時	0.7 kWh	$0.07
微波爐	「高」	15 分鐘	0.36 kWh	$0.03

* 假設每 kWh 的電力為 0.095 美元，每 therm 的天然氣為 1.20 美元（1 therm = 105,500 kJ）。

資料來源：J. T. Amann, A. Wilson, and K. Ackerly, *Consumer Guide to Home Energy Savings*, 9th ed., American Council for an Energy-Efficient Economy, Washington, D.C., 2007, p. 163.

$$效率 = \frac{使用的能量}{供給炊具的能量}$$

$$= \frac{3 \text{ kWh}}{5 \text{ kWh}} = 0.60$$

圖 2-56
烹調炊具的效率為供給炊具的能量轉換到食物上的比例。

我們也可以定義炊具的效率，因為它們將電能或化學能轉換成熱能以烹煮食物。**炊具的效率（efficiency of a cooking appliance）**可定義為加熱食物的能量與消耗電能的比值（圖 2-56）。電炊具的效率高於瓦斯炊具，但是瓦斯炊具較便宜，因為一般天然氣比電便宜很多（表 2-2）。

炊具的效率不但與器具本身有關，也與個人使用習慣有關。對流式烤爐和微波爐比普通鍋爐具有更高的效率。對流式烤爐平均比普通鍋爐節省三分之一的能源，而微波爐可以節省三分之二。以下方法也可以提高炊具的效率：使用較小的鍋子、使用高壓鍋、使用電鍋燉湯、使用平底鍋並保持良好的接觸、保持鍋子的清潔、先行解凍冷凍食品、使用鍋蓋時要蓋好、不要烹調過度、使用烤爐後要進行清潔、保持微波爐內的清潔等。

使用高效率的炊具和正確的方法可以減少燃料的消耗，進而降低電費與瓦斯費、保護**環境（environment）**，減少發電廠的環境污染和家庭污染。燃燒 1 therm 的天然氣會產生 6.4 kg 的二氧化碳（導致全球氣候暖化的元凶）、4.7 g 的氮氧化物和 0.54 g 的氫化物（會導致霧霾）、2.0 g 的一氧化碳（一種有毒氣體）、0.03 g 的二氧化硫（會導致酸雨）。在美國，每節省 1 therm 的天然氣，不但可以減少這些氣體，也可以節省 0.6 美元。每節省 1 kWh 的電能，不但可以節省 0.4 kg 的煤，也可以減少 1.0 kg 的二氧化碳和 15 g 的二氧化硫。

例 2-14 電爐和瓦斯爐的烹調費用

炊具的效率會影響熱量的取得，因為在烹調相同食物時，沒有效率的炊具需要消耗較多的能量。電爐的效率為 73%，而瓦斯爐

第 2 章　能量、能量傳遞和能量分析

的效率為 38%（如圖 2-57 所示）。若使用一台 2 kW 的電爐，而電費及天然氣費用分別是每 kWh 為 0.09 美元及每 therm 1.20 美元（1 therm = 105,500 kJ）。求電爐的能量消耗率，以及電爐和瓦斯爐的燃料費。

解：求出電爐的能量消耗率，以及使用每單位電力與天然氣的費用。

分析：電爐的效率為 73%，因此消耗 2 kW 的電能可以提供

$$\dot{Q}_{utilized} = (\text{輸入的能量}) \times (\text{效率}) = (2\ kW)(0.73) = \mathbf{1.46\ kW}$$

的有效能量。使用單位能量的費用與效率成反比，因此

$$\frac{\text{使用能量的費用}}{} = \frac{\text{輸入能量的費用}}{\text{效率}} = \frac{\$0.09/kWh}{0.73} = \mathbf{\$0.123/kWh}$$

瓦斯爐的效率為 38%，輸入瓦斯爐的能量與用於提供使用的能量（1.46 kW）的比例相同，為

$$\dot{Q}_{input,\ gas} = \frac{\dot{Q}_{utilized}}{\text{效率}} = \frac{1.46\ kW}{0.38} = \mathbf{3.84\ kW}$$

因此，瓦斯爐需提供至少 3.84 kW 才能與電爐產生相同作用。
由於 1 therm = 29.3 kWh，瓦斯爐使用單位能量的費用為

$$\frac{\text{使用能量的費用}}{} = \frac{\text{輸入能量的費用}}{\text{效率}} = \frac{\$1.20/29.3\ kWh}{0.38} = \mathbf{\$0.108/kWh}$$

討論：使用天然氣的價格比使用電力的費用低。因此在本例中，儘管電爐有較高的效率，烹調的費用仍高出瓦斯爐 14% 以上，這也解釋為何大部分的顧客會選擇瓦斯器具。相較之下，使用電加熱是不明智的選擇。

圖 2-57
例 2-14 討論之效率 73% 的電爐與效率 38% 的瓦斯爐示意圖。

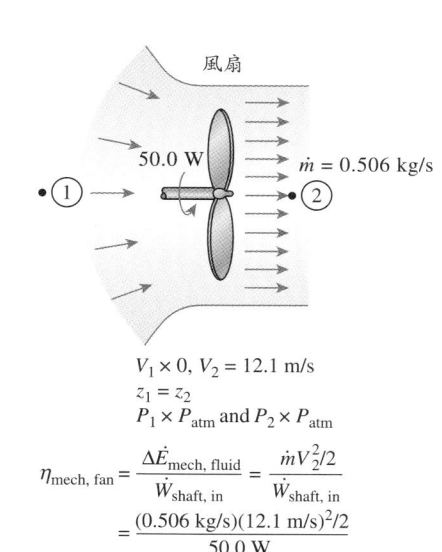

機械和電力設備的效率

　　機械能的轉換一般以軸的轉動來達成，所以機械功通常是指軸功。泵或風扇（從電力馬達）接受軸功，並轉換成流體的機械功。相反地，渦輪機是將流體的機械功轉換成軸功。如果不存在任何不可逆影響（例如摩擦），則機械功可以完全從一種形式轉換成另一種形式。一個設備或一個過程的**機械效率（mechanical efficiency）**可以表示成（圖 2-58）

$$\eta_{mech} = \frac{\text{機械功輸出}}{\text{機械功輸入}} = \frac{E_{mech,out}}{E_{mech,in}} = 1 - \frac{E_{mech,loss}}{E_{mech,in}} \quad \textbf{(2-44)}$$

如果轉換效率低於 100%，轉換過程就不是理想過程，在過程中會產生損失。機械效率為 97%，說明有 3% 的輸入機械功經由摩擦轉換成流體的熱能，導致流體溫度略微升高。

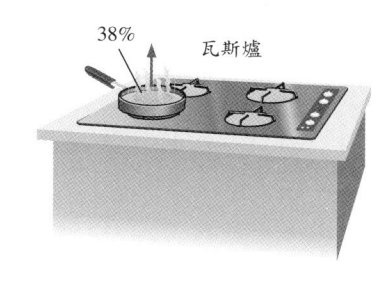

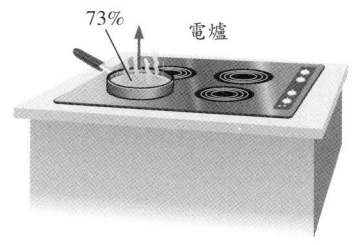

$V_1 \approx 0$, $V_2 = 12.1$ m/s
$z_1 = z_2$
$P_1 \approx P_{atm}$ and $P_2 \approx P_{atm}$

$$\eta_{mech,\ fan} = \frac{\Delta \dot{E}_{mech,\ fluid}}{\dot{W}_{shaft,\ in}} = \frac{\dot{m}V_2^2/2}{\dot{W}_{shaft,\ in}}$$
$$= \frac{(0.506\ kg/s)(12.1\ m/s)^2/2}{50.0\ W}$$
$$= 0.741$$

圖 2-58
風扇的機械效率為離開風扇之空氣的動能與輸入機械功的比值。

在流體機械中，通常會關心壓力、速度或高度的增加。這些都是由於泵、風扇或壓縮機將輸入的機械功傳遞給流體。此外也會關心反向過程，從流體處得到機械功，透過渦輪機將流體中的能量轉換成軸的轉動。這些轉換過程的效率可以表示成**泵效率**（pump efficiency）或**渦輪機效率**（turbine efficiency）：

$$\eta_{pump} = \frac{\text{流體機械能的增加}}{\text{機械能的輸入}} = \frac{\Delta \dot{E}_{mech,fluid}}{\dot{W}_{shaft,in}} = \frac{\dot{W}_{pump,u}}{\dot{W}_{pump}} \quad (2\text{-}45)$$

其中，$\Delta \dot{E}_{mech,fluid} = \dot{E}_{mech,out} - \dot{E}_{mech,in}$ 是流體機械能的增加率，等於設備的**可用泵功**（useful pumping power）$\dot{W}_{pump,u}$，而

$$\eta_{turbine} = \frac{\text{機械能的輸出}}{\text{流體機械能的降低}} = \frac{\dot{W}_{shaft,out}}{|\Delta \dot{E}_{mech,fluid}|} = \frac{\dot{W}_{turbine}}{\dot{W}_{turbine,e}} \quad (2\text{-}46)$$

其中，$|\Delta \dot{E}_{mech,fluid}| = \dot{E}_{mech,in} - \dot{E}_{mech,out}$ 是流體機械能的降低率，是渦輪機從流體得到的機械能 $\dot{W}_{turbine,e}$，使用絕對值是為了避免效率為負值。泵或渦輪機的效率是 100%，表示流體機械能與軸功之間為理想狀態轉換。實際上可以十分接近這個值，但是永遠無法實現，因為在實際過程中總有摩擦存在。

電能通常透過馬達而轉換成轉動軸功，以驅動風扇、壓縮機、機械手臂、汽車等。這些轉換效率會表示成馬達效率 η_{motor}。馬達效率是馬達機械功的輸出與電能輸入之間的比值。在小型馬達中，全負荷馬達的效率是 35%，而在大型的高效率馬達中，效率可以達到 97%。電能消耗與機械能輸出之間的差值，是以熱的形式喪失。

記住，不要將機械效率與**馬達效率**（motor efficiency）和**發電機效率**（generator efficiency）混淆，兩者定義如下：

馬達效率：
$$\eta_{motor} = \frac{\text{機械功的輸出}}{\text{電力功的輸入}} = \frac{\dot{W}_{shaft,out}}{\dot{W}_{elect,in}} \quad (2\text{-}47)$$

與

發電機效率：
$$\eta_{generator} = \frac{\text{電力功的輸出}}{\text{機械功的輸入}} = \frac{\dot{W}_{elect,out}}{\dot{W}_{shaft,in}} \quad (2\text{-}48)$$

泵通常會與馬達、渦輪機、發電機一起考慮，所以我們一般會關心泵－馬達、渦輪機－發電機的**總效率**（combined efficiency；overall efficiency）（圖 2-59）：

$$\eta_{pump-motor} = \eta_{pump}\eta_{motor} = \frac{\dot{W}_{pump,u}}{\dot{W}_{elect,in}} = \frac{\Delta \dot{E}_{mech,fluid}}{\dot{W}_{elect,in}} \quad (2\text{-}49)$$

與

$$\eta_{turbine-gen} = \eta_{turbine}\eta_{generator} = \frac{\dot{W}_{elect,out}}{\dot{W}_{turbine,e}} = \frac{\dot{W}_{elect,out}}{|\Delta \dot{E}_{mech,fluid}|} \quad (2\text{-}50)$$

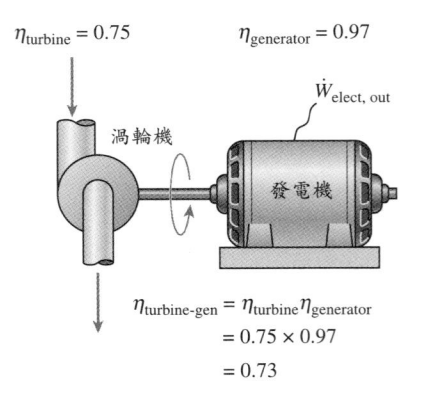

圖 2-59
渦輪機－發電機的總效率為渦輪機效率與發電機效率的乘積，代表流體的機械能轉變成電能的比例。

$\eta_{turbine} = 0.75$ $\eta_{generator} = 0.97$

$\eta_{turbine-gen} = \eta_{turbine}\eta_{generator}$
$= 0.75 \times 0.97$
$= 0.73$

所有的效率一定會在 0% 和 100% 之間。如果效率是 0%，表示所有的機械能或電能全部轉換成熱能，設備的作用如同熱電阻一般；如果效率是 100%，表示理想過程沒有摩擦及不可逆現象，因此沒有任何能量轉換成熱能。

例 2-15 水力發電廠的發電機性能

現在有一水庫，穩定地提供 1500 kg/s 的水量至水面下方 70 m 處的水力渦輪機－發電機來發電（圖 2-60）。若渦輪機產生的機械功為 800 kW，而產生的電力為 750 kW。求渦輪機的效率，以及渦輪機－發電機的總效率。忽略管子所產生的損失。

解：一個安裝在水庫下方的渦輪機－發電機會產生電力，求渦輪機的效率與渦輪機－發電機的總效率。

假設：(1) 水庫水位高度維持定值。(2) 在渦輪機出口端的機械能忽略不計。

分析：我們取水庫自由液面為點 1，渦輪機出口位置為點 2，並把點 2 當作基準點（$z_2 = 0$），所以點 1 和點 2 的位能分別為 $pe_1 = gz_1$ 和 $pe_2 = 0$。點 1 和點 2 的壓力為一大氣壓（$P_1 = P_2 = P_{atm}$），流能 P/ρ 為 0。再者，點 1 和點 2 的動能為零（$ke_1 = ke_2 = 0$），因為水在點 1 基本上是靜止的，而渦輪機出口端的機械能忽略不計。點 1 的位能為

$$pe_1 = gz_1 = (9.81 \text{ m/s}^2)(70 \text{ m})\left(\frac{1 \text{ kJ/kg}}{1000 \text{ m}^2/\text{s}^2}\right) = 0.687 \text{ kJ/kg}$$

單位時間水提供給渦輪機的機械能為

$$|\Delta \dot{E}_{mech,fluid}| = \dot{m}(e_{mech,in} - e_{mech,out}) = \dot{m}(pe_1 - 0) = \dot{m}pe_1$$
$$= (1500 \text{ kg/s})(0.687 \text{ kJ/kg})$$
$$= 1031 \text{ kW}$$

依定義，渦輪機－發電機的總效率和渦輪機效率為

$$\eta_{turbine-gen} = \frac{\dot{W}_{elect,out}}{|\Delta \dot{E}_{mech,fluid}|} = \frac{750 \text{ kW}}{1031 \text{ kW}} = 0.727 \quad \text{或} \quad \mathbf{72.7\%}$$

$$\eta_{turbine} = \frac{\dot{W}_{elect,out}}{|\Delta \dot{E}_{mech,fluid}|} = \frac{800 \text{ kW}}{1031 \text{ kW}} = 0.776 \quad \text{或} \quad \mathbf{77.6\%}$$

因此水庫提供 1031 kW 的機械能給渦輪機，但渦輪機所產生的軸功只有 800 kW，而且只產生 750 kW 的電力。

討論：此問題可以取渦輪機的入口端為點 1，並利用流能取代位能。因為渦輪機的入口端流能等於水庫自由液面的位能，利用此方法也可求得相同的結果。

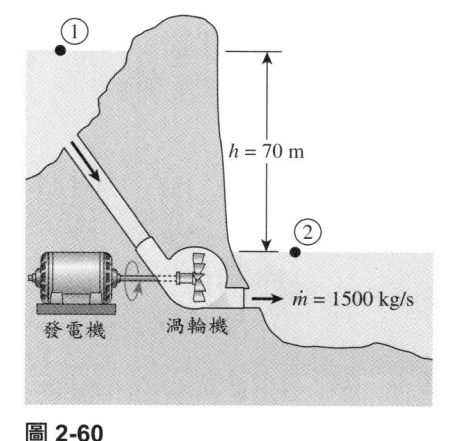

圖 2-60
例 2-15 的示意圖。

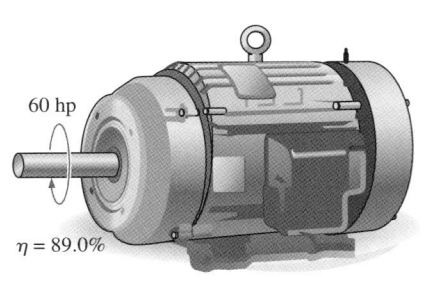

例 2-16　高效率馬達可節省的成本

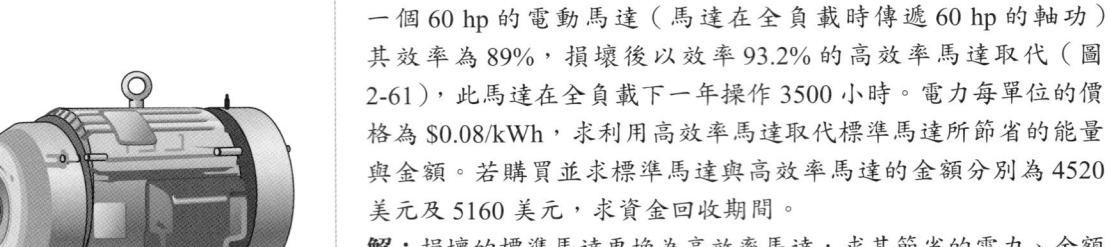

一個 60 hp 的電動馬達（馬達在全負載時傳遞 60 hp 的軸功）其效率為 89%，損壞後以效率 93.2% 的高效率馬達取代（圖 2-61），此馬達在全負載下一年操作 3500 小時。電力每單位的價格為 \$0.08/kWh，求利用高效率馬達取代標準馬達所節省的能量與金額。若購買並求標準馬達與高效率馬達的金額分別為 4520 美元及 5160 美元，求資金回收期間。

解：損壞的標準馬達更換為高效率馬達，求其節省的電力、金額及回收期。

假設：馬達操作時的負載因子為 1（全負載）。

分析：馬達的電力需求及差值可表示為

$$\dot{W}_{\text{electric in,standard}} = \dot{W}_{\text{shaft}}/\eta_{\text{st}} = （額定電力）（負載因子）/\eta_{\text{st}}$$

$$\dot{W}_{\text{electric in,efficient}} = \dot{W}_{\text{shaft}}/\eta_{\text{eff}} = （額定電力）（負載因子）/\eta_{\text{eff}}$$

節省的電力 $= \dot{W}_{\text{electric in,standard}} - \dot{W}_{\text{electric in,efficient}}$
$\qquad\qquad\quad =$（額定電力）（負載因子）$(1/\eta_{\text{st}} - 1/\eta_{\text{eff}})$

其中，η_{st} 為標準馬達的效率，η_{eff} 為高效率馬達的效率。安裝高效率馬達每年節省的能源與金額為

節省的能源 =（節省的電力）（運轉時數）
$\qquad\qquad =$（額定電力）（運轉時數）（負載因子）$(1/\eta_s - 1/\eta_{\text{eff}})$
$\qquad\qquad =$ (60 hp) (0.7457 kW/hp) (3500 小時／年) (1) (1/0.89 − 1/0.932)
$\qquad\qquad =$ **7929 kWh／年**

節省的金額 =（節省的能源）（能源的單位價格）
$\qquad\qquad =$（7929 kWh／年）(\$0.08/W)
$\qquad\qquad =$ **\$634／年**

此外，

超出的初始成本 = 購買的價差 = \$5160 − \$4520 = \$640

$$\text{回收期} = \frac{\text{超出的初始成本}}{\text{每年節省的金額}} = \frac{\$640}{\$634/\text{年}} = \mathbf{1.01\ \text{年}}$$

討論：購買高效率馬達所支付的價差約是馬達一年節省的電費金額。馬達的使用年限有許多年，在這個例子中，購買高效率馬達是必要的。

60 hp
$\eta = 89.0\%$
標準馬達

60 hp
$\eta = 93.2\%$
高效率馬達

圖 2-61
例 2-16 的示意圖。

摘　要

一系統中各種形式能量之總和稱為總能量，在簡單可壓縮系統中，包括內能、動能及位能。內能為系統所具有的分子能量，可以顯熱、潛熱、化學能及核能的形式存在。

質量流率 $\dot{m}$ 定義為單位時間內流經一截面的流體質量，與體積流率 $\dot{V}$ 有關。體積流率 $\dot{V}$ 為單位時間內流經一截面的體積，其關係式為

$$\dot{m} = \rho \dot{V} = \rho A_c V_{avg}$$

當流體的質量流率為 $\dot{m}$ 時，其能量流率為

$$\dot{E} = \dot{m}e$$

此與 $E = me$ 相似。

機械能定義為能量的形式，可以直接透過機械設備（例如理想渦輪機）完全轉換成機械功。單位質量及變化率的形式可分別表示為

$$e_{mech} = \frac{P}{\rho} + \frac{V^2}{2} + gz$$

及

$$\dot{E}_{mech} = \dot{m} e_{mech} = \dot{m}\left(\frac{P}{\rho} + \frac{V^2}{2} + gz\right)$$

其中，P/ρ 為單位質量流體的流動能，$V^2/2$ 為單位質量流體的動能，gz 為單位質量流體的位能。

能量可以熱或功的形式跨越封閉系統的邊界。對控制體積而言，能量也可以經由質量傳輸。若能量的傳遞是因為封閉系統與外界的溫差所產生，則其為熱，否則為功。

功是當一力作用在系統上通過一段距離後所產生的能量轉換。不同形式的功表示如下：

電功：　　　　$W_e = \mathbf{V}I\,\Delta t$

軸功：　　　　$W_{sh} = 2\pi nT$

彈簧功：　　　$W_{spring} = \frac{1}{2}k(x_2^2 - x_1^2)$

熱力學第一定律實質上為能量守恆原理的表示式，亦稱為能量平衡。對任意系統所進行的任何過程的質量與能量守恆可表示為

$$\underbrace{E_{in} - E_{out}}_{\text{熱、功和質量的淨能量轉換}} = \underbrace{\Delta E_{system}}_{\text{內能、動能、位能等能量的變化}} \quad (\text{kJ})$$

它也可以變化率的形式表示為

$$\underbrace{\dot{E}_{in} - \dot{E}_{out}}_{\text{熱、功和質量的淨能量轉換率}} = \underbrace{dE_{system}/dt}_{\text{內能、動能和位能等能量的變化率}} \quad (\text{kW})$$

不同裝置的效率可定義為

$$\eta_{pump} = \frac{\Delta \dot{E}_{mech,fluid}}{\dot{W}_{shaft,in}} = \frac{\dot{W}_{pump,u}}{\dot{W}_{pump}}$$

$$\eta_{turbine} = \frac{\dot{W}_{shaft,out}}{|\Delta \dot{E}_{mech,fluid}|} = \frac{\dot{W}_{turbine}}{\dot{W}_{turbine,e}}$$

$$\eta_{motor} = \frac{\text{機械功的輸出}}{\text{電力功的輸入}} = \frac{\dot{W}_{shaft,out}}{\dot{W}_{elect,in}}$$

$$\eta_{generator} = \frac{\text{電力功的輸出}}{\text{機械功的輸入}} = \frac{\dot{W}_{elect,out}}{\dot{W}_{shaft,in}}$$

$$\eta_{pump-motor} = \eta_{pump}\eta_{motor} = \frac{\Delta \dot{E}_{mech,fluid}}{\dot{W}_{elect,in}}$$

$$\eta_{turbine-gen} = \eta_{turbine}\eta_{generator} = \frac{\dot{W}_{elect,out}}{|\Delta \dot{E}_{mech,fluid}|}$$

參考書目

1. ASHRAE. *Handbook of Fundamentals*. SI version. Atlanta, GA: American Society of Heating, Refrigerating, and Air-Conditioning Engineers, Inc., 1993.

2. Y. A. Çengel. "An Intuitive and Unified Approach to Teaching Thermodynamics." ASME International Mechanical Engineering Congress and Exposition, Atlanta, Georgia, AES-Vol. 36, pp. 251–260, November 17–22, 1996.

習　題

■ 能量的形式

2-1C　何謂總能量？是由哪些不同的能量所組成？

2-2C　熱、內能和熱能彼此的關聯性為何？

2-3C 考慮水在電爐上方加熱的過程。在此過程中所涉及的能量形式是什麼？發生哪些型態的能量轉換？

2-4 一個水力渦輪機－發電機設於大水庫下方 120 m 處。水庫穩定供應 2400 kg/s 的水量以產生電力，求可產生的電力。

2-5 一條水柱離開噴嘴的速度為 60 m/s，流率為 120 kg/s，沖擊葉輪以產生動力。求水柱產生的功。

2-6 一條河的水流有 175 m³/s 的穩定流率。若在高度 80 m 處建一水壩以儲水供應水力發電，求水壩的水可以產生的功。

■ 熱與功的能量傳遞

2-7C 跨越封閉系統的邊界的能量，何時為熱？何時為功？

2-8C 考慮一輛沿著道路等速度前進的汽車，求下列系統中，熱和功交互作用的方向：(a) 汽車的水箱散熱器；(b) 汽車引擎；(c) 車輪；(d) 路面；(e) 汽車周遭的空氣。

2-9C 考慮一台室內的電冰箱，當以 (a) 冰箱內的物品；(b) 冰箱所有元件和冰箱內的物品；(c) 冬天房間內的任何東西作為系統時，判斷熱和功交互作用的方向（進或出）。

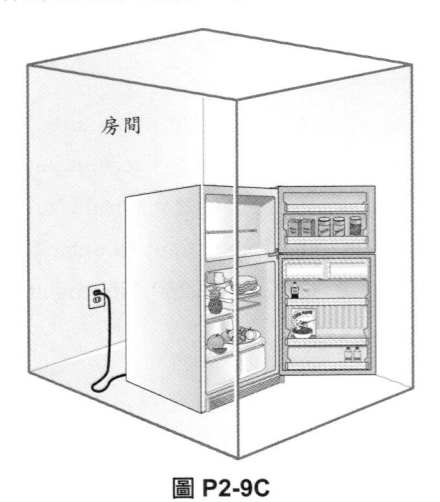

圖 P2-9C

2-10C 活塞－汽缸裝置中的氣體被壓縮，使氣體的溫度升高。這是一個熱或功的相互作用？

2-11C 一根鐵插入房間中加熱。這是一個熱或功的相互作用？取整個房間（包括鐵）為一個系統。

2-12C 一個房間利用太陽輻射透過窗戶來加熱。這對房間是一個熱或功的相互作用？

2-13C 一個絕熱的屋子由燃燒的蠟燭加熱。這是一個熱或功的相互作用？取整個房間（包括蠟燭）為一個系統。

2-14 一台小型電動馬達產生 5 W 的機械功，以：(a) N、m 和 s；(b) kg、m 和 s 為單位表示。
答：(a) 5 N·m/s，(b) 5 kg·m²/s³

■ 機械形式的功

2-15C 利用兩部起重機提舉起重物至 20 m 高度，一部花 20 s 而另一部花 10 s。兩部起重機所作的功是否有任何差異？

2-16 有一輛台車包含裝載物品的總質量為 45 kg。一個質量 80 kg 的人將此台車推上 10° 的斜坡，求：(a) 以人；(b) 以台車包含裝載物品為系統，沿著斜坡移動 30 m 所作的功，以 kJ 及 N·m 表示答案。

圖 P2-16
©McGraw-Hill Education/Lars A.Niki

2-17 計算 1300 kg 的車在垂直高度上升 40 m 的上坡道路上，從 10 km/hr 加速到 60 km/hr 所需的能量。

2-18 若汽車的軸在轉速 3000 rpm 時傳遞 335 kW，求施加於軸的扭矩。

2-19 計算一彈簧常數為 70 kN/m 的線性彈簧，由靜止位置產生 20 cm 的變形量所需的功。

2-20 1500 kg 汽車的引擎功率為 75 kW。計算在水平道路上，以全功率從靜止狀態加速到 100 km/h 速度所需的時間。你的答案實際嗎？

2-21 一輛 1150 kg 的車子在 12 秒內爬上長度

100 m 的 30° 斜坡。分別計算以 (a) 等速度；(b) 由靜止加速到 30 m/s；(c) 從 35 m/s 減速到 5 m/s 時所需的功。（忽略磨擦力、空氣阻力與滑動阻力。）答：(a) 47.0 kW，(b) 90.1 kW，(c) −10.5 kW

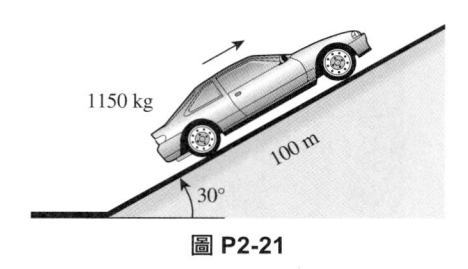

圖 P2-21

■ 熱力學第一定律

2-22C 在某個炎熱夏天的早上，一位學生打開房間中的風扇後外出。當他傍晚回到房間時，他的房間比鄰近的房間冷或熱？為什麼？假設所有房間的門窗皆保持緊閉。

2-23 水在封閉的鍋內加熱並同時以葉輪進行攪拌。在過程中，30 kJ 的熱量傳遞到水中，5 kJ 的熱量散失到周圍的空氣中。葉輪所作的功共計 500 N·m，如果系統初始的能量是 10 kJ，求系統最後的能量。答：35.5 kJ

2-24 一個垂直活塞－汽缸裝置頂部含水和加熱裝置。在過程中，65 kJ 的熱量傳遞到水中，側面牆壁的熱損失為 8 kJ。水的蒸發使活塞上升，水蒸汽作功 5 kJ，求此一過程水的能量變化。答：52 kJ

2-25 在冬季設計條件中，預計一棟房子的熱損失速率為 60,000 kJ/h。來自人、燈和電器的內部熱量增加量估計為 6000 kJ/h。如果這所房子是由電阻加熱器加熱，求這些加熱器使保持房子在恆定的溫度所需的功率為多少 kW？

2-26 消耗 2 kW 電力的水泵以流率 50 L/s，把水從一個湖中輸送到其離湖面自由液面高度 30 m 以上的池中。此說法是否合理？

2-27 一般容納 40 人的教室，裝設有每部冷卻能力為 5 kW 的冷氣。假設一個人的排熱率為 360 kJ/h。在教室中有 10 個燈泡，每個燈泡皆為 100 W。經由門窗及牆進入教室的熱傳量為 15,000 kJ/h。若教室內的空氣欲維持在定溫 21°C，求需要多少部冷氣。答：2 部

2-28 大學校園內有 200 間教室和 400 間教師辦公室，每間教室裝設 12 盞日光燈，每盞日光燈消耗 110 W（含驅動器），而教師辦公室的日光燈數量只有教室的一半。校園每年開放 240 天，教室和教師辦公室的空閒時間平均一天 4 小時，但燈仍然開啟。如果電費為每 kWh 需 0.11 美元，在教室和教師辦公室的空閒時間關燈，則一年可省下多少電費？

2-29 集中供熱系統利用 60 W 的風扇使空氣在導管內循環。分析顯示風扇需要提高空氣的壓力 50 Pa 以保持流動。風扇位於水平流動截面，入口和出口直徑為 30 cm。求空氣在導管內可達到的最高平均流速。

2-30 考慮一輛 1400 kg 的汽車以 70 km/h 定速行駛。現在這輛車在 5 秒之內加速至 110 km/h 超過另一輛車。計算其加速所需的功率。如果這輛車的總質量只有 700 kg，你的答案會是多少？
答案：77.8 kW，38.9 kW

■ 能量轉換效率

2-31C 定義泵與馬達系統之結合的泵－馬達效率。結合的泵－馬達效率是否會優於泵效率或馬達效率？

2-32C 定義渦輪效率、發電機效率和渦輪／發電機的結合效率。

2-33 將一個 75 hp（軸輸出功）且效率為 91.0% 的馬達，更換為效率 95.4% 的高效率馬達。此馬達一年的運轉時間為 4368 個小時，負載因子為 0.75。若電費為 $0.12/kWh，求安裝高效率馬達取代舊馬達可以節省的能源及電費。若馬達與高效率馬達的購入價格分別為 5449 美元和 5520 美元，計算回收期。

2-34 地熱泵用來泵深度 200 m 的鹽水，鹽水的密度是 1050 kg/m³，體積流率為 0.3 m³/s。泵的效率為 74%，計算泵所需的輸入功率。忽略在管道中的摩擦損失和假設地熱水在 200 m 深度的壓力與大氣壓力相同。

2-35 一部 7hp（軸功率）泵用來提高水的揚程 15 m。如果泵的機械效率是 82%，計算水的最大體積流率。

2-36 水以 70 L/s 流率由湖中利用泵打至 15 m 高的貯水槽中，消耗 15.4 kw 的電能。若管內摩擦損失和動能變化忽視不計，求：(a) 泵－馬達的總效率；(b) 泵入口及出口的壓力差。

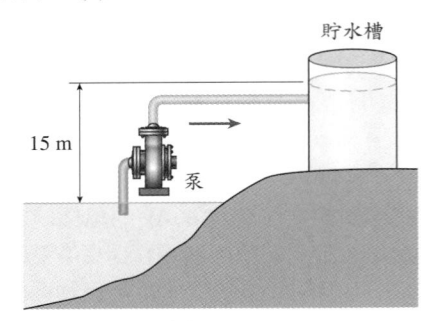

圖 P 2-36

2-37 在內華達州的胡佛水壩（Hoover Dam）比科多羅多河高 206 m。若渦輪機效率達到 100%，需產生 100 MW 時通過渦輪機的水流率應為若干？

圖 P2-37

Photo by Lynn Betts, USDA Natural Resources Conservation Society

Chapter 3

純物質的性質

本章首先介紹純物質的概念和相變化的物理過程,接著討論物質的各種性質和純物質的 P-v-T 曲面圖。當熟悉這些圖表後,我們會討論理想氣體和理想氣體方程式。然後介紹壓縮性因子,它代表真實氣體相對於理想氣體的差異。最後會介紹著名的 van der Waals 方程式。

學習目標

- 介紹純物質的概念。
- 討論相變化的物理過程。
- 繪製 P-v、T-v 和 P-T 性質圖和 P-v-T 曲面圖。
- 示範如何從物質的狀態表中得到熱力學性質。
- 介紹理想氣體的概念和理想氣體方程式。
- 應用理想氣體方程式解決典型的問題。
- 介紹壓縮性因子,其可代表真實氣體相對於理想氣體的差異。
- 介紹 van der Waals 方程式。

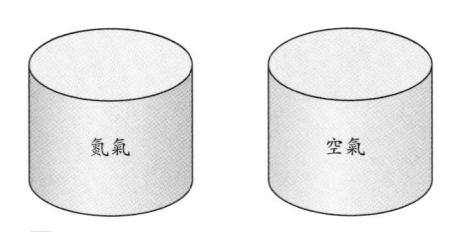

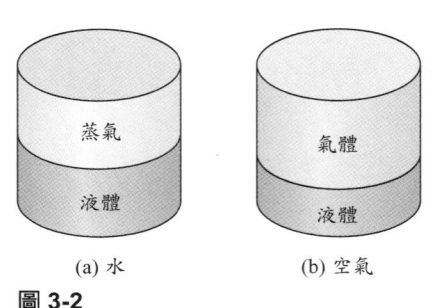

圖 3-1
氮氣和氣態的空氣為純物質。

圖 3-2
混合的液態和氣態水是純物質，但混合的液態和氣態空氣則不是純物質。

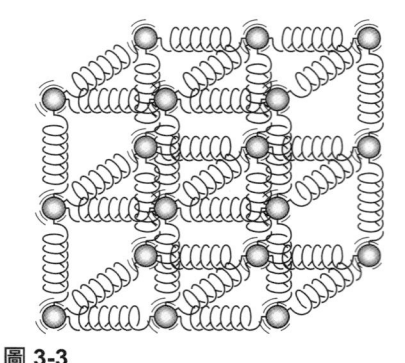

圖 3-3
彈簧般的分子內聚力使固態分子保持在固定位置上。

3-1　純物質

如果一種物質全部皆由一種固定的化學比例組成，則這種物質稱為**純物質（pure substance）**。例如，水、氮氣、氦氣和二氧化碳皆是純物質。

純物質不一定要由單一的化學元素或化合物組成。如果多種元素或化合物的混合物整體保持均質，則此種混合物也稱為純物質。例如，空氣是由多種氣體組成，它也是純物質，因為組成空氣的各種化學比例固定（圖 3-1）。然而，油和水的混合物就不是純物質，因為油不溶於水，而會聚集在水的表面，形成化學性質完全不同的兩層。

同一種物質不同相的混合物也可能是純物質，只要它們的化學組成比例保持不變（圖 3-2）。例如，水和冰的混合物也是純物質，因為水和冰具有相同的化學組成。然而，液態空氣和氣態空氣合在一起不是純物質，因為液態空氣的和氣態空氣並非均質。這是因為組成氣體的各種氣體在相同壓力下的凝結溫度不同。

3-2　純物質的相

從日常經驗中，我們知道物質可以不同的相存在。在室溫和常壓下，銅是固體，水銀是液體，而氮是氣體。在不同的環境條件下，同一種物質可以表現出不同的相。雖然一種物質存在三種基本相──固體、液體和氣體──但也可能在同一基本相下有其他相存在，只是分子結構不同。例如，碳是固體，可以鑽石和石墨兩種形體存在；氦也有兩種液態相；鐵有三種固態相；冰在高壓下有七種不同的相。相是指具有明確的分子排列，而且這種排列在整個物質中保持均質，同時能與其他物質在邊界表面上明顯區分出來。冰和水就是一個很好的例子。

在熱力學中學習相和相變化時，一般不需要知道物質在不同相狀態下的分子結構和行為。但是如果瞭解這方面的知識，對理解熱力學會有很大的幫助。以下將簡單地介紹部分在不同相狀態下的分子行為。

分子之間的結合力在固體狀態下最強，在氣體狀態下最弱。一個原因是在固體狀態下分子之間的距離最短，而在氣體狀態下最長。

在**固體（solid）**狀態下，分子以重複的三維晶格排列（圖 3-3）。因為在固體中，分子之間的距離很小，所以其間的引力很

大，以確保分子位在固定的位置。但是，當分子距離變小而趨近於零，分子間的引力可能會變成排斥力，防止分子完全堆積在一起。雖然在固體中分子不能移動，但可以在固定位置附近不停地振動。分子振動速度取決於溫度。當溫度夠高，分子的速度可能會到達一個臨界值，以克服分子之間的引力而部分地打斷分子之間的晶格排列（圖 3-4）。這就是熔化過程的開始。

在**液體**（liquid）狀態下，分子之間的距離與在固體狀態下分子間的距離差不多，但是分子不會固定在某個位置，而是自由地移動和轉動。在液體狀態下，分子之間的引力小於固體狀態下的引力，但仍然比氣體狀態下的引力大得多。當由固體轉為液體，分子之間的距離可能會稍微增加，但水是一個例外。

在**氣體**（gas）狀態下，分子之間的距離變得很大，分子以雜亂無章的狀態存在。氣體分子隨機運動，不斷地相互碰撞或與容器的壁面碰撞。尤其在密度很低的狀態下，氣體分子之間的相互作用力非常微弱，碰撞成為分子相互作用的主要方式。與液體和固體相比，分子在氣體狀態下被認為具有更高的能量。所以當壓縮或凝結時，氣體可以釋放出大量的能量。

3-3　純物質的相變化

在實際情況下，我們經常遇到同一種純物質以兩種不同的相共存。水以液態和蒸氣混合物的形式，存在於蒸汽發電廠的蒸發器和冷凝器中。冰箱中的冷媒運作時，會在液態和氣態之間轉變。很多屋主認為，自來水管道結冰是一種最重要的相變化過程，但在這一節中，會將重點集中在介紹液態和氣態以及它們的混合物。水是我們最熟悉的物質，經常用來示範相變化的基本原

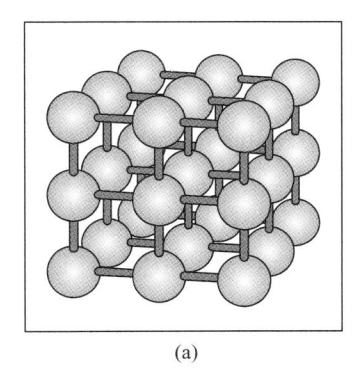

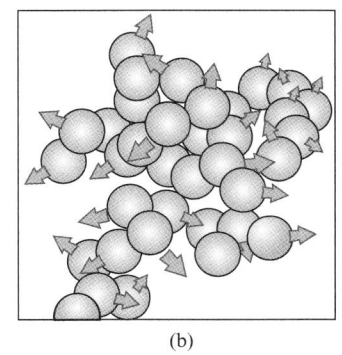

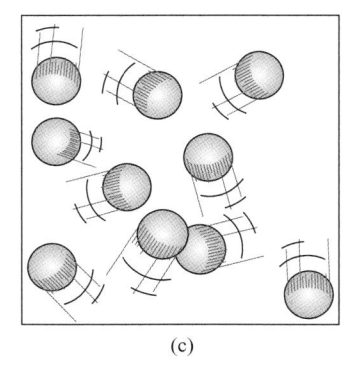

圖 3-4
不同相的原子排列：(a) 固體分子固定在相對的位置；(b) 液體分子群四處移動；(c) 氣體分子隨機四處移動。

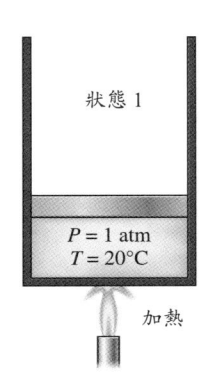

圖 3-5
在 1 atm 和 20°C 下，水以液體存在（壓縮液體）。

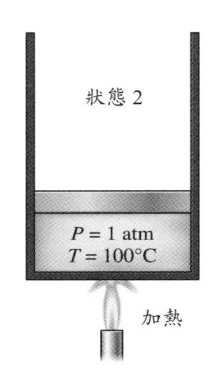

圖 3-6
在 1 atm 和 100°C 下，水以液體存在，並準備蒸發（飽和液體）。

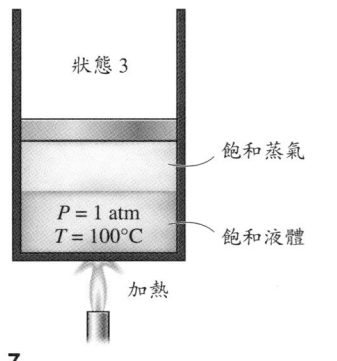

圖 3-7
隨著更多的熱加入，部分飽和液體蒸發（飽和液－氣混合物）。

理，但是要知道任何純物質都有相同的相變化行為。

壓縮液體與飽和液體

考慮一個活塞－汽缸裝置，裡面裝有 20°C 和 1 atm 的水（狀態 1，圖 3-5）。在這種條件下，水以液態存在，稱為**壓縮液體**（compressed liquid）或**過冷液體**（subcooled liquid），這意味著水不會被汽化。如果有熱加入水中，使水的溫度升高到 40°C。當溫度升高時，液態水會略微膨脹，所以其比容會增大。為了克服膨脹，活塞會略微向上移動。在這個過程中，活塞上的壓力保持 1 atm 不變，因為它只與外界大氣壓力和活塞的重量相關，而這兩者是不變的。水在這個狀態下仍然是壓縮液體，因為它還不會被汽化。

如果有更多的熱加入水中，水的溫度不斷升高而達到 100°C（狀態 2，圖 3-6）。在此條件下，雖然水仍保持液體狀態，但是任何加入的熱量都會導致部分水汽化。也就是說，將會發生從液態水到水蒸汽的相變化過程。即將要汽化的液體稱為**飽和液體**（saturated liquid）。所以，狀態 2 是飽和液體狀態。

飽和蒸氣與過熱蒸氣

一旦開始沸騰，水的溫度會停止升高，直到所有的液態水被汽化。也就是說，如果壓力保持不變，在相變化過程中，溫度會保持不變。這很容易驗證，例如可以在沸騰的水中放置一個溫度計來測量溫度。如果保持開口或使用很輕的鍋蓋，在海平面處（$P = 1$ atm），水的沸騰溫度都會是 100°C。在沸騰過程中，因為不斷有水從液態變成氣態，我們能直接觀察到體積顯著增大且液面持續下降。

在汽化過程中（狀態 3，圖 3-7），汽缸內仍有等量的水和蒸氣。如果繼續加熱，汽化過程會持續直到最後一滴水被蒸發（狀態 4，圖 3-8）。此時，整個汽缸充滿蒸氣，這一個狀態處在液態和氣態的邊緣。任何的熱損失都會導致部分蒸氣變回液態水（從氣態到液態的相變化）。將要凝結的蒸氣稱為**飽和蒸氣**（saturated vapor），所以狀態 4 是飽和蒸氣狀態。如果一種物質存在於狀態 2 和狀態 4 之間，我們稱這種物質為**飽和液－氣混合物**（saturated liquid-vapor mixture），因為在這個狀態下，液體和氣體共同存在。

相變化過程結束後，再次回到單一相狀態（這次是氣態）。如果繼續加入熱量，會導致蒸氣的溫度升高和比容增大（圖

3-9)。在狀態 5，蒸氣的溫度為 300°C；如果有部分熱量損失，蒸氣的溫度會降低，但是不會凝結，只要它的溫度保持在 100°C 以上（在 P = 1 atm 之條件下）。如果一種蒸氣不凝結（非飽和蒸氣），我們稱這種蒸氣是**過熱蒸氣（superheated vapor）**。所以，水在狀態 5 是過熱蒸氣。圖 3-10 的 T-ν 圖顯示此一等壓相變化過程。

經由冷卻，上述過程可以在壓力保持不變的情況下逆轉，水會回到狀態 1。經由同樣的路徑，在逆轉過程中所釋放的熱量，等於加熱過程中所加入的熱量。

在日常生活中，水通常指液態水，水蒸汽指氣態的水。在熱力學中，水和水蒸汽表示同一種東西：H_2O。

⊃ 飽和溫度與飽和壓力

可能沒有人會為水在 100°C 沸騰而感到吃驚，但是嚴格地說，「水在 100°C 沸騰」是不正確的。更準確的說法是「在一大氣壓（1 atm）下，水在 100°C 沸騰」。水在 100°C 開始沸騰，是因為我們保持壓力恆定為 1 atm（101.325 kPa）。如果在活塞上加上重物，使汽缸內的壓力升高 500 kPa，則汽缸內的水會在 151.8°C 開始沸騰。也就是說，水在什麼溫度開始沸騰，取決於壓力；或者說，如果壓力固定，則水的沸點也固定。

在給定的壓力下，純物質開始發生相變化的溫度稱為**飽和溫度（saturation temperature）**T_{sat}。類似地，在給定溫度下，純物質開始發生相變化的壓力稱為**飽和壓力（saturation pressure）**P_{sat}。如果給定壓力是 101.325 kPa，則 T_{sat} 為 99.97°C。類似地，如果給定溫度是 99.97°C，則 P_{sat} 為 101.325 kPa（在溫度

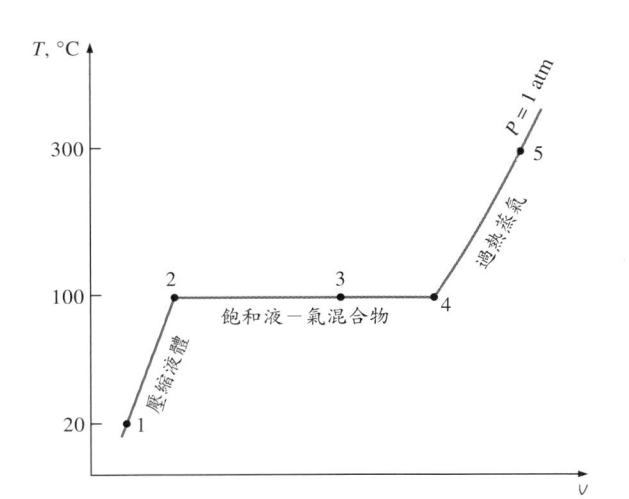

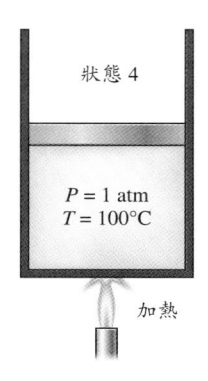

圖 3-8
1 atm 下，溫度維持在 100°C，直到最後一滴液體蒸發為止（飽和蒸氣）。

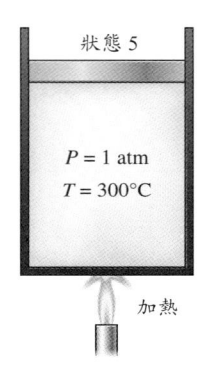

圖 3-9
更多的熱量加入，蒸氣的溫度開始上升（過熱蒸氣）。

圖 3-10
水在定壓下加熱過程之 T-ν 圖。

表 3-1 水在不同溫度下的飽和（沸騰）壓力

溫度 T, °C	飽和壓力 P_{sat}, kPa
−10	0.260
−5	0.403
0	0.611
5	0.872
10	1.23
15	1.71
20	2.34
25	3.17
30	4.25
40	7.38
50	12.35
100	101.3 (1 atm)
150	475.8
200	1554
250	3973
300	8581

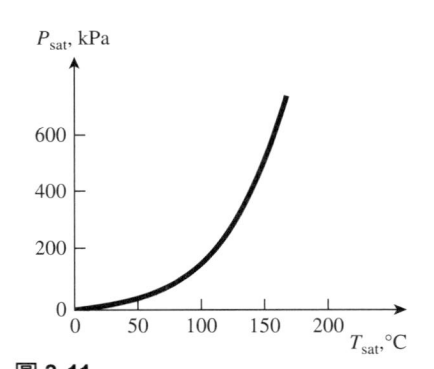

圖 3-11
純物質的液－氣飽和曲線（圖中數值是水的資料）。

表 3-2 隨高度變化之標準大氣壓力與飽和（沸騰）溫度

高度, m	大氣壓力, kPa	沸騰溫度, °C
0	101.33	100.0
1,000	89.55	96.5
2,000	79.50	93.3
5,000	54.05	83.3
10,000	26.50	66.3
20,000	5.53	34.7

100°C，P_{sat} 為 101.42 kPa）。

飽和表列出所有常見物質的飽和溫度與飽和壓力的關係。表 3-1 列出部分的水飽和表。從這個表中可以得知，如果水在 25°C 發生相變化，壓力必須是 3.17 kPa；如果水在 250°C 發生相變化，壓力必須保持在 3976 kPa（約 40 atm）；如果壓力降低到 0.61 kPa，水會凝固。

在熔化固體或者汽化液體時，需要大量的能量。在物質發生相變化時，吸收或放出的熱稱為**潛熱（latent heat）**。具體地說，在熔化過程中所吸收的熱量稱為**熔化潛熱（latent heat of fusion）**，等於這個物質在凝結時所放出的熱量。在汽化過程中所吸收的熱量稱為**汽化潛熱（latent heat of vaporization）**，等於這個物質在蒸發時所吸收的熱量。

在相變化過程中，壓力和溫度具有一定的關係，可以透過一個函數來表示：$T_{sat} = f(P_{sat})$。如果將 T_{sat} 和 P_{sat} 的關係透過圖來表示，如圖 3-11 所示，則稱為**液－氣飽和曲線（liquid-vapor saturation curve）**。這種曲線為所有的純物質所特有。

從圖 3-11 中我們可以很清楚地知道，T_{sat} 隨 P_{sat} 升高而升高。所以壓力愈大，一個物質的沸騰溫度也愈高。在烹調過程中，高溫意味著更短的烹調時間，也更節省能源。例如燉牛肉，使用一般的鍋在 1 atm 下操作，需要一到兩小時；如果改用高壓鍋，鍋內壓力可以保持在 3 atm（對應的沸騰溫度是 134°C），則只需要 20 分鐘。

大氣壓力隨著海拔高度升高而降低，對應的飽和溫度也降低。所以相對於海平面，在海拔高的地區，除非使用高壓鍋，否則需要更長的時間才能將食物煮熟。例如在海拔 2000 m 處，大氣壓力為 79.50 kPa，對應的沸騰溫度為 93.3°C；而在海平面，水的沸騰溫度是 100°C。水的沸騰溫度隨海拔高度變化的情況如表 3-2 所示。幾乎海拔高度每升高 1000 m，水的沸點會降低 3°C。另外要注意，在同一地方水的沸點也會隨天氣情況而變化，但是變化範圍不會超過 1°C。

T_{sat} 和 P_{sat} 相關的一些應用

前面曾經提過，一種物質的飽和溫度和壓力有關。利用這個關係，可以透過控制壓力來控制物質的沸騰溫度。實際上有很多這樣的應用，下面將舉幾個例子。

在室溫 25°C 下，考慮一密封罐，裡面有冷媒 R-134a。如果這個密封罐在房間內放置足夠的時間，則罐內溫度也是 25°C。

現在稍微將蓋子打開一些，允許一部分冷媒逸出，則罐內壓力會開始降低，直到與大氣壓力相同。在這個過程中，如果將手放在罐子上，會明顯感覺到溫度迅速下降；如果室內空氣比較潮溼，罐外壁上甚至可能有霜凝結。當罐內氣壓降到 1 atm 時，罐內溫度計會指示為 $-26°C$，這是冷媒 R-134a 在 1 atm 下的飽和溫度。罐內的溫度會保持在 $-26°C$ 不變，直到最後一滴冷媒被汽化。

另一個有趣的物理現象是，除非吸收與汽化潛熱相同的熱量，否則液體不會被汽化。對於冷媒 R-134a 來說，在 1 atm 下，它的汽化潛熱是 217 kJ/kg。所以，冷媒的汽化速度與熱量傳遞進密封罐的速度有關。熱傳遞速度愈快，汽化的速度也愈快。透過絕熱材料，可以將熱傳遞速度降到很小，使冷媒的汽化速度達到最小。在極限的情況下，沒有熱傳遞發生，密封罐內的冷媒會一直保持在 $-26°C$ 不變。

氮氣在大氣壓下的沸騰溫度是 $-196°C$（表 A-3a）；也就是說，液態氮暴露在大氣下的溫度是 $-196°C$，這時有部分液態氮被汽化。液態氮會保持在 $-196°C$ 不變，直到所有的液態氮完全被汽化。基於這個原因，液態氮經常用於低溫測試（例如超導性）和低溫應用，以將測試室內的溫度保持在 $-196°C$（圖 3-12）。這個測試區域要絕熱得非常好以減少熱傳遞，從而減少液態氮的消耗。液態氮也用於醫藥目的，以除去皮膚上的不明斑點。用棉花棒沾一些液態氮，塗在皮膚表面，當液態氮汽化時，會從周圍吸收大量的熱量，從而冷凍被感染的皮膚。

一種冷卻綠色蔬菜的方法是**真空冷卻（vaccum cooling）**。其原理是在需要的低溫下，將密封室內的壓力降低到飽和壓力，從而汽化一部分蔬菜內所含的水分。汽化過程中的熱量因來自於蔬菜，所以會降低蔬菜的溫度。水在 $0°C$ 下的飽和壓力是 0.61 kPa，如果將壓力降低到這個水準，蔬菜會冷卻到 $0°C$。如果將壓力降到 0.61 kPa 以下，蔬菜的溫度會更低，但是這很少使用，因為蔬菜會有凍傷的危險，導致成本增加。

真空冷卻過程有兩個階段。第一階段，蔬菜在一定溫度下（例如 $25°C$）被放到冷卻室內開始操作。冷卻室的溫度會保持不變，直到達到飽和壓力（在 $25°C$ 是 3.17 kPa）。在第二階段，蔬菜的溫度會隨著壓力的下降而降低，直到達到需要的溫度（圖 3-13）。

真空冷卻方法比一般的方法要貴許多，所以通常用於需要快速冷卻的用途。如果產品的表面積較大或者含有較多的水，例如生菜或菠菜，就非常適合使用這種方法。如果產品的表面積較小

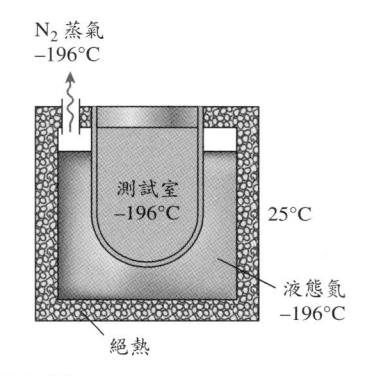

圖 3-12
暴露在大氣中之液態氮氣溫度保持在 $-196°C$，測試室也維持在 $-196°C$。

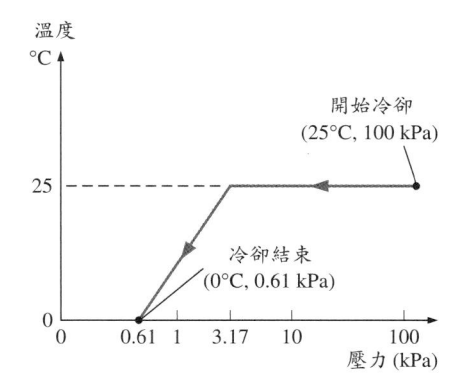

圖 3-13
水果和蔬菜由 $25°C$ 真空冷卻至 $0°C$ 的溫度和壓力變化。

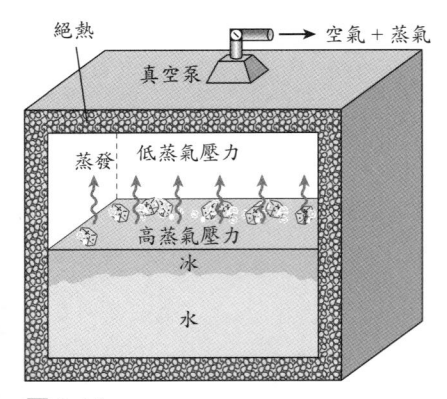

圖 3-14
1775 年，利用抽空水槽內的空氣來製冰。

或是帶有厚皮，例如番茄或黃瓜，就不宜使用這種方法。一些產品，例如蘑菇和青豆，在冷卻前加一點水會得到很好的冷卻效果。

如果將壓力降低到 0.61 kPa 以下，真空冷卻可以變成**真空冷凍**（**vacuum freezing**）。用真空泵來製冰的方法並非創新，早在 1775 年，William Cullen 就曾經在蘇格蘭透過抽空水槽內的空氣來製冰（圖 3-14）。

冰袋（**package icing**）經常用在需要小範圍冷凍的地方。因為水的熔化潛熱很大，透過直接接觸可以吸收熱量和保持物品的冷卻。一般用在與冰接觸也不會受到傷害的產品上。另外，冰除了提供冷凍，也提供水氣。

3-4 相變化過程的性質圖

在性質圖的幫助下，我們可以學習和理解相變化過程中各種性質的變化。下面將討論純物質的 T-v 圖、P-v 圖和 P-T 圖。

1. T-v 圖

在上一節中已經詳細說明水在 1 atm 下的相變化過程，並用圖 3-10 的 T-v 圖表示。現在我們將在不同壓力下討論此一過程。

在活塞上面加重物，使汽缸內的壓力增加到 1 MPa。在此一壓力下，相對於 1 atm，水具有較小的比容。如果有熱傳遞進入汽缸，過程會沿著與 1 atm 相似的路徑發生（如圖 3-15 所示），但是也有明顯的不同。首先，水在此一壓力下會在更高的溫度（179.9°C）開始沸騰。第二，相對於 1 atm，飽和液體的比熱變大，而飽和蒸氣的比熱變小；也就是說，連接飽和液體與飽和蒸氣的水平線會縮短。

如果壓力繼續增加，飽和線會繼續縮短，參見圖 3-15；當壓力達到 22.06 MPa 時，它會變成一個點。這個點稱為**臨界點**（**critical point**），定義為飽和液體與飽和蒸氣狀態相同的點。

在臨界點處的溫度，壓力和比容稱為臨界溫度 T_{cr}、臨界壓力 P_{cr} 和臨界比容 v_{cr}。水在臨界點處的性質是：P_{cr} = 22.06 MPa、T_{cr} = 373.95°C 和 v_{cr} = 0.003106 m³/kg。對於氦，則是 0.23 MPa、–267.85°C 和 0.01444 m³/kg。附錄表 A-1 列出數種不同物質的臨界性質。

如果壓力超過臨界壓力，並不會發生明顯的相變化過程（圖 3-16）。取而代之的是，比容會持續增加，整個過程只有一種相

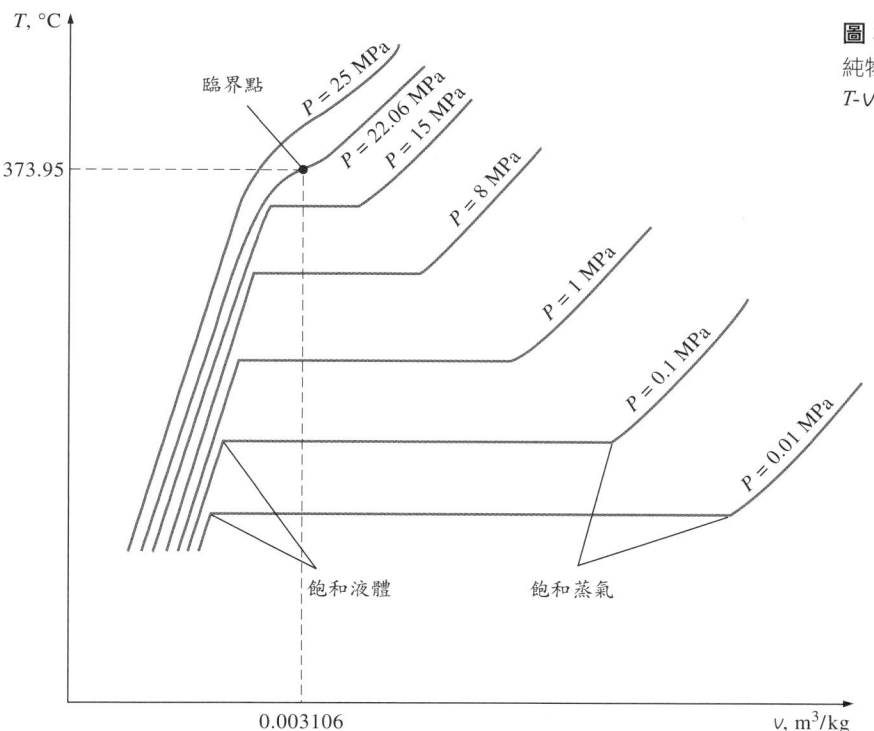

圖 3-15
純物質在不同壓力下的等壓相變化過程之 $T\text{-}v$ 圖（圖中數值是水的資料）。

狀態存在。最終會呈現氣態，但是我們不能確定相變化在什麼時候發生。若高於臨界點，壓縮液體和過熱蒸氣之間沒有明顯的界限。但習慣上，人們稱高於臨界溫度的蒸氣為過熱蒸氣，低於臨界溫度的液體為壓縮液體。

圖 3-15 中，飽和液體狀態可以一條線連接起來，稱為**飽和液體線（saturated liquid line）**；同樣地，將所有飽和蒸氣狀態連在一起的線，稱為**飽和蒸氣線（saturated vapor line）**。這兩條線會在臨界點相交形成一個圓頂形狀，如圖 3-17(a) 所示。所有壓縮液體都在飽和液體線的左邊，這個區域稱為**壓縮液體區（compressed liquid region）**。所有的過熱蒸氣處於飽和蒸氣線的右邊，這個區域稱為**過熱蒸氣區（superheated vapor region）**。在這兩個區域內，物質會以液態或者氣態單相存在。在圓頂下方，物質會以兩相同時存在，稱為**飽和液－氣混合物區（saturated liquid-vapor mixture region）**，或稱為**溼區（wet region）**。

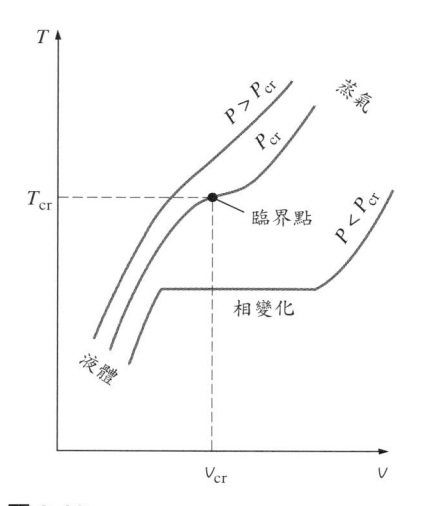

圖 3-16
高於臨界壓力（$P > P_{cr}$）時，不會有明顯的相變化（沸騰）過程。

2. $P\text{-}v$ 圖

純物質 $P\text{-}v$ 圖的曲線形狀與 $T\text{-}v$ 圖的曲線形狀非常類似，但是當溫度 T 恆定時，曲線具有向下趨勢，如圖 3-17(b) 所示。

(a) 純物質之 T-v 圖

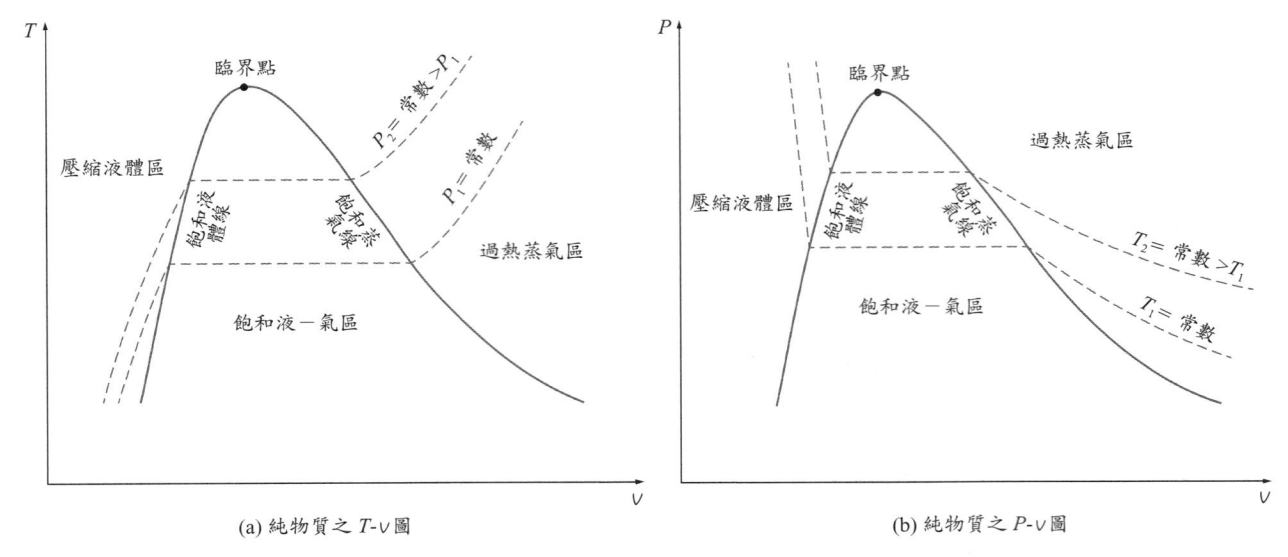

(b) 純物質之 P-v 圖

圖 3-17
純物質之性質圖。

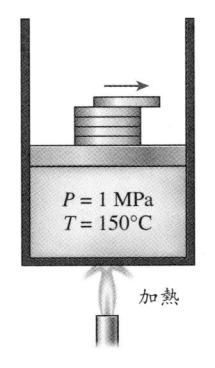

圖 3-18
經由移除活塞上的重量,可以降低活塞－汽缸裝置的壓力。

考慮活塞－汽缸裝置內含有 1 MPa 和 150°C 的液態水。水在此狀態下為壓縮液體。現在將活塞上的重物逐漸移去,使汽缸內的壓力逐漸下降(圖 3-18),允許水與外界交換熱量以保持水溫恆定。當壓力下降時,水的體積會稍微增大。當壓力達到飽和壓力(0.4762 MPa),水開始沸騰而汽化。在汽化過程中,水的溫度和壓力會保持不變,但是比容會增大。壓力繼續降低會使比容繼續增大,直到最後一滴水變成蒸氣為止。注意,在汽化過程中,我們並未移去活塞上的重物。因為在這個過程中移走重物,會使汽缸內的壓力發生變化,導致溫度下降(因為 $T_{sat} = f(P_{sat})$),這樣就無法保持整個過程等溫。

在其他溫度下重複這個過程,會得到類似的曲線。如果將所有的飽和液體與飽和蒸氣狀態點用曲線連接,我們會得到這種純物質的 P-v 圖,參見圖 3-17(b)。

⇒ 擴展至固相的 P-v 與 T-v 圖

至此,我們討論的平衡曲線都只考慮物質的氣態和液態的平衡曲線,但是物質的性質圖可以很容易地推廣至包含固體,例如固－液飽和區和固－氣飽和區。氣－液體變化過程的討論可以應用於固－液和固－氣的相變化過程。大部分物質在固化過程中,體積會收縮;但是也有一些物質,例如水,在凝固時體積會膨脹。這兩組物質的 P-v 圖(圖 3-19(a) 與圖 3-19(b))差異只在於固－液區域的不同。T-v 圖與 P-v 圖很類似,尤其是那些在凝固

圖 3-19
不同物質之 P-v 圖。

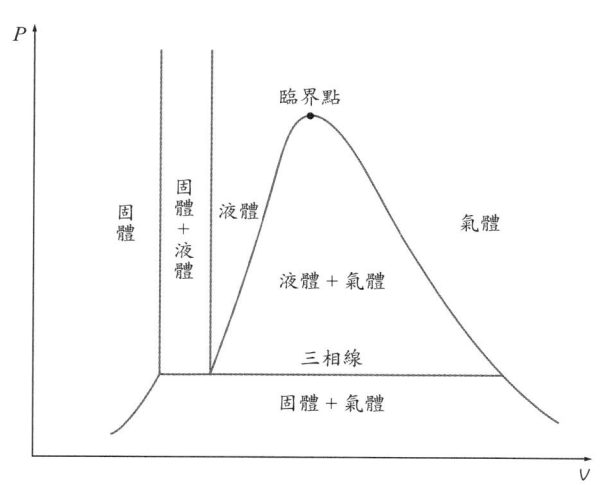

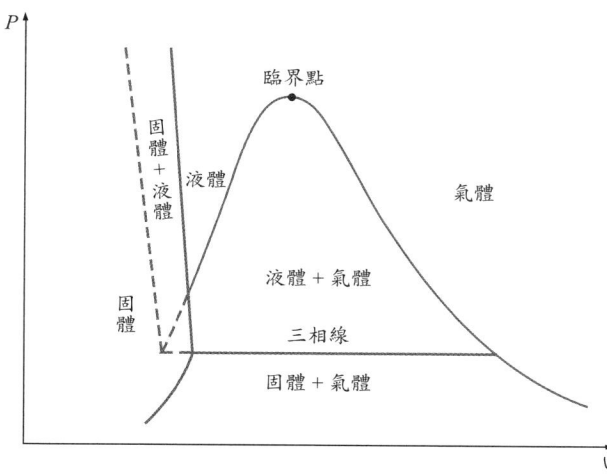

(a) 凝固時會收縮之物質的 P-v 圖

(b) 凝固時會膨脹之物質的 P-v 圖（例如水）

時體積縮小的物質。

　　水在結冰時體積會膨脹是自然界中一個極重要的性質。若如同大部分物質一樣，水在結冰時體積收縮，所形成的冰會比液態的水還重，並沉入河流、湖泊和海洋的底部，而不是浮在表面。太陽光將無法達到這些冰層，導致許多河流、湖泊和海洋的底部永遠被冰覆蓋，這樣將嚴重影響到水中生物的生存。

　　我們都很熟悉兩相共存而達到平衡，但是在某些條件下，可以發生純物質的三相共存而達到平衡（圖 3-20）。在 P-v 圖或 T-v 圖上，這些三相共存狀態會形成一條曲線，稱為**三相線（triple line）**。在三相線上，物質具有相同的溫度和壓力，但是比容不同。在 P-T 圖上，三相線會呈現為一個點，稱為**三相點（triple point）**。不同物質在三相點的溫度和壓力不同，如表 3-3 所示。例如水，三相點的溫度和壓力分別是 0.01°C 和 0.6117 kPa；也就是說，在這個溫度和壓力下，水會以三種不同的相共同存在。如果壓力低於三相點的壓力，則沒有物質能以穩定液體存在。相同地，如果溫度低於三相點的溫度，則沒有任何物質能凝固。但是當溫度低於三相點溫度時，物質能在高壓下以液體存在。例如，在大氣壓下，如果水的溫度低於 0°C，則不能以液體存在；但是可以在 200 MPa 和 –20°C 下以液體狀態存在；在壓力大於 100 MPa 下，冰可以七種不同的固體存在。

　　物質可以經過兩條路徑從固體變成氣體，一條路徑是先熔化成液體，再汽化成氣體；另一條是直接變成氣體，而不經過液

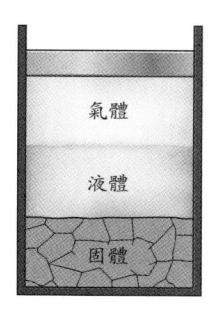

圖 3-20
在三相點的溫度及壓力，物質三相平衡共存。

表 3-3　物質在三相點的溫度和壓力

物質	化學式	T_{tp}, K	P_{tp}, kPa
乙炔	C_2H_2	192.4	120
氨	NH_3	195.40	6.076
氬	A	83.81	68.9
碳（石墨）	C	3900	10,100
二氧化碳	CO_2	216.55	517
一氧化碳	CO	68.10	15.37
重氫	D_2	18.63	17.1
乙烷	C_2H_6	89.89	8×10^{-4}
乙烯	C_2H_4	104.0	0.12
氦	He	2.19	5.1
氫	H_2	13.84	7.04
鹽酸	HCl	158.96	13.9
水銀	Hg	234.2	1.65×10^{-7}
甲烷	CH_4	90.68	11.7
氖	Ne	24.57	43.2
氧化氮	NO	109.50	21.92
氮	N_2	63.18	12.6
氧化亞氮	N_2O	182.34	87.85
氧	O_2	54.36	0.152
鈀	Pd	1825	3.5×10^{-3}
鉑	Pt	2045	2.0×10^{-4}
二氧化硫	SO_2	197.69	1.67
鈦	Ti	1941	5.3×10^{-3}
鈾	UF_6	337.17	151.7
水	H_2O	273.16	0.61
氙	Xe	161.3	81.5
鋅	Zn	692.65	0.065

資料來源：National Breau of Standards (U.S.) Circ., 500 (1952).

圖 3-21
在低壓（低於三相點的壓力），固體不經熔化而直接蒸發（昇華）。

體。第二種路徑發生在壓力小於三相點壓力的情況。在此一壓力下，物質無法以液體存在（圖 3-21）。從固體直接變成氣體的過程稱為**昇華（sublimation）**。對於三相點壓力大於大氣壓的物質，例如固體 CO_2（乾冰），昇華是其在大氣壓下從固體變成氣體的唯一途徑。

3. P-T 圖

圖 3-22 顯示純物質的 P-T 圖。這個圖又稱為**相圖（phase diagram）**，因為物質的三種相狀態由三條線區分成不同的狀態區域。昇華線區分固體和氣體，汽化線區分液體和氣體，而固體和液體由熔化線區分。這三條線在三相點處相交，在三相點上，三種相狀態平衡共存。汽化線在臨界點以上消失，因為超過臨界點，氣體和液體之間沒有明顯的區分。凝固時會膨脹和收縮的物質差異，只有熔化線的不同。

圖 3-22
純物質之 P-T 圖。

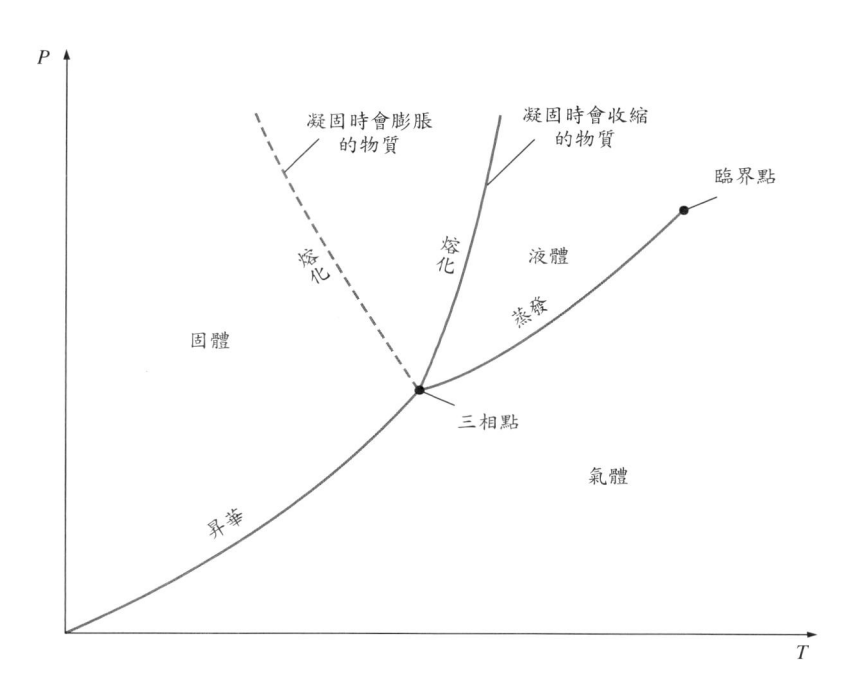

⏵ P-v-T 曲面圖

簡單可壓縮物質的狀態由任意兩個獨立的強度性質決定。一旦兩個性質固定，其他性質會變成相依變數。如果任意函數有兩個自變數，其形式為 $z = z(x, y)$，此函數表示空間中的一個曲面，我們可以將 P-v-T 之間的關係表示成這樣的曲面，如圖 3-23 和圖 3-24 所示。這裡 T 和 v 視為自變數（底部），而 P 視為應變數（高度）。

在曲面上的任一點表示一個平衡狀態。任意近似平衡過程的全部狀態都會顯示在這個曲面上，因為這個過程必須通過平衡狀態。單相狀態區域在 P-v-T 曲面圖形成一個曲面，而兩相狀態區域會形成一個垂直於 P-T 面的曲面，因為兩相狀態區域在 P-T 曲面上的投影是一條條的線。

以上我們討論的二維相圖都是三相曲面的一部分。P-v 圖只是 P-v-T 曲面在 P-v 平面上的投影，而 T-v 圖則是 P-v-T 曲面的鳥瞰圖。P-v-T 曲面提供了非常豐富的資訊，但是實際上，二維圖的應用比三維圖更加方便。

3-5　性質表

對大多數物質而言，熱力學的性質太複雜，很難用簡單的方程式表示，所以這些性質通常顯示在各種表中。一些熱力學的性質很容易量測，而那些不能被量測的性質，可以從測量的已知量

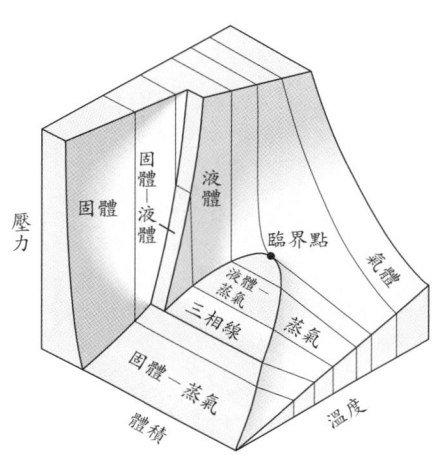

圖 3-23
凝固時會收縮之物質的 P-v-T 曲面圖。

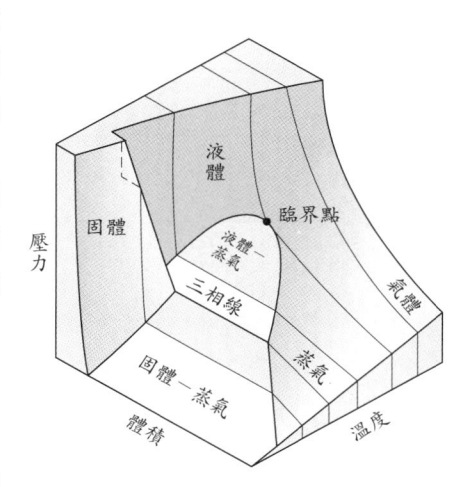

圖 3-24
凝固時會膨脹之物質（例如水）的 P-v-T 曲面圖。

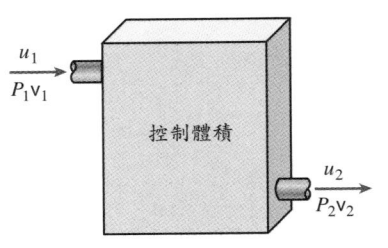

圖 3-25
控制體積分析時，經常遇到 $u + Pv$ 之組合。

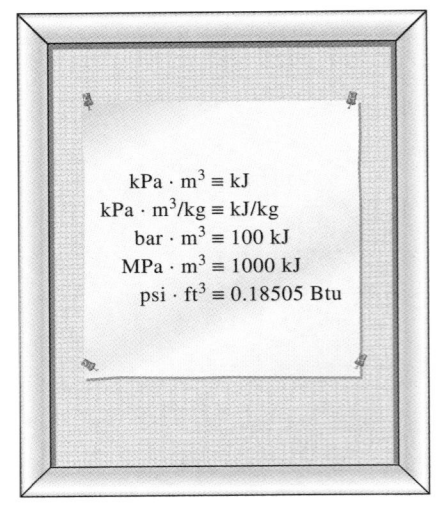

$kPa \cdot m^3 \equiv kJ$
$kPa \cdot m^3/kg \equiv kJ/kg$
$bar \cdot m^3 \equiv 100\ kJ$
$MPa \cdot m^3 \equiv 1000\ kJ$
$psi \cdot ft^3 \equiv 0.18505\ Btu$

圖 3-26
「壓力 × 體積」為能量單位。

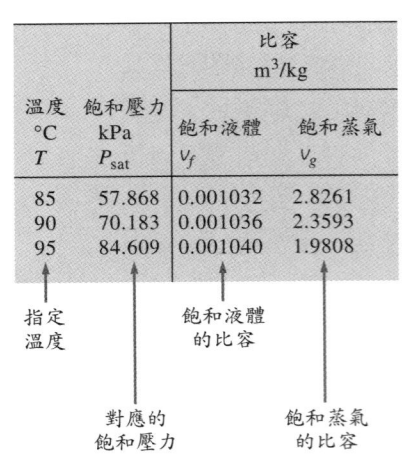

溫度 °C T	飽和壓力 kPa P_{sat}	比容 m³/kg 飽和液體 v_f	飽和蒸氣 v_g
85	57.868	0.001032	2.8261
90	70.183	0.001036	2.3593
95	84.609	0.001040	1.9808

指定溫度 / 對應的飽和壓力 / 飽和液體的比容 / 飽和蒸氣的比容

圖 3-27
表 A-4 的部分列表。

中的關係式計算得到。這些測量值和計算值被繪製成各種圖表，以方便使用。在下面的討論中，將以蒸氣表為範例來說明如何使用這些性質表。其他性質表的使用方式類似。

對每一種物質，其熱力學性質不單只顯示在一個表中。實際上，一個表只顯示感興趣的某一部分，例如過熱蒸氣、壓縮液體或飽和區域。熱力性質表置於附錄。在我們討論這些性質表之前，先定義一個新的性質——焓。

焓——一種組合屬性

當看到這些表的時候，你會注意到兩個新的性質：焓（enthalpy）h 和熵（entropy）s。熵是與熱力學第二定律有關的性質，將在第 7 章介紹。在此，我們先介紹焓的概念。

在分析一些特定的過程中，尤其是蒸汽發電廠和製冷過程（圖 3-25），經常用到一個組合性質 $u + Pv$。為了簡單和方便起見，這個組合性質被定義為一個新的性質，稱為**焓（enthalpy）**，以符號 h 表示：

$$h = u + Pv \qquad (kJ/kg) \qquad (3\text{-}1)$$

或

$$H = U + PV \qquad (kJ) \qquad (3\text{-}2)$$

注意，上面的公式在單位上是一致的；也就是說，壓力 – 體積的乘積和內能的單位是一致的（圖 3-26）。例如，$1\ kPa \cdot m^3 = 1\ kJ$。在常用的表格中，經常沒有列出內能 u，但是可以用公式 $u = h - Pv$ 得到。

焓被廣泛使用，是由於 Richard Mollier 教授首先注意到 $u + Pv$ 在分析蒸汽輪機和水蒸汽性質上的重要性，並將水蒸汽的熱力性質表格化及圖表化（Mollier 圖）。Mollier 將 $u + Pv$ 稱為熱焓或總熱。這些術語與現代熱力學不一致，所以在 1930 年代以「焓」這個詞來代替。

1a. 飽和液體與飽和蒸氣狀態

飽和液體與飽和蒸氣的性質列於表 A-4 和表 A-5 中。兩個表所列的是相同的資訊。不同的是，表 A-4 是根據溫度制定，而表 A-5 是根據壓力制定。所以當溫度為已知的情況下，使用表 A-4 較方便；而在壓力為已知的情況下，使用表 A-5 較方便。表 A-4 的使用方法如圖 3-27 所示。

下標 f 表示飽和液體的性質，g 表示飽和蒸氣的性質。這些

符號來自於德文，並廣泛地應用在熱力學中。另一個廣泛應用的符號是 fg，表示飽和蒸氣與飽和液體間性質的差值。例如：

v_f = 飽和液體的比容
v_g = 飽和蒸氣的比容
v_{fg} = v_g 與 v_f 之差值（$v_{fg} = v_g - v_f$）

h_{fg} 稱為**汽化焓（enthalpy of vaporization）** 或汽化潛熱，表示在一定的壓力和溫度下，單位質量飽和液體蒸發所需的能量。汽化焓會隨溫度或壓力的提高而降低，在臨界點為零。

例 3-1　剛槽中飽和液體的壓力

一剛槽中內含 50 kg、90°C 的飽和液態水。求剛槽的壓力與體積。

解： 一剛槽中裝有飽和液態水，求剛槽的壓力與體積。

分析： 飽和液態水的 T-v 圖如圖 3-28 所示。由於剛槽中之液態水為飽和狀態，其壓力為 90°C 時之飽和壓力：

$$P = P_{\text{sat @ 90°C}} = \mathbf{70.183 \text{ kPa}} \quad \text{（表 A-4）}$$

飽和液體在 90°C 狀態下的比容為

$$v = v_{f \text{ @ 90°C}} = 0.001036 \text{ m}^3/\text{kg} \quad \text{（表 A-4）}$$

剛槽的總體積為

$$V = mv = (50 \text{ kg})(0.001036 \text{ m}^3/\text{kg}) = \mathbf{0.0518 \text{ m}^3}$$

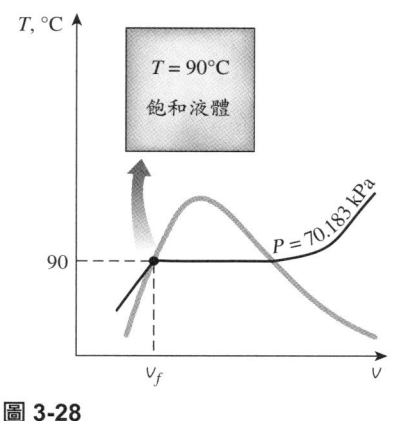

圖 3-28
例 3-1 的示意圖與 T-v 圖。

例 3-2　汽缸中飽和蒸氣的溫度

一活塞–汽缸裝置內含壓力 350 kPa、體積 0.06 m³ 的飽和蒸氣。求汽缸內蒸氣的溫度和質量。

解： 一汽缸內含飽和蒸氣，求蒸氣的溫度和質量。

分析： 飽和蒸氣的 P-v 圖如圖 3-29 所示。由於汽缸內飽和蒸氣壓力為 350 kPa，其溫度為此壓力下的飽和溫度為：

$$T = T_{\text{sat @ 350 kPa}} = \mathbf{138.86°C} \quad \text{（表 A-5）}$$

飽和蒸氣在 350 kPa 壓力下的比容為

$$v = v_{g \text{ @ 350 kPa}} = 0.52422 \text{ m}^3/\text{kg} \quad \text{（表 A-5）}$$

汽缸內部蒸氣的質量為

$$m = \frac{V}{v} = \frac{0.06 \text{ m}^3}{0.52422 \text{ m}^3/\text{kg}} = \mathbf{0.114 \text{ kg}}$$

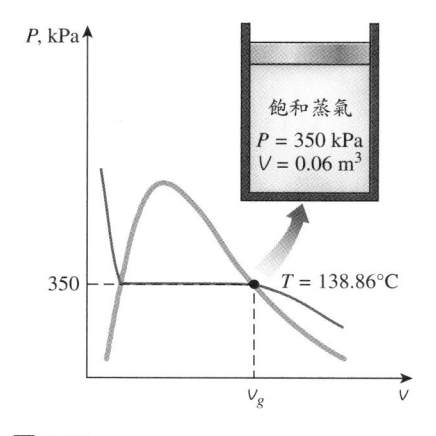

圖 3-29
例 3-2 的示意圖與 P-v 圖。

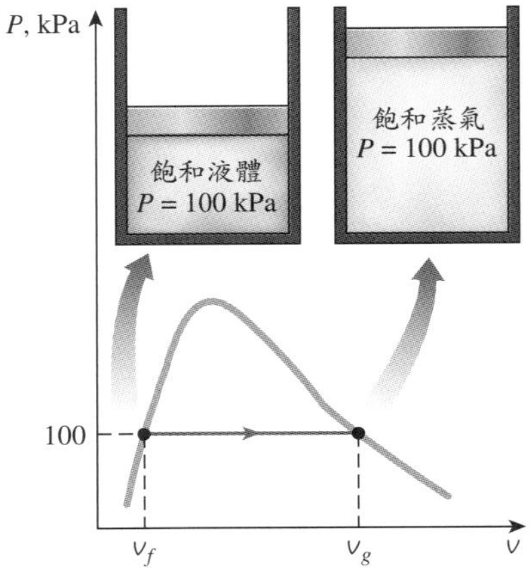

圖 3-30
例 3-3 的示意圖與 P-v 圖。

> ### 例 3-3
> **蒸發過程中體積和能量的變化**
>
> 一質量 200 g 的飽和液態水在 100 kPa 的定壓力下完全蒸發，求：(a) 體積的變化量；(b) 水的總熱傳量。
>
> **解**：飽和液態水在定壓下蒸發，求體積的變化和熱傳量。
>
> **分析**：(a) 蒸發過程的 P-v 圖如圖 3-30 所示。每單位質量在蒸發過程的體積改變為 v_{fg}，v_{fg} 為 v_g 減去 v_f 的差值，由表 A-5 得知壓力 100 kPa 下的 v_g 和 v_f 之值，相減得到
>
> $$v_{fg} = v_g - v_f = 1.6941 - 0.001043 = 1.6931 \text{ m}^3/\text{kg}$$
>
> 因此，
>
> $$\Delta V = m v_{fg} = (0.2 \text{ kg})(1.6931 \text{ m}^3/\text{kg}) = \mathbf{0.3386 \text{ m}^3}$$
>
> (b) 一單位質量物質在給定壓力下蒸發所需的能量，為在此壓力下的汽化焓。在壓力 100 kPa 時，汽化焓 h_{fg} = 2257.5 kJ/kg，因此總熱傳量為
>
> $$m h_{fg} = (0.2 \text{ kg})(2257.5 \text{ kJ/kg}) = \mathbf{451.5 \text{ kJ}}$$
>
> **討論**：對於 v_g，我們考慮到小數點第四位，其餘忽略不計，這是因為 v_{fg} 的有效位數為小數點第四位，在小數點第四位以下，並不曉得正確數字是多少。假設 v_g = 1.694100 是不需要的，而 v_g = 1.694138 應截去尾數成 1.6941。在得出的結果中，1.6931 的所有位數都是有意義的，但若沒有對結果截去尾數，將得到 v_{fg} = 1.693057，會錯誤地暗示我們的結果精確到小數第六位。

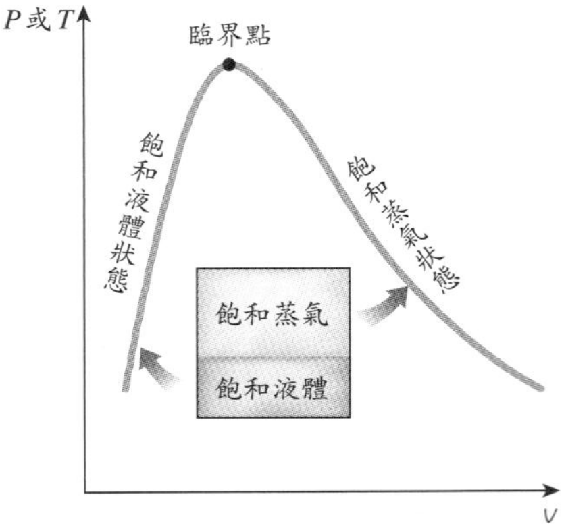

圖 3-31
飽和混合物中，液體和氣體相對量以乾度 x 表示。

○ 1b. 飽和液−氣混合物

在汽化過程中，物質可以部分液體和部分蒸氣同時共存，也就是飽和液體與飽和蒸氣的混合物（圖 3-31）。為了分析這種混合物的性質，需要知道混合物中液體和蒸氣的性質。這需要定義一個新的性質：**乾度**（**quality**）x，代表蒸氣的質量與混合物質量的比值：

$$x = \frac{m_{\text{vapor}}}{m_{\text{total}}} \tag{3-3}$$

其中

$$m_{\text{total}} = m_{\text{liquid}} + m_{\text{vapor}} = m_f + m_g$$

乾度只對飽和混合物有意義，在過熱蒸氣和壓縮液體區沒有意義。它的值介於 0 和 1 之間。如果乾度為 0，表示整個系統是由飽和液體組成；相反地，如果乾度為 1，表示整個系統是由飽和蒸氣組成。在飽和混合物中，乾度可以是兩個描述物質狀態之自變數中的一個。注意，飽和液體的性質與混合物中飽和液體的性

質是一樣的。在汽化過程中,只有飽和液體的質量產生變化,性質並不發生變化。飽和蒸氣也是如此。

飽和混合物可以看成由飽和液體與飽和蒸氣兩個子系統的組成,但是每一相的質量不一定已知。人們一般會想像兩種物質混合得很均勻(圖 3-32)。這種「混合物」的性質可以看成飽和液-氣混合物的平均性質。下面將舉例說明。

考慮一剛槽內含有飽和液體與飽和蒸氣的混合物。飽和液體所占的體積是 V_f,飽和蒸氣所占的體積是 V_g,總體積 V 為

$$V = V_f + V_g$$

$$V = mv \longrightarrow m_t v_{avg} = m_f v_f + m_g v_g$$

$$m_f = m_t - m_g \longrightarrow m_t v_{avg} = (m_t - m_g) v_f + m_g v_g$$

除以 m_t,得到

$$v_{avg} = (1 - x) v_f + x v_g$$

因為 $x = m_g/m_t$。這個關係可以表示成

$$v_{avg} = v_f + x v_{fg} \quad (\text{m}^3/\text{kg}) \quad (3\text{-}4)$$

其中,$v_{fg} = v_g - v_f$。求解得到

$$x = \frac{v_{avg} - v_f}{v_{fg}} \quad (3\text{-}5)$$

基於這個方程式,乾度可與 $P\text{-}v$ 圖或 $T\text{-}v$ 圖上的水平線長度產生對應關係(圖 3-33)。在給定的溫度和壓力下,公式 3-5 的值是飽和液體到實際狀態的距離,除以從飽和液體到飽和蒸氣的水平線距離。例如,50% 的乾度正好落在水平線的中點。

上面的分析對於內能和焓同樣適用:

$$u_{avg} = u_f + x u_{fg} \quad (\text{kJ/kg}) \quad (3\text{-}6)$$

$$h_{avg} = h_f + x h_{fg} \quad (\text{kJ/kg}) \quad (3\text{-}7)$$

所有結果的形式相同,可以表示成

$$y_{avg} = y_f + x y_{fg}$$

其中,y 表示 v、u 或 h。下標「avg」表示平均的意思,經常省略。混合物的性質一定在飽和液體與飽和蒸氣之間(圖 3-34),也就是

$$y_f \leq y_{avg} \leq y_g$$

最後,所有的飽和混合物狀態都在飽和曲線上,為了分析飽和混合物的性質,我們需要同時知道飽和液體與飽和蒸氣的性質(表 A-4 與表 A-5 為水的性質)。

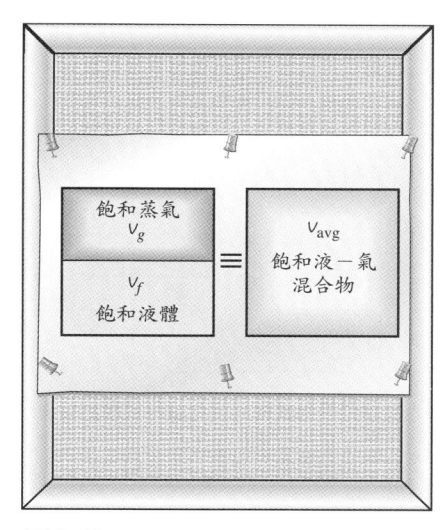

圖 3-32
為方便起見,兩相系統可以視為均勻的混合物。

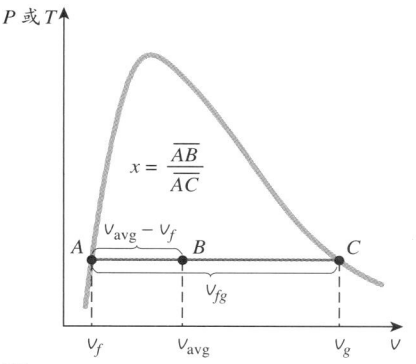

圖 3-33
乾度與 $P\text{-}v$ 圖和 $T\text{-}v$ 圖上水平線距離有關。

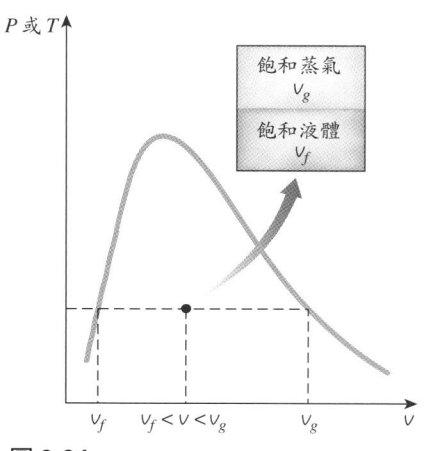

圖 3-34
在指定的 T 或 P 下,飽和液-氣混合物之 v 值落在 v_f 和 v_g 間。

圖 3-35
例 3-4 的示意圖與 T-v 圖。

例 3-4　飽和混合物的體積和壓力

一剛槽內含 10 kg、90°C 的水。若 8 kg 的水為液態，而其餘為蒸氣，求：(a) 剛槽內的壓力；(b) 剛槽的體積。

解： 一剛槽內含飽和混合物，求槽內的壓力與體積。

分析： (a) 飽和液－氣混合物的狀態如圖 3-35 所示。由於兩相平衡共存，其飽和混合物的壓力為給定溫度下的飽和壓力：

$$P = P_{\text{sat @ 90°C}} = \mathbf{70.183 \text{ kPa}} \quad (\text{表 A-4})$$

(b) 在 90°C，由附錄表 A-4 查得 $v_f = 0.001036$ m³/kg，$v_g = 2.3593$ m³/kg。求剛槽體積的方法之一是先求出液體和蒸氣的體積再相加：

$$V = V_f + V_g = m_f v_f + m_g v_g$$
$$= (8 \text{ kg})(0.001036 \text{ m}^3/\text{kg}) + (2 \text{ kg})(2.3593 \text{ m}^3/\text{kg})$$
$$= \mathbf{4.73 \text{ m}^3}$$

另一種方法是先決定氣體的乾度 x，求得平均比容 v，再算出總體積：

$$x = \frac{m_g}{m_t} = \frac{2 \text{ kg}}{10 \text{ kg}} = 0.2$$

$$v = v_f + xv_{fg}$$
$$= 0.001036 \text{ m}^3/\text{kg} + (0.2)[(2.3593 - 0.001036) \text{ m}^3/\text{kg}]$$
$$= 0.473 \text{ m}^3/\text{kg}$$

和

$$V = mv = (10 \text{ kg})(0.473 \text{ m}^3/\text{kg}) = 4.73 \text{ m}^3$$

討論： 由於液體和蒸氣的質量為已知，第一種方法比較簡單。然而在大部分的題目中，液體和蒸氣的質量均為未知數，第二種方法就比較容易。

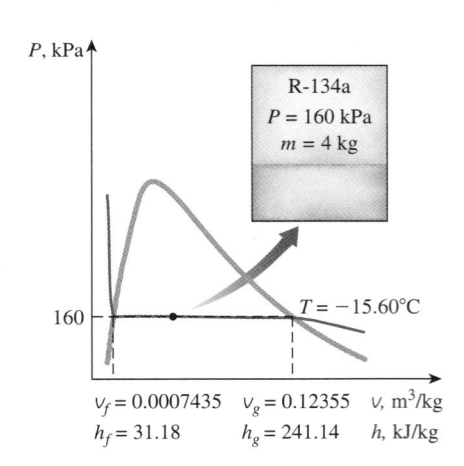

圖 3-36
例 3-5 的示意圖和 P-v 圖。

例 3-5　飽和液－氣混合物的性質

一 80 L 容器內含壓力 160 kPa、4 kg 的冷媒 R-134a。求該狀態下冷媒 R-134a 的 (a) 溫度；(b) 乾度；(c) 焓；(d) 蒸氣所占的體積。

解： 容器內充滿冷媒 R-134a，求其性質。

分析： (a) 飽和液－氣混合物狀態的 P-v 圖如圖 3-36 所示。我們無法得知冷媒 R-134a 的狀態點落在壓縮液體、過熱蒸氣或飽和混合物的哪個區域內，因此將該已知狀態下的性質與飽和液體及飽和蒸氣的值做比較。由題目已知其比容為

$$v = \frac{V}{m} = \frac{0.080 \text{ m}^3}{4 \text{ kg}} = 0.02 \text{ m}^3/\text{kg}$$

在 160 kPa，查表得知

$$v_f = 0.0007435 \text{ m}^3/\text{kg}$$
$$v_g = 0.12355 \text{ m}^3/\text{kg}$$

（表 A-12）

顯然，$v_f < v < v_g$，所以冷媒 R-134a 的狀態點落在飽和混合區域內，因此其溫度必須為指定壓力下的飽和溫度：

$$T = T_{\text{sat @ 160 kPa}} = -15.60°\text{C}$$

(b) 乾度可由下式求出：

$$x = \frac{v - v_f}{v_{fg}} = \frac{0.02 - 0.0007435}{0.12355 - 0.0007435} = 0.157$$

(c) 在壓力 160 kPa 下，查表 A-12 可得 $h_f = 31.18$ kJ/kg 和 $h_{fg} = 209.96$ kJ/kg。因此，

$$h = h_f + xh_{fg}$$
$$= 31.18 \text{ kJ/kg} + (0.157)(209.96 \text{ kJ/kg})$$
$$= 64.1 \text{ kJ/kg}$$

(d) 蒸氣的質量為

$$m_g = xm_t = (0.157)(4 \text{ kg}) = 0.628 \text{ kg}$$

蒸氣所占的體積為

$$V_g = m_g v_g = (0.628 \text{ kg})(0.12355 \text{ m}^3/\text{kg}) = \mathbf{0.0776 \text{ m}^3} \text{（或 77.6 L）}$$

剩餘的體積（2.4L）為液體所占。

飽和固－氣混合物的性質也列於性質表中。例如，飽和冰－水的混合物列於表 A-8 中。飽和固－氣混合物的計算方法可以參照飽和液－氣混合物的計算方法。

2. 過熱蒸氣

在飽和蒸氣曲線的右邊，當溫度高於臨界溫度時，物質以過熱蒸氣的狀態存在。因為過熱蒸氣狀態是以單相存在，溫度和壓力不再是相依性質，所以在表中視為獨立性質。過熱蒸氣表如圖 3-37 所示。

在給定壓力下，性質是依照特定壓力下的溫度列於這些表中，最開始是飽和蒸氣。壓力後面括弧中的溫度表示飽和溫度。與飽和蒸氣相較，過熱蒸氣具有以下特點：

低壓（在給定溫度下，$P < P_{\text{sat}}$）
高溫（在給定壓力下，$T > T_{\text{sat}}$）

T,°C	v m³/kg	u kJ/kg	h kJ/kg
\multicolumn{4}{c}{$P = 0.1$ MPa (99.61°C)}
飽和	1.6941	2505.6	2675.0
100	1.6959	2506.2	2675.8
150	1.9367	2582.9	2776.6
⋮	⋮	⋮	⋮
1300	7.2605	4687.2	5413.3
\multicolumn{4}{c}{$P = 0.5$ MPa (151.83°C)}
飽和	0.37483	2560.7	2748.1
200	0.42503	2643.3	2855.8
250	0.47443	2723.8	2961.0

圖 3-37
表 A-6 的部分列表。

高比容（在給定壓力或溫度下，$v > v_g$）
高內能（在給定壓力或溫度下，$u > u_g$）
高焓（在給定壓力或溫度下，$h > h_g$）

例 3-6

過熱蒸氣的內能

求水在 200 kPa、300°C 時的內能。

解： 決定水在指定狀態的內能。

分析： 在 200 kPa 下，水的飽和溫度為 120.21°C。由於 $T > T_{sat}$，水在過熱蒸氣區。接著指定的溫度和壓力下的內能，由過熱蒸氣表（表 A-6）得到：

$$u = 2808.8 \text{ kJ/kg}$$

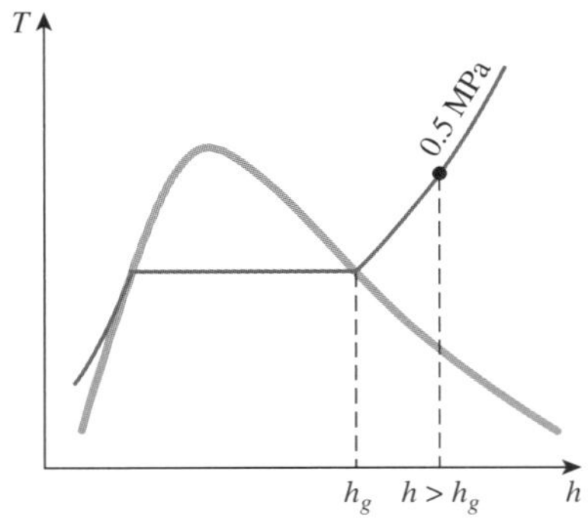

例 3-7

過熱蒸氣的溫度

求水在 $P = 0.5$ MPa 與 $h = 2890$ kJ/kg 狀態下的溫度。

解： 求水在指定狀態下之溫度。

分析： 在 0.5 MPa 壓力下，飽和水蒸汽的焓 $h_g = 2748.1$ kJ/kg，如圖 3-38 所示，由於 $h > h_g$，其狀態點為過熱蒸氣。由表 A-6，在 0.5 MPa 壓力下，

T, °C	h, kJ/kg
200	2855.8
250	2961.0

很明顯地，其溫度介於 200°C 至 250°C 之間，經由線性內插，可得

$$T = 216.3°C$$

圖 3-38
在指定壓力 P 下，過熱蒸氣比飽和蒸氣具有較高的焓值（例 3-7）。

圖 3-39
在給定溫度下，壓縮液體可以近似為飽和液體。

給定：P 與 T
$v \cong v_{f@T}$
$u \cong u_{f@T}$
$h \cong h_{f@T}$

3. 壓縮液體

壓縮液體表並不常用，表 A-7 是本書唯一的壓縮液體表。表 A-7 的格式與過熱氣體表的格式類似。壓縮液體表少見的原因之一是其性質與壓力的變化關係很小。通常壓力升高一百倍，液體性質的變化也不超過 1%。

若缺少壓縮液體表的資料，我們通常可以在給定溫度下用近似的方法，以飽和液體的性質代替壓縮液體的性質（圖 3-39）。這是因為壓縮液體的性質對溫度相關度比壓力高。因此，對於壓縮液體，

$$y \cong y_{f@T} \tag{3-8}$$

其中，y 表示 ν、u 或 h。對於這三個性質，焓對壓力的變化相關性比較大。雖然以上的近似方法對於 ν 和 u 來說，誤差可以忽略，但是對於焓來說，誤差較大，所以需要重新計算：

$$h \cong h_{f@T} + \nu_{f@T}(P - P_{\text{sat}@T}) \quad (3\text{-}9)$$

公式 3-9 在中、低溫度和壓力下誤差不大，但是在高溫和高壓下，會產生很大的誤差（參閱 Kostic, 2006）。

一般來說，壓縮液體具有以下特點：

高壓（在給定溫度下，$P > P_{\text{sat}}$）
低溫（在給定壓力下，$T < T_{\text{sat}}$）
低比容（在給定壓力或溫度下，$\nu < \nu_f$）
低內能（在給定壓力或溫度下，$u < u_f$）
低焓（在給定壓力或溫度下，$h < h_f$）

與過熱蒸氣不同，壓縮液體的性質與飽和液體的性質變化不大。

例 3-8

壓縮液體近似為飽和液體

利用 (a) 壓縮液體表；(b) 飽和液態表，求壓縮液體水在 80°C、5 MPa 下的內能。在 (b) 情況下，其誤差值為若干？

解：利用準確和近似值決定液態水的內能。

分析：在 80°C，水的飽和壓力為 47.416 kPa，而且由於 5 MPa > P_{sat}，在此狀態下為壓縮液體，如圖 3-40 所示。

(a) 從表 A-7 壓縮液體表可知

$$\left.\begin{array}{l} P = 5 \text{ MPa} \\ T = 80°C \end{array}\right\} \; u = \mathbf{333.82 \text{ kJ/kg}}$$

(b) 從表 A-4 飽和液體表可知

$$u \cong u_{f@80°C} = \mathbf{334.97 \text{ kJ/kg}}$$

其誤差值為

$$\frac{334.97 - 333.82}{333.82} \times 100 = \mathbf{0.34\%}$$

誤差值小於 1%。

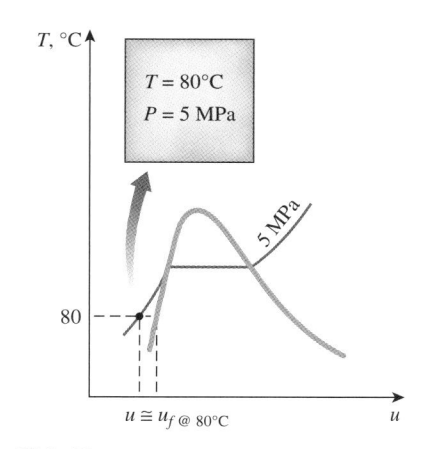

圖 3-40
例 3-8 的示意圖與 T-u 圖。

參考狀態和參考值

u、h 和 s 的值無法直接量測，只能根據熱力學關係式從可測量性質中推算。但是，這些量是性質的變化量，而不是在某一特定狀態下的絕對量。因此，我們可以根據需要選擇一個參考狀態。在這個狀態下，可將某一性質的值定義為零。對水而言，在 0.01°C 下的飽和液體被定義為參考狀態，在這個狀態下，內能和

熵的值為零。對於冷媒 R-134a，在 −40°C 下的飽和液體被定義為參考狀態，此時焓和熵的值為零。由於參考狀態的選定關係，某些性質可能會出現負值。

需要注意的是，在不同的表列出的性質可能並不相同，因為在相同狀態下的值是根據不同的參考狀態來制定。但是，在熱力學中，一般只關心性質的變化，而不是絕對值。所以，只要使用同一個表格，參考狀態的選擇不會影響計算。

例 3-9 利用蒸氣表決定性質

將下表中的空格填滿，假設表中物質為水。

	T, °C	P, kPa	u, kJ/kg	x	相的描述
(a)		200		0.6	
(b)	125		1600		
(c)		1000	2950		
(d)	75	500			
(e)		850		0.0	

解： 求水在不同狀態下的相及性質。

分析： (a) 乾度 $x = 0.6$，表示 60% 為氣態，其餘 40% 為液態，因此水的狀態為壓力 200 kPa 之飽和液—氣混合物：

$$T = T_{\text{sat @ 200 kPa}} = \mathbf{120.21°C} \quad （表 A-5）$$

由表 A-5 可知，在 200 kPa 下，其 $u_f = 504.50$ kJ/kg，$u_{fg} = 2024.6$ kJ/kg。混合物之平均內能為

$$\begin{aligned} u &= u_f + x u_{fg} \\ &= 504.50 \text{ kJ/kg} + (0.6)(2024.6 \text{ kJ/kg}) \\ &= \mathbf{1719.26 \text{ kJ/kg}} \end{aligned}$$

(b) 此時溫度及內能為已知，但我們沒有飽和混合物、壓縮液體及過熱蒸氣的線索，所以無從得知應利用哪一個表來求得所缺的性質。要得知目前所在的區域，首先利用飽和表（表 A-4）求得指定溫度下之 u_f 和 u_g。在 125°C 下，$u_f = 524.83$ kJ/kg，$u_g = 2534.3$ kJ/kg，與題目所給的 u 值相較，

$$\begin{aligned} &\text{若 } u < u_f \quad &\text{為壓縮液體} \\ &\text{若 } u_f \leq u \leq u_g \quad &\text{為飽和混合物} \\ &\text{若 } u > u_g \quad &\text{為過熱蒸氣} \end{aligned}$$

題目中給定 u 的值為 1600 kJ/kg，其值落在 125°C 的 u_f 與 u_g 之間，因此為飽和液—氣混合物，故其壓力為給定溫度 125°C 的飽和壓力

$$P = P_{\text{sat @ 125°C}} = \mathbf{232.23 \text{ kPa}} \quad （表 A-4）$$

乾度為

$$x = \frac{u - u_f}{u_{fg}} = \frac{1600 - 524.83}{2009.5} = \mathbf{0.535}$$

在題目中，當焓 h 或比容 v 取代內能 u 為已知時，或壓力取代溫度為已知時，液體為壓縮液體、飽和混合物或過熱蒸氣的準則也一樣適用。

(c) 這個狀況與 (b) 類似，只是壓力取代溫度為已知。依據以上的說明，我們利用指定壓力得到 u_f 與 u_g 的值。在 1 MPa 時，u_f = 761.39 kJ/kg，u_g = 2582.8 kJ/kg，其 u 值為 2950 kJ/kg，比 1 MPa 時的 u_g 值大，因此為過熱蒸氣。過熱蒸氣的溫度由過熱蒸氣表利用內插得到

$$T = 395.2°C \quad (表 A-6)$$

乾度欄位留空，因為過熱蒸氣的乾度沒有意義。

(d) 在題目中溫度和壓力為已知，但是我們不清楚其為壓縮液體、飽和混合物或過熱蒸氣，所以尚不知道要查哪一個表來決定所欠缺的性質。要得知目前所在的區域，利用飽和表（表 A-5）來決定飽和壓力下的飽和溫度。在 500 kPa 時，T_{sat} = 151.83°C，並比較題目給定的 T 與 T_{sat}：

$$若\ T < T_{sat\ @\ given\ P} \quad 為壓縮液體$$
$$若\ T = T_{sat\ @\ given\ P} \quad 為飽和混合物$$
$$若\ T > T_{sat\ @\ given\ P} \quad 為過熱蒸氣$$

在題目中，所給定的 T 值為 75°C，小於指定壓力下的 T_{sat}，因此其為壓縮液體（圖 3-41），我們利用壓縮液體表來求得其內能，但題目所給定的壓力低於壓縮液體表中的最低壓力（5 MPa），因此，可利用給定溫度下飽和液體作為壓縮液體：

$$u \cong u_{f\ @\ 75°C} = 313.99\ kJ/kg \quad (表 A-4)$$

乾度欄位留空，因為壓縮液體區的乾度沒有意義。

(e) 所給定的乾度 x = 0，表示在指定壓力 850 kPa 下為飽和液體，其溫度為在給定壓力下之飽和溫度，內能為飽和液體之內能：

$$T = T_{sat\ @\ 850\ kPa} = 172.94°C$$
$$u = u_{f\ @\ 850\ kPa} = 731.00\ kJ/kg \quad (表 A-5)$$

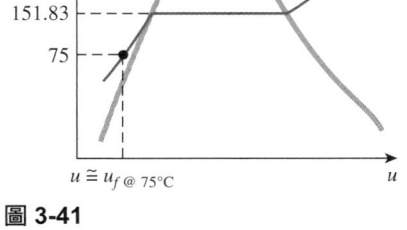

圖 3-41
在給定的 P 和 T 下，若 $T < T_{sat\ @\ P}$，純物質以壓縮液體存在。

3-6 理想氣體狀態方程式

性質表提供精確的物質性質資訊，但是這些圖表非常龐大，而且容易出錯。一種更容易可行的方法是運用簡單的關係式來表示物質各屬性之間的關係，且能達到一定的準確度。

能將物質的壓力、溫度和比容連結起來的方程式皆稱為**狀態方程式（equation of state）**。在平衡狀態下，能將其他屬性連結起來的關係也可稱為狀態方程式。狀態方程式有許多種，有些比較簡單，有些比較複雜。最簡單也最著名的狀態方程式是理想氣

體方程式，它能準確預測氣體在某一性質區域中的 P-v-T 之間的關係。

氣體（gas）和蒸氣（vapor）經常被視為同義詞。當遠高於臨界點時，物質的氣體通常稱為氣體，蒸氣則是指接近凝結的氣體狀態。

1662 年，英國人 Robert Boyle 由實驗中觀察到氣體的壓力與其體積成反比。1802 年，法國人 J. Charles 和 J. Gay-Lussac 透過實驗確定在低壓下氣體的體積與溫度成正比，也就是

$$P = R\left(\frac{T}{v}\right)$$

或

$$Pv = RT \tag{3-10}$$

其中，比例常數 R 稱為**氣體常數**（gas constant）。公式 3-10 稱為**理想氣體狀態方程式**（ideal-gas equation of state），或簡稱為**理想氣體關係**（ideal-gas relation）；符合這個關係的氣體稱為**理想氣體**（ideal gas）。在這個方程式中，P 是絕對壓力，T 是絕對溫度，v 是比容。

每種氣體的氣體常數 R 值皆不同（圖 3-42），其值為

$$R = \frac{R_u}{M} \quad \text{(kJ/kg·K 或 kPa·m}^3\text{/kg·K)}$$

其中，R_u 是**通用氣體常數**（universal gas constant），M 是氣體的莫耳質量。對所有物質，常數 R_u 是相同的，其值為

$$R_u = \begin{cases} 8.31447 \text{ kJ/kmol·K} \\ 8.31447 \text{ kPa·m}^3\text{/kmol·K} \\ 0.0831447 \text{ bar·m}^3\text{/kmol·K} \\ 1.98588 \text{ Btu/lbmol·R} \\ 10.7316 \text{ psia·ft}^3\text{/lbmol·R} \\ 1545.37 \text{ ft·lbf/lbmol·R} \end{cases} \tag{3-11}$$

莫耳質量（molar mass）M 可以簡單地定義為以克為單位的 1 莫耳氣體的質量〔或稱為克－莫耳（gmol）〕，或以千克為單位〔或稱為千克－莫耳（kgmol）〕，而在英制單位中，是指 1 lbmol 的質量。注意，在定義方式中，莫耳質量具有相同的數值。例如，氮氣的莫耳質量是 28，是指 1 kmol 的氮氣為 28 kg，或 1 lbmol 的氮氣質量是 28 lbm。也就是說，$M = 28$ kg/kmol $= 28$ lbm/lbmol。一個系統的質量等於這個系統內物質的莫耳質量 M 乘以它的莫耳數 N：

$$m = MN \quad \text{(kg)} \tag{3-12}$$

表 A-1 列出數種物質的 R 值和 M 值。

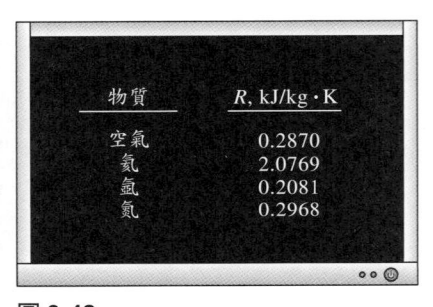

圖 3-42

物質	R, kJ/kg·K
空氣	0.2870
氦	2.0769
氬	0.2081
氮	0.2968

不同物質具有不同的氣體常數。

第 3 章　純物質的性質

理想氣體方程式可以寫成數種不同的形式：

$$V = mv \longrightarrow PV = mRT \quad (3\text{-}13)$$

$$mR = (MN)R = NR_u \longrightarrow PV = NR_uT \quad (3\text{-}14)$$

$$V = N\bar{v} \longrightarrow P\bar{v} = R_uT \quad (3\text{-}15)$$

其中，$\bar{v}$ 表示莫耳比容，是指 1 莫耳氣體的體積（m³/kmol）。在本書中，上方帶有短橫線的性質皆表示單位莫耳的性質（圖 3-43）。

經由公式 3-13，我們可以將質量固定系統的兩個狀態連結起來為

$$\frac{P_1 V_1}{T_1} = \frac{P_2 V_2}{T_2} \quad (3\text{-}16)$$

理想氣體是一種假想的氣體，符合 $Pv = RT$ 的關係。經由實驗觀察，人們觀察到低密度氣體的 P-v-T 關係非常近似這個關係式。在低壓和高溫的狀態下，氣體的密度也很低，所以也符合理想氣體。

在工程實務中，許多熟悉的氣體，如空氣、氮氣、氧氣、氫氣、氦氣、氬氣、氖氣、氪氣，甚至比重較大的二氧化碳，皆可以近似地認為是理想氣體（誤差在 1% 之內）。但是，密度大的氣體，例如發電廠中的水蒸汽和冷凍庫中的冷媒，不能被視為理想氣體。所以對這些物質來說，只能使用性質表。

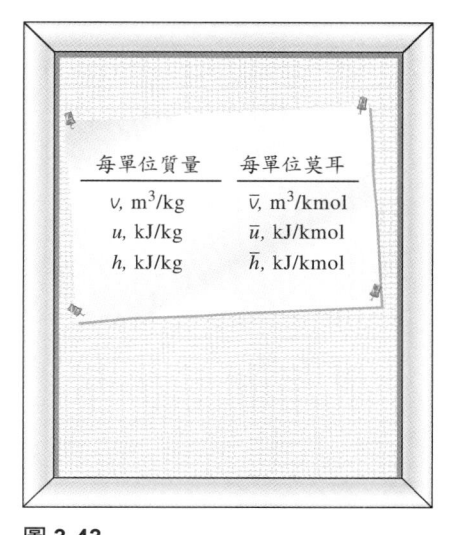

每單位質量	每單位莫耳
v, m³/kg	$\bar{v}$, m³/kmol
u, kJ/kg	$\bar{u}$, kJ/kmol
h, kJ/kg	$\bar{h}$, kJ/kmol

圖 3-43
單位莫耳的性質以上方的短橫線表示。

例 3-10　行駛中輪胎內空氣的升溫

在大氣壓力 95 kPa 下，一個輪胎在車子行駛前的錶壓力為 210 kPa，行駛後的錶壓力為 220 kPa（圖 3-44）。假設輪胎的體積為定值且行駛前的空氣溫度為 25°C，求行駛後輪胎內的空氣溫度。

解： 在輪胎行駛前及行駛後量測輪胎的壓力，求輪胎行駛後的空氣溫度。

假設： (1) 輪胎的體積為定值。(2) 空氣為理想氣體。

性質： 當地的大氣壓力為 95 kPa。

分析： 輪胎在行駛前與行駛後的絕對壓力為

$$P_1 = P_{\text{gage},1} + P_{\text{atm}} = 210 + 95 = 305 \text{ kPa}$$
$$P_2 = P_{\text{gage},2} + P_{\text{atm}} = 220 + 95 = 315 \text{ kPa}$$

由於空氣為理想氣體且體積為定值，行駛後空氣的溫度為

$$\frac{P_1 V_1}{T_1} = \frac{P_2 V_2}{T_2} \longrightarrow T_2 = \frac{P_2}{P_1} T_1 = \frac{315 \text{ kPa}}{305 \text{ kPa}} (25 + 273 \text{ K}) = 307.8 \text{ K}$$

$$= \mathbf{34.8°C}$$

圖 3-44
©Stockbyte/Getty Images RF

因此，行駛後輪胎中空氣的絕對溫度將增加 3.3%。

討論：在行駛後空氣的溫度增加將近 10°C，表示在長途行駛前量測胎壓很重要，以避免輪胎內空氣溫度上升所產生的誤差。此外，理想氣體關係式中的溫度單位為凱氏單位（K）。

⊃ 水蒸汽是理想氣體嗎？

對於這個問題，不能簡單地回答是或不是。如果將水蒸汽看做理想氣體，計算並繪於圖 3-45，將會發生誤差。從這個圖中，我們可以明顯地看到如果壓力低於 10 kPa，無論溫度為何，水蒸汽都可以視為理想氣體（誤差低於 0.1%）。但是在高壓下，理想氣體的假設會產生很大的誤差，尤其是在臨界點與飽和線附近（誤差超過 100%）。在空氣中，水蒸汽的含量非常小，分壓很低，所以可以認為空氣是理想氣體；但是在發電廠的蒸氣系統中，壓力通常很高，所以不應該使用理想氣體的假設。

圖 3-45
假設水蒸汽為理想氣體的誤差百分比 ($[|v_{table} - v_{ideal}|/v_{table}] \times 100$) 及誤差百分比小於 1% 可視為理想氣體的區域。

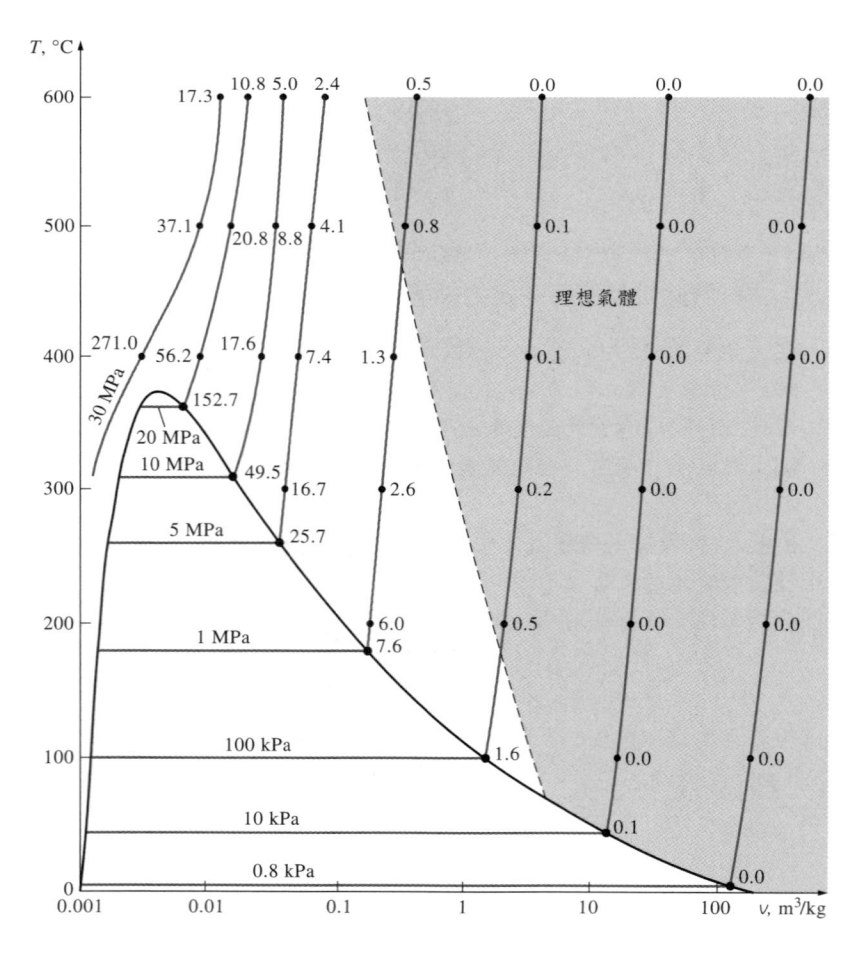

3-7　壓縮性因子──理想氣體的偏離度

理想氣體方程式非常簡單，也非常容易使用。但是如圖 3-45 所示，在飽和區域和臨界點附近，氣體的行為會偏離理想氣體。這種在一定壓力和溫度下與理想氣體行為的偏離度，可以用一個因子來修正，就是**壓縮性因子（compressibility factor）**Z，它可定義為

$$Z = \frac{Pv}{RT} \tag{3-17}$$

或

$$Pv = ZRT \tag{3-18}$$

也可以表示成

$$Z = \frac{v_{\text{actual}}}{v_{\text{ideal}}} \tag{3-19}$$

其中，$v_{\text{ideal}} = RT/P$。對於理想氣體，$Z = 1$。對於真實氣體，Z 可以大於或小於 1（圖 3-46）。Z 的值愈偏離 1，就表示氣體的行為愈偏離理想氣體行為。

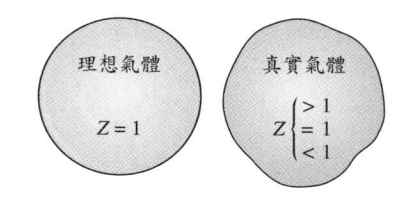

圖 3-46
理想氣體的壓縮性因子為 1。

我們前面說過，在低壓和高溫條件下，氣體表現會非常接近理想氣體。但是到底多低的壓力才算是低壓？多高的溫度才算是高溫？$-100°C$ 是不是低溫？在此溫度下，對於大部分物質來說是，但對於空氣（氮氣）來說，仍可以被視為理想氣體，在此溫度且壓力為一大氣壓的條件下，誤差不會超過 1%。這是因為它仍然高於氮氣的臨界溫度（$-147°C$），而且遠離飽和區域。但是，在此溫度和壓力下，很多物質會以固體存在。所以，對於一種物質的來說，溫度和壓力的高低是相對於臨界溫度和壓力而言。

在給定壓力和溫度下，不同氣體行為會有不同的表現，但是如果用各自的臨界溫度和壓力正規化後，它們會表現出類似的行為。正規化方法可以表示為

$$P_R = \frac{P}{P_{\text{cr}}} \quad \text{與} \quad T_R = \frac{T}{T_{\text{cr}}} \tag{3-20}$$

其中，P_R 稱為**對比壓力（reduced pressure）**，T_R 稱為**對比溫度（reduced temperature）**。對所有氣體來說，在相同的對比壓力和對比溫度下，Z 值是近似的，這稱為**對應狀態原理（principle of corresponding states）**。圖 3-47 顯示數種氣體相對於 P_R 和 T_R 的實驗得到的 Z 值。氣體表現似乎都能遵守對應狀態原理。透過配適所有資料的曲線，我們得到對所有氣體適用的**通用壓縮性圖（generalized compressibility chart）**（圖 A-15）。

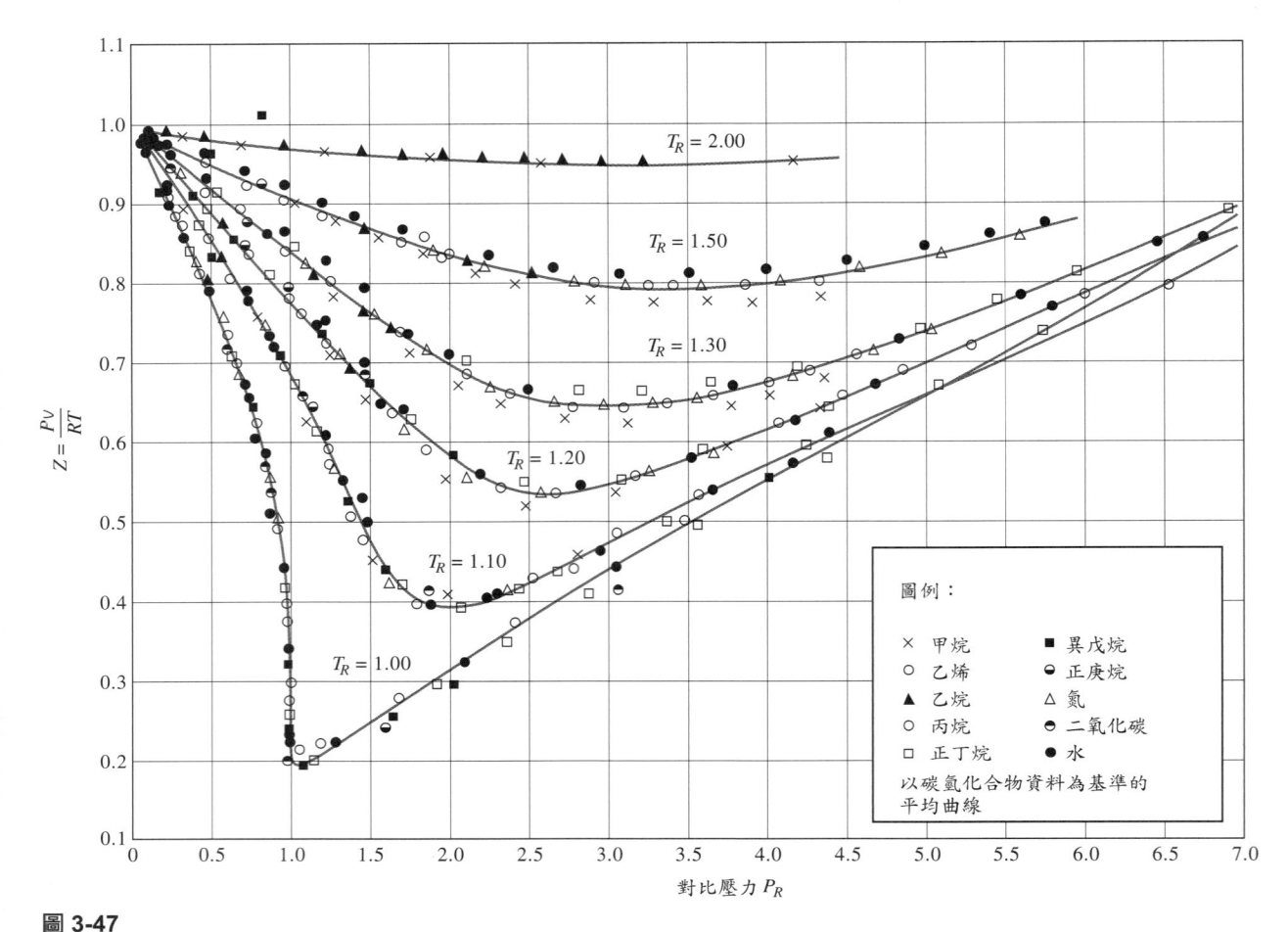

圖 3-47
不同氣體的 Z 值比較。

資料來源：Gour-Jen Su, "Modified Law of Corresponding States," Ind. Eng. Chem. (international ed.) 38 (1946), p.803.

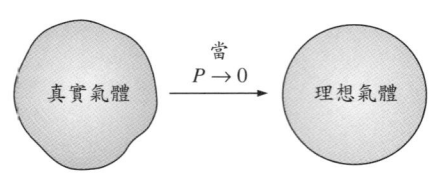

圖 3-48
在非常低的壓力下，所有氣體的行為會接近理想氣體（溫度忽略不計）。

從通用壓縮性圖中，我們可以得到以下資訊：

1. 在很低壓力下（$P_R \ll 1$），無論溫度高低，氣體行為視為理想氣體（圖 3-48）。
2. 在高溫下（$T_R > 2$），無論壓力大小（除了 $P_R \gg 1$），理想氣體行為有相當高的準確性。
3. 氣體在臨界點附近的行為偏離理想氣體最遠（圖 3-49）。

例 3-11

通用壓縮性圖的使用

利用 (a) 理想氣體狀態方程式；(b) 通用壓縮性圖，求冷媒 R-134a 在 1 MPa、50°C 下之比容。將求得的值與真實值 0.021796 m³/kg 比較，並求其誤差。

解： 分別假設冷媒 R-134a 為理想氣體與非理想氣體以求其比容。
分析： 利用表 A-1，冷媒 R-134a 的氣體常數、臨界壓力、臨界溫度分別為

$$R = 0.0815 \text{ kPa} \cdot \text{m}^3/\text{kg} \cdot \text{K}$$
$$P_{cr} = 4.059 \text{ MPa}$$
$$T_{cr} = 374.2 \text{ K}$$

(a) 在理想氣體的假設下，冷媒 R-134a 之比容為

$$v = \frac{RT}{P} = \frac{(0.0815 \text{ kPa} \cdot \text{m}^3/\text{kg} \cdot \text{K})(323 \text{ K})}{1000 \text{ kPa}} = \mathbf{0.026325 \text{ m}^3/\text{kg}}$$

因此，將冷媒 R-134a 視為理想氣體，其誤差為 $(0.026325 - 0.021796)/0.021796 = 0.208$ 或 20.8%。

(b) 要決定壓縮性圖的修正因子 Z，需要先計算對比壓力與對比溫度：

$$\left. \begin{aligned} P_R &= \frac{P}{P_{cr}} = \frac{1 \text{ MPa}}{4.059 \text{ MPa}} = 0.246 \\ T_R &= \frac{T}{T_{cr}} = \frac{323 \text{ K}}{374.2 \text{ K}} = 0.863 \end{aligned} \right\} \quad Z = 0.84$$

因此，

$$v = Zv_{\text{ideal}} = (0.84)(0.026325 \text{ m}^3/\text{kg}) = \mathbf{0.022113 \text{ m}^3/\text{kg}}$$

討論： 此結果的誤差小於 **2%**，因此在沒有表格資料下，使用通用壓縮性圖的結果是可信賴的。

圖 3-49
氣體脫離理想氣體的行為大部分在臨界點附近。

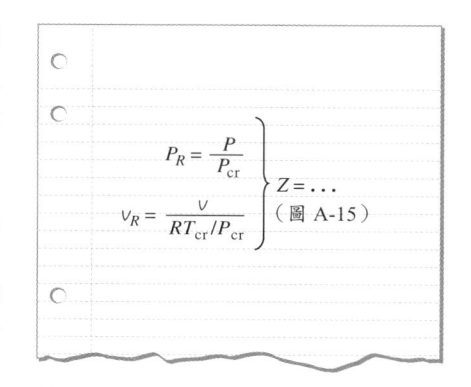

當給定 P 和 v 或 T 和 v，而非給定 P 和 T 時，也可以用通用壓縮性圖來決定氣體的其他性質，但是這個過程非常繁雜且容易出錯，所以有必要定義另一個對比性質，稱為**似對比比容**（**pseudo-reduced specific volume**）v_R：

$$v_R = \frac{v_{\text{actual}}}{RT_{cr}/P_{cr}} \tag{3-21}$$

注意，v_R 是由 T_R 和 P_R 決定，與 T_{cr} 和 P_{cr} 有關，但是與 v_{cr} 無關。v_R 線也加入通用壓縮性圖中，以決定 T 或 P，而省去耗時的迭代計算（圖 3-50）。

圖 3-50
壓縮性因子亦能由已知的 P_R 和 v_R 決定。

$$\left. \begin{aligned} P_R &= \frac{P}{P_{cr}} \\ v_R &= \frac{v}{RT_{cr}/P_{cr}} \end{aligned} \right\} Z = \ldots$$
（圖 A-15）

例 3-12 利用通用壓縮性圖求壓力

利用 (a) 氣體表；(b) 理想氣體方程式；(c) 通用壓縮性圖，求水蒸汽在 350°C、0.035262 m³/kg 下的壓力。
解： 利用三種不同的方式求水蒸汽的壓力。
分析： 此系統的示意圖如圖 3-51 所示。(a) 由表 A-1 求得水蒸汽

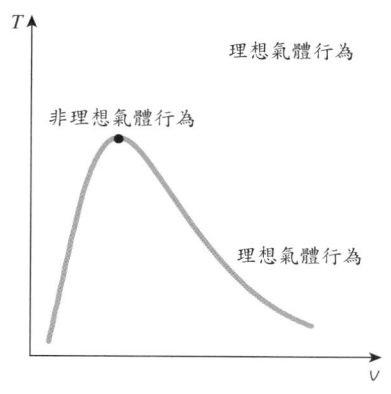

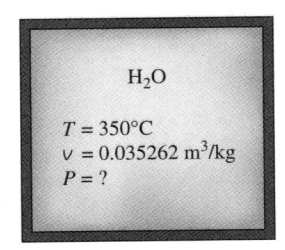

圖 3-51
例 3-12 的示意圖。

的氣體常數、臨界壓力與臨界溫度為

$$R = 0.4615 \text{ kPa} \cdot \text{m}^3/\text{kg} \cdot \text{K}$$
$$P_{cr} = 22.06 \text{ MPa}$$
$$T_{cr} = 647.1 \text{ K}$$

(a) 由表 A-6 求得指定狀態下的壓力為

$$\left.\begin{array}{l} \nu = 0.035262 \text{ m}^3/\text{kg} \\ T = 350°\text{C} \end{array}\right\} \quad P = \mathbf{7.0 \text{ MPa}}$$

這是實驗值，也是最準確的。

(b) 假設為理想氣體，由理想氣體關係式，其壓力為

$$P = \frac{RT}{\nu} = \frac{(0.4615 \text{ kPa} \cdot \text{m}^3/\text{kg} \cdot \text{K})(623 \text{ K})}{0.035262 \text{ m}^3/\text{kg}} = \mathbf{8.15 \text{ MPa}}$$

因此將水蒸汽視為理想氣體所導致的誤差為 $(8.15 - 7.0)/7.0 = 0.164$ 或 16.4%。

(c) 由圖 A-15 之壓縮性圖求修正因子 Z，需先計算似對比比容和對比溫度：

$$\left.\begin{array}{l} \nu_R = \dfrac{\nu_{\text{actual}}}{RT_{cr}/P_{cr}} = \dfrac{(0.035262 \text{ m}^3/\text{kg})(22{,}064 \text{ kPa})}{(0.4615 \text{ kPa} \cdot \text{m}^3/\text{kg} \cdot \text{K})(647.1 \text{ K})} \\ \qquad = 2.605 \\ T_R = \dfrac{T}{T_{cr}} = \dfrac{623 \text{ K}}{647.1 \text{ K}} = 0.96 \end{array}\right\} \quad P_R = 0.31$$

因此，

$$P = P_R P_{cr} = (0.31)(22.06 \text{ MPa}) = \mathbf{6.84 \text{ MPa}}$$

討論：利用壓縮性圖將誤差值由 16.4% 降低至 2.3%，如圖 3-52 所示，此一結果可為大部分工程目的所接受。較大的圖表有較佳的解析度，可以降低讀值的誤差。在此例中，我們不需要決定 Z 值，因為可以直接由圖表中讀到 P_R 值。

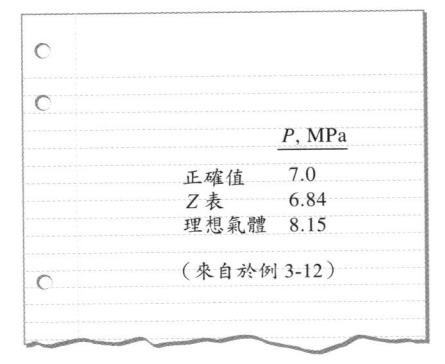

	P, MPa
正確值	7.0
Z 表	6.84
理想氣體	8.15

（來自於例 3-12）

圖 3-52
利用壓縮性圖所得到的結果與實際值之差距在幾個百分點以內。

3-8　van der Waals 狀態方程式

理想氣體方程式很簡單，但適用範圍較小，所以需要找到其他狀態方程式，能在一個很大的區域內表示出 P-ν-T 的關係且無限制。目前有許多這樣的方程式被提出（圖 3-53），但這種方程式通常會比較複雜。這裡我們只討論 van der Waals 方程式，它是第一個被提出的。

van der Waals 狀態方程式於 1873 年被提出，包含兩個常數以決定物質在臨界點處的行為：

$$\left(P + \frac{a}{\nu^2}\right)(\nu - b) = RT \tag{3-22}$$

van der Waals
Berthelet
Redlich-Kwang
Beattie-Bridgeman
Benedict-Webb-Rubin
Strobridge
Virial

圖 3-53
歷史上所提出的狀態方程式。

第 3 章　純物質的性質

van der Waals 的目的是想改進理想氣體方程式，包含理想氣體模型忽略的兩個因素：分子之間的引力和分子本身所占據的體積。a/v^2 表示分子之間的作用力，b 表示氣體分子本身的體積。在常溫常壓下，房間內分子本身所占的體積只是整個房間體積的千分之一。當氣體的壓力升高，分子所占的體積相對於氣體全部體積的比例會明顯增加。van der Waals 透過 $v - b$ 替代 v 來修正這個影響，其中 b 表示單位質量的氣體分子所占的體積。

如何確定這兩個常數是基於這樣的觀察？在 P-v 圖上，等溫線在臨界點處存在一個反曲點（圖 3-54），所以 P 對 v 的一階微分和二階微分必須是零，也就是

$$\left(\frac{\partial P}{\partial v}\right)_{T=T_{cr}=\text{const}} = 0 \quad \text{與} \quad \left(\frac{\partial^2 P}{\partial v^2}\right)_{T=T_{cr}=\text{const}} = 0$$

透過微分和消去 v_{cr}，可以決定常數 a 和 b 為

$$a = \frac{27R^2T_{cr}^2}{64P_{cr}} \quad \text{與} \quad b = \frac{RT_{cr}}{8P_{cr}} \quad \text{(3-23)}$$

對於每種物質，a 和 b 的值可以透過在臨界點處的資料得到（表 A-1）。

van der Waals 狀態方程式的精確度不高，但是可以透過實際資料在不同點使用不同的 a 和 b 值來提高。雖然有這樣的限制存在，但 van der Waals 狀態方程式仍具有重要的歷史意義，因為這是第一次嘗試對真實氣體建模。

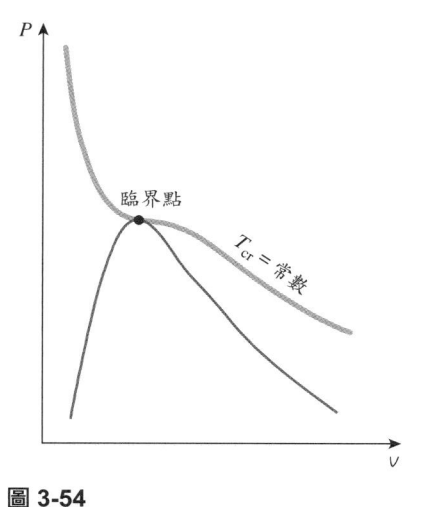

圖 3-54
純物質的臨界等溫線在臨界狀態有一反曲點。

例 3-13

利用不同的方法求氣體的壓力

利用 (a) 理想氣體狀態方程式；(b) van der Waals 狀態方程式，預測氮氣在 $T = 175$ K 與 $v = 0.00375$ m^3/kg 下之壓力，將求得之值與實驗值 10,000 kPa 做比較。

解：利用兩種不同的狀態方程式求氮氣的壓力。

性質：由表 A-1 得到氮氣的氣體常數為 0.2968 kPa·m^3/kg·K。

分析：(a) 利用理想氣體狀態方程式，其壓力為

$$P = \frac{RT}{v} = \frac{(0.2968 \text{ kPa·m}^3/\text{kg·K})(175 \text{ K})}{0.00375 \text{ m}^3/\text{kg}} = \mathbf{13{,}851 \text{ kPa}}$$

誤差為 38.5%。

(b) 由公式 3-23 求得 van der Waals 常數為

$$a = 0.175 \text{ m}^6\text{·kPa/kg}^2$$
$$b = 0.00138 \text{ m}^3/\text{kg}$$

由公式 3-22，

$$P = \frac{RT}{v - b} - \frac{a}{v^2} = \mathbf{9471 \text{ kPa}}$$

誤差為 5.3%。

摘 要

整個物質具一固定化學組成者，稱為純物質。純物質依其能階以不同的相存在。在液體，物質在未開始蒸發稱為壓縮液體或過冷液體。在氣體下，物質在未開始凝結之前稱為過熱蒸氣。在相變化過程中，純物質之溫度與壓力與物質的性質相依。在一給定壓力下，物質會在一固定溫度產生相變化，稱為飽和溫度。同樣地，在一給定溫度下，物質產生相變化的壓力則稱為飽和壓力。在沸騰過程中，液體與氣體平衡共存；在此狀況下，該液體稱為飽和液體，蒸氣則稱為飽和蒸氣。

在一飽和液－氣混合物中，蒸氣的質量分率稱為乾度，可表示為

$$x = \frac{m_{vapor}}{m_{total}}$$

乾度的值介於 0（飽和液體）和 1（飽和蒸氣）之間，它在壓縮液體或過熱蒸氣區域內是沒有意義的。而在飽和混合物之區域內，任何內涵性質的平均值 y 可由下式求得

$$y = y_f + xy_{fg}$$

其中，f 代表飽和液體，而 g 代表飽和蒸氣。

在缺乏壓縮液體數據下，一般的近似方法是將壓縮液體視為在給定溫度下的飽和液體，

$$y \cong y_{f@T}$$

其中，y 是 v、u 或 h。

當狀態超出沒有明顯蒸發過程的時候，該狀態點稱為臨界點。在超臨界壓力下，物質由液體逐漸且均勻地膨脹至氣體。物質的三個相會在沿著三相線上溫度及壓力特徵之狀態點下平衡共存。在相同的溫度與壓力下，壓縮液體的 v、u 及 h 值會比飽和液體低。同樣地，在相同溫度與壓力下，過熱蒸氣的 v、u 及 h 值會比飽和蒸氣高。

上述物質的壓力、溫度與比容間的關係式稱為狀態方程式。最簡單且最著名的狀態方程式為理想氣體狀態方程式，可表示為

$$Pv = RT$$

其中，R 為氣體常數。在使用此關係式時應注意理想氣體是一種非真實的物質。真實氣體在相當低壓及高溫下，才會展現出理想氣體的行為。

偏離理想氣體行為可利用壓縮性因子 Z 來調整。壓縮性因子 Z 定義為

$$Z = \frac{Pv}{RT} \quad \text{或} \quad Z = \frac{v_{actual}}{v_{ideal}}$$

在相同的對比溫度與對比壓力下，所有氣體的 Z 因子幾乎是相同的。對比溫度及對比壓力的定義為

$$T_R = \frac{T}{T_{cr}} \quad \text{和} \quad P_R = \frac{P}{P_{cr}}$$

其中，P_{cr} 與 T_{cr} 分別為臨界壓力與臨界溫度。此為知名的對應狀態原理。當 P 或 T 為未知，可以透過壓縮性圖及似對比比容來決定，而似對比比容定義為

$$v_R = \frac{v_{actual}}{RT_{cr}/P_{cr}}$$

物質的 P-v-T 行為可以更複雜的狀態方程式來做更精確的表示，其中最著名的為

van der Waals: $\quad \left(P + \dfrac{a}{v^2}\right)(v - b) = RT$

其中

$$a = \frac{27R^2T_{cr}^2}{64P_{cr}} \quad \text{和} \quad b = \frac{RT_{cr}}{8P_{cr}}$$

參考書目

1. ASHRAE. *Handbook of Fundamentals*. SI version. Atlanta, GA: American Society of Heating, Refrigerating, and Air-Conditioning Engineers, Inc., 1993.
2. ASHRAE. *Handbook of Refrigeration*. SI version. Atlanta, GA: American Society of Heating, Refrigerating, and Air-Conditioning Engineers, Inc., 1994.
3. A. Bejan. *Advanced Engineering Thermodynamics*. 3rd ed. New York: Wiley, 1997.
4. M. Kostic. *Analysis of Enthalpy Approximation for Compressed Liquid Water*. IMECE 2004, ASME Proceedings, ASME, New York, 2004.

習 題

■ 純物質、相變化過程、性質圖

3-1C 冰水是純物質嗎？為什麼？

3-2C 飽和蒸氣與過熱蒸氣之差別為何？

3-3C 在定溫下，飽和氣體的內延性質與同溫度下飽和液氣混合物的內延性質有何不同？

3-4C 在飽和混合物區域內，為什麼溫度和壓力是相依性質？

3-5C 水在較高壓力下會有較高的沸騰溫度是真的嗎？請解釋。

3-6C 臨界點和三相點有何不同？

3-7C 在 $-10°C$ 下是否有可能產生水蒸汽？

3-8C 家庭主夫利用鍋子在以下三種情況烹煮牛肉：(a) 沒有蓋鍋蓋；(b) 蓋上一個輕鍋蓋；(c) 蓋上一個重鍋蓋。哪一種情況所需要的烹煮時間最短？為什麼？

■ 性質表

3-9C 一個定量的水在什麼樣的鍋會有較高的沸騰溫度？一個高而窄的鍋或是一個短而寬的鍋？請解釋。

3-10C 大家都知道在冷空氣中，熱氣會上升。現在如果在一個打開的汽油桶上方有著混合的空氣與汽油。你覺得這個混合的油氣是否會在冷空氣中上升？

3-11C 1 kg 飽和液體在 100°C 蒸發所吸收的熱量是否和 1 kg 飽和蒸汽在 100°C 凝結所釋放的熱量相等？

3-12C 物質熱力性質的參考點選擇對於熱力學分析是否有影響？為什麼？

3-13C h_{fg} 的物理意義為何？是否可以從已知的 h_f 及 h_g 中求得？如何求得？

3-14C h_{fg} 是否會隨著壓力改變？如何改變？

3-15C 1 kg 的飽和液態水在 100°C 蒸發所需的能量，是否比在 120°C 飽和液態水蒸發所需的能量多？

3-16C 什麼是乾度？其在過熱氣體區有何意義？

3-17C 以下兩個過程，哪一個過程需要較多能量？(1) 1 kg 的飽和液態水在 1 atm 中完全蒸發；(2) 1 kg 的飽和液態水在 8 atm 中完全蒸發。

3-18C 在無壓縮液體表的情形下，若 P 和 T 已知，則壓縮液體的比容如何決定？

3-19C 1775 年，William Cullen 博士在蘇格蘭做了一個實驗，他將水缸裡的空氣抽乾之後製冰。解釋這個設備如何運作，並探討如何讓這個過程更有效率。

3-20 完成下列水的性質表格。

T, °C	P, kPa	u, kJ/kg	相的描述
	400	1450	
220			飽和蒸氣
190	2500		
	4000	3040	

3-21 完成下列水的性質表格。

T, °C	P, kPa	v, m³/kg	相的描述
140		0.05	
	550		飽和蒸氣
125	750		
500		0.140	

3-22 完成下列冷媒 R-134a 的性質表格。

T, °C	P, kPa	v, m³/kg	相的描述
-4	320		
10		0.0065	飽和蒸氣
	850		
90	600		

3-23 根據冷媒 R-134a 的性質，完成下列表格。

T, °C	P, kPa	h, kJ/kg	x	相的描述
	600	180	0.6	
-10				
-14	500			
	1200	300.63		
44			1.0	

3-24 1.8 m³ 的剛性容器包含 220°C 的水蒸汽。三分之一的體積為液相，而其餘為蒸氣形式。求：(a) 水蒸汽的壓力；(b) 飽和混合物的乾度；(c) 混合物的密度。

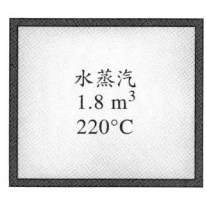

圖 P3-24

3-25 一個活塞－汽缸裝著 $-10°C$、0.85 kg 的冷媒 R-134a；活塞能夠自由活動，其質量為 12 kg，直徑為 25 cm。大氣壓力是 88 kPa。現在，

有熱傳給冷媒 R-134a，使其溫度達到 15°C。求：(a) 最後的壓力；(b) 汽缸體積的改變；(c) 冷媒 R-134a 焓的改變。

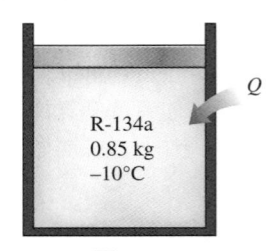

圖 P3-25

3-26 一比容為 0.04471 m³/kg 的冷媒 R-134a，流經壓力為 600 kPa 的管道，求管內的溫度。

3-27 10 kg 的冷媒 R-134a 裝入 1.348 m³ 的固定容器內，初始溫度為 −40°C，然後加熱至壓力 200 kPa，求最後溫度及初始壓力。答：66.3°C，51.25 kPa

3-28 一容器體積 9 m³，內裝 300 kg、10°C 的冷媒 R-134a。求冷媒 R-134a 的比焓。

3-29 在 25°C、200 kPa 的冷媒 R-134a 流經一條製冷管線。求其比容。

3-30 在丹佛（海拔 1610 m）的平均大氣壓為 83.4 kPa。求水在未蓋鍋蓋的沸騰溫度。答：94.6°C

3-31 如圖 P3-31 所示，有一彈簧負載的活塞−汽缸裝置，其裝滿 0.1 kg、乾度 80%、溫度 −34°C 的冷媒 R-134a。在彈簧壓力關係式 $F = kx$ 中，彈簧常數 $k = 6.6$ kN/m，活塞的直徑是 30 cm。冷媒 R-134a 在某過程中，體積增加 40%，求冷媒 R-134a 的最終溫度和焓。答：−30.9°C，13.7 kJ/kg

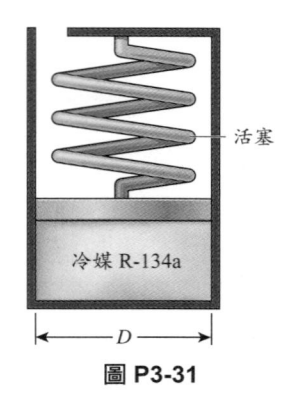

圖 P3-31

3-32 一個體積 0.1546 m³ 的活塞−汽缸裝置，內裝滿了 1 kg，初始溫度為 350°C 的水，經過一冷卻過程降至 100°C。求水最終壓力和體積，以 MPa 與 m³ 表示。答：1.8 MPa，0.001043 m³

3-33 一容器內裝有 3 kg 的水，其壓力為 100 kPa，溫度為 150°C。計算容器的體積。

3-34 於海平面，一個 30 cm 直徑的不銹鋼鍋置放在 3 kW 電爐的上方。在沸騰期間，如果 60% 電爐產生的熱傳遞至水中，求水的蒸發率。

圖 P3-34

3-35 如果位在 1500 m 的高度，大氣壓力為 84.5 kPa，水的沸點溫度是 95°C，重作習題 3-34。

3-36 10 kg 的冷媒 R-134a，壓力為 300 kPa 裝在剛性的容器中，其體積為 14 L。求容器中的溫度及總焓。現將容器加熱至溫度 600 kPa，求加熱完成後容器中的溫度及總焓。

3-37 一活塞−汽缸裝置內裝有 100 kg 的冷媒 R-134a，壓力為 200 kPa，冷媒所占的體積為 12.322 m³。現將冷媒體積壓縮至原來的一半，但壓力仍維持在 200 kPa，求冷媒的最終溫度及總內能的改變量。

3-38 如圖 P3-38 所示，具阻塊的活塞−汽缸裝置內裝滿 200 kPa、300°C 的水，將水冷卻至飽和蒸氣的定壓，且活塞停在阻塊上。之後，水持續冷卻直到壓力為 100 kPa。在 $T\text{-}v$ 圖上繪出相對應的飽和線通過起點、中點及最終狀態的過程曲線，並在過程曲線的終點狀態標出 T、P 和 v 值，並求起始與最終狀態每單位質量的內能變化量。

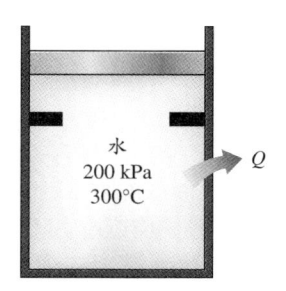

圖 P3-38

3-39 蒸汽發電廠的渦輪中散發出飽和水蒸汽，管子的外部直徑為 3 cm，長 35 m，在溫度 40°C 時凝結，凝結速率為 130 kg/h。求蒸氣經由流動的管子到冷卻水的熱傳率。

3-40 水在 5 cm 深的鍋子中，會於 98°C 時沸騰。如果水是在 40 cm 深的鍋子裡，則溫度要達到多少度才會沸騰？假設兩個鍋子皆裝滿水。

3-41 一個內徑為 20 cm 的烹調鍋內部裝水，並覆蓋有一個 4 kg 的蓋子。如果當地大氣壓力為 101 kPa，求水被加熱開始沸騰的溫度。答：100.2°C

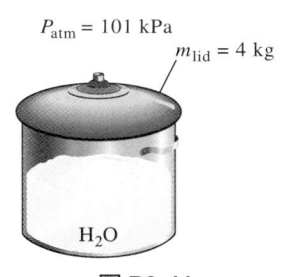

圖 P3-41

3-42 水在一個垂直的活塞－汽缸裝置中加熱。活塞的質量為 40 kg，截面積為 150 cm^2。如果當地的大氣壓力為 100 kPa，求水開始沸騰的溫度。

3-43 在特定的區域中，水在鍋蓋嵌合不良的鍋中沸騰。鍋子以一個 2 kW 的電阻加熱器加熱，在 30 分鐘內水在鍋中減少 1.19 kg。假設電阻加熱器 75% 的電力被轉移到水作為熱源，求當地的大氣壓力。答：85.4 kPa

3-44 有一剛槽的體積為 1.8 m^3，內裝了 90°C 的 15 kg 飽和液－氣混合物。現在慢慢將水加熱，則缸裡的液體會在幾度時完全蒸發？並繪出 T-v 圖。答：202.9°C

3-45 0.14 m^3 剛性容器中有 400 kPa 的冷媒 R-134a 的飽和混合物。如果飽和液體占 20% 的體積，求剛性容器中冷媒 R-134a 的乾度和總質量。

3-46 1.4 MPa、250°C 的過熱水蒸汽體在固定體積下冷卻，直到溫度下降到 120°C。在最終的狀態下，求：(a) 壓力；(b) 乾度；(c) 焓。此外並繪出此過程的 T-v 圖。答：(a) 198.7 kPa，(b) 0.1825，(c) 905.7 kJ/kg

3-47 一個活塞－汽缸裝置裝有 0.6 kg、200°C、0.5 MPa 的蒸氣。蒸氣在固定壓力下冷卻，直到一半的質量凝結。(a) 在 T-v 圖上畫出這個過程；(b) 求出最終溫度；(c) 求體積變化。

3-48 一個剛槽裝有 250°C 的水蒸汽，其壓力未知。當剛槽冷卻到 124°C，水蒸汽開始凝結。求剛槽的初始壓力。答：0.30 MPa

3-49 一個活塞－汽缸裝置一開始時裝有 200°C、1.4 kg 的飽和液態水。現在將水加熱開始傳輸到水，直到體積變為四倍，且汽缸內只有飽和水蒸汽。求：(a) 汽缸的體積；(b) 最終溫度和壓力；(c) 水內能的改變量。

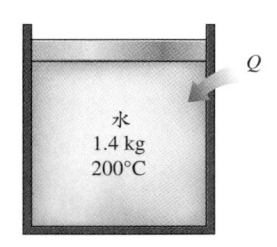

圖 P3-49

3-50 100 g 的冷媒 R-134a 裝在活塞－汽缸裝置中，其中活塞具有重量，初始溫度為 –20°C，壓力為 60 kPa。加熱此裝置到 100°C，求此裝置在加熱後的體積改變量。答：0.0168 m^3

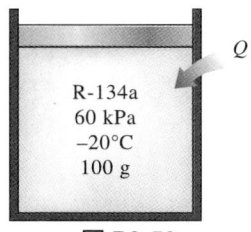

圖 P3-50

3-51 有一剛性容器，在壓力 500 kPa 和 120°C 下，裝有 8 kg 的冷媒 R-134a。求容器的體積和總內能。答：0.494 m^3，2639 kJ

3-52 剛性容器最初含有 1.4 kg、200°C 飽和液

態水。在此狀態下，25% 的體積是水，其餘由空氣所占據。現在將水加熱直到剛性容器只含飽和蒸氣。求：(a) 剛性容器的體積；(b) 最終溫度和壓力；(c) 水的內能變化。

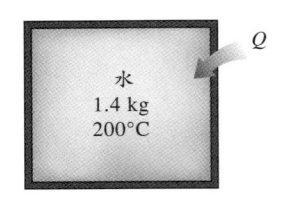

圖 P3-52

水
1.4 kg
200°C
Q

3-53 一活塞－汽缸裝置初始含 50 L 的液態水，溫度 40°C 和壓力 200 kPa。熱量在定壓下被傳遞到水中直到全部液體被蒸發。求：(a) 水的質量？(b) 最後的溫度是多少？(c) 求總焓變化量。(d) 說明相對於飽和線的 T-v 圖過程。答：(a) 49.61 kg，(b) 120.21°C，(c) 125,950 kJ

理想氣體

3-54C 在什麼情況下，理想氣體的假設適用於真實氣體？

3-55C R 和 R_u 有何差別？這兩者有何關係？

3-56C 冬天時經常會使用丙烷和甲烷來加熱，如果這些燃料外洩，即使只是很短暫的時間，也會帶來火災的威脅。你認為哪一種氣體外洩比較會有引起火災的危險？請解釋。

3-57C 一個 400 L 的剛槽含 5 kg 的 25°C 空氣，如果大氣壓力為 97 kPa，壓力計的讀值是多少？

3-58 一體積 0.09 m³ 的容器，在壓力 600 kPa 下，內裝有 0.9 kg 的氧氣，氧氣的溫度為何？

3-59 質量 2 kg 的氦氣，於容器中維持在壓力 300 kPa、27°C 的狀態下，所需剛性容器的大小為何？以 m³ 表示。

3-60 在 2.5 m³ 氧氣桶的壓力錶讀值是 500 kPa。如果溫度是 288°C 和大氣壓力是 97 kPa，求桶內氧氣的量。

3-61 一個直徑為 9 m 的圓形氣球中，裝有 27°C、200 kPa 的氦氣。求氣球裡氦氣的莫耳數和質量。答：30.6 kmol，123 kg

3-62 在汽車輪胎內空氣的體積為 0.015 m³，溫度 32°C 和壓力 135 kPa（錶壓）。求必須充填到壓力建議值 225 kPa（錶壓）的空氣質量。假定大氣壓力為 100 kPa 且溫度和體積保持恆定。
答：0.0154kg

3-63 在 1 m³ 的槽中，有 10°C 和 350 kPa 的空氣，這個槽藉由一個閥連接到另一個槽。另一個槽裡有溫度 35°C、200 kPa 的 3 kg 空氣。當閥被打開，整個系統與外界能夠達到熱平衡的狀態，而外界的空氣為 20°C。求第二個槽的體積和最後平衡時的空氣壓力。答：1.33 m³，264 kPa

3-64 一未知體積的剛性容器被擋板區分成兩部分，其中一部分 V_1 內裝有 927°C 的理想氣體，另一部分為真空，其體積為裝有氣體體積的兩倍。現在將擋板移開使氣體充滿整個容器，並將氣體加熱至原先的壓力，求氣體的最終溫度。答：3327°C

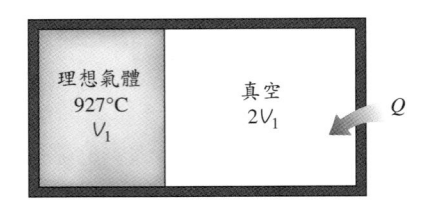

理想氣體
927°C
V_1

真空
$2V_1$
Q

圖 P3-64

3-65 0.04 m³ 的活塞－汽缸裝置裡充滿 1.5 kg 的氫氣，壓力為 550 kPa。現在移動活塞來改變其重量，使其體積變為原來大小的兩倍。在這個過程中，氫氣的溫度保持固定。求這個裝置的最終壓力。

3-66 一剛槽在 150 kPa、20°C 含有 10 kg 的空氣。更多的空氣被添加到槽中，直到壓力和溫度上升到 250 kPa 和 33°C。求空氣加入到剛槽中的量。答：5.96 kg

壓縮性因子

3-67C 對應狀態原理為何？

3-68C 如何定義對比壓力及對比溫度？

3-69 利用：(a) 理想氣體方程式；(b) 通用壓縮性圖；(c) 氣體表，求過熱水蒸汽在 15 MPa 和 350°C 的比容。此外也求前兩種方式的誤差。答：(a) 0.01917 m³/kg，67.0%；(b) 0.01246 m³/kg，8.5%；(c) 0.01148 m³/kg。

3-70 利用：(a) 理想氣體方程式；(b) 通用壓縮性圖；(c) 氣體表，求過熱水蒸汽在 3.5 MPa 和 450°C 的比容。此外也求出前兩種方式的誤差。

3-71 有人聲稱氧氣在 160 K 和 3 MPa 可以被視為理想氣體，其誤差小於 10%。這種說法是否正確？

3-72 將一剛槽的乙烷從 550 kPa 和 40°C 加熱到 280°C。由通用壓縮性圖所預測的乙烷最終壓力為何？

3-73 在固定壓力下，將乙烯從 5 MPa 和 20°C 加熱到 200°C。利用通用壓縮性圖來求解加熱之後乙烯的比容變化。答：0.0172 m^3/kg

3-74 將 7 MPa 和 380 K 的二氧化碳視為理想氣體來處理，其誤差百分比為多少？

3-75 在固定壓力下加熱 350°C 的飽和水蒸汽，直到體積成為兩倍。利用理想氣體方程式、壓縮性圖及氣體表來求解最終溫度。

3-76 在固定壓力下加熱 10 MPa 和 300 K 的甲烷，直到體積增加 80%。利用理想氣體方程式和壓縮性因子來求解最終溫度。這兩個求得的結果，哪一個比較準確？

3-77 3 MPa 和 500 K 的二氧化碳氣體以 2 kg/s 的速率流入一根管子。當它流入管子時，在固定壓力下冷卻，而流出的溫度為 450 K。利用：(a) 理想氣體方程式；(b) 通用壓縮性圖，求二氧化碳在流入時的密度和體積流率，以及在管子出口的體積流率。同時也求：(c) 第一種方式的誤差。

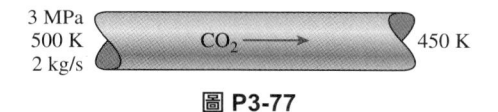

圖 P3-77

3-78 利用：(a) 理想氣體方程式；(b) 通用可壓縮表，(c) 冷媒表，求冷媒 R-134a 在 0.016773 m^3 的剛桶中含 1 kg 冷媒的壓力。答：(a) 1.861 Mpa，(b) 1.583 Mpa，(c) 1.6 Mpa

■ van der Waals 狀態方程式

3-79C van der Waals 狀態方程式中，兩個常數的物理意義為何？決定這兩個常數的基礎是什麼？

3-80 一個 3.27 m^3 的剛桶裝有 100 kg 和 175 K 的氮氣，利用：(a) 理想氣體方程式；(b) van der Waals 氣體方程式。比較你的結果與實際值 1505 kPa。

3-81 將剛性容器內 80 kPa 和 20°C 的甲烷加熱到 300°C。若將甲烷視為理想氣體，求其最終壓力。

3-82 若 1.6 MPa 的冷媒 R-134a 比容為 0.01343 m^3/kg，利用：(a) 理想氣體方程式；(b) van der Waals 氣體方程式；(c) 冷媒表，求冷媒的溫度。

3-83 1 kg 的二氧化碳經一多變過程（$PV^{1.2}$ = 常數）經活塞－汽缸裝置由 1 MPa 和 200°C 壓縮到 3 MPa。若將二氧化碳視為理想氣體，求其最終溫度。

3-84 將 1 m^3 的槽內含有 0.6 MPa 和 2.841 kg 的水蒸汽，利用：(a) 理想氣體方程式；(b) van der Waals 氣體方程式；(c) 蒸氣表，求水蒸汽的溫度。答：(a) 457.6 K，(b) 465.9 K，(c) 473 K

Chapter 4

封閉系統的能量分析

第 2 章介紹了各種不同的能量與能量移轉形式,並且導出能量守恆方程式。在第 3 章已經學習如何計算物質的熱力學性質,本章將這些能量守恆方程式應用在封閉系統。在一個系統中,物質無法跨越系統邊界而與外界交換,則稱此為封閉系統。

本章首先介紹邊界功,也就是 PdV,它在一些往復式裝置(reciprocating device)經常會用到,例如汽車引擎。其次,介紹能量守恆方程式 $E_{in} - E_{out} = \Delta E_{system}$,並將之應用於包含純物質的系統中。接下來則定義比熱,並且求得內能與焓為溫度與比熱的函數關係式。同時,假設系統中的物質為理想氣體。這些方程式也可以應用在含固體或液體的系統中,將以不可壓縮物質來近似。

學習目標

- 計算在引擎或壓縮機中常用到的邊界功 PdV。
- 定義熱力學第一定律,亦即封閉系統中的能量守恆。
- 發展封閉系統的能量守恆式。
- 定義定壓比熱與定容比熱。
- 利用比熱來計算理想氣體的內能與焓。
- 介紹不可壓縮物質與其內能、焓之變化的計算。
- 當封閉系統含純物質、理想氣體和不可壓縮物質時,求解能量守恆。

4-1 邊界移動功

當氣體在活塞－汽缸的裝置中，由於內部氣體的膨脹或壓縮，導致活塞向前或向後移動而對外界作功，這種機械功的形式稱為**邊界移動功（moving boundary work）**，簡稱**邊界功（boundary work）**（圖 4-1）。這種邊界功常見於汽車引擎，是引擎對外作功所具有的形式。當引擎室燃燒引起氣體溫度升高而膨脹，便會推動活塞而帶動曲軸轉動。

在真實的引擎或壓縮機中所產生的邊界功，由於移動邊界的速度相當快，所以無法達到熱力學平衡，因此無法以熱力學的分析計算功的大小，只能以實驗的方法求出。這是因為系統的變化太快而無法達到熱力學平衡，所以不能得知過程中系統的狀態。由於邊界功為路徑的函數，若無法求出路徑中的參數，自然也就無法得出所作的邊界功。

本節將以近似平衡過程的觀念來近似計算邊界功。近似平衡過程為假設系統中的物質在任何時間都相當接近平衡狀態。當引擎在較低速度時，這個假設是適用的。在相同情況下，使用這種假設去計算輸出的正功會較真實情況大，而輸入至系統內的功則較真實情況小。本書的邊界功都是假設在近似平衡狀態下所計算出來的。

如圖 4-2 所示，氣體置於活塞－汽缸裝置內，起始的壓力為 P，體積為 V，活塞截面積為 A。假設活塞移動一小段距離 ds，過程中皆屬於近似平衡狀態，則系統對外所作的功為

$$\delta W_b = F\,ds = PA\,ds = P\,dV \tag{4-1}$$

亦即邊界功的微分形式等於壓力 P 乘上體積的微小變化量 dV，這也就是為何邊界功又稱為 $P\,dV$ 功的原因。

值得注意的是，在公式 4-1 中，P 為絕對壓力，永遠為正。然而，體積變化 dV 在膨脹過程中為正（體積增加）；反之，在壓縮過程中，則為負（體積變小）。所以公式 4-1 中，邊界功 $W_{b,\text{out}}$ 在膨脹時為正，代表系統對外作功，而在壓縮時為負，亦即外界對系統作功。

整個過程所作的功為公式 4-1 的積分形式，從初始狀態積分至最終狀態為

$$W_b = \int_1^2 P\,dV \quad\text{(kJ)} \tag{4-2}$$

要計算公式 4-2 的積分值，必須先知道在過程中 P 與 V 的關係，也就是需要先知道 $P = f(V)$ 的關係式。$P = f(V)$ 即為 P-V 圖上過

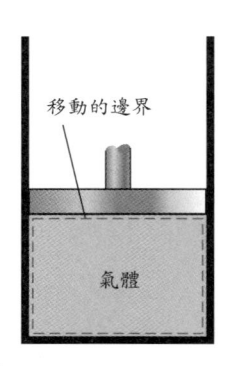

圖 4-1
由邊界移動所作的功稱為邊界功。

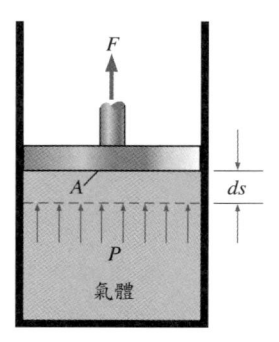

圖 4-2
當活塞移動 ds，則氣體作功 δW_b。

程路徑的方程式。

圖 4-3 為一近似平衡膨脹過程，圖中路徑曲線下的微小面積 $dA = PdV$ 為這段路徑中所作的邊界功。整個過程中所作的邊界功即為整個路徑曲線下的總面積 A：

$$\text{面積} = A = \int_1^2 dA = \int_1^2 P\, dV \tag{4-3}$$

比較公式 4-3 與公式 4-2 發現，$P\text{-}V$ 圖過程曲線下的面積等於封閉系統近似平衡膨脹或壓縮過程所作的功（在 $P\text{-}V$ 圖上，其代表單位質量所作的邊界功）。

邊界功為路徑函數，而非點函數；換言之，在相同的初始狀態 (1) 與最後狀態 (2) 之間所作的邊界功大小，取決於其所通過的路徑。如圖 4-4 所示，在相同的起點 (1) 與終點 (2) 間的三條路徑 A、B、C 各有不同的邊界功，其中以路徑 A 所作的功最大。如果邊界功不是路徑函數，而是點函數，則一些循環裝置（如引擎、發電廠）在經歷一個完整循環後所作的功就是零，如此便無法對外作功。事實上，顯然不是如此。如圖 4-5 所示，在一個循環中，當膨脹過程（路徑 A）中系統對外界所作的功，大於壓縮過程（路徑 B）中外界對系統所作的功，則會有一個淨功 W_{net} 的淨輸出。

如果 P 與 V 的關係是直接由實驗測量出，便無法直接從理論積分求出邊界功。在這種情況中，可以將量出的數據繪製於過程的 $P\text{-}V$ 圖上，並計算過程曲線下的面積，也就是邊界功。

嚴格來說，公式 4-2 中的 P 應該是活塞下方表面上的壓力。當過程達到近似平衡時，整個汽缸內的壓力相等於活塞下方的壓力。當系統屬於非平衡狀態下時，系統並沒有壓力的定義（因為壓力只有在系統屬於平衡狀態下才有定義），所以要計算邊界功時，就必須使用以下通式

$$W_b = \int_1^2 P_i\, dV \tag{4-4}$$

其中，P_i 為活塞下方表面的壓力。

邊界功為系統與外界傳遞能量的機制之一，而 W_b 代表系統在膨脹過程中對外所作的功，或是在壓縮過程中外界對系統作的功。對於汽車引擎來說，邊界功可用來克服活塞與汽缸間的摩擦、克服大氣壓力，並驅動曲軸旋轉，因此

$$W_b = W_{friction} + W_{atm} + W_{crank} = \int_1^2 (F_{friction} + P_{atm}A + F_{crank})\, dx \tag{4-5}$$

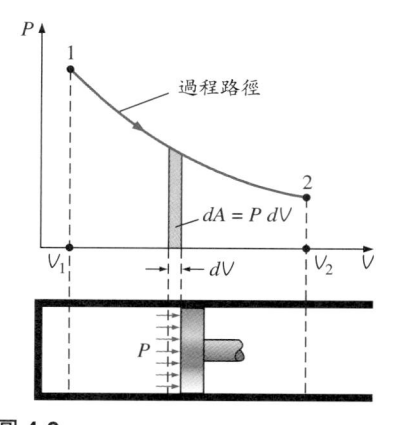

圖 4-3
在 $P\text{-}V$ 圖中，過程曲線下的面積代表邊界功。

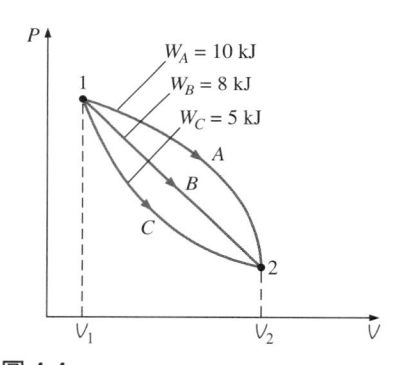

圖 4-4
邊界功與起點、終點和路徑有關。

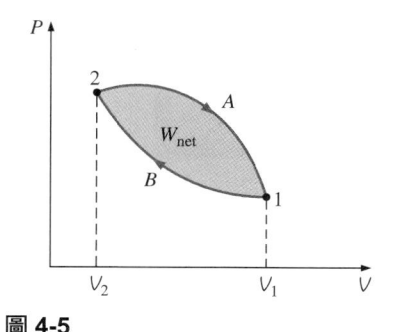

圖 4-5
在一個循環內的淨功，相當於系統對外界作的功減去外界對系統所作的功。

當然，邊界功克服了摩擦並轉變成摩擦熱，其餘的功則用來驅動曲軸作功。在能量守恆的定理下，輸出的邊界功等於被摩擦曲軸等接收的能量。邊界功不只可用在近似平衡的氣體過程中，液體和固體也適用。

例 4-1 定容過程的邊界功

剛槽內裝有 500 kPa 與 150°C 的空氣，由於熱傳遞的關係，內部空氣的溫度與壓力降至 65°C 與 400 kPa，求此過程的邊界功。

解：空氣在剛槽中冷卻，溫度與壓力皆下降，求其所作的邊界功。

分析：圖 4-6 為此系統的示意圖及此過程的 P-V 圖。邊界功可以從公式 4-2 求出：

$$W_b = \int_1^2 P\, dV^{\nearrow 0} = 0$$

討論：由於剛槽具有固定的體積，在方程式中 $dV = 0$ 是預期中的。因此，在本過程中沒有邊界功，也就是在等容過程中，其邊界功為零。非常明顯，此過程 P-V 圖過程曲線下方的面積也為零。

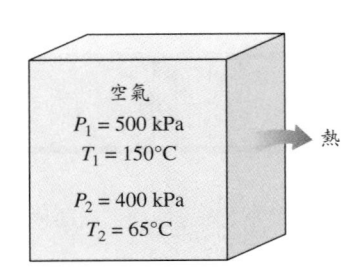

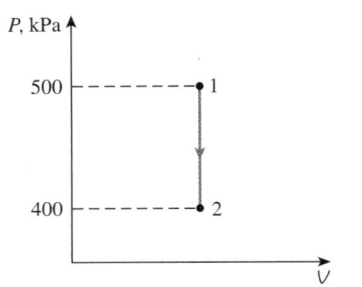

圖 4-6
例 4-1 的示意圖與 P-V 圖。

例 4-2 定壓過程的邊界功

一個無摩擦的活塞－汽缸裝置，內含 5 kg 的水蒸汽，溫度為 200°C，壓力為 400 kPa。將熱量傳至水蒸汽中直到溫度升至 250°C，如果活塞可以自由移動且壓力保持定值，求此過程水蒸汽所作的功。

解：水蒸汽在活塞－汽缸內加熱，其溫度在定壓下上升，求其所作的邊界功。

假設：膨脹過程為近似平衡。

分析：圖 4-7 為此系統的示意圖及此過程的 P-v 圖。汽缸內水蒸汽受熱膨脹，推動活塞內部壓力以維持定壓。假設此膨脹為近似平衡過程，在定壓過程中，邊界功可以由公式 4-2 求得

$$W_b = \int_1^2 P\, dV = P_0 \int_1^2 dV = P_0(V_2 - V_1) \quad (4\text{-}6)$$

或

$$W_b = mP_0(v_2 - v_1)$$

因為 $V = mv$。從過熱蒸氣表（表 A-6）查出 $v_1 = 0.53434$ m³/kg（400 kPa，200°C）與 $v_2 = 0.59520$ m³/kg（400 kPa，250°C）。

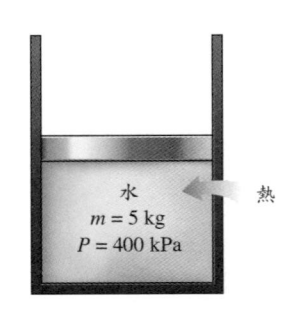

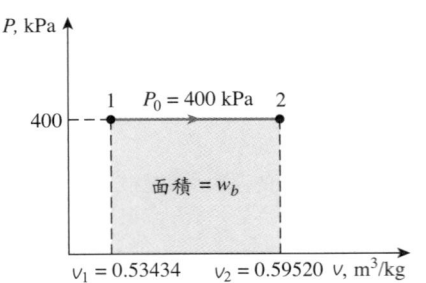

圖 4-7
例 4-2 的示意圖與 P-v 圖。

代入這些值得到

$$W_b = (5 \text{ kg})(400 \text{ kPa})[(0.59520 - 0.53434) \text{ m}^3/\text{kg}]\left(\frac{1 \text{ kJ}}{1 \text{ kPa} \cdot \text{m}^3}\right)$$
$$= \mathbf{122 \text{ kJ}}$$

討論：符號為正代表系統對外作功，也就是蒸氣利用 122 kJ 的能量作功。此作功的量也可由圖 4-7 之 P-V 圖下方面積求得，並可簡化為 $P_0 \Delta V$。

例 4-3　理想氣體的等溫壓縮

一個活塞—汽缸裝置內含 0.4 m³ 的空氣（80°C，100 kPa）。當空氣在等溫下被壓縮至 0.1 m³，求此過程所作的功。

解：將活塞—汽缸裝置內的空氣等溫壓縮，求其邊界功。

假設：(1) 此過程為準平衡過程。(2) 在特定的情況下，空氣在相對於臨界值高溫與低壓下可以被視為理想氣體。

分析：圖 4-8 為此系統的示意圖與此過程的 P-V 圖。理想氣體在溫度 T_0 時，

$$PV = mRT_0 = C \quad \text{或} \quad P = \frac{C}{V}$$

其中，C 為一常數。將上式代入公式 4-2 可以得出

$$W_b = \int_1^2 P\, dV = \int_1^2 \frac{C}{V} dV = C \int_1^2 \frac{dV}{V} = C \ln \frac{V_2}{V_1} = P_1 V_1 \ln \frac{V_2}{V_1} \tag{4-7}$$

在公式 4-7 中，P_1V_1 可以 P_2V_2 或 mRT_0 取代。另外，因為 $P_1V_1 = P_2V_2$，因此 V_2/V_1 可以被 P_1/P_2 取代。

將值代入公式 4-7 中：

$$W_b = (100 \text{ kPa})(0.4 \text{ m}^3)\left(\ln \frac{0.1}{0.4}\right)\left(\frac{1 \text{ kJ}}{1 \text{ kPa} \cdot \text{m}^3}\right)$$
$$= \mathbf{-55.5 \text{ kJ}}$$

討論：W_b 值為負代表外界對系統作功（功輸入），這通常發生在壓縮過程。

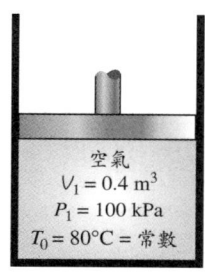

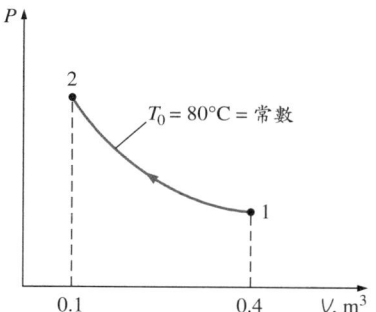

圖 4-8
例 4-3 的示意圖與 P-V 圖。

多變過程

在真實的氣體膨脹或壓縮過程中，壓力 P 與體積 V 之間的關係，可以用 $PV^n = C$ 來表示，其中 n 和 C 為常數。此過程可以稱為**多變過程（polytropic process）**，如圖 4-9 所示。以下我們將推導多變過程中的邊界功。多變過程中，

$$P = CV^{-n} \tag{4-8}$$

代入公式 4-2，可得

$$W_b = \int_1^2 P\,dV = \int_1^2 CV^{-n}\,dV = C\frac{V_2^{-n+1} - V_1^{-n+1}}{-n+1} = \frac{P_2V_2 - P_1V_1}{1-n} \tag{4-9}$$

因為 $C = P_1V_1^n = P_2V_2^n$。對於理想氣體（$PV = mRT$）來說，公式 4-9 可寫成

$$W_b = \frac{mR(T_2 - T_1)}{1-n} \qquad n \neq 1 \qquad \text{(kJ)} \tag{4-10}$$

當 $n = 1$ 時，邊界功可以寫成

$$W_b = \int_1^2 P\,dV = \int_1^2 CV^{-1}\,dV = PV \ln\left(\frac{V_2}{V_1}\right)$$

對於理想氣體來說，這相當於等溫過程。

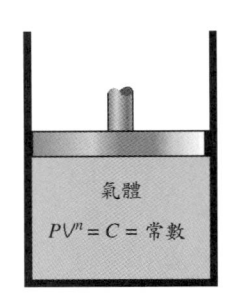

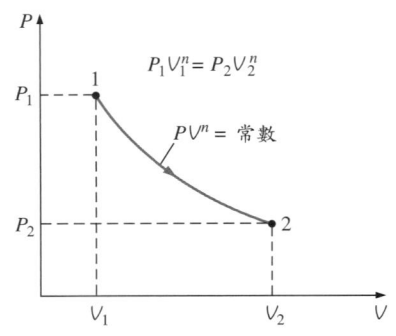

圖 4-9
多變過程的示意圖與 P-V 圖。

例 4-4　受彈簧力限制的氣體膨脹

一組活塞—汽缸裝置內含 200 kPa、0.05 m³ 的氣體，此時，一個線性彈簧（彈簧常數為 150 kN/m）置於活塞上方，但與活塞之間沒有接觸力。此時，熱從外界傳入汽缸，使得汽缸內氣體膨脹，並壓縮彈簧，直至汽缸內體積增加為原來的兩倍。假設汽缸的截面積為 0.25 m²，求：(a) 最終狀態的汽缸壓力；(b) 氣體對外界所作的總功；(c) 被彈簧吸收的功。

解： 氣體在具有彈簧的活塞—汽缸裝置內因加熱而膨脹，求氣體的最終壓力、所作的總功，以及彈簧在壓縮過程中所吸收的功。

假設：(1) 此過程為準平衡過程。(2) 彈簧在考慮範圍內為線性（遵守虎克定律）。

分析： 圖 4-10 為此系統的示意圖與此系統的 P-V 圖。

(a) 最終狀態的體積為

$$V_2 = 2V_1 = (2)(0.05 \text{ m}^3) = 0.1 \text{ m}^3$$

所以活塞上移的距離為

$$x = \frac{\Delta V}{A} = \frac{(0.1 - 0.05) \text{ m}^3}{0.25 \text{ m}^2} = 0.2 \text{ m}$$

在最終狀態下，彈簧施加在活塞的力為

$$F = kx = (150 \text{ kN/m})(0.2 \text{ m}) = 30 \text{ kN}$$

額外施加在氣體的壓力為

$$P = \frac{F}{A} = \frac{30 \text{ kN}}{0.25 \text{ m}^2} = 120 \text{ kPa}$$

所以在整個過程中，氣體的壓力是從 200 kPa 線性升高至

$$200 + 120 = \mathbf{320 \text{ kPa}}$$

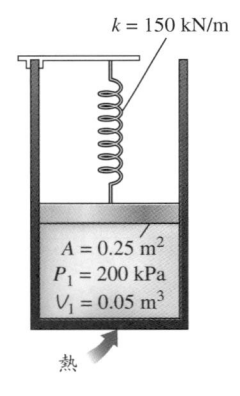

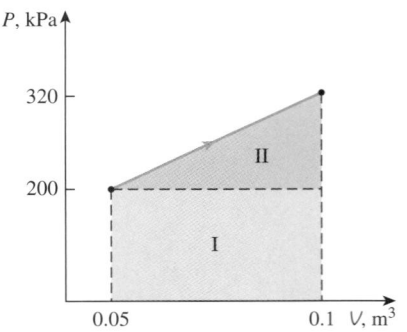

圖 4-10
例 4-4 的示意圖與 P-V 圖。

(b) 從圖 4-10 的 P-V 圖中，藉由過程曲線下方的面積可以計算出功，圖中的 P-V 梯形面積為

$$W = 面積 = \frac{(200 + 320) \text{ kPa}}{2}[(0.1 - 0.05) \text{ m}^3]\left(\frac{1 \text{ kJ}}{1 \text{ kPa} \cdot \text{m}^3}\right) = \mathbf{13 \text{ kJ}}$$

為氣體對外作功。

(c) 區域 I 為氣體克服大氣壓所作的功，區域 II 為克服彈簧力所作的功，所以

$$W_{\text{spring}} = \tfrac{1}{2}[(320 - 200) \text{ kPa}](0.05 \text{ m}^3)\left(\frac{1 \text{ kJ}}{1 \text{ kPa} \cdot \text{m}^3}\right) = \mathbf{3 \text{ kJ}}$$

討論： 此結果也可以從下列的關係式獲得

$$W_{\text{spring}} = \tfrac{1}{2}k(x_2^2 - x_1^2) = \tfrac{1}{2}(150 \text{ kN/m})[(0.2 \text{ m})^2 - 0^2]\left(\frac{1 \text{ kJ}}{1 \text{ kN} \cdot \text{m}}\right) = 3 \text{ kJ}$$

4-2 封閉系統下的能量平衡方程式

對任一系統經歷某種過程時，依據能量守恆，可以寫出以下的能量平衡方程式（見第 2 章）

$$\underbrace{E_{\text{in}} - E_{\text{out}}}_{\text{熱、功和質量的淨能量轉換}} = \underbrace{\Delta E_{\text{system}}}_{\text{內能、動能和位能等能量的變化}} \quad \text{(kJ)} \qquad \textbf{(4-11)}$$

或以**單位時間變化率的形式**（**rate form**）表示成

$$\underbrace{\dot{E}_{\text{in}} - \dot{E}_{\text{out}}}_{\text{熱、功和質量的淨能量轉換率}} = \underbrace{dE_{\text{system}}/dt}_{\text{內能、動能和位能等能量的變化率}} \quad \text{(kW)} \qquad \textbf{(4-12)}$$

當變化率等於常數時，Δt 時間內總量的改變可以表示成

$$Q = \dot{Q}\Delta t, \quad W = \dot{W}\Delta t \quad 與 \quad \Delta E = (dE/dt)\Delta t \quad \text{(kJ)} \quad \textbf{(4-13)}$$

若使用**每單位質量**（**per unit mass**），則可寫成下式：

$$e_{\text{in}} - e_{\text{out}} = \Delta e_{\text{system}} \quad \text{(kJ/kg)} \qquad \textbf{(4-14)}$$

這個式子就是將公式 4-11 中的各項除以系統質量 m。能量平衡也可以寫成微分形式

$$\delta E_{\text{in}} - \delta E_{\text{out}} = dE_{\text{system}} \quad 或 \quad \delta e_{\text{in}} - \delta e_{\text{out}} = de_{\text{system}} \qquad \textbf{(4-15)}$$

當封閉系統完成一個**循環**（**cycle**），由於起點與終點相同，所以 $\Delta E_{\text{system}} = E_2 - E_1 = 0$，此時循環的能量平衡簡化為 $E_{\text{in}} - E_{\text{out}} = 0$ 或 $E_{\text{in}} = E_{\text{out}}$。由於封閉系統中沒有質量穿透邊界進行能量傳遞，所以在實際循環中，能量平衡方程式可以直接寫成

$$W_{\text{net,out}} = Q_{\text{net,in}} \quad 或 \quad \dot{W}_{\text{net,out}} = \dot{Q}_{\text{net,in}} \text{（循環）} \qquad \textbf{(4-16)}$$

也就是說，一個循環中，封閉系統對外所作的功等於循環中進入系統的熱量（圖 4-11）。

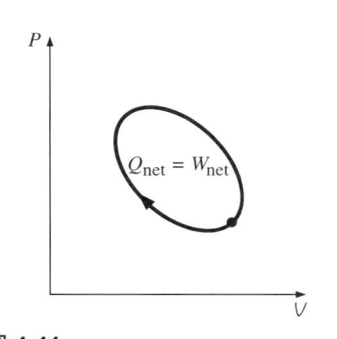

圖 4-11
對於完整循環過程，$\Delta E = 0$，因此 $Q = W$。

在使用熱力學第一定律求解問題（也就是能量守恆）時，通常不知道熱量傳遞或是作功的方向，所以在熱力學中通常會習慣性使用熱量進入系統（或系統對外作功）的方向為正，也就是說

$$Q_{net,in} - W_{net,out} = \Delta E_{system} \quad 或 \quad Q - W = \Delta E \quad (4-17)$$

其中，$Q = Q_{net,in} = Q_{in} - Q_{out}$ 為淨輸入系統的熱，而 $W = W_{net,out} = W_{out} - W_{in}$ 為系統對外淨輸出的功。當求解後得到 Q 或 W 為負時，則代表熱量從系統向外傳遞，而功則為外界對系統作功（圖4-12）。

通式	$Q - W = \Delta E$	
靜態系統	$Q - W = \Delta U$	
單位質量	$q - w = \Delta e$	
微分形式	$\delta q - \delta w = de$	

圖 4-12
封閉系統中第一定律的表達式。

例 4-5　定壓狀態下，以電阻絲加熱

一個活塞－汽缸裝置內含 25 g 的飽和水蒸汽（300 kPa）。汽缸內以電阻絲加熱氣體 5 分鐘，電阻絲的電流為 0.2 A，電壓為 120 V。在此時間內，汽缸對外的熱散失為 3.7 kJ。(a) 定壓狀態下，證明此封閉系統的邊界功 W_b 與內能變化 ΔU，可以 ΔH 表示。(b) 求出最終狀態下水蒸汽的溫度。

解： 飽和水蒸汽在活塞－汽缸中因定壓加熱膨脹，求證 $\Delta U + W_b = \Delta H$ 及求出最終溫度。

假設： (1) 此裝置是靜止的，動能與位能的變化量為零，即 $\Delta KE = \Delta PE = 0$。因此，$\Delta E = \Delta U$，也就是說，在此系統中有能量變化的唯一形式是內能。(2) 電阻絲能量的變化可以忽略。

分析： 取汽缸的內容物為系統，包括電阻絲（圖 4-13）。此為封閉系統，因為過程中無質量通過系統邊界。因活塞－汽缸裝置有移動的邊界，而有邊界功 W_b。過程中壓力維持固定，因此 $P_2 = P_1$。此外，熱由系統損失，而電力功 W_e 作用於系統。

(a) 此解包含封閉系統進行近似平衡定壓過程分析，因此我們考慮一封閉系統。對於一封閉系統，我們考慮其方向，Q 為傳入系統的熱量，W 為系統對外所作的功。我們將功表式為功與其他邊界功的和（如電力功和軸功），能量守恆方程式可以寫成

$$\underbrace{E_{in} - E_{out}}_{\text{熱、功和質量的淨能量轉換}} = \underbrace{\Delta E_{system}}_{\text{內能、動能和位能等能量的變化}}$$

$$Q - W = \Delta U + \cancelto{0}{\Delta KE} + \cancelto{0}{\Delta PE}$$

$$Q - W_{other} - W_b = U_2 - U_1$$

等壓過程中，邊界功 $W_b = P_0(V_2 - V_1)$，將此代入上一個公式，得到

$$Q - W_{other} - P_0(V_2 - V_1) = U_2 - U_1$$

然而

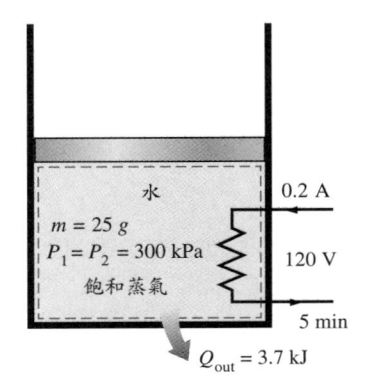

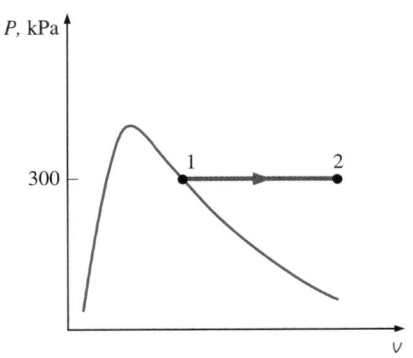

$$P_0 = P_2 = P_1 \quad \rightarrow \quad Q - W_{other} = (U_2 + P_2V_2) - (U_1 + P_1V_1)$$

圖 4-13
例 4-5 的示意圖與 P-v 圖。

而且 $H = U + PV$，所以可以導出

$$Q - W_{\text{other}} = H_2 - H_1 \quad \text{(kJ)} \quad \text{(4-18)}$$

這個式子就是圖 4-14 所表達的。此關係式在使用上相當方便，對於一個封閉系統中的等壓過程，邊界功可以融入焓中，而不必單獨處理。

(b) 在此例中，其他形式的功為電力功，電阻絲所耗的電功為

$$W_e = VI\,\Delta t = (120\text{ V})(0.2\text{ A})(300\text{ s})\left(\frac{1\text{ kJ/s}}{1000\text{ VA}}\right) = 7.2\text{ kJ}$$

狀態 1：$\left.\begin{array}{l} P_1 = 300\text{ kPa} \\ \text{飽和蒸氣} \end{array}\right\}$ $h_1 = h_{g\,@\,300\text{ kPa}} = 2724.9\text{ kJ/kg}$ （表 A-5）

從公式 4-18 經由系統的熱傳量與對系統的作功量為負值，可以求出最終狀態的焓（因為其方向與假設的方向相反）。另外，我們利用簡化的能量平衡關係，在等壓壓縮或膨脹過程中，其邊界功利用 ΔH 來取代 ΔU

$$\underbrace{E_{\text{in}} - E_{\text{out}}}_{\text{熱、功和質量的淨能量轉換}} = \underbrace{\Delta E_{\text{system}}}_{\text{內能、動能和位能等能量的變化}}$$

$$W_{e,\text{in}} - Q_{\text{out}} - W_b = \Delta U$$
$$W_{e,\text{in}} - Q_{\text{out}} = \Delta H = m(h_2 - h_1) \quad \text{（因為 } P = \text{常數）}$$
$$7.2\text{ kJ} - 3.7\text{ kJ} = (0.025\text{ kg})(h_2 - 2724.9)\text{ kJ/kg}$$
$$h_2 = 2864.9\text{ kJ/kg}$$

因為我們知道最終狀態的壓力和焓，此狀態下的溫度藉由表 A-6 可以查出

狀態 2：$\left.\begin{array}{l} P_2 = 300\text{ kPa} \\ h_2 = 2864.9\text{ kJ/kg} \end{array}\right\}$ $T_2 = \mathbf{200°C}$ （表 A-6）

所以最終狀態下，水蒸汽溫度為 200°C。

討論：嚴格說來，水蒸汽的位能變化並不是零，因為膨脹後重心位置有改變。但是若重心位置提高 1 m，位能變化量僅為 0.0002 kJ，所以一般在求解這些問題時，位能的變化量都忽略不計。

圖 4-14
對於近似平衡且等壓過程下的封閉系統，$\Delta U + W_b = \Delta H$。

例 4-6　水的自由膨脹

一個剛槽以隔板分成兩部分：一部分真空，一部分為 200 kPa、25°C 的水（5 kg）。當隔板打開後，水擴散至整個空間，假設水可以與外界交換熱，使溫度達 25°C，求：(a) 剛槽的體積；(b) 最終狀態下的壓力；(c) 在此過程中的熱傳量。

解：剛槽的一半裝液態水，而另一半為真空。在定溫下將隔板移走，使水充滿整個剛槽，求剛槽的體積、最終壓力及熱傳量。

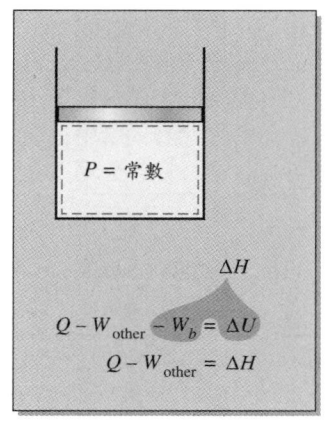

假設：(1) 系統為靜止，所以動能與位能的變化為零，$\Delta KE = \Delta PE = 0$，$\Delta E = \Delta U$。(2) Q_{in} 為進入系統的熱，若 Q_{in} 為負，代表系統對外散熱。(3) 剛槽體積固定，所以邊界功為零。(4) 沒有電功、軸功或其他形式的功。

分析： 取剛槽的內容物為系統，包括真空的空間（圖 4-15）。此為封閉系統，因為過程中無質量通過系統邊界。當隔板被移走後，水充滿整個容器（可能為液－氣混合物）。

(a) 在 25°C、200 kPa 下的水為壓縮狀態下的水（因為 25°C 下飽和壓力為 3.1698 kPa），此時的比容約等於 25°C 飽和液體的比容：

$$v_1 \cong v_{f\,@\,25°C} = 0.001003 \text{ m}^3/\text{kg} \cong 0.001 \text{ m}^3/\text{kg} \quad \text{（表 A-4）}$$

所以水在最初狀態的體積為

$$V_1 = mv_1 = (5 \text{ kg})(0.001 \text{ m}^3/\text{kg}) = 0.005 \text{ m}^3$$

容器體積為兩倍水的體積：

$$V_{tank} = (2)(0.005 \text{ m}^3) = \mathbf{0.01 \text{ m}^3}$$

(b) 最終狀態下，水的比容為

$$v_2 = \frac{V_2}{m} = \frac{0.01 \text{ m}^3}{5 \text{ kg}} = 0.002 \text{ m}^3/\text{kg}$$

其比容為原來的兩倍，因為總質量固定而體積變為兩倍，此結果為預料中的。

25°C 飽和狀態下：

$$v_f = 0.001003 \text{ m}^3/\text{kg} \quad 與 \quad v_g = 43.340 \text{ m}^3/\text{kg} \quad \text{（表 A-4）}$$

因為 $v_f < v_2 < v_g$，最終狀態下的水為飽和液－氣混合物，因此在 25°C 的飽和壓力為

$$P_2 = P_{sat\,@\,25°C} = \mathbf{3.1698 \text{ kPa}} \quad \text{（表 A-4）}$$

(c) 經由狀態假設與觀察，系統的能量守恆方程式可表示為

$$\underbrace{E_{in} - E_{out}}_{\text{熱、功和質量的淨能量轉換}} = \underbrace{\Delta E_{system}}_{\text{內能、動能和位能等能量的變化}}$$

$$Q_{in} = \Delta U = m(u_2 - u_1)$$

即使水在過程中膨脹，但選定的系統僅具有固定的邊界，因此移動的邊界功為零（圖 4-16）。$W = 0$，因為系統無任何其他形式的功。（若選擇水為系統，可得到相同的結論嗎？）最初，

$$u_1 \cong u_{f\,@\,25°C} = 104.83 \text{ kJ/kg}$$

由比容的資料求得最終狀態的乾度為

$$x_2 = \frac{v_2 - v_f}{v_{fg}} = \frac{0.002 - 0.001}{43.34 - 0.001} = 2.3 \times 10^{-5}$$

則

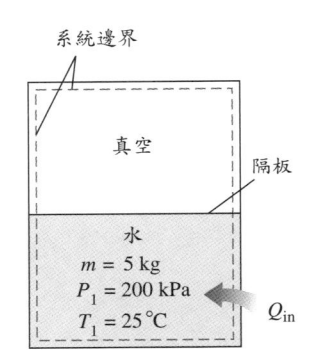

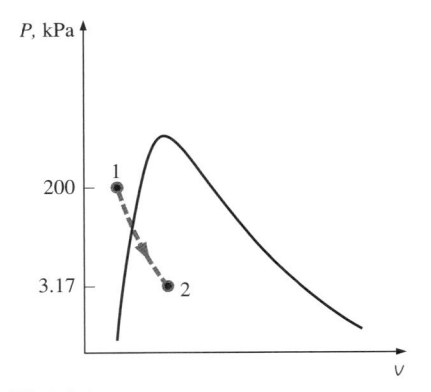

$$u_2 = u_f + x_2 u_{fg}$$
$$= 104.83 \text{ kJ/kg} + (2.3 \times 10^{-5})(2304.3 \text{ kJ/kg})$$
$$= 104.88 \text{ kJ/kg}$$

圖 4-15
例 4-6 之示意圖與 P-v 圖。

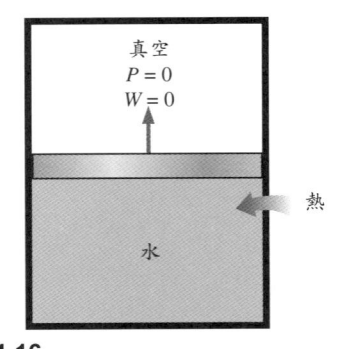

圖 4-16
在真空中膨脹不需作功，所以沒有能量的傳遞。

代入得到

$$Q_{in} = (5 \text{ kg})[(104.88 - 104.83) \text{ kJ/kg}] = \mathbf{0.25 \text{ kJ}}$$

討論：Q_{in} 為正，代表熱量從外進入容器內。

4-3 比熱

從某些經驗可以瞭解到，不同的物質要升高 1°C 所需要的熱量並不相同。例如，1 kg 的鐵從 20°C 升高到 30°C 需要 4.5 kJ 的熱量，而 1 kg 的水從 20°C 升高到 30°C 則需要九倍的熱量（約 41.8 kJ），如圖 4-17 所示。因此，需要定義一個性質來區別各種物質儲存熱的能力，這個性質就是比熱。

比熱（specific heat）係指單位質量的物質升高 1°C 所需要的熱量（圖 4-18）。理論上來說，比熱的大小與升高溫度時的過程有關，而不同的過程會有不同的比熱值。在熱力學中，一般常使用**定容比熱（specific heat at constant volume）** c_v 與**定壓比熱（specific heat at constant pressure）** c_p。

定容比熱是在等體積的持續過程中，單位質量的物質升高 1°C 時所需的熱量；而在等壓力過程中，則稱為定壓比熱。從圖 4-19 中可以看出，定壓比熱比定容比熱大，因為在定壓過程中，被物質吸收的能量有一部分會被用來推動活塞而對外作功（溫度升高，氣體膨脹）。

以下我們將比熱用其他熱力學性質來表示。首先考慮一封閉系統，內含固定質量的物質，過程中系統體積並沒有變化（定容過程），所以沒有邊界功的發生。若以微分形式表達能量平衡，可以寫成

$$\delta e_{in} - \delta e_{out} = du$$

方程式右方為傳進系統的能量。由定容比熱的定義可以知道此能量等於 $c_v \, dT$，其中 dT 為溫度的微小變化量。因此

$$c_v \, dT = du \quad \text{當定容時}$$

或

$$c_v = \left(\frac{\partial u}{\partial T}\right)_v \tag{4-19}$$

同理，考慮氣體在定壓中膨脹或壓縮時，可以將定壓比熱定義成

$$c_p = \left(\frac{\partial h}{\partial T}\right)_p \tag{4-20}$$

公式 4-19 與公式 4-20 分別為 c_v 與 c_p 的定義，詳細的說明參見圖 4-20。

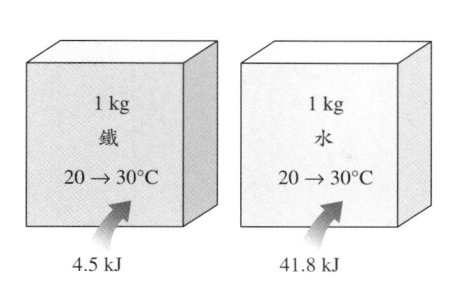

圖 4-17
不同物質增加相同溫度所需的能量不同。

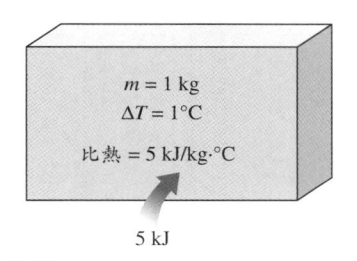

圖 4-18
比熱定義為單位質量增加 1°C 所需要的能量。

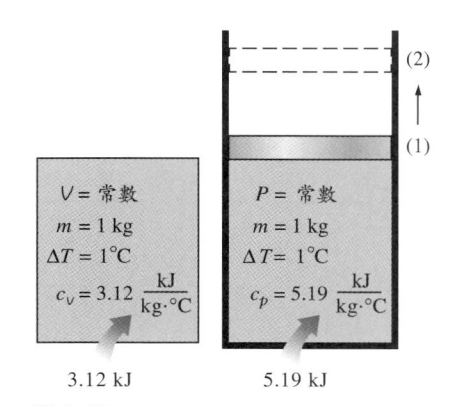

圖 4-19
定容比熱 c_v 與定壓比熱 c_p（圖中為氦氣的比熱值）。

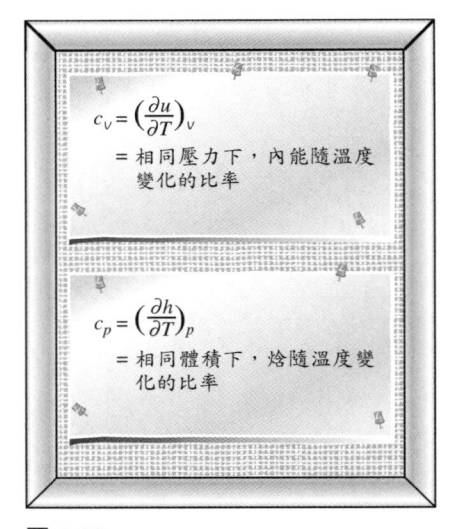

圖 4-20
c_v 與 c_p 的正式定義。

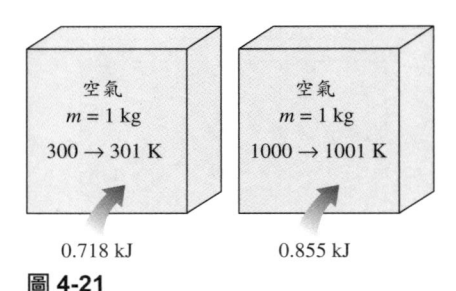

圖 4-21
比熱的值會隨物質溫度而改變。

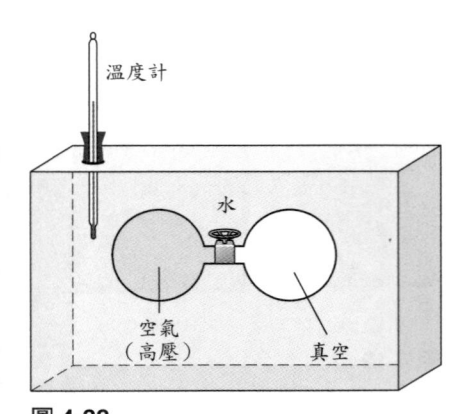

圖 4-22
Joule 實驗裝置的示意圖。

因為 c_p、c_v 可用其他的性質來表達，所以 c_p 與 c_v 本身也是性質參數，所以在簡單的壓縮功系統中，比熱也是一個內延性質的函數；換言之，c_p 與 c_v 在不同的溫度與壓力下，有不同的值（圖 4-21）。

從公式 4-19 與公式 4-20 可以看出，c_v 的值與內能的變化有關，而 c_p 則與焓的變化有關。其實更恰當的定義為，將 c_v 定義為在定容下，物質每單位溫度變化之內能變化量，而 c_p 定義為在定壓下，物質每單位溫度變化之焓變化量。換句話說，c_v 代表內能隨溫度變化的比率，而 c_p 代表焓隨溫度變化的比率。

比熱的常用單位有 kJ/kg·°C 或 kJ/kg·K。這兩種單位是相同的，因為 1°C 的溫度變化量與 1 K 的溫度變化量相同。另外，比熱也可使用單位莫耳數來計算，通常表示成 $\bar{c}_v$ 與 $\bar{c}_p$，而單位則為 kJ/kmol·°C 或 kJ/kmol·K。

4-4 理想氣體的內能、焓與比熱

理想氣體方程式將溫度、壓力和比容連結在一起，表示為

$$Pv = RT$$

第 11 章將會證明理想液體的內能只是溫度的函數，也就是

$$u = u(T) \tag{4-21}$$

Joule 在 1843 年也曾使用實驗來證明這個理論。當年他將兩個槽放入一個絕熱箱中，箱中充滿了水，如圖 4-22 所示。這兩個槽中的其中一個為充滿高壓的空氣，另一個為真空，兩者之間以一個管子連接。當兩槽分別到達平衡後，將中間的栓打開，讓高壓的空氣往低壓的槽中流動，直到溫度、壓力達到平衡。Joule 觀察到水的溫度並沒有改變，表示水與槽之間沒有熱交換，當然在真空中膨脹也不涉及邊界功的作功。因此，在沒有功和熱的傳遞下，槽內的內能也保持定值，所以當時 Joule 推論內能只是溫度的函數，而不是壓力或體積的函數。（後來 Joule 也發現，當氣體偏離理想氣體行為時，內能就不會只是溫度的函數了。）

使用理想氣體焓的公式

$$\left. \begin{array}{r} h = u + Pv \\ Pv = RT \end{array} \right\} \quad h = u + RT$$

由於 R 是常數，$u = u(T)$，所以

$$h = h(T) \tag{4-22}$$

也就是說，焓只是一個溫度的函數。對於理想氣體來說，u 和 h 只是溫度的函數，所以 c_p、c_v 也只是溫度的函數，如圖 4-23 所

示。因此，公式 4-19 與公式 4-20 的微分形式也可以用常微分來表示為

$$du = c_v(T)\, dT \tag{4-23}$$

和

$$dh = c_p(T)\, dT \tag{4-24}$$

從狀態 1 到狀態 2，所有內能與焓的變化為

$$\Delta u = u_2 - u_1 = \int_1^2 c_v(T)\, dT \quad \text{(kJ/kg)} \tag{4-25}$$

和

$$\Delta h = h_2 - h_1 = \int_1^2 c_p(T)\, dT \quad \text{(kJ/kg)} \tag{4-26}$$

要計算這些積分，我們必須得知 c_v 與 c_p 的溫度函數。

當低壓時，所有氣體都具有理想氣體行為，此時的比熱只是溫度的函數。真實氣體在低壓狀態時的比熱，也可稱為理想氣體比熱或低壓狀態比熱，通常用 c_{p0} 與 c_{v0} 來表示。一些量測出來的理想氣體比熱，或是經由統計熱力學算出來的值，皆列在表 A-2c。一些氣體的理想氣體比熱也顯示於圖 4-24 中。

理想氣體比熱的使用侷限於低壓，但用於適度的高壓也有其合理的準確性，只要氣體沒有嚴重脫離理想氣體行為即可。

公式 4-25 與公式 4-26 中的積分可以求得內能和焓的值，但是積分總是較為繁瑣與費時，因此可以將一些常用的溫度範圍內的 u、h 製成表格以方便使用，如表 A-17 所示。值得注意的是狀態 1 的選擇方式，在本書中，狀態 1 選擇為 0 K，此時 $u = 0$，$h = 0$（圖 4-25）。至於使用哪一個溫度來當基準進行計算，雖然會影響 u 與 h 的絕對值，但不會影響 Δu 與 Δh 的差值。表 A-17 中 u 與 h 的單位為 kJ/kg，也有其他常用的單位，例如 kJ/kmol，這個單位非常適用於化學反應的分析。

圖 4-24 也可以看出兩個現象。對於組成原子數大於 2 的分子氣體來說，比熱值較單原子分子的氣體比熱大，且隨溫度的增加而增加。而在溫度範圍不大時（約數百 K 範圍內），比熱值隨溫度變化可以線性方程式迴歸。因此，公式 4-25 與公式 4-26 中的比熱值可以一個平均比熱來代替，因此這兩個方程式就可以積分成

$$u_2 - u_1 = c_{v,\text{avg}}(T_2 - T_1) \quad \text{(kJ/kg)} \tag{4-27}$$

和

$$h_2 - h_1 = c_{p,\text{avg}}(T_2 - T_1) \quad \text{(kJ/kg)} \tag{4-28}$$

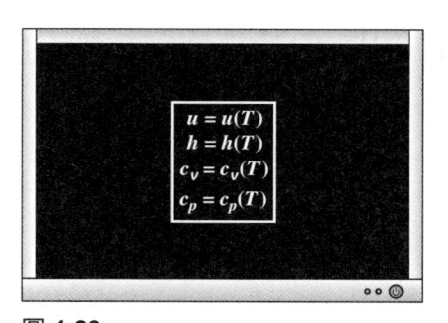

圖 4-23
理想氣體的 u、h、c_v、c_p 只隨溫度變化。

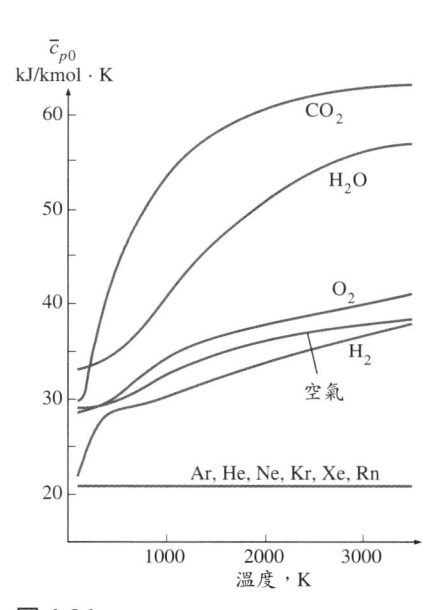

圖 4-24
一些氣體的理想氣體定壓比熱。

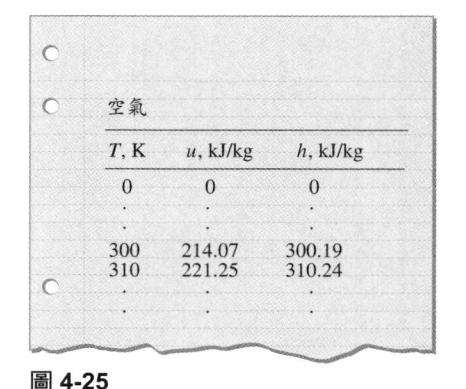

圖 4-25
理想氣體表格，大多以 0 K 為參考溫度。

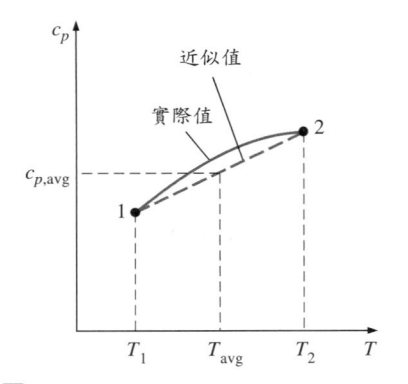

圖 4-26
在小的溫度區間內，比熱為溫度的線性函數。

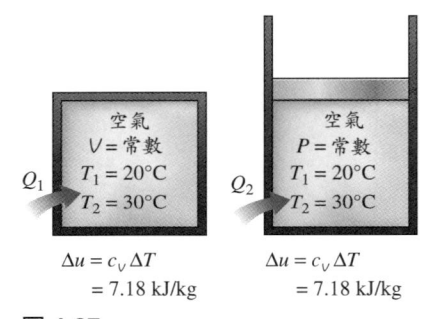

圖 4-27
$\Delta u = c_v \Delta T$ 的關係式對任何過程都適用。

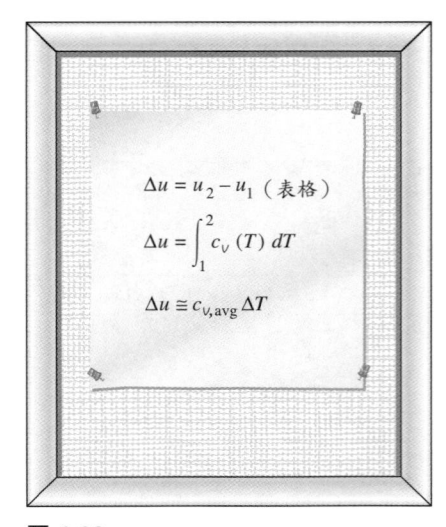

空氣
V = 常數
$T_1 = 20°C$
$T_2 = 30°C$
$\Delta u = c_v \Delta T$
= 7.18 kJ/kg

空氣
P = 常數
$T_1 = 20°C$
$T_2 = 30°C$
$\Delta u = c_v \Delta T$
= 7.18 kJ/kg

圖 4-28
三種計算 Δu 的方法。

$\Delta u = u_2 - u_1$（表格）
$\Delta u = \int_1^2 c_v(T)\, dT$
$\Delta u \cong c_{v,\text{avg}} \Delta T$

一些氣體的比熱值隨溫度變化的函數皆列於表 A-2b，而公式 4-27 與公式 4-28 的平均比熱值可使用平均溫度 $(T_1 + T_2)/2$ 時的比熱值來作為代表（圖 4-26）。若是在分析中不知道 T_2 的值，則可以使用 T_1 時的比熱值來做起始值，當計算出 T_2 時，再代入新的使用平均比熱值。經過幾次迭代後，就可以使用正確的平均比熱值了。

另一種計算平均比熱值的方式，是分別計算 T_1 與 T_2 時的比熱值，再將這兩個溫度的比熱值平均當作平均比熱值。這個方法與上述方法皆可以得到好的近似結果，但哪一個較準確則視實例而定，原則上都可以使用。

圖 4-24 也顯示對單原子分子氣體（如氦氣、氖氣等）來說，比熱值不太隨溫度改變，幾乎為定值。所以，由公式 4-27 與公式 4-28 可以簡單地求出 Δu 與 Δh。

本節談到的 Δu、Δh 計算可以使用在任何一個過程中。以內能來說，$\Delta u = c_{v,\text{avg}} \Delta T$ 並非意味這個方程式只能在定容過程中使用，非定容過程的內能變化也可以之來做計算，如圖 4-27 所示。圖中顯示在定容或定壓過程中，內能的變化皆是以 $c_{v,\text{avg}} \Delta T$ 來計算。

總結來說，有三種方法可用來計算理想氣體的內能與焓（圖 4-28）：

1. 使用表列的 u 與 h 值。這是最簡單的，只要你手邊的表很齊全。
2. 使用公式 4-25、公式 4-26 中 c_v 或 c_p 為溫度的函數來做積分，雖然較不方便，但可用電腦計算，其結果相當準確。
3. 使用平均比熱值。代入公式 4-27、公式 4-28，在溫度範圍不大時，這是最簡單的，而且準確度也不低。

⊃ 理想氣體的比熱關係

將方程式 $h = u + RT$ 微分，可以得出 c_p 與 c_v 的關係式：

$$dh = du + R\, dT$$

其中，$dh = c_p\, dT$，$du = c_v\, dT$，再將 dT 消去，可以得到

$$c_p = c_v + R \qquad (\text{kJ/kg}\cdot\text{K}) \tag{4-29}$$

對於理想氣體來說，只要知道 c_p 或 c_v 其中一個值，就可以用公式 4-29 求出另一個值。

若使用莫耳數來計算，則是

$$\bar{c}_p = \bar{c}_v + R_u \qquad (\text{kJ/kmol}\cdot\text{K}) \tag{4-30}$$

其中，R_u 為萬有氣體常數（圖 4-29）。

另一個常用的參數值為**比熱比（specific heat ratio）** k，定義為

$$k = \frac{c_p}{c_v} \tag{4-31}$$

比熱比的值也是隨著溫度而變化，但此變化程度較溫和。對單原子分子氣體來說，比熱比的值約 1.667；對於雙原子分子氣體來說，在室溫時約 1.4。

空氣在 300 K 時

$\left.\begin{array}{l} c_v = 0.718 \text{ kJ/kg·K} \\ R = 0.287 \text{ kJ/kg·K} \end{array}\right\} c_p = 1.005 \text{ kJ/kg·K}$

或

$\left.\begin{array}{l} \overline{c}_v = 20.80 \text{ kJ/kmol·K} \\ R_u = 8.314 \text{ kJ/kmol·K} \end{array}\right\} \overline{c}_p = 29.114 \text{ kJ/kmol·K}$

圖 4-29
理想氣體的定壓比熱 c_p 可以由 c_v 和 R 算出。

例 4-7　理想氣體 Δu 的計算

300 K、200 kPa 的空氣在等壓過程中被加熱至 600 K，依據 (a) 表 A-17；(b) 表 A-2c 的比熱關係式；(c) 表 A-2b 的平均比熱值，計算每單位質量空氣之內能變化。

解：以三種不同的方式計算空氣的內能變化。

假設：在高溫低壓下，空氣可以視為理想氣體。

分析：理想氣體內能的變化 Δu 只與起始點和最終點的溫度有關，與過程無關，不同方式的解法如下。

(a) 第一種求空氣內能變化的方法，可利用表 A-17 中於 T_1 與 T_2 所讀到 u 值的差

$$u_1 = u_{@\ 300\ K} = 214.07 \text{ kJ/kg}$$
$$u_2 = u_{@\ 600\ K} = 434.78 \text{ kJ/kg}$$

因此，

$$\Delta u = u_2 - u_1 = (434.78 - 214.07) \text{ kJ/kg} = \mathbf{220.71 \text{ kJ/kg}}$$

(b) 表 A-2c 中空氣的 $\overline{c}_p(T)$ 為三次多項式，表示為

$$\overline{c}_p(T) = a + bT + cT^2 + dT^3$$

其中，$a = 28.11$，$b = 0.1967 \times 10^{-2}$，$c = 0.4802 \times 10^{-5}$，$d = -1.966 \times 10^{-9}$。由公式 4-30，

$$\overline{c}_v(T) = \overline{c}_p - R_u = (a - R_u) + bT + cT^2 + dT^3$$

由公式 4-25，

$$\Delta \overline{u} = \int_1^2 \overline{c}_v(T)\ dT = \int_{T_1}^{T_2} [(a - R_u) + bT + cT^2 + dT^3]\ dT$$

將上式積分可以求出

$$\Delta \overline{u} = 6447 \text{ kJ/kmol}$$

所以內能的變化為

$$\Delta u = \frac{\Delta \overline{u}}{M} = \frac{6447 \text{ kJ/kmol}}{28.97 \text{ kg/kmol}} = \mathbf{222.5 \text{ kJ/kg}}$$

與 (a) 的答案相差約 0.8%。

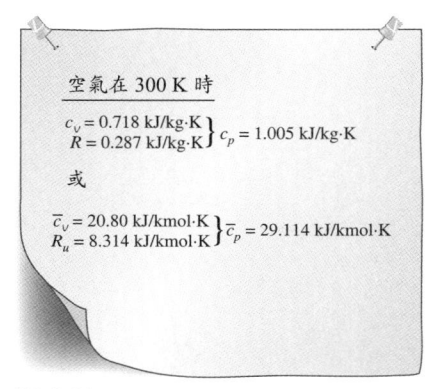

(c) 表 A-2b 的平均比熱值可以用平均溫度 $(T_1 + T_2)/2 = 450$ K 來估算

$$c_{v,\text{avg}} = c_{v\,@\,450\,\text{K}} = 0.733 \text{ kJ/kg} \cdot \text{K}$$

因此，

$$\Delta u = c_{v,\text{avg}}(T_2 - T_1) = (0.733 \text{ kJ/kg} \cdot \text{K})[(600 - 300)\text{K}]$$
$$= 220 \text{ kJ/kg}$$

討論：此答案與查表的值（220.71 kJ/kg）相差只有 0.4%。答案如此接近是因為假設 c_v 僅在數百度內隨溫度呈線性變化。如果我們利用 $T_1 = 300$ K 的 c_v 值取代 T_{avg} 的 c_v，答案為 215.4 kJ/kg，誤差為 2%，此誤差在工程目的之可接受的範圍之內。

例 4-8　以攪拌方式加熱剛槽中的氣體

一個絕熱剛槽一開始裝有 0.7 kg 的氦氣，起始溫度和壓力分別為 27°C 與 350 kPa。此時，用一個攪拌器攪拌 30 分鐘，攪拌器耗損的功率為 0.015 kW，求 30 分鐘後的 (a) 氣體溫度；(b) 氣體壓力。

解：氦氣在絕熱的剛槽內利用葉輪攪拌，求氦氣最終的溫度與壓力。

假設：(1) 氦氣為理想氣體，因為其壓溫度遠高於其臨界值 −268°C。(2) 比熱為常數。(3) 系統為靜止狀態，動能與位能的變化為零，$\Delta\text{KE} = \Delta\text{PE} = 0$，且 $\Delta E = \Delta U$。(4) 容器體積為常數，所以沒有邊界功。(5) 系統為絕熱，沒有熱傳遞。

分析：取容器的內容物為系統（圖 4-30）。此為封閉系統，因為過程中無質量通過系統邊界。觀察到有軸功作用於系統。

(a) 攪拌器對系統內氣體所作的軸功為

$$W_{\text{sh}} = \dot{W}_{\text{sh}}\,\Delta t = (0.015 \text{ kW})(30 \text{ min})\left(\frac{60 \text{ s}}{1 \text{ min}}\right) = 27 \text{ kJ}$$

能量守恆方程式

$$\underbrace{E_{\text{in}} - E_{\text{out}}}_{\text{熱、功和質量的淨能量轉換}} = \underbrace{\Delta E_{\text{system}}}_{\text{內能、動能和位能等能量的變化}}$$

$$W_{\text{sh,in}} = \Delta U = m(u_2 - u_1) = mc_{v,\text{avg}}(T_2 - T_1)$$

定容比熱可以從表 A-2a 查得 $c_v = 3.1156$ kJ/kg · °C，代入即可得

$$27 \text{ kJ} = (0.7 \text{ kg})(3.1156 \text{ kJ/kg} \cdot °\text{C})(T_2 - 27°\text{C})$$

$$T_2 = \mathbf{39.4°C}$$

(b) 最終壓力可以從理想氣體方程式求得，

$$\frac{P_1 V_1}{T_1} = \frac{P_2 V_2}{T_2}$$

因為 $V_1 = V_2$，所以

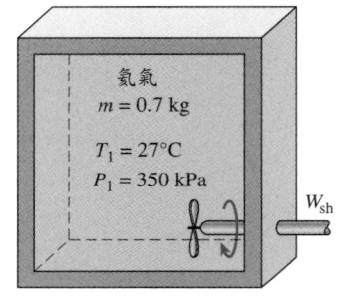

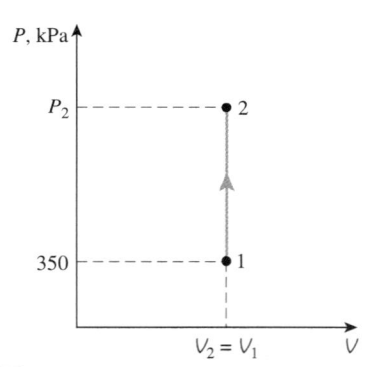

圖 4-30
例 4-8 的示意圖與 P-V 圖。

$$\frac{350 \text{ kPa}}{(27+273) \text{ K}} = \frac{P_2}{(39.4+273)\text{R}}$$

$$P_2 = \mathbf{364 \text{ kPa}}$$

討論：理想氣體方程式中，壓力為絕對壓力值。

例 4-9

用電熱器加熱氣體

一個活塞－汽缸裝置內含 400 kPa、27°C、0.5 m³ 的氮氣。使用電熱器加熱缸內氣體 5 分鐘，假設電熱器電流為 2 A，電壓為 120 V。加熱時，氮氣在等壓過程中膨脹，並對外界散失熱量 2,800 J，求最後狀態下的氣體溫度。

解：氮氣於活塞－汽缸裝置內利用電熱器加熱，氮氣在定壓下膨脹且有熱損失，求氮氣的最終溫度。

假設：(1) 相對於氮氣的臨界點溫度 –147°C 與壓力 3.39 MPa 來說，氮氣處於高溫低壓下，所以接近理想氣體性質。(2) 系統處於靜止狀態，動能與位能的變化為零，$\Delta \text{KE} = \Delta \text{PE} = 0$，$\Delta E = \Delta U$。(3) 為等壓過程，所以 $P_2=P_1$。(4) 在室溫下，比熱值不變。

分析：取汽缸的內容物為系統（圖 4-31）。此為封閉系統，因為過程中無質量通過系統邊界。活塞－汽缸裝置具有移動的邊界，故有邊界功 W_b。此外，熱由系統損失，而電力功 W_e 作用於系統。首先，先求外界對氮氣所作的功 W_e

$$W_e = \mathbf{V}I\,\Delta t = (120 \text{ V})(2 \text{ A})(5 \times 60 \text{ s})\left(\frac{1 \text{ kJ/s}}{1000 \text{ VA}}\right) = 72 \text{ kJ}$$

由理想氣體方程式，氮氣質量為

$$m = \frac{P_1 V_1}{RT_1} = \frac{(400 \text{ kPa})(0.5 \text{ m}^3)}{(0.297 \text{ kPa} \cdot \text{m}^3/\text{kg} \cdot \text{K})(300 \text{ K})} = 2.245 \text{ kg}$$

由假設與觀察，系統的能量守恆方程式可表示為

$$\underbrace{E_{\text{in}} - E_{\text{out}}}_{\text{熱、功和質量的淨能量轉換}} = \underbrace{\Delta E_{\text{system}}}_{\text{內能、動能和位能等能量的變化}}$$

$$W_{e,\text{in}} - Q_{\text{out}} - W_{b,\text{out}} = \Delta U$$

$$W_{e,\text{in}} - Q_{\text{out}} = \Delta H = m(h_2 - h_1) = mc_p(T_2 - T_1)$$

這是因為封閉系統在定壓下進行近似平衡膨脹或壓縮過程 $\Delta U + W_b = \Delta H$。由表 A-2a 可知，氮在溫室時 $c_p = 1.039$ kJ/kg · K。上面的方程式中唯一的未知量為 T_2，其可求得為

$$72 \text{ kJ} - 2.8 \text{ kJ} = (2.245 \text{ kg})(1.039 \text{ kJ/kg} \cdot \text{K})(T_2 - 27°\text{C})$$

$$T_2 = \mathbf{56.7°C}$$

討論：注意，我們也可以藉由求出邊界功與內能變化，而非焓來解出本題。

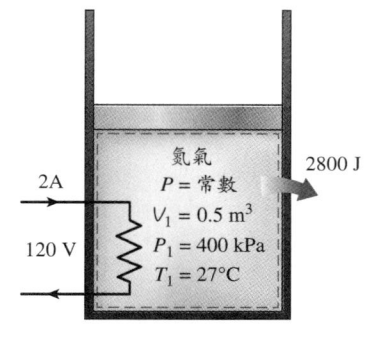

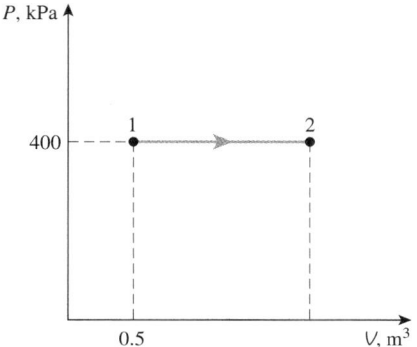

圖 4-31
例 4-9 的示意圖與 P-V 圖。

例 4-10

等壓過程中加熱氣體

活塞－汽缸裝置內裝有 150 kPa、27°C 的空氣。圖 4-32 顯示活塞一開始被支撐住的位置，體積為 400 L。由於活塞具有重量，所以需要 350 kPa 以上的壓力才能推動。假設汽缸內氣體被加熱膨脹至兩倍的體積，求：(a) 最終的溫度；(b) 空氣對外作的功；(c) 傳入汽缸內空氣的熱量。

解：空氣在具有支撐阻塊的活塞－汽缸中加熱直到體積變成兩倍，求最終溫度、所作的功與總熱傳量。

假設：(1) 空氣為理想氣體。(2) 系統處於靜止狀態，所以位能與動能的變化為零，$\Delta KE = \Delta PE = 0$，且 $\Delta E = \Delta U$。(3) 系統於活塞開始移動前處於定容積狀態，移動後處於等壓過程，如圖 4-32 所示。(4) 沒有軸功、電功或其他功的形式。

分析：視汽缸的內容物為系統（圖 4-32）。因為過程中無質量通過系統邊界，所以此為封閉系統。活塞具有移動的邊界，因此有邊界功 W_b。另外，系統作邊界功，而熱會傳至系統。

(a) 最終狀態的溫度可以從理想氣體方程式求出：

$$\frac{P_1 V_1}{T_1} = \frac{P_3 V_3}{T_3} \longrightarrow \frac{(150 \text{ kPa})(V_1)}{300 \text{ K}} = \frac{(350 \text{ kPa})(2V_1)}{T_3}$$

$$T_3 = \mathbf{1400 \text{ K}}$$

(b) 空氣對外作的邊界功可由圖 4-32 中路徑下的面積求出：

$$A = (V_2 - V_1)P_2 = (0.4 \text{ m}^3)(350 \text{ kPa}) = 140 \text{ m}^3 \cdot \text{kPa}$$

因此，

$$W_{13} = \mathbf{140 \text{ kJ}}$$

(c) 由假設與觀察，初始狀態與最終狀態系統的能量守恆方程式可表示為

$$\underbrace{E_{\text{in}} - E_{\text{out}}}_{\text{熱、功和質量的淨能量轉換}} = \underbrace{\Delta E_{\text{system}}}_{\text{內能、動能和位能等能量的變化}}$$

$$Q_{\text{in}} - W_{b,\text{out}} = \Delta U = m(u_3 - u_1)$$

系統內的空氣質量為

$$m = \frac{P_1 V_1}{RT_1} = \frac{(150 \text{ kPa})(0.4 \text{ m}^3)}{(0.287 \text{ kPa} \cdot \text{m}^3/\text{kg} \cdot \text{K})(300 \text{ K})} = 0.697 \text{ kg}$$

各狀態下的內能可以由表 A-17 查出

$$u_1 = u_{@ 300 \text{ K}} = 214.07 \text{ kJ/kg}$$

$$u_3 = u_{@ 1400 \text{ K}} = 1113.52 \text{ kJ/kg}$$

因此，

$$Q_{\text{in}} - 140 \text{ kJ} = (0.697 \text{ kg})[(1113.52 - 214.07) \text{ kJ/kg}]$$

$$Q_{\text{in}} = \mathbf{767 \text{ kJ}}$$

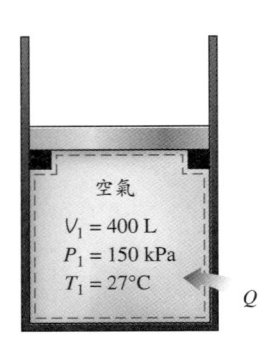

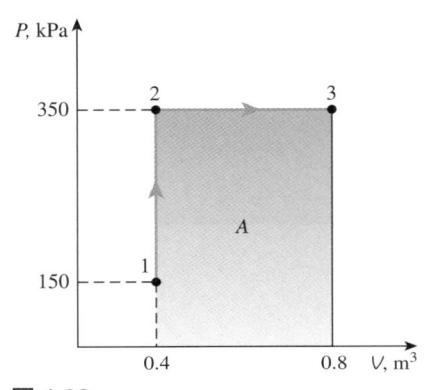

討論：熱從外界傳入系統內。

圖 4-32
例 4-10 的示意圖與 P-V 圖。

空氣
$V_1 = 400$ L
$P_1 = 150$ kPa
$T_1 = 27°C$

4-5 固體及液體的內能、焓與比熱

當物質的體積維持不變，稱為**不可壓縮物質**（incompressible substance）。大自然中，固體和液體在一些過程中，基本的體積維持不變（參見圖 4-33），所以可以視為不可壓縮物質。體積維持不變的假設是指在這個過程中，因體積變化所引起的能量傳遞與其他能量相較之下可以忽略。

在第 11 章時，我們會以數學來證明對於不可壓縮物質而言，定容比熱與定壓比熱是相同的。圖 4-34 顯示生鐵的 c_p 與 c_v 值大約相同。因此，對於固體及液體來說，因為 c_p 與 c_v 相同，我們可以 c 來代表這些值，也就是

$$c_p = c_v = c \qquad (4\text{-}32)$$

一些液體及固體的比熱值列於表 A-3。

圖 4-33
在過程中，不可壓縮物質的比容維持不變。

⊃ 內能變化

不可壓縮物質的比熱值基本上也只是溫度的函數，所以

$$du = c_v \, dT = c(T) \, dT \qquad (4\text{-}33)$$

狀態 1 與狀態 2 之間的內能變化為

$$\Delta u = u_2 - u_1 = \int_1^2 c(T) \, dT \qquad (\text{kJ/kg}) \qquad (4\text{-}34)$$

若 $c(T)$ 的函數為已知，就可以直接由公式 4-34 積分求出。當然，如同上節的方法，也可以使用平均比熱值的觀念來求得內能變化，也就是

$$\Delta u \cong c_{\text{avg}}(T_2 - T_1) \qquad (\text{kJ/kg}) \qquad (4\text{-}35)$$

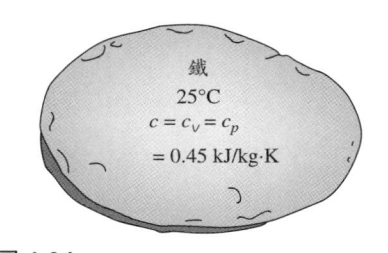

圖 4-34
不可壓縮物質的 c_p 與 c_v 相同，所以只以 c 來代表。

⊃ 焓的變化

由於 $h = u + Pv$，而且對於不可壓縮物質，$v =$ 常數，將各項微分後可以求出

$$dh = du + v\,dP + P\,dv\overset{0}{\nearrow} = du + v\,dP \qquad (4\text{-}36)$$

積分後可以求出

$$\Delta h = \Delta u + v\,\Delta P \cong c_{\text{avg}}\,\Delta T + v\,\Delta P \qquad (\text{kJ/kg}) \qquad (4\text{-}37)$$

對於固體來說，ΔP 的值不重要，所以 $\Delta h = \Delta u \cong c_{\text{avg}} \Delta T$；對於液體來說，有兩種過程是工程上較常使用的：

1. 等壓過程（例如，在加熱器內），$\Delta P = 0$：$\Delta h = \Delta u \cong c_{\text{avg}} \Delta T$

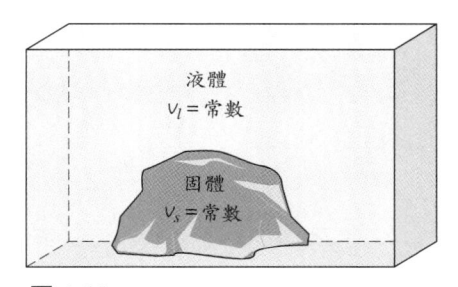

2. 等溫過程（例如，在泵中），$\Delta T = 0$：$\Delta h = v\Delta P$

對於任何等溫過程，狀態 1 與狀態 2 之間的焓變化量為：$h_2 - h_1 = v(P_2 - P_1)$。如果狀態 2 為壓縮液體，而狀態 1 是與狀態 2 同溫下的飽和液體，則壓縮液體的焓可以寫成

$$h_{@P,T} \cong h_{f@T} + v_{f@T}(P - P_{\text{sat}@T}) \quad \text{(4-38)}$$

這個關係式用來修正 $h_{@P,T} \cong h_{f@T}$ 的近似式，而可以得到較佳的修正。但值得注意的是，在高溫、高壓下，公式 4-38 可能過度修正，而得到更差的準確度。

例 4-11　壓縮液體的焓值

使用 (a) 壓縮液體表；(b) 近似為飽和狀態下的液體；(c) 公式 4-38 的修正式，求 100°C、15 MPa 液體狀態水的焓值。

解： 用準確與估算計算式來計算液態水的焓值。

分析： 100°C 下，水的飽和壓力為 101.42 kPa。由於 $P > P_{\text{sat}}$，所以在此狀態下為壓縮液體。

(a) 從壓縮液體表 A-7，得到

$$\left.\begin{array}{l} P = 15 \text{ MPa} \\ T = 100°C \end{array}\right\} \quad h = \textbf{430.39 kJ/kg} \quad （表\text{ A-7}）$$

此為精確的值。

(b) 假設此狀態之焓近似於 100°C 的飽和液體之焓值

$$h \cong h_{f@100°C} = \textbf{419.17 kJ/kg}$$

誤差約 2.6%。

(c) 由公式 4-38，

$$h_{@P,T} \cong h_{f@T} + v_{f@T}(P - P_{\text{sat}@T})$$

$$= (419.17 \text{ kJ/kg})$$

$$+ (0.001 \text{ m}^3/\text{kg})[(15{,}000 - 101.42)\text{ kPa}]\left(\frac{1 \text{ kJ}}{1 \text{ kPa} \cdot \text{m}^3}\right)$$

$$= \textbf{434.07 kJ/kg}$$

討論： 使用公式 4-38 可以使估算值的誤差從 2.6% 降至 1%。雖然準確度有稍微提升，但是所費的工夫太大，通常並不值得使用。

例 4-12　在水中冷卻鐵塊

一塊 50 kg、80°C 的鐵塊，放入 25°C、0.5 m³ 的水中。假設裝水的剛槽是絕熱的，求熱平衡下的溫度。

解：鐵塊放入絕熱剛槽的水中，求達到熱平衡的最終溫度。
假設：(1) 水和鐵塊都是不可壓縮物質。(2) 水和鐵塊的比熱約為定值。(3) 系統為靜止的，所以動能與位能為零，$\Delta KE = \Delta PE = 0$，$\Delta E = \Delta U$。(4) 沒有軸功、電功或其他功的形式。(5) 剛槽為絕熱的，因此沒有熱傳遞。
分析：取剛槽的全部內容物為系統（圖 4-35）。因為過程中無質量通過系統邊界，所以此為封閉系統。剛槽的體積固定，故無邊界功。系統的能量守恆方程式可表示為

$$\underbrace{E_{in} - E_{out}}_{\text{熱、功和質量的淨能量轉換}} = \underbrace{\Delta E_{system}}_{\text{內能、動能和位能等能量的變化}}$$

$$0 = \Delta U$$

將鐵塊和水視為一個系統

$$\Delta U_{sys} = \Delta U_{iron} + \Delta U_{water} = 0$$

$$[mc(T_2 - T_1)]_{iron} + [mc(T_2 - T_1)]_{water} = 0$$

室溫下，水的比容約為 $0.001 \text{ m}^3/\text{kg}$，所以水的質量為

$$m_{water} = \frac{V}{v} = \frac{0.5 \text{ m}^3}{0.001 \text{ m}^3/\text{kg}} = 500 \text{ kg}$$

鐵塊和水的比熱可以從表 A-3 查出：$c_{iron} = 0.45 \text{ kJ/kg}\cdot\text{°C}$ 和 $c_{water} = 4.18 \text{ kJ/kg}\cdot\text{°C}$。將這些值代入，可以求出

$$(50 \text{ kg})(0.45 \text{ kJ/kg}\cdot\text{°C})(T_2 - 80\text{°C}) +$$
$$(500 \text{ kg})(4.18 \text{ kJ/kg}\cdot\text{°C})(T_2 - 25\text{°C}) = 0$$
$$T_2 = \mathbf{25.6\text{°C}}$$

所以平衡後，水與鐵塊的溫度為 25.6°C。
討論：水溫的小量上升，是因為其有大的質量與大的比熱。

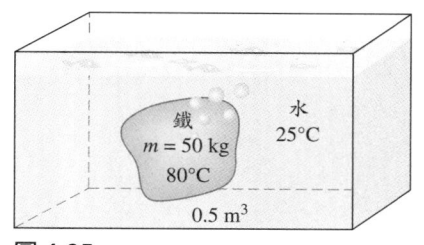

圖 4-35
例 4-12 的示意圖。

例 4-13　在加熱爐內加熱鋁棒

一支直徑 5 cm 的圓柱鋁棒（$\rho = 2700 \text{ kg/m}^3$，$c_p = 0.973 \text{ kJ/kg}\cdot\text{K}$），以 8 m/min 的速度通過長加熱爐內進行熱處理，溫度由 20°C 升溫到均溫 400°C，求加熱爐對圓柱鋁棒的熱傳率。
解：假設鋁棒在加熱爐內加熱到指定均溫，求傳至鋁棒的熱傳率。
假設：(1) 鋁棒的熱性質是常數。(2) 沒有動能和位能變化。(3) 當離開加熱爐時，鋁棒的溫度是均勻的。
分析：鋁棒以固定速度 8 m/min 通過加熱爐，意味著，由外部觀察時，每分鐘可以看到 8 m 長的冷鋁棒進入加熱爐及 8 m 長的熱鋁棒離開加熱爐。我們取 8 m 長的鋁棒為系統，此封閉系統的能量守恆關係式可表示為

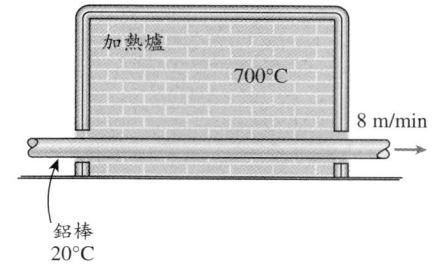

圖 4-36
例 4-13 的示意圖。

$$E_{\text{in}} - E_{\text{out}} = \Delta E_{\text{system}}$$
$$\underbrace{\phantom{E_{\text{in}} - E_{\text{out}}}}_{\text{熱、功和質量的淨能量轉換}} \quad \underbrace{\phantom{\Delta E_{\text{system}}}}_{\text{內能、動能和位能等能量的變化}}$$

$$Q_{\text{in}} = \Delta U_{\text{rod}} = m(u_2 - u_1)$$
$$Q_{\text{in}} = mc(T_2 - T_1)$$

鋁棒的密度和比熱為 $\rho = 2700 \text{ kg/m}^3$，$c = 0.973 \text{ kJ/kg} \cdot \text{K} = 0.973$ kJ/kg $\cdot$ °C，8 m 長鋁棒被加熱至定溫所需的熱傳量為

$$m = \rho V = \rho \frac{\pi D^2}{4} L = (2700 \text{ kg/m}^3) \frac{\pi (0.05 \text{ m})^2}{4} (8 \text{ m}) = 42.41 \text{ kg}$$

$$Q_{\text{in}} = mc(T_2 - T_1) = (42.41 \text{ kg})(0.973 \text{ kJ/kg·°C})(400 - 20)°\text{C}$$
$$= 15{,}680 \text{ kJ} \text{（每 8 m 長）}$$

考慮每分鐘加熱 8 m 長的鋁棒，在加熱爐內鋁棒的熱傳率為

$$\dot{Q}_{\text{in}} = Q_{\text{in}}/\Delta t = 15{,}680 \text{ kJ/min} = \textbf{261 kJ/s}$$

討論：此問題也可以從變化率的形式解題，其方程式為

$$\dot{m} = \rho \dot{V} = \rho \frac{\pi D^2}{4} L/\Delta t = \rho \frac{\pi D^2}{4} V$$
$$= (2700 \text{ kg/m}^3) \frac{\pi (0.05 \text{ m})^2}{4} (8 \text{ m/min})$$
$$= 42.41 \text{ kg/min}$$

$$\dot{Q}_{\text{in}} = \dot{m} c(T_2 - T_1) = (42.41 \text{ kg/min})(0.973 \text{ kJ/kg·°C})(400 - 20)°\text{C}$$
$$= 15{,}680 \text{ kJ/min}$$

所得到的結果與之前相同。

摘 要

功等於力與同方向位移的乘積。在機械領域中，常用的功的形式有邊界功，這是一種氣體壓縮或膨脹時為了克服外界壓力所作的功。在 P-V 圖中，當過程處於近似平衡狀態，曲線下方的面積就是功的大小。在不同的過程中，邊界功可以下列公式來表示：

(1) 通式 $\quad W_b = \int_1^2 P \, dV$

(2) 等壓過程
$$W_b = P_0(V_2 - V_1) \quad (P_1 = P_2 = P_0 = \text{常數})$$

(3) 多變過程
$$W_b = \frac{P_2 V_2 - P_1 V_1}{1 - n} \quad (n \neq 1) \quad (PV^n = \text{常數})$$

(4) 等溫過程（理想氣體）
$$W_b = P_1 V_1 \ln \frac{V_2}{V_1}$$
$$= mRT_0 \ln \frac{V_2}{V_1} \quad (PV = mRT_0 = \text{常數})$$

熱力學第一定律基本上就是能量守恆定律。對一系統處於任何過程的能量守恆方程式可以寫成

$$\underbrace{E_{\text{in}} - E_{\text{out}}}_{\text{熱、功和質量的淨能量轉換}} = \underbrace{\Delta E_{\text{system}}}_{\text{內能、動能和位能等能量的變化}}$$

也可以寫成變化率形式

$$\underbrace{\dot{E}_{\text{in}} - \dot{E}_{\text{out}}}_{\text{熱、功和質量的淨能量轉換率}} = \underbrace{dE_{\text{system}}/dt}_{\text{內能、動能和位能等能量的變化率}}$$

假設進入系統的熱為正，而且系統對外所作的功為正，則能量守恆方程式就可以寫成

$$Q - W = \Delta U + \Delta KE + \Delta PE$$

其中

$$W = W_{other} + W_b$$
$$\Delta U = m(u_2 - u_1)$$
$$\Delta KE = \tfrac{1}{2}m(V_2^2 - V_1^2)$$
$$\Delta PE = mg(z_2 - z_1)$$

對於等壓過程，$W_b + \Delta U = \Delta H$，也就是

$$Q - W_{other} = \Delta H + \Delta KE + \Delta PE$$

此關係式適用於封閉系統中的定壓過程，不適用於壓力變化的過程。

升高單位質量 1°C 所需要的能量就是比熱。當過程處於定容過程，則稱為定容比熱 c_v；同樣地，等壓過程的比熱稱為等壓比熱 c_p。定義為

$$c_v = \left(\frac{\partial u}{\partial T}\right)_v \quad \text{與} \quad c_p = \left(\frac{\partial h}{\partial T}\right)_p$$

對於理想氣體，u、h、c_v、c_p 只是溫度的函數，所以 Δh 與 Δu 可寫成

$$\Delta u = u_2 - u_1 = \int_1^2 c_v(T)\,dT \cong c_{v,avg}(T_2 - T_1)$$

$$\Delta h = h_2 - h_1 = \int_1^2 c_p(T)\,dT \cong c_{p,avg}(T_2 - T_1)$$

對於理想氣體，c_v 與 c_p 的關係式可以用下列公式表示：

$$c_p = c_v + R$$

其中，R 為氣體常數。比熱比 k 的定義為

$$k = \frac{c_p}{c_v}$$

對於不可壓縮物質（液體及固體），等壓與定容比熱約相等，通常以 c 代表：

$$c_p = c_v = c$$

Δu 與 Δh 則可以寫成

$$\Delta u = \int_1^2 c(T)\,dT \cong c_{avg}(T_2 - T_1)$$

$$\Delta h = \Delta u + v\Delta P$$

參考書目

1. ASHRAE. *Handbook of Fundamentals*. SI version. Atlanta, GA: American Society of Heating, Refrigerating, and Air-Conditioning Engineers, Inc., 1993.

2. ASHRAE. *Handbook of Refrigeration*. SI version. Atlanta, GA: American Society of Heating, Refrigerating, and Air-Conditioning Engineers, Inc., 1994.

習題

■ 移動邊界功

4-1C 理想氣體從一已知狀態膨脹至固定的體積，則等壓過程與等溫過程何者所作的功較大？

4-2 活塞－汽缸裝置內裝有 1 kg 的氦氣，最初的體積為 5 m³，現在維持某固定壓力 180 kPa 將氦氣壓縮至 2 m³，求此壓縮過程所作的功（以 kJ 表示）、氦氣的初始溫度與最終溫度。

4-3 活塞－汽缸裝置初始含 0.07 m³、溫度 120°C、130 kPa 的氮氣，此氮氣經過多變膨脹過程，壓力與溫度變為 100 kPa、100°C，求此過程所作的邊界功。

4-4 活塞－汽缸裝置初始含體積為 0.07 m³、溫度 180°C、130 kPa 的氮氣，此氮氣經過多變過程膨脹至 80 kPa，過程中多變係數為比熱比，求此過程最後之溫度和所作的邊界功。

4-5 質量為 0.4 kg、壓力與溫度分別為 160 kPa 與 140°C 之氮氣，被裝於活塞－汽缸裝置內。現在氮氣開始等溫膨脹，直到壓力變為 100 kPa，求此過程中所作的邊界功。答：23.0 kJ

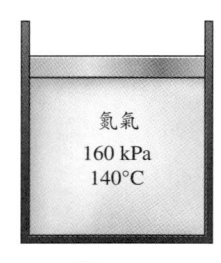

圖 P4-5

4-6 某一彈簧承載的活塞－汽缸裝置內裝有質量與溫度分別為 1 kg、90°C 的水，乾度為 10%，如圖 P4-6 所示。現在將此裝置加熱，直到壓力與溫度上升至 800 kPa 和 250°C。求此過程中產生多少功，以 kJ 表示。答：24.5 kJ

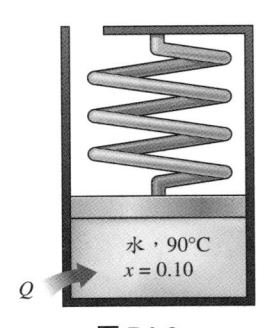

圖 P4-6

4-7 在活塞－汽缸裝置內，一理想氣體經過兩種過程：

1-2 多變壓縮由 T_1、P_1 開始，多變指數 n 和壓縮比 $r = V_1/V_2$

2-3 等壓膨脹過程從 $P_3 = P_2$ 直到 $V_3 = V_1$

(a) 描繪此過程的 P-v 圖；(b) 求壓縮到膨脹比的關係式，以 n 和 r 的函數表示；(c) 當 $n = 1.4$ 和 $r = 6$ 時，求其比值。

答：(b) $\frac{1}{n-1}\left(\frac{1-r^{1-n}}{r-1}\right)$，(c) 0.256

■ 封閉系統能量分析

4-8 一個 0.6 m³ 的容器裝有 1200 kPa 飽和的 R-134a 冷媒。因熱傳的關係，壓力降了 400 kPa，將過程相對於飽和線顯示在 P-v 圖上，並求：(a) 最終溫度；(b) 多少冷媒被冷凝；(c) 熱傳量。

4-9 固定質量的 400 kPa 飽和水蒸汽將其降溫至飽和液體，求過程中的熱排放量，以 kJ/kg 表示。

4-10 一絕熱的活塞－汽缸裝置裝有 175 kPa 的飽和液體水 5 L。在固定的壓力下，水被翼輪攪拌，同時有 8 A 的電流流經水中的電熱線共 45 分鐘。在此等壓過程中，若液體的一半被汽化，而翼輪作的功為 400 kJ，求電源的電壓，並將過程繪於 P-v 圖上。答：224 V

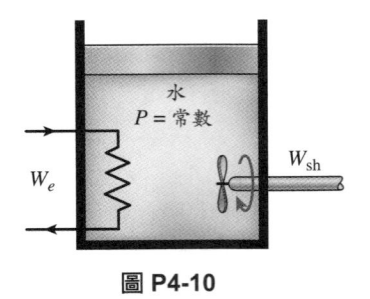

圖 P4-10

4-11 一活塞－汽缸裝置初始充滿 0.8 m³ 的飽和水蒸汽，壓力為 250 kPa，在此狀態，活塞下方被卡榫支撐住，而活塞因重量的關係必須以 300 kPa 的壓力才能被移動。此時熱傳入缸內，直到缸內體積膨脹至兩倍。將過程繪於 P-v 圖，並求出：(a) 最後狀態溫度；(b) 此過程所作的功；(c) 總熱傳量。答：(a) 662°C；(b) 240 kJ；(c) 1213 kJ

4-12 壓力為 75 kPa、乾度為 8% 的水蒸汽被置於一彈簧承載的活塞－汽缸裝置內，如圖 P4-12 所示。最初的體積為 2 m³，現在將水蒸汽加熱，直到體積變為 5 m³，壓力為 225 kPa。求此過程中，水蒸汽所產生的功與熱傳量。

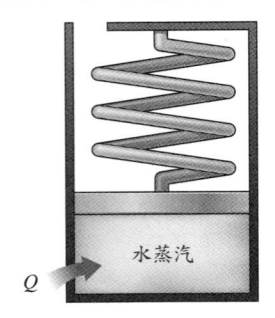

圖 P4-12

4-13 在封閉的活塞－汽缸系統內，R-134a 的飽和蒸氣在固定壓力、溫度為 40°C 下凝結冷卻成飽和液體。求此過程中的熱轉換與所作的功，以 kJ/kg 表示。

4-14 如圖 P4-14 所示，一個絕緣容器被隔膜分成兩部分，一邊為 2.5 kg、60°C、600 kPa 的水，另一邊為真空。當隔膜移除時，水膨脹至整缸。假設最終壓力為 10 kPa，求水的最終溫度與容器的體積。

圖 P4-14

■ 理想氣體的比熱、Δu 與 Δh

4-15C $\Delta u = mc_{v,\text{avg}}\Delta T$ 的關係式是否只限定在定容過程中使用，或者可以在理想氣體的任何種類過程下使用？

4-16C 假設在固定的壓力下，空氣的溫度變化從 295 K 到 305 K 所得到的熱量與 345 K 到 355 K 所得到的熱量是否相同？

4-17C 某一固定質量的理想氣體，分別在 (a) 1 atm 與 (b) 3 atm 固定壓力下加熱，從 50°C 加熱到 80°C。何者需要的熱量較多？為什麼？

4-18C 一固定質量的理想氣體從 50°C 加熱至 80°C，以定容加熱和定壓加熱來比較，何者需要的熱量較多？為什麼？

4-19 證明理想氣體 $\overline{c}_p = \overline{c}_v + R_u$。

4-20 當氬氣的溫度從 75°C 冷卻到 25°C 時，求焓的變化量，以 kJ/kg 表示。若氖氣也經歷此溫度的變化，則焓的變化量是否有任何不同？

4-21 一彈簧活塞－汽缸中含有 0.03 m³ 的空氣，如圖 P4-21 所示。此彈簧的彈簧常數為 875 N/m，活塞－汽缸直徑為 25 cm。在彈簧在活塞上不加任何壓力狀態下，空氣的狀態為 2250 kPa、240°C。現在將此彈簧活塞－汽缸冷卻，使體積變為原來的一半，求此空氣比內能和焓的變化。答：185 kJ/kg，258 kJ/kg

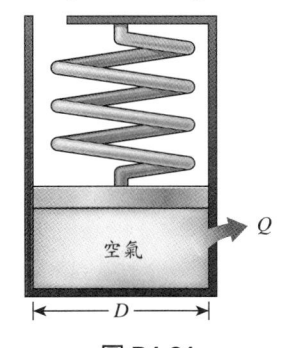

圖 P4-21

■ 封閉系統能量分析：理想氣體

4-22 一個 3 m³ 的剛槽充填了 250 kPa、550 K 的氫氣。當氫氣冷卻至 350 K，求：(a) 槽內最終的壓力，(b) 熱傳量。

4-23 一 0.025 m³ 剛槽內充填 150 kPa、40°C 的氮氣。如果對此容器輸入給氮氣 6 kJ 的功，求最終溫度。答：240°C

4-24 一 4 m×5 m×6 m 的房間欲以壁板式電阻加熱器加熱，希望電阻加熱器能在 11 分鐘內將室溫從 5°C 升高到 25°C。假設在 100 kPa 的房間沒有熱損失，求電阻加熱器所需的功率。假設在室溫下為固定比熱。答：3.28 kW

4-25 一 4 m×5 m×7 m 的房間內放置一加熱器（如圖 P4-25 所示），加熱器放出的熱量為 10,000 kJ/h，風扇所需的功為 100 W，房間對外散熱量為 5000 kJ/h。假設房間內空氣起始溫度為 10°C，則多久後，空氣可以加熱至 20°C（假設比熱為常數）？

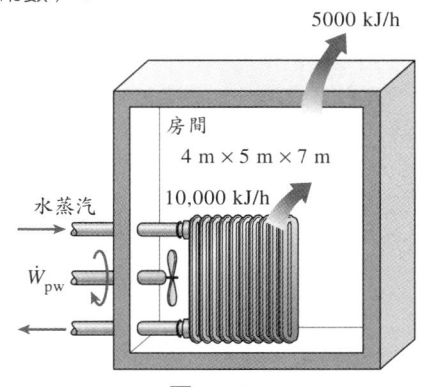

圖 P4-25

4-26 質量為 1 kg 的二氧化碳被裝於一彈簧承載的活塞－汽缸裝置內，如圖 P4-26 所示。若此系統被加熱，其溫度與壓力從 25°C、100 kPa 變成 300°C、1000 kPa。求在此過程中所產生的功與熱傳量。

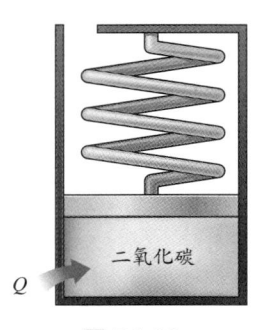

圖 P4-26

4-27 一活塞－汽缸裝置內含 0.7 m³，280 kPa、370°C 之氮氣。假設氮氣在等壓狀態下被冷卻至 90°C，求熱傳的量（使用室溫時的平均比熱）。

4-28 令電流流經汽缸內的電熱器，將活塞－汽缸內 15 kg 的空氣從 25°C 加熱至 77°C。過程中汽缸內的壓力維持固定於 300 kPa，並發生 60

kJ 的損失，求供應的電能，以 kWh 表示。答：0.235 kWh

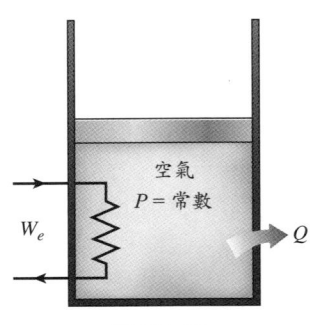

圖 P4-28

4-29 一活塞－汽缸裝置裝有體積 0.8 m³、600 kPa 與 927°C 的空氣，此空氣經過等溫過程直到壓力降至 300 kPa。現在將此活塞固定在一個地方不動，空氣經由熱傳遞過程冷卻到 27°C。(a) 繪出此能量經過邊界過程並畫出 P-V 圖；(b) 計算此過程中的熱傳總淨功與方向，以 kJ 表示。假設此空氣比熱為 300 K 的定比熱。

4-30 一活塞－汽缸裝置含有 250 kPa、35°C 狀態下 4 kg 的氫氣。假設在等溫膨脹過程中，輸出 15 kJ 的邊界功，且 3 kJ 的功輸入至系統中，求此過程的熱傳量。

■ 封閉系統能量分析：固體與液體

4-31 在炎熱夏天野餐的過程中，發現全部冰凍的飲料都喝完了，手邊只剩下與周圍環境相同溫度（30°C）的飲料。為了讓 350 ml 的飲料冷卻，某人拿了一罐飲料在儲冰箱內 0°C 的冰塊中開始搖動。若將飲料視為水，則罐裝飲料冷卻到 3°C 時，共有多少質量的冰塊熔化？

4-32 直徑為 1.2 cm 的不銹鋼球軸承（ρ = 8085 kg/m³，c_p = 0.480 kJ/kg·°C），欲在水中淬火，每分鐘 800 個。球在 900°C 的均勻溫度離開爐子，並在投入水之前與 25°C 的空氣有短暫的接觸。若淬火前球的溫度降至 850°C，試求從球至空氣的熱傳率。

4-33 8 cm 直徑的長圓柱形銅條（ρ = 7833 kg/m³，c_p = 0.465 kJ/kg·°C）以 2 m/min 的速度被拉經爐子進行熱處理，其中爐子溫度維持於 900°C。若銅條在 30°C 進入爐子，而在 700°C 的平均溫度離開，求在爐內傳至銅條的熱傳率。

4-34 工廠中，原本溫度為 120°C 的 5 cm 直徑的銅球（ρ = 8522 kg/m³，c_p = 0.385 kJ/kg·°C），在 50°C 水中 2 分鐘後冷卻至 74°C。假設每分鐘放進水中的球有 100 顆（如圖 P4-34 所示），則每分鐘必須從水槽中移出多少熱量，才能使水溫保持不變？

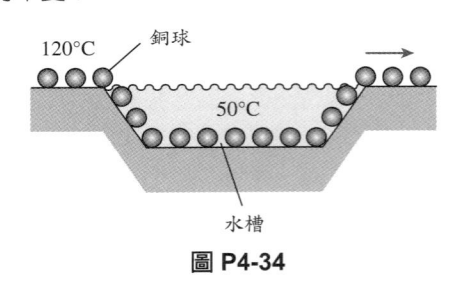

圖 P4-34

Chapter 5

控制體積的質量與能量分析

在第 4 章，對於封閉系統，使用 $E_{in} - E_{out} = \Delta E_{system}$ 來表示一般能量平衡關係式。本章將能量分析擴展到質量流可通過系統邊界，也就是可進出控制體積，並特別強調在穩流系統情況下的分析。

本章將首先針對控制體積來推導質量不滅關係式，並進一步討論流功及流體流動的能量，然後將能量不滅應用到穩流過程的系統，並分析一些常用的穩流裝置，例如噴嘴、升壓器、壓縮機、渦輪機、節流裝置、混合室及熱交換器。最後，將能量平衡的概念應用到一般的非穩流過程，例如容器的進水與排水過程。

學習目標

- 推導質量不滅定律。
- 應用質量不滅定律到各種系統，包括穩流與非穩流控制體積。
- 將熱力學第一定律表述為能量不滅的概念，並應用到控制體積上。
- 確認由流體流動通過控制表面所攜帶的能量是內能、流功、動能及流體位能的總和，並建立內能與流功的總和與性質焓之關係。
- 求解常用之穩流裝置，例如噴嘴、壓縮機、渦輪機、節流閥、混合器、加熱器及熱交換器等的能量平衡問題。
- 將能量平衡關係式應用到一般非穩流過程，並特別強調在均勻流過程，使其成為進水與排水過程的模式。

5-1 質量不滅

質量不滅為自然界最基本的定律之一，這是眾所周知的定律，而且不難理解。你也不一定要成為一位沙拉專家，才能指出將 100 g 的油與 25 g 的醋混合可得到多少油醋醬。甚至化學反應方程式的平衡，也是以質量不滅定律為基礎。當 16 kg 的氧氣與 2 kg 的氫氣反應，將會產生 18 kg 的水（圖 5-1）。同樣地，在電解過程中，上述的水將解離出 2 kg 的氫氣與 16 kg 的氧氣。

質量，就技術層面而言，很難達成完全不滅的性質。但根據愛因斯坦（1879-1955）所提出的知名公式，質量與能量可進行互換：

$$E = mc^2 \tag{5-1}$$

其中，c 代表光在真空中的速度，其值為 $c = 2.9979 \times 10^8$ m/s。這個方程式說明質量與能量的等價關係。所有的物理與化學系統都顯現出與其環境的能量交互作用。只是這個能量交互作用所等價出的質量，與整個系統質量相比實在微乎其微。舉例來說，利用氧氣與氫氣來產生 1 kg 的水時，所放出的能量為 1.58 MJ，相當於質量 1.76×10^{-10} kg。然而，在核子反應中，能量交互作用所對應的等價質量，對於整體質量而言則占有明顯的比例。因此，在大部分的工程分析中，我們將質量與能量視為不滅的物理量。

對封閉系統而言，質量不滅定律無庸置疑地可以使用於整個過程中，只要整個系統的質量維持不變。然而對控制體積而言，質量可通過邊界，因此我們必須追蹤質量進入與離開控制體積的量。

◯ 質量與體積流率

每單位時間流經某一截面之質量的量稱為**質量流率**（mass flow rate），以 $\dot{m}$ 表示。其中，符號上方的點用來表示時間變化率。

流體可經由管子流入或流出控制體積。流體流經微小截面積 dA_c 的微小質量流率，與此微小截面積 dA_c、密度 ρ 及流體垂直於截面積 dA_c 的速度分量 V_n 成正比，因此整個質量流率可表示為（圖 5-2）

$$\delta \dot{m} = \rho V_n \, dA_c \tag{5-2}$$

注意，δ 與 d 這兩個符號皆用來標示微小量，但是 δ 特別用在屬於路徑函數與具有非正合微分式的物理量（例如熱、功與熱傳

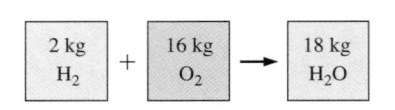

圖 5-1
即使是化學反應，質量亦不滅。

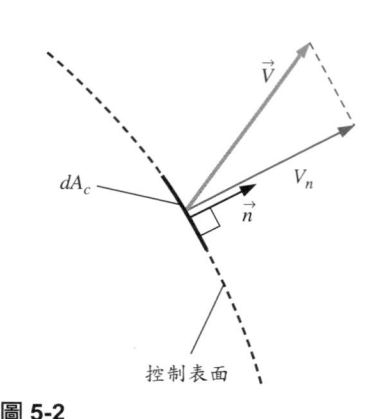

圖 5-2
表面的法線速度 V_n 是指速度垂直於表面的分量。

遞），而 d 則專門用於與性質相關的點函數等正合微分式。舉例來說，當流體流經內半徑為 r_1 及外半徑為 r_2 的環形管時，可得出 $\int_1^2 dA_c = A_{c2} - A_{c1} = \pi(r_2^2 - r_1^2)$，但是 $\int_1^2 \delta \dot{m} = \dot{m}_{\text{total}}$（通過環形管的全部質量流率），而不是 $\dot{m}_2 - \dot{m}_1$。對於特定的 r_1 與 r_2 值，微小截面積 dA_c 的積分值是固定的（因此稱為點函數與正合微分），但是對於質量流率 $\delta \dot{m}$ 的積分並不適用（因此稱為路徑函數與非正合微分）。

流經管子或管道整個截面積的質量流率可由積分得到：

$$\dot{m} = \int_{A_c} \delta \dot{m} = \int_{A_c} \rho V_n \, dA_c \quad \text{(kg/s)} \tag{5-3}$$

雖然公式 5-3 可適用於任何物理情況（事實上它是正合解），但由於需要用到積分運算，所以在工程分析上並不實用。因此，我們比較樂於採用橫跨管子截面的平均值來表示質量流率。對於一般的可壓縮流，密度 ρ 與速度分量 V_n 會隨著管截面位置而變化。但是在許多實際的應用上，密度在整個管子截面基本上可視為均勻不變的，因此我們可以將公式 5-3 中的 ρ 提出於積分符號之外。但是，由於壁面上的非滑動條件，使得管中截面上的速度將不會保持均勻。此外，整個速度的變化會從壁面上的零一直增加到管子中心線的位置或是附近而達到最大值，因此我們將**平均速度（average velocity）** V_{avg} 定義為 V_n 橫跨整個截面的平均值（圖 5-3）：

平均速度：
$$V_{\text{avg}} = \frac{1}{A_c} \int_{A_c} V_n \, dA_c \tag{5-4}$$

其中，A_c 是垂直於流動方向的截面積。特別值得注意的是，如果整個橫截面的速度為 V_{avg}，則所計算出的質量流率會和實際以速度分布所積分出的質量流率值相同。因此，對於不可壓縮流或甚至可壓縮流，若密度 ρ 在整個截面 A_c 上保持均勻，則公式 5-3 可寫成

$$\dot{m} = \rho V_{\text{avg}} A_c \quad \text{(kg/s)} \tag{5-5}$$

對於可壓縮流，則可將密度 ρ 視為截面上的整體平均密度，因此公式 5-5 依然可當作一個合理的估算。為了簡化起見，省略平均速度符號的下標，除非特別說明，否則皆以符號 V 代表流動方向的平均速度。同樣地，A_c 則代表垂直於流動方向的截面積。

每單位時間流體流經截面的體積稱為**體積流率（volume flow rate）** $\dot{V}$（圖 5-4），並可表示為

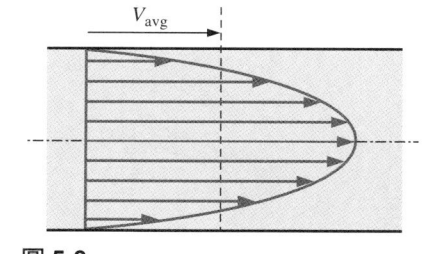

圖 5-3
平均速度 V_{avg} 定義為流經截面的平均速度。

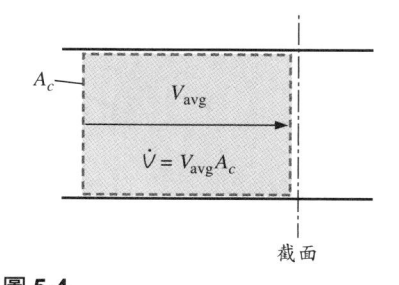

圖 5-4
體積流率是指每單位時間流體流經某一截面的體積。

$$\dot{V} = \int_{A_c} V_n \, dA_c = V_{avg} A_c = V A_c \quad (\text{m}^3/\text{s}) \tag{5-6}$$

公式 5-6 的形式最早在 1628 年由義大利修道士 Benedetto Castelli（1577-1644）所發表。注意，大部分的流體力學教科書皆使用 Q，而不使用 $\dot{V}$ 來表示體積流率。在此，使用 $\dot{V}$ 以避免與熱傳遞相混淆。

質量與體積流率的關係式可表示為

$$\dot{m} = \rho \dot{V} = \frac{\dot{V}}{v} \tag{5-7}$$

其中，v 代表比容。這個關係式類似於 $m = \rho V = V/v$，也就是容器內流體的體積與質量間的關係。

◯ 質量不滅定律

控制體積的**質量不滅定律**（conservation of mass principle）可表示為：在一特定時間 Δt 傳至或傳出控制體積的淨質量，等於在此特定時間內控制體積總質量的淨變化量（增加或減少），即

$$\begin{pmatrix} \text{在時間間隔 } \Delta t \text{ 進入} \\ \text{控制體積的總質量} \end{pmatrix} - \begin{pmatrix} \text{在時間間隔 } \Delta t \text{ 離開} \\ \text{控制體積的總質量} \end{pmatrix} = \begin{pmatrix} \text{在時間間隔 } \Delta t \text{ 於控制} \\ \text{體積內質量的淨變化量} \end{pmatrix}$$

或

$$m_{in} - m_{out} = \Delta m_{CV} \quad (\text{kg}) \tag{5-8}$$

其中，$\Delta m_{CV} = m_{final} - m_{initial}$ 為過程中控制體積內質量的變化量（圖 5-5），亦可以變化率的形式表示為

$$\dot{m}_{in} - \dot{m}_{out} = dm_{CV}/dt \quad (\text{kg/s}) \tag{5-9}$$

其中，$\dot{m}_{in}$ 與 $\dot{m}_{out}$ 分別為流進或流出控制體積的總質量流率，而 dm_{CV}/dt 為控制體積邊界內質量的變化率。公式 5-8 與公式 5-9 經常被視為**質量平衡**（mass balance），可應用於任何控制體積內所進行的任何種類過程。

考慮某一任何形狀的控制體積，如圖 5-6 所示。在控制體積內微小容積 dV 的質量為 $dm = \rho \, dV$。在任何時間點，控制體積內的總質量可藉由下列積分所決定：

控制體積內的總質量：
$$m_{CV} = \int_{CV} \rho \, dV \tag{5-10}$$

因此在控制體積內質量隨時間的變化率可表示為

控制體積內的質量變化率：
$$\frac{dm_{CV}}{dt} = \frac{d}{dt} \int_{CV} \rho \, dV \tag{5-11}$$

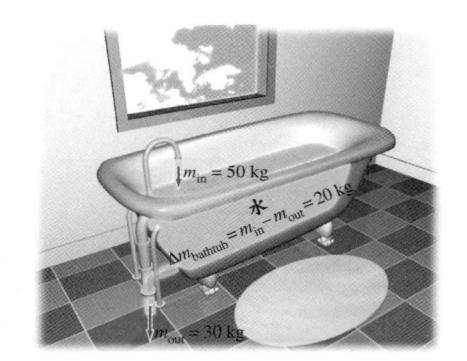

圖 5-5
一個普通浴缸的質量不滅定律。

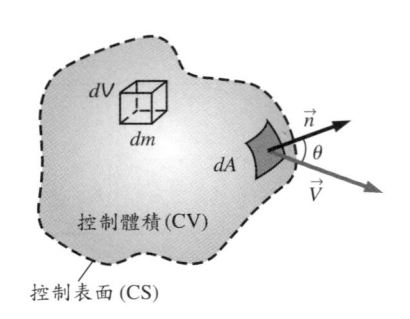

圖 5-6
用於推導質量不滅關係式的微小控制體積 dV 與微小控制表面 dA。

對於在無質量進出控制體積表面的特殊情況下（即控制體積類似於封閉系統），整個質量不滅定律可視為系統的質量不滅，並且表示為 $dm_{CV}/dt = 0$。無論控制體積是處於固定不動、移動或是變形狀況，這個關係式都可適用。

現在考慮在控制體積固定不變的情況下，質量透過控制體積微小截面積 dA 流進或流出控制體積的情形。若 $\vec{n}$ 為垂直微小截面積 dA 而指向外的單位向量，而 $\vec{V}$ 為相對固定座標系統在微小截面積 dA 上的流動速度，如圖 5-6 所示。一般而言，該速度將以偏離 dA 的法線角度 θ 跨越 dA，而質量流率與速度的垂直分量 $\vec{V_n} = \vec{V} \cos \theta$ 成正比。這個垂直分量在 $\theta = 0$ 時（$\vec{V}$ 垂直於 dA 流出）可獲得最大的速度流出值，在 $\theta = 90°$ 時（$\vec{V}$ 相切於 dA 流出）可獲得最小的速度流出值，而當在 $\theta = 180°$ 時（$\vec{V}$ 垂直於 dA 流入）可獲得最大的速度流入值。藉由向量內積的概念，速度的垂直分量的大小可表示為

速度的垂直分量： $\qquad V_n = V \cos \theta = \vec{V} \cdot \vec{n}$ \qquad (5-12)

流經 dA 的質量流率是正比於流體密度 ρ、垂直速度 V_n 與流經截面積 dA，因此可表示為

微小質量流率： $\qquad \delta \dot{m} = \rho V_n \, dA = \rho (V \cos \theta) \, dA = \rho (\vec{V} \cdot \vec{n}) \, dA$ \qquad (5-13)

通過整個控制體積表面而進出控制體積的淨流率，可透過整個控制體積表面範圍對 $\delta \dot{m}$ 積分求得，

淨質量流率： $\qquad \dot{m}_{net} = \int_{CS} \delta \dot{m} = \int_{CS} \rho V_n \, dA = \int_{CS} \rho (\vec{V} \cdot \vec{n}) \, dA$ \qquad (5-14)

特別注意的是，當 $\theta < 90°$ 時（流出），$V_n = \vec{V} \cdot \vec{n} = V \cos \theta$ 為正值，而在 $\theta > 90°$ 時（流入）則為負值。所以公式 5-14 自動地將流動方向考慮進去，而於表面積分直接計算出淨質量流率。當 $\dot{m}_{net}$ 為正值時，代表質量淨流出，而為負值時，代表質量淨流入。

將公式 5-9 重新整理為 $dm_{CV}/dt + \dot{m}_{out} - \dot{m}_{in} = 0$，對於固定不變控制體積的質量不滅關係式可表示為

質量不滅的一般式： $\qquad \dfrac{d}{dt} \int_{CV} \rho \, dV + \int_{CS} \rho (\vec{V} \cdot \vec{n}) \, dA = 0$ \qquad (5-15)

這個式子說明在控制體積內的質量變化率，與通過控制體積表面的質量流率兩者的和為零。

公式 5-15 中的表面積可以分成兩部分：一為流體流出（正值），另一個為流體流入（負值），因此質量不滅的一般式可以改寫成

$$\frac{d}{dt}\int_{CV} \rho \, dV + \sum_{out} \rho |V_n|A - \sum_{in} \rho |V_n|A = 0 \quad \text{(5-16)}$$

其中，A 代表流入或流出面積，而加總符號用來強調所有的入口與出口皆被考慮進去。使用質量流率定義，公式 5-16 也可以表示成

$$\frac{d}{dt}\int_{CV} \rho \, dV = \sum_{in} \dot{m} - \sum_{out} \dot{m} \quad \text{或} \quad \frac{dm_{CV}}{dt} = \sum_{in} \dot{m} - \sum_{out} \dot{m} \quad \text{(5-17)}$$

在解決問題時，對於控制體積的選定是很有彈性的。控制體積的選擇有很多種方式，但以方便處理問題為首選。選定控制體積不應複雜化，一個明智的控制體積選擇能使看似複雜的問題被簡單地解決。選定控制體積最簡單的原則就是在任何位置點皆使控制體積表面盡可能與所穿過的流體互相垂直。如此一來，便可使速度與法向量內積 $\vec{V} \cdot \vec{n}$ 簡化成速度大小，而積分 $\int_A \rho(\vec{V} \cdot \vec{n}) \, dA$ 亦可簡化為 ρVA（圖 5-7）。

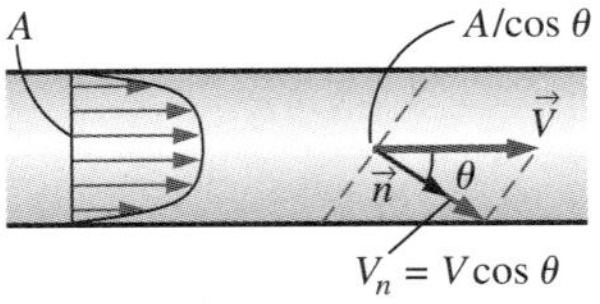

公式 5-15 與公式 5-16 依然可適用於移動或是會變形的控制體積，只要將絕對速度 $\vec{V}$ 改成相對於控制體積表面的相對速度值流體速度 $\vec{V}_r$ 即可。

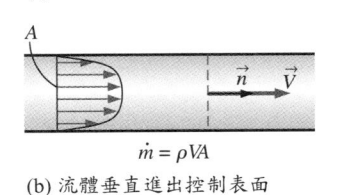

⟳ 穩流過程的質量平衡

在穩流過程中，控制體積內所包含的總質量不會隨時間而改變（m_{CV} = 常數）。因此，質量不滅定律要求進入控制體積的總質量等於離開控制體積的總質量。舉例而言，在穩定操作下的花園水管噴嘴，每單位時間流進噴嘴的水量會等於離開噴嘴的水量。

在處理穩流過程時，我們對整個時程內流進或流出裝置的總質量較不感興趣，反而對每單位時間內質量流動的量（也就是質量流率 $\dot{m}$）較感興趣。具有多個入口與出口的一般穩流系統之質量不滅定律可以變化率的形式表示為（圖 5-8）

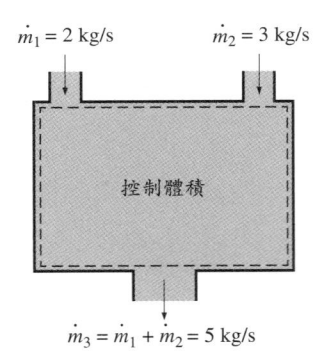

穩流：
$$\sum_{in} \dot{m} = \sum_{out} \dot{m} \quad \text{(kg/s)} \quad \text{(5-18)}$$

這個式子說明了進入控制體積的總質量流率，等於離開控制體積的總質量流率。

許多工程上的裝置，如噴嘴、升壓器、渦輪機、壓縮機與泵是單一流動（僅有一個入口與一個出口）。對於這些情形，通常以下標 1 表示入口狀況，而以下標 2 表示出口狀況，同時去除掉總和的符號。因此，單一穩流系統方程式（公式 5-18）可簡化為

穩流（單一流動）： $\quad \dot{m}_1 = \dot{m}_2 \quad \rightarrow \quad \rho_1 V_1 A_1 = \rho_2 V_2 A_2 \quad \text{(5-19)}$

⊃ 特殊情況：不可壓縮流

當流體為不可壓縮時（通常液體可視為如此），將上式穩流關係式兩邊的密度消去可得

穩態、不可壓縮流：$\quad \sum_{in} \dot{V} = \sum_{out} \dot{V} \quad$ (m³/s) **(5-20)**

對於單一流之穩流系統，公式 5-20 則可寫成

穩態、不可壓縮流（單一流動）：$\quad \dot{V}_1 = \dot{V}_2 \rightarrow V_1 A_1 = V_2 A_2$ **(5-21)**

要記住的是，並無所謂的體積不滅定律，因此流進或流出穩流裝置的體積流率可以不相同。即使流經壓縮機之空氣質量流率為固定值，但空氣壓縮機出口處的體積流率遠比入口處的小很多（圖5-9），這是因為壓縮機出口處的空氣密度較高。然而對穩流液體而言，因為液體本質為不可壓縮（密度固定）的物質，因此體積流率維持固定，而水流經花園水管的噴嘴即為一例。

質量不滅定律基本上考量整個過程中每一小量的質量。這就好比只要你能夠平衡支票簿（持續追蹤存款與提款的情況，或只是藉由觀察「金錢不滅」定律），則將質量不滅定律應用到工程系統上就不會有什麼困難了。

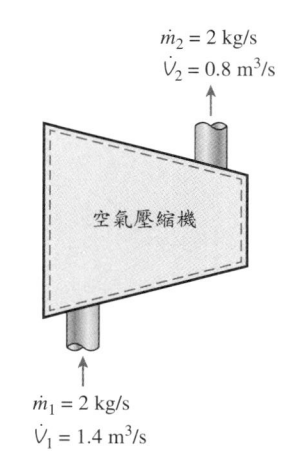

圖 5-9
在穩流過程中，雖然質量流率會守恆，但體積流率不一定守恆。

$\dot{m}_2 = 2$ kg/s
$\dot{V}_2 = 0.8$ m³/s

$\dot{m}_1 = 2$ kg/s
$\dot{V}_1 = 1.4$ m³/s

例 5-1　水流經花園水管的噴嘴

使用一條裝有噴嘴的花園水管來裝滿 40 L 的水桶。水管的內徑為 2 cm，而在噴嘴出口處縮小到 0.8 cm（圖 5-10）。若將水桶裝滿水需時 50 秒，求：(a) 水流經水管的體積流率與質量流率；(b) 水流在噴嘴出口處的平均速度。

解： 花園水管被用以加滿水桶，求水的體積流率與質量流率，以及出口速度。

假設： (1) 水為不可壓縮物質。(2) 管內的水流為穩態流動。(3) 水無噴濺浪費。

性質： 水的密度為 1000 kg/m³ = 1 kg/L。

分析： (a) 40 L 的水在 50 秒的時間排出，故體積流率與質量流率分別為

$$\dot{V} = \frac{V}{\Delta t} = \frac{40 \text{ L}}{50 \text{ s}} = \mathbf{0.8 \text{ L/s}}$$

$$\dot{m} = \rho \dot{V} = (1 \text{ kg/L})(0.8 \text{ L/s}) = \mathbf{0.8 \text{ kg/s}}$$

(b) 噴嘴出口的截面積為

$$A_e = \pi r_e^2 = \pi (0.4 \text{ cm})^2 = 0.5027 \text{ cm}^2 = 0.5027 \times 10^{-4} \text{ m}^2$$

因為流經水管及噴嘴的體積流率為固定，因此水流在噴嘴出口的平均速度為

圖 5-10
例 5-1 的示意圖。
Photo by John M. Cimbala

$$V_e = \frac{\dot{V}}{A_e} = \frac{0.8 \text{ L/s}}{0.5027 \times 10^{-4} \text{ m}^2}\left(\frac{1 \text{ m}^3}{1000 \text{ L}}\right) = \mathbf{15.9 \text{ m/s}}$$

討論：可以求出水管的平均速度為 2.5 m/s。因此，噴嘴將水的速度增加超過六倍。

例 5-2　從一容器排水

一個高 1.2 m、直徑 0.9 m 且頂部開放於大氣的圓柱型水容器，最初裝滿水。若將接近容器底部的排水塞拔出，將噴出直徑 1.3 cm 的水流（圖 5-11）。噴流的平均速度大約為 $V = \sqrt{2gh}$，其中 h 為由孔的中心量測的容器內水之高度（變數），而 g 為重力加速度。求容器內的水位降至離底部 0.6 m 所需的時間。

解：接近容器底部的塞子被拔出，求容器內的水排出一半所需的時間。

假設：(1) 水為不可壓縮物質。(2) 與水的總高度比較，容器底部與孔之中心間的距離可以忽略。(3) 重力加速度為 9.807 m/s²。

分析：假定水占有的體積為控制體積。當水位降低，控制體積的尺寸亦跟著變小，故此系統為可變控制體積。（亦可視為容器內部體積為固定的控制體積，不考慮空氣取代水流空的空間。）很明顯地，此為非穩流問題，因為控制體積內的性質（例如質量）會隨時間而改變。

在控制體積內進行任一過程時，其質量不減以變化率的形式表示為

$$\dot{m}_{\text{in}} - \dot{m}_{\text{out}} = \frac{dm_{\text{CV}}}{dt} \tag{1}$$

過程中無物質流進控制體積（$\dot{m}_{\text{in}} = 0$），而排出水的質量流率可表示為

$$\dot{m}_{\text{out}} = (\rho V A)_{\text{out}} = \rho\sqrt{2gh}A_{\text{jet}} \tag{2}$$

其中，$A_{\text{jet}} = \pi D_{\text{jet}}^2/4$ 為固定的噴流截面積。水的密度為常數，在任何時間容器內水的質量為

$$m_{\text{CV}} = \rho V = \rho A_{\text{tank}} h \tag{3}$$

其中，$A_{\text{tank}} = \pi D_{\text{tank}}^2/4$ 為圓柱容器的底面積。將公式 2 與公式 3 代入質量平衡關係式（公式 1）可得

$$-\rho\sqrt{2gh}A_{\text{jet}} = \frac{d(\rho A_{\text{tank}} h)}{dt} \rightarrow -\rho\sqrt{2gh}(\pi D_{\text{jet}}^2/4) = \frac{\rho(\pi D_{\text{tank}}^2/4)\,dh}{dt}$$

消去密度及其他共同項，並將變數分離，可得

$$dt = -\frac{D_{\text{tank}}^2}{D_{\text{jet}}^2}\frac{dh}{\sqrt{2gh}}$$

從 $t = 0$（$h = h_0$）積分至 $t = t$（$h = h_2$）可得

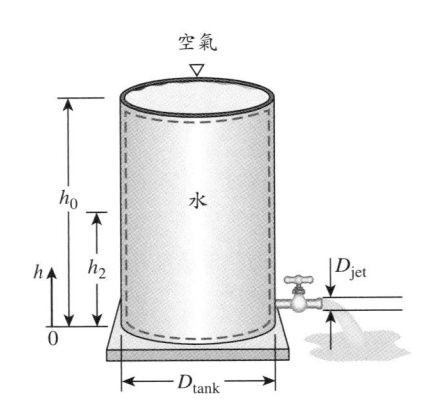

圖 5-11
例 5-2 的示意圖。

$$\int_0^t dt = -\frac{D_{\text{tank}}^2}{D_{\text{jet}}^2 \sqrt{2g}} \int_{h_0}^{h_2} \frac{dh}{\sqrt{h}} \rightarrow t = \frac{\sqrt{h_0} - \sqrt{h_2}}{\sqrt{g/2}} \left(\frac{D_{\text{tank}}}{D_{\text{jet}}}\right)^2$$

代入已知數值，可求得排水時間為

$$t = \frac{\sqrt{1.2 \text{ m}} - \sqrt{0.6 \text{ m}}}{\sqrt{9.81/2 \text{ m/s}^2}} \left(\frac{0.9 \text{ m}}{0.013 \text{ m}}\right)^2 = 694 \text{ s} = \mathbf{11.6 \text{ min}}$$

因此，當排放孔的塞子被拔出後 11.6 分鐘，容器內一半的水會被排空。

討論：使用相同的關係式，若將容器內全部的水排放掉，即 $h_2 = 0$，可得到 $t = 39.5$ 分鐘。因此，放空容器下半部的水比放空上半部的水需要較長的時間，這是因為隨著高度 h 的降低，水的平均排放速度亦會降低。

5-2 流功與流動流體的能量

不同於封閉系統，控制體積涉及流經其邊界的質量，並需要某種功將質量推入或推出控制體積。這個功稱為**流功（flow work）**或**流能（flow energy）**，主要是維持流體能夠連續流經控制體積。

為了獲得流功的關係式，考慮一體積為 V 的流體元素，如圖 5-12 所示。在上游流體的外力 F 作用下，流體元素被推進控制體積，因此可視為一假想的活塞。此外，因為所選定的流體元素非常小，因此整體有均一的性質。

若流體壓力為 P，而流體元素的截面積為 A（圖 5-13），則假想的活塞施加於流體元素之力為

$$F = PA \tag{5-22}$$

為了將整個流體元素推入控制體積，外力必須作用 L 的距離，因此將流體元素推經過邊界所作的功（即流功）為

$$W_{\text{flow}} = FL = PAL = PV \quad (\text{kJ}) \tag{5-23}$$

將方程式兩邊同除以流體元素的質量，可得每單位質量的流功

$$w_{\text{flow}} = Pv \quad (\text{kJ/kg}) \tag{5-24}$$

不論流體被推入或推出控制體積，其流功的關係式皆相同（圖 5-14）。

有趣的是，不同於其他形式的功，流功是以性質來表示。事實上，它是流體兩個性質的乘積。因此，有些人將它視為一種組合性質（像焓一樣），而稱之為流能（flow energy）、對流能（convected energy）或傳輸能（transport energy）以取代流功。然

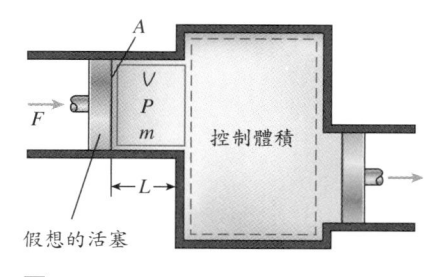

圖 5-12
流功的示意圖。

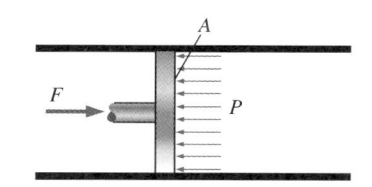

圖 5-13
在無加速度情況下，活塞施加於流體的力等於流體施加於活塞的力。

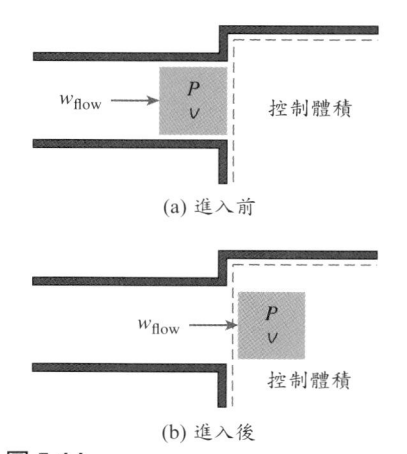

(a) 進入前

(b) 進入後

圖 5-14
流功為將流體推入或推出控制體積所需的能量，等於 Pv。

而,也有一些人質疑乘積 Pv 僅代表流動流體的能量,不能代表對非流動(封閉)系統之任何形式的能量,因此應該當作功來處理。此爭論可能永無止境,但值得慶幸的是,對能量平衡方程式而言,兩個論點都能得到相同的結果。本書之後的討論皆將流動能量視為流動流體能量的一部分,如此可大幅簡化控制體積的能量分析。

⊃ 流動流體的總能量

如同在第 2 章的討論,簡單可壓縮系統的總能量包括三個部分:內能、動能及位能(圖 5-15)。若考慮單位質量分析,則可表示為

$$e = u + \text{ke} + \text{pe} = u + \frac{V^2}{2} + gz \qquad (\text{kJ/kg}) \qquad \textbf{(5-25)}$$

其中,V 為速度,而 z 為系統相對於外部參考點的高度。

流體進入或離開控制體積具有一種額外形式的能量——流能 Pv(先前已討論過)。因此,**流動流體(flowing fluid)**每單位質量的總能量(以 θ 表示)為

$$\theta = Pv + e = Pv + (u + \text{ke} + \text{pe}) \qquad \textbf{(5-26)}$$

但 $Pv + u$ 先前已定義為焓 h,故公式 5-26 可簡化為

$$\theta = h + \text{ke} + \text{pe} = h + \frac{V^2}{2} + gz \qquad (\text{kJ/kg}) \qquad \textbf{(5-27)}$$

藉由使用焓來取代內能表示流動流體的能量,則不需要再考慮流功。將流體推入或推出控制體積的能量已經自動將焓考慮進去。事實上,這就是定義性質焓的主要原因。從現在起,流體流入或流出控制體積的能量將以公式 5-27 表示,而不需要設定流功或流能的參考基準。

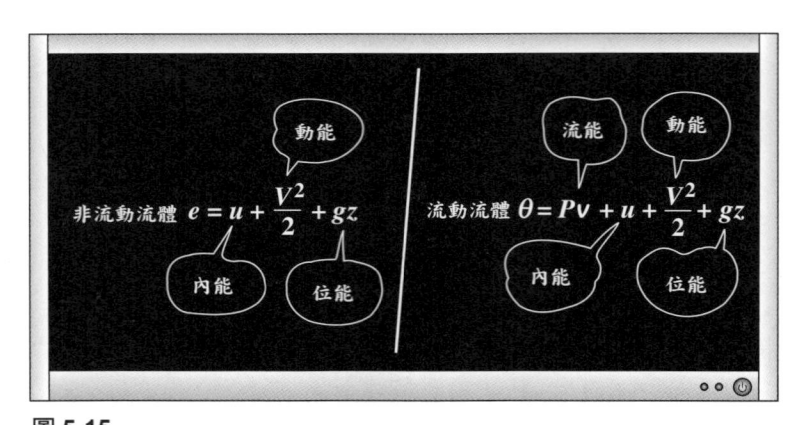

圖 5-15

非流動流體的總能量包括三個部分,而流動流體為四個部分。

質量的能量傳輸

因為 θ 是每單位質量的總能量，若質量 m 為均勻性質，則質量 m 之流動流體的總能量為 mθ。同時，當具有均勻性質的流動流體之質量流率為 $\dot{m}$，則其能量流率為 $\dot{m}θ$（圖 5-16）。換句話說，

能量傳輸量：
$$E_{\text{mass}} = m\theta = m\left(h + \frac{V^2}{2} + gz\right) \quad (\text{kJ}) \quad (5\text{-}28)$$

能量傳輸率：
$$\dot{E}_{\text{mass}} = \dot{m}\theta = \dot{m}\left(h + \frac{V^2}{2} + gz\right) \quad (\text{kW}) \quad (5\text{-}29)$$

若流動流體的動能與位能皆可忽略（事實上經常如此），這些關係式可簡化為 $E_{\text{mass}} = mh$ 與 $\dot{E}_{\text{mass}} = \dot{m}h$。

一般而言，因為質量在每個入口或出口與截面上的性質會隨時間而改變，所以質量流入或流出控制體積的總能量並不容易求得。求得質量流經一開口的能量傳輸量的唯一方法，是考慮具有均勻性質且極微小質量 dm 於流動中相加其總能量。

再次提醒，θ 為每單位質量之總能量，因此質量為 δm 的流動流體總能量為 θ δm，質量流經入口與出口的總能量傳輸量（$m_i\theta_i$ 與 $m_e\theta_e$）可由積分求得。例如，在一入口處可得到

$$E_{\text{in,mass}} = \int_{m_i} \theta_i\,\delta m_i = \int_{m_i} \left(h_i + \frac{V_i^2}{2} + gz_i\right)\delta m_i \quad (5\text{-}30)$$

實際上所遇到的大部分流動可以近似為穩定及一維，因此在公式 5-28 與公式 5-29 中的簡單關係式可用來表示流體流動所傳輸的能量。

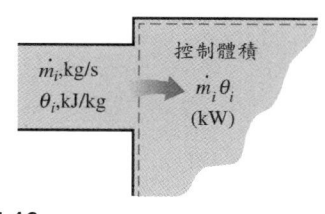

圖 5-16
乘積 $\dot{m}_i\theta_i$ 為每單位時間內由質量傳入控制體積的能量。

例 5-3

質量的能量傳輸

水蒸汽正離開一操作壓力為 150 kPa 的 4 L 壓力鍋（圖 5-17）。若達到穩定操作情況後 40 分鐘，壓力鍋內的水減少 0.6 L，而排氣口的截面積為 8 mm²，求：(a) 水蒸汽的質量流率與排出速度；(b) 水蒸汽每單位質量的總能量與流能；(c) 經由水蒸汽離開鍋子的能量率。

解：水蒸汽在特定的壓力離開鍋子。求質量的速度、流率、總能量與流能，以及能量的傳輸率。

假設：(1) 流動為穩定，不考慮最初的啟動期間。(2) 不考慮動能與位能。(3) 全程時間鍋子內為飽和狀態，因此離開鍋子的水蒸汽在特定鍋子壓力下為飽和蒸氣。

性質：150 kPa 之飽和液體水與水蒸汽的性質為 v_f = 0.001053 m³/kg，v_g = 1.1594 m³/kg，u_g = 2519.2 kJ/kg，h_g = 2693.1 kJ/kg（表 A-5）。

圖 5-17
例 5-3 的示意圖。

分析：(a) 在建立穩定操作情況後，全程時間壓力鍋內為飽和狀態。因此在操作壓力下，液體有飽和液體的性質，而排出的水蒸汽有飽和蒸氣的性質。所以已汽化的液體量、排出水蒸汽的質量流率及排出速度分別為

$$m = \frac{\Delta V_{liquid}}{v_f} = \frac{0.6 \text{ L}}{0.001053 \text{ m}^3/\text{kg}} \left(\frac{1 \text{ m}^3}{1000 \text{ L}}\right) = 0.570 \text{ kg}$$

$$\dot{m} = \frac{m}{\Delta t} = \frac{0.570 \text{ kg}}{40 \text{ min}} = 0.0142 \text{ kg/min} = \mathbf{2.37 \times 10^{-4} \text{ kg/s}}$$

$$V = \frac{\dot{m}}{\rho_g A_c} = \frac{\dot{m} v_g}{A_c} = \frac{(2.37 \times 10^{-4} \text{ kg/s})(1.1594 \text{ m}^3/\text{kg})}{8 \times 10^{-6} \text{ m}^2} = \mathbf{34.3 \text{ m/s}}$$

(b) 因為 $h = u + Pv$ 且不考慮動能與位能，故排出水蒸汽的流能與總能量為

$$e_{flow} = Pv = h - u = 2693.1 - 2519.2 = \mathbf{173.9 \text{ kJ/kg}}$$

$$\theta = h + ke + pe \cong h = \mathbf{2693.1 \text{ kJ/kg}}$$

注意，此例之動能為 $ke = V^2/2 = (34.3 \text{ m/s})^2/2 = 588 \text{ m}^2/\text{s}^2 = 0.588$ kJ/kg，與焓相比是較小的。

(c) 因質量離開鍋子的能量率為每單位質量之質量流率與排出水蒸汽總能量的乘積，因此

$$\dot{E}_{mass} = \dot{m}\theta = (2.37 \times 10^{-4} \text{ kg/s})(2693.1 \text{ kJ/kg}) = 0.638 \text{ kJ/s}$$
$$= \mathbf{0.638 \text{ kW}}$$

討論：單獨分析水蒸汽離開鍋子帶走能量的數值並無太大意義，因為此值決定於對焓所選定的參考點（甚至可能為負值）。有意義的是排出的蒸氣與液體內部之間焓的差（即 h_{fg}），因為它與供給鍋子之能量有直接關係。

5-3 穩流系統之能量分析

很多工程裝置，如渦輪機、壓縮機及噴嘴等，一旦完成暫態的啟動時段並建立穩定的運轉後，便能在相同的情況下長時間運轉，因而被歸類為穩流裝置（steady-flow devices）（圖 5-18）。涉及此種裝置的過程能夠被視為一種理想化的過程〔即**穩流過程（steady-flow process）**〕，而非常合理化地展現其特性。在第 1 章中，我們曾定義穩流過程為流體穩定地流經控制體積的過程。換句話說，控制體積內各點之流體的性質可以不同，但在整個過程中任一點的性質維持不變。（記住，穩定意指不隨時間而改變。）

在穩流過程期間，控制體積內的內延性質或外延性質不會隨時間而改變，因此控制體積內的體積 V、質量 m 與總能量 E 均維持常數（圖 5-19）。對於穩流系統而言，其邊界功為零（因為 V_{CV}

圖 5-18
許多工程系統（例如發電廠）皆在穩定條件下運轉。
©Malcolm Fife/Getty Images RF

= 常數），而進入控制體積的總質量或總能量必須等於離開它的總質量或總能量（因 m_{CV} = 常數且 E_{CV} = 常數）。這些觀察明顯地簡化了分析。

穩流過程中入口或出口處的流體性質維持固定，但是在不同的入口與出口處的性質可以不同，甚至可以在整個入口或出口的截面上有所改變。然而，在入口或出口處之固定點上的所有性質，包括速度與高度等，均需維持固定。因此在穩流過程期間，某一開口的質量流率必須維持固定（圖 5-20）。若再進一步地簡化，考慮某一開口的整個截面上流體性質為均值（為某個平均值），則入口或出口處可用平均單一值來設定流體的性質。同時，穩流系統及其外界的熱與功之交互作用不會隨時間而改變。因此，在穩流過程期間，由系統所傳輸的功率與傳至系統或由系統傳出的熱傳率都維持固定。

如第 5-1 節所示，對於一般穩流系統的質量平衡可表示為

$$\sum_{in} \dot{m} = \sum_{out} \dot{m} \quad \text{(kg/s)} \tag{5-31}$$

對於單一流動（一個入口與一個出口），穩流系統的質量平衡可以表示為

$$\dot{m}_1 = \dot{m}_2 \quad \rightarrow \quad \rho_1 V_1 A_1 = \rho_2 V_2 A_2 \tag{5-32}$$

其中，下標 1 與 2 分別表示入口與出口的狀態，ρ 為密度，V 為流動方向的平均流動速度，而 A 為垂直於流動方向的截面積。

在穩流過程期間，控制體積內的總能量含量維持不變（E_{CV} = 常數），因此在控制體積內的總能量變化為零（$\Delta E_{CV} = 0$）。所以，以各種形式（藉由熱、功與質量）進入控制體積的總能量，必須等於離開控制體積的總能量。於穩流過程中，以變化率的形式所表示的一般能量平衡可簡化為

$$\underbrace{\dot{E}_{in} - \dot{E}_{out}}_{\substack{\text{熱、功和質量的}\\\text{淨能量轉換率}}} = \underbrace{dE_{system}/dt}_{\substack{\text{內能、位能和動能等}\\\text{能量的變化率}}} \overset{0\,(\text{穩定})}{=} 0 \tag{5-33}$$

或

能量平衡： $\underbrace{\dot{E}_{in}}_{\substack{\text{熱、功和質量的}\\\text{淨能量傳入率}}} = \underbrace{\dot{E}_{out}}_{\substack{\text{熱、功和質量的}\\\text{淨能量傳出率}}}$ (kW) $\tag{5-34}$

在此必須留意，能量僅能藉由熱、功及質量來傳遞。對於一般穩流系統來說，公式 5-34 的能量平衡可以更清楚地寫成

$$\dot{Q}_{in} + \dot{W}_{in} + \sum_{in} \dot{m}\theta = \dot{Q}_{out} + \dot{W}_{out} + \sum_{out} \dot{m}\theta \tag{5-35}$$

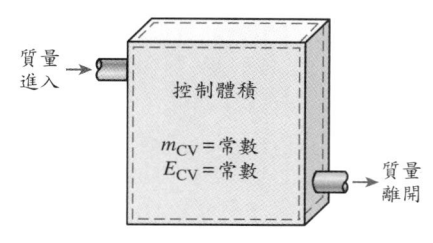

圖 5-19
在穩流情況下，控制體積內的質量與能量含量維持常數。

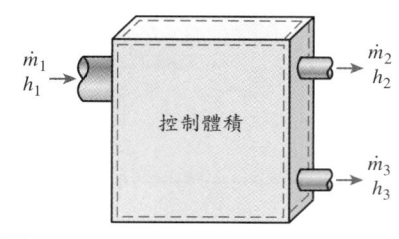

圖 5-20
在穩流情況下，入口或出口的流體性質維持固定（不隨時間而改變）。

或

$$\dot{Q}_{in} + \dot{W}_{in} + \underbrace{\sum_{in} \dot{m}\left(h + \frac{V^2}{2} + gz\right)}_{\text{對每個入口}} = \dot{Q}_{out} + \dot{W}_{out} + \underbrace{\sum_{out} \dot{m}\left(h + \frac{V^2}{2} + gz\right)}_{\text{對每個出口}}$$

(5-36)

因為流動流體每單位質量的能量為 $\theta = h + ke + pe = h + V^2/2 + gz$。穩流系統的能量平衡關係式首次出現於 1859 年由 Gustav Zeuner 所寫的德文熱力學書籍中。

舉例來說，考慮一個在穩定操作下的一般電熱水器，如圖 5-21 所示。質量流率為 $\dot{m}$ 的冷水流連續地流入熱水器，而相同質量流率的熱水流連續地流出熱水器。從熱水器（控制體積）散失至周圍空氣的熱損失率為 $\dot{Q}_{out}$，而電加熱元件所提供給水的電功率（加熱率）為 $\dot{W}_{in}$。基於能量不滅定律，我們可以知道，當水流經熱水器而造成總能量的增加，等於提供給水的電能減去散到外界環境的熱損失。

假如熱與功傳輸的大小與方向為已知，則上述能量平衡關係式在先天上很容易憑直覺來使用。但對於熱或功的交互作用為未知的情況下，則必須先對熱或功的作用假設一個方向，以進行分析研究或解析問題。在此情況下，通常會假設熱以熱傳率 $\dot{Q}$ 傳入系統（熱傳入），而由系統產生功率 $\dot{W}$（功輸出），然後再求解問題。因此，一般穩流系統的第一定律或能量平衡關係式變為

$$\dot{Q} - \dot{W} = \underbrace{\sum_{out} \dot{m}\left(h + \frac{V^2}{2} + gz\right)}_{\text{對每個出口}} - \underbrace{\sum_{in} \dot{m}\left(h + \frac{V^2}{2} + gz\right)}_{\text{對每個入口}}$$

(5-37)

若得到的 $\dot{Q}$ 或 $\dot{W}$ 為負值，則表示該量當初的假設方向錯誤，應該反向才對。對單一流動裝置，穩流能量平衡關係式變為

$$\dot{Q} - \dot{W} = \dot{m}\left[h_2 - h_1 + \frac{V_2^2 - V_1^2}{2} + g(z_2 - z_1)\right]$$

(5-38)

將公式 5-38 除以 $\dot{m}$ 得到單位質量的能量平衡關係式為

$$q - w = h_2 - h_1 + \frac{V_2^2 - V_1^2}{2} + g(z_2 - z_1)$$

(5-39)

其中 $q = \dot{Q}/\dot{m}$ 與 $w = \dot{W}/\dot{m}$ 分別代表工作流體每單位質量的熱傳遞與作功。若流體的動能與位能的改變可忽略（即 $\Delta ke \cong 0$，$\Delta pe \cong 0$），則能量平衡方程式可進一步簡化為

$$q - w = h_2 - h_1$$

(5-40)

上述各方程式中出現的各項說明如下：

- $\dot{Q}$ = **控制體積與其外界間的熱傳率**。當控制體積損失熱（如同

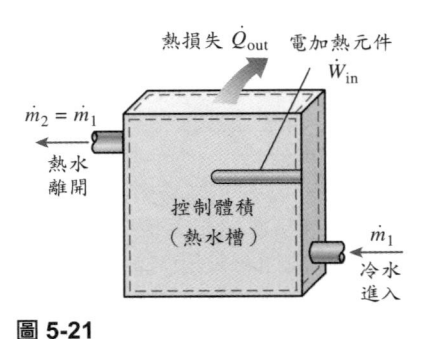

圖 5-21
穩定操作下的熱水器。

熱水器的例子），則 $\dot{Q}$ 為負；若控制體積絕熱良好，則 $\dot{Q} = 0$。

- $\dot{W}$ = **功率**。對穩流裝置而言，控制體積是固定的，因此無邊界功。而對流動流體的能量中涉及將質量推入或推出控制體積所需的功，則以焓取代內能來表示，並以 $\dot{W}$ 表示每單位時間其他形式的功（圖 5-22）。許多穩流裝置（例如渦輪機、壓縮機及泵）皆經由軸傳輸功率，並簡單地以 $\dot{W}$ 表示這些裝置的軸功率。若控制表面有電線穿過（例如電熱水器），則以 $\dot{W}$ 表示每單位時間所作的電力功。如果兩者均無，則 $\dot{W} = 0$。

- $\Delta h = h_2 - h_1$。查表得知出入口與出口狀態的焓值，便可求得流體的焓變化量。對理想氣體而言，其變化量可近似為 $\Delta h = c_{p,\text{avg}}(T_2 - T_1)$。注意，(kg/s)(KJ/kg) $\equiv$ kW。

- $\Delta \text{ke} = (V_2^2 - V_1^2)/2$。動能的單位為 m^2/s^2，相當於 J/kg（圖 5-23）。焓通常以 kJ/kg 表示。要將兩個量相加，動能應該以 kJ/kg 來表示，只要先除以 1000 即可。45 m/s 的速度對應的動能僅有 1 kJ/kg，這個值與實際遇到的焓值相比甚小，因此動能項在低速度時可忽略不計。當流體以大致相同的速度（$V_1 \cong V_2$）進入或離開穩流裝置時，不論速度為何，動能的改變都接近於零。但是在高速情況時則必須注意，因為速度的小改變可能造成動能明顯的改變（圖 5-24）。

- $\Delta \text{pe} = g(z_2 - z_1)$。類似的論述亦適用於位能項。1 kJ/kg 的位能變化相當於 102 m 的高度差。大部分的工業設備裝置（如渦輪機、壓縮機等）的入口與出口高度差皆低於此值，因此這些裝置的位能變化均可忽略不計。只有當過程涉及到將流體從低處打到高處時，要計算所需要的功率，位能項便十分重要。

5-4 一些穩流工程裝置

許多工程裝置基本上都在相同的情況下長時間運轉，例如蒸汽發電廠的元件（渦輪機、壓縮機、熱交換器及泵）在停機進行維修前，皆不停地運轉數個月（圖 5-25）。因此，這些裝置可以視為穩流裝置以利分析。

本節將敘述一些常見的穩流裝置，並對流體流經這些裝置進行熱力學分析。針對這些裝置的質量不滅與能量不滅定律，也會以例題加以說明。

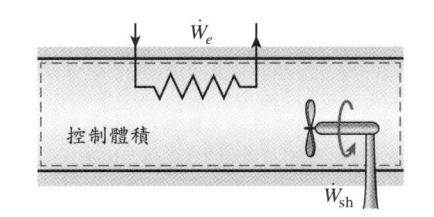

圖 5-22
在穩定操作下，軸功與電力功為簡單可壓縮系統，僅涉及功之形式。

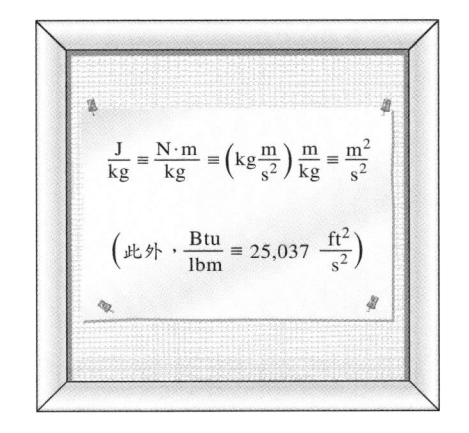

$$\frac{\text{J}}{\text{kg}} = \frac{\text{N} \cdot \text{m}}{\text{kg}} \equiv \left(\text{kg}\frac{\text{m}}{\text{s}^2}\right)\frac{\text{m}}{\text{kg}} \equiv \frac{\text{m}^2}{\text{s}^2}$$

$$\left(\text{此外，}\frac{\text{Btu}}{\text{lbm}} \equiv 25{,}037\,\frac{\text{ft}^2}{\text{s}^2}\right)$$

圖 5-23
單位 m^2/s^2 與 J/kg 是相等的。

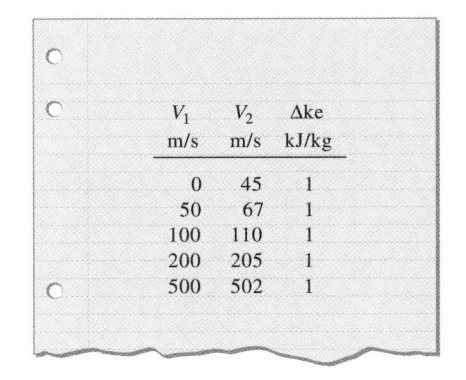

V_1 m/s	V_2 m/s	Δke kJ/kg
0	45	1
50	67	1
100	110	1
200	205	1
500	502	1

圖 5-24
在非常高速時，即使速度的小改變皆可能造成流體動能明顯的改變。

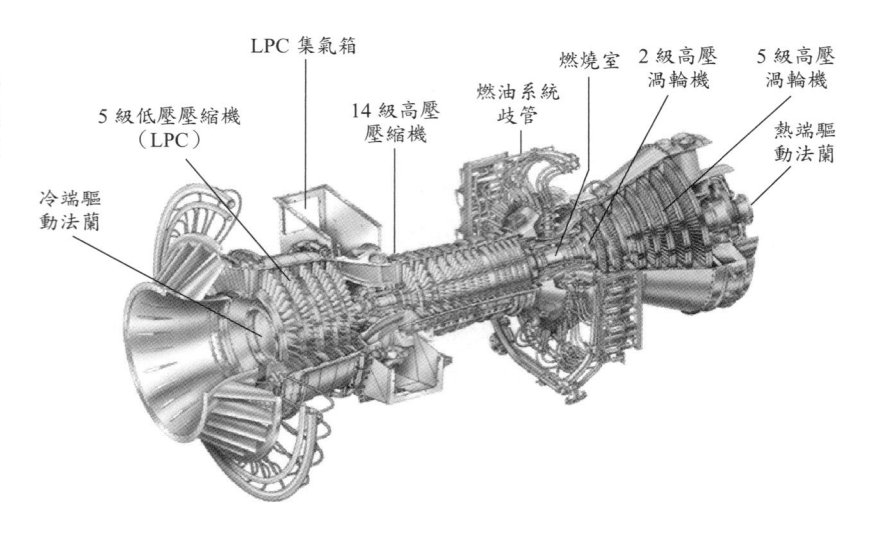

圖 5-25
用於發電的現代地上型氣渦輪機。這是奇異公司所出品的 LM5000 型渦輪機，長 6.2 公尺、重 12.5 噸，使用水蒸汽噴射在 3,600 rpm 時的發電量可達 55.2 MW。
Courtesy of GE Power Systems.

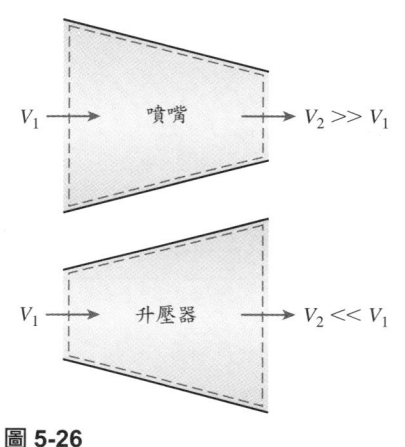

圖 5-26
噴嘴與升壓器的特殊造型使流體速度與動能產生極大的改變。

1. 噴嘴與升壓器

噴嘴與升壓器經常使用於噴射引擎、火箭、太空船，甚至花園水管。**噴嘴（nozzle）**是一種消耗壓力而增加流體速度的裝置，**升壓器（diffuser）**則是一種將流體減速而增加壓力的裝置；換言之，噴嘴與升壓器執行相反的任務。對於次音速流，噴嘴的截面積沿著流動方向減小，但對於超音速流則為增大；升壓器的特性則剛好與噴嘴相反。

因為流體的速度很高，所以在一些裝置上沒有足夠的時間發生明顯的熱傳遞，也因此流體流經噴嘴或升壓器與外界之間的熱傳率通常會很小（$\dot{Q} \approx 0$）。噴嘴與升壓器在本質上均不作功（$\dot{W} = 0$），同時位能上的任何改變均可忽略（$\Delta pe \cong 0$）。但是噴嘴或升壓器通常涉及高速流動，而當流體流經其中，其速度會發生巨大的變化（圖 5-26）。因此，在分析流經這些裝置的問題時，動能的變化必須考慮進去（$\Delta ke \neq 0$）。

例 5-4　空氣在升壓器內的減速

空氣在 10°C 與 80 kPa 以 200 m/s 的速度穩定地流進一噴射引擎的升壓器。升壓器的入口面積為 0.4 m²。空氣離開升壓器的速度與入口速度相較之下非常小。求：(a) 空氣的質量流率；(b) 空氣離開升壓器的溫度。

解： 空氣以特定速度穩定地進入升壓器，求空氣的質量流率以及升壓器出口處的溫度。

假設： (1) 屬於穩流過程，因為沒有任何一點會隨時間而改變，因此 $\Delta m_{CV} = 0$ 及 $\Delta E_{CV} = 0$。(2) 空氣為理想氣體，因為相對於臨界點，該條件為高溫低壓。(3) 位能的變化為零，即 $\Delta pe = 0$。(4)

忽略熱傳遞。(5) 忽略升壓器出口的動能。(6) 沒有功的作用。
分析：我們將升壓器視為一個系統（圖 5-27）。因為在過程中有質量通過系統邊界，因此這是一個控制體積。同時，我們也觀察到僅有一個入口與一個出口，因此 $\dot{m}_1 = \dot{m}_2 = \dot{m}$。
(a) 欲求質量流率，首先需求空氣的比容。由入口狀態的理想氣體關係式：

$$v_1 = \frac{RT_1}{P_1} = \frac{(0.287 \text{ kPa·m}^3/\text{kg·K})(283 \text{ K})}{80 \text{ kPa}} = 1.015 \text{ m}^3/\text{kg}$$

所以，

$$\dot{m} = \frac{1}{v_1} V_1 A_1 = \frac{1}{1.015 \text{ m}^3/\text{kg}} (200 \text{ m/s})(0.4 \text{ m}^2) = \mathbf{78.8 \text{ kg/s}}$$

因流動為穩定，流經整個升壓器的質量流率將維持為此值。
(b) 在前述的假設與觀察下，此穩流系統的能量平衡以變化率的形式表示為

$$\underbrace{\dot{E}_{\text{in}} - \dot{E}_{\text{out}}}_{\text{熱、功和質量的淨能量轉換率}} = \underbrace{dE_{\text{system}}/dt}_{\text{內能、位能和動能等能量的變化率}} \nearrow^{0\,(\text{穩定})} = 0$$

$$\dot{E}_{\text{in}} = \dot{E}_{\text{out}}$$

$$\dot{m}\left(h_1 + \frac{V_1^2}{2}\right) = \dot{m}\left(h_2 + \frac{V_2^2}{2}\right) \quad (\text{因 } \dot{Q} \cong 0 , \dot{W} = 0 \text{ 及 } \Delta pe \cong 0)$$

$$h_2 = h_1 - \frac{V_2^2 - V_1^2}{2}$$

升壓器的出口速度與入口速度相比，通常很小（$V_2 \ll V_1$）；因此，出口處的動能可被忽略。空氣在升壓器入口處的焓可由空氣表（表 A-17）求得

$$h_1 = h_{@\,283\,\text{K}} = 283.14 \text{ kJ/kg}$$

代入可得

$$h_2 = 283.14 \text{ kJ/kg} - \frac{0 - (200 \text{ m/s})^2}{2}\left(\frac{1 \text{ kJ/kg}}{1000 \text{ m}^2/\text{s}^2}\right)$$

$$= 303.14 \text{ kJ/kg}$$

由表 A-17 可知，對應於此焓值的溫度為

$$T_2 = \mathbf{303 \text{ K}}$$

討論：結果顯示當空氣在升壓器內被減速時，其溫度升高約 20°C。空氣溫度的上升主要是由於動能轉換為內能。

圖 5-27
例 5-4 噴射引擎中之升壓器。
Photo by Yunus Çengel.

例 5-5

水蒸汽在噴嘴內的加速

水蒸汽在 1.8 MPa 與 400°C 穩定地流入入口面積為 0.02 m² 的噴嘴，其質量流率為 5 kg/s，並在 1.4 MPa 以 275 m/s 的速度離開噴嘴。每單位質量水蒸汽從噴嘴散失的熱為 2.8 kJ/kg。求：(a)

入口速度；(b) 水蒸汽的出口溫度。

解：水蒸汽以特定流率與速度穩定地流進噴嘴。求水蒸汽的入口速度及出口溫度。

假設：(1) 屬於穩流過程，因為沒有任何一點會隨時間而改變，因此 $\Delta m_{CV} = 0$ 及 $\Delta E_{CV} = 0$。(2) 沒有功的作用。(3) 位能的變化為零，即 $\Delta pe = 0$。

分析：我們取噴嘴當作系統（圖 5-28）。因為在過程中有質量通過系統邊界，因此這是一個控制體積。同時，我們也觀察到僅有一個入口及一個出口，因此 $\dot{m}_1 = \dot{m}_2 = \dot{m}$。

(a) 水蒸汽在噴嘴入口的比容與焓為

$$\left.\begin{array}{l} P_1 = 1.8 \text{ MPa} \\ T_1 = 400°C \end{array}\right\} \quad \begin{array}{l} v_1 = 0.16849 \text{ m}^3/\text{kg} \\ h_1 = 3251.6 \text{ kJ/kg} \end{array} \quad \text{（表 A-6）}$$

所以，

$$\dot{m} = \frac{1}{v_1} V_1 A_1$$

$$5 \text{ kg/s} = \frac{1}{0.16849 \text{ m}^3/\text{kg}} (V_1)(0.02 \text{ m}^2)$$

$$V_1 = \mathbf{42.1 \text{ m/s}}$$

(b) 在前述的假設與觀察下，此穩流系統的能量平衡可以變化率的形式表示為

$$\underbrace{\dot{E}_{in} - \dot{E}_{out}}_{\text{熱、功和質量的淨能量轉換率}} = \underbrace{dE_{system}/dt}_{\text{內能、位能和動能等能量的變化率}}^{0 \text{（穩定）}} = 0$$

$$\dot{E}_{in} = \dot{E}_{out}$$

$$\dot{m}\left(h_1 + \frac{V_1^2}{2}\right) = \dot{Q}_{out} + \dot{m}\left(h_2 + \frac{V_2^2}{2}\right) \quad \text{（因 } \dot{W} = 0 \text{ 及 } \Delta pe \cong 0\text{）}$$

除以質量流率 $\dot{m}$ 並代入，可得

$$h_2 = h_1 - q_{out} - \frac{V_2^2 - V_1^2}{2}$$

$$= (3251.6 - 2.8) \text{ kJ/kg} - \frac{(275 \text{ m/s})^2 - (42.1 \text{ m/s})^2}{2}\left(\frac{1 \text{ kJ/kg}}{1000 \text{ m}^2/\text{s}^2}\right)$$

$$= 3211.9 \text{ kJ/kg}$$

所以，

$$\left.\begin{array}{l} P_2 = 1.4 \text{ MPa} \\ h_2 = 3211.9 \text{ kJ/kg} \end{array}\right\} \quad T_2 = \mathbf{378.6°C} \quad \text{（表 A-6）}$$

討論：注意，水蒸汽流經噴嘴後溫度降低 21.4°C。此溫度降低主要是因為內能轉換為動能。（此例中熱損失太小，而不致造成任何明顯的影響。）

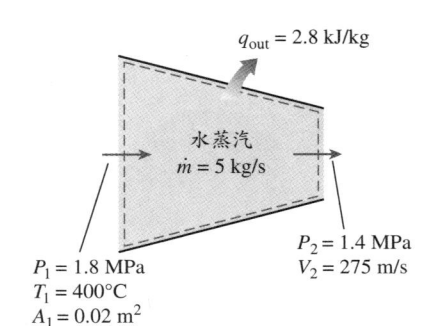

圖 5-28
例 5-5 的示意圖。

圖中標示：
$q_{out} = 2.8$ kJ/kg
水蒸汽 $\dot{m} = 5$ kg/s
$P_1 = 1.8$ MPa
$T_1 = 400°C$
$A_1 = 0.02$ m^2
$P_2 = 1.4$ MPa
$V_2 = 275$ m/s

2. 渦輪機與壓縮機

在蒸汽、氣體或水力發電廠，驅動發電機的裝置是渦輪機。當流體流經渦輪機，功作用於裝設在軸上的葉片，因此軸旋轉而渦輪機產生功（圖 5-29）。

壓縮機，如同泵及風扇，皆是用來增加流體壓力的裝置。外部來源可透過旋轉軸將功提供至這些裝置，因此壓縮機涉及到功的輸入。雖然這三種裝置的功能類似，但執行的任務卻不同。風扇能稍微增加氣體的壓力，主要用來流通氣體；壓縮機可將氣體壓縮至非常高的壓力；泵的功能與壓縮機十分類似，只是它是處理液體而非氣體。

值得注意的是，渦輪機產生功的輸出，而壓縮機、泵及風扇則需要功的輸入。來自渦輪機的熱傳遞通常可忽略不計（$\dot{Q} \approx 0$），因為基本上它們絕熱良好。壓縮機的熱傳遞亦可忽略不計，除非刻意冷卻。同時，這些裝置的位能變化亦可忽略不計（$\Delta pe \cong 0$）。除了渦輪機與風扇，這些裝置的速度通常很低，而導致動能不會有任何明顯的變化（$\Delta ke \cong 0$）。大部分渦輪機的速度都相當高，故流體的動能有明顯變化。但相對於焓的改變仍然很小，因此通常不予考慮。

圖 5-29
裝設在渦輪機軸上的葉片。
©Royalty-Free/Corbis

例 5-6　藉由壓縮機壓縮空氣

空氣在 100 kPa 與 280 K 的狀態下被穩定地壓縮至 600 kPa 與 400 K。其質量流率為 0.02 kg/s，而過程中發生 16 kJ/kg 的熱損失。假設動能與位能的變化均可忽略不計，求需輸入壓縮機的功率。

解： 空氣被壓縮機穩定地壓縮至特定的溫度與壓力，求輸入壓縮機的功率。

假設： (1) 屬於穩流過程，因為沒有任何一點會隨時間而改變，也因此 $\Delta m_{CV} = 0$ 及 $\Delta E_{CV} = 0$。(2) 空氣為理想氣體，因為相對於臨界點，該條件為高溫與低壓。(3) 動能與位能的變化為零，即 $\Delta ke = \Delta pe = 0$。

分析： 我們取壓縮機當作系統（圖 5-30）。因為在過程中有質量通過系統邊界，因此這是一個控制體積。同時，我們也觀察到僅有一個入口及一個出口，因此 $\dot{m}_1 = \dot{m}_2 = \dot{m}$。此外，熱從系統中散出，而且功必須供應給系統。

在前述的假設與觀察下，此穩流系統的能量平衡可以變化率的形式表示為

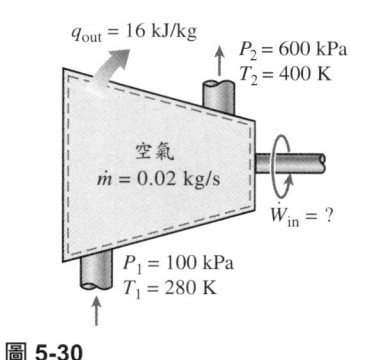

圖 5-30
例 5-6 的示意圖。

$$\underbrace{\dot{E}_{\text{in}} - \dot{E}_{\text{out}}}_{\substack{\text{熱、功和質量的} \\ \text{淨能量轉換率}}} = \underbrace{dE_{\text{system}}/dt}_{\substack{\text{內能、位能和動能} \\ \text{等能量的變化率}}} \nearrow^{0\,(\text{穩定})} = 0$$

$$\dot{E}_{\text{in}} = \dot{E}_{\text{out}}$$

$$\dot{W}_{\text{in}} + \dot{m}h_1 = \dot{Q}_{\text{out}} + \dot{m}h_2 \quad (\text{因 } \Delta\text{ke} = \Delta\text{pe} \cong 0)$$

$$\dot{W}_{\text{in}} = \dot{m}q_{\text{out}} + \dot{m}(h_2 - h_1)$$

因為理想氣體的焓僅與溫度有關，而在特定溫度的焓可由空氣表（表 A-17）得到

$$h_1 = h_{@\,280\,\text{K}} = 280.13\ \text{kJ/kg}$$

$$h_2 = h_{@\,400\,\text{K}} = 400.98\ \text{kJ/kg}$$

將值代入，可求得輸入壓縮機的功率為

$$\dot{W}_{\text{in}} = (0.02\ \text{kg/s})(16\ \text{kJ/kg}) + (0.02\ \text{kg/s})(400.98 - 280.13)\ \text{kJ/kg}$$
$$= \mathbf{2.74\ kW}$$

討論：值得注意的是，輸入至壓縮機的機械能一部分用來提升空氣的焓，另一部分則以熱的形式從壓縮機散失掉。

例 5-7

蒸汽渦輪機功率的產生

一絕熱的蒸汽渦輪機之功率輸出為 5 MW，而水蒸汽的入口與出口情況如圖 5-31 所示。(a) 比較 Δh、Δke 及 Δpe 的大小；(b) 求每單位質量水蒸汽流經渦輪機所作的功；(c) 計算水蒸汽的質量流率。

解：蒸汽渦輪機的入口與出口條件及輸出功率均為已知。求水蒸汽的動能、位能及焓，同時求水蒸汽每單位質量所作的功及質量流率。

假設：(1) 屬於穩流過程，因為沒有任何一點會隨時間而改變，也因此 $\Delta m_{\text{CV}} = 0$ 及 $\Delta E_{\text{CV}} = 0$。(2) 系統為絕熱，因此無熱傳遞。

分析：我們取渦輪機當作系統。因為在過程中有質量通過系統邊界，因此這是一個控制體積。同時，我們也觀察到僅有一個入口及一個出口，因此 $\dot{m}_1 = \dot{m}_2 = \dot{m}$。此外，系統作功。入口與出口的速度與高度為已知，因此必須考慮動能與位能。

(a) 在入口處，水蒸汽的狀態為過熱蒸氣，其焓為

$$\left. \begin{array}{l} P_1 = 2\ \text{MPa} \\ T_1 = 400°\text{C} \end{array} \right\} \quad h_1 = 3248.4\ \text{kJ/kg} \quad (\text{表 A-6})$$

在渦輪機出口處，顯然是在 15 kPa 壓力的飽和液—氣混合物。此狀態下的焓為

$$h_2 = h_f + x_2 h_{fg} = [225.94 + (0.9)(2372.3)]\ \text{kJ/kg} = 2361.01\ \text{kJ/kg}$$

因此

$P_1 = 2$ MPa
$T_1 = 400°\text{C}$
$V_1 = 50$ m/s
$z_1 = 10$ m

蒸汽渦輪機

$\dot{W}_{\text{out}} = 5$ MW

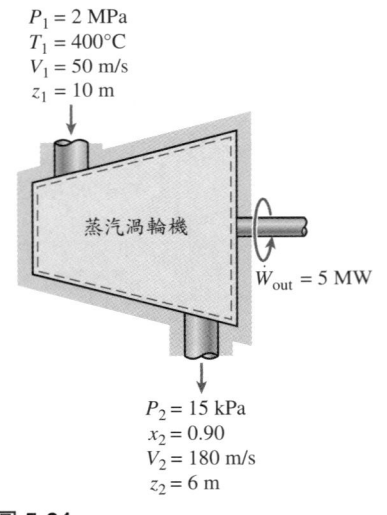

$P_2 = 15$ kPa
$x_2 = 0.90$
$V_2 = 180$ m/s
$z_2 = 6$ m

圖 5-31
例 5-7 的示意圖。

$$\Delta h = h_2 - h_1 = (2361.01 - 3248.4) \text{ kJ/kg} = \mathbf{-887.39 \text{ kJ/kg}}$$

$$\Delta \text{ke} = \frac{V_2^2 - V_1^2}{2} = \frac{(180 \text{ m/s})^2 - (50 \text{ m/s})^2}{2} \left(\frac{1 \text{ kJ/kg}}{1000 \text{ m}^2/\text{s}^2} \right)$$

$$= \mathbf{14.95 \text{ kJ/kg}}$$

$$\Delta \text{pe} = g(z_2 - z_1) = (9.81 \text{ m/s}^2)[(6 - 10) \text{ m}] \left(\frac{1 \text{ kJ/kg}}{1000 \text{ m}^2/\text{s}^2} \right)$$

$$= \mathbf{-0.04 \text{ kJ/kg}}$$

(b) 此穩流系統的能量平衡可以變化率的形式表示為

$$\underbrace{\dot{E}_{\text{in}} - \dot{E}_{\text{out}}}_{\text{熱、功和質量的淨能量轉換率}} = \underbrace{dE_{\text{system}}/dt}_{\text{內能、位能和動能等能量的變化率}} \overset{0 \, (\text{穩定})}{\nearrow} = 0$$

$$\dot{E}_{\text{in}} = \dot{E}_{\text{out}}$$

$$\dot{m}\left(h_1 + \frac{V_1^2}{2} + gz_1 \right) = \dot{W}_{\text{out}} + \dot{m}\left(h_2 + \frac{V_2^2}{2} + gz_2 \right) \quad (\text{因 } \dot{Q} = 0)$$

除以質量流率 $\dot{m}$ 並代入,可求得每單位質量水蒸汽渦輪機所作的功為

$$w_{\text{out}} = -\left[(h_2 - h_1) + \frac{V_2^2 - V_1^2}{2} + g(z_2 - z_1) \right]$$

$$= -(\Delta h + \Delta \text{ke} + \Delta \text{pe})$$

$$= -[-887.39 + 14.95 - 0.04] \text{ kJ/kg} = \mathbf{872.48 \text{ kJ/kg}}$$

(c) 5 MW 功率輸出所需的質量流率為

$$\dot{m} = \frac{\dot{W}_{\text{out}}}{w_{\text{out}}} = \frac{5000 \text{ kJ/s}}{872.48 \text{ kJ/kg}} = \mathbf{5.73 \text{ kg/s}}$$

討論: 從以上的結果可歸納出兩個觀察結論。第一,與焓及動能的變化相比,位能的變化不具任何意義,而大部分的工程裝置均是如此。第二,因為低壓(因此為大比容),水蒸汽在渦輪機出口的速度可能會很高,但動能的變化量僅為焓變化量的小比例(本例中小於 2%),因此通常被忽略不計。

⤴ 3. 節流閥

節流閥為可造成流體明顯壓降的任何一種限流裝置。一些熟悉的例子為一般的調節閥、毛細管及多孔塞(圖 5-32)。不像渦輪機,節流閥可產生壓降,但未涉及任何功。流體的壓降經常伴隨著大的降溫,因而節流裝置經常應用於冷凍與空調裝置上。節流過程中溫度的下降(有時為溫度上升)的大小,是由焦耳－湯姆遜係數(Joule-Thomson coefficient)的性質所控制,將於第 11 章討論。

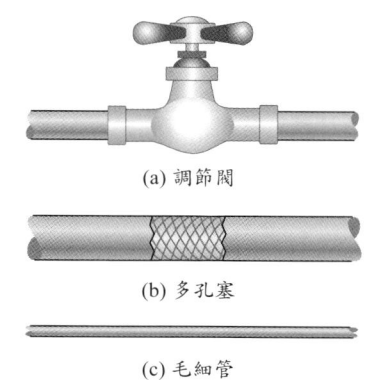

(a) 調節閥

(b) 多孔塞

(c) 毛細管

圖 5-32
節流閥裝置會引起流體的壓降。

節流閥經常是微小的裝置，當流體流經它們時，因為既無足夠的時間，亦無夠大的面積可發生任何有效的熱傳遞，因此可假設為絕熱（$q \cong 0$）。同時，並無功的作用（$w = 0$），而即使有位能的改變，亦為極小（$\Delta pe \cong 0$）。雖然出口速度通常比起入口速度來得高，但在許多情況下，動能的增加並不明顯（$\Delta ke \cong 0$）。因此，單一流穩流裝置的能量守恆方程式可簡化為

$$h_2 \cong h_1 \quad (\text{kJ/kg}) \tag{5-41}$$

換言之，節流閥在入口與出口的焓值相同。基於此，節流閥有時稱為等焓裝置。然而，諸如毛細管等有較大的暴露面積之節流裝置，熱傳遞可能是明顯的。

為了深入瞭解節流閥如何對流體性質造成影響，將公式 5-41 表示為

$$u_1 + P_1 v_1 = u_2 + P_2 v_2$$

或

內能 + 流能 = 常數

因此，節流過程最後的結果決定於過程中兩個能量中的哪一個量增加。若過程中因內能的消耗而使流能增加（$P_2 v_2 > P_1 v_1$），則也會因內能減少而伴隨溫度的下降。若乘積項 Pv 減少，則節流過程中流體的內能與溫度將會增加。對於理想氣體而言，因 $h = h(T)$，故節流過程中溫度會維持固定不變（圖 5-33）。

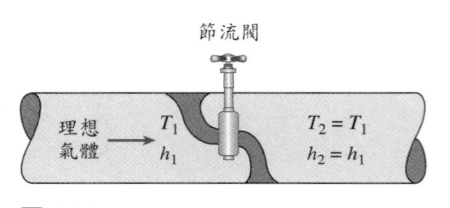

圖 5-33
在節流過程中（$h = $ 常數），因為 $h = h(T)$，理想氣體的溫度不會改變。

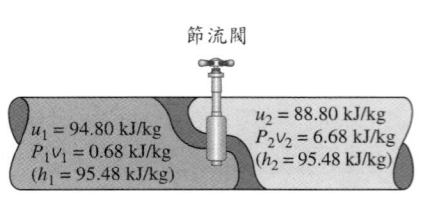

圖 5-34
節流過程中，流體的焓（流能＋位能）維持不變，但是內能與流能可以互相轉換。

例 5-8　冷凍機內冷媒 R-134a 的膨脹

冷媒 R-134a 以 0.8 MPa 的飽和液體進入冷凍機的毛細管，並節流至 0.12 MPa 的壓力，求冷媒在最後狀態的乾度以及此過程中溫度的下降。

解： 冷媒 R-134a 以飽和液體狀態進入毛細管並節流至特定壓力，求冷媒的出口乾度與溫度的下降。

假設：(1) 毛細管的熱傳遞忽略不計。(2) 冷媒的動能變化忽略不計。

分析： 毛細管為一般應用於冷凍的簡單阻流裝置，以利冷媒產生大的壓降。流經毛細管為一節流過程，因此冷媒的焓維持固定不變（圖 5-34）。

在入口處：$\left. \begin{array}{l} P_1 = 0.8 \text{ MPa} \\ \text{飽和液體} \end{array} \right\} \begin{array}{l} T_1 = T_{sat @ 0.8 \text{ MPa}} = 31.31°C \\ h_1 = h_{f @ 0.8 \text{ MPa}} = 95.48 \text{ kJ/kg} \end{array}$ （表 A-12）

在出口處：

$P_2 = 0.12$ MPa $\quad\longrightarrow\quad h_f = 22.47$ kJ/kg $\quad T_{sat} = -22.32°C$
$(h_2 = h_1) \quad\quad\quad\quad\quad\quad h_g = 236.99$ kJ/kg

很明顯地，$h_f < h_2 < h_g$，因此冷媒在出口狀態為飽和混合物。在此狀態下的乾度為

$$x_2 = \frac{h_2 - h_f}{h_{fg}} = \frac{95.48 - 22.47}{236.99 - 22.47} = \mathbf{0.340}$$

因為出口狀態為 0.12 MPa 的飽和混合物，故出口溫度必為此壓力下的飽和溫度，也就是 −22.32°C。因此該過程的溫度變化為

$$\Delta T = T_2 - T_1 = (-22.32 - 31.31)°C = \mathbf{-53.63°C}$$

討論：值得注意的是，在此節流過程中，冷媒的溫度降低 53.63°C。而節流過程中有 34% 的冷媒被汽化，而冷媒被汽化所需的能量是吸收自冷媒本身。

4a. 混合室

在工程應用上，經常會發生兩束流體的混合。混合過程發生的位置通常稱為**混合室**（**mixing chamber**）。所謂的混合室並不一定要有區隔空間的「室」。例如，浴室中一般的 T- 肘管或 Y- 肘管，就是充當冷、熱水流的混合室（圖 5-35）。

關於混合室的質量不滅定律，則要求流進的質量流率總和等於流出混合物的質量流率。

混合室通常皆為良好絕熱（$q \cong 0$），而且不作任何功（$w = 0$），同時流動流體的動能與位能經常可忽略不計（$ke \cong 0$，$pe \cong 0$）。因此，在能量方程式中僅剩下流進與流出混合物的總能量，而且能量不滅定律要求兩者相等。所以，此情況下的能量不滅方程式類似於質量不滅方程式。

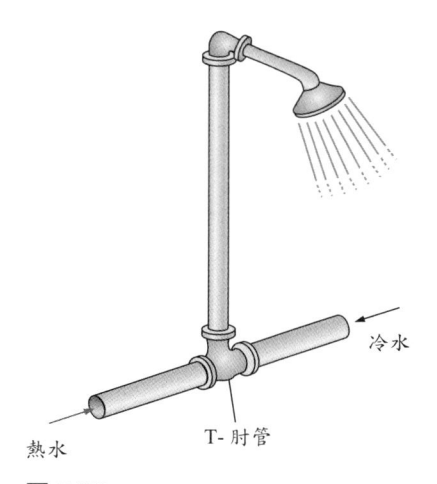

圖 5-35
一個普通淋浴裝置的 T- 肘管可以當作冷、熱水流的混合室。

例 5-9 淋浴過程中冷、熱水的混合

考慮一個普通的蓮蓬頭，其混合流進的熱水為 60°C，冷水為 10°C。若希望穩定地供給 45°C 的溫水水流，求熱水與冷水之質量流率的比值。假設從混合室所散失的熱可忽略，而在 150 kPa 的壓力下進行混合。

解：已知在蓮蓬頭內冷、熱水被混合至特定溫度，而在此特定溫度下求熱水與冷水之質量流率的比值。

假設：(1) 屬於穩流過程，因為沒有任何一點會隨時間而改變，也因此 $\Delta m_{CV} = 0$ 及 $\Delta E_{CV} = 0$。(2) 動能與位能可忽略不計，即 $ke \cong pe \cong 0$。(3) 從系統中散失的熱可忽略不計，因此 $\dot{Q} \cong 0$。(4) 沒有功的作用。

分析：我們取混合室當作系統（圖 5-36）。因為在過程中有質量通過系統邊界，因此這是一個控制體積。同時，我們也觀察到有

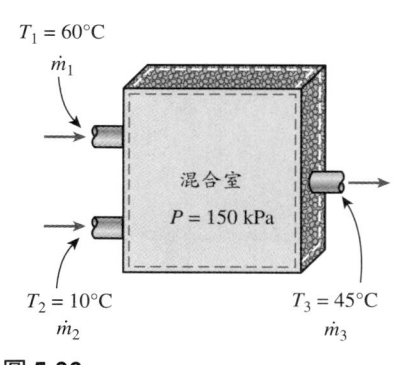

圖 5-36
例 5-9 的示意圖。

兩個入口及一個出口。在前述假設及觀察下，此穩流系統的質量與能量平衡可以變化率的形式表示為

質量平衡： $\dot{m}_{in} - \dot{m}_{out} = dm_{system}/dt \nearrow^{0\,(穩定)} = 0$

$$\dot{m}_{in} = \dot{m}_{out} \rightarrow \dot{m}_1 + \dot{m}_2 = \dot{m}_3$$

能量平衡：

$$\underbrace{\dot{E}_{in} - \dot{E}_{out}}_{\text{熱、功和質量的淨能量轉換率}} = \underbrace{dE_{system}/dt}_{\text{內能、位能和動能等能量的變化率}} \nearrow^{0\,(穩定)} = 0$$

$$\dot{E}_{in} = \dot{E}_{out}$$

$\dot{m}_1 h_1 + \dot{m}_2 h_2 = \dot{m}_3 h_3$（因 $\dot{Q} \cong 0$，$\dot{W} = 0$，ke $\cong$ pe $\cong 0$）

合併質量與能量平衡關係式，可得

$$\dot{m}_1 h_1 + \dot{m}_2 h_2 = (\dot{m}_1 + \dot{m}_2) h_3$$

將上式除以 $\dot{m}_2$ 可得

$$y h_1 + h_2 = (y + 1) h_3$$

其中，$y = \dot{m}_1 / \dot{m}_2$，即為所要求的質量流率比值。

水在 150 kPa 的飽和溫度為 111.35°C，因為三束水流的溫度均低於此值（$T < T_{sat}$），因此這三束水流均為壓縮液體（圖 5-37）。在已知溫度下，壓縮液體可近似為飽和液體，因此

$$h_1 \cong h_{f\,@\,60°C} = 251.18 \text{ kJ/kg}$$
$$h_2 \cong h_{f\,@\,10°C} = 42.022 \text{ kJ/kg}$$
$$h_3 \cong h_{f\,@\,45°C} = 188.44 \text{ kJ/kg}$$

解出 y 的方程式，並代入各個 h 值可得

$$y = \frac{h_3 - h_2}{h_1 - h_3} = \frac{188.44 - 42.022}{251.18 - 188.44} = \mathbf{2.33}$$

討論： 從結果可看出，若希望流出 45°C 的溫水，則熱水質量流率需為冷水質量流率的 2.33 倍。

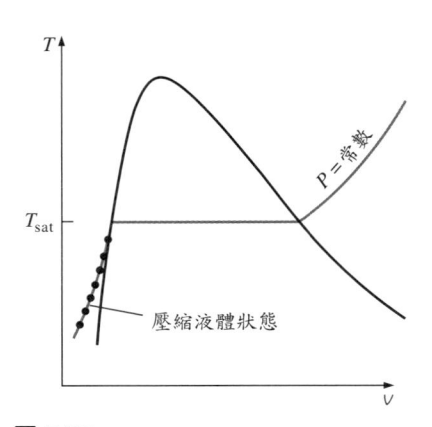

圖 5-37
物質的溫度低於特定壓力下的飽和溫度時，則以壓縮液體狀態存在。

⇒ 4b. 熱交換器

顧名思義，**熱交換器（heat exchanger）** 為兩束移動之流體流進行非混合之熱交換的裝置。熱交換器廣泛應用於各種工業上，而且有各種不同的設計。

最簡單形式的熱交換器為雙管型（又稱為管殼式）熱交換器，如圖 5-38 所示。它是由兩支不同直徑的同心管所組成：一流體在內管中流動，而另一流體在兩管間的環狀空間流動。熱自熱流體經由分隔壁傳至冷流體。有時內管在殼內製成雙迴路，以增加熱傳導面積及熱傳率。之前所討論的混合室有時也被歸類為

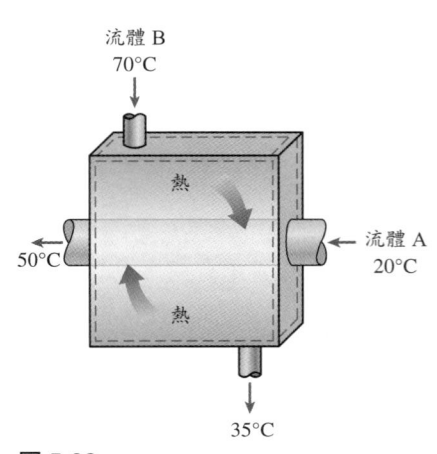

圖 5-38
熱交換器可以簡單地視為兩同心管。

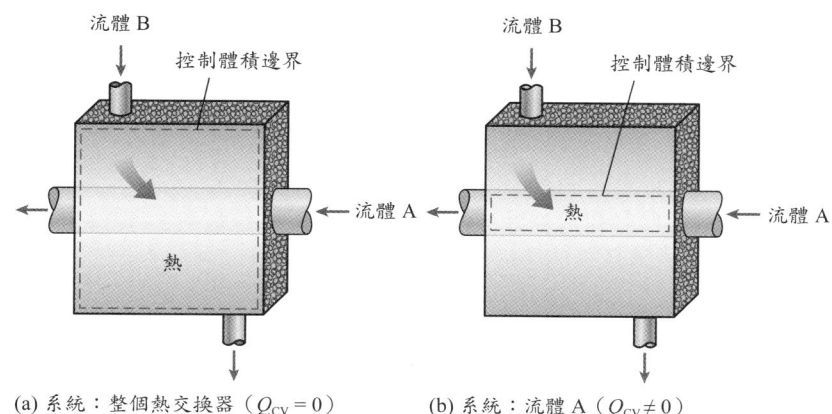

圖 5-39
熱交換器所牽涉到的熱傳遞可為零或不為零，視所選定的控制體積而定。

(a) 系統：整個熱交換器（$Q_{CV} = 0$）
(b) 系統：流體 A（$Q_{CV} \neq 0$）

直接接觸熱交換器。

　　穩定操作下的熱交換器之質量不滅定律則要求，內環質量流率的總和等於外環質量流率的總和。這個定律亦可表示如下：在穩定操作下，每一束流體流經熱交換器的質量流率維持不變。

　　典型的熱交換器未涉及功的作用（$w = 0$），而每一束流體流動的動能與位能變化可以忽略不計（$\Delta ke \cong 0$，$\Delta pe \cong 0$）。熱交換器的熱傳導率與如何選定控制體積有關。熱交換器的設計是希望在裝置內進行兩流體間的熱傳遞，因此外殼經常絕熱良好，以防止傳熱至外界媒介而造成熱損失。

　　當整個熱交換器被選定為控制體積，因為此例中邊界正好位於絕熱層下方，故極少或無熱通過邊界（圖 5-39），因此 $\dot{Q}$ 可視為零。然而，若僅有一流體被選為控制體積，當熱從一流體傳至另一流體時，熱將通過此邊界而使 $\dot{Q}$ 不為零。事實上，此情況的 $\dot{Q}$ 將是兩流體間的熱傳率。

例 5-10

藉由水來冷卻冷媒 R-134a

冷凝器內的冷媒 R-134a 藉由水來冷卻。冷媒在 1 MPa 與 70°C 以 6 kg/min 的質量流率進入冷凝器，並以 35°C 的溫度離開。冷卻水在 300 kPa 與 15°C 的狀態進入冷凝器，並以 25°C 離開。忽略任何壓降，求：(a) 所需冷卻水的質量流率；(b) 從冷媒傳至水的熱傳率。

解： 冷媒 R-134a 藉由冷凝器內的水來進行冷卻。求冷水的質量流率及從冷媒到水的熱傳率。

假設：(1) 屬於穩流過程，因為沒有任何一點會隨時間而改變，因此 $\Delta m_{CV} = 0$ 及 $\Delta E_{CV} = 0$。(2) 動能與位能可忽略不計，即 $ke \cong pe \cong 0$。(3) 從系統中散失的熱可忽略不計，因此 $\dot{Q} \cong 0$。(4) 沒有功的作用。

水
15°C
300 kPa
①

R-134a
③
70°C
1 MPa

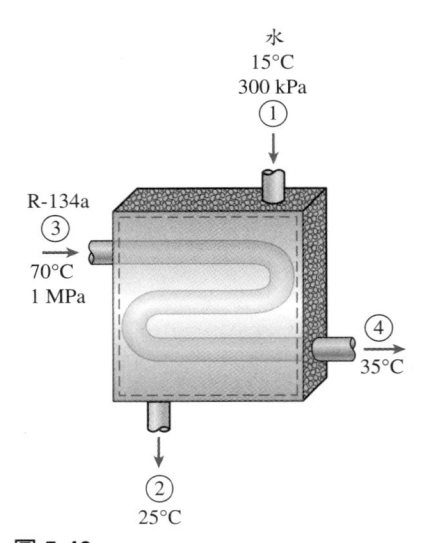

④
35°C

②
25°C

圖 5-40
例 5-10 的示意圖。

分析：取整個冷凝器當作系統（圖 5-40），因為在過程中有質量通過系統邊界，因此這是一個控制體積。一般而言，對於多流穩流裝置，有許多可能性來選定控制體積，而適當的選擇與現有的情況有關。同時，我們也觀察到有兩束流體流動（兩個入口及兩個出口），但無混合。

(a) 在前述假設及觀察下，此穩流系統的質量與能量平衡可以變化率的形式表示：

質量平衡： $\dot{m}_{in} = \dot{m}_{out}$

對每一束流體流動因為沒有混合，故
$$\dot{m}_1 = \dot{m}_2 = \dot{m}_w$$
$$\dot{m}_3 = \dot{m}_4 = \dot{m}_R$$

能量平衡：

$$\underbrace{\dot{E}_{in} - \dot{E}_{out}}_{\text{熱、功和質量的淨能量轉換率}} = \underbrace{dE_{system}/dt}_{\text{內能、位能和動能等能量的變化率}} \overset{0\,(\text{穩定})}{\nearrow} = 0$$

$$\dot{E}_{in} = \dot{E}_{out}$$

$$\dot{m}_1 h_1 + \dot{m}_3 h_3 = \dot{m}_2 h_2 + \dot{m}_4 h_4 \quad (\text{因 } \dot{Q} \cong 0, \dot{W} = 0, ke \cong pe \cong 0)$$

將質量與能量平衡結合並重新整理後，可得

$$\dot{m}_w(h_1 - h_2) = \dot{m}_R(h_4 - h_3)$$

接下來，我們需要決定四個狀態的焓值。因為在所有位置的溫度均低於水在 300 kPa 的飽和溫度（133.52°C），因此在入口處與出口處的水均為壓縮液體。若將壓縮液體近似為已知溫度的飽和液體，則

$$h_1 \cong h_{f\,@\,15°C} = 62.982 \text{ kJ/kg}$$
$$h_2 \cong h_{f\,@\,25°C} = 104.83 \text{ kJ/kg}$$

（表 A-4）

冷媒以過熱蒸氣狀態進入冷凝器，並在 35°C 以壓縮液體狀態離開。由冷媒 R-134a 的表可知，

$$\left.\begin{array}{l} P_3 = 1 \text{ MPa} \\ T_3 = 70°C \end{array}\right\} h_3 = 303.87 \text{ kJ/kg} \quad (\text{表 A-13})$$

$$\left.\begin{array}{l} P_4 = 1 \text{ MPa} \\ T_4 = 35°C \end{array}\right\} h_4 \cong h_{f\,@\,35°C} = 100.88 \text{ kJ/kg} \quad (\text{表 A-11})$$

代入可求得

$$\dot{m}_w(62.982 - 104.83) \text{ kJ/kg} = (6 \text{ kg/min})[(100.88 - 303.87) \text{ kJ/kg}]$$

$$\dot{m}_w = \mathbf{29.1 \text{ kg/min}}$$

(b) 欲求從冷媒傳至水的熱傳遞，我們必須選擇一個控制體積，其邊界位於熱傳遞路徑上。我們可選擇任一流體所占有的體積為控制體積。沒有特別的理由，我們選擇水占有的體積為控制體積。以前所提到的假設均可應用，唯有熱傳遞不再為零。再假設

熱被傳至水，因此單一流穩系統的能量平衡可簡化為

$$\underbrace{\dot{E}_{\text{in}} - \dot{E}_{\text{out}}}_{\substack{\text{熱、功和質量的}\\\text{淨能量轉換率}}} = \underbrace{dE_{\text{system}}/dt}_{\substack{\text{內能、位能和動能}\\\text{等能量的變化率}}}^{0\,(\text{穩定})} = 0$$

$$\dot{E}_{\text{in}} = \dot{E}_{\text{out}}$$
$$\dot{Q}_{w,\text{in}} + \dot{m}_w h_1 = \dot{m}_w h_2$$

重新整理並代入數值，可得

$$\dot{Q}_{w,\text{in}} = \dot{m}_w(h_2 - h_1) = (29.1\ \text{kg/min})[(104.83 - 62.982)\ \text{kJ/kg}]$$
$$= \mathbf{1218\ kJ/min}$$

討論：假如一開始將冷媒占有的體積當作控制體積（圖 5-41），將可得到相同的結果 $\dot{Q}_{R,\text{out}}$，這是因為水獲得的熱等於冷媒損失的熱。

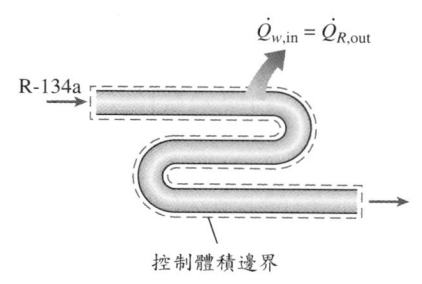

圖 5-41
在熱交換器內，熱傳遞與所選定的控制體積有關。

○5. 管路與管道流動

以管路及管道輸送液體或氣體在許多工程應用上非常重要。流體流經管路或管道通常滿足穩流條件，因此可以穩流過程來分析。當然，所謂的穩流過程並不包括暫態的啟動與關閉期間。控制體積可選定為我們有興趣且想要分析的管路與管道部分的內表面。

在正常操作之下，流體所得到或損失的熱量也許會很明顯，尤其當管路或管道很長時（圖 5-42）。有時候熱傳遞是所期望的，而且是流動的特定目標，例如發電廠爐內管路的水流、冷凍器內冷媒的流動，以及熱交換器內的流動，均為此種情況的例子。其他時候則不期望產生熱傳遞，管路或管道會被絕熱以避免任何熱損失或獲得，尤其當流動流體與外界的溫度差很大時。在此情況下的熱傳遞是可忽略的。

若控制體積含有加熱元件（電線）、風扇或泵，則需考慮功的作用（圖 5-43）。其中，風扇所作的功經常很小，在能量分析中通常予以忽略。

因為管路或管道流動的速度相當低，動能的變化通常不明顯，尤其當管路或管道直徑為固定值，且加熱效應可被忽略時更加確定。然而，當壓縮性效應非常明顯，而氣流經過不同截面積的管道時，動能的變化可能相當顯著。同時，當流體在管路或管道內流動，其高度的變化相當明顯，位能或許也會相當顯著。

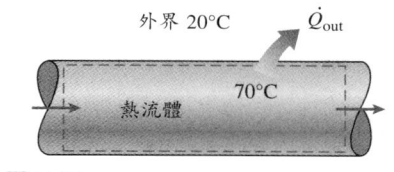

圖 5-42
熱流體流經非絕熱管路或管道時，其散至外界的熱損失可能非常顯著。

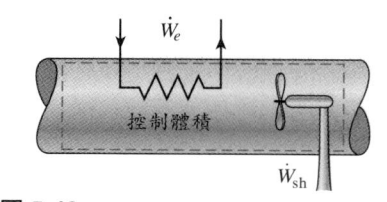

圖 5-43
在同一時間時，管路或管道流動可能涉及一種形式以上的功。

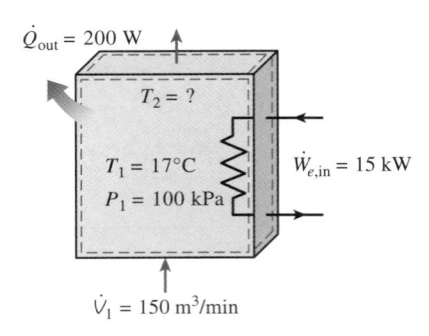

圖 5-44
例 5-11 的示意圖。

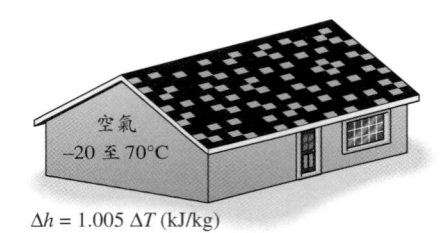

$\dot{Q}_{out} = 200$ W
$T_2 = ?$
$T_1 = 17°C$
$P_1 = 100$ kPa
$\dot{W}_{e,in} = 15$ kW
$\dot{V}_1 = 150$ m³/min

圖 5-45
空氣在 −20°C 至 70°C 的溫度範圍內，$\Delta h = c_p \Delta T$ 的誤差小於 0.5%，其中 $c_p = 1.005$ kJ/kg · °C。

空氣 −20 至 70°C
$\Delta h = 1.005 \Delta T$ (kJ/kg)

例 5-11　屋內空氣的電力加熱

在許多屋子中所使用的電熱系統，包含由電阻線所構成的簡單管道。當空氣流經電阻線時會被加熱。今考慮一 15 kW 的電熱系統，空氣在 100 kPa 與 17°C 以 150 m³/min 的體積流率進入加熱元件。若從管道內的空氣散失至外界的熱損失率為 200 W，求空氣的排出溫度。

解：考慮一屋內的電力加熱系統。在特定的電力功率消耗與空氣流率下，求空氣的排出溫度。

假設：(1) 屬於穩流過程，因為沒有任何一點會隨時間而改變，也因此 $\Delta m_{CV} = 0$ 及 $\Delta E_{CV} = 0$。(2) 空氣為理想氣體，因為相對於臨界點，該條件為高溫與低壓。(3) 位能與動能是可以忽略的，即 $\Delta ke \cong \Delta pe \cong 0$。(4) 室溫的空氣比熱可視為固定比熱。

分析：我們取管道內的加熱元件當作系統（圖 5-44）。因為在過程中有質量通過系統邊界，因此這是一個控制體積。同時，我們也觀察到僅有一個入口及一個出口，因此 $\dot{m}_1 = \dot{m}_2 = \dot{m}$。此外，熱是從系統損失，而電力功是供至系統。

在處理加熱與空調應用問題時所面臨的溫度範圍，其 Δh 可被 $c_p \Delta T$ 取代。室溫的比熱值 $c_p = 1.005$ kJ/kg · °C 具有可忽略的誤差（圖 5-45），則此穩流系統的能量平衡可以變化率的形式表示為

$$\underbrace{\dot{E}_{in} - \dot{E}_{out}}_{\text{熱、功和質量的淨能量轉換率}} = \underbrace{dE_{system}/dt}_{\text{內能、位能和動能等能量的變化率}}{}^{0\,(\text{穩定})} = 0$$

$$\dot{E}_{in} = \dot{E}_{out}$$

$$\dot{W}_{e,in} + \dot{m}h_1 = \dot{Q}_{out} + \dot{m}h_2 \quad (\text{因 } \Delta ke \cong \Delta pe \cong 0)$$

$$\dot{W}_{e,in} - \dot{Q}_{out} = \dot{m}c_p(T_2 - T_1)$$

由理想氣體關係式可知，空氣在管道入口的比容為

$$v_1 = \frac{RT_1}{P_1} = \frac{(0.287 \text{ kPa} \cdot \text{m}^3/\text{kg} \cdot \text{K})(290 \text{ K})}{100 \text{ kPa}} = 0.832 \text{ m}^3/\text{kg}$$

求得空氣流經管道的質量流率為

$$\dot{m} = \frac{\dot{V}_1}{v_1} = \frac{150 \text{ m}^3/\text{min}}{0.832 \text{ m}^3/\text{kg}}\left(\frac{1 \text{ min}}{60 \text{ s}}\right) = 3.0 \text{ kg/s}$$

代入已知數值，求得空氣的排出溫度為

$$(15 \text{ kJ/s}) - (0.2 \text{ kJ/s}) = (3 \text{ kg/s})(1.005 \text{ kJ/kg} \cdot °C)(T_2 - 17)°C$$

$$T_2 = \mathbf{21.9°C}$$

討論：管道散失熱會降低空氣的出口溫度。

5-5 非穩流過程之能量平衡

穩流過程中,控制體積內無變化發生,因此不需關心邊界內部發生何事。也因為不需擔心控制體積內部在任何時間有任何變化,因此便可大幅簡化整個分析過程。

然而,許多相關的過程中,控制體積會隨時間而發生變化,這種過程稱為非穩流(unsteady-flow)或暫態流(transient-flow)過程。之前推導出的穩流關係式顯然不再適用於這些過程。在分析非穩流過程時,必須追蹤控制體積的質量與能量的含量,以及通過邊界的能量交互作用。

我們已十分熟悉一些非穩流過程,例如從供應線對剛槽的充填(圖5-46)、從壓力容器排放流體、儲存於大容器的壓縮空氣驅動氣體渦輪機、洩氣的輪胎或氣球,甚至以一般的壓力鍋烹飪。

不同於穩流過程,非穩流過程開始後經某一段有限時間後會結束,而非無限期地連續。因此本節中將處理某時間區 Δt 所發生的變化,而非變化率(每單位時間的變化)。在某些方面,非穩流過程類似封閉系統,只除了系統邊界內的質量在過程中並非維持固定不變。

穩流系統與非穩流系統間的另一個不同處為,穩流系統的空間、大小及形狀固定,但非穩流系統並非如此(圖5-47)。它們通常為固定的(即固定於空間),但可能有移動的邊界,因此具有邊界功。

系統進行任一過程的質量平衡(參見第5-1節)可表示為

$$m_{in} - m_{out} = \Delta m_{system} \quad \text{(kg)} \tag{5-42}$$

其中,$\Delta m_{system} = m_{final} - m_{initial}$ 為過程中系統質量的變化量。對於控制體積,質量平衡可更明確地表示為

$$m_i - m_e = (m_2 - m_1)_{CV} \tag{5-43}$$

其中,i = 入口,e = 出口,而 1 與 2 分別為控制體積的初始狀態與最後狀態。通常上式會有一項或多項為零。例如,若過程中無質量進入控制體積,則 $m_i = 0$;若過程中無質量離開控制體積,則 $m_e = 0$;若控制體積最初為真空,則 $m_1 = 0$。

非穩流過程中,控制體積的能量含量會隨時間而改變,其改變量決定於過程中以熱及功通過系統邊界的能量傳遞量,以及透過質量傳進與傳出控制體積的能量傳輸量。在分析非穩流過程時,我們必須考慮控制體積的能量含量,以及進出流動流體的能量。

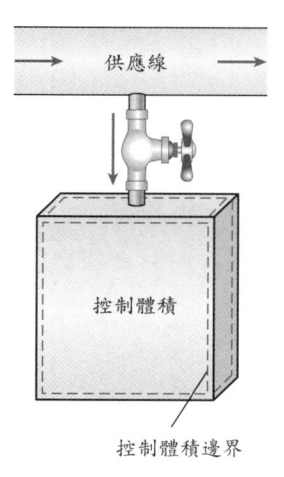

圖 5-46
自供應線對剛槽的充填為非穩流過程,因為其涉及控制體積內的變化。

圖 5-47
非穩流的過程中,控制體積的形狀與大小可能改變。

之前所提出的一般能量平衡為

能量平衡：$\underbrace{E_{\text{in}} - E_{\text{out}}}_{\text{熱、功和質量的淨能量轉換}} = \underbrace{\Delta E_{\text{system}}}_{\text{內能、位能和動能等能量的變化率}}$ （kJ） **(5-44)**

一般的非穩流過程因在入口與出口之質量性質可能改變，所以很難分析。然而，大部分的非穩流過程可合理地以**均流過程**（**uniform-flow process**）表示，其具有下列的理想化：在任一入口或出口的流體流為均一與穩定，因此在一入口或出口的整個截面上流體的性質，不會隨時間或位置而改變；若會改變，則考慮平均化，並將整個過程視為固定不變。

不像穩流系統，非穩流系統的狀態可隨時間改變，而在任一瞬間離開控制體積的質量狀態，與該瞬間控制體積內的質量狀態相同。從初始狀態與最後狀態的資料可決定控制體積的初始性質與最後性質，而對簡單可壓縮系統而言，以兩個獨立的內延性質可完整指出控制體積的狀態。

均流系統的能量平衡可明確地表示為

$$\left(Q_{\text{in}} + W_{\text{in}} + \sum_{\text{in}} m\theta\right) - \left(Q_{\text{out}} + W_{\text{out}} + \sum_{\text{out}} m\theta\right) = (m_2 e_2 - m_1 e_1)_{\text{system}}$$
(5-45)

其中，$\theta = h + \text{ke} + \text{pe}$ 為任何入口或出口流動流體每單位質量的能量，而 $e = u + \text{ke} + \text{pe}$ 為控制體積內非流動流體每單位質量的能量。如果控制體積與流體流的動能與位能改變均可忽略，而且經常如此，則上述能量平衡可簡化為

$$Q - W = \sum_{\text{out}} mh - \sum_{\text{in}} mh + (m_2 u_2 - m_1 u_1)_{\text{system}}$$
(5-46)

其中，$Q = Q_{\text{net,in}} = Q_{\text{in}} - Q_{\text{out}}$ 為淨熱輸入，而 $W = W_{\text{net,out}} = W_{\text{out}} - W_{\text{in}}$ 為淨功輸出。值得注意的是，假如過程中無質量進入或離開控制體積（$m_i = m_e = 0$ 與 $m_1 = m_2 = m$），此方程式可簡化成封閉系統的能量平衡關係式（圖 5-48）。同時也應注意到，非穩流系統可具有邊界功、電力功及軸功（圖 5-49）。

雖然穩流與均流過程有些理想化，但許多實際的過程可以合理地以其中之一表示而有滿意的結果，而滿意的程度則視所要求的精確度及所做假設的有效程度而定。

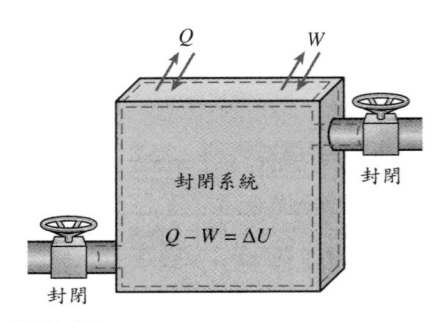

圖 5-48
當所有的入口與出口皆被封閉，均流系統的能量方程式簡化成封閉系統的能量方程式。

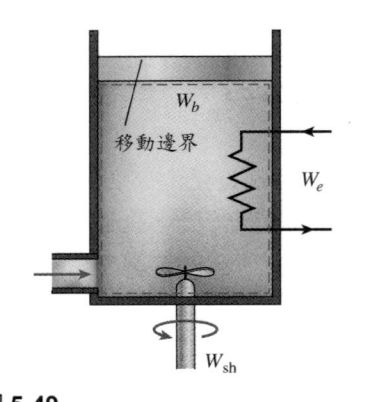

圖 5-49
均流系統可同時具有電力功、軸功及邊界功。

例 5-12 以水蒸汽充填剛性容器

一最初為真空的絕熱剛槽以閥連接至載有 1 MPa 與 300°C 之水蒸汽的供應線。現在將閥打開，使水蒸汽緩慢地流入容器，直至壓力達到 1 MPa 再將閥關閉，求容器內水蒸汽的最後溫度。

解：最初為真空的絕熱剛槽與水蒸汽供應線相通的閥被打開。水蒸汽緩慢地流入容器，直至壓力達到供應線的壓力值，求容器內的最後溫度。

假設：(1) 此過程可以均流過程來分析，因為整個過程中水蒸汽進入控制體積的性質維持固定不變。(2) 水蒸汽的動能與位能是可忽略的，即 $ke \cong pe \cong 0$。(3) 容器為固定的，因此其動能與位能改變均為零，即 $\Delta KE = \Delta PE = 0$ 且 $\Delta E_{system} = \Delta U_{system}$。(4) 無邊界功、電力功或軸功的作用。(5) 容器絕熱良好，因此無熱傳遞。

分析：我們取容器當作系統（圖 5-50）。因為在過程中有質量通過系統邊界，因此這是一個控制體積。此外，我們觀察到此為非穩流過程，因為控制體積內發生變化。熱從系統損失，而供至系統的功為電力功。控制體積最初為真空，因此 $m_1 = 0$ 且 $m_1 u_1 = 0$。同時，對於質量流動只有一個入口，而無出口。

值得注意的是，流動與非流動流體的微觀能量分別以焓 h 與內能 u 表示，此均流系統的質量與能量平衡可表示為

質量平衡：$m_{in} - m_{out} = \Delta m_{system} \rightarrow m_i = m_2 - m_1^{\,0} = m_2$

能量平衡：$\underbrace{E_{in} - E_{out}}_{\text{熱、功和質量的淨能量轉換}} = \underbrace{\Delta E_{system}}_{\text{內能、位能和動能等能量的變化}}$

$$m_i h_i = m_2 u_2 \quad (\text{因 } W = Q = 0, ke \cong pe \cong 0, m_1 = 0)$$

合併質量與能量平衡關係式，可得

$$u_2 = h_i$$

換言之，容器內水蒸汽的最後的內能等於水蒸汽進入容器的焓。水蒸汽在入口狀態的焓為

$$\left.\begin{array}{l} P_i = 1 \text{ MPa} \\ T_i = 300°C \end{array}\right\} h_i = 3051.6 \text{ kJ/kg} \quad (\text{表 A-6})$$

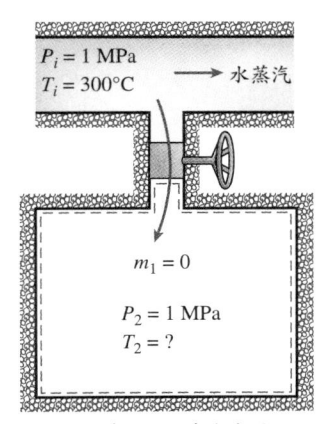

圖 5-50

例 5-12 的示意圖。

(a) 水蒸汽流入真空容器

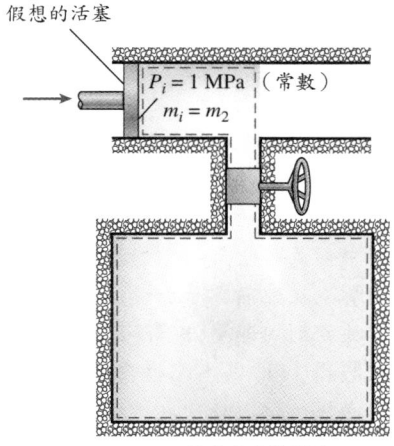

$P_i = 1$ MPa
$T_i = 300°C$
水蒸汽
$m_1 = 0$
$P_2 = 1$ MPa
$T_2 = ?$

(b) 封閉系統等價性

假想的活塞
$P_i = 1$ MPa（常數）
$m_i = m_2$

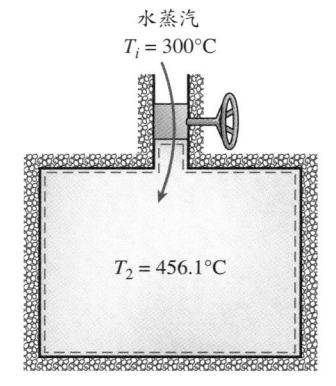

圖 5-51
當水蒸汽流入容器，由於流能轉換為內能，使得水蒸汽的溫度由 300°C 上升至 456.1°C。

其值等於 u_2。因為現在已經知道最後狀態的兩個性質，由相同的表可得到此狀態的溫度為

$$\left.\begin{array}{l} P_2 = 1 \text{ MPa} \\ u_2 = 3051.6 \text{ kJ/kg} \end{array}\right\} \quad T_2 = 456.1°C$$

討論：注意，容器內的水蒸汽的溫度增加到 156.1°C。一開始對此結果可能會感到驚訝，並懷疑使水蒸汽溫度上升的能量從何而來。答案就在 $h = u + Pv$。由焓所表現出的能量之一部分為流能 Pv。當流體停止存在控制體積內時，此流能轉換為顯內能，並以提升溫度的方式顯現（圖 5-51）。

另解：此題亦可利用其他方式求解，只要將容器內部區域及預定進入的質量視為封閉系統（圖 5-50b）。因為無質量通過邊界，將此視為封閉系統是適當的。

過程中，上方的水蒸汽（假想的活塞）將管線中包圍的水蒸汽以 1 MPa 的固定壓力推入容器，因此過程中的邊界功為

$$W_{b,in} = -\int_1^2 P_i \, dV = -P_i(V_2 - V_1) = -P_i[V_{tank} - (V_{tank} + V_i)] = P_i V_i$$

其中，V_i 為水蒸汽在進入容器前所占的體積，而 P_i 為在移動的邊界（假想的活塞面）之壓力。封閉系統的能量平衡為

$$\underbrace{E_{in} - E_{out}}_{\text{熱、功和質量的淨能量轉換}} = \underbrace{\Delta E_{system}}_{\text{內能、位能和動能等能量的變化}}$$

$$W_{b,in} = \Delta U$$
$$m_i P_i v_i = m_2 u_2 - m_i u_i$$
$$u_2 = u_i + P_i v_i = h_i$$

因為系統的最初狀態僅為水蒸汽的供應線條件。此結果與均流分析所獲得的結果相同。再次地，溫度的上升是由所謂的流能或流功所造成，也就是在流動中推動流體所需的能量。

例 5-13 在定溫下已加熱空氣的排放

有一體積為 8 m³ 的絕熱剛槽，其內的空氣狀態為 600 kPa 及 400 K。連接到此剛槽的閥門現在被打開，而使剛槽內的空氣排出，直到內部壓力降至 200 kPa。整個空氣排放過程，因剛槽內的電子加熱器的作用，使剛槽內的空氣溫度維持不變。求在排放過程中供應給空氣的電能。

解：在配備電子加熱器的絕熱剛槽內之加壓空氣，以等溫過程排放直到內部壓力下降到某一特定值。求供應給空氣的電能。

假設：(1) 因為剛槽內的條件持續變化，因此整個過程為非穩流過程。但由於空氣排放出口條件維持不變，可用均流過程加以分析。(2) 動能與位能是可忽略的。(3) 因為是絕熱剛槽，可以忽略

熱傳遞。(4) 空氣為可變比熱之理想氣體。

分析： 我們取剛槽內容物當作系統（圖 5-52）。因為在過程中有質量通過系統邊界，因此這是一個控制體積。值得注意的是，流動與非流動流體的微觀能量分別以焓 h 與內能 u 表示，而此均流系統的質量與能量平衡可表示為

質量平衡： $\quad m_{in} - m_{out} = \Delta m_{system} \rightarrow m_e = m_1 - m_2$

能量平衡： $\quad \underbrace{E_{in} - E_{out}}_{\text{熱、功和質量的淨能量轉換}} = \underbrace{\Delta E_{system}}_{\text{內能、位能和動能等能量的變化}}$

$$W_{e,in} - m_e h_e = m_2 u_2 - m_1 u_1 \quad (\text{因 } Q \cong \text{ke} \cong \text{pe} \cong 0)$$

空氣的氣體常數 $R = 0.287 \text{ kPa} \cdot \text{m}^3/\text{kg} \cdot \text{K}$（表 A-1）。容器內最初與最後的空氣質量及排放量都可由理想氣體關係式求得

$$m_1 = \frac{P_1 V_1}{RT_1} = \frac{(600 \text{ kPa})(8 \text{ m}^3)}{(0.287 \text{ kPa} \cdot \text{m}^3/\text{kg} \cdot \text{K})(400 \text{ K})} = 41.81 \text{ kg}$$

$$m_2 = \frac{P_2 V_2}{RT_2} = \frac{(200 \text{ kPa})(8 \text{ m}^3)}{(0.287 \text{ kPa} \cdot \text{m}^3/\text{kg} \cdot \text{K})(400 \text{ K})} = 13.94 \text{ kg}$$

$$m_e = m_1 - m_2 = 41.81 - 13.94 = 27.87 \text{ kg}$$

空氣在 400 K 狀態下的焓與內能分別為 $h_e = 400.98$ kJ/kg 及 $u_1 = u_2 = 286.16$ kJ/kg（表 A-17）。因此，藉由能量平衡關係式可求出供應給空氣的電能為

$$W_{e,in} = m_e h_e + m_2 u_2 - m_1 u_1$$
$$= (27.87 \text{ kg})(400.98 \text{ kJ/kg}) + (13.94 \text{ kg})(286.16 \text{ kJ/kg})$$
$$- (41.81 \text{ kg})(286.16 \text{ kJ/kg})$$
$$= 3200 \text{ kJ} = \textbf{0.889 kWh}$$

因為 1 kWh = 3600 kJ。

討論： 假如排放空氣的溫度會隨著排放過程而變化，本題可以在平均排放溫度 $T_e = (T_2 + T_1)/2$ 之條件下估算出合理的焓值 h_e，並視它為常數來處理問題。

圖 5-52
例 5-13 的示意圖。

空氣
$V = 8 \text{ m}^3$
$P = 600 \text{ kPa}$
$T = 400 \text{ K}$
$W_{e,in}$

摘 要

質量不滅定律說明了過程中傳至系統或自系統傳出的淨質量，等於過程中系統質量的淨改變量（增加或減少），並表示為

$m_{in} - m_{out} = \Delta m_{system}$ 和 $\dot{m}_{in} - \dot{m}_{out} = dm_{system}/dt$

其中，$\Delta m_{system} = m_{final} - m_{initial}$ 為過程中系統質量的變化量，$\dot{m}_{in}$ 與 $\dot{m}_{out}$ 為流進與流出系統的總質量流率，而 dm_{system}/dt 為系統邊界內的質量變化率。上述關係式亦稱為質量平衡方程式，其可應用於任何系統進行任何種類的過程。

每單位時間流經一截面的總質量稱為質量流率，並表示為

$$\dot{m} = \rho V A$$

其中，$\rho =$ 流體密度，$V =$ 垂直於 A 的流體平均速度，而 $A =$ 垂直於流動方向的截面積。每單位時間流經截面的流體體積稱為體積流率，表示為

$$\dot{V} = VA = \dot{m}/\rho$$

將單位質量的流體推入或推出一控制體積所

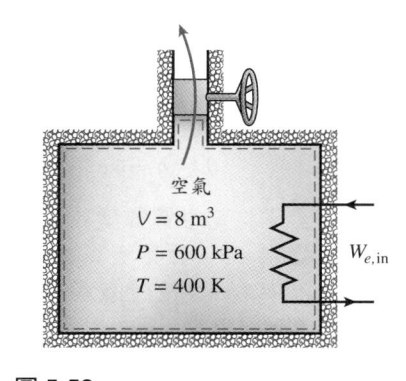

需的功,稱為流功或流能,表示為 $w_{flow} = Pv$。在分析控制體積時,可以將流能與內能結合為焓以方便計算,而流動流體的總能量表示為

$$\theta = h + ke + pe = h + \frac{V^2}{2} + gz$$

具有均勻性質質量為 m 的流動流體傳輸之總能量為 $m\theta$。質量流率 $\dot{m}$ 之流體的能量傳輸率為 $\dot{m}\theta$。當流體的動能與位能為可忽略時,能量傳輸的量與率分別為 $E_{mass} = mh$ 與 $\dot{E}_{mass} = \dot{m}h$。

熱力學第一定律實質上為能量不滅定律的表示,亦可稱為能量平衡。系統進行任何過程的質量與能量平衡可表示為

$$\underbrace{E_{in} - E_{out}}_{\text{熱、功和質量的淨能量轉換}} = \underbrace{\Delta E_{system}}_{\text{內能、動能和位能等能量的變化}}$$

亦可以變化率的形式表示為

$$\underbrace{\dot{E}_{in} - \dot{E}_{out}}_{\text{熱、功和質量的淨能量轉換率}} = \underbrace{dE_{system}/dt}_{\text{內能、動能和位能等能量的變化率}}$$

涉及到控制體積的熱力學過程可以分為兩群:穩流過程與非穩流過程。在穩流過程中,流體穩定地流經控制體積,並在一固定點上不隨時間的改變而改變,同時控制體積的質量與能量含量維持固定。當熱從外界傳至系統與由系統對外作功時,皆被視為正的物理量,則穩流過程的質量與能量不滅方程式可表示為

$$\sum_{in} \dot{m} = \sum_{out} \dot{m}$$

$$\dot{Q} - \dot{W} =$$
$$\underbrace{\sum_{out} \dot{m}\left(h + \frac{V^2}{2} + gz\right)}_{\text{對每個出口}} - \underbrace{\sum_{in} \dot{m}\left(h + \frac{V^2}{2} + gz\right)}_{\text{對每個入口}}$$

這些是穩流系統最常見的方程式形式。對於單一流動系統(一個入口及一個出口),例如噴嘴、升壓器、渦輪機、壓縮機及泵等,上式可簡化為

$$\dot{m}_1 = \dot{m}_2 \rightarrow \frac{1}{v_1}V_1A_1 = \frac{1}{v_2}V_2A_2$$

$$\dot{Q} - \dot{W} = \dot{m}\left[h_2 - h_1 + \frac{V_2^2 - V_1^2}{2} + g(z_2 - z_1)\right]$$

在這些關係式中,下標 1 與 2 分別代表入口與出口的狀態。

大部分的非穩流過程可視為均流過程模式,其要求流體在任一入口或出口處為均一與穩定,因此流體的性質在入口或出口處的整個截面上不隨時間或位置的改變而改變。若有改變,則取平均值,並將整個過程視為固定值。當控制體積及流體流的動能與位能之變化量均可忽略時,則均流系統的質量與能量平衡關係式可表示為

$$m_{in} - m_{out} = \Delta m_{system}$$

$$Q - W = \sum_{out} mh - \sum_{in} mh + (m_2u_2 - m_1u_1)_{system}$$

其中,$Q = Q_{net,in} = Q_{in} - Q_{out}$ 為淨熱量輸入,而 $W = W_{net,out} = W_{out} - W_{in}$ 為淨功輸出。

在求解熱力學問題時,建議先將能量平衡的一般形式 $E_{in} - E_{out} = \Delta E_{system}$ 應用於所有的問題上,然後再針對特別的問題做簡化,而不是將此處的特定關係式使用於不同的過程。

參考書目

1. ASHRAE. *Handbook of Fundamentals*. SI version. Atlanta, GA: American Society of Heating, Refrigerating, and Air-Conditioning Engineers, Inc., 1993.
2. ASHRAE. *Handbook of Refrigeration*. SI version. Atlanta, GA: American Society of Heating, Refrigerating, and Air-Conditioning Engineers, Inc., 1994.
3. Y. A. Çengel and J. M. Cimbala, *Fluid Mechanics: Fundamentals and Applications*, 3rd ed. New York: McGraw-Hill, 2014.

習 題

■ 質量不滅(守恆)

5-1C 定義質量流率與體積流率。兩者之間的關係為何?

5-2 一建築物內浴室的通風扇以體積流率 30 L/s 連續運轉,假設屋內的空氣密度為 1.2 kg/m^3,求每日排出空氣的質量。

5-3 空氣在 200 kPa 與 20ºC 下,以穩定 5 m/s 的速度進入直徑 28 cm 的管子。當空氣在管內流動獲得熱量,並以 180 kPa 與 40ºC 的狀態離開管子,求:(a) 入口處空氣的體積流率;(b) 空氣

的質量流率；(c) 出口處的速度與體積流率。

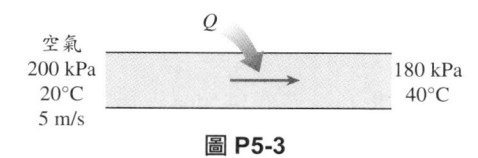

空氣
200 kPa　　　　　　　　　180 kPa
20°C　　　　　　　　　　　40°C
5 m/s

圖 P5-3

5-4 一個 2m³ 的剛性容器最初裝有密度為 1.18 kg/m³ 的空氣，該容器以閥連接至一高壓供應管線。今打開閥，空氣進入容器直到容器的密度上升到 5.30 kg/m³。求進入容器的空氣質量。答：8.24 kg

5-5 圖 P5-5 所示為一旋風除塵器，常被用來清除微細固體粒子如飛灰等。假設廢氣中含有 0.001（質量分率）的飛灰，若廢氣進入旋風除塵器的質量流率為 10 kg/s，則每年從飛灰出口與氣體出口吹出的質量流率各為多少？並求出每年所收集到飛灰的量。

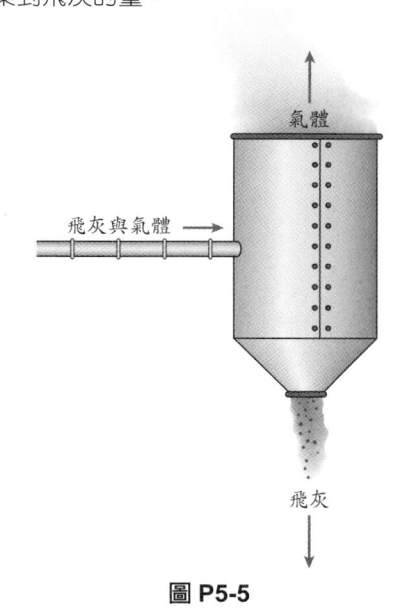

圖 P5-6
©*Photo Link/Getty Images RF*

5-7 一桌上型電腦以流率為 0.34 m³/min 之風扇來進行散熱。若該電腦位於海拔 3,400 m 處，空氣密度為 0.7 kg/m³，求其質量流率。此外，若空氣的平均速度不超過 110 m/min 的條件下，求其風扇盒的直徑大小。答：0.238 kg/min，0.063 m

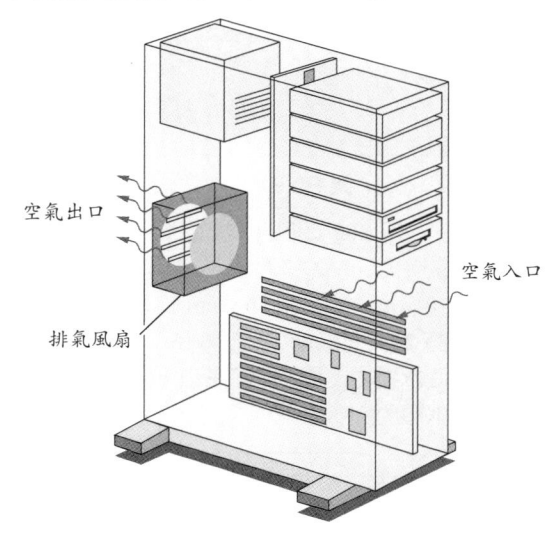

圖 P5-5

5-6 一個圓型熱氣球，一開始充滿 120 kPa、20°C 的空氣，此時直徑為 5 m。當 120 kPa、20°C 的空氣持續灌入氣球內，假設灌入氣體的接頭直徑為 1 m，空氣進入的速度為 3 m/s，試求多久之後，氣球的直徑會膨脹至 15 m？答：12.0 分鐘

圖 P5-7

5-8 一個泵可以將水壓從入口的 100 kPa 增加至出口的 900 kPa，假設水進入泵時，溫度為 15°C，開口管徑為 1 cm，出口管徑為 1.5 cm，求在水流量為 0.5 kg/s 時，入口與出口的水流速度。如果入口的水溫增加至 40°C 時，水流速度的變化為何？

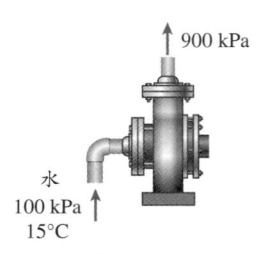

圖 P5-8

5-9 對於一個可容納 15 個吸菸者的吸菸室，法規規定最小的新鮮空氣流量為每個人 30 L/s（ASHRAE，標準 62，1989 年）。求此吸菸室所需的新鮮空氣最小流量為何？若風扇的管路內速度不能大於 8 m/s，則此管路的直徑為何？

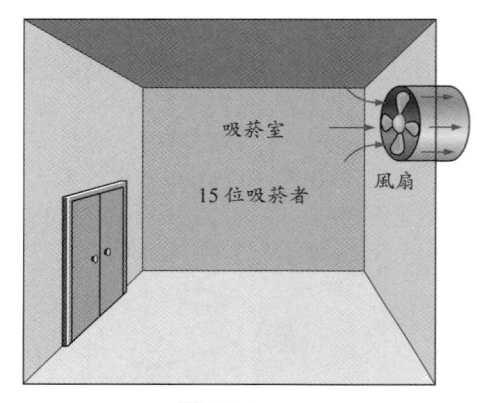

圖 P5-9

5-10 對於一座 300 L 貯存量的太陽能熱水系統水槽，剛開始以 45°C 的溫水加以填滿。溫水以平均速度 0.5 m/s 透過直徑 2 cm 的水管加以抽出，而同時 20°C 的冷水以流率 15 L/min 流入儲水槽。假使水槽內的壓力維持在 1 atm，求 20 分鐘期間內水槽內的水量為何？答：189 kg

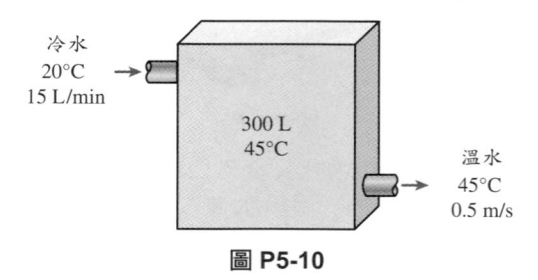

圖 P5-10

■ **流功與質量的能量傳輸**

5-11C 何謂流能？流體在靜止時是否具有流能？

5-12 一房屋維持在 1 atm 與 24°C，此溫暖空氣被戶外 5°C 的空氣以 150 m³/h 的速率透過裂縫滲透而離開屋內，求透過質傳作用之房屋淨質量流失率。答：0.945 kw

5-13 一泵將水壓從 100 kPa 增加至 600 kPa，求流動功，以 kJ/kg 表示。

5-14 冷媒 R-134a 在 0.14 Mpa 以飽和蒸氣形態進入一冷凍系統之壓縮機，而在 0.8 MPa 與 60°C 之過熱蒸氣形態以 0.06 kg/s 速率離開壓縮機。假使動能與位能都忽略不計，求藉由質量進出壓縮機所產生之能量傳遞率。

5-15 水蒸汽離開操作壓力為 150 kPa 的壓力鍋。在建立穩定操作情況後 45 分鐘，壓力鍋內液體減少 2.3 L，而排出開口的截面積為 1 cm²。求：(a) 水蒸汽的質量流率與排出速度；(b) 每單位質量水蒸汽的總能量與流能；(c) 以水蒸汽型態離開鍋子的能量率。

■ **穩流能量平衡：噴嘴與升壓器**

5-16C 流體在絕熱噴嘴中被加速而增加其動能，這些能量來自何處？

5-17 氣體渦輪機中的靜子（stator）是被用來增加進入氣體的動能。空氣在 2100 kPa、370°C 的狀態，以 25 m/s 的速度進入噴嘴；離開時，空氣壓力為 1750 kPa，溫度為 340°C，求空氣離開噴嘴時的速度。

5-18 噴射機引擎的升壓器是用來降低進入空氣的動能。假設空氣在 100 kPa、30°C 以 350 m/s 的速度進入升壓器，而離開出口時的狀態為 200 kPa、90°C，求空氣離開升壓器出口的速度。

圖 P5-18
©Stockbyte/Punchstock RF

5-19 空氣在 600 kPa 與 500 K 以 120 m/s 的速度流入一入口面積與出口面積比為 2:1 之絕熱噴嘴，而以 380 m/s 的速度流出。求：(a) 空氣的出口溫度；(b) 空氣的出口壓力。答：(a) 437 K；(b) 331 kPa

5-20 水蒸汽在 800 kPa、400°C 的狀態下，以 10 m/s 的速度進入噴嘴，離開噴嘴的狀態為 200 kPa、300°C。過程中散失的熱量為 25 kW。假設入口處的面積為 800 cm²，求出口處的速度與體積流率。答：606 m/s，2.74 m³/s

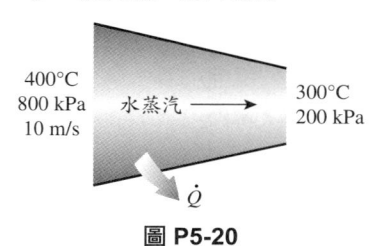

圖 P5-20

5-21 空氣在 90 kPa 與 15°C 以 230 m/s 的速度穩定地流入一絕熱的升壓器，而在 100 kPa 以低速流出。升壓器的出口面積為入口面積的三倍，求：(a) 出口的溫度；(b) 空氣的流出速度。

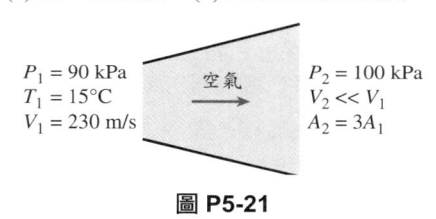

圖 P5-21

5-22 氮氣在 60 kPa 與 7°C 以 275 m/s 的速度穩定地進入一絕熱噴嘴，而在 85 kPa 與 27°C 下離開。求：(a) 出口的速度；(b) 入口面積與出口面積的比 A_1/A_2。

■ 渦輪機與壓縮機

5-23C 考慮一壓縮機穩定地運轉。如何比較壓縮機入口與出口的體積流率？

5-24 冷媒 R-134a 在 180 kPa 以飽和氣體的型態及 0.35 m³/min 的流率進入一壓縮機，並在 700 kPa 離開。在壓縮過程中，輸入至冷媒的功為 2.35 kW。求冷媒 R-134a 離開壓縮機時的溫度。答：48.9 °C

5-25 水蒸汽在 4 MPa、500°C 的條件下，以 80 m/s 的速度進入一絕熱渦輪機，並以 30 kPa、92% 乾度，以 50 m/s 的速度離開渦輪機。假設水蒸汽的質量流率為 12 kg/s，求：(a) 動能的變化；(b) 輸出功率；(c) 渦輪機入口面積。答：(a) −1.95 kJ/kg，(b) 12.1 MW，(c) 0.0130 m²

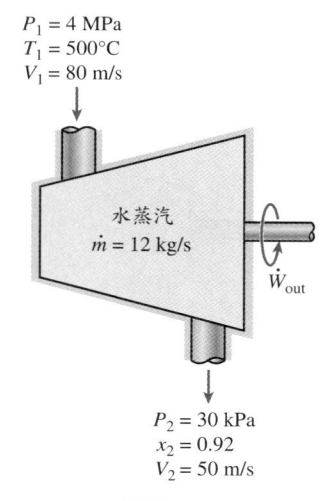

圖 P5-25

5-26 氦氣從 105 kPa、295 K 之狀態被壓縮至 700 kPa、460 K 之狀態，過程中熱損失 15 kJ/kg，若不計動能的改變，求當氦氣流量為 60 kg/min 時，壓縮機所需要的功率。

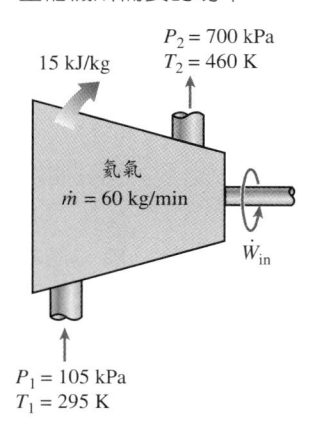

圖 P5-26

5-27 空氣藉由流經壓縮機盤管之 20 kJ/kg 循環水從 100 kPa、15°C 之狀態被壓縮至 1000 kPa 之狀態。假設空氣在入口處的體積流率為 140 m³/min，壓縮機所需之輸入功率為 520 kW。試求：(a) 空氣的質量流率；(b) 壓縮機出口溫度。答：(a) 2.82 kg/s，(b) 451 K

5-28 水蒸汽在 600°C 與 8 MPa 以 13 kg/s 的流率極緩慢速度進入一絕熱渦輪機，並在 300 kPa 於渦輪機內膨脹至飽和蒸氣，其中 10% 的水蒸汽在渦輪機中被移作其他用途。其餘的水蒸汽繼續地膨脹至渦輪機出口，而該出口處的壓力為 10 kPa，乾度為 85%。求整個過程中水蒸汽所作的功。答：17.8 MW

圖 P5-28

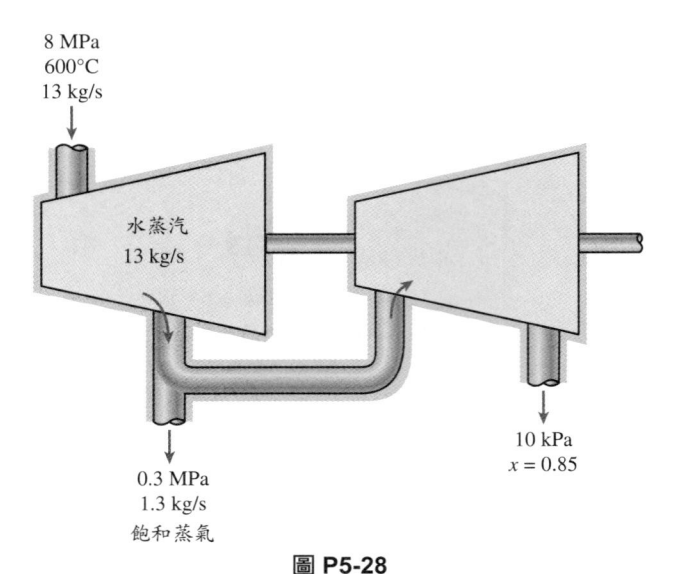

5-29 空氣在環境條件 100 kPa、25°C 以極緩慢速度進入一燃氣渦輪廠之壓縮機中，並在 1 MPa、347°C 以 90 m/s 速度離開壓縮機。假使壓縮機的冷卻率為 1500 kJ/min，所需輸入功率為 250 kW，求空氣通過壓縮機的質量流率。

■ 節流閥

5-30C 為何節流閥裝置時常被使用於冷凍空調設施中？

5-31 冷媒 R-134a 在 700 kPa 以飽和液體狀態被節流至 160 kPa，求冷媒於過程中的溫降及比容為何？答：42.3°C，0.0345 m³/kg

圖 P5-31

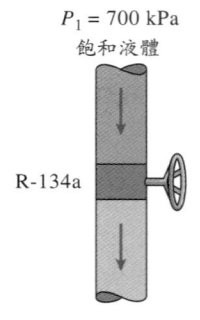

5-32 水的飽和液－氣混合物，也就是溼蒸汽，在蒸汽線上從 1500 kPa 的狀態被節流至 50 kPa 與 100°C，如圖所示，求此液－氣混合物在蒸汽線上的乾度。答：0.944

圖 P5-32

5-33 使用一良好絕熱的閥，將水蒸汽從 8 MPa 與 350°C 節流至 2 MPa，求水蒸汽最後的溫度。答：285°C

■ 混合室與熱交換器

5-34C 考慮一含有兩股不同流體的穩流熱交換器。在何種情況下，一流體所損失的熱量會等於另一流體所獲得的熱量？

5-35 一 300 kPa、20°C 的液態水，以 1.8 kg/s 的質量流率進入混合室與 300 kPa、300°C 的過熱蒸汽進行混合加熱。若希望混合物在 60°C 離開混合室，求過熱蒸汽的質量流率。答：0.107 kg/s

5-36 在蒸汽發電廠裡，開放式的飼水加熱器利用混合由渦輪流出的水蒸汽來對飼水加熱。現考慮一個開放式飼水加熱器操作於 1000 kPa，而飼水在 50°C、1000 kPa 的狀態與 200°C、1000 kPa 過熱水蒸汽進行混合加熱。在一個理想的飼水加熱器中，該混合物在飼水壓力下以飽和液體形態離開加熱器。求飼水的質量流率與過熱蒸汽的質量流率的比值。答：3.73

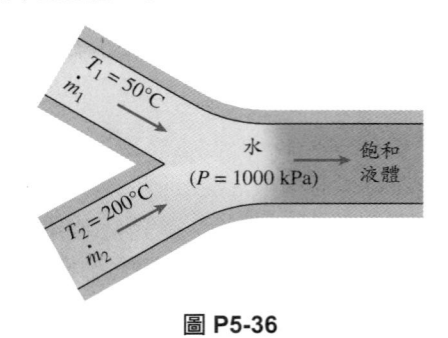

圖 P5-36

5-37 冷媒 R-134a 於 1 MPa、20°C 與另一狀態 1 MPa、80°C 的冷媒互相混合。假設低溫的冷媒之質量流率為高溫的兩倍，求混合後的乾度和溫度。

5-38 一薄壁雙管式相對流熱交換器，使用在 22°C 以 1.5 kg/s 的流率進入的水（c_p = 4.18 kJ/kg·°C），將 2 kg/s 流率的油（c_p = 2.20 kJ/

kg·°C）從 150°C 冷卻至 40°C。求熱交換器內的熱傳率及水的排出溫度。

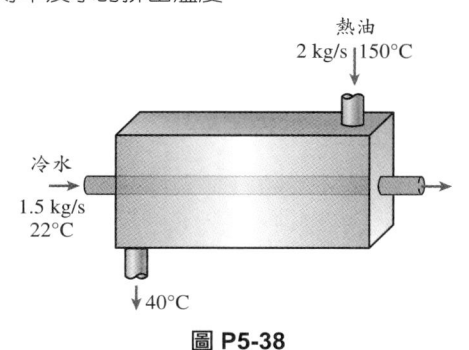

圖 P5-38

5-39 空氣（c_p = 1.005 kJ/kg·°C）在進入爐子之前，先在一交叉流熱交換器中被廢熱氣預熱。空氣在 95 kPa 與 20°C 以 0.6 m³/s 的流率進入，而燃燒氣體（c_p = 1.10 kJ/kg·°C）以溫度為 160°C、0.95 kg/s 的流率進入，而在 95°C 離開。求傳至空氣的熱傳率及其流出溫度。

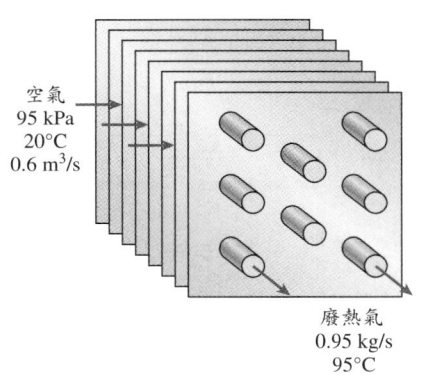

圖 P5-39

5-40 冷媒 R-134a 在 1 MPa、90°C 於冷凝器中藉由空氣冷卻至 1 MPa、30°C。假設空氣在 100 kPa、27°C 以體積流率 600 m³/min 進入冷凝器，並以 95 kPa、60°C 狀態離開，求冷媒的質量流率。答：100 kg/min

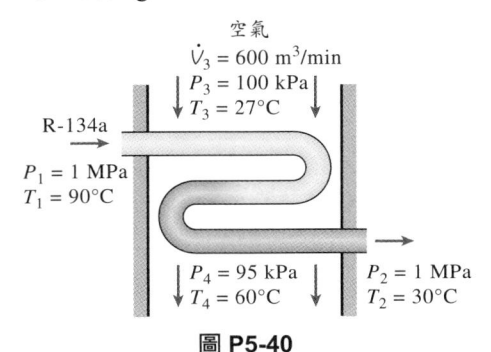

圖 P5-40

5-41 一空調系統將 7°C、105 kPa 的冷空氣（流量為 0.55 m³/s）與 34°C、105 kPa 的熱空氣混合後送入房間內，當空氣離開房間時溫度為 24°C，假設熱空氣與冷空氣的質量流率比為 1.6，並且比熱為溫度之函數，求：(a) 房間入口處的空氣溫度；(b) 在房間的熱傳率。

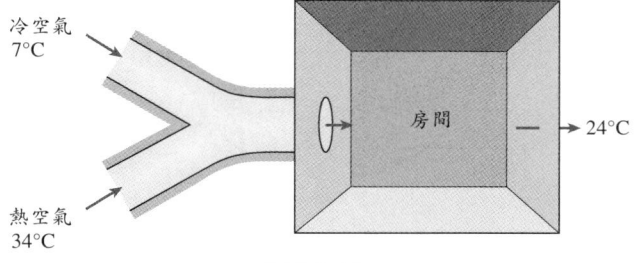

圖 P5-41

5-42 內燃機廢氣的熱可以利用來產生 2 MPa 的飽和水蒸汽。廢氣於 400°C 以 32 kg/min 的流率進入熱交換器，而冷水則以 15°C 之狀態進入。由於此熱交換器系統沒有良好的絕熱，所以估計廢氣中約有 10% 的熱散失至環境中。假設廢氣的流量是水的十五倍，求：(a) 熱交換器出口端引擎廢氣的溫度；(b) 廢氣傳遞給冷水的熱量（以空氣的固定比熱來模擬廢氣比熱）。

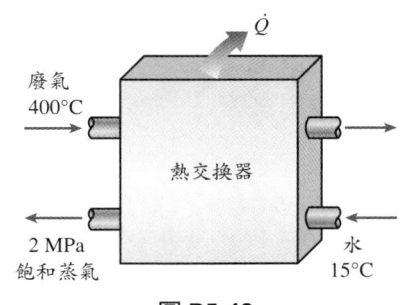

圖 P5-42

5-43 一蒸汽發電廠中 50°C 的水蒸汽藉由鄰近湖泊的冷水來進行冷卻。該湖泊的水在 18°C 以質量流率 101 kg/s 流進冷凝器的管路中，並以 27°C 的狀態流出。求在冷凝器中水蒸汽的冷凝率。答：1.60 kg/s

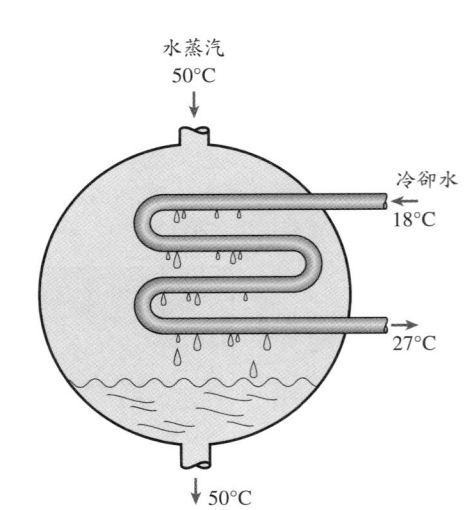

圖 P5-43

■ 管路與管道流

5-44 一個人電腦風扇在 100 kPa 與 20°C 環境狀態下以流量 8.6 L/s 抽出流經 CPU 及其他元件的電腦機殼內空氣。若離開電腦機殼的空氣為 100 kPa 與 27°C，求由 PC 所損耗的電子功率為何？以 kW 表示。答：0.0719 kW

圖 P5-44
©PhotoDisc/Getty Images RF

5-45 裝有 8 個 PCB 的電腦以風扇冷卻，每個 PCB 散逸 10 W 的功。PCB 的高度為 12 cm，長度為 18 cm。冷卻空氣係由裝於入口處的 25 W 風扇供給。若經由電腦外殼的空氣之溫度上升不得超過 10°C，求：(a) 風扇所需傳送的空氣流率；(b) 因風及其馬達所產生的熱造成空氣溫度上升的百分率。答：(a) 0.0104 kg/s，(b) 24%

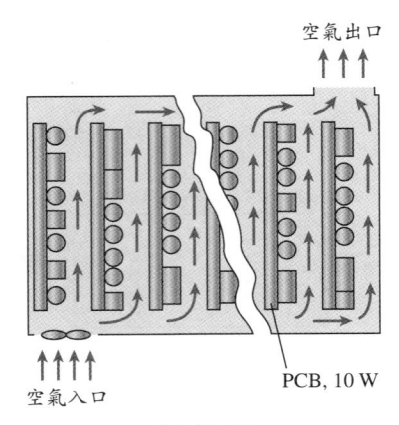

圖 P5-45

5-46 一整捲 2m 寬、0.5 cm 厚的合金鋼板（ρ = 7854 kg/m³、c_p = 0.434 kJ/kg・°C）剛離開熔爐時溫度為 820°C，然後在 45°C 的油池中進行淬火至溫度 51.1°C。假使此金屬鋼板以 10 m/min 的穩定速度移動，求鋼板從油池移出而使油池溫度維持在 45°C 的所需之熱移除率。答：4368 kW

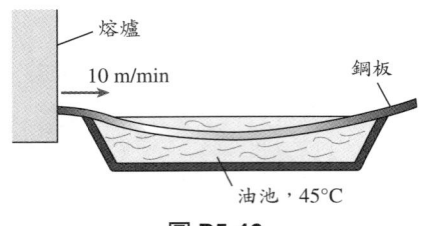

圖 P5-46

5-47 冷媒 R-134a 以 900 kPa 與 60°C 的狀態進入冷凝器，並以同樣壓力的飽和液體離開，此過程中每 kg 的冷媒 R-134a 放出多少熱量？

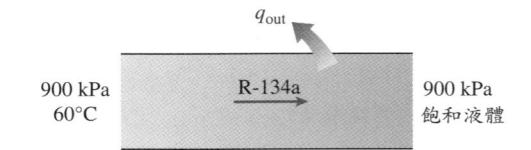

圖 P5-47

5-48 空氣在 100 kPa 與 300 K 進入 1500 W 的吹風機。由於入風口的尺寸因素，空氣的入風速度可忽略不計。而吹風機的出口速度為 21 m/s，溫度為 80°C，且整個空氣流動過程為定壓與絕熱。假設在空氣 300 K 時的比熱為定值，求：(a) 空氣進入吹風機的質量流率，以 kg/s 表示；(b) 空氣在吹風機出口的體積流率，以 m³/s 表示。答：(a) 0.0280 kg/s；(b) 0.0284 m³/s

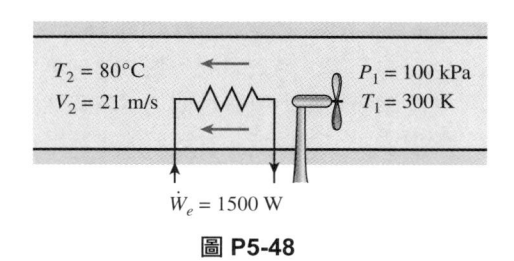

5-51 考慮一被 100 kPa 與 22°C 之大氣環繞的 35 L 真空剛性瓶。在瓶頸的閥被打開，使得大氣空氣流入瓶中。因為經過瓶壁的熱傳遞，流入瓶中的空氣最後與大氣達到熱平衡。過程中閥保持開著，故進入的空氣亦與大氣達到機械平衡。求此充填過程中經過瓶壁的淨熱傳量。答：3.50 kJ

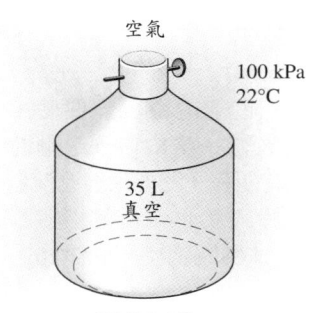

圖 P5-48

■ 充填與排放過程

5-49 一 2 m³ 絕熱的剛性容器一開始裝有 1 MPa 的飽和水蒸汽。有一供應管與此容器相接，管內有 400°C 的水蒸汽，兩者之間有一閥門。當閥門打開後，此容器可緩慢地充填水蒸汽，直到容器內的壓力達到 2 MPa，此時容器內的溫度為 300°C。求進入此容器內的水蒸汽質量與水蒸汽在供應管內的壓力。

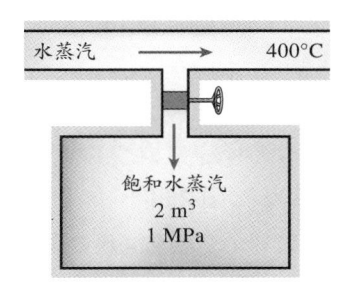

圖 P5-49

5-50 有一個絕熱的剛性容器，一開始處於真空狀態。有一供應管與此容器相接，管內有 200 kPa、120°C 的氦氣，兩者之間有一閥門控制流量，當閥門打開後，此容器可充填氦氣，當充填至 200 kPa 後，閥門關閉。求此容器內的流功與最終溫度。答：816 kJ/kg，655 K

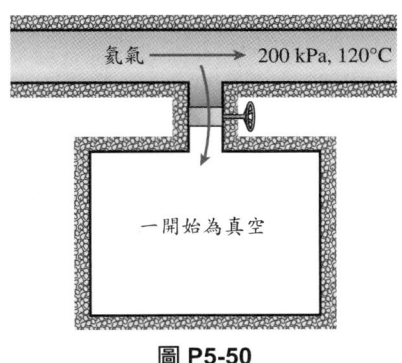

圖 P5-50

圖 P5-51

5-52 一個 4 L 的壓力鍋其操作壓力為 175 kPa。最初期內的一半體積被充填液態水，而另一半則充滿蒸氣。若欲使壓力鍋內的液態水於 1 小時內不溢出鍋外，求可允許的最高熱傳率。

圖 P5-52

5-53 一絕熱、垂直的活塞—汽缸裝置裝有 10 kg 的水，其中 6 kg 為氣相。活塞的質量為可維持汽缸內於 200 kPa 的固定壓力。令 0.5 MPa 與 350°C 的水蒸汽從供應管線進入汽缸，直到汽缸內的液體全部汽化。求：(a) 汽缸內的最後溫度；(b) 進入的水蒸汽質量。答：(a) 120.2°C，(b) 19.07 kg

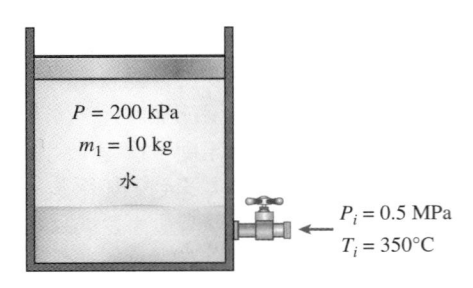

圖 P5-53

5-54 考慮一個空調系統需要使用一個內含 5 kg、24°C 的液態冷媒 R-134a 之剛性容器來充填冷媒。兩者之間有一閥門來控制流量。此空調系統一直充填冷媒 R-134a 到剛性容器內，直到只剩 0.25 kg 時才關閉閥門。假設此過程是等溫過程，求剛性容器內冷媒 R-134a 的乾度和此過程的熱傳量。答：0.506，22.6 kJ

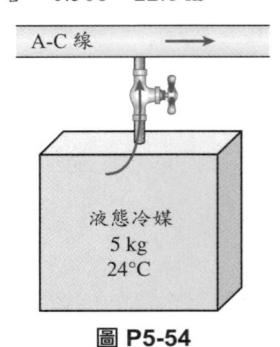

圖 P5-54

5-55 一 0.3 m³ 的剛性容器充滿 200°C 的飽和液體水，容器底部的閥被打開，液體從容器被排出。熱被傳至水，使得容器內的溫度維持固定。求當容器內總質量的一半被排出時必須傳遞的熱量。

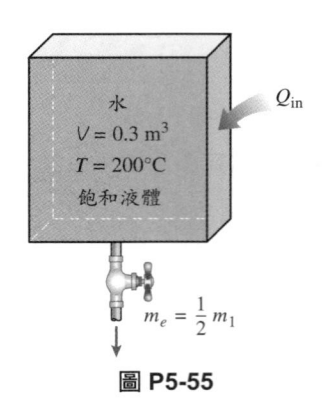

圖 P5-55

5-56 一氣球最初裝有 50 m³ 的水蒸汽（100 kPa 與 150°C）。氣球以閥連接至供給 150 kPa 與 200°C 之水蒸汽的大儲槽。閥被打開，使水蒸汽進入氣球，直至與供應管線的水蒸汽達到壓力平衡。氣球的體積隨壓力呈線性增加。若氣球與外界有熱傳遞發生，而氣球內水蒸汽的質量最後增加為兩倍，求氣球內最後的溫度與過程中的邊界功。

圖 P5-56

5-57 有一熱氣球，充氣孔面積為 1 m²，洩氣孔面積為 0.5 m²，在兩分鐘的絕熱操作期間，熱空氣以 100 kPa、35°C 及 2 m/s 的速度進入球內，球內的狀態為 100 kPa、35°C，而另一端熱氣球也以 1 m/s 的速度從洩氣孔洩氣。假設一開始時氣球的體積為 75 m³，求出兩分鐘後的氣球體積與氣球膨脹時所作的功。

圖 P5-57
©*Photo Link/Getty Images RF*

5-58 一絕熱的 1.15 m³ 剛性容器裝有 350 kPa 與 50°C 的空氣，連至容器的一閥被打開，使得空氣逸出，直到內部壓力降至 175 kPa。過程中以容器內的電阻加熱器將空氣溫度維持固定。求此過程中所作的電力功。

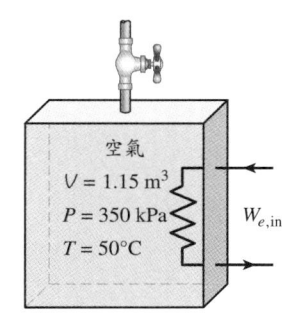

圖 P5-58

5-59 一垂直活塞—汽缸裝置最初裝有 300°C、600 kPa 的空氣 0.25 m³。若連接至汽缸的一閥被打開使空氣質量四分之三被逸出，此時汽缸內部的容積為 0.05 m³。求汽缸內的最後溫度與整個過程所作的邊界功。

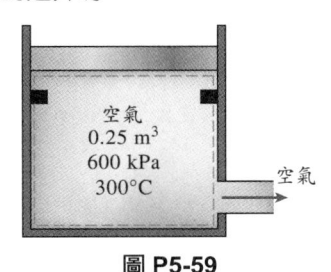

圖 P5-59

5-60 剛性的高壓空氣氣體瓶體積為 0.5 m³，最初狀態為 4000 kPa、20°C。假設有足夠的空氣流出，使得瓶內壓力剩下 2000 kPa，此時瓶內氣體的溫度為何？

圖 P5-60
©C Squared Studios/Getty Images RF

5-61 一垂直活塞—汽缸裝置最初裝 1.4 MPa 與 120°C 的冷媒 R-134a 共 0.8 m³。此時一線性彈簧施加全力於活塞。一連接至汽缸的閥被打開使冷媒逸出。當活塞向下移動時彈簧鬆弛，而在最後狀態時壓力降至 0.7 MPa，體積為 0.5 m³。求：(a) 冷媒逸出量；(b) 冷媒最後溫度。

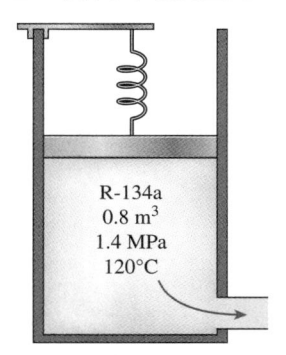

圖 P5-61

Chapter 6

熱力學第二定律

截至目前為止,本書的重點皆集中於熱力學第一定律,要求一個過程中能量需保持守恆關係。本章將介紹熱力學第二定律,確認過程僅發生在某一方向,同時能量有品質亦有量。一個過程必須同時滿足熱力學第一定律與熱力學第二定律,否則便不會發生。本章將先介紹熱能貯存器、可逆與不可逆過程、熱機、冷凍機與熱泵。在引進第二定律的不同陳述之後,接著將討論永動機與熱力溫標。緊接著將介紹卡諾循環,並討論卡諾原理。最後則探討理想化的卡諾熱機、冷凍機及熱泵。

學習目標

- 介紹熱力學第二定律。
- 確認滿足熱力學第一定律與熱力學第二定律的有效過程。
- 討論熱能貯存器、可逆與不可逆過程、熱機、冷凍機與熱泵。
- 描述凱爾文－普朗克與克勞修斯對於熱力學第二定律的論述。
- 討論永動機的概念。
- 應用熱力學第二定律到循環過程與循環裝置。
- 應用熱力學第二定律來發展絕對熱力溫標。
- 描述卡諾循環。
- 探討卡諾原理、理想化的卡諾熱機、冷凍機及熱泵。
- 推導可逆熱機、熱泵及冷凍機的性能係數與熱效率係數。

6-1 第二定律簡介

在第 4 章及第 5 章中,已將熱力學第一定律或能量守恆定律應用於封閉系統或開放系統的過程。這些章節一直重複指出能量具有守恆的性質,不會違反熱力學第一定律,因此可以合理地推論過程的發生必須滿足第一定律。然而如同此處的說明,僅滿足第一定律並無法保證過程一定可以進行。

根據經驗,留置於較冷房間的熱咖啡最後將冷卻下來(圖 6-1)。此過程滿足熱力學第一定律,因此熱咖啡損失的能量等於外界空氣獲得的能量。現在讓我們來考慮反向過程:由於房內空氣的傳遞,會造成較冷房間內的咖啡變得更熱。我們都知道,這樣的過程絕不會發生,但理論上的想法並不違反第一定律,只要空氣損失的能量等於咖啡獲得的能量。

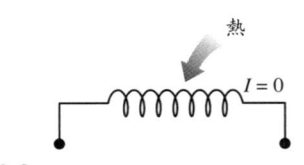

考慮另一個熟悉的例子:以電流流經電阻器來對房間加熱(圖 6-2)。同樣地,第一定律指出,供至電阻線的電能等於以熱傳至房內空氣的能量。若企圖將此過程反向,我們並不驚訝傳輸一些熱至電阻線並無法使該電線產生等量的電能。

最後,考慮以落下的質量來操作翼輪機械(圖 6-3)。當質量落下時,翼輪旋轉並攪拌絕熱容器內的流體。結果,依據能量守恆定律,質量的位能減少,而流體的內能增加。然而,對於反向過程,藉由將熱從流體傳至翼輪來促使質量上升當然不可能發生,雖然這麼做並不違反熱力學第一定律。

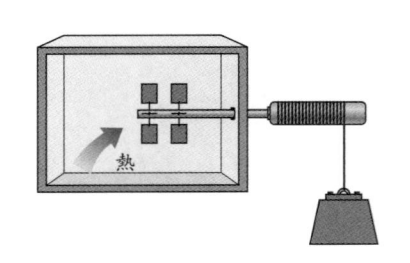

從上面這些討論可以知道,過程可以在某一方向進行,但無法反向進行(圖 6-4)。第一定律對過程方向並無設限,但滿足第一定律並不確保過程一定會發生。第一定律在決定過程是否會發生的不完整性,可由熱力學第二定律來修正。本章稍後將證明以上討論的反向過程均違反熱力學第二定律。在第 7 章,我們將借助於定義為「熵」(entropy)的性質,來檢驗是否違反熱力學第二定律。一個過程必須同時滿足熱力學第一定律與熱力學第二定律,否則便不會發生(圖 6-5)。

關於熱力學第二定律有許多有效的論述,本章將以某些循環操作的相關工程裝置來呈現與討論其中兩種論述。

然而,熱力學第二定律的使用並非僅限於確認過程的方向。第二定律也主張能量有品質亦有量。第一定律強調能量的量以及從一個形式到另一個形式的能量轉換,而不考慮其品質。工程師主要關心的是維護能量的品質,而第二定律正好提供了方法來決定品質,以及檢驗過程中能量的衰減程度。如同本章稍後將討論

圖 6-1
一杯熱咖啡無法在較冷的房間內變得更熱。

圖 6-2
傳熱至電阻線無法產生電力。

圖 6-3
傳熱至翼輪無法使它旋轉。

圖 6-4
過程在某一方向發生,但逆向則不會發生。

的，高溫能量有較多可被轉換為功，因此與較低溫的等量能量相比，其品質較高。

熱力學第二定律亦可使用於決定常用之工程系統的性能理論極限，例如熱機與冷凍機，以及預測化學反應的完全程度。第二定律也與完美的概念息息相關。事實上，第二定律定義出熱力學過程的完美。它可用來量化熱力學過程的完美程度，並能有效地指出消除不完美的方向。

圖 6-5
必須同時滿足熱力學第一定律與第二定律，過程才得以進行。

6-2 熱能貯存器

為了方便推導第二定律，可以假想一個具有相當大之熱能容量（質量 × 比熱）的物體，可供給或吸收有限的熱而無任何溫度的改變，此一物體稱為**熱能貯存器（thermal energy reservoir）**，或簡稱為貯存器。實際上，如海洋、湖泊及河流等龐大的水體以及大氣，因為具有大的熱能貯存能力或熱質量，皆可視為熱能貯存器（圖 6-6）。以大氣為例，冬天時，大氣不會因從居家建築損失的熱能而暖化。同樣地，發電廠將數百萬焦耳廢能注入大河流，也不會造成水溫明顯的改變。

一個兩相系統亦可模式化為貯存器，因為它可吸收或釋放大量的熱，而仍維持固定的溫度。另一個熟悉的熱能貯存器例子為工業鍋爐。大部分鍋爐的溫度皆會被小心控制，而基本上能以等溫的方式供給大量的熱能，因此亦可模式化為貯存器。

事實上，物體並非一定要很大才可被認定為貯存器。若相對於供給或吸收的能量，其熱能容量相當大，則亦可視為貯存器。例如，在分析從室內電視所排放的熱時，室內空氣即可視為貯存器，因為從電視機傳到室內空氣的熱量並不會大到對室內空氣有顯著影響。

以熱的形式供給能量的貯存器稱為**熱源（heat source）**，而以熱的形式吸收能量者稱為**熱沉（heat sink）**（圖 6-7）。熱能貯存器經常又稱為**熱貯存器（heat reservoir）**，因為它們以熱的形式供給或吸收能量。

環境學者與工程師最關心的是從工業源頭傳至外圍環境的熱。廢棄能量若處理不當，會明顯地升高部分環境溫度，造成所謂的熱污染。若不好好控制，熱污染可能破壞湖泊或河流中的生態。反之，若能謹慎地設計與處理，將當地溫度的升高維持於安全及期望的水準內，則排放至水中的廢棄能量可用以改善水中生態的品質。

圖 6-6
具有相當大熱質量的物體可視為熱能貯存器。

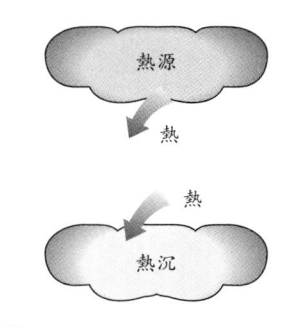

圖 6-7
熱源以熱的形式供給能量，而熱沉則吸收能量。

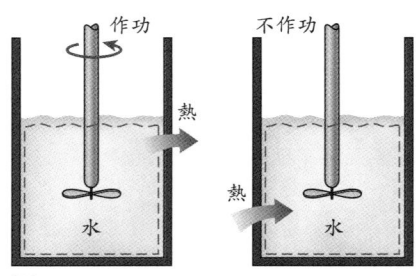

圖 6-8
功總是可直接且完全地轉換為熱，但反向則無法實現。

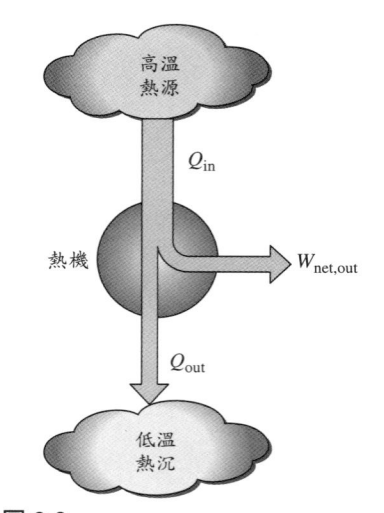

圖 6-9
熱機將接收熱的一部分轉換為功，其餘則排放至熱沉。

6-3　熱機

如前所述，功可容易地轉換成其他形式的能量，但要將其他形式的能量轉換為功就沒那麼容易。舉例而言，圖 6-8 所示的軸所作的機械功先被轉換為水的內能，然後該能量可以熱的方式離開水。從經驗可知，企圖將此過程反向終將失敗；換句話說，將熱傳至水並無法造成軸的轉動。從此點及其他觀察可得出結論：功可直接且完全地轉換為熱，但將熱轉換成功則需要使用一些特殊的裝置，這些裝置稱為**熱機（heat engines）**。

熱機彼此差異相當大，但可以下列特性來歸類（圖 6-9）：

1. 從高溫接收熱（太陽能、燃油爐、核子反應器等）。
2. 將熱的一部分轉換為功（通常為旋轉軸的形式）。
3. 將其餘廢熱排放至低溫熱沉（大氣、河流等）。
4. 以循環運轉。

熱機與其他循環裝置通常具有循環進行中用以傳輸熱的流體，此流體稱為**工作流體（working fluid）**。

「熱機」一詞經常使用於廣泛的涵義，包括並非以熱力循環運作的功產生裝置，如燃氣輪機與汽車引擎等內燃機引擎即為此類。此等裝置以機械循環但非熱力循環運轉，因為工作流體（燃燒氣體）沒有執行完整的循環。在循環終了時，排出氣體被除去並以新鮮的空氣－燃料混合物取代，而非予以冷卻到最初的溫度。

最適合熱機之定義的功產生裝置為蒸汽發電廠，它是一種外燃機；也就是燃燒發生於引擎的外部，而過程中所釋放的熱能係以熱傳到水蒸汽。基本的蒸汽發電廠的示意圖如圖 6-10 所示。這是一個相當簡化的圖，而實際發電廠將在後面的章節中討論。在此圖中所示的各個量如下：

Q_{in} = 從高溫熱源（熔爐）供給鍋爐中水蒸汽的熱量
Q_{out} = 在冷凝器中從水蒸汽排放至低溫熱沉（大氣、河流）等的熱量
W_{out} = 水蒸汽在渦輪機內膨脹所傳送的功
W_{in} = 將水壓縮至鍋爐壓力所需的功

注意，熱及功的作用方向以下標 in 與 out 來表示，因此上述四個量永遠為正。

此發電廠的淨功輸出為發電廠的總輸出功與總輸入功的差（圖 6-11）：

圖 6-10
蒸汽發電廠的示意圖。

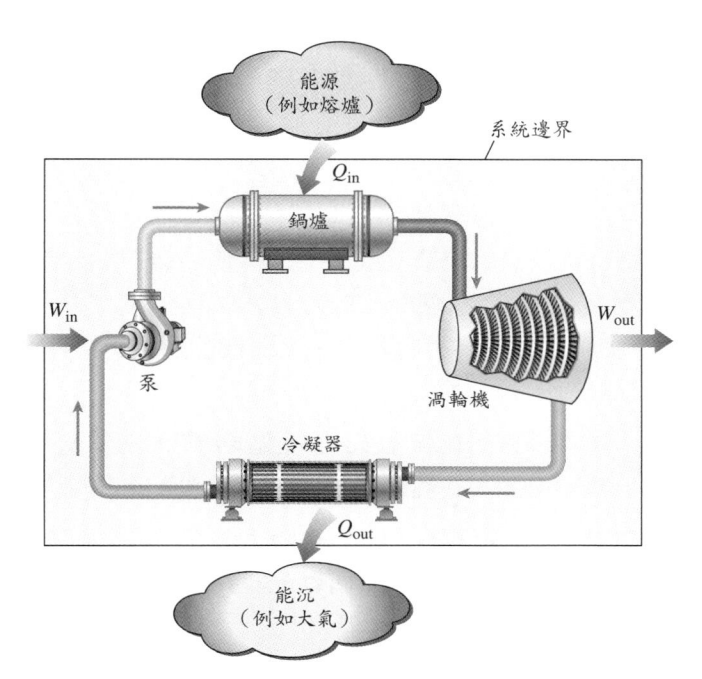

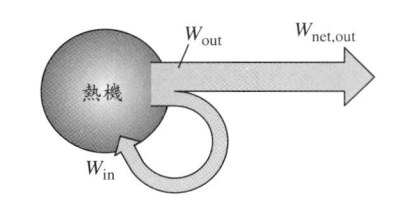

$$W_{net,out} = W_{out} - W_{in} \quad (kJ) \quad (6\text{-}1)$$

　　淨功亦可僅由熱傳遞資料來決定。蒸汽發電廠的四個元件均有質量的流進與流出，因此應以開放系統來處理。然而，這些元件及其連接管總是含有相同的流體（當然不計可能洩漏的水蒸汽）。因為沒有質量進入或離開圖 6-10 中陰影面積所示的組合系統，因此可以封閉系統來分析。回想一下，封閉系統進行一循環時，其內能的變化 ΔU 為零，所以系統的淨功輸出等於傳至系統的淨熱傳遞：

$$W_{net,out} = Q_{in} - Q_{out} \quad (kJ) \quad (6\text{-}2)$$

⇒ 熱效率

　　公式 6-2 中，Q_{out} 表示為了完成循環而廢棄的能量大小。但 Q_{out} 絕不為零，因此熱機的淨功輸出必定小於輸入的熱量；換句話說，傳至熱機的熱僅有一部分被轉換為功。輸入的熱被轉換為淨功輸出的比率可量測熱機的性能，稱為**熱效率（thermal efficiency）** η_{th}（圖 6-12）。

　　對熱機而言，所期望的輸出為淨功輸出，而所需要的輸入為提供至工作流體的熱量。因此，熱機的熱效率可表示為

$$\text{熱效率} = \frac{\text{淨功輸出}}{\text{總熱輸入}} \quad (6\text{-}3)$$

或

圖 6-11
熱機輸出功的一部分在內部消耗以維持運轉。

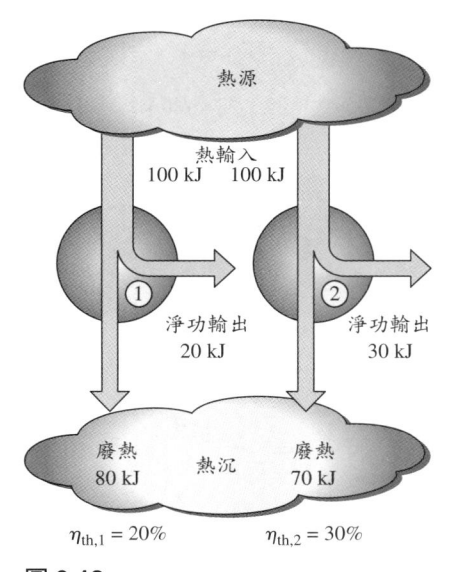

圖 6-12
某些熱機表現得比其他的熱機好（將更多接收的熱轉換為功）。

$$\eta_{th} = \frac{W_{net,out}}{Q_{in}} \tag{6-4}$$

因為 $W_{net,out} = Q_{in} - Q_{out}$，亦可表示為

$$\eta_{th} = 1 - \frac{Q_{out}}{Q_{in}} \tag{6-5}$$

　　工程上實際應用的循環裝置（如熱機、冷凍機及熱泵等）皆運轉於溫度 T_H 的高溫媒介（或貯存器）與溫度 T_L 的低溫媒介（或貯存器）之間。為了將熱機、冷凍機及熱泵的特性一致化，定義以下兩個量：

Q_H = 循環裝置與在溫度 T_H 之高溫媒介間的熱傳量

Q_L = 循環裝置與在溫度 T_L 之低溫媒介間的熱傳量

注意，Q_H 與 Q_L 僅定義為大小，故均為正值，因此可藉由觀察而容易地決定 Q_H 與 Q_L 的方向。所以，對於任何熱機（圖 6-13）的淨功輸出及熱效率關係可表示為

$$W_{net,out} = Q_H - Q_L$$

與

$$\eta_{th} = \frac{W_{net,out}}{Q_H} \quad \text{或} \quad \eta_{th} = 1 - \frac{Q_L}{Q_H} \tag{6-6}$$

熱機的熱效率總是小於 1，因為 Q_H 與 Q_L 均定義為正值。

　　熱效率為熱機如何有效地將接收的熱轉換為功的一種量度。建造熱機的目的是將熱轉換為功，而工程師不斷地嘗試改進這些裝置的熱效率，因為增加熱效率意味著較少的燃料消耗，也就是較低的燃料費及較少的污染。

　　功產生裝置的熱效率都相當低。一般的火花點火式汽車引擎之熱效率約為 25%，也就是汽車引擎將約 25% 的汽油化學能轉換為機械功。柴油引擎與大型的氣體渦輪機發電廠高達 40%，而大型的複合氣體－蒸汽發電廠可達 60%。因此，即使目前最有效率的熱機，供給之能量中幾乎有一半以廢棄或無用的能量排放至河流、湖泊或大氣中（圖 6-14）。

⊃ 可以節省 Q_{out} 嗎？

　　在蒸汽發電廠中，冷凝器是將大量的廢熱排放至河流、湖泊或大氣的裝置。有人或許會問：「為何不將冷凝器自發電廠移除而節省所有的廢能呢？」很不幸地，此問題的答案肯定是「否」。理由很簡單，因為沒有冷凝器中的排熱過程，循環將無法完成。（如蒸汽發電廠等循環裝置，除非完成循環，否則無法連

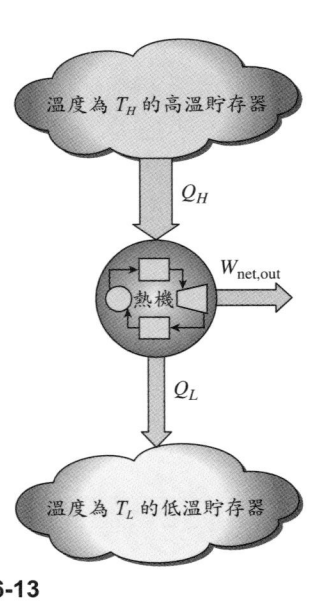

圖 6-13
熱機的示意圖。

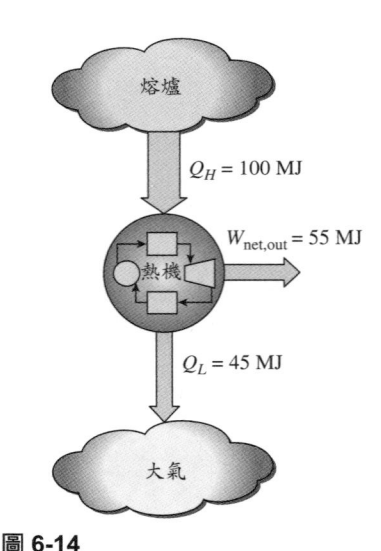

圖 6-14
即使是最有效率的熱機，也幾乎都將其接收能量的一半以廢熱排放。

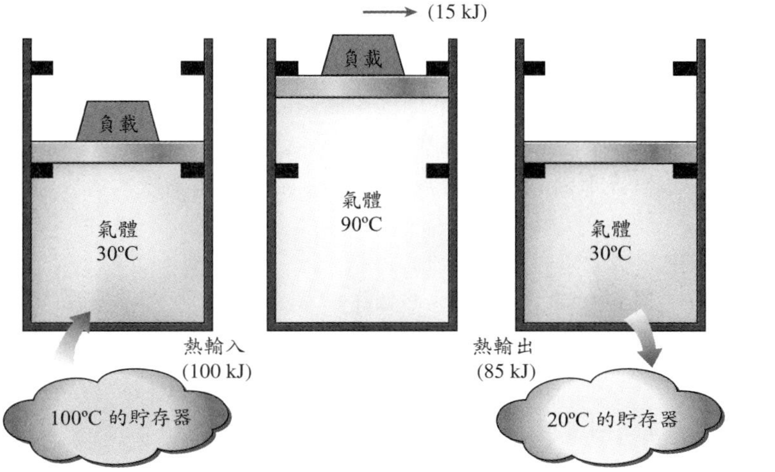

圖 6-15
若未排放某些熱至低溫熱沉，則無法完成熱機循環。

續運轉。）下面即是利用簡單的熱機來做說明。

考慮一用以舉起重物之簡單熱機，如圖 6-15 所示，它是由具有兩組擋塊的活塞－汽缸裝置所組成。工作流體為充入汽缸內的氣體，其最初溫度為 30°C。負載著重物的活塞靜止於下方擋塊之上。現在來自 100°C 的熱源將 100 kJ 的熱傳導至汽缸內的氣體，造成氣體膨脹，並舉起負載的活塞直至活塞達到上方的擋塊，如圖所示。此時若將負載移走，可察覺氣體溫度為 90°C。

在此膨脹過程中，作用於負載的功等於其位能的增加量，設為 15 kJ。即使在理想的情況下（無重量的活塞、無摩擦、無熱損失及近似平衡膨脹），供給氣體的熱能大於所作的功，因為供給熱能的一部分被用來提升氣體的溫度。

試著回答下面問題：能否將在 90°C 所超過之能量 85 kJ，還給 100°C 的貯存器而留做以後使用？如果可以，則在理想的情況下，將會有熱效率為 100% 的熱機。此題的答案仍然是「否」，理由很簡單。因為熱總是從高溫媒介流至低溫媒介，絕不可能反向進行，所以不可能將熱傳至 100°C 的貯存器，而將氣體溫度從 90°C 冷卻至 30°C。取而代之的方式，是將系統與假設為 20°C 的低溫貯存器接觸，將超過的能量 85 kJ 以熱傳至貯存器，而氣體便可回到最初的狀態。此能量不能再回收利用，因此稱為「廢能」一點也不為過。

從上述討論所得到的結論為：即使在理想的情況下，每部熱機皆必須廢棄一些能量，並將它傳至低溫的貯存器以完成循環。對連續的運轉，熱機至少與兩個貯存器做熱交換，這是本節稍後將討論的熱力學第二定律之凱爾文－普朗克論述的基礎。

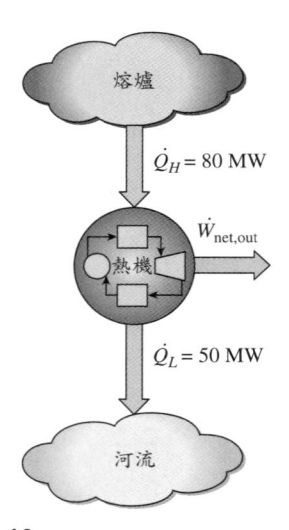

圖 6-16
例 6-1 的示意圖。

例 6-1　熱機淨功率的產生

熱從熔爐以 80 MW 的速率傳至熱機。若廢熱排至附近河流的速率為 50 MW，求此熱機的淨輸出功與熱效率。

解： 已知傳至熱機與從熱機傳出的熱傳率，求淨輸出功與熱效率。

假設： 忽略管路與其他元件的熱損失。

分析： 圖 6-16 為熱機的示意圖。熔爐作為此熱機的高溫貯存器，而河流為低溫貯存器。已知量可表示為

$$\dot{Q}_H = 80 \text{ MW} \quad \text{與} \quad \dot{Q}_L = 50 \text{ MW}$$

此熱機的淨輸出功為

$$\dot{W}_{net,out} = \dot{Q}_H - \dot{Q}_L = (80 - 50) \text{ MW} = \mathbf{30 \text{ MW}}$$

因此熱效率可容易求得，為

$$\eta_{th} = \frac{\dot{W}_{net,out}}{\dot{Q}_H} = \frac{30 \text{ MW}}{80 \text{ MW}} = \mathbf{0.375} \text{ (或 37.5\%)}$$

討論： 注意，此熱機將所接收熱量的 37.5% 轉換為功。

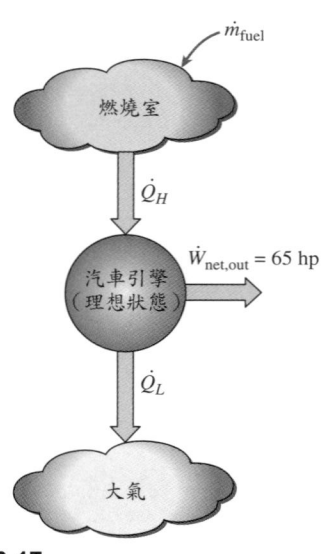

圖 6-17
例 6-2 的示意圖。

例 6-2　汽車的燃油消耗率

有一汽車引擎的輸出功為 65 hp，而熱效率為 24%。若燃油有 44,000 kJ/kg 的熱值（即燃燒每 1 kg 燃油，可釋放出 44,000 kJ 的能量），求此汽車的燃油消耗率。

解： 已知汽車引擎的輸出功與效率，求此汽車的燃油消耗率。

假設： 汽車的輸出功為定值。

分析： 圖 6-17 為汽車引擎的示意圖。燃燒過程中所釋放的化學能將有 24% 轉換為功，而驅動汽車引擎。由熱效率的定義可知，產生 65 hp 的輸出功所需之能量輸入為

$$\dot{Q}_H = \frac{\dot{W}_{net,out}}{\eta_{th}} = \frac{65 \text{ hp}}{0.24}\left(\frac{0.7457 \text{ kW}}{1 \text{ hp}}\right) = 202 \text{ kW}$$

欲以此速率供應能量，引擎必須以下列燃油消耗率來燃燒油料：

$$\dot{m} = \frac{202 \text{ kJ/s}}{44,000 \text{ kJ/kg}} = \mathbf{0.00459 \text{ kg/s}} = \mathbf{16.5 \text{ kg/h}}$$

因為每 1 kg 燃油燃燒可釋放出 44,000 kJ 的熱能。

討論： 注意，若將此車的熱效率提升一倍，則燃油消耗率將會減半。

➲ 熱力學第二定律：凱爾文－普朗克論述

圖 6-15 所示的熱機說明即使在理想的情況下，若要完成循環，熱機必須排放某些熱至低溫貯存器。換句話說，沒有熱機能夠將接收的熱全部轉換為有用的功。對於此熱機的熱效率限制便成為熱力學第二定律之凱爾文－普朗克論述的基礎，其內容陳述如下：

循環運轉下的任何裝置不可能從單一貯存器所吸收的熱直接產生一淨量的功。

換言之，熱機必須同時與低溫熱沉及高溫熱源進行熱交換，以維持運轉。凱爾文－普朗克論述亦可以表示為：不可能有 100% 熱效率的熱機（圖 6-18），或欲使發電廠運轉，工作流體必須分別與外界環境以及鍋爐進行熱交換。

值得特別注意的是，之所以不可能有 100% 熱效率的熱機，並非因為摩擦或其他損耗效應；它是理想化或實際的熱機所應用的限制。本章稍後將推導熱機最大效率的關係式，同時說明此最大值僅與貯存器的溫度有關。

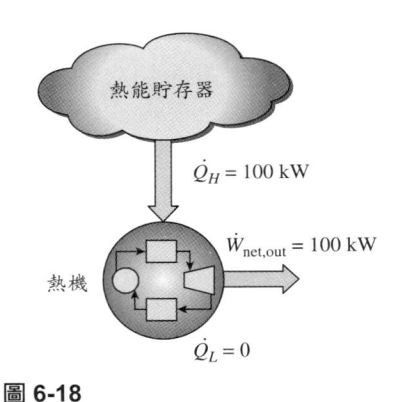

圖 6-18
一個違反第二定律之凱爾文－普朗克論述的熱機。

6-4　冷凍機與熱泵

由經驗得知，熱會往低溫的方向傳遞，也就是從高溫介質傳至低溫介質。此熱傳遞過程能夠自然發生而無需任何裝置，但逆向過程卻無法自行發生。將熱從低溫介質傳至高溫介質需要某個特殊裝置，此裝置稱為**冷凍機**（refrigerator）。

冷凍機就如同熱機是一種循環裝置。使用於冷凍機循環的工作流體稱為**冷媒**（refrigerant）。最常用的冷凍循環為氣體壓縮冷凍循環，其具備四個主要元件：壓縮機、冷凝器、膨脹閥與蒸發器，如圖 6-19 所示。

冷媒以氣體形式進入壓縮機，並且被壓縮至冷凝器壓力，然後以相當高的溫度離開壓縮機，而當進一步流經冷凝器的盤管時，則將熱排放至外界而進行冷卻並凝結。之後再進入毛細管，藉由節流效應使其壓力與溫度發生陡降現象。當此低溫冷媒進入蒸發器時，會從冷凍空間吸收熱而再度蒸發，然後離開蒸發器而再進入壓縮機來完成循環。

家用冰箱是藉由冷媒吸收熱的冷凍室作為蒸發器，並以冰箱後面的盤管當作冷凝器而將熱排放至廚房空間。

圖 6-20 為冷凍機示意圖，其中 Q_L 代表從溫度 T_L 的冷凍空間

圖 6-19
冷凍系統的基本元件與典型的操作條件。

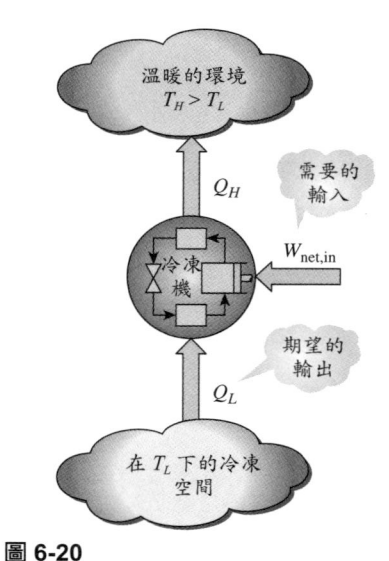

圖 6-20
冷凍機的功用是從冷的空間移走 Q_L。

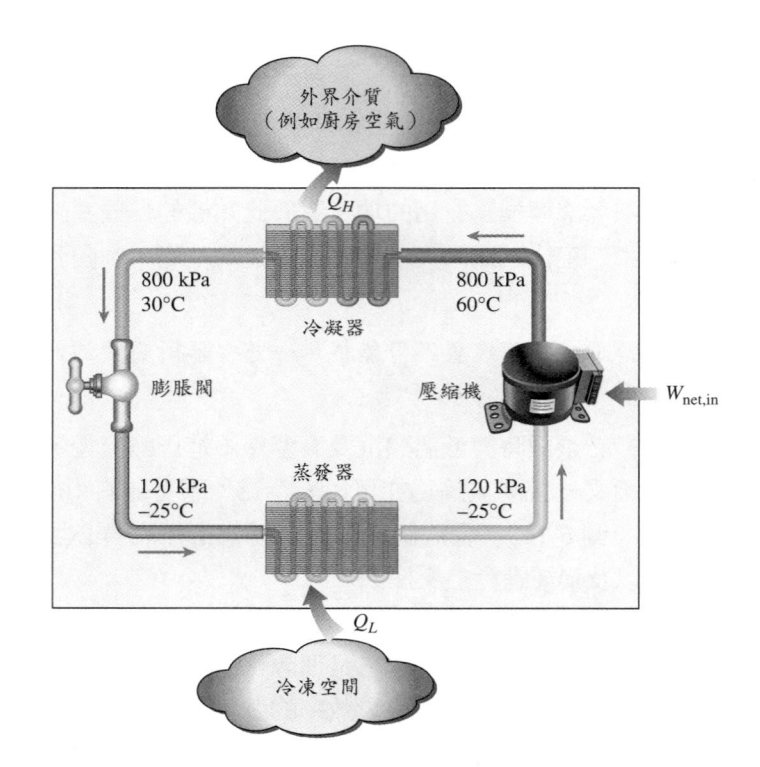

所移走的熱量，Q_H 為排放至溫度 T_H 之溫暖環境的熱量，而 $W_{\text{net,in}}$ 為輸入冷凍機的淨功。如同先前的討論，Q_L 與 Q_H 代表其量的大小，並且為正值。

性能係數

冷凍機的效率以**性能係數**（coefficient of performance，以下簡稱 COP 值）表示，標示為 COP_R。冷凍機的目的是設法從冷凍空間移走熱（Q_L），為了達成此一目標需要輸入功（$W_{\text{net,in}}$）。因此，冷凍機的 COP 值可以表示為

$$\text{COP}_R = \frac{\text{期望的輸出}}{\text{需要的輸入}} = \frac{Q_L}{W_{\text{net,in}}} \tag{6-7}$$

若以 $\dot{Q}_L$ 取代 Q_L，以 $\dot{W}_{\text{net,in}}$ 取代 $W_{\text{net,in}}$，則此關係式可以變化率的形式來表示。

根據循環裝置的能量守恆定律得知

$$W_{\text{net,in}} = Q_H - Q_L \quad (\text{kJ}) \tag{6-8}$$

則 COP 值關係式為

$$\text{COP}_R = \frac{Q_L}{Q_H - Q_L} = \frac{1}{Q_H/Q_L - 1} \tag{6-9}$$

從上式可以看出，COP_R 的值可以大於 1；換言之，從冷凍空間所移走的熱量可大於輸入的功。這與絕不可能大於 1 的熱效

率相抵觸。事實上，以另一個專有名詞（即 COP 值）來表示冷凍機效率的理由，是希望避免有效率大於 1 的詭異性。

⊃ 熱泵

另一種從低溫介質傳熱至高溫介質的裝置為**熱泵（heat pump）**，如圖 6-21 所示。冷凍機與熱泵具有相同的循環作用，但功用卻不同。

冷凍機的功用在於從冷凍空間移走熱，使其維持在某一低溫狀態。同時，將此熱排放至較高溫的介質僅是基於操作所需的一部分，而非其真正目的。然而，熱泵的功用是將受熱的空間維持於某一高溫。整個過程是利用低溫源（例如井水或冬天的冷空氣等）來吸收熱，再將此熱供應至高溫介質（例如房子）而達成（圖 6-22）。

在冬天時，若將一般的冰箱置於房子的窗戶前，並將冰箱門打開面對外面的冷空氣，則會如同熱泵作用，因為它會嘗試從室外吸收熱而將室外冷卻，並將此熱經由冰箱後面的盤管傳入房內。

熱泵性能的測量以性能係數 COP_{HP} 表示，定義為

$$COP_{HP} = \frac{期望的輸出}{需要的輸入} = \frac{Q_H}{W_{net,in}} \quad (6\text{-}10)$$

亦可表示為

$$COP_{HP} = \frac{Q_H}{Q_H - Q_L} = \frac{1}{1 - Q_L/Q_H} \quad (6\text{-}11)$$

對於固定的 Q_L 與 Q_H 值，比較公式 6-7 與公式 6-10，可得

$$COP_{HP} = COP_R + 1 \quad (6\text{-}12)$$

此關係式意味著熱泵的 COP 值總是大於 1，因為 COP_{HP} 的值為正；換言之，在最糟糕的情況下，熱泵的作用會如同電阻加熱器，只能提供本身所消耗的相同能量給房子。然而，實際上一部分的 Q_H 會經由管路與其他裝置損失至外界空氣。當外界空氣溫度太低時，COP_{HP} 可能降至 1 以下。當此情況發生時，系統通常會切換至電阻加熱模式。現今操作中的大部分熱泵都有合理的 COP 平均值，其值約在 2 至 3 之間。

大部分的熱泵在冬天時皆使用外界的冷空氣當作熱源，因此稱為空氣源熱泵（air-source heat pumps）。在設計條件下，這樣的熱泵 COP 值約為 3.0。但是，空氣源熱泵並不適用於寒冷的氣候，因為當溫度低於凝固點時，其效率會降低許多。另一種地熱熱泵（又稱為地源熱泵）則是以地面當成熱源，其將管路埋入

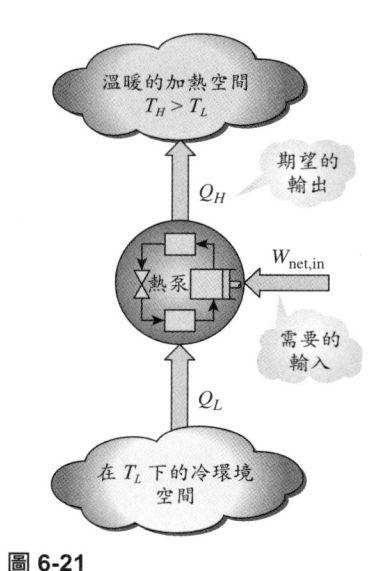

圖 6-21
熱泵之功用為供給 Q_H 至較暖的空間。

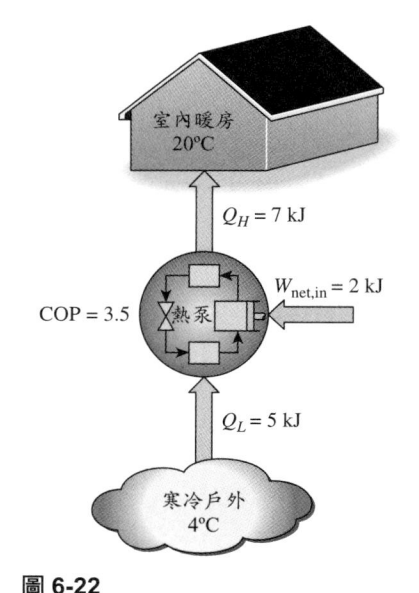

圖 6-22
供給熱泵的功被用以從冷的室外抽取熱並帶至室內暖房。

1 m 至 2 m 深的地下，故此種熱泵的安裝較為昂貴，但也較有效率（與空氣源熱泵相比最高可達 45%）。在寒冷的狀態下，地源熱泵的 COP 值可高達 6。

空調機（air conditioners）基本上即為冷凍機，只是將冷凍空間由食物冷藏室改為房間或建築物。窗型空調機能吸收房內熱空氣，再將其排放至室外而達到冷卻房間的效果。若將同一空調機內外反裝，則可於冬天時當作熱泵使用。在此運轉模式下，空調機將從冷的室外汲取熱，再傳輸至房間內。裝有適當的控制器與逆向閥的空調系統可於夏天當空調機使用，於冬天當熱泵使用。

⊃ 冷凍機、空調機與熱泵的性能

冷凍機與空調機的性能通常根據某種測試標準而以**能源效率評比（energy efficiency ratio, EER）**或是**季節比效比（seasonal energy efficiency ratio, SEER）**來表示。SEER 是指在一正常的冷卻季節裡，由空調機或熱泵所移除的總熱量（以 Btu 計量）與總電力消耗〔以瓦－時（Wh）計量〕之比值，同時也意味著冷卻設備季節效能之量度。相對地，EER 則是一種瞬間能源效率的量度，並定義為冷卻設備在穩定運轉下，從冷卻空間所移除的熱量與電力消耗之比值。因此，EER 與 SEER 的單位都為 Btu/Wh。若 1 kWh = 3412 Btu，則 1 Wh = 3.412 Btu，故對每消耗 1 kWh 的電力可從冷卻空間移走 1 kWh 熱的設備（COP = 1）而言，EER 值為 3.412。因此，EER（或 SEER）與 COP 的關係式為

$$\text{EER} \equiv 3.412 \, \text{COP}_R$$

目前全球各國政府為了提升能源的使用效率，都訂定了能源消耗設備性能的最低標準。市面上大部分的空調機與熱泵的 SEER 值都介於 13 至 21 之間（相對應的 COP 值為 3.8 至 6.2）。同時，配備變速驅動器（亦稱為變頻器）的設備，亦可獲得較高效能。藉由微處理器的作用，可求得變化的暖房／冷卻需求及氣候條件，而使機器的變速壓縮機與風扇在最高效率下運轉。例如，在空調模式中，熱天會以較高速運轉，而冬天以較低速運轉，同時強調效率與舒適性。

冷凍機的 EER 值或 COP 值會隨著冷凍溫度的降低而下降，因此冷凍至比所需之更低溫度是不符合經濟效應的。各種冷凍機的 COP 值隨冷凍物品之種類而有差異。切片與烹調品的範圍為 2.6 至 3.0；肉類、熟食、乳品及農產品為 2.3 至 2.6；冷凍食品

為 1.2 至 1.5；而冰淇淋為 1.0 至 1.2。值得注意的是，冷藏室的 COP 值約為肉類冷凍室的一半，因此若以可冷凍食品的冷凍空氣來冷凍肉類產品，成本會變成兩倍。所以，配合不同的冷凍需求來使用個別的冷凍系統，才是節約能源的良策。

例 6-3 冰箱的熱排放

某一冰箱之食物室如圖 6-23 所示，以 360 kJ/min 的速率將熱排出而使溫度維持在 4 °C。若需輸入冰箱之功為 2 kW，求：(a) 冰箱的 COP 值；(b) 冰箱將熱傳至屋內放置空間的熱排放率。

解： 已知冰箱消耗的功，求 COP 值及熱排放率。

假設： 冰箱處於穩定運轉情況。

分析： (a) 冰箱的 COP 值為

$$\text{COP}_R = \frac{\dot{Q}_L}{\dot{W}_{net,in}} = \frac{360 \text{ kJ/min}}{2 \text{ kW}}\left(\frac{1 \text{ kW}}{60 \text{ kJ/min}}\right) = 3$$

換句話說，每供給 1 kJ 的功可從冷凍空間移走 3 kJ 的熱。

(b) 冰箱將熱傳至屋內放置空間的熱排放率，可由循環裝置的能量守恆關係式求得

$$\dot{Q}_H = \dot{Q}_L + \dot{W}_{net,in} = 360 \text{ kJ/min} + (2 \text{ kW})\left(\frac{60 \text{ kJ/min}}{1 \text{ kW}}\right)$$

$$= \mathbf{480 \text{ kJ/min}}$$

討論： 從冷凍空間以熱的形式所移走的能量與以電力功形式供給冰箱的能量，兩者最後均出現於屋內空氣中，並成為空氣內能的一部分。此說明了能量可從某一形式改變成另一形式，並從某一處移至另一處，但在過程中絕不會被消滅。

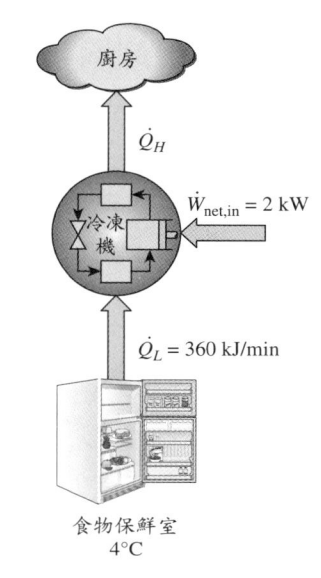

圖 6-23
例 6-3 的示意圖。

例 6-4 以熱泵加熱房屋

一熱泵被用來滿足房子的加熱暖房需求，將溫度維持在 20°C。某天當氣溫下降至 −2°C，估計房子有 80,000 kJ/h 的熱損失率。假設熱泵在此情況下的 COP 值為 2.5，求：(a) 熱泵所消耗的功率；(b) 從室外冷空氣的熱吸收率。

解： 已知熱泵的 COP 值，求消耗的功率及熱吸收率。

假設： 熱泵處於穩定運轉情況。

分析： (a) 該熱泵消耗的功率如圖 6-24 所示，可由 COP 值的定義求得

$$\dot{W}_{net,in} = \frac{\dot{Q}_H}{\text{COP}_{HP}} = \frac{80,000 \text{ kJ/h}}{2.5} = \mathbf{32,000 \text{ kJ/h}} \text{ (或 8.9 kW)}$$

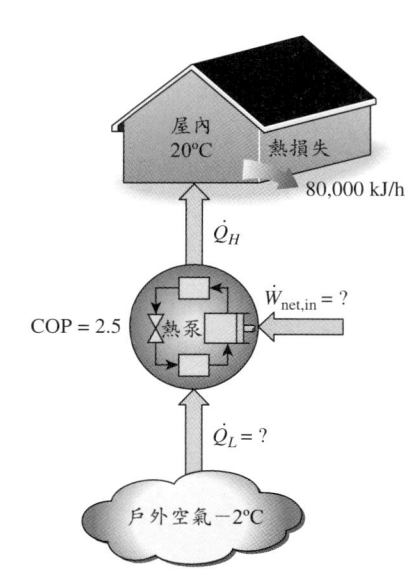

圖 6-24
例 6-4 的示意圖。

(b) 房子以 80,000 kJ/h 的速率損失熱。若房子想要維持在 20°C，則熱機必須以相同的速率將熱輸送至房子，也就是 80,000 kJ/h。因此從室外的熱傳遞為

$$\dot{Q}_L = \dot{Q}_H - \dot{W}_{net,in} = (80{,}000 - 32{,}000) \text{ kJ/h} = \mathbf{48{,}000 \text{ kJ/h}}$$

討論：傳至屋內 80,000 kJ/h 的熱有 48,000 kJ/h 是從戶外冷空氣吸取而來，因此僅需對供給熱泵的電力功 32,000 kJ/h 付費。若以電阻加熱器取代，則必須以電能形式供給 80,000 kJ/h 的能量給電阻加熱器。這也意味著必須付 2.5 倍的加熱費用，同時也說明了雖然熱泵的購置成本相當高，但為何普遍是以熱泵作為暖房系統，而不用簡單的電阻加熱器的原因了。

熱力學第二定律：克勞修斯論述

熱力學有兩個古典的第二定律論述：其一為前一節已討論且與熱機相關的凱爾文－普朗克論述，另一為與冷凍機或熱泵相關的克勞修斯論述。克勞修斯論述說明如下：

> 不可能建構一種裝置，可以在循環運轉條件下，除了將熱從較低溫物體傳至較高溫物體外，而沒有產生其他的效應。

眾所周知，熱無法自行從冷介質傳至暖介質。克勞修斯論述並非意指不能建構一循環裝置將熱從冷介質傳至暖介質。事實上，一般家用冰箱即可辦到。應該說除非壓縮機能被外部動力源所驅動，例如電動馬達（圖 6-25），否則冷凍機無法運轉。因此，除了將熱從較冷物體傳至較暖物體外，對外界環境必涉及以功之形式消耗某些能量的淨效應，所以家用冰箱完全依循第二定律的克勞修斯論述。

第二定律的凱爾文－普朗克論述與克勞修斯論述均為負面表述，因此無法予以證明。如同其他的物理定律，熱力學第二定律是以實驗觀察為基礎而建立的。到目前為止，沒有任何實驗抵觸第二定律，此即為其有效性的充分證明。

兩個論述的對等性

凱爾文－普朗克論述與克勞修斯論述的結果是對等的，任一論述均可說明熱力學第二定律。違反凱爾文－普朗克論述的任何裝置亦違反克勞修斯論述，反之亦然。說明如下。

考慮一個運作於兩個相同之貯存器間的熱機－冷凍機組合，如圖 6-26(a) 所示。假設熱機違反凱爾文－普朗克論述而有 100%

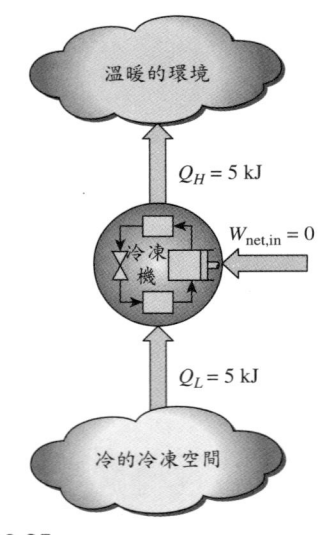

圖 6-25
違反第二定律之克勞修斯論述的冷凍機。

圖 6-26
證明違反克勞修斯論述導致違反凱爾文－普朗克論述。

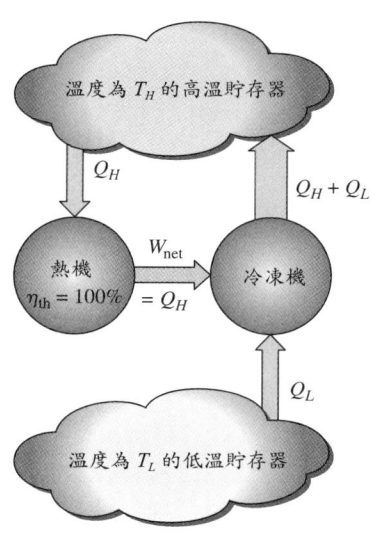

(a) 100% 熱效率的熱機所驅動的冷凍機

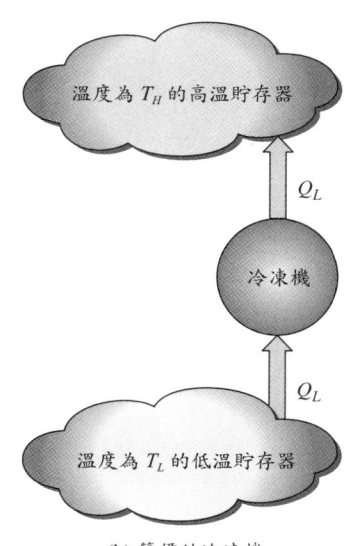

(b) 等價的冷凍機

的熱效率，將其所接收的熱 Q_H 全部轉換為功 W。現在將此功供應給冷凍機而自低溫貯存器移走熱 Q_L，並且排放熱量 $Q_L + Q_H$ 至高溫貯存器。此過程中，高溫貯存器接收淨熱量 Q_L（$Q_L + Q_H$ 與 Q_H 間的差）。因此，這兩個裝置的組合可視為一冷凍機，如圖 6-26(b) 所示。從圖中可發現，不需外界的任何輸入，便可從較冷的物體將熱量 Q_L 傳至較暖的物體。因此，違反凱爾文－普朗克論述將違反克勞修斯論述。

以類似的方法亦可證明違反克勞修斯論述將導致違反凱爾文－普朗克論述。因此，克勞修斯論述與凱爾文－普朗克論述為熱力學第二定律兩個對等的陳述。

6-5　永動機

我們已經重複地說明，除非同時滿足第一定律與第二定律，否則過程無法發生。違反其中任何一項定律的裝置，稱為**永動機**（perpetual-motion machine）。雖然經過不計其數的嘗試，未曾出現真正可運作的永動機，但這並未阻止發明家試著創造出新的永動機。

違反熱力學第一定律（創造能量）的裝置稱為**第一類永動機**（perpetual-motion machine of the first kind, PMM1），而違反熱力學第二定律的裝置則稱為**第二類永動機**（perpetual-motion machine of the second kind, PMM2）。

考慮一蒸汽發電廠，如圖 6-27 所示。其構想是將電阻加熱器置於鍋爐內來對水蒸汽加熱，以取代從石化燃料或核燃料供給

圖 6-27
違反熱力學第一定律的永動機（PMM1）。

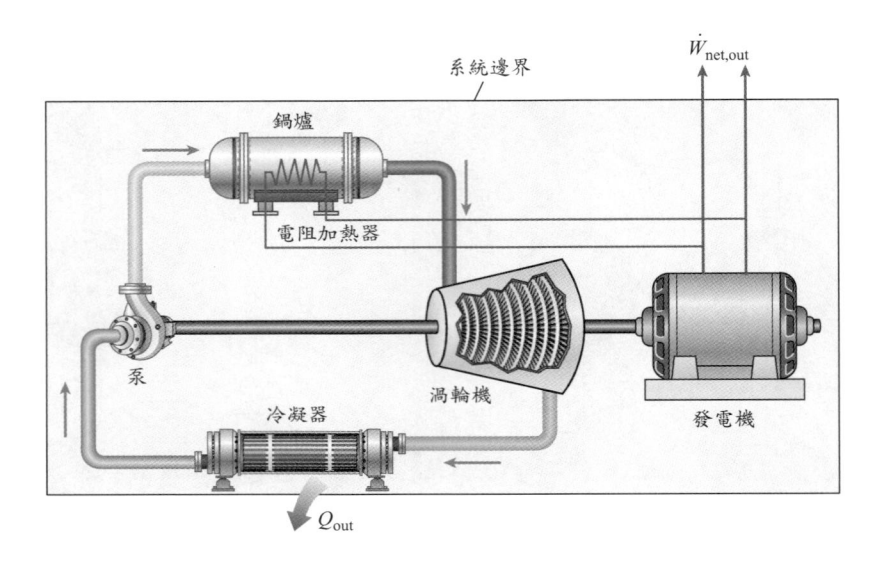

能量。發電廠所產生的一部分電被用來供電阻器及泵運用，其餘能量被供給至電力網路而以淨功輸出。此發明家宣稱，一旦系統被啟動，此發電廠將無限期地產生電力，而不需從外部輸入任何能量。

不難想像，此裝置若真能運作，將是一個解決世界能源問題的發明。但仔細檢驗此發明可察覺到，圖中陰影面積包圍的系統部分能連續地以 $\dot{Q}_{out} + \dot{W}_{net,out}$ 的速率供應能量至外界，而無需接收外界任何能量。換言之，此系統能自行以 $\dot{Q}_{out} + \dot{W}_{net,out}$ 的速率產生能量，明顯違反第一定律。因此，此驚奇的裝置只能算是一台第一類永動機（PMM1），而不需任何理由做任何進一步的考慮。

現在考慮由同一位發明者提出的另一個創新構想。在確信能量不能被產生後，該發明者提出一項在不違反第一定律下可明顯改進發電廠熱效率的修正建議。他發現，在爐中傳至水蒸汽的熱有一半以上於冷凝器中被廢棄至環境中，因此建議除去此無用的元件（冷凝器），並將離開渦輪機的水蒸汽立即送至泵，如圖 6-28 所示。依此方式，在鍋爐中傳至水蒸汽的熱將全部轉換為功，因此發電廠的理論效率為 100%。同時，該發明者理解到某些熱損失及各操作元件相互間的摩擦是無法避免的，因此將或多或少減低效率，但對於仔細設計的系統，所預期的熱效率依然不低於 80%（相較之下，大部分實際的發電廠熱效率約為 40%）。

當然，效率加倍的可能性對發電廠管理者而言極具吸引力，因為在未經適當的訓練下，直覺上並未看出有任何錯誤而會給此構想一個機會。然而，一個熱力學的學生立即將這個裝置貼上第

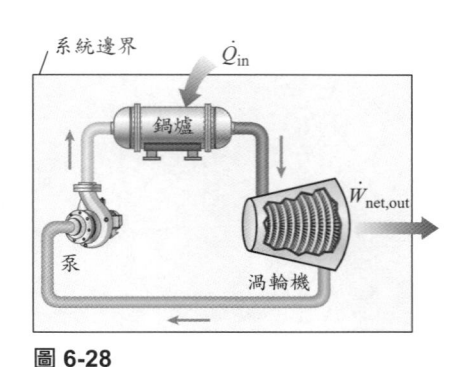

圖 6-28
違反熱力學第二定律的永動機（PMM2）。

二類永動機（PMM2）的標籤，因為它以循環作用僅與一個貯存器（鍋爐）交換熱而作了一淨功。它滿足了第一定律，但違反第二定律，因此無法作用。

　　歷史上有不計其數的永動機被提出，並有更多的構想持續發表中。某些提出者甚至以他們的發明申請專利，但到最後都發現他們手中擁有的僅是一張沒有價值的紙。

　　有些永動機的發明者能成功地募集到基金，例如在 1874 年至 1898 年間，一位費城木匠 J. W. Kelly 以他的空油壓脈動真空引擎（hydropneumatic-pulsating-vacu-engine）向許多投資者募集到數百萬美元。他設想使用 1 L 的水可將火車推動 3000 英里。當然，自始至終皆未曾辦到。當他在 1898 年死後，投資者發現示範機器是以一隱藏的馬達來驅動火車。最近一群投資者投入 250 萬美元於一神祕的能量增大器（energy augmentor），號稱可放大它所汲取的任何動力，但他們的律師要求先聽聽專家的意見。當請來科學家時，該發明者已放棄，甚至不再對該示範機器進行試運轉。

　　美國專利處因為對永動機的申請感到厭煩，而在 1918 年宣布不再考慮任何永動機的申請案。然而，仍有數個此類申請案被建檔，有些甚至通過專利而未被察覺。有些申請者因其專利申請案被拒絕而採取法律行動。例如，1982 年美國專利處駁回另一個永動機，其為一個巨大的裝置，具有數百公斤的旋轉磁鐵及數公里長的銅線，發明者認為可以產生比從此電池組消耗的更多電力。1985 年，美國國家標準局（National Bureau of Standards）終於進行測試，確認其僅為電池操作。然而，這無法說服發明者接受他的機器無法運作的事實。

　　永動機的提出者通常擁有創新的想法，但不幸地經常缺乏正規的工程訓練，因此所有的永動機最終皆淪為空想。如俗語所說，某事聽起來好得不像是真的，永動機也是如此。

6-6　可逆過程與不可逆過程

　　熱力學第二定律宣稱，沒有熱機具有 100% 的效率。然後可能有人會問，熱機的最高效率是多少？在回答此問題之前，首先需定義一個理想化過程，即所謂的可逆過程。

　　本章最初討論的過程是發生在某一方向，一旦發生，此過程無法自行反向而使系統回復到最初狀態，因此被歸類為不可逆過程。一杯熱咖啡一旦冷掉了，不可能從外界將損失的熱回收而再

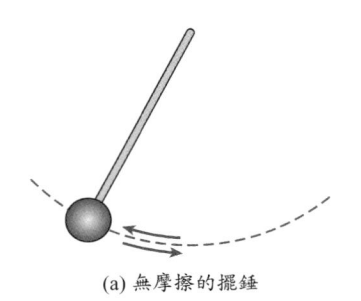

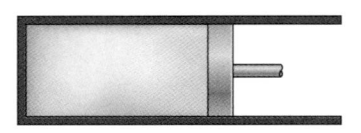

加熱。若為可能,則外界與系統(咖啡)都會返回其初始的情況,變成可逆過程。

可逆過程(reversible process)被定義為一個不在外界留下任何痕跡,而能夠逆向的過程(圖 6-29)。也就是說,在逆向過程結束後,系統與外界都回復到最初狀態。這只有在整個(原始與逆向)過程中,系統與外界間的淨熱與淨功交換為零時,才有可能發生。無法可逆的過程稱為**不可逆過程**(irreversible process)。

在此更應該明確指出,系統若依循某一過程,無論該過程為可逆或不可逆,皆有可能回到其最初狀態。但對可逆過程而言,整個回復過程不會在外界留下任何淨變化;對不可逆過程而言,外界經常會對系統作功,使其無法回復到初始狀態。

事實上,在自然界中不會發生可逆過程,它們只是實際過程的理想化。可逆過程能以實際的裝置加以近似模擬,但絕不可能達成該過程;也就是說,發生於自然界中的所有過程均為不可逆過程。在此可能會讓人感到疑惑,為何要為此假想過程深感困擾?這有兩個原因:第一,因為可逆過程中,系統經過一連串的近似平衡狀態而容易分析;第二,可當作比較實際過程的理想化模式。

日常生活中,白馬王子(Mr. Right)與白雪公主(Ms. Right)的概念也是一種理想化,正如一個可逆(理想)過程。堅持尋找白馬王子或白雪公主以求安定下來的人們,終其一生將註定單身。追尋理想終身伴侶的可能性,並不高於追尋可逆(理想)過程的可能性。同樣地,堅持完美朋友的人到頭來將不會結交任何朋友。

工程師對可逆過程特別感興趣的原因在於,當可逆過程被用以取代不可逆過程時,功的產生裝置(例如汽車引擎、氣體渦輪機或蒸汽渦輪機等)可輸送最多功,而功的消耗裝置(例如壓縮機、風扇與泵等)能消耗最少功(圖 6-30)。

可逆過程可被視為相對應於不可逆過程的理論極限,而某些過程比其他過程更不可逆。或許可逆過程絕對不會存在,但可以某種程度地接近它。盡可能地近似可逆過程,將使功產生裝置送出愈多功,或使功消耗裝置需求愈少功。

可逆過程的觀念將引導出實際過程的**第二定律效率**(second-law efficiency),其正可對應出與可逆過程的近似程度。這使得我們可以效率為基礎,來設計出可達成相同任務的不同裝置,並比較出彼此間性能的差異。設計得愈好,不可逆性就愈低,而第二

圖 6-29
兩個眾所周知的可逆過程。
(a) 無摩擦的擺錘
(b) 氣體的近似平衡膨脹與壓縮

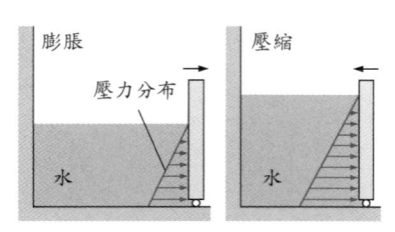

圖 6-30
可逆過程輸送最多功,而消耗最少功。
(a) 緩慢的(可逆)過程
(b) 快速的(不可逆)過程

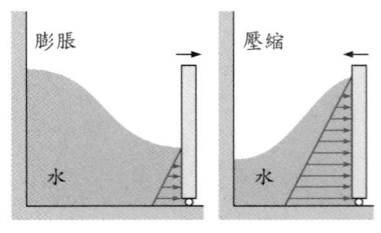

定律效率也愈高。

◯ 不可逆性

造成過程為不可逆的因素稱為**不可逆性（irreversibility）**，包括摩擦、無受限膨脹、兩流體的混合、橫跨有限溫差的熱傳遞、電阻、固體的非彈性變形及化學反應。這些效應中若出現任一個，將使過程為不可逆。可逆過程不含上述因素。一些常見的不可逆性如下。

摩擦（friction）是運動物體間所產生一種熟悉的不可逆性形式。當接觸的兩物體被迫使彼此間做相對運動（例如活塞在汽缸內，如圖 6-31 所示），在兩物體界面處所發生之阻止運動的摩擦力，需要某些功來克服。過程中以功的形式所供給的能量，最後將轉換為熱，並將熱傳至接觸的物體，致使界面處溫度上升即為證明。當運動方向反向時，物體將回復至原來的位置，但界面並沒有變冷，熱也沒有轉換回功。反倒是在反向運動時亦必須克服摩擦，而有更多的功將被轉換為熱。因為系統（運動物體）與外界無法回到初始狀態，這樣的過程為不可逆，所以凡事涉及摩擦的過程均為不可逆，而且涉及的摩擦力愈大，過程愈不可逆。

摩擦並非總是涉及到兩接觸固體間，它也會發生在流體與固體間，甚至以不同速度移動的流體層間。汽車引擎所產生的功率中有相當大的比例，被用來克服空氣與汽車外表面間的摩擦（拖曳力），最後變成空氣內能的一部分。此過程不可能反向並回收失去的功率，雖然這麼做並不違反能量守恆定律。

不可逆性的另一個例子，是藉由薄膜將真空分隔的氣體**無受限膨脹（unrestrained expansion）**，如圖 6-32 所示。當薄膜破裂後，氣體充滿整個容器。使系統回復到初始狀態的唯一方法是使其壓縮到最初體積，並從氣體傳熱到達其最初溫度。能量守恆理論可簡易地證明從氣體傳遞的熱量等於外界作用於氣體的功。外界的回復涉及到將此熱完全轉換為功，此將違反第二定律。因此，氣體的無受限膨脹是一種不可逆過程。

第三種大家所熟悉的不可逆性形式為橫跨有限溫差的**熱傳遞（heat transfer）**。考慮一罐置放於暖房空間的冷汽水（圖 6-33），熱將由暖房空間內的空氣傳至冷的汽水。能夠將此過程逆向且使汽水回到最初溫度的唯一方法為冷凍，也就是需要某些功的輸入。在逆向過程結束後，汽水將回到其最初狀態，但外界則沒有。外界內能的增加量與提供冷凍所作的功相同。唯有將此多出的內能完全轉換為功，才能將外界回復到其最初狀態，若不違反

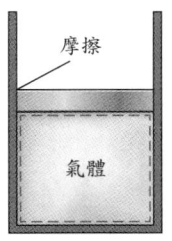

圖 6-31
摩擦促使過程為不可逆。

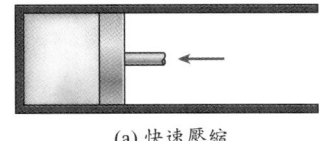

(a) 快速壓縮

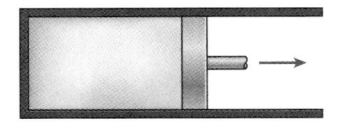

(b) 快速膨脹

(c) 無受限膨脹

圖 6-32
不可逆壓縮與膨脹過程。

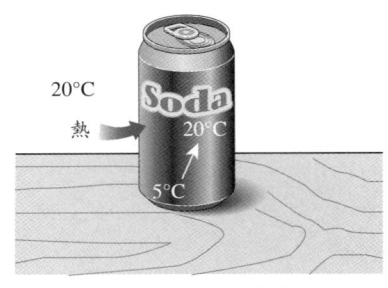

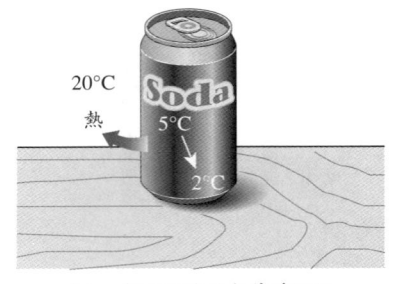

圖 6-33
(a) 溫度差所引發的熱傳遞過程為不可逆；(b) 反向過程為不可能。

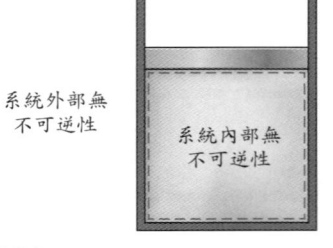

圖 6-34
可逆過程不含內部不可逆性及外部不可逆性。

第二定律將無法達到。因為僅有系統，而不是系統與外界兩者皆可回復到最初狀態，故橫跨有限溫差的熱傳遞是一種不可逆過程。

只有當系統與外界間有溫差才可能發生熱傳遞，因此實質上不可能有可逆的熱傳遞過程。但是，當兩物體間的溫差趨近於零時，熱傳遞過程的不可逆程度將愈來愈小。因此，橫跨微小溫差 dT 的熱傳遞過程將可視為可逆過程。換言之，當 dT 趨近於零時，過程可逆向（至少在理論上可行）而不需任何冷凍。值得注意的是，可逆熱傳遞為概念上的過程，在真實世界是無法重現的。

兩物體間的溫差愈小，熱傳率將愈小。橫跨小溫差而欲產生明顯的熱傳遞，需要極大的表面積及較長的時間。因此，從熱力學的觀點，即使接近可逆熱傳遞是想要的一種過程，但卻不實際且不符合經濟。

內部可逆過程與外部可逆過程

一個典型的過程涉及到系統與外界間的交互作用，而一個可逆過程則是系統與外界均無不可逆性。

在過程中，若系統邊界內無不可逆性發生，則稱為**內部可逆**（**internally reversible**）。在內部可逆過程中，系統經歷一連串的平衡狀態，而當過程逆向時，系統會通過完全相同的平衡狀態而回到最初狀態。也就是說，對於內部可逆過程，其正向與逆向過程的路徑會一致，而近似平衡過程即為典型的例子。

在過程中，若系統邊界外無不可逆性發生，則稱為**外部可逆**（**externally reversible**）。若系統的外表面與貯存器的溫度相同，則貯存器與系統之間的熱傳遞為外部可逆過程。

若系統內部或外界均無不可逆性，則稱為**全部可逆**（**totally reversible**），或簡稱**可逆**（**reversible**）（圖 6-34）。一個所謂的全部可逆過程，不涉及橫跨有限溫差的熱傳遞、非近似平衡的變化、摩擦或其他消散效應。

舉例而言，考慮兩個相同系統進行等壓（亦為等溫）相變化過程的熱傳遞，如圖 6-35 所示。因為兩者均在等溫中進行且經歷完全相同的平衡狀態，因此均為內部可逆。圖示的第一個過程亦為外部可逆，因為此過程的熱傳遞發生在無限小的溫度差 dT。然而，第二個過程為外部不可逆，因為它涉及到橫跨有限溫差 ΔT 的熱傳遞。

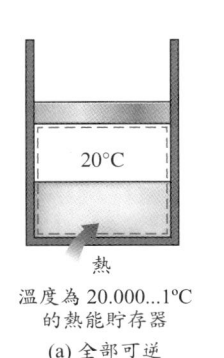

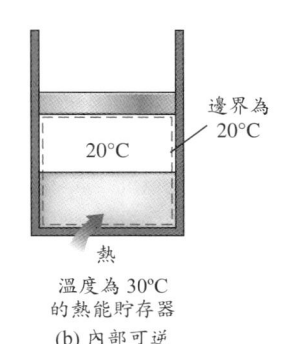

圖 6-35
全部可逆與內部可逆的熱傳遞過程。

(a) 全部可逆
溫度為 20.000...1°C 的熱能貯存器

(b) 內部可逆
邊界為 20°C
溫度為 30°C 的熱能貯存器

6-7 卡諾循環

稍早之前曾提到熱機為一種循環裝置。每一循環結束時，熱機的工作流體會回到其最初狀態。循環中的每一部分都由工作流體來作功，而另一部分則對工作流體作功。這兩者之間的差即為熱機所輸出的淨功。熱機循環的效率主要與構成循環的每一個過程如何進行有關。當某一過程需要最少量的功，並可輸出最大量的功，也就是為一可逆過程時，可使淨功與循環效率最大。所以無庸置疑地，最有效率的循環為可逆循環，即全部的循環皆由可逆過程組成。

實際上，可逆循環並無法達成，因為伴隨著每一過程的不可逆性無法被消除。然而，可逆循環提供真實循環性能的上限。以可逆循環來作用的熱機與冷凍機，可作為實際熱機與冷凍機互相比較的模組。可逆循環亦作為發展實際循環的起跑點，並可配合某些需求而做修正。

法國工程師卡諾（Sadi Carnot）於 1824 年提出的**卡諾循環（Carnot cycle）**可能是最知名的可逆循環。以卡諾循環方式運作的理論熱機，稱為**卡諾熱機（Carnot heat engine）**。卡諾循環由四個可逆過程所構成：兩個等溫過程及兩個絕熱過程，並可在封閉或穩流系統中運行。

考慮一封閉系統，將氣體裝於一絕熱的活塞－汽缸內，如圖 6-36 所示。絕熱的汽缸頭可被移走，而使汽缸與貯存器接觸以提供熱傳遞。構成卡諾循環的四個可逆過程如下：

- **可逆等溫膨脹**（過程 1-2，T_H = 常數）：最初時（狀態 1），氣體溫度為 T_H，而汽缸頭與溫度 T_H 的熱源緊密接觸。氣體被允許緩慢地膨脹以對外界作功。當氣體膨脹時，溫度會降低，但只要溫度是在無限小的量 dT 範圍內，某些熱會從貯存器流入氣體，使氣體溫度上升至 T_H，因此氣體溫度可維持固定。因

(a) 過程 1-2
溫度為 T_H 的能源 Q_H
T_H = 常數

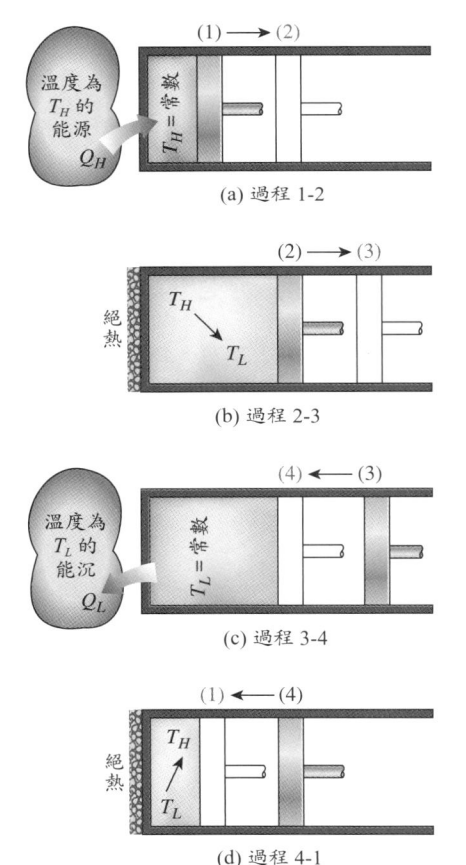

(b) 過程 2-3
絕熱
T_H
T_L

(c) 過程 3-4
溫度為 T_L 的能沉 Q_L
T_L = 常數

(d) 過程 4-1
絕熱
T_H
T_L

圖 6-36
在封閉系統進行卡諾循環。

為氣體與貯存器間的溫差絕不超過微小量 dT，故可視為可逆熱傳遞過程。同時持續進行直至活塞抵達位置 2，此過程中傳至氣體的總熱量為 Q_H。

- 可逆絕熱膨脹（過程 2-3，溫度從 T_H 降至 T_L）：在狀態 2 時，與汽缸頭接觸的貯存器被移走，並以絕熱體取代貯存器，使得系統變為絕熱。氣體繼續緩慢地膨脹對外界作功，直到其溫度從 T_H 降至 T_L（狀態 3）。活塞被假設為無摩擦，而過程為近似平衡，因此過程為可逆與絕熱。

- 可逆等溫壓縮（過程 3-4，T_L = 常數）：在狀態 3 時，汽缸頭上的絕熱物被移走，汽缸與溫度 T_L 的熱沉接觸。此時，活塞被外力向內推而對氣體作功。當氣體壓縮時，溫度會上升。只要溫度上升微小量 dT，熱會從氣體傳至熱沉，造成氣體溫度降至 T_L，因此氣體溫度會固定維持於 T_L。因為氣體與熱沉間的溫差絕不超過此一微小量 dT，故可視為可逆熱傳遞過程。當過程繼續進行達到狀態 4，此過程中從氣體排放的熱量為 Q_L。

- 可逆絕熱壓縮（過程 4-1，溫度從 T_L 升至 T_H）：在狀態 4 時，低溫貯存器被移走，絕熱物再被放置回汽缸頭，同時氣體以可逆的方式被壓縮回到最初狀態（狀態 1）。在這個可逆的絕熱壓縮過程中，溫度從 T_L 上升至 T_H，並完成循環。

此循環的 P-V 圖展現於圖 6-37。回想一下在 P-V 圖中，過程曲線下方的面積代表近似平衡（內部可逆）過程的邊界功。曲線 1-2-3 下方的面積為整個循環中膨脹部分氣體所作的功，而曲線 3-4-1 下方的面積為循環中壓縮部分作用於氣體的功。循環路徑所包圍的面積（面積 1-2-3-4-1）為此兩個功的差，表示循環中所作的淨功。

值得注意的是，若以輕微的動作將狀態 3 的氣體進行絕熱的壓縮，而不是等溫壓縮，可以節省 Q_L，再依過程路徑 3-2 回到狀態 2。雖然如此操作可節省 Q_L，卻無法從熱機得到任何淨功輸出。因此，再次說明了當熱機進行循環運轉時，至少需要兩個不同溫度的貯存器來交換熱量，以利淨功輸出。

卡諾循環亦可在穩流系統中運行，此將於稍後章節中配合其他動力循環再做討論。

卡諾循環是一種可逆循環，同時也是運轉於兩個指定溫度極限間的最高效率循環。雖然卡諾循環在實際上無法達成，但若企圖使某類循環愈近似卡諾循環，則愈能改進實際的循環效率。

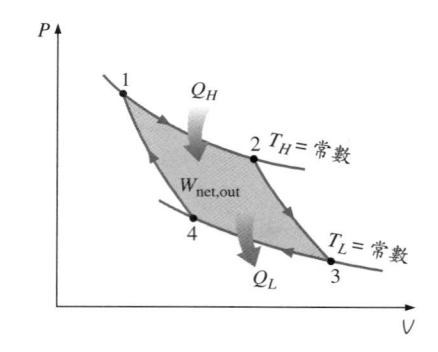

圖 6-37
卡諾循環的 P-V 圖。

⇒ 逆向卡諾循環

剛才所述的卡諾熱機循環為一全可逆循環，因此組成它的所有過程均可以反向，而變成**卡諾冷凍循環（Carnot refrigeration cycle）**。此時循環維持相同，唯一不同的是熱與功作用的方向相反：有 Q_L 的熱量從低溫貯存器被吸收，同時有 Q_H 的熱量排放至高溫貯存器，若要完成此循環，需有功 $W_{net,in}$ 的輸入。

逆向卡諾循環的 P-V 圖與卡諾循環圖相同，只是過程的方向相反，如圖 6-38 所示。

圖 6-38
逆向卡諾循環的 P-V 圖。

6-8 卡諾原理

如同凱爾文－普朗克論述以及克勞修斯論述所陳述的，熱力學第二定律對循環裝置的運轉有其限制。熱機若僅以單一貯存器來進行交換熱是無法運轉的；同樣地，冷凍機若沒有從外部源輸入淨能，亦無法運轉。

因此，從這些論述可引申出有價值的結論。這些結論關係到可逆與不可逆（即實際）熱機之熱效率，即所謂的**卡諾原理（Carnot principles）**（圖 6-39），表示如下：

1. 運轉於兩個相同貯存器之間的熱機，其不可逆熱機的熱效率永遠小於可逆熱機的熱效率。
2. 運轉於兩個相同貯存器之間的可逆熱機，其所有熱機的熱效率均相同。

若能明顯展現違反任何一個論述，將導致違反熱力學第二定律，而使以上兩個論述被證明。

為了證明第一項論述，我們考慮運轉於相同的兩個貯存器間的兩個熱機，如圖 6-40 所示。一個熱機為可逆，另一個為不可逆。現在對每個熱機供給相同的熱量 Q_H，可逆熱機產生的功為 W_{rev}，而不可逆熱機為 W_{irrev}。

在違反第一卡諾原理下，我們假設不可逆熱機比可逆熱機更有效率（即 $\eta_{th,irrev} > \eta_{th,rev}$），也因此輸出的功比可逆熱機更多。若讓可逆熱機逆向而以冷凍機形式運轉，此冷凍機將接收輸入功 W_{rev}，並排放熱至高溫貯存器。因為冷凍機排放 Q_H 的熱量至高溫貯存器，而不可逆熱機從高溫貯存器接收相同的熱量，因此該貯存器的淨熱交換為零。所以，讓冷凍機將 Q_H 直接排放至不可逆熱機，而可將高貯存器除去。

若將冷凍機與不可逆熱機一起考慮，則會出現一個單一貯存

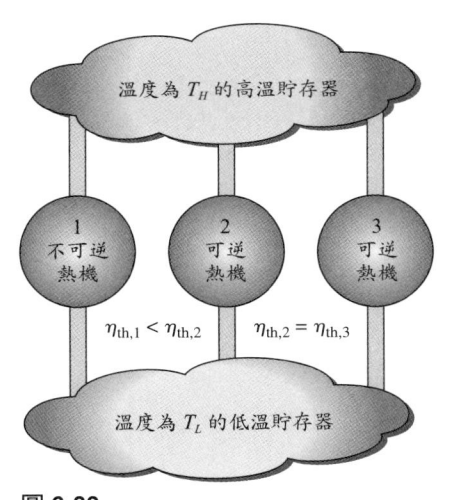

圖 6-39
卡諾原理。

圖 6-40
第一卡諾原理的證明。

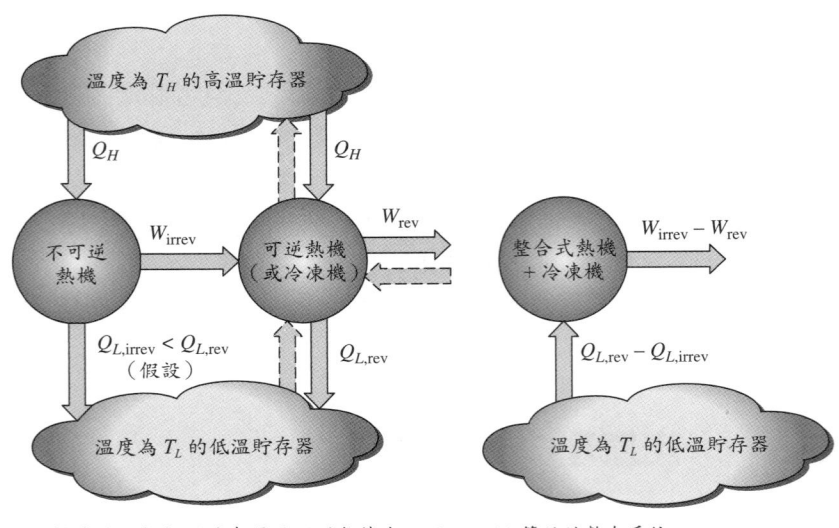

(a) 操作於兩個相同貯存器的可逆熱機與不可逆熱機（可逆熱機可逆向循環成為冷凍機）

(b) 等效的整合系統

器進行交換熱，而產生 $W_{\text{irrev}} - W_{\text{rev}}$ 之淨功輸出的熱機，此明顯違反第二定律的凱爾文－普朗克陳述。因此，最初的假設 $\eta_{\text{th,irrev}} > \eta_{\text{th,rev}}$ 並不正確。結論是，在運轉於相同貯存器的條件下，沒有任何熱機可以比可逆熱機更有效率。

類似的方法亦可證明第二卡諾原理。以一個更有效率的可逆熱機取代不可逆熱機，可比第一個可逆熱機輸出更多的功。根據相同的理由，將可推演出一個以單一貯存器來進行熱交換，而產生淨功輸出的熱機，此明顯違反第二定律。因此結論是，運轉在兩相同貯存器間的可逆熱機，不管循環如何完成或使用哪一種工作流體，皆不會比另一個可逆熱機更有效率。

6-9　熱力溫標

某種與所使用之物質性質無關，且用以測量溫度的溫標，稱為**熱力溫標（thermodynamic temperature scale）**。此一溫標在熱力計算中提供很大的便利性，並可藉由可逆熱機而推導出下列的熱力溫標關係式。

在第 6-8 節中所討論的第二卡諾原理，說明了運轉於兩個相同貯存器的所有可逆熱機具有相同的熱效率（圖 6-41）。換句話說，可逆熱機的效率與所採用的工作流體及其性質、所執行的循環作用方式，或所使用的可逆熱機形式等均無關。因為貯存器是以溫度為特性，故可逆熱機的熱效率僅為貯存器溫度的函數，由於 $\eta_{\text{th}} = 1 - Q_L/Q_H$，所以

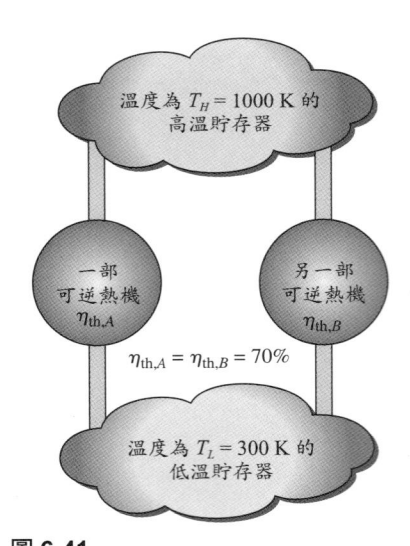

圖 6-41
運轉於兩個相同貯存器的所有可逆熱機具有相同的熱效率（第二卡諾原理）。

$$\eta_{\text{th,rev}} = g(T_H, T_L)$$

或

$$\frac{Q_H}{Q_L} = f(T_H, T_L) \tag{6-13}$$

在此關係式中，T_H 與 T_L 分別為高溫與低溫貯存器的溫度。

借助於圖 6-42 所示的三個可逆熱機，可發展出 $f(T_H, T_L)$ 的函數形式。熱機 A 與 C 從溫度為 T_1 的高溫貯存器供給相同的熱量 Q_1。熱機 C 排放熱量 Q_3 至溫度為 T_3 的低溫貯存器。熱機 B 接收溫度 T_2 的熱機 A 所排出的熱量 Q_2，並排放熱量 Q_3 至溫度為 T_3 的貯存器。

熱機 B 與 C 所排放的熱量必須相同，因為熱機 A 與 B 可結合成一個運轉在相同貯存器間的熱機（如同熱機 C），因此所結合的熱機與熱機 C 有相同的效率。由於輸入熱機 C 的熱量，與輸入 A 及 B 所結合的熱機之熱量相同，因此兩個系統必須排放相同的熱量。

將公式 6-13 分別代入三個熱機，可得

$$\frac{Q_1}{Q_2} = f(T_1, T_2), \quad \frac{Q_2}{Q_3} = f(T_2, T_3), \quad \text{和} \quad \frac{Q_1}{Q_3} = f(T_1, T_3)$$

考慮以下等同性

$$\frac{Q_1}{Q_3} = \frac{Q_1}{Q_2} \frac{Q_2}{Q_3}$$

也就是

$$f(T_1, T_3) = f(T_1, T_2) \cdot f(T_2, T_3)$$

仔細檢查此方程式可發現，方程式左邊為 T_1 與 T_3 的函數，因此右邊也必須僅為 T_1 與 T_3 的函數，而與 T_2 無關。換言之，此方程式右邊乘積的值與 T_2 無關。但只有當函數 f 有下列形式時，才能滿足此條件：

$$f(T_1, T_2) = \frac{\phi(T_1)}{\phi(T_2)} \quad \text{和} \quad f(T_2, T_3) = \frac{\phi(T_2)}{\phi(T_3)}$$

因此，$\phi(T_2)$ 將從 $f(T_1, T_2)$ 與 $f(T_2, T_3)$ 的乘積中消去，導出

$$\frac{Q_1}{Q_3} = f(T_1, T_3) = \frac{\phi(T_1)}{\phi(T_3)} \tag{6-14}$$

此關係式比公式 6-13 更具體，因為 Q_1/Q_3 的函數形式以 T_1 與 T_3 來表示。

針對運轉於溫度 T_H 與 T_L 的兩個熱貯存器間的可逆熱機，公式 6-14 可寫為

$$\frac{Q_H}{Q_L} = \frac{\phi(T_H)}{\phi(T_L)} \tag{6-15}$$

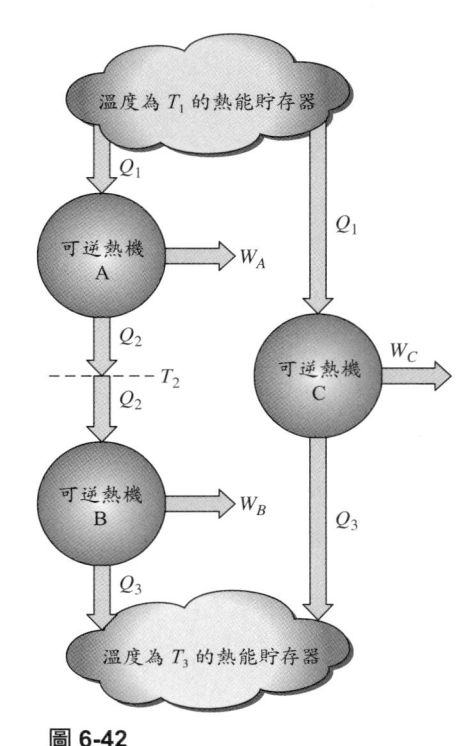

圖 6-42
熱機被安排來推導熱力溫標。

此式為第二定律應用於傳至可逆熱機與從可逆熱機傳出熱量比值之唯一要件。許多函數 $\phi(T)$ 滿足此方程式，而其可完全任意選擇。凱爾文公爵首先建議取 $\phi(T) = T$，並以公式 6-16 定義熱力溫標（圖 6-43）為

$$\left(\frac{Q_H}{Q_L}\right)_{rev} = \frac{T_H}{T_L} \tag{6-16}$$

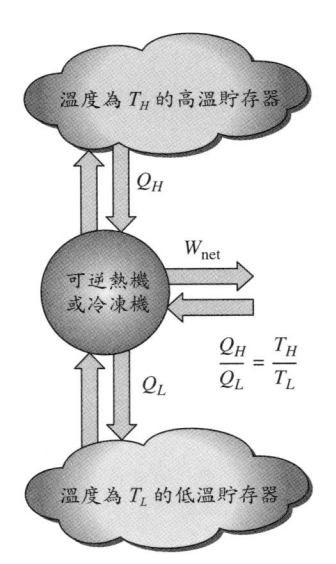

此溫標稱為**凱氏溫標（Kelvin scale）**，而基於此標度的溫度稱為**絕對溫度（absolute temperature）**。在凱氏溫標中，溫度比和可逆熱機與貯存器間熱傳遞的比有關，而與任何物質的物理性質無關。此溫標中，溫度在零與無限大之間變化。

公式 6-16 並未完全定義出熱力溫標，因為它僅表示絕對溫度比。一個凱爾文（kelvin）的大小也必須明確地定義出來。在 1954 年舉辦的國際重量與測量研討會中，水的三相點（水的三個相平衡共存的狀態）值被指定為 273.16 K（圖 6-44）。因此，一個凱爾文的大小被定義為絕對零度與水的三相點溫度之溫度區間的 1/273.16。凱氏溫標與攝氏溫標的溫度單位大小是相同的（1 K ≡ 1°C）。兩個溫標之間相差 273.15：

$$T(°C) = T(K) - 273.15 \tag{6-17}$$

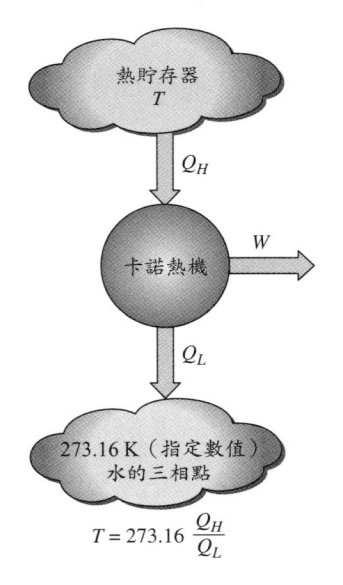

雖然熱力溫標是借助於可逆熱機所定義出來，但實際上，操作此類熱機來決定絕對溫標的數值並不可能且不實際。至於其他方法，例如在第 1 章所討論的定容理想氣體溫度計並配合外插法，亦可準確地量測絕對溫度。公式 6-16 的有效性可藉由使用理想氣體為工作流體之可逆熱機的物理考量來說明。

6-10 卡諾熱機

以卡諾循環運轉的假想熱機稱為**卡諾熱機（Carnot heat engine）**。無論是可逆或不可逆熱機的熱效率，皆可由公式 6-6 求得：

$$\eta_{th} = 1 - \frac{Q_L}{Q_H}$$

其中，Q_H 是從溫度為 T_H 之高溫貯存器傳至熱機的熱量，而 Q_L 是排放至溫度為 T_L 之低溫貯存器的熱量。對於可逆熱機而言，上述關係式中的熱傳率可由公式 6-16 所示之兩個貯存器的絕對溫度比取代。因此，卡諾熱機或任何可逆熱機的效率變為

$$\eta_{th,rev} = 1 - \frac{T_L}{T_H} \tag{6-18}$$

圖 6-43
對可逆循環，熱傳遞比 Q_H/Q_L 可用絕對溫度比 T_H/T_L 來取代。

圖 6-44
測量熱傳遞 Q_H 與 Q_L 以決定凱氏溫標的概念性實驗裝置。

因為卡諾熱機是最有名的可逆熱機，故此關係式經常被稱為**卡諾效率（Carnot efficiency）**。此為操作於溫度 T_L 與 T_H 的兩個熱能貯存器間之熱機所能擁有的最高效率（圖 6-45）。所有操作於這些溫度極限（T_L 與 T_H）間的不可逆（即實際）熱機會有較低的效率。實際熱機不可能達到此最大的理論效率值，因為在實際循環中不可能完全排除不可逆性。

值得注意的是，公式 6-18 中的 T_L 與 T_H 均為絕對溫度。使用 °C 之溫度於此關係式中將導致嚴重的誤差。

運轉於相同溫度極限間的實際與可逆熱機之熱效率比較如下（圖 6-46）：

$$\eta_{th} \begin{cases} < \eta_{th,rev} & \text{不可逆熱機} \\ = \eta_{th,rev} & \text{可逆熱機} \\ > \eta_{th,rev} & \text{不可能熱機} \end{cases} \quad (6\text{-}19)$$

今日使用之大部分功產生裝置（熱機）的效率皆低於 40%，對 100% 而言似乎太低，然而在評估實際熱機的性能時，效率不應以 100% 做比較，而應以運轉於相同溫度極限間之可逆熱機的效率做比較，因為這才是效率真正的理論上限，而非 100%。

操作於 T_H = 1000 K 與 T_L = 300 K 之間的蒸汽發電廠之最大效率，可由公式 6-18 求得為 70%。與此值相比，40% 的實際效率似乎不會太差，但仍有許多的改善空間。

由公式 6-18 可明顯看出，當 T_H 增加或 T_L 降低，卡諾熱機的效率會提高。這是可預期的，因為當 T_L 降低，所排放出的熱量亦會降低。而若 T_L 趨近於零時，卡諾熱機的效率將趨近於 1。實際熱機也是如此。若能提供給熱機可能的最高溫度（受限於材料強度），並在可能的最低溫度下（受限於河流、湖泊或大氣等冷卻介質的溫度）從熱機排放熱量，將可使實際熱機獲得最高的熱效率。

圖 6-45
卡諾熱機是運轉於相同之高溫貯存器與低溫貯存器間所有熱機中最有效率者。

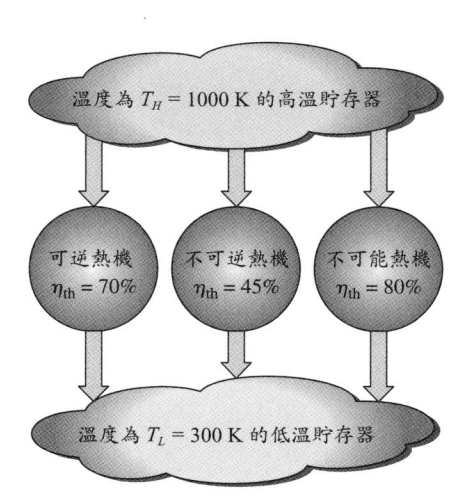

圖 6-46
運轉於相同的高溫貯存器與低溫貯存器間，沒有其他熱機的效率比可逆熱機更高。

例 6-5

卡諾熱機的分析

有一卡諾熱機如圖 6-47 所示，每次循環從溫度為 652°C 的高溫熱源接收 500 kJ 的熱，而排放熱至溫度為 30°C 的低溫熱沉。求：(a) 此卡諾熱機的熱效率；(b) 每次循環排放至熱沉的熱量。

解：已知提供給卡諾熱機的熱量，求熱效率與排放的熱。

分析：(a) 卡諾熱機為一可逆熱機，因此可由公式 6-18 求得其熱效率為

$$\eta_{th,C} = \eta_{th,rev} = 1 - \frac{T_L}{T_H} = 1 - \frac{(30 + 273)\text{ K}}{(652 + 273)\text{ K}} = \mathbf{0.672}$$

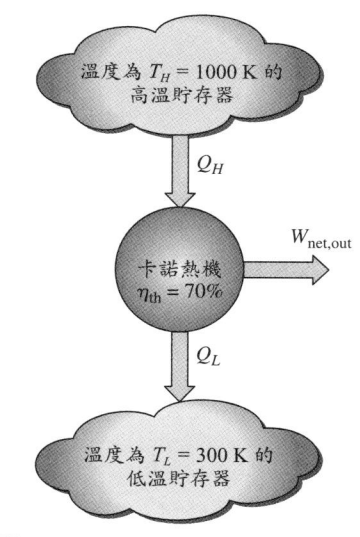

換言之，卡諾熱機將其接收熱量的 67.2% 轉換為功。

(b) 此可逆熱機所排放的熱量 Q_L 可由公式 6-16 求得

$$Q_{L,\text{rev}} = \frac{T_L}{T_H} Q_{H,\text{rev}} = \frac{(30 + 273)\text{ K}}{(652 + 273)\text{ K}} (500\text{ kJ}) = \mathbf{164\text{ kJ}}$$

討論：注意，每次循環時，此卡諾熱機將其所接收之 500 kJ 熱量中的 164 kJ 排放至低溫熱沉。

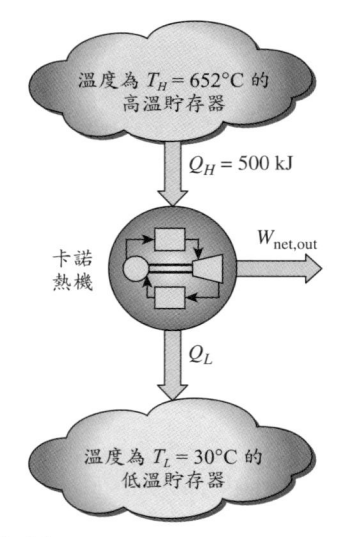

圖 6-47
例 6-5 的示意圖。

⊃ 能量的品質

例 6-5 的卡諾熱機從溫度為 925 K 的熱源接收熱，並將其中的 67.2% 轉換為功，其餘的 32.8% 則排放熱至溫度為 303 K 的熱沉。若熱沉溫度維持固定，熱效率隨熱源的溫度如何變化是值得檢視的。

使用公式 6-18 計算排放熱至溫度為 303 K 之熱沉，以及數種不同熱源溫度的卡諾熱機之熱效率，皆列於圖 6-48 中。顯然，當熱源溫度降低時，熱效率亦降低。例如，當熱以 500 K 的溫度，而非 925 K 的溫度供應給熱機，其熱效率會從 67.2% 降低至 39.4%，亦即當熱源溫度降至 500 K 時，其可被轉換為功之熱的比率會降至 39.4%。當熱源溫度為 350 K 時，則此比率僅為 13.4%。

這些效率值顯示，能量除了具有量，亦具有**品質**（**quality**）。我們可以從圖 6-48 中的熱效率看出，有更多的高溫熱能可以被轉換為功。因此，溫度愈高，能量的品質也愈高（圖 6-49）。

例如，大量的太陽能可在約 350 K 時貯存在稱為太陽池的大型水體中，然後這個貯存的能量可被供應至熱機而產生功（電力）。然而，所謂的太陽池發電廠的效率極低（低於 5%），因為貯存於此熱源之能量品質較低，建造及維護成本又相當高。因此，雖然此種發電廠可供應免費的能量，卻無任何競爭性。使用集中式收集器可提高太陽能貯存的溫度（品質也是），但在此情況下，其裝置成本會變得很高。

功是一種比熱更有價值的能量形式，因為百分之百的功可被轉換為熱，但卻只有部分的熱可被轉換為功。當熱從高溫物體傳至較低溫的物體時，會產生衰退現象，因為只有更少的部分可被轉換為功。舉例而言，假設有 100 kJ 的熱從溫度 1000 K 的物體傳至溫度 300 K 的物體，最後將有 100 kJ 的熱能貯存在 300 K 的物體上，但實際上它已無利用價值。但若整個轉換過程是在熱機

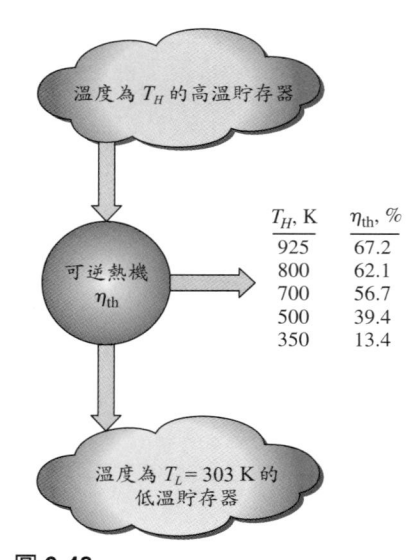

T_H, K	η_{th}, %
925	67.2
800	62.1
700	56.7
500	39.4
350	13.4

圖 6-48
可被轉換為功之熱的比率為熱源溫度的函數（當 T_L = 303 K）。

中操作，則最多有 1 － 300/1000 = 70% 的熱可被轉換為功，成為更有價值形式的能量。因此，在熱傳遞過程中，有 70 kJ 的功位勢能被浪費掉，而造成能量的衰退。

〇 日常生活中量與品質的比較

在能源危機時代，各演講場合或文章中皆可能提到如何節約能源。眾所皆知，能源的量是守恆的，但是能量的品質或是能量的功位勢並不守恆。浪費能量與轉換為較無用之形式的意義相同。一單位的高品質能量可能比三單位的低品質能量來得更有價值。舉例來說，對發電廠工程師而言，在高溫的有限熱能可能比在熱帶性氣候海洋較上層所貯存的低溫巨量熱能更有吸引力。

在人類文化上，似乎較沉迷於量，而較不關心品質。然而，僅有量並無法檢視全貌，因此也必須考慮品質。換句話說，在評估某事時，即使是在非技術領域，都必須從第一定律與第二定律的觀點來觀察。以下將呈現一些普通的事件，並指出其與熱力學第二定律的關聯性。

考慮安迪與溫娣兩位學生。安迪有十個朋友，他們不曾錯過他的聚會，在歡樂時光總是陪伴著他。然而當安迪需要幫助時，他們總是很忙。相反地，溫娣有五個朋友，他們絕不煩她，但只要她需要幫助，一定能找到他們。現在試著回答以下問題：誰有比較多的朋友？從第一定律僅考慮「量」的觀點來看，安迪有較多的朋友。但從第二定律亦需考慮「品質」的觀點而言，無疑地溫娣有較多的朋友。

另一個例子則是多數人皆曾經歷的瘦身，其產業價值達數十億美元，它主要是基於熱力學第一定律。然而，考慮到百分之九十的減肥者又會快速復胖，因此認為僅第一定律並無法闡釋全貌。但一些似乎想吃就吃、毫不忌口的人們卻不會增加體重，這也為在減肥議題上所涉及的熱量計算技巧（第一定律）留下許多無解問題的活見證。很明顯地，在完全瞭解增重與減重過程之前，必須對減肥的第二定律效率有更專注的研究。

由於評估品質比評估量困難得多，因此通常都嘗試以量，而非以品質來判斷事物。然而，若僅基於量（第一定律）做評估，可能極為不適當且容易誤導。

6-11　卡諾冷凍機與熱泵

以逆向卡諾循環運轉的冷凍機或熱泵，稱為**卡諾冷凍機**

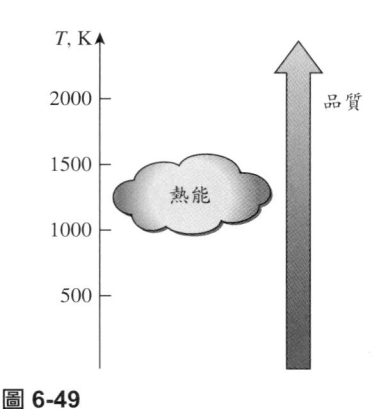

圖 6-49
熱能的溫度愈高，其品質愈高。

（Carnot refrigerator）或卡諾熱泵（Carnot heat pump）。任何可逆或不可逆的冷凍機或熱泵之 COP 值，如公式 6-9 與公式 6-11 所示：

$$\text{COP}_R = \frac{1}{Q_H/Q_L - 1} \quad \text{和} \quad \text{COP}_{HP} = \frac{1}{1 - Q_L/Q_H}$$

其中，Q_L 為從低溫介質吸收的熱量，而 Q_H 為排放至高溫介質的熱量。所有可逆冷凍機或熱泵的 COP 值可將上面關係式中的熱傳遞比值，以高、低溫貯存器的絕對溫度比值取代而求得，如公式 6-16 所示。因此，可逆冷凍機與熱泵的 COP 值變成

$$\text{COP}_{R,\text{rev}} = \frac{1}{T_H/T_L - 1} \tag{6-20}$$

與

$$\text{COP}_{HP,\text{rev}} = \frac{1}{1 - T_L/T_H} \tag{6-21}$$

此為運轉於溫度極限 T_L 與 T_H 之間的冷凍機或熱泵能夠擁有的最高 COP 值。所有實際運轉於此等溫度極限（T_L 與 T_H）之間的冷凍機或熱泵，則有較低的 COP 值（圖 6-50）。

運轉於相同溫度極限之間的實際與可逆冷凍機之 COP 值比較如下：

$$\text{COP}_R \begin{cases} < \text{COP}_{R,\text{rev}} & \text{不可逆冷凍機} \\ = \text{COP}_{R,\text{rev}} & \text{可逆冷凍機} \\ > \text{COP}_{R,\text{rev}} & \text{不可能冷凍機} \end{cases} \tag{6-22}$$

對於熱泵的 COP 值比較，則將公式 6-22 中所有的 COP_R 值以 COP_{HP} 取代，便可得到類似的關係式。

在特定的溫度極限條件下，可逆冷凍機或熱泵的 COP 值將

圖 6-50
運轉於相同溫度極限之間，冷凍機不可能比可逆冷凍機擁有更高的 COP 值。

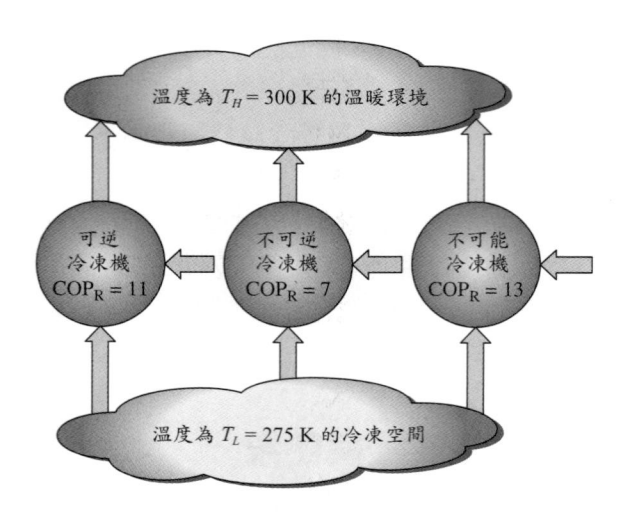

可獲得最大理論值。透過改良設計，可使實際冷凍機或熱泵的 COP 值趨近此最大理論值，但絕不可能達到此值。

最後值得一提的是，當 T_L 降低時，冷凍機與熱泵的 COP 值均會降低；換言之，系統需要作更多的功來從較低溫的介質吸收熱。當冷凍空間的溫度趨近於零時，用來產生一有限量的冷凍所需的功將會趨近於無限大，而 COP_R 值會趨近於零。

例 6-6

飽和氣-液混合區的卡諾冷凍循環系統

一個封閉式卡諾冷凍循環系統在飽和氣-液混合區使用 0.8 kg 的冷媒 R-134a 作為工作流體（圖 6-51）。在循環過程中，最大溫度為 20°C，最小溫度為 -8°C。已知在散熱過程結束後，冷媒為飽和液體，在循環中輸入淨功為 15 kJ。計算在供熱過程中蒸發冷媒的質量比，以及在散熱過程結束後的壓力值。

解： 一個卡諾冷凍循環系統運轉於一封閉系統。計算在供熱過程中蒸發冷媒的質量比，以及在散熱過程結束後的壓力值。

假設： 在理想卡諾循環情況下製冷。

分析： 已知最高與最低溫度，其循環中 COP 值計算為

$$COP_R = \frac{1}{T_H/T_L - 1} = \frac{1}{(20 + 273\,K)/(-8 + 273\,K) - 1} = 9.464$$

從定義出的 COP 值可計算冷卻能量為

$$Q_L = COP_R \times W_{in} = (9.464)(15\,kJ) = 142\,kJ$$

R-134a 在 -8°C 時的蒸發焓為 h_{fg} = 204.52 kJ/kg（表 A-11）。計算在吸熱過程中蒸發的冷媒質量為

$$Q_L = m_{evap} h_{fg@-8°C} \rightarrow m_{evap} = \frac{142\,kJ}{204.52\,kJ/kg} = 0.694\,kg$$

因此，在供熱過程中蒸發冷媒的質量比為

$$質量比 = \frac{m_{evap}}{m_{total}} = \frac{0.694\,kg}{0.8\,kg} = \mathbf{0.868\ 或\ 86.8\%}$$

在散熱過程結束後的壓力值為散熱溫度時的飽和壓力

$$P_4 = P_{sat@20°C} = \mathbf{572.1\,kPa}$$

討論： 卡諾循環是一個理想製冷循環，因此不能於現實中實踐。實際製冷循環分析在第 10 章會介紹。

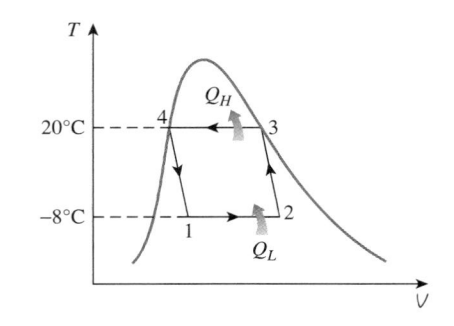

圖 6-51
例 6-6 的示意圖。

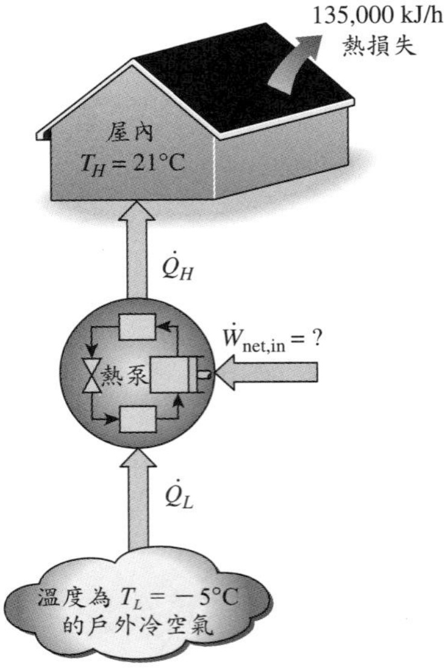

202 基礎熱力學

例 6-7 以卡諾熱泵加熱房子

熱泵用於冬天時加熱房子，如圖 6-52 所示。房子隨時均維持於 21°C。當外面溫度降至 −5°C 時，估計房子以 135,000 kJ/h 的速率損失熱。求欲驅動此熱泵所需的最小功。

解：熱泵將房子維持於一個固定的溫度，求輸入熱泵的最小功。

假設：存在穩定的運轉情況。

分析：熱泵必須以 $\dot{Q}_H$ = 135,000 kJ/h = 37.5 kW 的速率供熱至房子。若使用可逆熱泵，功需求將為最小。運轉於房子與外面空氣間之可逆熱泵的 COP 值為

$$\text{COP}_{HP,rev} = \frac{1}{1 - T_L/T_H} = \frac{1}{1 - (-5 + 273\text{ K})/(21 + 273\text{ K})} = 11.3$$

則驅動此熱泵的所需的輸入功為

$$\dot{W}_{net,in} = \frac{\dot{Q}_H}{\text{COP}_{HP}} = \frac{37.5\text{ kW}}{11.3} = \mathbf{3.32\text{ kW}}$$

討論：此熱泵僅需消耗 3.32 kW 的電功即可符合此房子的加熱需求。假使此房子的加熱是以電阻加熱器取代熱泵，功率消耗將跳升 11.3 倍而達到 37.5 kW。這是因為電阻加熱器將電能以一對一的比率轉換為熱。但是，若使用熱泵並藉由冷凍循環作用，可從戶外吸收能量並傳至戶內，而只消耗 3.32 kW 的能量。值得注意的是，熱泵並非產生能量，而僅是將能量從一介質（冷的戶外）傳送至另一介質（暖的戶內）。

圖 6-52
例 6-7 的示意圖。

摘 要

熱力學第二定律說明過程發生在某一方向，而非任何方向。除非同時滿足熱力學第一定律與第二定律，否則過程不會發生。可以等溫吸收或排放有限熱量的物體，稱為熱能貯存器或熱貯存器。

功可直接轉換為熱，但熱只能利用某些稱為熱機的裝置轉換為功。熱機的熱效率定義為

$$\eta_{th} = \frac{W_{net,out}}{Q_H} = 1 - \frac{Q_L}{Q_H}$$

其中，$W_{net,out}$ 為熱機的淨功輸出，Q_H 為供給熱機的熱量，而 Q_L 為熱機排放的熱量。

冷凍機與熱泵是指可從低溫介質吸熱而排放至高溫介質的裝置。冷凍機或熱泵的性能可以 COP 值表示，分別定義為

$$\text{COP}_R = \frac{Q_L}{W_{net,in}} = \frac{1}{Q_H/Q_L - 1}$$

$$\text{COP}_{HP} = \frac{Q_H}{W_{net,in}} = \frac{1}{1 - Q_L/Q_H}$$

熱力學第二定律的凱爾文－普朗克論述提到，沒有熱機可單獨與貯存器交換熱而產生淨功。第二定律的克勞修斯論述則表示，沒有裝置可從較冷的物體將熱傳至較暖的物體，而不對外界造成影響。

任何違反熱力學第一定律或第二定律的裝置，稱為永動機。

假如系統與外界均可回復成最初狀態的過程，稱為可逆過程，而其他過程則稱為不可逆。例如摩擦、非近似平衡膨脹或壓縮，以及經過有限溫差的熱傳遞等，其過程為不可逆，因而稱為不可逆性。

卡諾循環是一個可逆循環，並由四個可逆過程（兩個等溫、兩個絕熱）組合而成。卡諾原理說明了運轉於兩個相同貯存器間的所有可逆熱機之熱效率均相同；而運轉於相同的兩個貯存器間，沒有熱機會比可逆熱機更有效率。這些敘述形成熱力溫標的訂定基礎。而其與可逆裝置和高、低溫貯存器間之熱傳遞關係為

$$\left(\frac{Q_H}{Q_L}\right)_{\text{rev}} = \frac{T_H}{T_L}$$

因此，對可逆裝置而言，Q_H/Q_L 可被 T_H/T_L 取代，其中 T_H 與 T_L 分別代表高溫貯存器與低溫貯存器的絕對溫度。

以可逆卡諾循環運轉的熱機稱為卡諾熱機。卡諾熱機與所有其他可逆熱機的效率為

$$\eta_{\text{th,rev}} = 1 - \frac{T_L}{T_H}$$

此為運轉於溫度 T_H 與 T_L 的兩個貯存器間之熱機可獲得的最高效率。

可逆冷凍機與熱泵的 COP 值可用類似的方式表示為

$$\text{COP}_{\text{R,rev}} = \frac{1}{T_H/T_L - 1}$$

及

$$\text{COP}_{\text{HP,rev}} = \frac{1}{1 - T_L/T_H}$$

再次強調，這些是運轉於溫度極限 T_H 與 T_L 間之冷凍機或熱泵可獲得的最高 COP 值。

參考書目

1. ASHRAE. *Handbook of Refrigeration*, SI version. Atlanta, GA: American Society of Heating, Refrigerating, and Air-Conditioning Engineers, Inc. 1994.
2. D. Stewart. "Wheels Go Round and Round, but Always Run Down." November 1986, *Smithsonian*, pp. 193–208.
3. J. T. Amann, A. Wilson, and K. Ackerly, *Consumer Guide to Home Energy Saving*, 9th ed., American Council for an Energy-Efficient Economy, Washington, D. C., 2007.

習 題

■ 熱力學第二定律與熱能貯存器

6-1C 說明一同時違反熱力學第一定律與第二定律的假想過程。

6-2C 說明一滿足熱力學第一定律但違反第二定律的假想過程。

6-3C 一位實驗者宣稱，已經藉由傳熱從 120°C 的高壓水蒸汽中將少量的水之溫度升高至 150°C。這是一項合理的宣稱嗎？為什麼？假設過程中未使用冷凍機或熱泵。

6-4C 何謂熱能貯存器？舉數例說明。

■ 熱機與熱效率

6-5C 何謂熱力學第二定律的凱爾文－普朗克論述？

6-6C 無任何摩擦及其他不可逆性條件下，熱機的熱效率是否可達 100%？請解釋。

6-7 一蒸汽發電廠以 280 GJ/h 功率從熔爐獲得熱量，當水蒸汽通過管路或其他元件時所損耗至外界空氣的熱損失約 8 GJ/h。假使廢熱以 145 GJ/h 功率熱傳至冷卻水，求：(a) 淨功率輸出；(b) 此發電廠之熱效率。答：(a) 35.3 MW，(b) 45.4％

6-8 某一熱機其熱輸入功率為 3×10^4 kJ/h，而熱效率為 40%，求該熱機產生多少 kW 的功率？

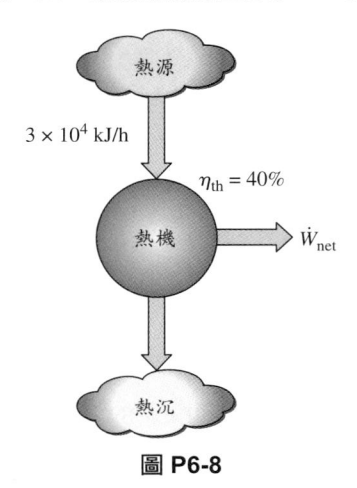

圖 **P6-8**

6-9 一台一般熱機的熱效率為35%，所產生的馬力為60 hp。這台熱機的熱轉移率為多少 kJ/s？

6-10 以附近河流冷卻的 600 MW 蒸汽發電廠有 40% 的熱效率，求傳至河水的熱效率。實際的熱傳率高於或低於此值？為什麼？

6-11 一台汽車引擎以 22 L/h 的速率消耗燃油，以輸送 55 kW 的動力至輪子。若燃油的熱值為 44,000 kJ/kg，密度為 0.8 g/cm³，求此引擎的效率。答：25.6%

6-12 貯存太陽能的大水體稱為太陽池，欲用來發電。若此種太陽動能力廠有 3% 的效率及 180 kW 的淨功率輸出，求所需的太陽能收集率的平均值，以 kJ/h 表示。

6-13 一座燃煤蒸汽發電廠可以全程 32% 的熱效率產生淨功率 300 MW。實際鍋爐中的重量測定燃氣比，經計算為 12 kg 空氣/kg 燃料。若煤的熱值約為 28,000 kJ/kg，求：(a) 每 24 小時的燃煤消耗量；(b) 流經鍋爐的空氣流率。答：(a) 2.89 × 10⁶ kg，(b) 402 kg/s

6-14 一座海洋熱能轉換（OTEC）發電廠在 1987 年建立於夏威夷，其操作於海洋表面的 30°C 與深海 640 m 處的 5°C 的溫差之間。海洋深處的冷海水以 50 m³/min 的流率透過 1 m 直徑的管子被抽上來當成冷媒或是熱沉。假設海水的密度為 1025 kg/m³，若使冷水溫度上升了 3.3°C，而熱效率為 2.5%，求所需功率為何？

■ 冷凍機與熱泵

6-15C 冷凍機與熱泵的差異為何？

6-16C 某一台用於暖房的熱泵的 COP 值為 2.5，即熱泵每消耗 1 kWh 的電力可輸送 2.5 kWh 的能量至房內。此是否違反熱力學第一定律？請解釋。

6-17 食品部門的冰箱每消耗 1 kW 的功率可以 5040 kJ/h 的功率將熱帶走，求此冰箱的 COP 值與排至外界空氣的熱排放率。

6-18 某一熱泵每消耗 1 kW 的電力可以 8000 kJ/h 的功率提供熱能至屋內，求此熱泵的 COP 值與從外界空氣所獲得的熱吸收率。答：2.22，4400 kJ/h

6-19 一台電腦控制的冰箱製冷需要 1.2 kW 的電力，其 COP 值為 1.8，計算這台冰箱的製冷效果為多少 kW？

6-20 一部空調機消耗 6 kW 的電力可以 750 kJ/min 的功率穩定的從屋內將熱移走。求：(a) 空調機的 COP 值；(b) 傳至屋外空氣的熱傳率。答：(a) 2.08，(b) 1110 kJ/min

6-21 一個食品部門的冰箱在 30°C 環境下保持 −12°C。其食品部門總熱量增益約為 3300 kJ/h，冷凝器的散熱量為 4800 kJ/h。求壓縮機的輸入功（以 kW 表示），以及冰箱的 COP 值。

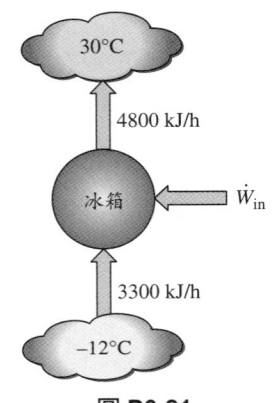

圖 P6-21

6-22 某一熱泵其 COP 值為 2.5，以 60,000 kJ/h 的功率來供應能量給房子。求：(a) 熱泵的電力消耗；(b) 從外界空氣所獲得的熱吸收率。答：(a) 6.67 kW，(b) 36,000 kJ/h

6-23 某一熱泵用於將房子維持在 23°C 的固定溫度。該房子經由牆壁及窗戶以 85,000 kJ/h 的速率損失熱至外部空氣，而從人員、照明及器具產生 4000 kJ/h 的能量。若 COP 值為 3.2，求熱泵所需的輸入功。答：7.03 kW

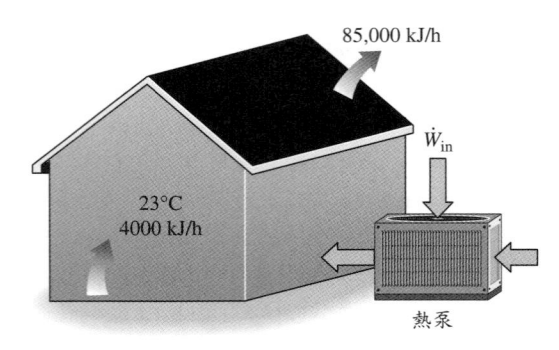

圖 P6-23

6-24 某一家用冰箱有四分之一的時間在運轉，並以平均 800 kJ/h 的功率自食物保鮮室移除熱能。假設冰箱的 COP 值為 2.2，求冰箱運轉時所消耗的功率。

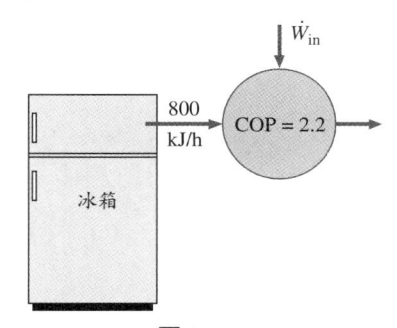

圖 P6-24

6-25 考慮一建築位在電力單價為 0.10 美元/kWh 的地區，每年空調負荷估計為 40,000 kWh。目前考慮於該建築採用兩種空調機。空調機 A 有 2.3 的季節性平均 COP，購買及安裝費用為 5500 美元。空調機 B 有 3.6 的季節性平均 COP，購買及安裝費用為 7000 美元。其他均相同，決定哪一種空調機是較好的選擇？

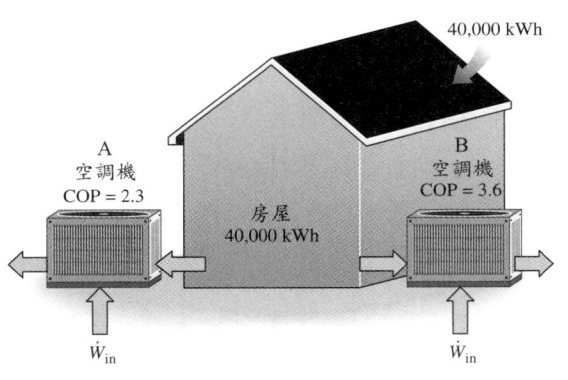

圖 P6-25

6-26 冷媒 R-134a 在 800 kPa 及 35°C 情況下，以 0.018 kg/s 的速率流進居家用熱泵的冷凝器，並在 800 kPa 以飽和液體狀態流出冷凝器。若壓縮機消耗 1.2 kW 的功率，求：(a) 熱泵的 COP 值；(b) 從戶外空氣所獲得的熱吸收率。

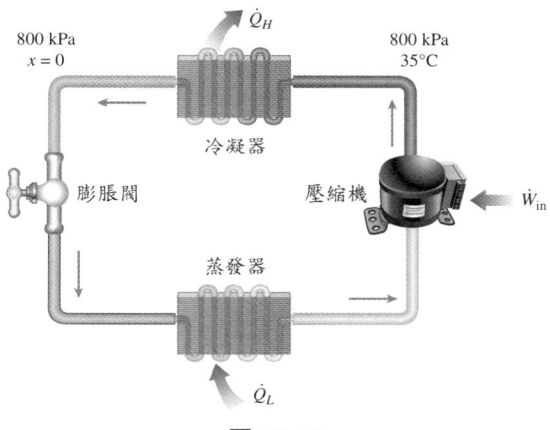

圖 P6-26

■ 永動機

6-27 一位發明者宣稱，他已發展出一種電阻加熱器，每消耗 1 kWh 的電力可供給 1.2 kWh 的能量至室內。此宣稱合理，或發明者已發展出永動機？請解釋。

■ 可逆過程與不可逆過程

6-28C 一留置於較暖房內的冷罐裝飲料因熱傳遞而造成其溫度的上升，此為可逆過程嗎？請解釋。

6-29C 證明考慮在一絕熱系統中，其內容物由系統內轉動的蹼輪攪拌來進行混合的作功過程是不可逆的。請解釋。

6-30C 為何非近似平衡膨脹過程比對應的近似平衡膨脹過程需要較少的功輸出？

6-31C 如何區分內部不可逆性與外部不可逆性？

■ 卡諾循環與卡諾定理

6-32C 構成卡諾循環的四個過程為何？

6-33C 卡諾原理的兩個論述為何？

6-34C 某人宣稱已發展出一個新的可逆熱機循環，其與運轉於相同的溫度極限間之卡諾循環有相同的理論效率。此宣稱是否合理？

■ 卡諾熱機

6-35C 除了提高 T_H 或降低 T_L 外，有任何其他方法可提高卡諾熱機的效率嗎？

6-36 一卡諾循環熱機之熱效率為 55%。其熱機將熱量消耗至附近的一個 15°C 的湖裡，其散熱率為 800 kJ/min。求：(a) 熱機的輸出功；(b) 熱源的溫度。答：(a) 16.3 kW，(b) 640 K

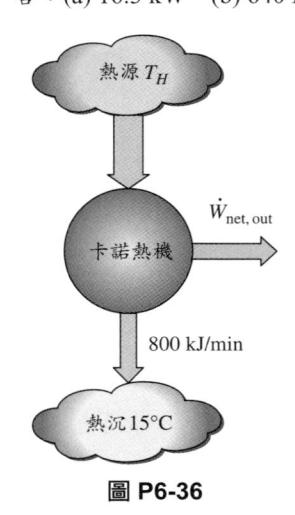

圖 P6-36

6-37 一卡諾熱機在 1000 K 的熱源與 300 K 的熱沉之間運轉。假使熱機以 800 kJ/min 的功率提供熱能，求：(a) 熱機的熱效率；(b) 熱機的輸出功率。答：(a) 70%，(b) 9.33 kW

6-38 一位發明家宣稱已經設計出一台可用於太空載具的循環引擎，透過核燃料所產生的能源其溫度為 510 K 以及熱沉為 270 K，而可將廢熱排放至外太空。同時，他亦宣稱當熱排放率為 15,000 kJ/h，該引擎可產生 4.1 kW 的功率，你認為這個宣稱有效嗎？

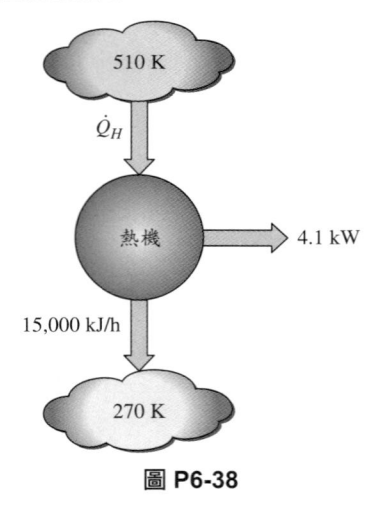

圖 P6-38

6-39 在熱帶氣候地區，海洋的表面區域可吸收太陽能而保持終年溫暖。然而，在深海區域由於陽光無法深入而溫度相對較低。利用此溫差之優點可吸收海洋表面的熱能，並將廢熱排放至數百公尺底下的冷水區域來建構出發電廠。假如上述兩區域的海水溫度分別為 24°C 與 3°C，求此發電廠的最大熱效率為何？

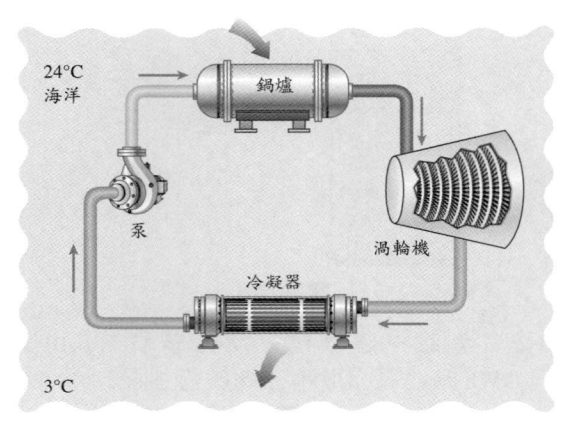

圖 P6-39

6-40 一項為大家所知的地熱發電方法是以地底下自然存在的熱水當作熱源。假使某一地點之環境溫度為 20°C，其可取得 140 °C 的熱水，求一座蓋於此地點的地熱發電廠所能達到的最大熱效率為何？答：29.1%

■ 卡諾冷凍機與熱泵

6-41C 如何提高卡諾冷凍機的 COP 值？

6-42 在室溫 25°C 的實驗室裡，一位助理量測到每消耗 2 kW 的電力可移除 30,000 kJ 的熱量而使冷凍空間一直維持在 −30°C。整個實驗冷凍機的運轉時間為 20 min，這些量測數據是否合理？

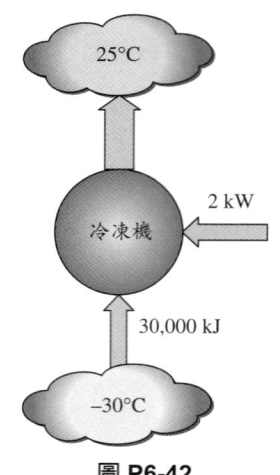

圖 P6-42

6-43 一卡諾冷凍機運轉於室溫 22°C 下，並消耗 2 kW 的電力。假使冷凍機的食物保鮮室維持在 3°C，求食物保鮮室的熱移除率。

6-44 一部空調系統以逆向卡諾循環來進行運轉，其必須以 750 kJ/min 的速率從屋內移走熱來維持 24°C 之室內溫度。假使戶外的空氣溫度為 35°C，求操作此空調系統需要多少功率？答：0.46 kW

6-45 一冷凍機欲從冷的空間以 300 kJ/min 的速率移走熱而維持於 −8°C 的溫度。若冷凍機周圍的空氣溫度為 25°C，求此冷凍機所需的最少功率輸入。答：0.623 kW

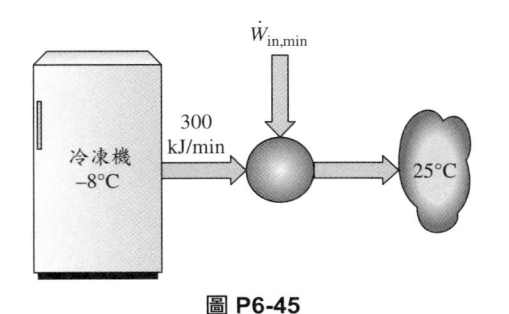

圖 P6-45

6-46 某天戶外空氣溫度為 4°C 時，一熱泵從外面空氣汲取熱而將房子維持於 25°C。估計房子以 110,000 kJ/h 的速率損失熱，而熱泵運轉時消耗 4.75 kW 的電功率。此熱泵是否有足夠的功率執行此工作？

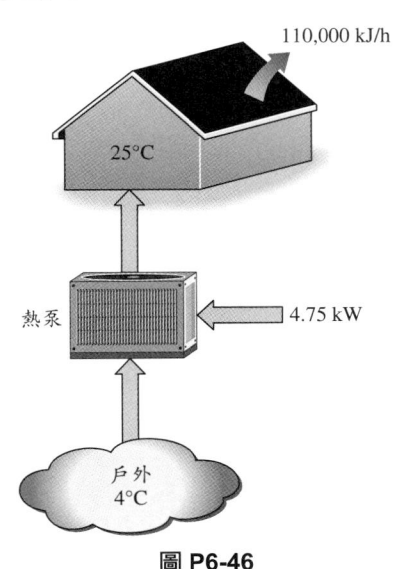

圖 P6-46

6-47 一卡諾熱泵用於在冬天加熱一房子，並維持於 25°C。某天當平均室外溫度維持於約 2°C，估計房子以 55,000 kJ/h 的速率損失熱。若熱泵運轉時消耗 4.8 kW 的功率，求：(a) 當天熱泵運轉的時間；(b) 總加熱成本（假設電力的平均成本為 0.11 美元／kWh）；(c) 若以電阻加熱取代熱泵，同一天的加熱成本。答：(a) 5.90 h，(b) 3.11 美元，(c) 40.3 美元

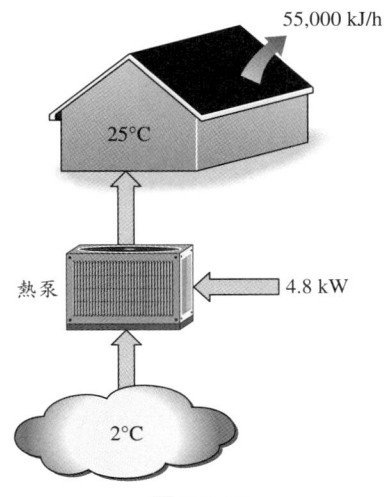

圖 P6-47

6-48 有一以冷媒 R-134a 作為工作流體的空調機，用來維持室內 23°C 的溫度，並將廢熱排放至 34°C 的戶外。屋內會透過牆壁與窗戶以 250 kJ/min 的速率來增加熱，同時屋內的電腦、電視與照明亦會造成熱的產生至 900 W。該冷媒在 400 kPa 以飽和蒸氣形態及 80 L/min 的速率進入壓縮機，並在 1200 kPa 及 70°C 離開壓縮機（示意圖見次頁）。求：(a) 實際的 COP 值；(b) 最大的 COP 值；(c) 在相同壓縮機入口及出口條件下，冷媒於壓縮機入口的最小體積流率。答：(a) 4.33，(b) 26.9，(c) 12.9 L/min

基礎熱力學

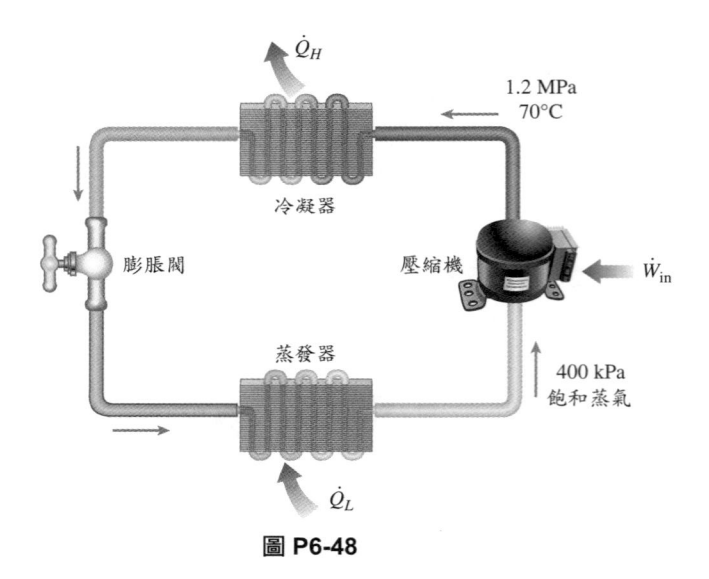

$\dot{Q}_H$

1.2 MPa
70°C

冷凝器

膨脹閥

壓縮機 ← $\dot{W}_{\text{in}}$

蒸發器

400 kPa
飽和蒸氣

$\dot{Q}_L$

圖 P6-48

Chapter 7

熵

在第 6 章中,我們介紹熱力學第二定律與其在循環和循環裝置的應用。在本章,則將第二定律應用於過程中。熱力學第一定律討論能量的性質與能量守恆,第二定律定義了一個新性質,稱為熵。熵是一個抽象的性質,不由系統微觀的觀點,很難給予一個物理的描述。我們將透過一般工程上所遇到的過程,來對熵做最好的瞭解與認識。

本章以克勞修斯不等式作為開始,其為熵定義的基本形式,接下來是熵增加原理。熵不像能量具有守恆的性質,所以沒有所謂的熵守恆。接下來則討論純物質、不可壓縮物質、理想氣體在過程中所發生的熵變化,並探討等熵過程。接著,討論渦輪機、壓縮機等各種不同工程裝置的可逆穩流功和等熵效率。最後介紹各種不同系統的熵平衡與應用。

學習目標

- 應用熱力學第二定律。
- 定義新性質「熵」,並量化第二定律的影響。
- 證明熵增加原理。
- 計算純物質、不可壓縮物質和理想氣體在過程中所產生的熵變化量。
- 探討理想過程的特例(稱為等熵過程),並推導等熵過程的性質關係式。
- 推導可逆穩流功的關係式。
- 說明不同穩流裝置的等熵效率。
- 不同系統中熵平衡的應用。

7-1 熵

熱力學第二定律可以推導出包含不等式的表示式。例如，在兩個熱貯存器中運轉的不可逆（真實）熱機，其效率較可逆熱機為低。同樣地，在相同高低溫下運轉之不可逆冷凍機或熱泵的性能係數（COP值），較可逆過程的冷凍機或熱泵來得低。另一個在熱力學中的重要不等式為**克勞修斯不等式（Clausius inequality）**，是由熱力學創始人之一的德國物理學家 R. J. E. Clausius（1822-1888）率先提出。克勞修斯不等式為

$$\oint \frac{\delta Q}{T} \leq 0$$

也就是 $\delta Q/T$ 的循環積分總是小於或等於零。這個不等式對可逆或不可逆的所有循環均有效。符號 $\oint$（積分符號中間有一個圓圈）表示對整個循環進行積分。進出系統的熱傳量可視為由微小的熱傳量所組成，而 $\delta Q/T$ 的循環積分可視為微小的熱傳量之總和除以外界的溫度。

為驗證克勞修斯不等式的有效性，考量一個系統透過可逆循環裝置連接到固定熱力（亦即絕對）溫度 T_R 的熱貯存器（圖7-1）。此循環裝置從熱貯存器吸收 δQ_R 的熱量產生 δW_{rev} 的功，並供給 δQ 至邊界溫度為 T 的系統。此系統由於 δQ_R 的熱傳遞而產生 δW_{sys} 的功。圖 7-1 虛線中的整合系統應用能量平衡，可得

$$\delta W_C = \delta Q_R - dE_C$$

其中，δW_C 為整合系統（$\delta W_{rev} + \delta W_{sys}$）的總功，$dE_C$ 是整合系統總能量的變化量。考慮循環裝置是可逆的，我們可以得到

$$\frac{\delta Q_R}{T_R} = \frac{\delta Q}{T}$$

上式中，δQ 的正負號與系統有關（進入系統為正，離開系統為負），δQ_R 的正負號與可逆循環裝置有關。從上面兩個式子中消去 δQ_R，可以得到

$$\delta W_C = T_R \frac{\delta Q}{T} - dE_C$$

我們讓系統進行一個循環，而循環裝置進行若干個循環。前面的關係式變成

$$W_C = T_R \oint \frac{\delta Q}{T}$$

由於能量的循環積分（能量的淨變化量，在循環中是一個性質）為零。在此，W_C 是 δW_C 的循環積分，其代表整合系統所作的淨功。

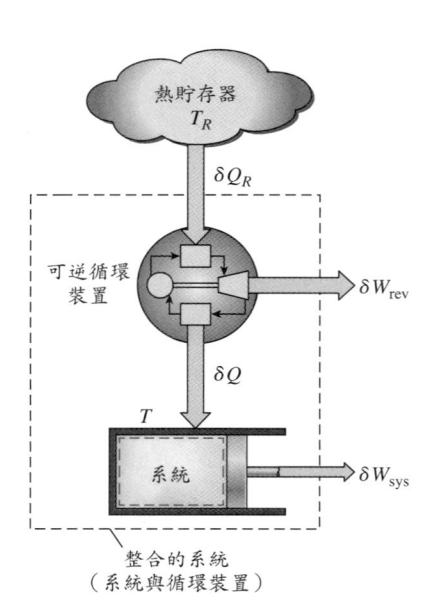

圖 7-1
推導克勞修斯不等式所考量的整合系統。

經由前面所述，在一個循環中，整合系統與單一熱貯存器進行熱交換需要功 W_C（產生或消耗）。基於凱爾文－普朗克在熱力學第二定律的論述：沒有一個循環系統與單一熱貯存器進行熱交換可以產生淨功。根據此一理由，W_C 不可能為功輸出，所以不可能為正值。T_R 為絕對溫度，其為正值，因此

$$\oint \frac{\delta Q}{T} \leq 0 \tag{7-1}$$

上述為克勞修斯不等式。此一不等式對所有的可逆、不可逆（包含冷凍循環）等熱力循環均有效。

若在系統與可逆循環裝置內沒有不可逆性發生，則此整合系統為內可逆循環，因此可以逆向。就逆向循環而言，所有的量大小相等，但正負號相反。因此，在一般的情況下所作的功 W_C 不可能為正，在逆向的情況下不可能為負。在不可能為正亦不可能為負的情況下，其結果為 $W_{C,\text{int rev}} = 0$。因此，對內可逆過程而言

$$\oint \left(\frac{\delta Q}{T}\right)_{\text{int rev}} = 0 \tag{7-2}$$

所以得到的結論為：在完全可逆或內可逆循環中，克勞修斯不等式的等號成立；對不可逆循環，則不等號成立。

為推導熵定義的關係式，請更仔細地檢視公式 7-2，其循環積分的量為零。我們知道功的循環積分不是零，熱的循環積分也不為零（不是零是一件好事，反之，像蒸汽發電廠以循環運轉的熱機，其淨作功量為零）。思考一下哪一種量具有循環積分為零的特性。

現在考慮活塞－汽缸裝置在內部體積充滿氣體下進行一個循環，如圖 7-2 所示。當在循環的終點時，活塞回到起始位置，氣體體積亦回到起始值。因此，循環中體積的淨變化量為零，也可以表示為

$$\oint dV = 0 \tag{7-3}$$

也就是體積（或任何的其他性質）的循環積分為零。相反地，循環積分為零只與狀態有關，而與路徑無關，所以循環積分為零代表一個性質。因此，$(\delta Q/T)_{\text{int rev}} = 0$ 的量必代表微分形式的性質。

克勞修斯在 1865 年發現新的熱力性質，並將此性質取名為**熵（entropy）**。熵以 S 表示，並定義為

$$dS = \left(\frac{\delta Q}{T}\right)_{\text{int rev}} \quad (\text{kJ/K}) \tag{7-4}$$

熵是系統的外延性質，有時稱為總熵。每單位質量的熵以 s 表示，是一內延性質，單位為 kJ/kg·K。我們通常以 S 代表總熵，

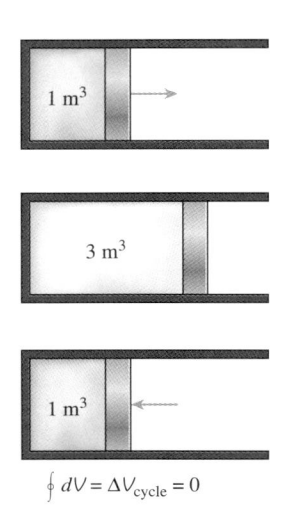

圖 7-2
循環中體積（一種性質）的淨變化量總是為零。

$\oint dV = \Delta V_{\text{cycle}} = 0$

以 s 表示每單位質量的熵。

熵在系統過程中的變化量,為公式 7-4 對初始狀態與最終狀態之積分,可表示為:

$$\Delta S = S_2 - S_1 = \int_1^2 \left(\frac{\delta Q}{T}\right)_{\text{int rev}} \quad (\text{kJ/K}) \quad \textbf{(7-5)}$$

在此,我們定義熵的變化量來取代熵本身,如同推導熱力學第一定律關係式時,定義能量的變化量,而非能量本身。熵的絕對值由熱力學第三定律決定,將於本章稍後再討論。通常工程師關心的問題是熵的變化量,因此可以指定任意一參考點,並將此參考點的熵定為零。藉由公式 7-5,選定狀態點 1 為參考點($S = 0$),即可求得其他狀態點(狀態點 2)的熵。

在計算公式 7-5 的積分時,我們需要知道過程中 Q 和 T 的關係,但此關係通常為未知,所以公式 7-5 往往只能適用少部分的例子,大部分的狀況須依賴熵的性質表。

熵是一種性質,與其他的性質一樣,在固定狀態有其對應的值。因此,在兩個指定狀態間,無論所經過的路徑為何、可逆或不可逆,熵的變化量均相同(圖 7-3)。

我們對 $\delta Q/T$ 積分所得到的熵變化量,是由兩狀態間沿著內可逆的路徑積分而得到。$\delta Q/T$ 對不同的路徑積分所得到的值也不相同,所以不是一個性質。對不可逆過程而言,兩個指定狀態間熵的變化量是沿著內可逆的路徑積分而得。

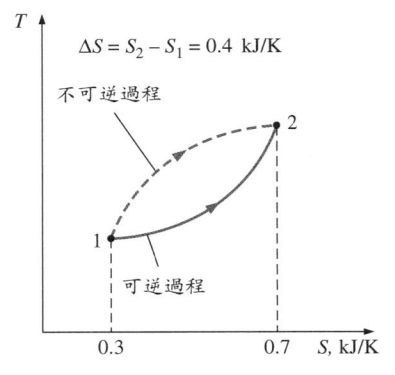

圖 7-3
無論過程是否可逆,兩個指定狀態間的熵變化相同。

⊙ 特殊狀況:內可逆等溫熱傳遞過程

回想之前的等溫熱傳遞過程是內可逆過程。因此,一系統進行內可逆等溫熱傳遞過程的熵變化,可以經由積分公式 7-5 得到:

$$\Delta S = \int_1^2 \left(\frac{\delta Q}{T}\right)_{\text{int rev}} = \int_1^2 \left(\frac{\delta Q}{T_0}\right)_{\text{int rev}} = \frac{1}{T_0}\int_1^2 (\delta Q)_{\text{int rev}}$$

可簡化為

$$\Delta S = \frac{Q}{T_0} \quad (\text{kJ/K}) \quad \textbf{(7-6)}$$

其中,T_0 為系統的溫度,Q 為內可逆過程的熱傳量。對於決定由定溫熱貯存器中吸收或傳遞不確定熱量所造成的熵變化,公式 7-6 特別有用。

內可逆等溫過程對於系統所造成的熵變化,依其熱傳遞的方向可以是正值,也可以是負值。熱傳入系統會使系統的熵增加,

反之，系統的熵會減少。實際上，損失熱量是系統熵減少的唯一途徑。

> **例 7-1**
>
> **等溫過程的熵變化**
>
> 一活塞－汽缸裝置內含有溫度 300 K 之水的液－氣混合物。在一等壓過程中，750 kJ 的熱量傳入水中，並使汽缸內部分的水蒸發。求水在此過程中的熵變化量。
>
> **解**：在定壓下，熱量傳入活塞－汽缸裝置內水的液－氣混合物，求水的熵變化量。
>
> **假設**：在此過程中，系統邊界沒有不可逆性發生。
>
> **分析**：我們以圖 7-4 汽缸內所有的水（液態水＋水蒸汽）為系統。在過程中，由於沒有質量跨越系統邊界，所以是一個封閉系統。在定壓的相變化過程中，純物質的溫度保持在飽和溫度 300 K。
>
> 此系統進行一內可逆等溫過程，其熵變化可直接由公式 7-6 得到：
>
> $$\Delta S_{\text{sys,isothermal}} = \frac{Q}{T_{\text{sys}}} = \frac{750 \text{ kJ}}{300 \text{ K}} = \textbf{2.5 kJ/K}$$
>
> **討論**：由於熱傳入系統，系統的熵變化為正值，與我們所預期的相同。

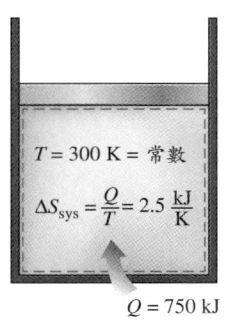

圖 7-4
例 7-1 的示意圖。

7-2　熵增加原理

　　如圖 7-5 所示，考量一個循環由兩個過程所組成，過程 1-2 為任意過程（可逆或不可逆），過程 2-1 為內可逆過程。依照克勞修斯不等式，

$$\oint \frac{\delta Q}{T} \leq 0$$

或

$$\int_1^2 \frac{\delta Q}{T} + \int_2^1 \left(\frac{\delta Q}{T}\right)_{\text{int rev}} \leq 0$$

第二項積分為熵的變化量 $S_1 - S_2$，因此，

$$\int_1^2 \frac{\delta Q}{T} + S_1 - S_2 \leq 0$$

重新排列可得

$$S_2 - S_1 \geq \int_1^2 \frac{\delta Q}{T} \tag{7-7}$$

亦可用微分形式表示為

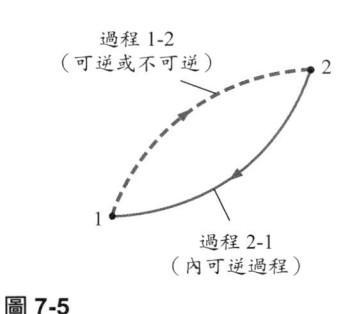

圖 7-5
可逆過程與不可逆過程所構成的循環。

$$dS \geq \frac{\delta Q}{T} \tag{7-8}$$

對於內可逆過程，上式的等號成立；於不可逆過程中，則不等號成立。因此，我們的結論為：封閉系統於不可逆過程的熵變化量，會大於此過程中 $\delta Q/T$ 的積分值。在可逆過程中，熵的變化量會等於 $\delta Q/T$ 的積分值。再次提醒，式中溫度 T 為系統邊界的絕對溫度，δQ 為系統與邊界的熱傳量。

$\Delta S = S_2 - S_1$ 代表系統的熵變化量。對可逆系統而言，$\int_1^2 \delta Q/T$ 代表系統熱所產生的熵傳遞。

上述關係式中的不等號不斷地提醒封閉系統不可逆過程的熵變化量永遠大於熵傳遞。也就是說，在不可逆過程中，部分熵會被產生，而熵的產生是由於不可逆性的存在。在不可逆過程中所產生的熵，稱為**熵產生（entropy generation）**，以 S_{gen} 表示。在此，需注意封閉系統的熵變化量，等於系統的熵傳遞量加上系統的熵產生量，因此公式 7-7 的等式可表示為

$$\Delta S_{sys} = S_2 - S_1 = \int_1^2 \frac{\delta Q}{T} + S_{gen} \tag{7-9}$$

注意，熵產生 S_{gen} 永遠大於零或等於零，其值依過程而定，所以它不是系統的性質。另外，如果沒有任何熵傳遞，系統的熵變化量等於熵產生。

公式 7-7 在熱力學上有進一步的涵義。對一隔絕系統（即絕熱封閉系統），其熱傳量為零，則公式 7-7 可簡化為

$$\Delta S_{isolated} \geq 0 \tag{7-10}$$

此一方程式可以表示為在隔絕系統所進行的過程中，其熵會增加，或在可逆過程中，其熵會保持一定值；換句話說，熵在任何過程中永遠不會減少。這就是**熵增加原理（increase of entropy principle）**。在沒有熱傳遞的狀況下，由於不可逆性造成熵的變化，其效應造成熵的增加。

熵是一種外延性質，因此一個系統的總熵等於各次系統熵的總和。如圖 7-6 所示，一個隔絕系統包含許多次系統。一個系統和其外界被一個更大的邊界所包圍，由於沒有熱、功和質量跨越邊界，可以構成一個隔絕系統（圖 7-7）。因此，系統和外界可以視為隔絕系統的兩個次系統，此隔絕系統在過程中的熵變化為系統和外界熵變化的總和。由於隔絕系統沒有熵傳遞，因此，隔絕系統的熵變化等於熵增加。也就是

$$S_{gen} = \Delta S_{total} = \Delta S_{sys} + \Delta S_{surr} \geq 0 \tag{7-11}$$

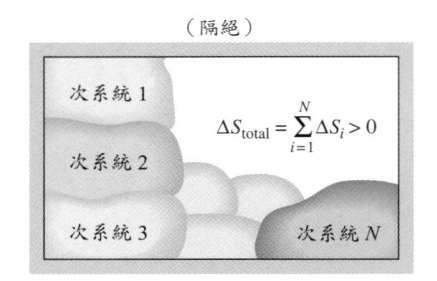

圖 7-6
隔絕系統的熵變化為組成成分的熵變化總和，絕對不會小於零。

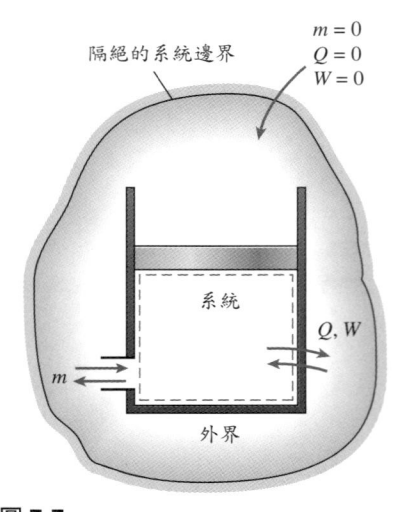

圖 7-7
一個系統和其外界形成隔絕系統。

於可逆過程中，上式的等號成立；於不可逆過程中，則不等號成立。ΔS_{surr} 為過程中外界所產生的熵變化。

因為沒有過程是真正的可逆過程，結論是在過程中會產生熵。若將宇宙考慮為一個隔絕系統，宇宙中的熵會持續增加。一個過程愈不可逆，在此過程中所產生的熵就愈大。在可逆過程中，沒有熵產生（$S_{gen} = 0$）。

因為熵是宇宙中亂度的基準，所以宇宙中的熵增加為工程師、經濟學家、環境學家關心的議題。

熵增加原理並不意味著系統的熵不能減少，系統在過程中的熵變化量可以為負值（圖 7-8），但熵產生不能為負值。熵增加原理可以歸納為：

$$S_{gen} \begin{cases} > 0 \text{ 不可逆過程} \\ = 0 \text{ 可逆過程} \\ < 0 \text{ 不可能過程} \end{cases}$$

此關係式可以決定過程為可逆、不可逆或不可能。

自然的事物會有一改變的趨勢，直到達到平衡狀態為止。熵增加原理會使隔絕系統的熵增加，直到系統的熵達到極大值。由於熵增加原理禁止任何狀態的改變導致熵減少，系統在此一狀態點上達到平衡狀態。

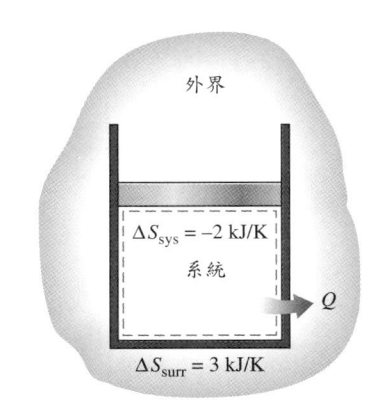

$S_{gen} = \Delta S_{total} = \Delta S_{sys} + \Delta S_{surr} = 1 \text{ kJ/K}$

圖 7-8
一個系統的熵變化量可以為負值，但熵產生不能為負值。

⊃ 有關熵的注意事項

根據前面的討論，我們得到以下的結論：

1. 過程不能在任意方向進行，過程的進行會遵循特定的方向。過程的進行遵循熵增加原理的方向，也就是 $S_{gen} \geq 0$。一個違反此原理的過程是不可能的，這個原理通常迫使化學反應在完成前停止。

2. 熵是一種不守恆的性質，所以沒有所謂熵守恆原理。熵只在理想的可逆過程守恆；在所有的實際過程中，熵均會增加。

3. 不可逆性的存在會降低工程系統的性能。熵產生是過程中不可逆性存在的度量單位。不可逆性的程度愈大，產生的熵也愈大。因此，熵產生可以作為過程中不可逆性的量度，這也被用來建立工程裝置性能的準則。此一論點在例 7-2 進行說明。

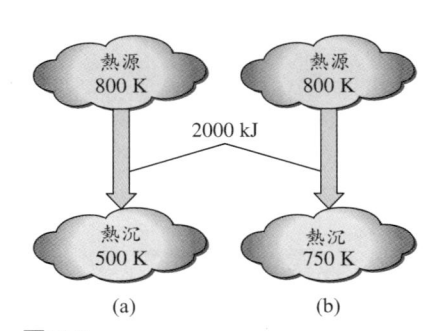

圖 7-9

例 7-2 的示意圖。

例 7-2 熱傳遞過程的熵產生

800 K 的熱源對 (a) 500 K；(b) 750 K 的熱沉傳遞 2000 kJ 的熱量。哪一個熱傳遞過程較不可逆？

解： 熱由熱源傳遞至兩個不同溫度的熱沉，求哪一個熱傳遞過程較不可逆。

分析： 熱貯存器如圖 7-9 所示。兩個狀況皆為有限溫差的熱傳遞，因此兩者皆不可逆。經由計算每一過程的總熵變化量，可以決定不可逆性的量。由於兩個熱貯存器形成一絕熱系統，兩熱貯存器間熱傳遞過程的總熵變化量，等於每一熱貯存器熵變化的總和。

此問題的陳述給人在熱傳遞過程中兩個高低溫熱貯存器直接接觸的印象，但在這個情況下是不可能的，因為接觸點上溫度值只有一個。不可能接觸點的一邊溫度為 800 K，而另一邊為 500 K。換句話說，溫度的函數不可能有不連續的跳躍。因此，合理的假設是兩個熱貯存器以隔板隔開，其溫度由 800 K 降到另一端的 500 K（或 750 K）。因此，在估算過程中的總熵變化時，也應考慮隔板的熵變化。然而，熵是一個性質，而且熵的值依系統的狀態而定。因為隔板進行一穩定過程，且任意點的性質沒有改變，我們可以假設隔板的熵變化為零。此論點的基礎實際上是在過程中隔板兩邊的溫度均維持定值，因此，由於隔板在過程中的熵（能量）維持定值，我們可以假設 $\Delta S_{\text{partition}} = 0$。

因為熱貯存器進行內可逆等溫過程，每個熱貯存器的熵變化可由公式 7-6 求得。

(a) 傳熱至 500 K 熱沉的過程：

$$\Delta S_{\text{source}} = \frac{Q_{\text{source}}}{T_{\text{source}}} = \frac{-2000 \text{ kJ}}{800 \text{ K}} = -2.5 \text{ kJ/K}$$

$$\Delta S_{\text{sink}} = \frac{Q_{\text{sink}}}{T_{\text{sink}}} = \frac{2000 \text{ kJ}}{500 \text{ K}} = +4.0 \text{ kJ/K}$$

及

$$S_{\text{gen}} = \Delta S_{\text{total}} = \Delta S_{\text{source}} + \Delta S_{\text{sink}} = (-2.5 + 4.0) \text{ kJ/K} = \mathbf{1.5 \text{ kJ/K}}$$

因此，在過程中產生 1.5 kJ/K 的熵。注意，兩個熱貯存器均進行內可逆過程，所以全部的熵產生發生於隔板。

(b) 若熱沉的溫度為 750 K，重作 (a) 可得

$$\Delta S_{\text{source}} = -2.5 \text{ kJ/k}$$

$$\Delta S_{\text{sink}} = +2.7 \text{ kJ/K}$$

及

$$S_{\text{gen}} = \Delta S_{\text{total}} = (-2.5 + 2.7) \text{ kJ/K} = \mathbf{0.2 \text{ kJ/K}}$$

(b) 的總熵變化量較小，因此不可逆性較小。這與預期的相同，因為過程 (b) 的溫差較小，因此有較小的不可逆性。

討論： 在熱源與熱沉間操作卡諾熱機，可以消去此兩過程的不可逆性。在此狀況下，可以證明 $\Delta S_{\text{total}} = 0$。

7-3 純物質的熵變化

熵是一種性質,當一個系統的狀態固定,則系統的熵也隨之固定。在簡單的壓縮系統中,當我們指定兩個獨立的內涵性質,則系統的狀態固定,系統的熵與其他性質的值也隨之固定。由熵定義的關係式,物質的熵變化可以用其他的性質來表示(見第 7-7 節)。但一般而言,此種表示方式太複雜,對於一般的人工計算並不實用。因此,在物質上取適當的參考點,其熵可以經由可量測的性質利用複雜的計算求出結果,利用與 v、u、h 等性質相同的方法列表(圖 7-10)。

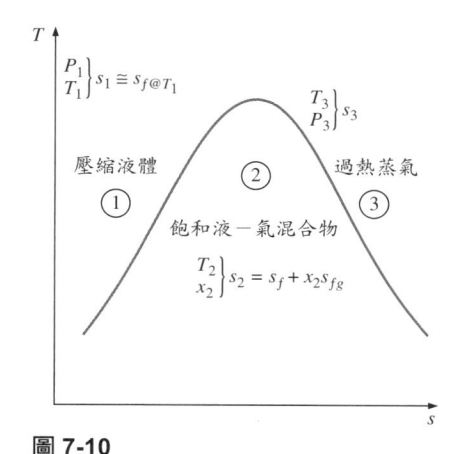

在性質表上,熵可以選定任意相對的參考狀態。在水蒸汽表中,飽和液體在 0.01°C 的熵 s_f 定為零;冷媒 R-134a 飽和液體在 -40°C 的熵為零。在指定的溫度以下,熵為負值。

在指定狀態下,熵的計算與其他性質一樣。在壓縮液體及過熱蒸氣區,指定狀態的熵可以經由查表求得。在飽和混合區內,其熵為

$$s = s_f + x s_{fg} \quad \text{(kJ/kg} \cdot \text{K)}$$

其中,x 為混合物的乾度,s_f 與 s_{fg} 值可直接在飽和蒸氣表查得。若無壓縮液體的數據,壓縮液體的熵可以用指定溫度飽和液體的熵來近似:

$$s_{@\,T,P} \cong s_{f\,@\,T} \quad \text{(kJ/kg} \cdot \text{K)}$$

在指定質量 m(封閉系統)過程中的熵變化為

$$\Delta S = m\Delta s = m(s_2 - s_1) \quad \text{(kJ/K)} \qquad \textbf{(7-12)}$$

其為最終狀態與初始狀態熵的差。

當探討過程中第二定律的概念時,熵通常會作為圖上的一個座標軸,例如 h-s 圖與 T-s 圖。純水 T-s 圖的一般特性如圖 7-11 所示。由圖可知,等容線比等壓線更為陡峭,在飽和液-氣混合區內,等溫線與等壓線平行,而且在壓縮液體區,等壓線幾乎與飽和液體線重疊。

圖 7-10
利用查表來計算純物質的熵(與其他性質一樣)。

例 7-3　物質在容器中的熵變化

一剛槽含有 5 kg 的冷媒 R-134a,其初始溫度為 20°C,壓力為 140 kPa。冷媒經攪拌、冷卻,直到壓力降至 100 kPa。求冷媒在此過程的熵變化量。

解:冷媒在剛槽中攪拌、冷卻,求冷媒的熵變化量。
假設:剛槽的體積固定,因此 $v_2 = v_1$。

圖 7-11
純水的 T-s 圖。

分析：我們取容器中的冷媒為系統（圖 7-12）。由於在過程中沒有質量通過系統邊界，所以此為一封閉系統。物質的熵變化量為初始狀態與最終狀態的熵差。冷媒的初始狀態為已知。

在此過程中，比容維持定值，兩個狀態的性質分別為

狀態 1：$\left.\begin{array}{l}P_1 = 140 \text{ kPa}\\T_1 = 20°C\end{array}\right\}$ $\begin{array}{l}s_1 = 1.0625 \text{ kJ/kg·K}\\v_1 = 0.16544 \text{ m}^3/\text{kg}\end{array}$

狀態 2：$\left.\begin{array}{l}P_2 = 100 \text{ kPa}\\(v_2 = v_1)\end{array}\right\}$ $\begin{array}{l}v_f = 0.0007258 \text{ m}^3/\text{kg}\\v_g = 0.19255 \text{ m}^3/\text{kg}\end{array}$

在最終狀態 100 kPa 的壓力下，$v_f < v_2 < v_g$，所以冷媒為液－氣混合物，因此我們必須先算出液－氣混合物的乾度：

$$x_2 = \frac{v_2 - v_f}{v_{fg}} = \frac{0.16544 - 0.0007258}{0.19255 - 0.0007258} = 0.859$$

因此，

$$s_2 = s_f + x_2 s_{fg} = 0.07182 + (0.859)(0.88008) = 0.8278 \text{ kJ/kg·K}$$

在過程中，冷媒的熵變化為

$$\Delta S = m(s_2 - s_1) = (5 \text{ kg})(0.8278 - 1.0625) \text{ kJ/kg·K}$$
$$= -1.173 \text{ kJ/K}$$

討論：負號表示在過程中系統的熵減少，這並不違反熱力學第二定律，因為系統的熵產生 S_{gen} 不能為負值。

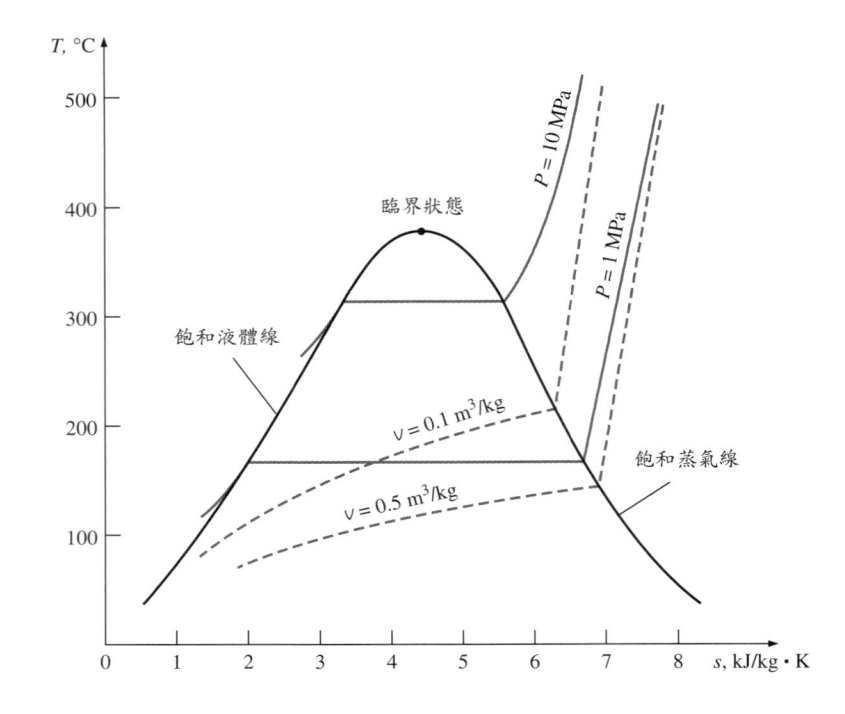

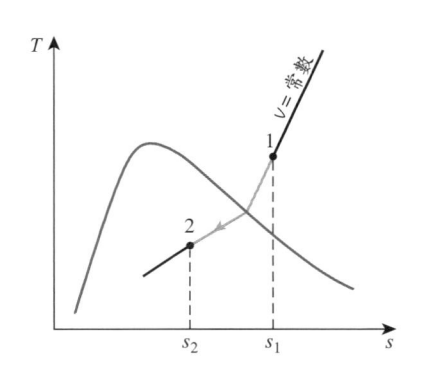

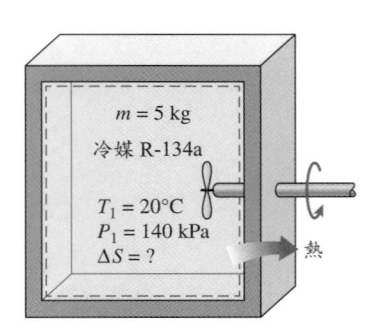

圖 7-12
例 7-3 的示意圖與 T-s 圖。

例 7-4　等壓過程的熵變化

一活塞－汽缸裝置最初裝有 150 kPa、20°C、1.5 kg 的液態水。水在定壓下加入 4000 kJ 的熱量，求水在此過程的熵變化。

解：液態水在活塞－汽缸裝置內定壓加熱，求水在此過程的熵變化。

假設：(1) 此裝置為固定，因此動能及位能為零，$\Delta KE = \Delta PE = 0$。(2) 此過程為近似平衡。(3) 在過程中壓力維持定值，故 $P_2 = P_1$。

分析：將汽缸內的水視為系統（如圖 7-13 所示）。由於過程中沒有質量跨越系統邊界，所以此為一封閉系統。此活塞－汽缸包含一移動邊界及邊界功 W_b，而且有熱傳入系統。

在初始狀態下，因為壓力比 20°C 時水的飽和壓力 2.3392 kPa 高，因此水的狀態為壓縮液體。將壓縮液體溫度的狀態近似為飽和液體，則初始狀態的性質為

狀態 1：$\left.\begin{array}{l} P_1 = 150 \text{ kPa} \\ T_1 = 20°C \end{array}\right\}$　$\begin{array}{l} s_1 \cong s_{f@20°C} = 0.2965 \text{ kJ/kg} \cdot \text{K} \\ h_1 \cong h_{f@20°C} = 83.915 \text{ kJ/kg} \end{array}$

在最終狀態，其壓力仍為 150 kPa，但此狀態點仍缺少一個性質。在此利用能量平衡來決定狀態點的性質：

$$\underbrace{E_{in} - E_{out}}_{\text{熱、功和質量的淨能量轉換}} = \underbrace{\Delta E_{system}}_{\text{內能、動能和位能等能量的變化}}$$

$$Q_{in} - W_b = \Delta U$$

$$Q_{in} = \Delta H = m(h_2 - h_1)$$

$$4000 \text{ kJ} = (1.5 \text{ kg})(h_2 - 83.915 \text{ kJ/kg})$$

$$h_2 = 2750.6 \text{ kJ/kg}$$

對於近似平衡過程，$\Delta U + W_b = \Delta H$，所以

狀態 2：$\left.\begin{array}{l} P_2 = 150 \text{ kPa} \\ h_2 = 2750.6 \text{ kJ/kg} \end{array}\right\}$　$s_2 = 7.3674 \text{ kJ/kg} \cdot \text{K}$　（表 A-6，內插法）

因此，水在過程中的熵變化為

$$\Delta S = m(s_2 - s_1) = (1.5 \text{ kg})(7.3674 - 0.2965) \text{ kJ/kg} \cdot \text{K}$$

$$= \mathbf{10.61 \text{ kJ/K}}$$

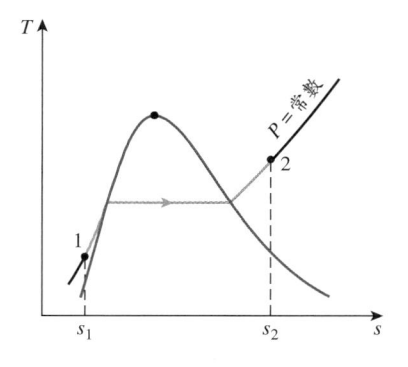

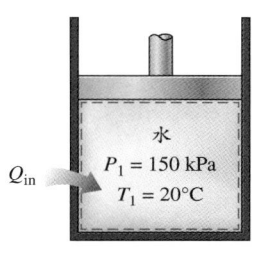

圖 7-13
例 7-4 的示意圖與 T-s 圖。

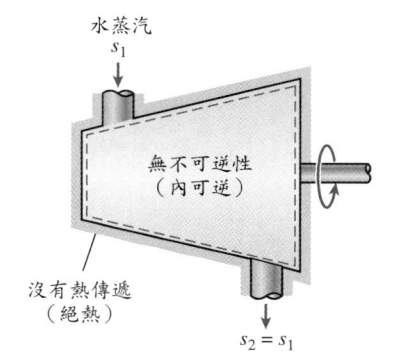

7-4　等熵過程

如前所述，固定質量的熵會經由 (1) 熱傳遞與 (2) 不可逆性產生變化。內可逆和絕熱過程的熵會固定不變（圖 7-14）。若過程的熵維持不變，稱為**等熵過程（isentropic process）**，可以表示為

圖 7-14
在內可逆、絕熱（等熵）過程中，熵為常數。

等熵過程：　　　　$\Delta s = 0$　或　$s_2 = s_1$　　(kJ/kg·K) **(7-13)**

也就是當一物質進行等熵過程，其起點與終點的熵相同。

　　許多工程系統或裝置（例如泵、渦輪機、噴嘴及升壓器）基本上為絕熱運轉，在運轉過程中，當其不可逆性（例如摩擦）為最小時，系統的效率最高。我們將裝置真實操作下的性能，與理想狀態操作下的性能之比值，定義為等熵效率。

　　我們需認清可逆絕熱過程必須等熵（$s_2 = s_1$），但等熵過程不一定是可逆絕熱過程（例如，物質在不可逆過程中所造成的熵增加，會和熱量損失所造成的熵減少相互抵銷）。然而，等熵過程在熱力學表示內可逆絕熱過程。

例 7-5　水蒸汽在渦輪機中的等熵膨脹

5 MPa、450°C 的水蒸汽進入渦輪機，離開的壓力為 1.4 MPa。若此過程為可逆過程，求渦輪機每單位質量水蒸汽所產生的輸出功。

解：水蒸汽在絕熱渦輪機內可逆膨脹至指定的壓力，求渦輪機的輸出功。

假設：(1) 因為任一點未隨時間變化為穩流過程，因此 $\Delta m_{CV} = 0$，$\Delta E_{CV} = 0$ 及 $\Delta S_{CV} = 0$。(2) 此過程為可逆。(3) 動能和位能忽略不計。(4) 渦輪機絕熱，因此沒有熱傳遞。

分析：如圖 7-15 所示，我們以渦輪機為系統。由於過程中質量跨越系統邊界，所以此為控制體積，而且只有一個入口與出口，因此 $\dot{m}_1 = \dot{m}_2 = \dot{m}$。

由質量流率的形式來決定渦輪機的輸出功：

$$\underbrace{\dot{E}_{in} - \dot{E}_{out}}_{\text{熱、功和質量的淨能量轉換率}} = \underbrace{dE_{system}/dt}_{\text{內能、動能和位能等能量的變化率}}^{0\,(\text{穩定})} = 0$$

$$\dot{E}_{in} = \dot{E}_{out}$$

$$\dot{m}h_1 = \dot{W}_{out} + \dot{m}h_2 \quad (\text{因 } \dot{Q} = 0, \text{ke} \cong \text{pe} \cong 0)$$

$$\dot{W}_{out} = \dot{m}(h_1 - h_2)$$

入口狀態的兩個性質為已知，但出口狀態只有壓力為已知。第二個性質由題目觀察得到，因為此過程為可逆與絕熱，所以為等熵。因此，$s_2 = s_1$，且

狀態 1：　$\left.\begin{array}{l} P_1 = 5\text{ MPa} \\ T_1 = 450°C \end{array}\right\}$　$\begin{array}{l} h_1 = 3317.2 \text{ kJ/kg} \\ s_1 = 6.8210 \text{ kJ/kg·K} \end{array}$

狀態 2：　$\left.\begin{array}{l} P_2 = 1.4\text{ MPa} \\ s_2 = s_1 \end{array}\right\}$　$h_2 = 2967.4 \text{ kJ/kg}$

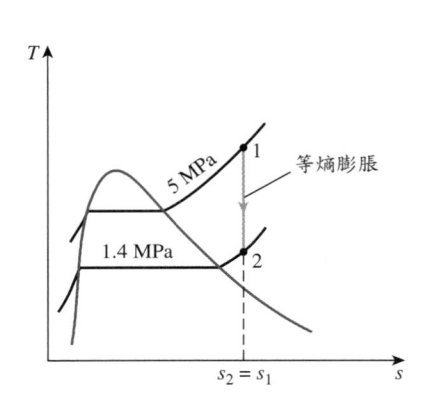

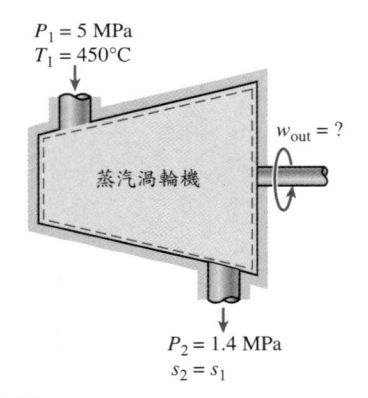

圖 7-15
例 7-5 的示意圖與 T-s 圖。

故渦輪機每單位質量水蒸汽的輸出功為

$$w_{out} = h_1 - h_2 = 3317.2 - 2967.4 = \mathbf{349.8 \text{ kJ/kg}}$$

7-5 熵的性質圖

在過程的熱力分析中,性質圖提供相當大的視覺輔助。在熱力學第二定律普遍使用的兩個圖為溫度－熵和焓－熵圖。

熵的定義方程式(公式 7-4)可以表示為

$$\delta Q_{\text{int rev}} = T \, dS \quad \text{(kJ)} \tag{7-14}$$

如圖 7-16 所示,$\delta Q_{\text{rev int}}$ 相對應於 T-S 圖的微小面積。內可逆過程的總熱傳量可經由積分並得到

$$Q_{\text{int rev}} = \int_1^2 T \, dS \quad \text{(kJ)} \tag{7-15}$$

總熱傳量等於 T-S 圖中過程曲線下的面積。因此,我們推斷出 T-S 圖中過程曲線下的面積等於內可逆過程的熱傳量,這與 P-V 圖中過程曲線下的面積表示可逆邊界功類似。需注意的是,只有內(全部)可逆過程之過程曲線下的面積代表過程中的熱傳量,此面積對不可逆過程是沒有意義的。

以單位質量為基準,公式 7-14 和公式 7-15 可以表示為

$$\delta q_{\text{int rev}} = T \, ds \quad \text{(kJ/kg)} \tag{7-16}$$

和

$$q_{\text{int rev}} = \int_1^2 T \, ds \quad \text{(kJ/kg)} \tag{7-17}$$

對公式 7-15 及公式 7-17 積分,需要知道過程中 T 和 s 的關係式。一個較簡單的特殊例子為內可逆等溫過程的積分,可寫成:

$$Q_{\text{int rev}} = T_0 \, \Delta S \quad \text{(kJ)} \tag{7-18}$$

或

$$q_{\text{int rev}} = T_0 \, \Delta s \quad \text{(kJ/kg)} \tag{7-19}$$

其中,T_0 為等溫的溫度,ΔS 為過程中系統的熵變化量。

由於等熵過程中沒有熱傳遞,故在 T-s 圖上等熵過程是一垂直線段,因此等熵過程路徑下的面積為零,這與預期的相同(圖 7-17)。對於過程和循環第二定律觀點的可視化,T-s 圖是相當有價值的工具,也經常用於熱力學上。水的 T-s 圖如圖 A-9 所示。

另一個工程上常用的圖為焓－熵圖,其對於渦輪機、壓縮機及噴嘴等穩流裝置的分析相當有價值。h-s 圖的座標軸代表兩個

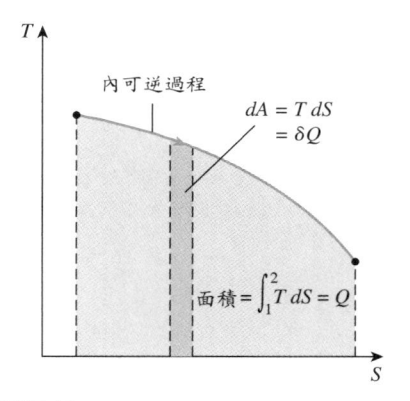

圖 7-16
在 T-S 圖,過程曲線下的面積代表內可逆過程的熱傳量。

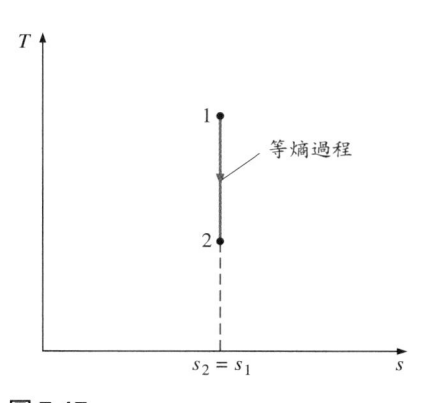

圖 7-17
在 T-s 圖上,等熵過程是一垂直線段。

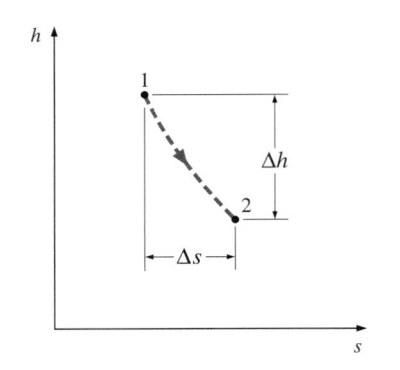

圖 7-18
對於絕熱穩流裝置的 h-s 圖，垂直距離 Δh 為輸出功，水平距離 Δs 為不可逆性。

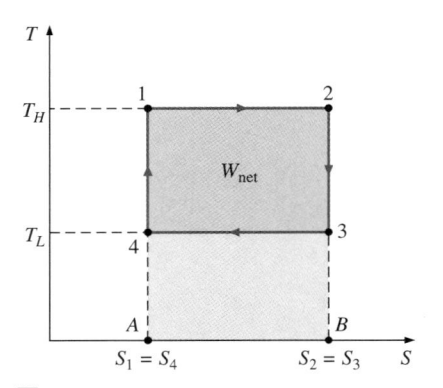

圖 7-19
例 7-6 之卡諾循環的 T-S 圖。

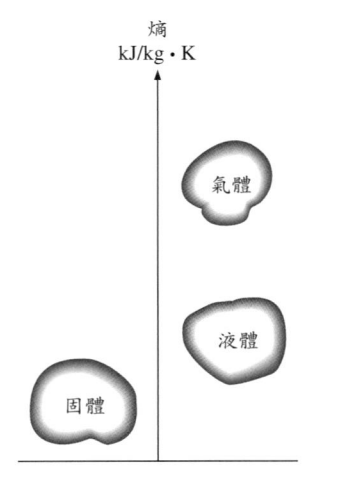

圖 7-20
當物質溶解或蒸發時，分子亂度（熵）增加的程度。

主要的性質：焓為穩流裝置第一定律分析的主要性質，而熵為說明絕熱過程中不可逆性的性質。例如，在分析穩流水蒸汽通過絕熱渦輪機時，過程出入口狀態垂直距離 Δh 為渦輪機的輸出功，水平距離 Δs 為渦輪機的不可逆性（圖 7-18）。

h-s 圖也稱為**莫利爾圖（Mollier diagram）**，是以德國的科學家 R. Mollier（1863-1935）命名。水蒸汽的 h-s 圖如圖 A-10 所示。

例 7-6 卡諾循環的 T-S 圖

在 T-S 圖上畫出卡諾循環，並標示出供給的熱量 Q_H、排放的熱量 Q_L 和淨功輸出 $W_{net,out}$。

解： 畫出卡諾循環的 T-S 圖，並指出 Q_H、Q_L 和 $W_{net,out}$ 的面積。

分析： 卡諾循環由兩個可逆等溫（$T =$ 常數）及兩個等熵過程（$s =$ 常數）所組成。此四個過程在 T-S 圖上形成一個矩形，如圖 7-19 所示。

在 T-S 圖上，過程曲線下的面積代表過程的熱傳量，面積 $A12B$ 表示 Q_H，面積 $A43B$ 表示 Q_L，兩者的差值表示淨功，因為

$$W_{net,out} = Q_H - Q_L$$

因此，在 T-S 圖上被循環路徑包圍的面積（區域 1234）代表淨功輸出。在 P-V 圖上，循環路徑包圍的面積也是代表淨功輸出。

7-6 何謂熵？

由前面的討論，可以瞭解熵是一個有用的性質，也是工程裝置第二定律分析相當有用的工具，但這並不代表我們徹底地瞭解熵。事實上，我們甚至不能對於熵是什麼的問題給一個適切的答案。我們無法充分地描述熵，亦無法定義能量，但這不會妨礙對能量轉換與質量守恆定律的瞭解。熵不像能量是一般人熟知的用語，但藉由持續討論，對熵的瞭解就會逐漸增加。以下的討論將針對微觀的熵說明其物理意義。

熵可以視為分子亂度或分子隨機性的度量單位。一個系統的亂度愈高，分子所在的位置愈不可預測，而且熵會增加。因此，物質的熵以固體為最低，氣體為最高（圖 7-20）。在固體時，物質的分子在平衡位置持續振動，但彼此間不會有相對位移，分子在任何時間的位置預測相當準確。然而，在氣體時，分子隨機運動、相互碰撞且方向改變，系統的微觀狀態在任何時間變得相當不可預測。分子亂度的結合形成較高的熵。

以微觀的觀點（從統計熱力學的觀點）來看，由於分子的連

續運動，一平衡狀態的隔絕系統會有較高能階的活動性。對於每一巨觀的平衡狀態，有其相對應多種的微觀狀態或分子組態。波茲曼首先假設在指定宏觀狀態一個系統的熵與該系統微觀狀態可能的總數有關，W（Wahrscheinlichkeit，德文「概率」）。後來普朗克將此概念公式化，以常數 k 代表熵，單位為 J/K，為紀念波茲曼：

$$S = k \ln p \tag{7-20a}$$

此為**波茲曼關係式（Boltzmann relation）**。與熵有關之熱隨機的移動或失序，後來由 Gibbs 廣義統稱為所有微觀不確定性量度的總和，即概率，表示為

$$S = -k \sum p_i \log p_i \tag{7-20b}$$

Gibbs 公式（Gibbs' formulation）更加廣泛，因為 Gibbs 公式允許微觀狀態非均勻性的概率 p_i。相較於有序的系統，隨著粒子動量或熱失序和體積的增加，系統的性質需要更多的資訊。對於所有 W 微觀狀態統一的概率，Gibbs 公式會簡化至波茲曼關係式，因為 $p_i = 1/W = $ 常數 << 1。

從微觀的觀點，當熱的亂度或失序（即對應於特定的整體宏觀狀態的可能相關分子的微觀狀態數量）增加，則系統的熵增加。因此，熵是分子亂度的量度，而且隔絕系統在任何時間所進行的過程均會增加此系統的亂度。

如前所述，物質在固體狀態的分子持續振動，分子所在的位置不確定。此振動會隨著溫度的降低而減弱。依推測，在絕對零度時，分子會停止運動，此為分子最小的能階狀態（最小能量）。因此，純晶體物質在絕對零度的熵為零，因為分子在此狀態下沒有不確定性（圖 7-21），此為**熱力學第三定律（third law of thermodynamics）**。熱力學第三定律提供決定熵的絕對參考點，相對於此點的熵稱為**絕對熵（absolute entropy）**，其對於化學反應的熱力學分析相當有用。在絕對溫度零度下，非純結晶物質的熵不等於零，因為在物質中不只一種分子組態存在，導致分子微觀狀態存在不確定性。

氣體分子具有可觀的動能，但我們知道無論其動能有多大，氣體分子無法轉動容器內的葉輪而產生功，這是因為氣體分子所具有的能量是沒有組織的。一方嘗試轉動的分子數量可能等於另一相反方向嘗試轉動的分子數量，兩者抵銷後導致葉輪維持不動，因此我們無法直接由沒有組織的能量得到有用的功（圖 7-22）。

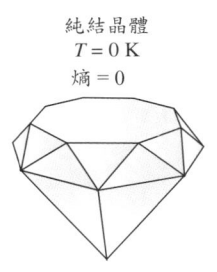

圖 7-21
純結晶物質在絕對零度溫度下相當有條理，其熵為零（熱力學第三定律）。

圖 7-22
沒有秩序的能量無論有多大，皆無法產生有用的效果。

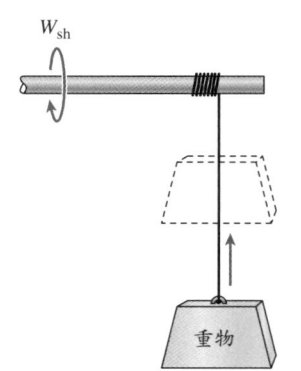

圖 7-23
在沒有摩擦力的情況下，利用旋轉軸升起重物無法產生亂度（熵），因此能量在此過程不會減少。

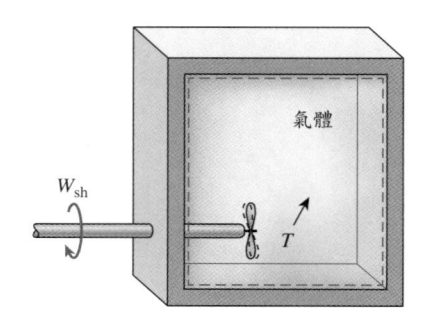

圖 7-24
葉輪對氣體作功增加氣體的亂度，因此在過程中能量會減少。

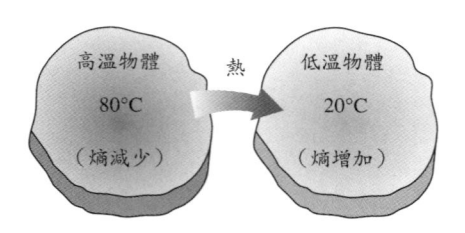

圖 7-25
在熱傳遞過程中，淨熵增加（低溫物體的熵增加量大於高溫物體的熵減少量）。

現在考慮圖 7-23 的旋轉軸。由於軸的分子以同樣方向旋轉，此時分子的能量完全組織化，此一有組織的能量容易被用來提升重物或發電。作為一種有組織形式的能量，功不會失序或不可預測，因此沒有熵產生。能量轉換為功並不會產生熵傳遞，因此，若利用旋轉軸（或飛輪）提升重物的過程中沒有任何摩擦，則此過程中不會產生熵。不產生淨熵的過程為可逆過程。上述的過程可以經由降低重物逆向運行，其中，沒有能量減少，也沒有未能作功的損失。

我們利用如圖 7-24 在容器中充滿氣體的葉輪來取代舉升重物。此例子是將葉輪的功轉換為氣體的內能，在容器中製造更高能階的分子亂度，其證據為氣體溫度的上升。此過程與提升重物截然不同，因為葉輪中有組織的葉輪能量轉換為無組織的能量，該能量無法再轉換回旋轉葉輪的動能，僅有部分的能量經由熱機的重組可以轉換為功。因此，在過程中能量減少，作功的能力降低，產生分子的亂度，熵因此增加。

在實際過程中，能量是守恆的（第一定律），但其品質一定會降低（第二定律）。品質的降低用於增加熵，例如 10 kJ 的熱量由高溫物體傳到低溫物體，在過程結束後，我們仍然有 10 kJ 的能量，但低溫物體的品質會較低。

熱在本質上是無組織的能量，而且有些亂度（熵）會隨著熱流動（圖 7-25），因為高溫物體的熵與分子亂度的程度減少，低溫物體的熵和分子亂度的程度增加。第二定律要求低溫物體的熵增加量需大於高溫物體熵的減少量，使得組合系統（低溫物體與高溫物體）的淨熵量增加，也就是混合系統最終狀況的亂度會增加。以上的結論為：過程僅會隨總熵或分子亂度增加的方向發生。也就是說，整個宇宙會隨著時間愈來愈混亂。

⊃ 日常生活中的熵和熵產生

熵的概念可以應用到其他方面，熵可以視為在一系統中亂度的量測單位。同樣地，熵產生可以視為在一過程中或無組織性產生的量測單位。在日常生活中，即使熵可以容易地應用到不同的地方，但熵概念的使用並不像能量般廣泛。將熵的觀念延伸到非技術領域並不是新概念，它已是各種不同論文的標題，甚至是書的標題。以下我們利用數種日常生活中的事件說明熵與熵產生的相關概念。

有效率的人會過著低熵（高組織化）的生活型態。他們在一

個地方擺設所有的東西（最小的不確定性），並花最少的時間找出想要的東西。換言之，沒有效率的人缺乏組織，而導致高熵的生活型態，他們會花上數分鐘（甚至數小時）去尋找需要的東西。當他們以亂度的方法去尋找東西時，可能製造另一個更大的亂度。高熵的生活型態總是讓人們忙個不停，似乎沒有停止。

考慮兩棟相同的建築物，每棟建築物可容納一百萬本書。在第一棟建築物中，所有的書堆疊在一起；第二棟建築物擁有高度組織化，將書上架及標示以方便查詢，學生較喜歡到哪一棟建築物去借書是不容置疑的。但是，有些人可能會從第一定律的觀點認為兩棟建築物是相同的，因為兩棟建築物的質量與知識內涵均相同，除了第一棟建築物的亂度較高（高熵）。這個例子說明任何實際的比較應納入第二定律的觀點。

兩本教科書看起來似乎相同，因為它們的主題與描述的資訊皆相同，但描述主題的方式可能截然不同。兩部看起來完全相同的汽車，如果其中一部車的耗油量只有另一部車的一半，則這兩部車並非完全相同。同樣地，兩本看似相同的書，若其中一本利用兩倍的時間去描述同一個主題，則此兩本書並非完全相同。因此，僅以第一定律為基準的比較可能造成高度的誤導。

一支沒有組織（高熵）的軍隊就像沒有軍隊一般。在戰爭中，任何軍隊的指揮中心都是主要目標並非巧合。一支有十個師的軍隊，比十支各只有一個師的軍隊更強大十倍。同樣地，一個有十個州的國家，比十個各只有一個州的國家更強大。若以五十個州各為獨立的國家取代單一的聯邦國家，則美國就不會那麼強大。歐盟就有成為一個新的經濟與政治超級大國的潛力。俗語的「分而治之」應改為「增加熵而治之」。

我們知道機械的摩擦會產生熵並降低效率，因此可以將此比喻到一般日常生活中。在工作場所與工作人員發生摩擦，一定會產生熵及影響效能（圖 7-26），並降低生產力。

我們也可以知道非限制的膨脹（爆炸）及未控制的電子轉換（化學反應）會產生熵，並具高度不可逆性。同樣地，不限制地口出惡言是高度不可逆性，因為會產生熵並造成相當程度的損害；一個生氣的人由坐著的椅子跳起來一定會有所損失。我們希望有一天能透過程序量化非技術性活動產生的熵，並實際精確指出其主要來源與量的大小。

圖 7-26
與機械系統一樣，在工作場所摩擦一定會產生熵，並降低效能。

© *PhotoLink/Getty Images RF*

7-7 T ds 關係式

$(\delta Q/T)_{\text{int rev}}$ 為熵性質的微小變化。過程的熵變化可以在真實狀態點的兩端，沿著假想的內可逆路徑對 $\delta Q/T$ 積分而求得。對於等溫的內可逆過程，此積分是容易達成的，但對於溫度產生變化的過程，我們必須有 T 和 δQ 的關係式來完成積分。本節將要找出此關係式。

含有可壓縮物質的封閉穩定系統（定質量）可以視為一個內可逆過程，其能量守恆的微分方程式可以表示為

$$\delta Q_{\text{int rev}} - \delta W_{\text{int rev,out}} = dU \quad (7\text{-}21)$$

但

$$\delta Q_{\text{int rev}} = T\, dS$$
$$\delta W_{\text{int rev,out}} = P\, dV$$

因此，

$$T\, dS = dU + P\, dV \quad \text{(kJ)} \quad (7\text{-}22)$$

或

$$T\, ds = du + P\, dv \quad \text{(kJ/kg)} \quad (7\text{-}23)$$

此方程式稱為第一 $T\, ds$ 方程式或吉布士方程式（Gibbs equation）。簡單可壓縮系統進行內可逆過程時具有功作用的唯一形式為邊界功。

經由焓的定義 $h = u + Pv$ 可以消掉 du，而得到第二 $T\, ds$ 方程式：

$$\left.\begin{array}{l} h = u + Pv \longrightarrow dh = du + P\,dv + v\,dP \\ \text{（公式 7-23）} \longrightarrow T\,ds = du + P\,dv \end{array}\right\} T\,ds = dh - v\,dP \quad (7\text{-}24)$$

由於公式 7-23 與公式 7-24 是系統熵變化與其他性質的關係，因此相當有用。不像公式 7-4，其性質的關係與過程的型態無關。

兩個狀態點間的熵變化是沿著可逆路徑來計算，所以 $T\, ds$ 關係式是由內可逆過程推導出來。然而，這個關係式對可逆過程與不可逆過程均適用，因為熵是一個性質，而且此性質與系統經歷的過程型態無關。公式 7-23 與公式 7-24 為單位質量可壓縮系統狀態變化性質的關係式，對於封閉系統或開放系統均適用（圖 7-27）。

求解公式 7-23 與公式 7-24，可得到熵的微量變化 ds：

$$ds = \frac{du}{T} + \frac{P\,dv}{T} \quad (7\text{-}25)$$

與

$$ds = \frac{dh}{T} - \frac{v\,dP}{T} \quad (7\text{-}26)$$

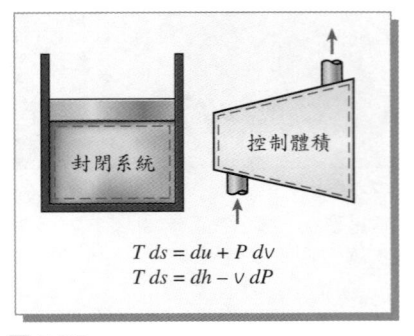

圖 7-27

$T\,ds$ 關係式適用於可逆與不可逆過程及封閉與開放系統。

過程中的熵變化可以經由公式 7-23 或公式 7-24 對初始狀態與最終狀態積分。在積分過程中，我們需要知道 du 或 dh 與溫度的關係式（例如，理想氣體 $du = c_v\, dT$ 和 $dh = c_p\, dT$），以及物質的狀態方程式 $Pv = RT$。對於存在此關係式的物質，我們可以直接對公式 7-25 或公式 7-26 積分；對於其他物質，則需依賴表列資料。

對於超過一種近似平衡功模式的非簡單系統，其 $T\,ds$ 關係式可經由包含所有相關近似平衡功模態相似的方法獲得。

7-8 液體與固體的熵變化

回顧液體與固體可以視為不可壓縮物質，因為它們的比容在過程中幾乎為定值；也就是液體與固體的 $dv \cong 0$，公式 7-25 可以簡化為

$$ds = \frac{du}{T} = \frac{c\,dT}{T} \tag{7-27}$$

由於對不可壓縮物質，$c_p = c_v = c$ 且 $du = c\,dT$，則過程中的熵變化可經由積分求得

液體、固體： $\quad s_2 - s_1 = \displaystyle\int_1^2 c(T)\,\frac{dT}{T} \cong c_{\text{avg}} \ln \frac{T_2}{T_1} \quad \text{(kJ/kg·K)} \tag{7-28}$

其中，c_{avg} 為物質於所求溫度區間的平均比容。需注意的是，真正不可壓縮物質的熵變化只與溫度有關，而與壓力無關。

公式 7-28 可用於求出固體與液體的熵變化，並且具合理的精確度，但體積對於隨溫度變化而膨脹的液體而言，計算時須考慮體積變化的效應。此為溫度變化極大時的特別狀況。

令上式熵變化的關係式為零，可得到液體與固體等熵過程的關係如下：

等熵： $\quad s_2 - s_1 = c_{\text{avg}} \ln \dfrac{T_2}{T_1} = 0 \quad \rightarrow \quad T_2 = T_1 \tag{7-29}$

亦即，真正不可壓縮物質的溫度在等熵過程中維持定值，因此，不可壓縮物質的等熵過程亦為等溫，此特性於液體與固體相當接近。

例 7-7 液體密度對熵的影響

液態甲烷常在各種不同的低溫應用，其臨界溫度為 191 K ($-82°C$)。為將甲烷保持於液態，需將其溫度維持低於 191 K 的溫度。液態甲烷在不同溫度與壓力下的性質如表 7-1 所示。利用：(a) 性質表；(b) 液態甲烷近似不可壓縮物質，求液態甲烷由狀態 110 K、1 MPa 變化至 120 K、5 MPa 之熵變化。後者所產

表 7-1　液態甲烷的性質

溫度 T, K	壓力 P, MPa	密度 ρ, kg/m³	焓 h, kJ/kg	熵 s, kJ/kg·K	比熱 c_p, kJ/kg·K
110	0.5	425.3	208.3	4.878	3.476
	1.0	425.8	209.0	4.875	3.471
	2.0	426.6	210.5	4.867	3.460
	5.0	429.1	215.0	4.844	3.432
120	0.5	410.4	243.4	5.185	3.551
	1.0	411.0	244.1	5.180	3.543
	2.0	412.0	245.4	5.171	3.528
	5.0	415.2	249.6	5.145	3.486

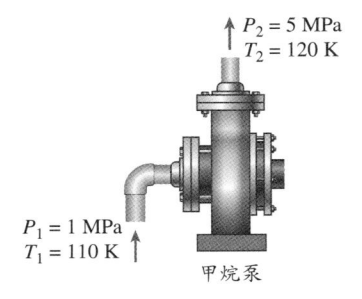

生的誤差為若干？

解：利用液態甲烷實際值與近似液態甲烷為不可壓縮物質，求其在兩指定狀態下過程的熵變化。

分析：(a) 我們考量單位質量液態甲烷（圖 7-28）在初始狀態與最終狀態的性質：

狀態 1：$\left.\begin{array}{l}P_1 = 1 \text{ MPa} \\ T_1 = 110 \text{ K}\end{array}\right\}$ $\begin{array}{l}s_1 = 4.875 \text{ kJ/kg·K} \\ c_{p1} = 3.471 \text{ kJ/kg·K}\end{array}$

狀態 2：$\left.\begin{array}{l}P_2 = 5 \text{ MPa} \\ T_2 = 120 \text{ K}\end{array}\right\}$ $\begin{array}{l}s_2 = 5.145 \text{ kJ/kg·K} \\ c_{p2} = 3.486 \text{ kJ/kg·K}\end{array}$

因此，

$$\Delta s = s_2 - s_1 = 5.145 - 4.875 = \mathbf{0.270 \text{ kJ/kg·K}}$$

(b) 將液態甲烷近似為不可壓縮物質，其熵變化為

$$\Delta s = c_{\text{avg}} \ln \frac{T_2}{T_1} = (3.4785 \text{ kJ/kg·K}) \ln \frac{120 \text{ K}}{110 \text{ K}} = \mathbf{0.303 \text{ kJ/kg·K}}$$

因為

$$c_{\text{avg}} = \frac{c_{p1} + c_{p2}}{2} = \frac{3.471 + 3.486}{2} = 3.4785 \text{ kJ/kg·K}$$

因此，將液態甲烷近似為不可壓縮物質的誤差為

$$\text{誤差} = \frac{|\Delta s_{\text{actual}} - \Delta s_{\text{ideal}}|}{\Delta s_{\text{actual}}} = \frac{|0.270 - 0.303|}{0.270} = \mathbf{0.122 \text{（或 12.2\%）}}$$

討論：此結果並不令人驚訝，因為過程中液態甲烷的密度從 425.8 變成 415.2 kg/m³（大約 3%），此造成我們對不可壓縮物質假設有效性的質疑。然而，當缺乏壓縮液體之資料數據時，這個假設讓我們可以方便且容易得到合理準確的結果。

$P_2 = 5$ MPa
$T_2 = 120$ K
$P_1 = 1$ MPa
$T_1 = 110$ K
甲烷泵

圖 7-28
例 7-7 的示意圖。

例 7-8

利用渦輪機取代閥的經濟性

一低溫製造設備處理 115 K、5 MPa、質量流率 0.280 m³/s 的液態甲烷。液態甲烷經由流經具有流阻閥門之節流過程，將壓力降至 1 MPa。一位近期僱用的工程師提議利用渦輪機取代節流閥，在

渦輪機產生動力並將壓力降至 1 MPa。利用表 7-1 的資料,計算渦輪機的最大輸出功。若工廠的電費為每 kWh 0.075 美元,求此渦輪機連續運轉一年(8760 小時)可以節省多少電費。

解:液態甲烷在渦輪機內以特定流率膨脹至指定壓力。求渦輪機可產生的最大輸出功,以及每年可以節省的電費。

假設:(1) 因為任一點不隨時間變化,所以為穩流過程。因此,$\Delta m_{CV} = 0$,$\Delta E_{CV} = 0$,$\Delta S_{CV} = 0$。(2) 渦輪機為絕熱,因此無熱傳遞。(3) 此過程為可逆。(4) 動能及位能忽略不計。

分析:我們視渦輪機為一系統(圖 7-29)。由於過程中質量通過系統邊界,所以為控制體積。需注意此為單一入口與單一出口,因此 $\dot{m}_1 = \dot{m}_2 = \dot{m}$。

因為渦輪機一般具有良好絕熱及最佳性能,必須沒有不可逆性以便產生最大輸出功,所以上述的假設合理。因此,渦輪機的過程必須為可逆絕熱或等熵。所以,$s_2 = s_1$,且

狀態 1: $\left. \begin{array}{l} P_1 = 5 \text{ MPa} \\ T_1 = 115 \text{ K} \end{array} \right\}$ $\begin{array}{l} h_1 = 232.3 \text{ kJ/kg} \\ s_1 = 4.9945 \text{ kJ/kg·K} \\ \rho_1 = 422.15 \text{ kg/s} \end{array}$

狀態 2: $\left. \begin{array}{l} P_2 = 1 \text{ MPa} \\ s_2 = s_1 \end{array} \right\}$ $h_2 = 222.8 \text{ kJ/kg}$

而且,液態甲烷的質量流率為

$$\dot{m} = \rho_1 \dot{V}_1 = (422.15 \text{ kg/m}^3)(0.280 \text{ m}^3/\text{s}) = 118.2 \text{ kg/s}$$

由單位質量的能量平衡方程式,求得渦輪的輸出功為

$$\underbrace{\dot{E}_{in} - \dot{E}_{out}}_{\text{熱、功和質量的淨能量轉換率}} = \underbrace{dE_{system}/dt}_{\text{內能、動能和位能等能量的變化率}} \nearrow^{0 \text{(穩定)}} = 0$$

$$\dot{E}_{in} = \dot{E}_{out}$$
$$\dot{m}h_1 = \dot{W}_{out} + \dot{m}h_2 \quad (\text{因 } \dot{Q} = 0\text{,ke} \cong \text{pe} \cong 0)$$
$$\dot{W}_{out} = \dot{m}(h_1 - h_2)$$
$$= (118.2 \text{ kg/s})(232.3 - 222.8) \text{ kJ/kg}$$
$$= \mathbf{1123 \text{ kW}}$$

對於連續操作,每年產生的電力為

$$\text{每年產生的電力} = \dot{W}_{out} \times \Delta t = (1123 \text{ kW})(8760 \text{ h/yr})$$
$$= 0.9837 \times 10^7 \text{ kWh/yr}$$

以每 kWh 0.075 美元計算,渦輪機能替工廠節省的金額為

$$\text{每年節省的金額} = (\text{每年產生的電力})(\text{單位電力的成本})$$
$$= (0.9837 \times 10^7 \text{ kWh/yr})(\$0.075/\text{kWh})$$
$$= \mathbf{\$737,800/yr}$$

亦即,此渦輪機利用目前節流閥浪費的能量,每年可幫工廠節省

圖 7-29
由液化天然氣桶移出的液化天然氣渦輪機。

Courtesy of Ebara International Corporation, Cryodynamics Division, Sparks, Nevada.

737,800 美元,應該獎勵這位工程師。

討論：此例顯示熵的重要性,因為它能讓我們量化浪費的功。在實務上,渦輪機並非等熵,因此其產生的電力將會減少。以上的分析給出上限值。而實際的渦輪發電機組能利用約 80% 的位能,產生超過 900 kW 的電力,每年節省電費超過 600,000 美元。

也可以證明渦輪機在等熵膨脹過程中,甲烷的溫度將降至 113.9 K(下降 1.1 K),取代假設甲烷為不可壓縮物質的 115 K;在節流過程中,甲烷的溫度將上升至 116.6 K(上升 1.6 K)。

7-9 理想氣體的熵變化

理想氣體熵變化的表示式可以由公式 7-25 或公式 7-26 利用理想氣體性質關係式求得(圖 7-30)。將 $du = c_v dT$ 及 $P = RT/v$ 代入公式 7-25,理想氣體熵變化的微分方程式變成

$$ds = c_v \frac{dT}{T} + R \frac{dv}{v} \tag{7-30}$$

過程中的熵變化經由關係式的兩端點積分求得

$$s_2 - s_1 = \int_1^2 c_v(T) \frac{dT}{T} + R \ln \frac{v_2}{v_1} \tag{7-31}$$

理想氣體熵變化的第二關係式以類似的方法將 $dh = c_p dT$ 與 $v = RT/P$ 代入公式 7-26 並積分,其結果為

$$s_2 - s_1 = \int_1^2 c_p(T) \frac{dT}{T} - R \ln \frac{P_2}{P_1} \tag{7-32}$$

除了單原子氣體外,理想氣體的比熱皆與溫度相依,除非 c_v 與 c_p 隨溫度變化的關係為已知,否則無法進行積分。即使 $c_v(T)$ 與 $c_p(T)$ 的函數為已知,在每一次熵變化計算進行積分並不切實際。因此,兩個合理的選擇為簡單假設比熱為常數進行積分,或將所有的積分計算一次,並將結果製成表格。兩個方法將在下面說明。

⊃ 定比熱(近似分析)

在一般近似下,假設理想氣體的比熱固定,在之前的數種狀況使用此假設。通常這可以簡化分析,而其代價是損失一些精確性。此一假設所產生的誤差量依狀況而定。例如,氦等單原子理想氣體的比熱與溫度無關,因此定比熱假設不會產生誤差。對於理想氣體,其比熱幾乎與溫度呈線性關係,因此利用平均溫度的比熱計算可使可能的誤差最小化(圖 7-31)。若溫度的範圍在數

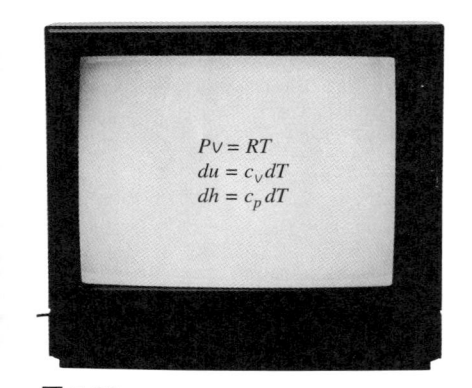

圖 7-30
理想氣體關係式。
© Photodisc/Getty Images RF

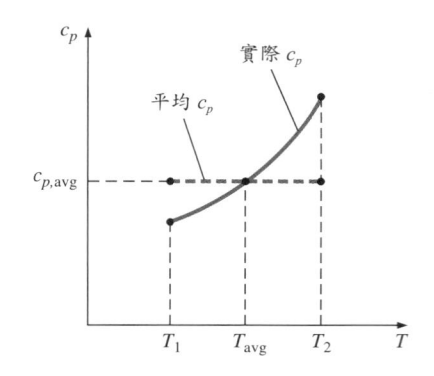

圖 7-31
在定比熱假設下,比熱假設為平均值。

百度以下，所求得的結果會相當準確。

在定比熱假設下，理想氣體的熵變化關係式可將公式 7-31 與公式 7-32 的 $c_v(T)$、$c_p(T)$ 分別以 $c_{v,\text{avg}}$、$c_{p,\text{avg}}$ 取代並進行積分，我們可以得到

$$s_2 - s_1 = c_{v,\text{avg}} \ln \frac{T_2}{T_1} + R \ln \frac{v_2}{v_1} \quad (\text{kJ/kg} \cdot \text{K}) \tag{7-33}$$

及

$$s_2 - s_1 = c_{p,\text{avg}} \ln \frac{T_2}{T_1} - R \ln \frac{P_2}{P_1} \quad (\text{kJ/kg} \cdot \text{K}) \tag{7-34}$$

熵變化亦可以表示成以單位莫耳為基準乘上莫耳質量：

$$\bar{s}_2 - \bar{s}_1 = \bar{c}_{v,\text{avg}} \ln \frac{T_2}{T_1} + R_u \ln \frac{v_2}{v_1} \quad (\text{kJ/kmol} \cdot \text{K}) \tag{7-35}$$

及

$$\bar{s}_2 - \bar{s}_1 = \bar{c}_{p,\text{avg}} \ln \frac{T_2}{T_1} - R_u \ln \frac{P_2}{P_1} \quad (\text{kJ/kmol} \cdot \text{K}) \tag{7-36}$$

可變比熱（準確分析）

在一個過程中，當溫度變化很大，且理想氣體的比熱在溫度範圍內變化為非線性，定比熱的假設在熵變化的計算可能導致相當大的誤差。在這種情況下，比熱隨溫度的變化應利用精確的關係式將比熱視為溫度的函數，則過程中的熵變化可利用 $c_v(T)$ 或 $c_p(T)$ 關係式代入公式 7-31 或公式 7-32 積分求得。

為了取代每次新過程繁瑣的積分，較簡便的方法是進行一次積分，並將結果列表。基於此目的，我們選擇絕對零度作為參考溫度，並定義 $s°$ 函數為

$$s° = \int_0^T c_p(T) \frac{dT}{T} \tag{7-37}$$

很明顯地，$s°$ 只是溫度的函數，而且在絕對零度時其值為零。空氣的 $s°$ 值為溫度的函數，並依不同溫度列表於附錄中。依照此定義，公式 7-32 的積分變成

$$\int_1^2 c_p(T) \frac{dT}{T} = s_2° - s_1° \tag{7-38}$$

其中，$s_2°$ 為 $s°$ 在溫度 T_2 的值，$s_1°$ 為 $s°$ 在溫度 T_1 的值，因此

$$s_2 - s_1 = s_2° - s_1° - R \ln \frac{P_2}{P_1} \quad (\text{kJ/kg} \cdot \text{K}) \tag{7-39}$$

也可以用單位莫耳表示成

$$\bar{s}_2 - \bar{s}_1 = \bar{s}_2° - \bar{s}_1° - R_u \ln \frac{P_2}{P_1} \quad (\text{kJ/kmol} \cdot \text{K}) \tag{7-40}$$

注意，不像內能與焓，理想氣體的熵隨比容或壓力及溫度變

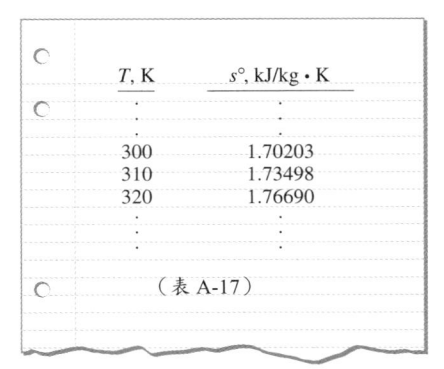

T, K	$s°$, kJ/kg·K
⋮	⋮
300	1.70203
310	1.73498
320	1.76690
⋮	⋮

（表 A-17）

圖 7-32
理想氣體的熵與 T 及 P 有關，$s°$ 函數僅表示與溫度部分有關的熵。

化，因此，熵無法單獨以溫度的函數列表。表中 $s°$ 的值說明與溫度相依的熵（圖 7-32）。熵隨壓力變化列於公式 7-39 的最後一項。另一個熵變化的關係式可以公式 7-31 推導，但其需要另一個函數與表列的值來定義，因此較不實際。

例 7-9　理想氣體的熵變化

一空氣在 100 kPa、17°C 的初始狀態壓縮到 600 kPa、57°C 的最終狀態，利用：(a) 空氣性質表；(b) 平均比熱，求空氣在壓縮過程中的熵變化。

解： 空氣在兩指定狀態下壓縮。利用性質表和平均比熱計算熵變化。

假設： 空氣為理想氣體。由於空氣之狀態處在相對於臨界點的高溫與低壓狀態，因此，可適用理想氣體假設下的熵變化關係式。

分析： 系統的示意圖與過程之 T-s 圖如圖 7-33 所示。空氣的初始狀態與最終狀態為已知。

(a) 空氣的性質如空氣表所示（表 A-17）。由已知溫度得到 $s°$ 值並代入，可得

$$s_2 - s_1 = s_2° - s_1° - R \ln \frac{P_2}{P_1}$$

$$= [(1.79783 - 1.66802) \text{ kJ/kg·K}] - (0.287 \text{ kJ/kg·K}) \ln \frac{600 \text{ kPa}}{100 \text{ kPa}}$$

$$= \mathbf{-0.3844 \text{ kJ/kg·K}}$$

(b) 空氣在過程中的熵變化可利用平均溫度 37°C 的 c_p 值（表 A-2b），將其視為常數代入公式 7-34，求得近似解

$$s_2 - s_1 = c_{p,\text{avg}} \ln \frac{T_2}{T_1} - R \ln \frac{P_2}{P_1}$$

$$= (1.006 \text{ kJ/kg·K}) \ln \frac{330 \text{ K}}{290 \text{ K}} - (0.287 \text{ kJ/kg·K}) \ln \frac{600 \text{ kPa}}{100 \text{ kPa}}$$

$$= \mathbf{-0.3842 \text{ kJ/kg·K}}$$

討論： 由於過程中的溫度變化相當小，上面的兩個結果幾乎相同（圖 7-34）。然而，溫度變化大時，其結果會不同。對於這些情況，因為公式 7-39 考量比熱隨溫度的變化，應將公式 7-39 取代公式 7-34。

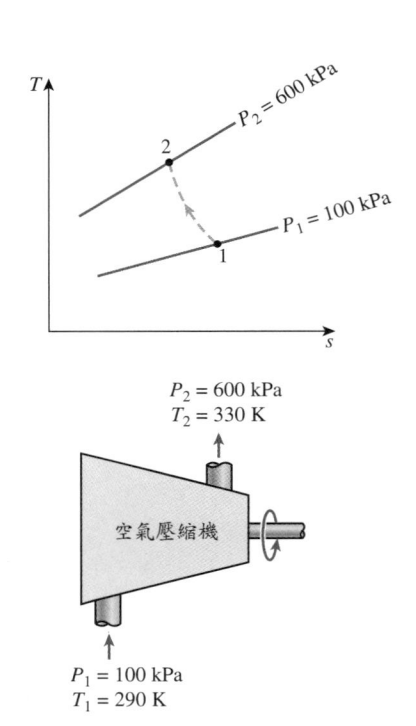

圖 7-33
例 7-9 的示意圖與 T-s 圖。

理想氣體的等熵過程

令先前推導的熵變化關係式等於零，可以得到數個理想氣體等熵過程的關係式。再次地，先處理定比熱的狀況，再處理可變比熱的狀況。

○ 定比熱（近似分析）

當定比熱的假設適用，將公式 7-33 與公式 7-34 設為零，可得到理想氣體的等熵關係式。由公式 7-33，

$$\ln \frac{T_2}{T_1} = -\frac{R}{c_v} \ln \frac{v_2}{v_1}$$

重新整理可得

$$\ln \frac{T_2}{T_1} = \ln \left(\frac{v_1}{v_2}\right)^{R/c_v} \quad (7\text{-}41)$$

或

$$\left(\frac{T_2}{T_1}\right)_{s=\text{const.}} = \left(\frac{v_1}{v_2}\right)^{k-1} \quad \text{（理想氣體）} \quad (7\text{-}42)$$

因為 $R = c_p - c_v$，$k = c_p/c_v$，所以 $R/c_v = k - 1$。

公式 7-42 為理想氣體在定比熱假設下之第一等熵關係式。利用相同的方法，由公式 7-34 所得到的第二等熵關係式如下：

$$\left(\frac{T_2}{T_1}\right)_{s=\text{const.}} = \left(\frac{P_2}{P_1}\right)^{(k-1)/k} \quad \text{（理想氣體）} \quad (7\text{-}43)$$

將公式 7-43 代入公式 7-42 並化簡，可得第三等熵關係式如下：

$$\left(\frac{P_2}{P_1}\right)_{s=\text{const.}} = \left(\frac{v_1}{v_2}\right)^{k} \quad \text{（理想氣體）} \quad (7\text{-}44)$$

公式 7-42 至公式 7-44 可以化簡為：

$$Tv^{k-1} = 常數 \quad (7\text{-}45)$$
$$TP^{(1-k)/k} = 常數 \quad \text{（理想氣體）} \quad (7\text{-}46)$$
$$Pv^k = 常數 \quad (7\text{-}47)$$

一般而言，比熱比 k 會隨著溫度而改變，因此必須使用所給定溫度範圍的平均 k 值。

上述的理想氣體等熵關係式如同其名，只適用於定比熱假設的等熵過程（圖 7-35）。

○ 可變比熱（準確分析）

當定比熱的假設不恰當，由之前等熵關係式所求的結果並不準確。在這種情況下，我們應使用考量隨溫度變動的等熵關係式（公式 7-39）。令此方程式等於零，可得

$$0 = s_2^\circ - s_1^\circ - R \ln \frac{P_2}{P_1}$$

或

$$s_2^\circ = s_1^\circ + R \ln \frac{P_2}{P_1} \quad (7\text{-}48)$$

其中，s_2° 為等熵過程終點的 s° 值。

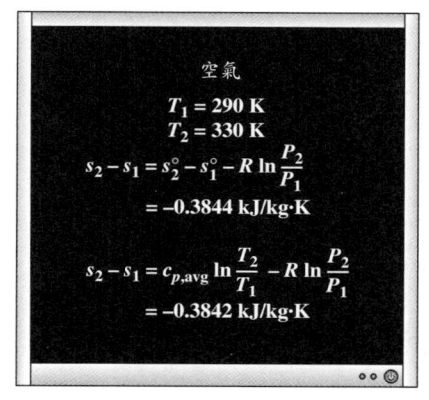

圖 7-34
對於較小的溫度變化，解析和近似關係所求得的理想氣體熵變化之結果幾乎相同。

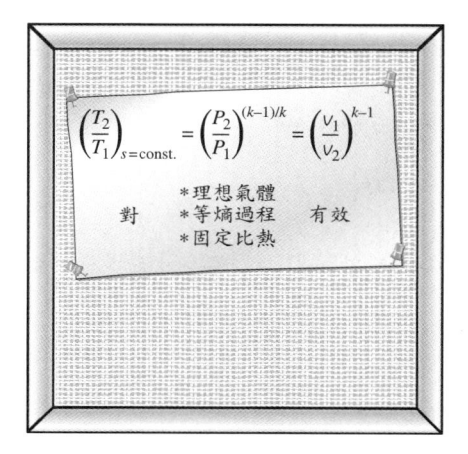

圖 7-35
理想氣體的等熵關係式只對理想氣體的等熵過程有效。

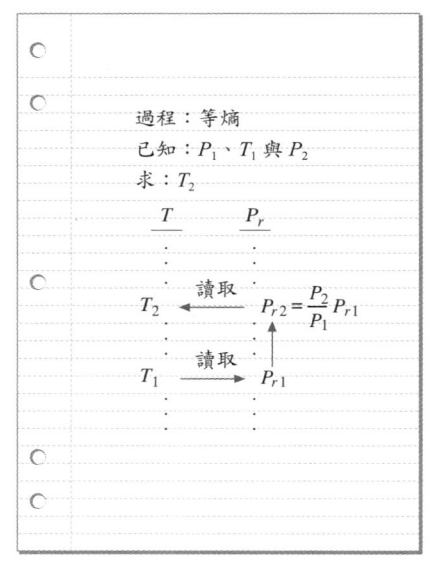

相對壓力與相對比容

由於公式 7-48 考量比熱隨溫度的變化，其提供一個精確的方法來計算理想氣體等熵過程中的性質變化。然而，當以體積比替代壓力比時，將包含冗長的迭代過程。在最適化的研究當中，需要多次計算是相當不便的。為克服此一困難，我們定義兩個等熵過程的無因次量。

第一個無因次量以公式 7-48 為基礎，可重新寫為

$$\frac{P_2}{P_1} = \exp\frac{s_2^\circ - s_1^\circ}{R}$$

或

$$\frac{P_2}{P_1} = \frac{\exp(s_2^\circ/R)}{\exp(s_1^\circ/R)}$$

s°/R 定義為**相對壓力**（relative pressure）P_r，依照這個定義，上面的關係式變成

$$\left(\frac{P_2}{P_1}\right)_{s=\text{const.}} = \frac{P_{r2}}{P_{r1}} \tag{7-49}$$

相對壓力 P_r 是一個無因次量，而且僅是溫度的函數，這是因為 s° 只與溫度有關。因此，P_r 值能列表成與溫度相對應，如表 A-17 所示。P_r 值的數據使用方式如圖 7-36 所示。

有時候已知比容比，可以將其取代壓力比，這種特殊狀況出現在分析引擎時。因此，我們定義等熵過程之比容比的另一個相關量。利用理想氣體關係式與公式 7-49 可得：

$$\frac{P_1v_1}{T_1} = \frac{P_2v_2}{T_2} \rightarrow \frac{v_2}{v_1} = \frac{T_2}{T_1}\frac{P_1}{P_2} = \frac{T_2}{T_1}\frac{P_{r1}}{P_{r2}} = \frac{T_2/P_{r2}}{T_1/P_{r1}}$$

T/P_r 僅為溫度的函數，被定義為**相對比容**（relative specific volume）v_r，因此

$$\left(\frac{v_2}{v_1}\right)_{s=\text{const.}} = \frac{v_{r2}}{v_{r1}} \tag{7-50}$$

公式 7-49 與公式 7-50 嚴格地限制只適用理想氣體的等熵過程，其考量比熱會隨溫度變化，所得到的結果比公式 7-42 至公式 7-47 更為準確。空氣的 P_r 與 v_r 值如表 A-17 所示。

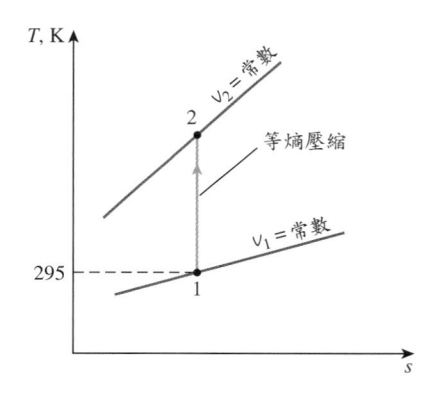

例 7-10　汽車引擎內空氣的等熵壓縮

汽車引擎內的空氣由 22°C、95 kPa 經由可逆絕熱的方式壓縮。若引擎的壓縮比 V_1/V_2 為 8，求空氣的最終溫度。

解： 空氣在汽車引擎內等熵壓縮，壓縮比已知，求空氣的最終溫度。

圖 7-36
在等熵過程中，利用 P_r 的資料計算最終溫度。

圖 7-37
例 7-10 的示意圖與 T-s 圖。

假設：在指定的狀況下，空氣被視為理想氣體，因此，適用理想氣體等熵關係式。

分析：系統的示意圖與過程的 T-s 圖如圖 7-37 所示。

由於此過程為可逆且絕熱，因此很容易被確認為等熵。由公式 7-50 與相對比容數據（表 A-17）的協助之下，可以求得等熵過程的最終溫度，如圖 7-38 所示。

對封閉系統：
$$\frac{V_2}{V_1} = \frac{v_2}{v_1}$$

在 $T_1 = 295$ K：$\quad v_{r1} = 647.9$

從公式 7-50：$\quad v_{r2} = v_{r1}\left(\frac{v_2}{v_1}\right) = (647.9)\left(\frac{1}{8}\right) = 80.99$

$\rightarrow \quad T_2 = \mathbf{662.7\ K}$

因此，在過程中空氣的溫度將增加至 367.7°C。

另解：由公式 7-42 假設空氣的比熱為常數，亦可求得最終溫度

$$\left(\frac{T_2}{T_1}\right)_{s=\text{const.}} = \left(\frac{v_1}{v_2}\right)^{k-1}$$

比熱比 k 隨溫度變化，我們需要使用平均溫度所對應的 k 值。但是，最終溫度未知，因此無法事先求得平均溫度。在這種狀況下，可以使用初始溫度或預期平均溫度的 k 值來計算。若需要的話，k 值可以之後再修正或重新計算。因此，我們猜測平均溫度約為 450 K。在此預期溫度下，由表 A-2b 所得到的 k 值為 1.391，空氣的最終溫度為

$$T_2 = (295\ \text{K})(8)^{1.391-1} = 665.2\ \text{K}$$

在此設定下所得到的平均溫度為 480.1 K，與假設值 450 K 相當接近，因此不需利用平均溫度的 k 值重複計算。

在此例題中，假設定比熱所求得結果的誤差相當小，約 0.4%。這樣的結果並不令人訝異，因為空氣溫度變化量相當小（只有幾百度），在這個溫度範圍內，空氣比熱的變化幾乎是線性的。

例 7-11
理想氣體的等熵壓縮

氦氣經由絕熱壓縮機以可逆的方式由 100 kPa、10°C 的初始狀態壓縮至最終狀態溫度 160°C。求氦氣的出口壓力。

解：氦氣由一指定的狀態等熵壓縮至指定的溫度，求氦氣的出口壓力。

假設：在指定的狀況下，氦氣可以視為理想氣體。因此，適用先前推導的理想氣體等熵關係式。

分析：系統的示意圖與過程的 T-s 圖如圖 7-39 所示。

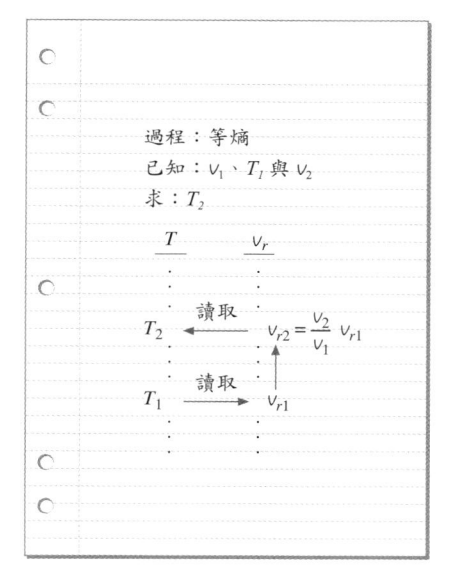

圖 7-38
在等熵過程中，利用 v_r 的值計算最終溫度（例 7-10）。

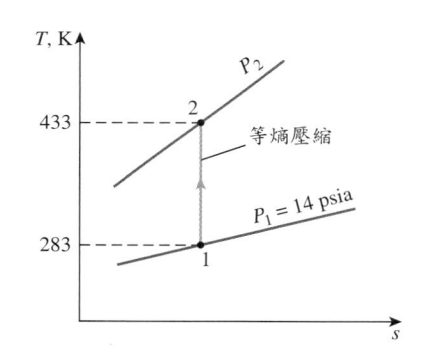

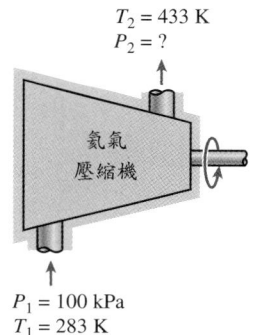

圖 7-39
例 7-11 的示意圖與 T-s 圖。

氦氣的比熱比 k 為 1.667，而且在此區域內氣體的行為可視為理想氣體，比熱比與溫度無關。因此，由公式 7-43 可求得氦氣的最終壓力：

$$P_2 = P_1\left(\frac{T_2}{T_1}\right)^{k/(k-1)} = (100\text{ kPa})\left(\frac{433\text{ K}}{283\text{ K}}\right)^{1.667/0.667} = \mathbf{289\text{ kPa}}$$

7-10　可逆穩流功

過程中所作的功根據路徑與最終狀態的性質而定。回顧封閉系統的可逆（近似平衡）移動邊界功，依流體的性質可以表示為

$$W_b = \int_1^2 P\, dV$$

我們提到近似平衡功的相互影響使裝置消耗最小的功，並產生最大的輸出功。

利用流體性質來表示穩流系統的輸出功是相當有定見的。

由系統取功為正的方向（功輸出），穩流裝置進行內可逆過程的能量平衡微分方程式表示為

$$\delta q_{\text{rev}} - \delta w_{\text{rev}} = dh + d\text{ke} + d\text{pe}$$

但

$$\left.\begin{array}{l}\delta q_{\text{rev}} = T\, ds \quad (\text{公式 7-16})\\ T\, ds = dh - v\, dP \quad (\text{公式 7-24})\end{array}\right\} \delta q_{\text{rev}} = dh - v\, dP$$

將其代入上面的關係式並消去 dh，可得

$$-\delta w_{\text{rev}} = v\, dP + d\text{ke} + d\text{pe}$$

積分可得

$$w_{\text{rev}} = -\int_1^2 v\, dP - \Delta\text{ke} - \Delta\text{pe} \quad (\text{kJ/kg}) \tag{7-51}$$

當位能與動能的變化可以忽略，此方程式可以簡化為

$$w_{\text{rev}} = -\int_1^2 v\, dP \quad (\text{kJ/kg}) \tag{7-52}$$

公式 7-51 與公式 7-52 為穩流裝置內可逆過程的可逆輸出功關係式，當對系統作功時，所得到的結果含有負號。為避免負號，公式 7-51 中穩流系統（例如壓縮機、泵等）的輸出功可寫成

$$w_{\text{rev,in}} = \int_1^2 v\, dP + \Delta\text{ke} + \Delta\text{pe} \tag{7-53}$$

在此關係式中，$v\, dP$ 與 $P\, dv$ 非常相似，因為 $P\, dv$ 為封閉系統的可逆功（圖 7-40），彼此間不應混淆。

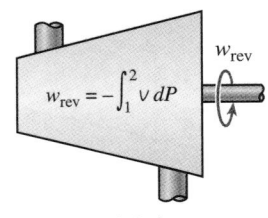

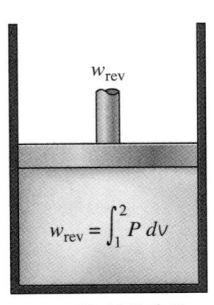

圖 7-40
穩流系統與封閉系統之可逆功的關係式。

(a) 穩流系統　$w_{\text{rev}} = -\int_1^2 v\, dP$

(b) 封閉系統　$w_{\text{rev}} = \int_1^2 P\, dv$

很明顯地，我們需要知道過程中 v 為 P 的函數來進行積分。當工作的流體為不可壓縮，在過程中，比容 v 為常數，可以從積分方程式中提出。所以，公式 7-51 可以化簡為

$$w_{rev} = -v(P_2 - P_1) - \Delta ke - \Delta pe \quad (kJ/kg) \quad \textbf{(7-54)}$$

對於液體穩定流經一不產生功的裝置（例如噴嘴或管子的截面），則功的項為零，因此上式可表示為

$$v(P_2 - P_1) + \frac{V_2^2 - V_1^1}{2} + g(z_2 - z_1) = 0 \quad \textbf{(7-55)}$$

此為流體力學的**柏努利方程式（Bernoulli equation）**。此方程式是針對內可逆過程發展，適用於不可壓縮流體，但不包括摩擦及震波等不可逆性。此方程式可以結合其他的效應做修正。

公式 7-52 對於穩定產生或消耗功的工程裝置，例如渦輪機、壓縮機、泵等，具有深遠的意義，由方程式中可以明顯地看出可逆穩流功與流經裝置流體的比容有關。較大的比容其穩流裝置所產生或消耗的可逆功也較大（圖 7-41）。此結論對真實的穩流裝置同樣適用。因此，在壓縮過程中流體的比容應盡可能的小，使得輸入功最小化；在膨脹過程中比容應盡可能的大，以產生最大的輸出功。

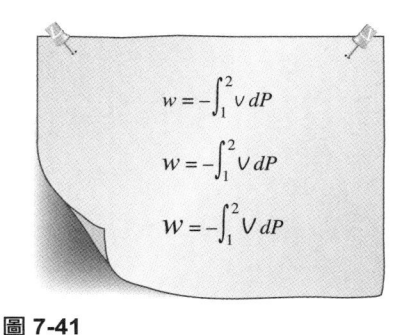

在水蒸汽或氣體發電廠中，若我們忽略其他不同元件的壓力損失，則泵或壓縮機所產生的壓升等於渦輪機所產生的壓降。在蒸汽發電廠中，泵輸送液體，液體的比容非常小；至於蒸氣推動渦輪機，蒸氣的比容比液體大上許多倍。因此，渦輪機的輸出功比泵的輸入功大上許多倍，這是蒸汽發電廠在發電中被廣泛使用的原因之一。

如果我們要將渦輪機出口進入冷凝器之前的水蒸汽壓縮回到渦輪機的入口壓力，則必須提供渦輪機所產生的全部輸出功給壓縮機。但實際上，由於兩個過程的不可逆性，所需的輸入功將會大於渦輪機的輸出功。

在氣體發電廠，工作流體（空氣）在氣相壓縮，並將部分渦輪機的輸出功用於驅動壓縮機。因此，氣體發電廠每單位質量流體所產生的淨功較少。

$$w = -\int_1^2 v\,dP$$

$$w = -\int_1^2 v\,dP$$

$$w = -\int_1^2 v\,dP$$

圖 7-41
在穩流裝置中，比容愈大，所產生的功（或消耗功）也愈大。

例 7-12
物質在氣體狀態與液體狀態的壓縮

水蒸汽由 100 kPa 等熵壓縮至 1 MPa。假設水蒸汽在入口狀態為：(a) 飽和液體；(b) 飽和蒸氣，求壓縮機所需的輸入功。

解： 水蒸汽由給定的壓力等熵壓縮至指定的壓力，求入口壓力的

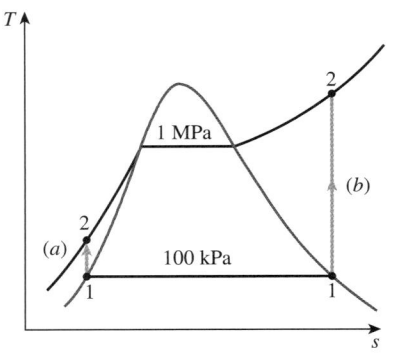

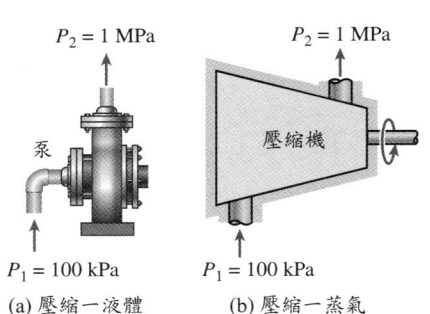

水蒸汽狀態分別為飽和液體與飽和蒸氣兩個狀況所需的輸入功。
假設：(1) 存在穩定操作狀況。(2) 位能及動能的變化可以忽略。(3) 此為等熵過程。
分析：我們視渦輪機與泵為系統。由於質量跨越系統邊界，所以兩者皆為控制體積。泵和渦輪機之 T-s 圖如圖 7-42 所示。
(a) 在此狀況下，水蒸汽最初為飽和液體，其比容為

$$v_1 = v_{f@\,100\,kPa} = 0.001043 \text{ m}^3/\text{kg} \quad \text{（表 A-5）}$$

在此過程中，比容維持定值，因此

$$w_{rev,in} = \int_1^2 v\, dP \cong v_1(P_2 - P_1)$$

$$= (0.001043 \text{ m}^3/\text{kg})[(1000 - 100) \text{ kPa}]\left(\frac{1 \text{ kJ}}{1 \text{ kPa} \cdot \text{m}^3}\right)$$

$$= \mathbf{0.94 \text{ kJ/kg}}$$

(b) 此時，水蒸汽在一開始時為飽和蒸氣，並在整個壓縮過程中保持蒸氣狀態。我們需要知道比容 v 隨著壓力 P 之變化值來對公式 7-53 積分。一般而言，此關係式並不容易求得。但對等熵過程而言，可以由第二 $T\,ds$ 關係式令 $ds = 0$ 求得：

$$\left.\begin{array}{l} T\,ds = dh - v\,dP \text{（公式 7-24）} \\ ds = 0 \quad \text{（等熵過程）} \end{array}\right\} v\,dP = dh$$

因此，

$$w_{rev,in} = \int_1^2 v\,dP = \int_1^2 dh = h_2 - h_1$$

此結果亦可由等熵穩流過程能量平衡關係式求得。以下我們求焓：

狀態 1：$\left.\begin{array}{l} P_1 = 100 \text{ kPa} \\ \text{（飽和蒸氣）} \end{array}\right\} \begin{array}{l} h_1 = 2675.0 \text{ kJ/kg} \\ s_1 = 7.3589 \text{ kJ/kg} \cdot \text{K} \end{array}$ （表 A-5）

狀態 2：$\left.\begin{array}{l} P_2 = 1 \text{ MPa} \\ s_2 = s_1 \end{array}\right\} h_2 = 3194.5 \text{ kJ/kg}$ （表 A-6）

因此，

$$w_{rev,in} = (3194.5 - 2675.0) \text{ kJ/kg} = \mathbf{519.5 \text{ kJ/kg}}$$

討論：在相同的工作壓力下，壓縮水蒸汽比壓縮液體需要多五百倍的功。

圖 7-42
例 7-12 的示意圖與 T-s 圖。

⇒ 證明過程可逆的穩流裝置傳遞最大功與消耗最小功

我們在第 6 章證明循環裝置（熱機、冷凍機和熱泵）在可逆過程的使用狀況下傳遞最大功與消耗最小功。以下要證明單獨的裝置（如渦輪機與壓縮機）在穩定操作下，此條件亦成立。

熱傳遞到系統且系統對外作功為正值，其能量平衡方程式的

微分形式可表示為

實際：
$$\delta q_{act} - \delta w_{act} = dh + d\text{ke} + d\text{pe}$$

可逆：
$$\delta q_{rev} - \delta w_{rev} = dh + d\text{ke} + d\text{pe}$$

由於兩個裝置在兩個相同的狀態下運作，兩個方程式的右邊相同，因此

$$\delta q_{act} - \delta w_{act} = \delta q_{rev} - \delta w_{rev}$$

或

$$\delta w_{rev} - \delta w_{act} = \delta q_{rev} - \delta q_{act}$$

然而，

$$\delta q_{rev} = T\,ds$$

將此關係式代入先前的關係式，每一項同除以 T 可得

$$\frac{\delta w_{rev} - \delta w_{act}}{T} = ds - \frac{\delta q_{act}}{T} \geq 0$$

因為

$$ds \geq \frac{\delta q_{act}}{T}$$

另外，T 為絕對溫度，故恆為正值，因此

$$\partial w_{rev} \geq \partial w_{act}$$

或

$$w_{rev} \geq w_{act}$$

所以，在可逆狀況操作下，產生功的裝置〔例如渦輪機（功為正值）〕傳遞較大的功，而消耗功的裝置〔例如泵及壓縮機（功為負值）〕需要較小的功（圖 7-43）。

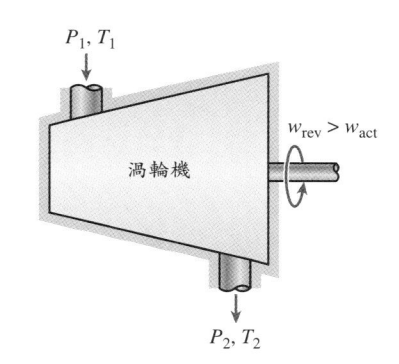

圖 7-43
在初始與最終相同狀態的操作狀況下，可逆渦輪機比不可逆渦輪機傳遞較多的功。

7-11　壓縮機的最小功

我們已經證明在內可逆壓縮過程壓縮機的輸入功為最小。當動能與位能變化忽略不計，在公式 7-53 中，壓縮機的功可表示為

$$w_{rev,in} = \int_1^2 v\,dP \tag{7-56}$$

很明顯地，將壓縮機輸入功最小化的方法是將摩擦、紊流、非近似平衡壓縮等盡可能地近似內可逆過程，將不可逆性最小化。不過，不可逆性最小化的程度受限於經濟的考量。降低壓縮機輸入功的第二種方法（較實際），是將氣體在壓縮過程中的比容盡可能地降低，此種方法可以將壓縮過程中氣體的溫度盡可能降低，

因為氣體的比容與溫度成正比。因此，降低壓縮機的輸入功需將壓縮氣體冷卻。

為更進一步瞭解壓縮過程的冷卻效應，我們比較三種過程的輸入功：等熵過程（沒有冷卻）、多變過程（部分冷卻）及等溫過程（最大冷卻）。假設三個過程內可逆方式在相同的壓力間運作（P_1 及 P_2），而且氣體是比熱為常數的理想氣體（$Pv = RT$），每一過程的壓縮功可經由公式 7-56 得到：

等熵過程（$Pv^k = $常數）：

$$w_{\text{comp,in}} = \frac{kR(T_2 - T_1)}{k - 1} = \frac{kRT_1}{k - 1}\left[\left(\frac{P_2}{P_1}\right)^{(k-1)/k} - 1\right] \quad \text{(7-57a)}$$

多變過程（$Pv^n = $常數）：

$$w_{\text{comp,in}} = \frac{nR(T_2 - T_1)}{n - 1} = \frac{nRT_1}{n - 1}\left[\left(\frac{P_2}{P_1}\right)^{(n-1)/n} - 1\right] \quad \text{(7-57b)}$$

等溫過程（$Pv = $常數）：

$$w_{\text{comp,in}} = RT \ln \frac{P_2}{P_1} \quad \text{(7-57c)}$$

圖 7-44 為三個過程在相同之出入口壓力下之 $P\text{-}v$ 圖。在 $P\text{-}v$ 圖上，過程曲線左方的面積為 $v\,dP$ 的積分，其為穩流下的壓縮功。由圖 7-44 觀察此三個內可逆過程，絕熱壓縮（$Pv^k = $常數）需要最大的輸入功，等溫壓縮（$T = $常數或 $Pv = $常數）的輸入功為最小，多變過程（$Pv^n = $常數）的輸入功介於兩者之間，而且隨著多變指數 n 值的降低而增加熱排放，進而降低輸入功。若有足夠的熱量被移出，則 n 值趨近於 1，此過程變為等溫。在壓縮時，較普遍的冷卻氣體方法為在壓縮機的外圍環繞冷卻水套。

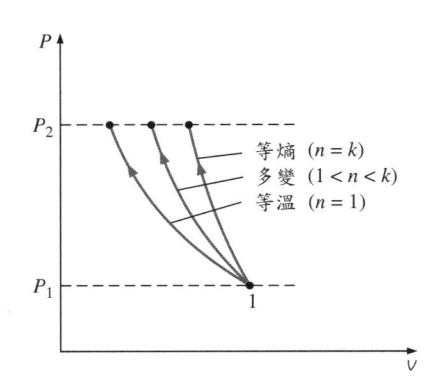

圖 7-44
在起點與終點壓力相同的狀態下，等熵、多變與等溫壓縮過程之 $P\text{-}v$ 圖。

◯ 具中間冷卻的多階段壓縮

經由上述的理由，我們可以知道氣體被壓縮時，冷卻是值得的，因為它可以降低壓縮機的輸入功。但是，經由壓縮機的機殼來提供足夠的冷卻並不可能，所以需要其他技術來達成有效的冷卻。此種技術之一是**具中間冷卻的多階段壓縮（multistage compression with intercooling）**，亦即氣體被分階段壓縮，而且在每一階段之間，氣體會通過熱交換器，稱為中間冷卻器（intercooler）。理想上，此冷卻過程為定壓，而且在每一中間冷卻器，氣體被冷卻到初始溫度 T_1。當氣體要被壓縮到相當高的壓力時，中間冷卻的多階段壓縮相當具有吸引力。

一個兩階段壓縮機壓縮功的中間冷卻效應如圖 7-45 之 $P\text{-}v$ 及 $T\text{-}s$ 圖所示。氣體在第一階段由壓力 P_1 被壓縮到中間的壓力

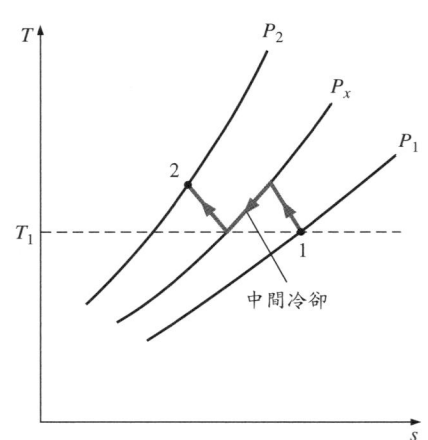

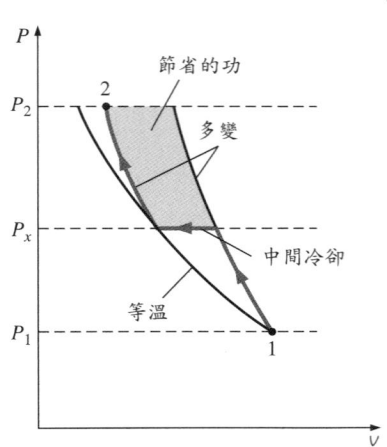

圖 7-45
兩階段穩流壓縮過程的 $P\text{-}v$ 與 $T\text{-}s$ 圖。

第 7 章 熵

P_x,並在等壓下冷卻到初始溫度 T_1,再被壓縮到最終壓力 P_2。一般而言,此壓縮過程可以視為多變過程($Pv^n = $ 常數),而 n 值介於 k 至 1 之間。P-v 圖上灰色的區域表示中間冷卻的兩階段壓縮所節省之功。單階段等溫及多變過程的過程路徑比較如圖所示。

灰色區域的面積大小(所節省的功輸入)隨著中間壓力 P_x 而有所不同,實務上所關心的是決定可使此區域面積達到最大的條件 P_x 值。兩階段壓縮機的總輸入功為每一階段壓縮輸入功之總和。由公式 7-57b 可表示為:

$$w_{comp,in} = w_{comp\ I,in} + w_{comp\ II,in} \tag{7-58}$$

$$= \frac{nRT_1}{n-1}\left[\left(\frac{P_x}{P_1}\right)^{(n-1)/n} - 1\right] + \frac{nRT_1}{n-1}\left[\left(\frac{P_2}{P_x}\right)^{(n-1)/n} - 1\right]$$

此方程式唯一的變數為 P_x。最小化總功的 P_x 值可將此表示式對 P_x 微分,並令其結果為零。可得

$$P_x = (P_1 P_2)^{1/2} \quad \text{或} \quad \frac{P_x}{P_1} = \frac{P_2}{P_x} \tag{7-59}$$

亦即,要將兩階段壓縮的壓縮功最小化,每一階段壓縮機的壓力比必須相同。當滿足此一狀況時,每一階段的壓縮功為相等,亦即 $w_{comp\ I,in} = w_{comp\ II,in}$。

例 7-13

不同壓縮過程的輸入功

空氣在壓縮機入口狀態 100 kPa、300 K 下,經可逆壓縮機穩定地壓縮至出口壓力為 900 kPa。利用:(a) 等熵壓縮 $k = 1.4$;(b) 多變壓縮 $n = 1.3$;(c) 等溫壓縮;(d) 理想具中間冷卻之多變指數為 1.3 的兩階段壓縮,求這些過程下每單位質量的壓縮功。

解:空氣在指定狀態下被可逆壓縮至指定壓力,求等熵、多變、等溫及兩階段壓縮狀況下之壓縮功。

假設:(1) 壓縮機在穩態狀況下操作。(2) 在指定狀態下,空氣可視為理想氣體。(3) 動能與位能的變化忽略不計。

分析:我們視壓縮機為系統。由於質量通過系統邊界,所以此為控制體積。系統的示意圖及過程的 P-v 圖如圖 7-46 所示。依前一節所建立之關係式,四種狀態的穩流壓縮功如下:

(a) 等熵壓縮 $k = 1.4$:

$$w_{comp,in} = \frac{kRT_1}{k-1}\left[\left(\frac{P_2}{P_1}\right)^{(k-1)/k} - 1\right]$$

$$= \frac{(1.4)(0.287\ \text{kJ/kg} \cdot \text{K})(300\ \text{K})}{1.4 - 1}\left[\left(\frac{900\ \text{kPa}}{100\ \text{kPa}}\right)^{(1.4-1)/1.4} - 1\right]$$

$$= \mathbf{263.2\ kJ/kg}$$

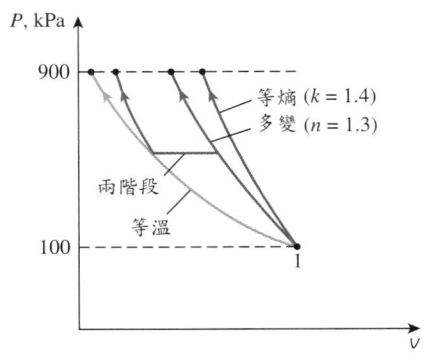

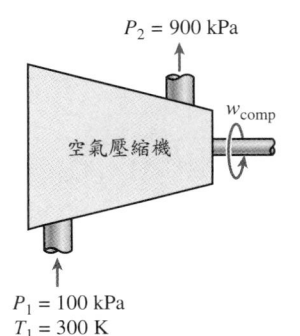

圖 7-46
例 7-13 的示意圖與 P-v 圖。

(b) 多變壓縮 $n = 1.3$：

$$w_{\text{comp,in}} = \frac{nRT_1}{n-1}\left[\left(\frac{P_2}{P_1}\right)^{(n-1)/n} - 1\right]$$

$$= \frac{(1.3)(0.287 \text{ kJ/kg·K})(300 \text{ K})}{1.3 - 1}\left[\left(\frac{900 \text{ kPa}}{100 \text{ kPa}}\right)^{(1.3-1)/1.3} - 1\right]$$

$$= \mathbf{246.4 \text{ kJ/kg}}$$

(c) 等溫壓縮：

$$w_{\text{comp,in}} = RT\ln\frac{P_2}{P_1} = (0.287 \text{ kJ/kg·K})(300 \text{ K})\ln\frac{900 \text{ kPa}}{100 \text{ kPa}}$$

$$= \mathbf{189.2 \text{ kJ/kg}}$$

(d) 理想具中間冷卻之多變指數為 1.3 的兩階段壓縮：在此狀況下，每一階段的壓力比相同，其壓力為

$$P_x = (P_1 P_2)^{1/2} = [(100 \text{ kPa})(900 \text{ kPa})]^{1/2} = 300 \text{ kPa}$$

每一階段壓縮機所需的功也相同，因此，壓縮機所需的功為單階段壓縮機所需功的兩倍：

$$w_{\text{comp,in}} = 2w_{\text{comp I,in}} = 2\frac{nRT_1}{n-1}\left[\left(\frac{P_x}{P_1}\right)^{(n-1)/n} - 1\right]$$

$$= \frac{2(1.3)(0.287 \text{ kJ/kg·K})(300 \text{ K})}{1.3 - 1}\left[\left(\frac{300 \text{ kPa}}{100 \text{ kPa}}\right)^{(1.3-1)/1.3} - 1\right]$$

$$= \mathbf{215.3 \text{ kJ/kg}}$$

討論：在考慮的四種狀況下，等溫壓縮所需的功最少，而等熵壓縮所需的功最大。利用多變兩階段壓縮取代單階段壓縮，壓縮機所需的功將減少。隨著壓縮機階段數增加，壓縮機所需的功會漸漸趨近於等溫情況下所需的功。

7-12 穩流裝置的等熵效率

本書不斷提到，所有的實際過程皆具有不可逆性，而其影響是使裝置的性能降低。在工程分析上，我們想要知道某些參數以量化裝置能量降低的程度。在前一章，比較了實際的循環裝置（例如熱機、冷凍機）與理想的循環裝置（例如卡諾循環）。一個循環完全由可逆過程組成的循環，稱為典型循環，而實際循環可與典型循環做比較。此一理想化的典型循環可讓我們決定一個循環裝置在指定的狀況下性能的理論限制，並檢視實際裝置受不可逆性作用下的效能。

現在我們將分析擴展至穩流狀態下運轉的工程裝置（例如渦輪機、壓縮機、噴嘴），並檢視不可逆性對這些裝置造成性能降

低的程度。因此,需要定義一個理想過程,以作為實際過程的典範。

雖然這些裝置與外界媒介間產生的熱傳遞是無法避免的,但許多穩流裝置試圖在絕熱狀態下操作,因此,這些裝置的典型過程為絕熱。同時,一理想過程不可以有不可逆性,因為不可逆性會降低工程裝置的效能,所以絕熱穩流裝置的典型理想過程為等熵過程(圖 7-47)。

實際過程愈接近理想化等熵過程,裝置的效率愈佳。因此,希望有一個參數來量化實際裝置近似理想裝置的效率。此參數稱為**等熵效率**(isentropic efficiency)或**絕熱效率**(adiabatic efficiency),此為實際過程對應理想過程差異的量度。

不同的裝置有不同的功能,故等熵效率對不同的裝置有不同的定義。以下我們定義渦輪機、壓縮機及噴嘴的等熵效率,並將其在同樣的入口狀態和出口壓力的實際性能,與等熵狀態下的性能做比較。

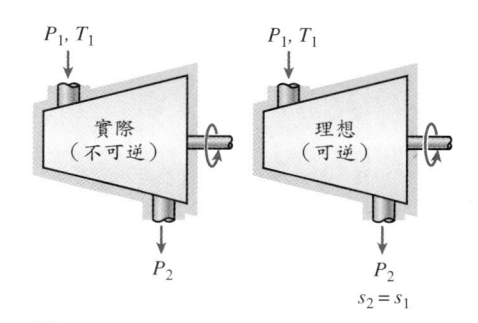

圖 7-47
等熵過程沒有不可逆性,是理想的絕熱過程。

⊃ 渦輪機的等熵效率

渦輪機在穩定的操作下,流體的入口狀態與出口壓力是固定的。因此,絕熱渦輪機的理想過程是入口狀態與出口壓力間的等熵過程。渦輪機的輸出是產生的功,**渦輪機的等熵效率**(isentropoc efficiency of a turbine)定義為渦輪機的實際輸出功,與過程的入口狀態和出口壓力為等熵下之輸出功的比值:

$$\eta_T = \frac{渦輪機的實際功}{渦輪機的等熵功} = \frac{w_a}{w_s} \quad (7\text{-}60)$$

通常,流體水蒸汽流經渦輪機的動能與位能的變化相對於焓的變化相當小,可以忽略。因此,絕熱渦輪機的功輸出可以簡化為焓的變化,公式 7-60 變成

$$\eta_T \cong \frac{h_1 - h_{2a}}{h_1 - h_{2s}} \quad (7\text{-}61)$$

其中,h_{2a} 和 h_{2s} 分別為實際與等熵過程出口狀態的焓值(圖 7-48)。

η_T 的值主要決定於渦輪機各組成元件的設計。在良好的設計下,大渦輪機的等熵效率大於 90%,小渦輪機的等熵效率小於 70%。渦輪機等熵效率的值依渦輪機的實際輸出功與入口狀態、出口壓力等熵輸出功決定,這個值可以供設計發電廠時使用。

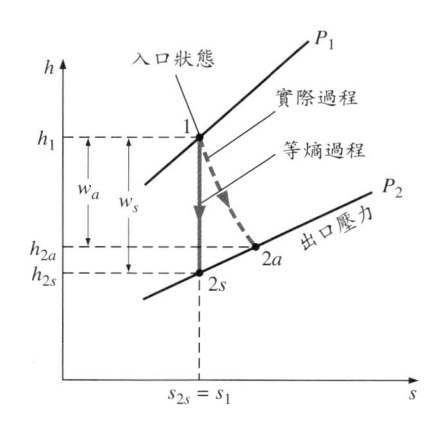

圖 7-48
實際與等熵絕熱渦輪機的 h-s 圖。

例 7-14　蒸汽渦輪機的等熵效率

水蒸汽以 3 MPa、400°C 穩定地進入一絕熱渦輪機，並在 50 kPa 與 100°C 離開。若渦輪機的輸出功率為 2 MW，求：(a) 渦輪機的等熵效率；(b) 水蒸汽流經渦輪機的質量流率。

解： 水蒸汽在入口與出口狀態間穩定流動。在指定的功率輸出下，求質量流率與等熵效率。

假設： (1) 渦輪機在穩態狀況下操作。(2) 動能與位能的變化忽略不計。

分析： 系統的示意圖及過程的 $T\text{-}s$ 圖如圖 7-49 所示。

(a) 不同狀態下的焓為

狀態 1：$\left.\begin{array}{l}P_1 = 3\text{ MPA}\\ T_1 = 400°C\end{array}\right\}$　$\begin{array}{l}h_1 = 3231.7 \text{ kJ/kg}\\ s_1 = 6.9235 \text{ kJ/kg·K}\end{array}$ （表 A-6）

狀態 $2a$：$\left.\begin{array}{l}P_{2a} = 50\text{ kPa}\\ T_{2a} = 100°C\end{array}\right\}$　$h_{2a} = 2682.4 \text{ kJ/kg}$ （表 A-6）

由於等熵過程中，水蒸汽的熵維持定值 ($s_{2s} = s_1$)，可求得水蒸汽在出口位置的焓值 h_{2s}：

狀態 $2s$：$\left.\begin{array}{l}P_{2s} = 50\text{ kPa}\\ (s_{2s} = s_1)\end{array}\right\} \rightarrow$　$\begin{array}{l}s_f = 1.0912 \text{ kJ/kg·K}\\ s_g = 7.5931 \text{ kJ/kg·K}\end{array}$ （表 A-5）

因為 $s_f < s_{2s} < s_g$，等熵過程中水蒸汽的出口狀態為飽和混合物，因此，我們需要先求得狀態點 $2s$ 的乾度：

$$x_{2s} = \frac{s_{2s} - s_f}{s_{fg}} = \frac{6.9235 - 1.0912}{6.5019} = 0.897$$

及

$$h_{2s} = h_f + x_{2s}h_{fg} = 340.54 + 0.897(2304.7) = 2407.9 \text{ kJ/kg}$$

將 h_{2s} 的值代入公式 7-61，渦輪機的等熵效率為

$$\eta_T \cong \frac{h_1 - h_{2a}}{h_1 - h_{2s}} = \frac{3231.7 - 2682.4}{3231.7 - 2407.9} = \mathbf{0.667 \text{ 或 } 66.7\%}$$

(b) 由穩流系統的能量平衡，流經此渦輪機之水蒸汽的質量流率為

$$\dot{E}_{\text{in}} = \dot{E}_{\text{out}}$$
$$\dot{m}h_1 = \dot{W}_{a,\text{out}} + \dot{m}h_{2a}$$
$$\dot{W}_{a,\text{out}} = \dot{m}(h_1 - h_{2a})$$
$$2 \text{ MW}\left(\frac{1000 \text{ kJ/s}}{1 \text{ MW}}\right) = \dot{m}(3231.7 - 2682.4) \text{ kJ/kg}$$
$$\dot{m} = \mathbf{3.64 \text{ kg/s}}$$

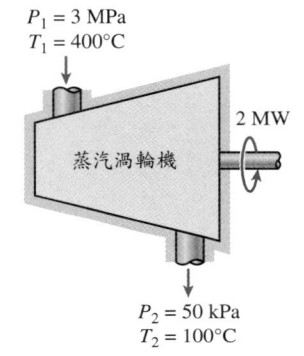

圖 7-49
例 7-14 的示意圖與 $T\text{-}s$ 圖。

壓縮機與泵的等熵效率

壓縮機的等熵效率（isentropic efficiency of a compressor）定義為氣體上升到指定壓力值所需的等熵輸入功與實際輸入功的比值：

$$\eta_C = \frac{\text{壓縮機的等熵功}}{\text{壓縮機的實際功}} = \frac{w_s}{w_a} \tag{7-62}$$

等熵壓縮機效率定義等熵輸入功為分子，而非分母，這是因為等熵輸入功 w_s 比實際的輸入功 w_a 小。此定義避免壓縮機效率 η_C 大於 100%，因為實際壓縮機的性能比等熵壓縮機好是錯誤的表示。需要注意的是，實際壓縮機與等熵壓縮機兩者氣體的入口狀態與出口壓力皆相同。

當氣體被壓縮時，動能及位能的變化可以忽略。絕熱壓縮機的輸入功等於焓的變化量，公式 7-62 在此狀況下變成

$$\eta_C \cong \frac{h_{2s} - h_1}{h_{2a} - h_1} \tag{7-63}$$

其中，h_{2a} 和 h_{2s} 分別為實際與等熵壓縮過程出口狀態的焓值，如圖 7-50 所示。再次強調，η_C 的值依壓縮機的設計而定。設計良好的壓縮機其等熵效率範圍約從 80% 至 90% 不等。

當液體動能與位能的變化忽略不計，泵的等熵效率同樣被定義為

$$\eta_P = \frac{w_s}{w_a} = \frac{v(P_2 - P_1)}{h_{2a} - h_1} \tag{7-64}$$

當氣體被壓縮時不試圖做冷卻，實際的壓縮過程趨近於絕熱與可逆絕熱（等熵）過程，亦即理想過程。然而，有時候壓縮機會利用風扇或機殼環繞冷卻水套進行冷卻，以降低輸入功的需求（圖 7-51）。在此情況下，等熵過程不適用，因為此壓縮機不再絕熱。以上等熵壓縮機效率的定義沒有意義。實際壓縮機的典型過程是在壓縮過程中進行冷卻的可逆等溫過程，所以我們可以對此一狀況定義**等溫效率**（isothermal efficiency），來比較實際過程與可逆等溫過程：

$$\eta_C = \frac{w_t}{w_a} \tag{7-65}$$

其中，w_t 與 w_a 分別為可逆等溫與實際狀況下壓縮機所需的輸入功。

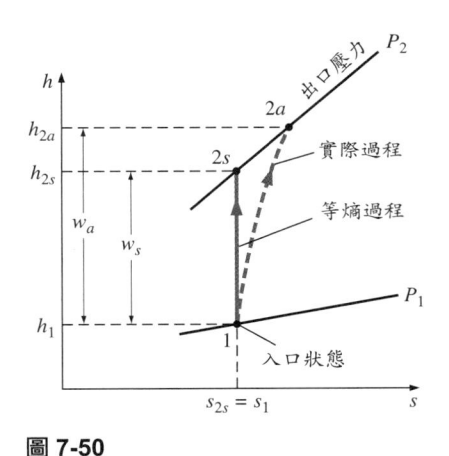

圖 7-50
壓縮機實際與絕熱等熵過程的 h-s 圖。

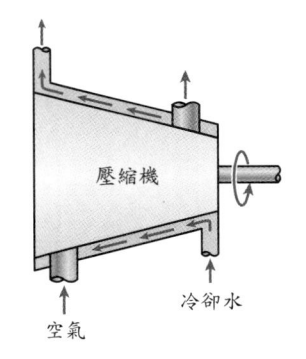

圖 7-51
對壓縮機冷卻可以減少輸入功。

例 7-15 效率對壓縮機功率輸入的影響

空氣以 0.2 kg/s 的穩定流率被絕熱壓縮機從 100 kPa、12°C 壓縮至 800 kPa。若壓縮機的等熵效率為 80%，求：(a) 空氣的出口溫度；(b) 壓縮機所需的輸入功率。

解：指定流率的空氣被壓縮至指定壓力，等熵效率為已知，求出口溫度與輸入功率。

假設：(1) 處於穩定操作狀況。(2) 空氣視為理想氣體。(3) 動能與位能的變化忽略不計。

分析：系統的示意圖與過程的 T-s 圖如圖 7-52 所示。

(a) 在出口狀態僅一個性質為已知，因此需要另一個性質來求得出口溫度。由於壓縮機的等熵效率為已知，我們可以求得 h_{2a}。在壓縮機入口，

$$T_1 = 285 \text{ K} \quad \rightarrow \quad h_1 = 285.14 \text{ kJ/kg} \quad （表 A-17）$$
$$(P_{r1} = 1.1584)$$

利用理想氣體等熵關係式，可以求得空氣在等熵壓縮過程出口的焓：

$$P_{r2} = P_{r1}\left(\frac{P_2}{P_1}\right) = 1.1584\left(\frac{800 \text{ kPa}}{100 \text{ kPa}}\right) = 9.2672$$

及

$$P_{r2} = 9.2672 \quad \rightarrow \quad h_{2s} = 517.05 \text{ kJ/kg}$$

將 h_{2s} 代入等熵效率關係式，可以得到

$$\eta_C \cong \frac{h_{2s} - h_1}{h_{2a} - h_1} \quad \rightarrow \quad 0.80 = \frac{(517.05 - 285.14) \text{ kJ/kg}}{(h_{2a} - 285.14) \text{ kJ/kg}}$$

因此，

$$h_{2a} = 575.03 \text{ kJ/kg} \quad \rightarrow \quad T_{2a} = \mathbf{569.5 \text{ K}}$$

(b) 由穩流裝置能量平衡可以求得壓縮機需要的輸入功率：

$$\dot{E}_{\text{in}} = \dot{E}_{\text{out}}$$
$$\dot{m}h_1 + \dot{W}_{a,\text{in}} = \dot{m}h_{2a}$$
$$\dot{W}_{a,\text{in}} = \dot{m}(h_{2a} - h_1)$$
$$= (0.2 \text{ kg/s})[(575.03 - 285.14) \text{ kJ/kg}]$$
$$= \mathbf{58.0 \text{ kW}}$$

討論：在求壓縮機需要的輸入功率時，使用 h_{2a} 的值取代 h_{2s}，因為 h_{2a} 是空氣於壓縮機出口的實際焓值，而 h_{2s} 的值是當過程假設為等熵空氣時的焓值。

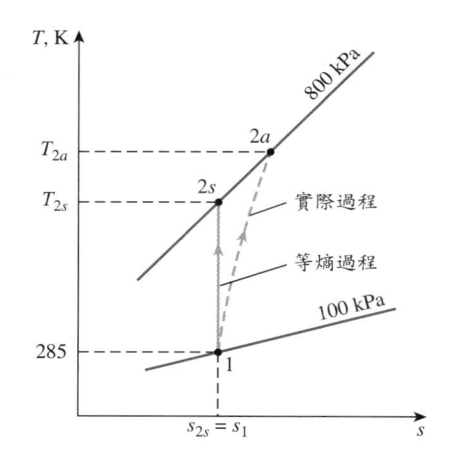

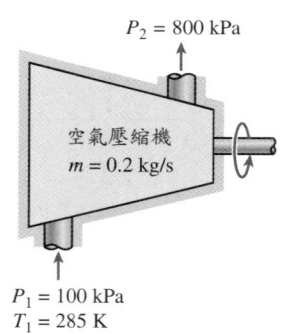

圖 7-52
例 7-15 的示意圖與 T-s 圖。

噴嘴的等熵效率

噴嘴是基本的絕熱裝置，並用於加速流體，因此等熵過程

的模式適用於噴嘴。**噴嘴的等熵效率（isentropic efficiency of a nozzle）**定義為在相同的入口狀態與出口壓力下，流體在噴嘴出口的實際動能與噴嘴出口的等熵動能之比值，也就是

$$\eta_N = \frac{\text{噴嘴出口的實際動能}}{\text{噴嘴出口的等熵動能}} = \frac{V_{2a}^2}{V_{2s}^2} \quad (7\text{-}66)$$

注意，實際過程與等熵過程兩者的出口壓力相同，但出口狀態不同。

噴嘴沒有作功，流體流經噴嘴時，流體的位能只有很小或沒有變化。此外，如果流體的入口速度相對於出口速度很小，此噴嘴的能量平衡方程式可以化簡為

$$h_1 = h_{2a} + \frac{V_{2a}^2}{2}$$

所以，噴嘴的等熵效率可以用焓表示為

$$\eta_N \cong \frac{h_1 - h_{2a}}{h_1 - h_{2s}} \quad (7\text{-}67)$$

其中，h_{2a} 與 h_{2s} 分別為實際與等熵過程噴嘴出口的焓值（圖 7-53）。噴嘴的等熵效率一般超過 90%，但超過 95% 則相當罕見。

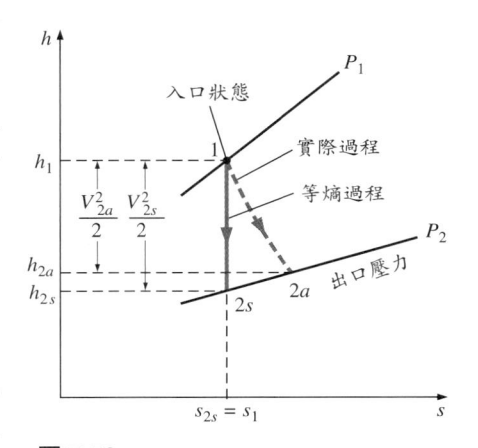

圖 7-53
噴嘴實際過程與絕熱等熵過程的 h-s 圖。

例 7-16　效率對噴嘴出口速度的影響

空氣在 200 kPa、950 K 以低速進入一絕熱噴嘴，並以 110 kPa 的壓力排出。若噴嘴的等熵效率為 92%，求：(a) 可能的最大出口速度；(b) 出口溫度；(c) 空氣的實際出口速度。假設空氣的比熱為定值。

解：考慮空氣在噴嘴中加速，出口壓力與等熵效率為已知，求最大與實際的出口速度以及出口溫度。

假設：(1) 處於穩定操作狀況。(2) 空氣視為理想氣體。(3) 入口動能忽略不計。

分析：系統的示意圖與過程的 T-s 圖如圖 7-54 所示。

空氣在加速過程中，因為部分的內能轉換為動能，使得空氣溫度下降。利用空氣性質表可以得到更精確的解，在此假設空氣比熱為定值（此假設會犧牲部分精確度）。我們猜測空氣的平均溫度約為 850 K。由表 A-2b 可求得此假設溫度 c_p 與 k 的平均值，分別為 $c_p = 1.11$ kJ/kg·K 與 $k = 1.349$。

(a) 在噴嘴的過程中沒有不可逆性時，空氣的出口速度會有最大值。出口速度可由穩流能量方程式求得。然而，我們需先求得出口溫度。對於理想氣體等熵過程，

$$\frac{T_{2s}}{T_1} = \left(\frac{P_{2s}}{P_1}\right)^{(k-1)/k}$$

或

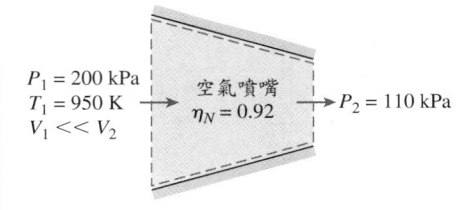

圖 7-54
例 7-16 的示意圖與 T-s 圖。

$$T_{2s} = T_1\left(\frac{P_{2s}}{P_1}\right)^{(k-1)/k} = (950\text{ K})\left(\frac{110\text{ kPa}}{200\text{ kPa}}\right)^{0.349/1.349} = 814\text{ K}$$

此狀況下的平均溫度為 882 K，略高於假設的平均溫度 850 K。此平均溫度可經由 882 K 的 k 值計算進行修正，但並不需要，因為兩平均溫度已經相當接近。（重新計算會使溫度改變 0.6 K，並沒有意義。）

由空氣等熵穩流過程的能量平衡方程式可求出等熵出口速度：

$$e_{in} = e_{out}$$

$$h_1 + \frac{V_1^2}{2} = h_{2s} + \frac{V_{2s}^2}{2}$$

或

$$V_{2s} = \sqrt{2(h_1 - h_{2s})} = \sqrt{2c_{p,\text{avg}}(T_1 - T_{2s})}$$

$$= \sqrt{2(1.11\text{ kJ/kg·K})[(950 - 814)\text{ K}]\left(\frac{1000\text{ m}^2/\text{s}^2}{1\text{ kJ/kg}}\right)}$$

$$= \mathbf{549\text{ m/s}}$$

(b) 空氣的實際出口溫度高於前面所求出的等熵出口溫度，利用

$$\eta_N \cong \frac{h_1 - h_{2a}}{h_1 - h_{2s}} = \frac{c_{p,\text{avg}}(T_1 - T_{2a})}{c_{p,\text{avg}}(T_1 - T_{2s})}$$

或

$$0.92 = \frac{950 - T_{2a}}{950 - 814} \rightarrow T_{2a} = \mathbf{825\text{ K}}$$

也就是實際噴嘴出口的溫度高出 11 K，此為不可逆性所造成，例如摩擦。這是一種利用動能使空氣溫度升高的損失（圖 7-55）。

(c) 利用噴嘴等熵效率的定義可以求出空氣的實際出口速度：

$$\eta_N = \frac{V_{2a}^2}{V_{2s}^2} \rightarrow V_{2a} = \sqrt{\eta_N V_{2s}^2} = \sqrt{0.92(549\text{ m/s})^2} = \mathbf{527\text{ m/s}}$$

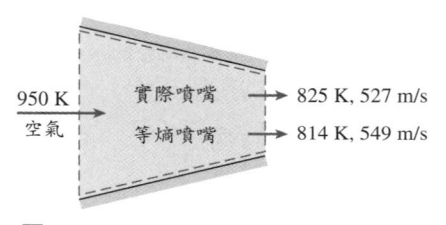

圖 7-55
由於摩擦，物質離開實際噴嘴的溫度較高（速度較低）。

7-13 熵平衡

熵是系統中分子亂度的度量單位。在熱力學第二定律中，說明熵可以被創造，但不能被消滅。因此，系統在一過程中的熵變化大於系統過程中熵產生的傳遞量，而任何系統的熵增加原理可表示為（圖 7-56）：

進入的總熵－離開的總熵＋熵產生的總量＝系統總熵的變化量

或

$$S_{in} - S_{out} + S_{gen} = \Delta S_{\text{system}} \tag{7-68}$$

其為公式 7-9 的文字說明。此關係式稱為**熵平衡（entropy balance）**，可適用於任何系統進行的任何過程。上述的熵平衡關

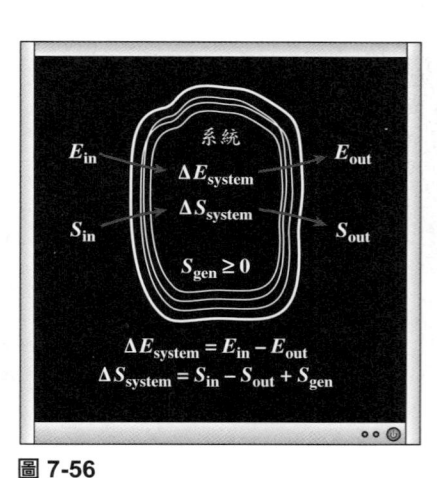

圖 7-56
系統的能量與熵平衡。

係式可描述為系統在過程中的熵變化，等於傳過系統邊界的淨熵與系統內部的熵產生量。以下我們討論每一項之間的關係。

系統的熵變化，ΔS_{system}

儘管熵相當模糊與抽象，但熵平衡比能量平衡更容易處理，因為熵不像能量會以不同的形式存在。因此，決定一個系統在過程中的熵變化，只要計算系統初始狀態與最終狀態的熵，並取兩者的差值即可，也就是：

熵的變化量 = 最終狀態的熵 − 初始狀態的熵

或

$$\Delta S_{\text{system}} = S_{\text{final}} - S_{\text{initial}} = S_2 - S_1 \tag{7-69}$$

熵是一種性質，除非系統的狀態改變，否則熵的值不會改變。因此，如果過程中系統的狀態沒有改變，則系統的熵變化為零。舉例來說，噴嘴、壓縮機、渦輪機、泵及熱交換器等穩流裝置在穩定操作下，熵的變化量為零。

當系統的性質非均勻時，系統的熵經由積分可得

$$S_{\text{system}} = \int s\, \delta m = \int_V s\rho\, dV \tag{7-70}$$

其中，V 為系統的體積，ρ 為密度。

熵的傳遞機制，S_{in} 與 S_{out}

熵可由熱傳遞與質量流兩種機制傳入或傳出系統（相較之下，能量亦可經由功傳遞）。熵傳遞經由其跨越系統邊界時在邊界被確認，表示系統在過程中得到或失去熵。在固定質量或封閉系統影響熵的唯一形式為熱傳遞，因此在絕熱系統的熵傳遞為零。

1. 熱傳遞

熱基本上是一個無組織的能量，部分無組織的能量（熵）將隨著熱流動。熱傳入系統，使系統的熵、分子的失序及亂度的能階增加；熱從系統流出，則為減少。事實上，熱排放是固定質量系統熵減少的唯一途徑。指定區域熱傳量 Q 與絕對溫度 T 的比值，稱為熵流動或熵傳遞，其表示為（圖 7-57）

經由熱傳遞的熵傳遞： $\qquad S_{\text{heat}} = \dfrac{Q}{T} \qquad (T = 常數) \tag{7-71}$

Q/T 的量表示為熱傳遞所伴隨之熵傳遞。熵傳遞的方向與熱傳遞的方向相同，因為熱力溫度 T 恆為正值。

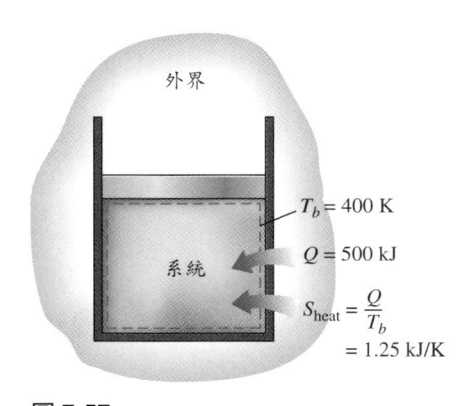

圖 7-57
熱傳遞會產生 Q/T 的熵傳遞，其中 T 為邊界溫度。

$T_b = 400$ K
$Q = 500$ kJ
$S_{\text{heat}} = \dfrac{Q}{T_b}$
$= 1.25$ kJ/K

當溫度 T 不是常數，過程 1-2 的熵傳遞可以用積分求得（也可以用總和）為

$$S_{\text{heat}} = \int_1^2 \frac{\delta Q}{T} \cong \sum \frac{Q_k}{T_k} \tag{7-72}$$

其中，Q_k 是在位置 k 之溫度 T_k 經由邊界的熱傳量。

當兩個系統接觸，在接觸點上，高溫系統的熵傳遞等於進入低溫系統的量，亦即在邊界上，沒有熵可以被創造或消滅，因為邊界沒有厚度及體積。

注意，**功（work）**是沒有熵的，且熵不會隨著功傳遞。能量可經由熱及功傳遞，但熵只會隨著熱來進行傳遞，即

經由功的熵傳遞： $\qquad S_{\text{work}} = 0 \qquad$ (7-73)

熱力學第一定律對於熱傳遞與功並沒有加以區分，它將熱傳遞與功視為相等。熱力學第二定律則說明兩者的區別：熱傳遞會產生熵傳遞的能量交互作用，功則不會。也就是，系統與外界在功的交互作用下，不會產生熵變化，因此功的交互作用只會產生能量交換，而熱傳遞會產生能量與熵的交換（圖 7-58）。

圖 7-58
熵不會隨著功跨越系統邊界，但在系統內，功會變成沒有用的能量散失。

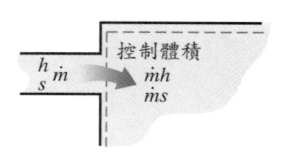

⊃ 2. 質量流

質量含有熵及能量，且系統的熵及能量與系統的質量成正比（當系統的質量為兩倍時，系統的熵及能量也為兩倍）。熵及能量經由流的方式被帶入或帶出系統，過程中的傳遞率與質量流率成正比。封閉系統沒有任何質量流，因此不會有熵經由質量傳遞的情況。當進入或離開系統的質量為 m，熵的量為 ms，其中 s 為比熵（進入或離開每單位質量的熵）（圖 7-59），即

經由質量流的熵傳遞： $\qquad S_{\text{mass}} = ms \qquad$ (7-74)

圖 7-59
質量焓有熵與能量，因此質量在系統內進出會產生能量與熵傳遞。

因此，當質量 m 進入系統，則系統的熵增加為 ms，而相同的質量在相同的狀態下離開系統，則系統減少等量的熵。在過程中，當質量的性質改變，質量流的熵傳遞可用積分式表示為

$$\dot{S}_{\text{mass}} = \int_{A_c} s\rho V_n \, dA_c \quad \text{和} \quad S_{\text{mass}} = \int s\,\delta m = \int_{\Delta t} \dot{S}_{\text{mass}}\,dt \tag{7-75}$$

其中，A_c 為流體的截面積，V_n 為該處垂直於 dA_c 的法線速度。

⊃ 熵產生，S_{gen}

摩擦、混合、化學反應、有限溫差的熱傳遞、非限制膨脹、非近似平衡壓縮或膨脹等不可逆性，會導致系統的熵增加。熵產生是過程中以上諸多效應所產生熵的量度。

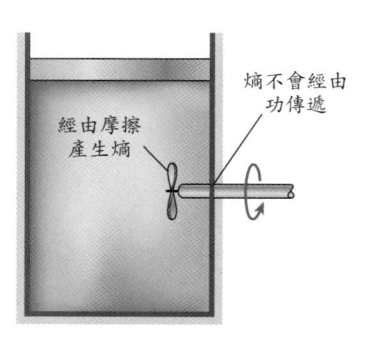

對於可逆過程（過程中沒有不可逆性），熵產生為零。系統的熵變化等於熵傳遞。因此，可逆狀況下的熵平衡關係式可比照平衡關係式，說明系統過程中的能量變化等於過程能量的傳遞。然而要注意的是，雖然一個系統的能量變化等於任何過程的能量傳遞，但一個系統的熵變化只有在可逆過程下才等於熵傳遞。

在絕熱系統中，熱量 Q/T 所產生的熵傳遞為零；而對無質量流過其邊界的系統（即封閉系統），經由質量 ms 的熵傳遞為零。

任一系統進行任一過程的熵平衡，可更明確地表示為

$$\underbrace{S_{\text{in}} - S_{\text{out}}}_{\text{熱和質量的淨熵傳遞}} + \underbrace{S_{\text{gen}}}_{\text{熵產生}} = \underbrace{\Delta S_{\text{system}}}_{\text{熵的變化}} \quad (\text{kJ/K}) \quad \textbf{(7-76)}$$

或以**變化率的形式**（**rate form**）表示為

$$\underbrace{\dot{S}_{\text{in}} - \dot{S}_{\text{out}}}_{\text{熱和質量的淨熵傳遞率}} + \underbrace{\dot{S}_{\text{gen}}}_{\text{熵產生率}} = \underbrace{dS_{\text{system}}/dt}_{\text{熵的變化率}} \quad (\text{kW/K}) \quad \textbf{(7-77)}$$

其中，熱傳率 $\dot{Q}$ 與質量流率 $\dot{m}$ 的熵傳遞率為 $\dot{S}_{\text{heat}} = \dot{Q}/T$ 與 $\dot{S}_{\text{mass}} = \dot{m}s$。熵平衡亦可以**單位質量**（**unit-mass basis**）表示為

$$(s_{\text{in}} - s_{\text{out}}) + s_{\text{gen}} = \Delta s_{\text{system}} \quad (\text{kJ/kg} \cdot \text{K}) \quad \textbf{(7-78)}$$

其中所有的量均以系統的每單位質量表示。對一可逆過程，將熵產生項 S_{gen} 從上面所有關係式中移除。

S_{gen} 項只代表系統邊界內的熵產生（圖 7-60），而不是系統邊界外因外部不可逆性過程產生的熵產生。因此，一個過程的 $S_{\text{gen}} = 0$，則為內部可逆，但不一定是全可逆。將熵平衡套用到系統本身，以及可能發生外部不可逆性緊鄰外界的延伸系統中，可求得過程的總熵產生（圖 7-61）。此狀況下的熵變化，等於系統熵的變化量與緊鄰外界熵的變化量之總和。在穩定的狀況下，過程中在緊鄰外界（稱為緩衝區）的任意點之狀態與熵沒有變化，緩衝區的熵變化為零。緩衝區的熵變化比系統的熵變化小很多，故通常忽略不計。

在計算延伸系統與外界間的熵傳遞時，僅取環境溫度為延伸系統之邊界溫度。

⇒ 封閉系統

一封閉系統沒有質量流跨越系統邊界，其熵變化僅為系統初始狀態與最終狀態的差值。封閉系統的熵變化是由於熱傳遞所產生的熵傳遞及系統邊界內的熵產生之故。假設熱傳入系統的方向為正向，封閉系統之熵平衡關係式的通式（公式 7-76）可表示為

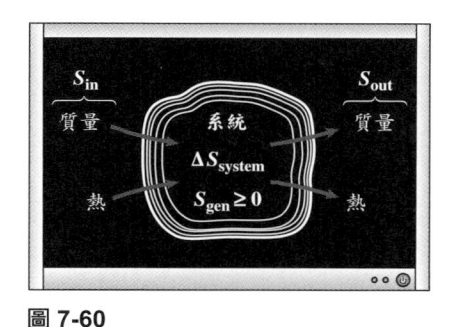

圖 7-60
一般系統的熵傳遞機制。

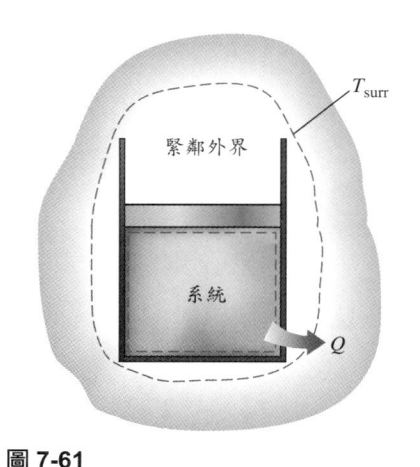

圖 7-61
系統邊界外的熵產生可利用包含系統與緊鄰外界之延伸系統的熵平衡來解釋。

封閉系統： $\sum \dfrac{Q_k}{T_k} + S_{\text{gen}} = \Delta S_{\text{system}} = S_2 - S_1$ （kJ/K） **(7-79)**

上述熵平衡的關係式可以描述為：

封閉系統在過程中的熵變化，等於熱傳遞跨越系統邊界所產生的淨熵傳遞與系統邊界內熵產生的總和。

對於絕熱過程（$Q = 0$），上述關係式的熵傳遞為零，封閉系統的熵變化等於系統邊界內的熵產生。亦即

絕熱封閉系統： $S_{\text{gen}} = \Delta S_{\text{adiabatic system}}$ **(7-80)**

任何封閉系統與其邊界可以視為絕熱系統，系統的總熵變化量等於其各部分熵變化的總和。封閉系統與其邊界的熵平衡可寫成

系統 + 外界： $S_{\text{gen}} = \sum \Delta S = \Delta S_{\text{system}} + \Delta S_{\text{surroundings}}$ **(7-81)**

其中，$\Delta S_{\text{system}} = m(s_2 - s_1)$，若外界的溫度為常數，則外界的熵變化 ΔS_{system} 可表示為 $\Delta S_{\text{surr}} = Q_{\text{surr}}/T_{\text{surr}}$。在學習熵及熵傳遞的初始階段，由一般熵平衡的形式（公式 7-76）開始，並簡化所考慮的問題是有幫助的。對於這些方程式有相當程度的瞭解後，上述的特定關係式在使用上會比較方便。

➲ 控制體積

控制體積與封閉系統之熵平衡關係式的不同，在於控制體積多了一個質量流跨越系統邊界的熵變化機制。如前所述，熵與能量受質量支配，此兩個外延性質的量與質量的多寡成正比（圖 7-62）。

假設熱傳至系統的方向為正，一般的熵平衡關係式（公式 7-76 及公式 7-77）以控制體積可表示為

$$\sum \dfrac{Q_k}{T_k} + \sum m_i s_i - \sum m_e s_e + S_{\text{gen}} = (S_2 - S_1)_{\text{CV}} \quad \text{(kJ/K)} \quad \textbf{(7-82)}$$

以變化率的形式可表示為

$$\sum \dfrac{\dot{Q}_k}{T_k} + \sum \dot{m}_i s_i - \sum \dot{m}_e s_e + \dot{S}_{\text{gen}} = dS_{\text{CV}}/dt \quad \text{(kW/K)} \quad \textbf{(7-83)}$$

熵平衡的關係式可以描述為：

在一過程中，控制體積內熵的變化率，等於通過控制體積邊界熱傳遞所產生之熵傳遞率、因質量流進入控制體積的淨熵傳遞率，以及控制體積邊界內因不可逆性所造成的熵產生率之總和。

大部分實務上所遇到的控制體積（例如渦輪機、壓縮機、噴嘴、升壓器、熱交換器及輸送管）皆為穩定操作，其熵沒有變

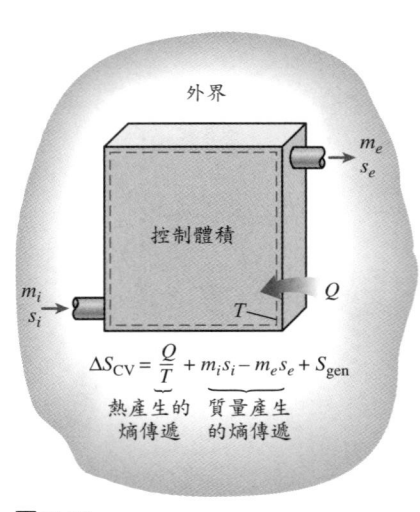

圖 7-62
質量流與熱傳遞造成控制體積的熵變化。

化。因此，令公式 7-83 的 $dS_{CV}/dt = 0$，並將方程式重新整理，可得一般**穩流過程**（**steady-flow process**）的熵平衡關係式為

穩流： $$\dot{S}_{gen} = \sum \dot{m}_e s_e - \sum \dot{m}_i s_i - \sum \frac{\dot{Q}_k}{T_k} \quad (7\text{-}84)$$

對單一流動（單一入口與單一出口）的穩流裝置，熵平衡關係式可以簡化為

穩流、單一流動： $$\dot{S}_{gen} = \dot{m}(s_e - s_i) - \sum \frac{\dot{Q}_k}{T_k} \quad (7\text{-}85)$$

對絕熱的單一流動裝置，熵平衡關係式可以進一步簡化為

穩流、單一流動、絕熱： $$\dot{S}_{gen} = \dot{m}(s_e - s_i) \quad (7\text{-}86)$$

上式表示當流體流經一絕熱裝置時，流體的比熵會增加，因為 $\dot{S}_{gen} \geq 0$（圖 7-63）。若流體流經此裝置為可逆且絕熱，無論其他的性質是否改變，其熵為常數，$s_e = s_i$。

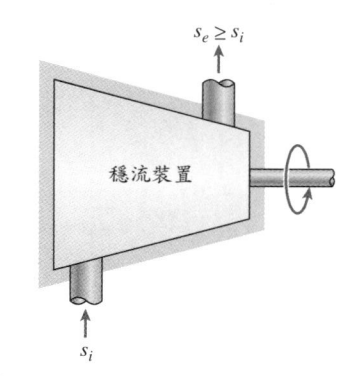

圖 7-63
當物質流經單一流、絕熱、穩流裝置，其熵會增加（可逆過程的熵保持不變）。

例 7-17

磚牆的熵產生

考慮一 5 m × 7 m，磚牆厚度為 30 cm 之房子的穩定熱傳遞。某天室外溫度為 0°C 時，室內溫度維持於 27°C。磚牆的內、外表面溫度分別為 20°C 與 5°C，磚牆的熱傳率為 1035 W。求磚牆的熵產生率與熱傳遞過程的總熵產生率。

解：考慮經由磚牆的穩定熱傳遞，已知熱傳率、磚牆的溫度與環境溫度。求磚牆內部的熵產生率與總熵產生率。

假設：(1) 過程為穩態，因此經由磚牆的熱傳率為定值。(2) 磚牆的熱傳遞為一維。

分析：我們視磚牆為系統（圖 7-64）。由於過程中沒有質量通過系統邊界，所為此為封閉系統。熱與熵由牆面進入，並從另一邊傳出。在磚牆中，其狀態與熵沒有改變，因此磚牆的熵變化為零。

磚牆的每單位熵平衡關係式可簡化為

$$\underbrace{\dot{S}_{in} - \dot{S}_{out}}_{\text{熱和質量的淨熵傳遞率}} + \underbrace{\dot{S}_{gen}}_{\text{熵產生率}} = \underbrace{dS_{system}/dt}_{\text{熵的變化率}}{}^{0\,(\text{穩定})}$$

$$\left(\frac{\dot{Q}}{T}\right)_{in} - \left(\frac{\dot{Q}}{T}\right)_{out} + \dot{S}_{gen} = 0$$

$$\frac{1035\text{ W}}{293\text{ K}} - \frac{1035\text{ W}}{278\text{ K}} + \dot{S}_{gen} = 0$$

因此，磚牆的熵產生率為

$$\dot{S}_{gen,wall} = \mathbf{0.191\text{ W/K}}$$

在該區域中，任一位置熱傳量所產生的熵為 Q/T，且熵傳遞的方

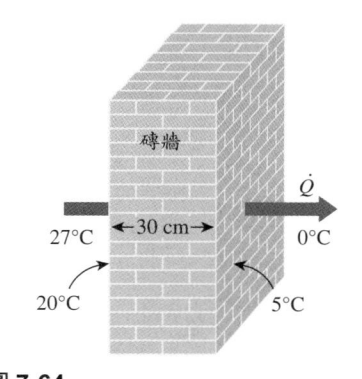

圖 7-64
例 7-17 的示意圖。

向與熱傳遞方向相同。

為求熱傳遞過程中的總熵產生率,將系統擴大至有溫度變化的磚牆兩側,則系統邊界的一邊為室溫,另一邊為室外溫度。擴大系統(系統+相鄰外界)的熵平衡如上所述,唯一不同處是將邊界溫度分別以 300 K 與 273 K 取代 293 K 與 278 K。因此,總熵的變化率為

$$\frac{1035 \text{ W}}{300 \text{ K}} - \frac{1035 \text{ W}}{273 \text{ K}} + \dot{S}_{\text{gen,total}} = 0 \rightarrow \dot{S}_{\text{gen,total}} = \textbf{0.341 W/K}$$

討論: 此擴大的系統之熵變化亦為零,因為在過程中,空氣中任一點的狀態並沒有改變。兩個熵產生的差為 0.150 W/K,代表磚牆兩邊空氣層所產生的熵。此狀況下的熵產生完全是由於有限溫差所導致的不可逆熱傳遞。

例 7-18　節流過程所產生的熵

在一穩流過程中,水蒸汽在節流閥內由 7 MPa、450°C 被節流至 3 MPa 的壓力。求此過程中的熵產生,並檢查是否滿足熵增加原理。

解: 水蒸汽被節流至指定之壓力,求此過程中的熵產生,並驗證熵增加原理的有效性。

假設: (1) 任意點的性質不隨時間改變,此為穩流過程,因此 $\Delta m_{CV} = 0$,$\Delta E_{CV} = 0$ 且 $\Delta S_{CV} = 0$。(2) 傳入或傳出節流閥的熱傳遞可忽略。(3) 忽略動能與位能的變化,$\Delta ke = \Delta pe = 0$。

分析: 我們視節流閥為系統(圖 7-65)。在過程中,由於質量通過系統邊界,因此為控制體積。此系統只有單一入口與單一出口,故 $\dot{m}_1 = \dot{m}_2 = \dot{m}$。而且在節流過程中,流體的焓幾乎維持定值,因此 $h_2 \cong h_1$。

水蒸汽在入口與出口的熵由水蒸汽表求得

狀態 1:　$\left. \begin{array}{l} P_1 = 7 \text{ MPa} \\ T_1 = 450°C \end{array} \right\}$　$\begin{array}{l} h_1 = 3288.3 \text{ kJ/kg} \\ s_1 = 6.6353 \text{ kJ/kg} \cdot \text{K} \end{array}$

狀態 2:　$\left. \begin{array}{l} P_2 = 3 \text{ MPa} \\ h_2 = h_1 \end{array} \right\}$　$s_2 = 7.0046 \text{ kJ/kg} \cdot \text{K}$

利用熵平衡關係式代入節流閥,求得每單位質量水蒸汽的熵產生量為

$$\underbrace{\dot{S}_{\text{in}} - \dot{S}_{\text{out}}}_{\text{熱和質量的淨熵傳遞率}} + \underbrace{\dot{S}_{\text{gen}}}_{\text{熵產生率}} = \underbrace{dS_{\text{system}}/dt}_{\text{熵的變化率}} \overset{0 \text{(穩定)}}{\nearrow}$$

$$\dot{m}s_1 - \dot{m}s_2 + \dot{S}_{\text{gen}} = 0$$

$$\dot{S}_{\text{gen}} = \dot{m}(s_2 - s_1)$$

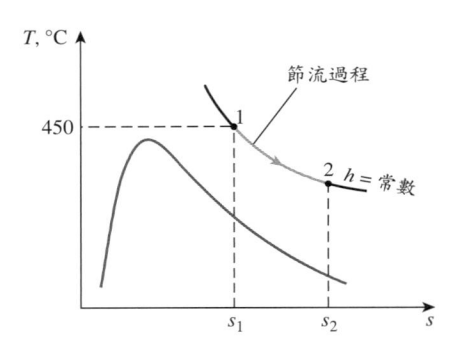

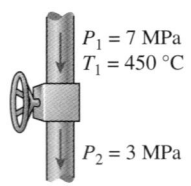

圖 7-65
例 7-18 的 T-s 圖與示意圖。

除以質量流率並相減可得

$$s_{\text{gen}} = s_2 - s_1 = 7.0046 - 6.6353 = \mathbf{0.3693 \text{ kJ/kg} \cdot \text{K}}$$

討論： 每單位質量水蒸汽從入口狀態被節流至最終壓力的熵產生，是由於無限制的膨脹所造成。因為此過程中熵產生為正值，明顯滿足熵增加原理。

例 7-19　高溫物體丟入湖中產生的熵

一 50 kg、500 K 的鐵塊被丟入溫度為 285 K 的大湖中，最後鐵塊與湖水達到熱平衡。假設鐵塊的平均比熱為 0.45 kJ/kg·K，求：(a) 鐵塊的熵變化；(b) 湖水的熵變化；(c) 此過程中的熵產生。

解： 一熱鐵塊丟入湖中冷卻至湖水的溫度，求此過程中鐵塊、湖的熵變化及過程中的熵產生。

假設： (1) 水及鐵塊均為不可壓縮物質。(2) 水及鐵塊的比熱為定值。(3) 忽略鐵塊動能與位能的變化，$\Delta \text{KE} = \Delta \text{PE} = 0$，因此 $\Delta E = \Delta U$。

性質： 鐵塊的比熱為 0.45 kJ/kg·K（表 A-3）。

分析： 我們視鐵塊為系統（圖 7-66）。由於過程中無質量通過系統邊界，所以此為封閉系統。

為求鐵塊與湖的熵變化，首先需要知道最後的平衡溫度。相對於鐵塊，湖水的熱能容量相當大，湖水將吸收鐵塊所排放的所有熱量，而其溫度不會產生任何變化。因此，過程中鐵塊將冷卻至 285 K，此時湖水溫度將維持在 285 K。

(a) 鐵塊的熵變化為

$$\Delta S_{\text{iron}} = m(s_2 - s_1) = mc_{\text{avg}} \ln \frac{T_2}{T_1}$$

$$= (50 \text{ kg})(0.45 \text{ kJ/kg} \cdot \text{K}) \ln \frac{285 \text{ K}}{500 \text{ K}}$$

$$= \mathbf{-12.65 \text{ kJ/K}}$$

(b) 在過程中，湖水的溫度維持在 285 K，另外，由鐵塊傳至湖水的熱傳量可經由鐵塊的能量平衡方程式求得

$$\underbrace{E_{\text{in}} - E_{\text{out}}}_{\text{熱、功和質量的淨能量轉換}} = \underbrace{\Delta E_{\text{system}}}_{\text{內能、動能和位能等能量的變化}}$$

$$-Q_{\text{out}} = \Delta U = mc_{\text{avg}}(T_2 - T_1)$$

或

$$Q_{\text{out}} = mc_{\text{avg}}(T_1 - T_2) = (50 \text{ kg})(0.45 \text{ kJ/kg} \cdot \text{K})(500 - 285) \text{ K}$$

$$= 4838 \text{ kJ}$$

湖的熵變化為

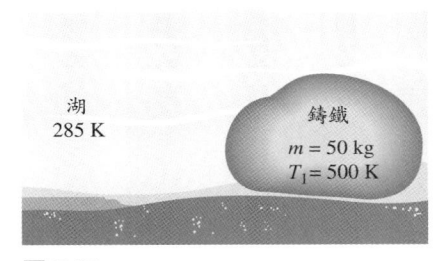

圖 7-66
例 7-19 的示意圖。

湖 285 K　　鑄鐵　$m = 50$ kg　$T_1 = 500$ K

$$\Delta S_{\text{lake}} = \frac{Q_{\text{lake}}}{T_{\text{lake}}} = \frac{+4838 \text{ kJ}}{285 \text{ K}} = \mathbf{16.97 \text{ kJ/K}}$$

(c) 在過程中，熵產生可以經由擴大系統（包含鐵塊與邊界）的熵平衡求得，其邊界在任何時刻皆為 285 K：

$$\underbrace{S_{\text{in}} - S_{\text{out}}}_{\text{熱和質量的淨熵傳遞}} + \underbrace{S_{\text{gen}}}_{\text{熵產生}} = \underbrace{\Delta S_{\text{system}}}_{\text{熵的變化}}$$

$$-\frac{Q_{\text{out}}}{T_b} + S_{\text{gen}} = \Delta S_{\text{system}}$$

或

$$S_{\text{gen}} = \frac{Q_{\text{out}}}{T_b} + \Delta S_{\text{system}} = \frac{4838 \text{ kJ}}{285 \text{ K}} - (12.65 \text{ kJ/K}) = \mathbf{4.32 \text{ kJ/K}}$$

討論： 熵產生可以經由視鐵塊與整個湖為一隔絕系統，應用熵平衡求得。隔絕系統無熱或熵傳遞，因此熵產生等於總熵變化：

$$S_{\text{gen}} = \Delta S_{\text{total}} = \Delta S_{\text{system}} + \Delta S_{\text{lake}} = -12.65 + 16.97 = 4.32 \text{ kJ/K}$$

其與上面所得的結果相同。

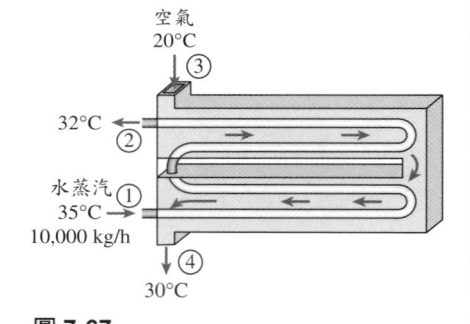

圖 7-67
例 7-20 的示意圖。

例 7-20 熱交換器之熵產生

空氣在一大建築物中利用熱交換器內的水蒸汽進行加熱，使其保暖（圖 7-67）。飽和水蒸汽以 35°C、10,000 kg/h 的流率進入熱交換器，並以 32°C 的飽和液態水離開。空氣在 1 atm 下的初始溫度為 20°C，通過熱交換器後，在相同壓力下以溫度 30°C 離開，求此過程中熵的產生率。

解： 空氣利用熱交換器中的水蒸汽來進行加熱，計算此過程中熵的產生率。

假設： (1) 操作過程穩定。(2) 此熱交換器為良好絕熱，所以熱的散失可以忽略，因此轉換過程由熱流體的熱傳量等於冷流體的吸熱量。(3) 水蒸汽的動能和位能可以忽略不計。(4) 空氣為在室溫下為定比熱的理想氣體。(5) 空氣的壓力維持定值。

分析： 從整個熱交換器的熵平衡可求出熱交換器的熵產生率：

$$\underbrace{\dot{S}_{\text{in}} - \dot{S}_{\text{out}}}_{\text{熱與質量轉換的淨熵傳遞率}} + \underbrace{\dot{S}_{\text{gen}}}_{\text{熵產生率}} = \underbrace{\Delta \dot{S}_{\text{system}}}_{\text{熵的變化率}} \nearrow^{0\,(\text{穩定})}$$

$$\dot{m}_{\text{steam}} s_1 + \dot{m}_{\text{air}} s_3 - \dot{m}_{\text{steam}} s_2 - \dot{m}_{\text{air}} s_4 + \dot{S}_{\text{gen}} = 0$$

$$\dot{S}_{\text{gen}} = \dot{m}_{\text{steam}}(s_2 - s_1) + \dot{m}_{\text{air}}(s_4 - s_3)$$

空氣在室溫的比熱為 c_p =1.005 kJ/kg·°C（表 A-2a）。水蒸汽在出口和入口的狀態性質為

$$\left. \begin{array}{l} T_1 = 35°C \\ x_1 = 1 \end{array} \right\} \quad \begin{array}{l} h_1 = 2564.6 \text{ kJ/kg} \\ s_1 = 8.3517 \text{ kJ/kg·K} \end{array} \quad （表 A-4）$$

$$T_2 = 32°C \atop x_2 = 0 \Bigg\} \quad {h_2 = 134.10 \text{ kJ/kg} \atop s_2 = 0.4641 \text{ kJ/kg·K}} \quad （表 A-4）$$

從水蒸汽的熱傳量等於傳至空氣的熱傳量之能量守恆可知，此空氣的質量流率為

$$\dot{Q} = \dot{m}_{\text{steam}}(h_1 - h_2) = (10{,}000/3600 \text{ kg/s})(2564.6 - 134.10) \text{ kJ/kg}$$
$$= 6751 \text{ kW}$$

$$\dot{m}_{\text{air}} = \frac{\dot{Q}}{c_p(T_4 - T_3)} = \frac{6751 \text{ kW}}{(1.005 \text{ kJ/kg·°C})(30 - 20)°C} = 671.7 \text{ kg/s}$$

代入熵平衡關係得知熵產生率為

$$\dot{S}_{\text{gen}} = \dot{m}_{\text{steam}}(s_2 - s_1) + \dot{m}_{\text{air}}(s_4 - s_3)$$
$$= \dot{m}_{\text{steam}}(s_2 - s_1) + \dot{m}_{\text{air}} c_p \ln \frac{T_4}{T_3}$$
$$= (10{,}000/3600 \text{ kg/s})(0.4641 - 8.3517) \text{ kJ/kg·K}$$
$$\quad + (671.7 \text{ kg/s})(1.005 \text{ kJ/kg·K}) \ln \frac{303 \text{ K}}{293 \text{ K}}$$
$$= \mathbf{0.745 \text{ kW/K}}$$

討論：注意，當空氣流經此交換器時，壓力幾乎維持不變，因此在空氣之熵變化的表示式中不包含壓力項。

例 7-21

與熱傳遞相關的熵產生

一無摩擦的活塞－汽缸裝置裝有 100°C 的水之飽和液－氣混合物。在等壓過程中，600 kJ 的熱傳至 25°C 的外界空氣，造成部分水蒸汽在汽缸內凝結。求：(a) 水的熵變化；(b) 此熱傳遞過程中的總熵產生。

解：水的飽和液－氣混合物散失熱量到邊界中，使得部分水蒸汽凝結。求水的熵變化及總熵產生。

假設：(1) 系統邊界內無不可逆性，所以此過程為內部可逆。(2) 水在任何位置，包括邊界，溫度皆維持 100°C。

分析：先視汽缸內的水為系統（圖 7-68）。由於過程中無質量通過系統邊界，因此為封閉系統。此過程中，汽缸內的水之壓力及溫度維持定值。因為熱損失，過程中系統的熵減少。

(a) 由於水進行內可逆等溫過程，其熵變化為

$$\Delta S_{\text{system}} = \frac{Q}{T_{\text{system}}} = \frac{-600 \text{ kJ}}{(100 + 273 \text{ K})} = \mathbf{-1.61 \text{ kJ/K}}$$

(b) 為求過程的總熵產生量，我們將系統擴大，包含水、活塞－汽缸裝置與系統相鄰的外部，其溫度變化使系統邊界溫度為外界溫度 25°C。此擴大系統（系統＋外界交界處）的熵平衡為

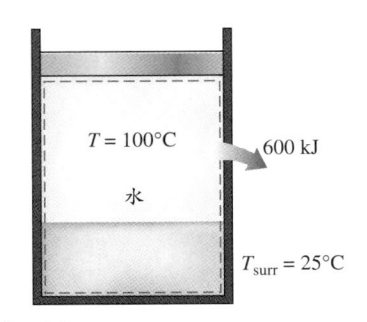

圖 7-68
例 7-21 的示意圖。

$$\underbrace{S_\text{in} - S_\text{out}}_{\text{熱和質量的淨熵傳遞}} + \underbrace{S_\text{gen}}_{\text{熵產生}} = \underbrace{\Delta S_\text{system}}_{\text{熵的變化}}$$

$$-\frac{Q_\text{out}}{T_b} + S_\text{gen} = \Delta S_\text{sysem}$$

或

$$S_\text{gen} = \frac{Q_\text{out}}{T_b} + \Delta S_\text{system} = \frac{600 \text{ kJ}}{(25+273) \text{ K}} + (-1.61 \text{ kJ/K}) = \mathbf{0.40 \text{ kJ/K}}$$

在此狀況下的熵產生全部是由不可逆之有限溫差的熱傳遞所產生。

此擴大系統的熵變化等於水的熵變化，因為活塞－汽缸裝置及相鄰的外界狀態無任何改變，所以性質沒有變化，包括熵。

討論： 為了證明，考量一逆向過程（由 25°C 的外界空氣加入 600 kJ 的熱至 100°C 的飽和水），檢視熵增加原理是否可偵測出此過程的不可能性。此時，熱量傳入水中（以加熱代替散熱），水的熵變化為 +1.61 kJ/K。另外，擴大系統邊界的熵傳遞量大小相等，但方向相反，此將導致 –0.4 kJ/K 的熵產生。熵產生為負值，代表此逆向過程不可能發生。

為使討論更完整，我們假設外界溫度為 99.99999…9°C 取代原來的 25°C，此時，飽和水的熱將經由有限溫差傳熱至外界的空氣中，此過程為可逆過程，可以證明此過程的 $S_\text{gen} = 0$。

記住，可逆過程是一理想過程，過程可以趨近於可逆，但實際上絕不可能達到可逆。

⊃ 與熱傳遞過程相關的熵產生

在例 7-21 中所求的熱傳遞過程，有 0.4 kJ/K 的熵產生，但此敘述對於熵產生的地方描述得不夠清楚。為精確指出熵產生的位置，需要更精確地描述系統、系統邊界與系統的外界。

在上述的例子中，我們假設系統與外界的空氣為等溫，分別為 100°C 與 25°C。若流體混合均勻，此一假設相當合理。因為兩物體自然接觸，在物體的接觸面有相同的溫度，因此，牆的內表面溫度為 100°C，而牆的外表面溫度為 25°C。考量熱傳量 Q 通過溫度為 T 之定溫表面，其熵傳遞為 Q/T。由水進入牆的熵傳遞為 $Q/T_\text{sys} = 1.61$ kJ/K。同樣地，由牆外部進入外界空氣的熵傳遞為 $Q/T_\text{surr} = 2.01$ kJ/K。明顯地，在牆上產生熵的總量為 2.01 − 1.61 = 0.4 kJ/K，如圖 7-69(b) 所示。

確定熵產生的位置，可讓我們判定過程是否為內可逆。若在系統的邊界內沒有熵產生，則此過程為內可逆過程。因此，如果視牆的內表面為系統邊界，並將容器的牆排除於系統之外，則例

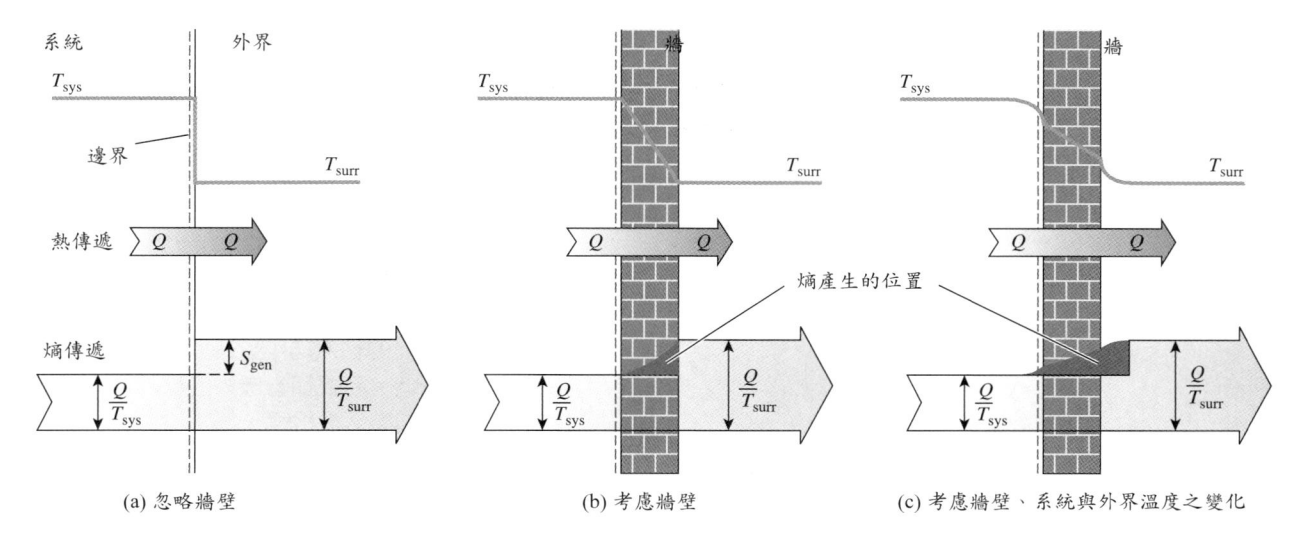

圖 7-69
有限溫差之熱傳遞過程的熵產生示意圖。

(a) 忽略牆壁　　(b) 考慮牆壁　　(c) 考慮牆壁、系統與外界溫度之變化

7-21 所討論的熱傳遞過程為內可逆過程。若取容器牆的外表面為邊界，則系統不再是內可逆，因為熵產生的牆為系統的一部分。

對於薄壁而言，非常容易忽略壁的質量，並將容器壁視為系統與外界的邊界。將熵產生的壁隱藏似乎無害，但容易使人產生混淆。在此例子中，系統表面的溫度突然由 T_{sys} 降至 T_{surr}，對於在邊界上熵傳遞的關係式 Q/T 要使用哪一個溫度，會產生混淆。

若因不均勻混合造成系統與邊界中的空氣非等溫，則兩系統中與壁面鄰近的空氣會有部分熵產生，如圖 7-69(c) 所示。

摘　要

熱力學第二定律導引出一個新性質的定義，稱為熵，它是一個系統微觀亂度的定量量度。任何量的循環積分結果若為零就是一性質，而熵則可定義為

$$dS = \left(\frac{dQ}{T}\right)_{\text{int rev}}$$

對內部可逆等溫過程的特例為

$$\Delta S = \frac{Q}{T_0}$$

克勞修斯不等式中，將不等式的部分與熵的定義結合，則得到熟知的不等式——熵增加原理，可表示為

$$S_{\text{gen}} \geq 0$$

其中，S_{gen} 為過程中所產生的熵。熵的變化是由熱傳遞、質量流以及不可逆性所引起。當熱量傳入一系統時，會使系統的熵增加，但熱量由系統傳出，則系統的熵會減少。不可逆性的影響均會使熵增加。

一個過程的熵變化以及等熵關係式可整理如下：

1. 純物質：

任意過程：　　$\Delta s = s_2 - s_1$
等熵過程：　　$s_2 = s_1$

2. 不可壓縮物質：

任意過程：　　$s_2 - s_1 = c_{\text{avg}} \ln \dfrac{T_2}{T_1}$
等熵過程：　　$T_2 = T_1$

3. 理想氣體：

a. 定比熱（近似處理）：

任意過程：
$$s_2 - s_1 = c_{v,\text{avg}} \ln \frac{T_2}{T_1} + R \ln \frac{v_2}{v_1}$$

$$s_2 - s_1 = c_{p,\text{avg}} \ln \frac{T_2}{T_1} - R \ln \frac{P_2}{P_1}$$

等熵過程：
$$\left(\frac{T_2}{T_1}\right)_{s=\text{const.}} = \left(\frac{v_1}{v_2}\right)^{k-1}$$

$$\left(\frac{T_2}{T_1}\right)_{s=\text{const.}} = \left(\frac{P_2}{P_1}\right)^{(k-1)/k}$$

$$\left(\frac{P_2}{P_1}\right)_{s=\text{const.}} = \left(\frac{v_1}{v_2}\right)^{k}$$

b. 可變比熱（準確處理）：

任意過程：
$$s_2 - s_1 = s_2^\circ - s_1^\circ - R \ln \frac{P_2}{P_1}$$

等熵過程：
$$s_2^\circ = s_1^\circ + R \ln \frac{P_2}{P_1}$$

$$\left(\frac{P_2}{P_1}\right)_{s=\text{const.}} = \frac{P_{r2}}{P_{r1}}$$

$$\left(\frac{v_2}{v_1}\right)_{s=\text{const.}} = \frac{v_{r2}}{v_{r1}}$$

其中，P_r 為相對壓力，v_r 為相對比容，函數 s° 只與溫度有關。

一個可逆過程的穩流功可以流體的性質表示為
$$w_{\text{rev}} = -\int_1^2 v\, dP - \Delta ke - \Delta pe$$

對於不可壓縮物質（$v = $ 常數）可簡化為
$$w_{\text{rev}} = -v(P_2 - P_1) - \Delta ke - \Delta pe$$

在穩流過程中所作的功與比容成正比，因此在壓縮過程中，v 應保持盡可能的小，以將所需之輸入功最小化；在膨脹過程中，則應盡可能最大化，以使輸出功達到最大化。

利用壓縮機將理想氣體利用等熵（$Pv^k = $ 常數）、多變（$Pv^n = $ 常數）或等溫（$Pv = $ 常數）的方式從 T_1、P_1 壓縮至 P_2 所輸入的可逆功，可經由對每一種狀況積分而得到下列的結果：

等熵：
$$w_{\text{comp,in}} = \frac{kR(T_2 - T_1)}{k - 1} = \frac{kRT_1}{k - 1}\left[\left(\frac{P_2}{P_1}\right)^{(k-1)/k} - 1\right]$$

多變：
$$w_{\text{comp,in}} = \frac{nR(T_2 - T_1)}{n - 1} = \frac{nRT_1}{n - 1}\left[\left(\frac{P_2}{P_1}\right)^{(n-1)/n} - 1\right]$$

等溫：
$$w_{\text{comp,in}} = RT \ln \frac{P_2}{P_1}$$

壓縮機所需的輸入功可透過具中間冷卻的多階段壓縮來降低。若要節省最大的輸入功，則壓縮機的各階段壓力比需相等。

大部分的穩流裝置都在絕熱狀態下運作，而其理想過程就是等熵過程。描述裝置與對應等熵裝置效率的參數，稱為等熵效率或絕熱效率。渦輪機、壓縮機及噴嘴的等熵效率為：

$$\eta_T = \frac{\text{渦輪機的實際功}}{\text{渦輪機的等熵功}} = \frac{w_a}{w_s} \cong \frac{h_1 - h_{2a}}{h_1 - h_{2s}}$$

$$\eta_C = \frac{\text{壓縮機的等熵功}}{\text{壓縮機的實際功}} = \frac{w_s}{w_a} \cong \frac{h_{2s} - h_1}{h_{2a} - h_1}$$

$$\eta_N = \frac{\text{噴嘴出口的實際動能}}{\text{噴嘴出口的等熵動能}} = \frac{V_{2a}^2}{V_{2s}^2} \cong \frac{h_1 - h_{2a}}{h_1 - h_{2s}}$$

在上面的關係式中，h_{2a} 及 h_{2s} 分別為實際及等熵過程下出口狀態的焓值。

對任意系統所經歷的任何過程，熵平衡的一般式可表示為

$$\underbrace{S_{\text{in}} - S_{\text{out}}}_{\text{熱和質量的淨熵傳遞}} + \underbrace{S_{\text{gen}}}_{\text{熵產生}} = \underbrace{\Delta S_{\text{system}}}_{\text{熵的變化}}$$

或以變化率的形式表示為

$$\underbrace{\dot{S}_{\text{in}} - \dot{S}_{\text{out}}}_{\text{熱和質量的淨熵傳遞率}} + \underbrace{\dot{S}_{\text{gen}}}_{\text{熵產生率}} = \underbrace{dS_{\text{system}}/dt}_{\text{熵的變化率}}$$

對於一般穩流過程，則可簡化為

$$\dot{S}_{\text{gen}} = \sum \dot{m}_e s_e - \sum \dot{m}_i s_i - \sum \frac{\dot{Q}_k}{T_k}$$

參考書目

1. A. Bejan. *Advanced Engineering Thermodynamics*. 3rd ed. New York: Wiley Interscience, 2006.
2. A. Bejan. *Entropy Generation through Heat and Fluid Flow*. New York: Wiley Interscience, 1982.

3. Y. A. Çengel and H. Kimmel. "Optimization of Expansion in Natural Gas Liquefaction Processes." *LNG Journal*, U.K., May–June, 1998.
4. Y. Çerci, Y. A. Çengel, and R. H. Turner, "Reducing the Cost of Compressed Air in Industrial Facilities." *International Mechanical Engineering Congress and Exposition*, San Francisco, California, November 12–17, 1995.
5. W. F. E. Feller. *Air Compressors: Their Installation, Operation, and Maintenance.* New York: McGraw-Hill, 1944.
6. D. W. Nutter, A. J. Britton, and W. M. Heffington. "Conserve Energy to Cut Operating Costs." *Chemical Engineering*, September 1993, pp. 127–137.
7. J. Rifkin. *Entropy*. New York: The Viking Press, 1980.
8. M. Kostic, "Revisiting The Second Law of Energy Degradation and Entropy Generation: From Sadi Carnot's Ingenious Reasoning to Holistic Generalization." *AIP Conf. Proc.* 1411, pp. 327–350, 2011; doi: 10.1063/1.3665247.

習 題

■ 熵與熵增加原理

7-1C 在克勞修斯不等式關係中的溫度必須是絕對溫度嗎？為什麼？

7-2C 熱的循環積分必須為零嗎（一個系統要將所接收到的熱量全部排出完成一個循環）？請解釋。

7-3C 一個量的循環積分為零是一個必然性質嗎？

7-4C 為了要計算一個不可逆過程在狀態 1 和 2 之間的熵變化值，則 $\int_1^2 \delta Q/T$ 積分式應該沿著真實路徑或一個假想的可逆路徑積分？請解釋。

7-5C 等溫過程一定是內部可逆嗎？舉一例解釋。

7-6C 對於兩最終狀態相同的過程而言，比較可逆過程和不可逆過程 $\int_1^2 \delta Q/T$ 的值為何？

7-7C 一個熱馬鈴薯的熵隨著溫度的下降而減少，這是熵增加原理的違例嗎？請解釋。

7-8C 當一個系統是絕熱時，系統內物質的熵變化要如何描述？

7-9C 功不含熵，所以不會改變單一進出口的絕熱穩流系統的熵。此一說法是否正確？

7-10C 一個活塞－汽缸裝氦氣，在一個可逆、等溫過程中，氦氣的熵（不會，偶爾，總是）增加。

7-11C 一個活塞－汽缸裝氮氣，在一個可逆、絕熱過程中，氮氣的熵（不會，偶爾，總是）增加。

7-12C 一個活塞－汽缸裝過熱的水蒸汽，在一個絕熱過程中，水蒸汽的熵（不會，偶爾，總是）增加。

7-13C 流經一個完全絕熱的渦輪機，水蒸汽的熵會（上升，下降，維持不變）。

7-14C 對於一個理想卡諾循環的工作流體而言，在一個等溫加熱過程中，其熵會（上升，下降，不變）。

7-15C 對於一個理想卡諾循環的工作流體而言，在一個等溫排熱過程中，其熵會（上升，下降，不變）。

7-16C 在一個熱傳遞過程中，系統的熵（總是，偶爾，不會）增加。

7-17C 水蒸汽流經過一個加速絕熱噴嘴時，水蒸汽在噴嘴出口的熵會比入口的熵（大，小，相等）。

7-18C 對一個控制體積而言，有哪三種不同的機制會造成熵變化？

7-19 空氣被一個 15 kW 的壓縮機從 P_1 壓縮到 P_2。在與外界環境溫度為 20°C 的熱傳作用下，空氣溫度維持在 25°C，求空氣熵變化率。答：-0.0503 kW/K

7-20 100 kJ 的熱從 1200 K 的熱貯存器傳到 600 K 的冷貯存器，計算兩熱源間的熵變化，以及確認此熵變化是否滿足熵增加原理。

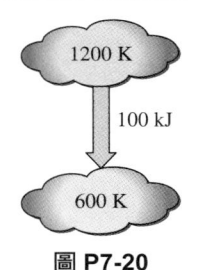

圖 P7-20

7-21 在前一題中，假設熱從冷貯存器傳到熱貯存器違反克勞修斯定律，證明其違反熵增加原理。

7-22 一個可逆熱泵以 300 kW 的速率產生熱，使房屋維持在 24°C，室外空氣為 7°C，視為熱源。計算兩貯存器間的熵變化率，並根據熵增加原理確認此一熱泵是否滿足第二定律。

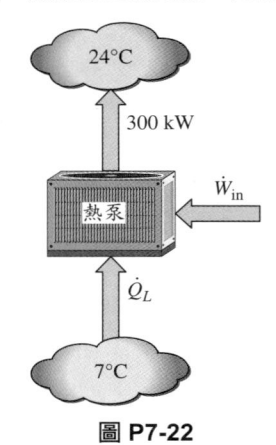

圖 P7-22

7-23 在一個卡諾循環的等溫加熱過程中，900 kJ 的熱量從 400°C 的熱源被加到工作流體。求：(a) 工作流體的熵變化；(b) 熱源的熵變化；(c) 過程中的總熵變化。

7-24 在一個卡諾循環的絕熱可逆過程中，工作流體的熵變化為 −1.3 kJ/K。假設熱沉的溫度為 35°C，求：(a) 熱傳量；(b) 散熱器的熵變化；(c) 過程中的總熵變化。答：(a) 400 kJ，(b) 1.3 kJ/K，(c) 0

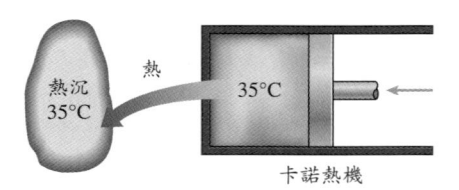

圖 P7-24

7-25 冷媒 R134-a 以 140 kPa 飽和液－氣混合物狀態進入冷凍系統蒸發器中。此冷凍系統從冷室吸收 180 kJ 的熱量，並使溫度維持在 −10°C，而冷媒以相同壓力的飽和蒸氣離開，求：(a) 冷媒熵變化值；(b) 冷室中熵變化值；(c) 過程中的總熵變化。

■ 純物質的熵變化

7-26C 對一個內部可逆的絕熱過程而言，一定是等熵嗎？請解釋。

7-27 1 kg、壓力為 2 MPa 的水裝在容積 0.07 m³ 的活塞－汽缸內。水在定壓下加熱直到溫度達到 250°C。求水的總熵變化。答：1.38 kJ/K

7-28 一個絕熱良好的剛槽內有 200 kPa、3 kg 的飽和液－氣混合物。開始時四分之三的質量為液體。現在將一個熱阻放入槽中，並開啟直到所有液體變成水蒸汽，求水蒸汽在此過程中的熵變化。答：11.1 kJ/K

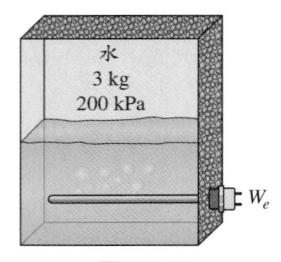

圖 P7-28

7-29 蒸汽加熱系統的散熱器的體積為 20 L，充滿 200 kPa、150°C 的過熱水蒸汽。此時將散熱器入口和出口閥都關閉並讓熱傳熱向室內空氣，過了一段時間水蒸汽的溫度下降到 40°C。求水蒸汽在此過程的熵變化。答：−0.132 kJ/K

7-30 6 MPa、400°C 的水蒸汽進入一個壓縮機，離開時為 100 kPa，且水蒸汽出入口的比熵相同。求壓縮機出口水的比焓差。

7-31 1 kg 的冷媒 R-134a 在一封閉系統中從 600 kPa、25°C 等熵膨脹到 100 kPa，求此過程中最終冷媒 R-134a 的溫度和比熵。

7-32 冷媒 R-134a 在 70°C、600 kPa 經過一穩定壓縮機後，出口壓力變為 100 kPa，其出口面積 1 m²，入口面積為 0.5 m²。當質量流率為 0.75 kg/s，計算出口和入口速度。答：0.0646 m/s，0.171 m/s

7-33 一活塞－汽缸裝置內含有 200°C、1.2 kg 的飽和水蒸汽。現今將熱傳至水蒸汽，而水蒸汽以一等溫可逆膨脹至最終壓力 800 kPa。求此過程的熱傳量和所作的功。

7-34 40°C、320 kPa 的冷媒 R-134a 在一封閉系統內經過一等溫過程，直至其乾度為 40%。求

每單位質量需要多少熱傳量以及作多少功？答：
40.6 kJ/kg，130 kJ/kg

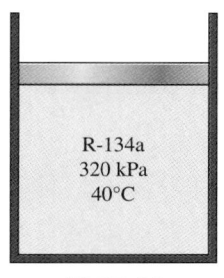

圖 P7-34

7-35 一個剛槽內有 5 kg、100°C 的飽和蒸氣水蒸汽，水蒸汽被冷卻到外界溫度 25°C。(a) 繪製此過程相對於飽和線的 T-v 圖；(b) 求水蒸汽的熵變化（kJ/K）；(c) 對水蒸汽和它的外界，求這個過程中的總熵變化，以 kJ/K 表示。

7-36 0.5 m³ 的剛槽內含有 200 kPa、乾度 40% 的冷媒 R-134a。熱從 35°C 熱源傳到冷媒 R-134a 直到壓力升高至 400 kPa。求：(a) 冷媒 R-134a 的熵變化；(b) 熱源的熵變化；(c) 過程的總熵變化。

7-37 求圖 P7-37 中此可逆過程 1-3 的總熱傳量，以 kJ/kg 表示。

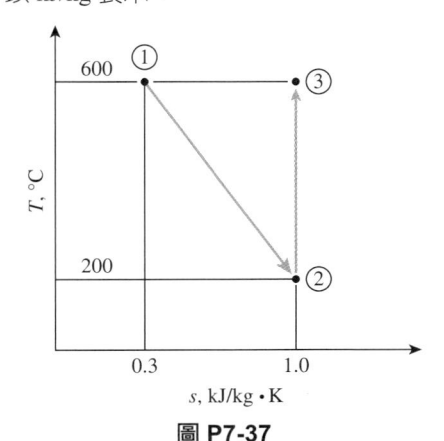

圖 P7-37

7-38 求圖 P7-38 中此可逆穩流過程 1-3 的總熱傳量，以 kJ/kg 表示。答：71.5 kJ/kg

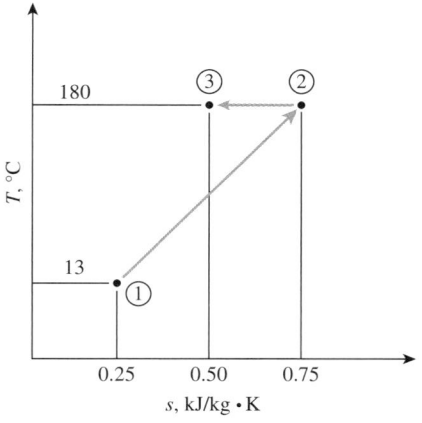

圖 P7-38

7-39 水蒸汽在 150 kPa、120°C 以 550 m/s 的速度進入絕熱的擴散器。該水蒸汽在出口處的出口壓力為 300 kPa 時，求水蒸汽的最低速度。

7-40 水蒸汽在 6 MPa、500°C 進入絕熱渦輪並在 0.3 MPa 的壓力離開。求該渦輪機所能傳送最大的功。

7-41 3 MPa 的水蒸汽以 2 kg/s 經過一個等熵渦輪機，出口壓力為 50 kPa，溫度 100°C，此流體中有 5% 在 500 kPa 下加熱，求此渦輪機所作的功，以 kW 表示。答：2285 kW

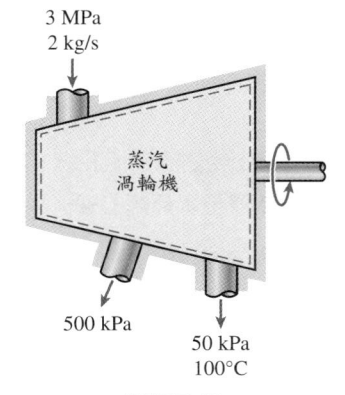

圖 P7-41

7-42 70 kPa、100°C 的水在一封閉系統被等熵壓縮到 4 MPa，求最終溫度和作了多少功，以 kJ/kg 表示。

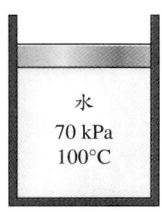

圖 P7-42

7-43 0.7 kg 的冷媒 R-134a 從 800 kPa、50°C 膨脹至 140 kPa。求總熱傳和產生多少功。

7-44 一活塞−汽缸裝置內裝有 2 kg、600 kPa 的飽和水蒸汽。若水絕熱膨脹至 100 kPa，並輸出 700 kJ 的功。(a) 求水的熵變化，以 kJ/kg·K 表示。(b) 此過程是否成立？以第二定律描述之並繪出 T-s 圖。

7-45 將一水蒸汽緩慢流入一絕熱流量穩定的噴嘴，將飽和蒸氣從 6 MPa 膨脹至 1.2 MPa。(a) 在這條件下出口速度應該會是最大，描繪出 T-s 過程的飽和線。(b) 計算出口最大速度為何，以 m/s 表示。答：764 m/s

7-46 一個 20 L 的蒸汽鍋內裝有一個卸壓設備，使壓力保持於 150 kPa。開始時鍋內壓力為 175 kPa，乾度為 10% 的水。持續加熱直到乾度為 40%，求提供熱能的熱源之最小熵變化。

7-47 承上題，水在加熱的同時也被攪拌，假設 100 kJ 的功作用於被加熱的水。求熱源的最小熵變化。

7-48 一個活塞−汽缸裝有乾度為 50%、溫度為 100°C、5 kg 的水蒸汽，此水蒸汽經歷以下兩個過程：

1-2 熱經由一個可逆過程被傳至水蒸汽，同時溫度不變，直到成為飽和蒸氣離開。

2-3 此水蒸汽在絕熱可逆過程中膨脹，直至壓力為 15 kPa。

(a) 在 T-s 圖上畫出相對應的飽和線。
(b) 求出過程 1-2 傳至水蒸汽的熱，以 kJ 表示。
(c) 求出過程 2-3 水蒸汽所作的功，以 kJ 表示。

7-49 一台電動除霜機能夠去除 0.6 cm 的霜，霜的特性為 T_{sat} = 0°C、$u_{if} = h_{if}$ = 335 kJ/kg 和 v = 0.001 m³/kg。假設不考慮周圍的熱能，求此除霜機在每平方英尺可以除去 0°C 液態水需消耗多少電力。而在最低多少溫度時，也可以進行除霜？

■ 不可壓縮物質的熵變化

7-50C 有兩個塊狀固體，一個熱、一個冷。現將放入一絕熱容器中使兩物接觸。一段時間之後，此容器內經由熱傳達到熱平衡。在第一定律中，高溫物體所損失的熱量等於低溫物體所增加的熱量。第二定律是否需要滿足從熱物體所減少的熵等於低溫物體所增加的熵？

7-51 一個 50 kg 銅塊的初始溫度為 140°C，被丟進一個裝有 90 L、10°C 水且絕熱良好的水槽中，求最後的平衡溫度和此過程中的總熵變化。

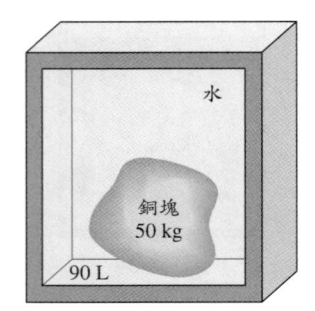

圖 P7-51

7-52 10 g 的電腦晶片其比熱為 0.3 kJ/kg·K，初始溫度為 20°C。這些晶片被置於 5 g 的 −40°C 液態冷媒 R-134a 中冷卻。假設晶片冷卻過程中壓力固定，求以下物體的熵變化值：(a) 晶片；(b) 冷媒 R-134a；(c) 整個系統。此過程是否可能發生？為什麼？

7-53 一個 25 kg 的鐵塊，初始溫度為 350°C，被置於一個裝有 100 kg、18°C 水的絕熱槽中淬火。假設在此過程中，水在槽中完全汽化後冷凝為水，求此過程的總熵變化。

7-54 一個 30 kg 的鋁塊，初始溫度為 140°C，被置於一個絕熱環境，與一個 40 kg、60°C 鐵塊相接觸，求最後平衡溫度和此過程的總熵變化量。答：109°C，0.251 kJ/K

7-55 一個 30 kg 的鐵塊和一個 40 kg 的銅塊，其初始溫度皆為 80°C，同時丟入一個 15°C 的湖中。在鐵塊、銅塊與湖水熱傳而達到熱平衡後，求此過程的總熵變化。

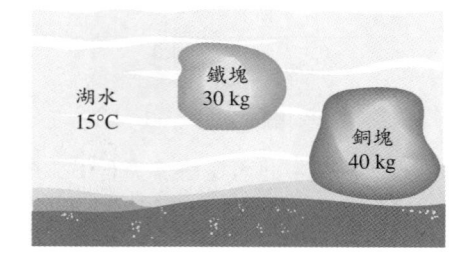

圖 P7-55

7-56 一個絕熱泵利用可逆過程將 10 kPa 飽和液態水壓縮至 15 MPa，利用：(a) 壓縮液態水的熵表；(b) 入口比容和壓力值；(c) 平均比容和壓力值之方法求輸入功，以及 (b) 和 (c) 的誤差。

圖 P7-56

■ 理想氣體的熵變化

7-57C 某些理想氣體的特性，例如內能和焓，只和溫度有關（亦即 $u = u(T)$，$h = h(T)$），熵是否也是一樣？

7-58C 理想氣體在等溫過程下，熵是否會改變？

7-59C 理想氣體在兩個指定溫度下進行一過程，首先是等壓，然後是等容過程。哪一個情況的熵變化較大？請解釋。

7-60 證明理想氣體在定比熱假設下（公式 7-33 與公式 7-34）的熵變化相同。

7-61 由第二 $T\,ds$ 關係式（公式 7-26），在定比熱假設下求得公式 7-34 之理想氣體熵變化。

7-62 氦和氮從 2000 kPa、427°C 狀態變化到 200 kPa、27°C。哪一種氣體的熵變化較高？

7-63 空氣從 2000 kPa、500°C 膨脹到 100 kPa、50°C。假設固定比熱，求空氣的比熵變化。

7-64 每單位質量的空氣在 105 kPa、30°C 和 275 kPa、100°C 下的熵有什麼不同？

7-65 氧氣從 0.8 m³/kg、25°C 的初始狀態在活塞－汽缸中被壓縮至 0.10 m³/kg、287°C 的最終狀態。求此過程中氧氣的熵變化。假設比熱為定值。

7-66 1.5 m³ 隔絕剛槽含有 2.7kg、100 kPa 的二氧化碳。現在葉輪對系統作功直至剛槽中的壓力升高到 150 kPa。求此過程中二氧化碳的熵變化。假設比熱為定值。答：0.719 kJ/K

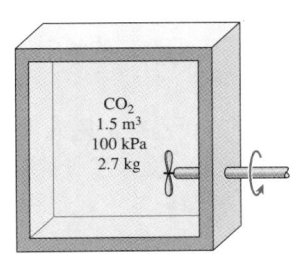

圖 P7-66

7-67 一個絕熱活塞－汽缸一開始裝有 300 L、120 kPa、17°C 的空氣，空氣接著被一個 200 W 的電阻加熱 15 分鐘，過程中空氣的壓力為定值。求在 (a) 定比熱與 (b) 變比熱兩種情況下空氣的熵變化。

7-68 一個活塞－汽缸裝有 0.75 kg、140 kPa、37°C 的氮氣，氮氣以 $PV^{1.3}$ ＝常數的多變過程緩慢壓縮。在過程結束時，其體積減為一半，求氮氣在此過程中的熵變化量。答：−0.0385 kJ/K

7-69 質量流率 1.6 kg/min 的空氣由一個 5 kW 壓縮機從 100 kPa、17°C 穩定壓縮至 600 kPa、167°C。在此過程中，壓縮機與 17°C 的周圍介質產生熱傳遞。求此過程空氣的熵變化率。答：−0.0025 kW/K

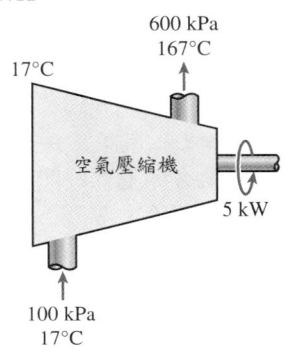

圖 P7-69

7-70 空氣以 280 kPa、77°C 與 50 m/s 的速度穩定進入噴嘴並在 85 kPa、320 m/s 的出口速度離開。從噴嘴到 20°C 的周圍介質的熱損失估計為 3.2 kJ/kg。求：(a) 出口溫度；(b) 此過程的總熵變化。

7-71 一個活塞－汽缸裝置裝有 1 kg、200 kPa、127°C 的空氣，可逆等溫膨脹過程直到內部壓力為 100 kPa，求此過程中的熱傳量。

7-72 氮從 100 kPa、27°C 利用活塞－汽缸裝置等熵壓縮至 1000 kPa。求其最終的溫度。

7-73 3.5 MPa、500°C 的空氣在渦輪機中絕熱膨脹至 0.2 MPa。求此渦輪機可以產生的最大功，以 kJ/kg 表示。

7-74 100 kPa、20°C 的空氣經由一部等熵壓縮機壓縮至 1500 kPa。求空氣的出口溫度和每單位空氣質量該壓縮機所消耗的功。答：627 K，341 kJ/kg

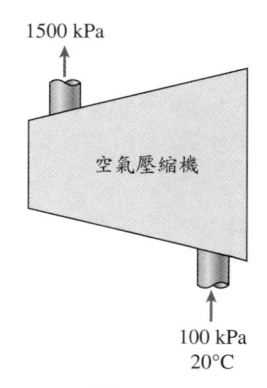

圖 P7-74 (空氣壓縮機：入口 100 kPa、20°C；出口 1500 kPa)

7-75 一個隔絕剛槽隔成相等的兩等份。最初，其中一份裝有 330 kPa、50°C 的理想氣體 12 kmol，而另一側為真空。現在將隔板拿開，讓該理想氣體充滿整個剛槽。求此過程的總熵變化。答：69.2 kJ/K

7-76 一個絕熱的剛槽裝有 4 kg、450 kPa、30°C 的氫氣，將閥打開後，氫氣散失直至壓力降為 200 kPa。假設氫氣在剛槽內經歷一個可逆絕熱過程，求最後剛槽內氫氣的質量。答：2.46 kg

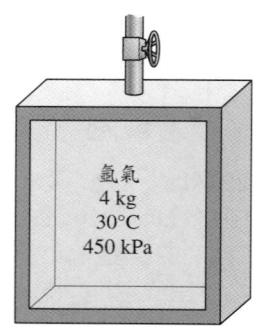

圖 P7-76 (氫氣 4 kg、30°C、450 kPa)

7-77 空氣以 400 kPa、277°C、60 m/s 進入一個絕熱噴嘴，出口壓力為 80 kPa。假設空氣為可變比熱的理想氣體且忽略不可逆性，求空氣的出口速度。

7-78 活塞－汽缸裝置內裝有 400 kPa、257°C 的空氣，現在空氣絕熱膨脹至壓力變為 100 kPa。若空氣的固定比熱為 300 K，求此過程中空氣要產生最大的功為 1000 kJ 時所需的質量。答：8.04 kg

7-79 活塞－汽缸裝置內裝有 100 kPa、27°C 的空氣，現在空氣絕熱壓縮，最小的輸入功 1000 kJ 將壓力升至 600 kPa。若空氣的比熱為 300 K 的固定比熱，求此裝置中空氣的質量。

7-80 90 kPa、20°C 的空氣被活塞－汽缸裝置經由可逆的等溫過程壓縮至 400 kPa。求：(a) 空氣的熵變化；(b) 所作的功。

7-81 90 kPa、30°C 的氦氣以可逆絕熱過程壓縮至 450 kPa。求最終溫度和所作的功，假設該過程利用：(a) 在一個活塞－汽缸裝置，(b) 在一個穩流的壓縮機。

7-82 活塞－汽缸裝置內裝有 5 kg、600 kPa、427°C 的空氣。假設此空氣等比熱為 300 K。此空氣以絕熱膨脹至 100 kPa，並且產生了 600 kJ 的功。(a) 求此空氣的熵變化量，以 kJ/kg·K 表示。(b) 以第二定律描述，此絕熱過程是否成立。

7-83 一個裝有 45 kg、95°C 液態水的容器被放置於一個 90 m³、初始溫度 12°C 的房間。一段時間後經由熱傳遞達到熱平衡，假設房間密封良好且絕熱。求：(a) 最後的平衡溫度；(b) 水和房內空氣的總熱傳量；(c) 熵產生量。

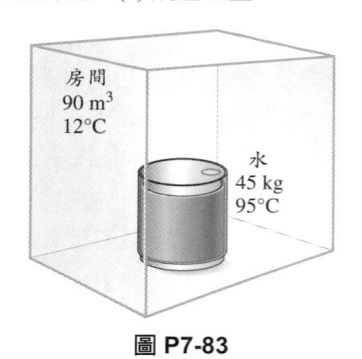

圖 P7-83 (房間 90 m³、12°C；水 45 kg、95°C)

■ 可逆穩流功

7-84C 在大型壓縮機中，經常將氣體冷卻以減少壓縮機的能量消耗，解釋為何空氣冷卻在壓縮過程中可以減少能量消耗。

7-85C 蒸汽發電廠內的渦輪機以絕熱條件運作，一個工程師提議利用冷水流經渦輪表面冷卻流經過渦輪機的水蒸汽，理由是水蒸汽熵下降會提升渦輪機效能，使得渦輪的輸出功增加。你是否贊成？

7-86C 一壓縮機可藉由在壓縮過程中冷卻氣體而減少能量消耗。某人提議當液體流經泵時將液體冷卻，以減少泵的耗能，你是否贊成？請解釋。

7-87 91 kPa、32°C 的空氣以可逆穩流裝置等溫壓縮至 550 kPa。計算壓縮過程所需的功,以 kJ/kg 表示。 答:157 kJ/kg

7-88 比容固定的飽和水蒸汽由 150°C 被可逆穩流壓縮到 1000 kPa,求所需的功,以 kJ/kg 表示。

7-89 圖 P7-89 所示為一個可逆穩流的過程 1-3,計算其所作的功,以 kJ/kg 表示。

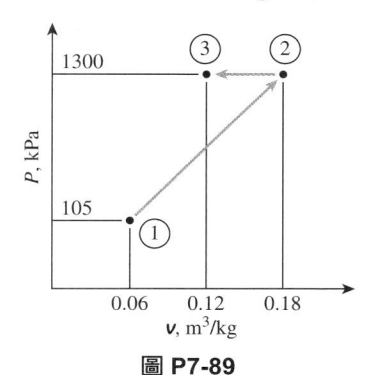

圖 P7-89

7-90 20 kPa 的飽和液態水以 45 kg/s 水進入蒸汽發電廠的泵,其出口壓力為 6 MPa。忽略動能和位能的變化並假設該過程為可逆,求輸入到泵的功率。

7-91 液態水以 5 kg/s 速率以及 100 kPa 壓力進入一個 16 kW 的泵,忽略水的動位能變化。假設水的比容為 0.001 m³/kg,求此泵出口液態水的最高壓力。 答:3300 kPa

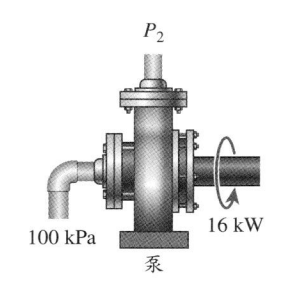

圖 P7-91

7-92 一蒸汽發電廠在 5 MPa 至 10 kPa 壓力間運作。流體以飽和液態進入泵,而以飽和蒸氣流出渦輪機,求渦輪機所產生的功和泵所消耗功的比。假設整個過程為可逆,而且泵和渦輪機熱損失忽略不計。

7-93 80 kPa,27°C 的氮氣經由 10 kW 的壓縮機壓縮至 480 kPa。求通過壓縮機氮氣的質量速率,假設壓縮過程是:(a) 等熵;(b) 多變過程 $n = 1.3$;(c) 等溫;(d) 理想的兩級多變過程 $n = 1.3$。 答:(a) 0.048 kg/s,(b) 0.051 kg/s,(c) 0.063 kg/s,(d) 0.056 kg/s

7-94 100 kPa 的冷媒 R-134a 飽和蒸氣在絕熱壓縮機被可逆壓縮至 600 kPa。求輸入到壓縮機的功。如果冷媒 R-134a 在壓縮前先凝結至常壓,輸入到壓縮機的功為多少?

■ 穩流裝置的等熵效率

7-95 說明:(a) 絕熱渦輪機;(b) 絕熱壓縮機;(c) 絕熱噴嘴的理想過程,並定義每一個裝置的等熵效率。

7-96C 等熵過程對於壓縮機冷卻而言是否適用?請解釋。

7-97C 在一個絕熱渦輪機 T-s 圖上,出口狀態(狀態 2)是否一定要在等熵出口狀態(狀態 2s)右邊?為什麼?

7-98 水蒸汽以 5 MPa、650°C、80 m/s 進入一個絕熱渦輪機,並且以 50 kPa、150°C、140 m/s 離開。假設渦輪機輸出功為 8 MW,求:(a) 渦輪機中的水蒸汽質量流率;(b) 渦輪機等熵效率。 答:(a) 8.03 kg/s,(b) 82.8%

7-99 827°C、850 kPa 高溫的燃燒氣體進入一絕熱氣體的渦輪機,使氣體以 425 kPa 的壓力低速離開。將此高溫氣體當作空氣,且等熵效率為 82%,求此氣體離開渦輪機時所產生的功。答:165 kJ/kg

7-100 350°C、4 MPa 的飽和水蒸汽被置於絕熱渦輪機中膨脹至 120 kPa,求此渦輪機的等熵效率。

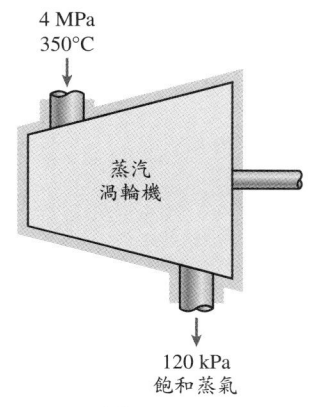

圖 P7-100

7-101 質量流率 3 kg/s 的水蒸汽以 8 MPa、500°C 進入絕熱渦輪機，出口壓力為 30 kPa。渦輪機的等熵效率是 0.90。忽視水蒸汽的動能變化，求：(a) 渦輪機的出口溫度；(b) 渦輪機的輸出功率。答：(a) 69.1°C，(b) 3054 kW

7-102 質量流率 1.8 kg/s、壓力 100 kPa 和溫度 300K 的二氧化碳進入絕熱壓縮機，出口壓力為 600 kPa、溫度 450 K，忽略動能的變化，求壓縮機的等熵效率。

7-103 一台冰箱內有飽和蒸氣冷媒 R-134a 1000 kPa、10°C，若壓縮效率為 85%，則壓縮 0.9 kg/s 的冷媒 R-134a 需要多少能量？答：19.3 kW

7-104 一個絕熱壓縮機將 27°C、95 kPa 的空氣壓縮至 600 kPa、277°C，假設可變比熱且忽略動能與位能變化，求：(a) 壓縮機之等熵效率；(b) 若此過程為可逆，其出口的空氣溫度。答：(a) 81.9%，(b) 505.5 K

7-105 98 kPa、25°C 的氫氣以 20 m/s 速率流入一絕熱壓縮機，並以 1400 MPa、75 m/s 流出，假設其等熵效率為 80%，求：(a) 氫氣於出口的溫度；(b) 壓縮機的輸入功。

7-106 空氣以 400 kPa、547°C 且相當緩慢的速率流入一絕熱噴嘴，而以 240 m/s 流出，假設等熵效率為 90%，求空氣在出口的溫度和壓力。

7-107 噴射引擎的排氣噴嘴將空氣從 300 kPa、180°C 完全絕熱膨脹至 100 kPa，假設其進口速率很慢且噴嘴等熵效率為 96%，求出口的空氣速率。

7-108 壓力 260 kPa、溫度 747°C 熱的燃燒氣體以 80 m/s 的速度進入渦輪噴射發動機的噴嘴，其出口的壓力為 85 kPa。假設等熵效率為 92% 並將燃燒氣體視為空氣，求：(a) 出口的速度；(b) 出口的溫度。答：(a) 728 m/s，(b) 786 K

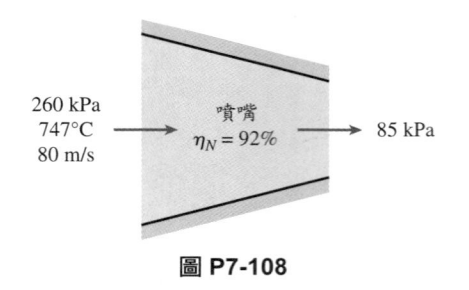

圖 P7-108

■ 熵平衡

7-109 冷媒 R-134a 從 700 kPa、30°C 絕熱膨脹成 60 kPa 的飽和蒸氣，求此過程的熵產生，以 kJ/kg·K 表示。

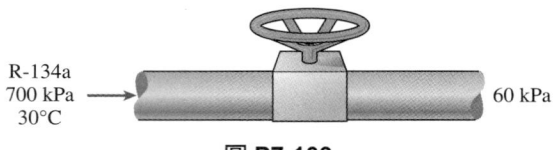

圖 P7-109

7-110 氧氣以速度 70 m/s 注入一絕熱良好直徑長 12 cm 的管子。當在管子入口此氧氣為 20°C、240 kPa，離開管子時為 18°C、200 kPa，求管內的熵產生率。

7-111 25°C、100 kPa 的氮氣被一個絕熱壓縮機從壓縮至 600 kPa、290°C。求此過程的熵產生量，以 kJ/kg·K 表示。

7-112 環境條件 100 kPa 和 22°C 的空氣穩定的進入壓縮機並以 800 kPa 離開。熱量從壓縮機中損失 120 kJ/kg 且空氣熵減少 0.40 kJ/kg。使用恆定的比熱，求：(a) 空氣的出口溫度；(b) 輸入到壓縮機的功；(c) 在此過程中的熵產生量。

7-113 水蒸汽在 7 MPa、500°C 和 45 m/s 穩定的進入絕熱渦輪機，而在 100 kPa 和 75 m/s 離開。如果渦輪機的功率輸出為 5 MPa 且等熵效率是 77%，求：(a) 通過渦輪機的水蒸汽質量流量；(b) 渦輪的出口溫度；(c) 在此過程中熵的產生率。

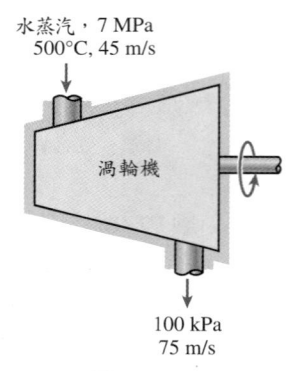

圖 P7-113

7-114 在一製冰廠內，藉由蒸發在 −16°C 的飽和液態冷媒 R-134a，將水在大氣壓 0°C 下結冰。此冷媒以飽和蒸氣離開，而此製冰廠以 2500 kg/h 的速率在 0°C 製冰，求此冰廠的熵產

生率。答：0.0528 kW/K

R-134a −16°C →　−16°C 飽和蒸氣　$\dot{Q}$

圖 P7-114

7-115 有一 200 kPa、10°C 的水以每分鐘 135 kg 的速率流入一個混合容器內，使注入的水穩定後裡面壓力為 200 kPa、150°C。此混合物離開此容器時的溫度壓力為 55°C、150 kPa，並以 180 kJ/min 的損失流失在 20°C 的環境中。忽視動能與位能，求此過程的熵產生率。

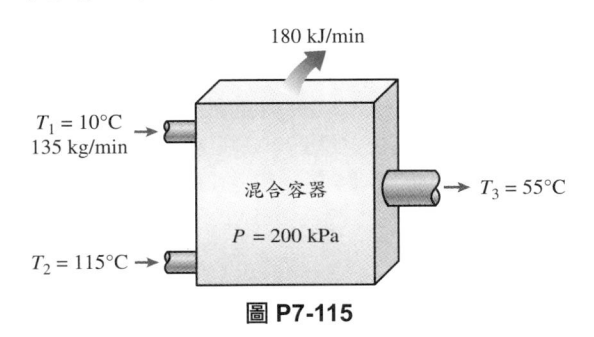

$T_1 = 10°C$, 135 kg/min
$T_2 = 115°C$
混合容器 $P = 200$ kPa
$T_3 = 55°C$
180 kJ/min

圖 P7-115

7-116 隔熱良好的熱交換器將水以 0.50 kg/s 的質量流率從 25°C 加熱到 60°C（$c_p = 4.18$ kJ/kg·°C）。加熱的熱源是由 140°C 處、質量流率 0.75 kg/s 的地熱水完成（$c_p = 4.31$ kJ/kg·°C）。求：(a) 傳熱的速率；(b) 熱交換器中熵的產生率。

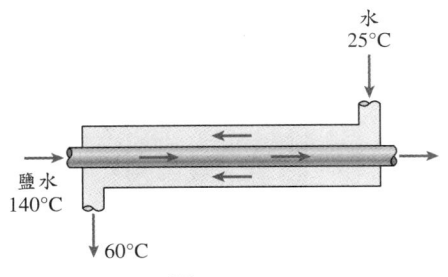

水 25°C
鹽水 140°C
60°C

圖 P7-116

7-117 絕熱熱交換器將流率 2 kg/s 的乙二醇（$c_p = 2.56$ kJ/kg·°C）用水從 80°C 冷卻至 40°C，水的入口溫度為 20°C，出口溫度為 55°C（$c_p = 4.18$ kJ/kg·°C）。求：(a) 傳熱的速率；(b) 熱交換器中的熵產生率。

7-118 一個隔熱良好的薄壁雙管對流熱交換器利用水將 2 kg/s 的油（$c_p = 2.20$ kJ/kg·°C）從 150°C 冷卻到 40°C，水（$c_p = 4.18$ kJ/kg·°C）的質量流率 1.5 kg/s，入口溫度為 22°C。求：(a) 傳熱的速率；(b) 熱交換器中的熵產生率。

7-119 一牛奶工廠每天 24 小時、全年 365 天無休運轉，將流量 12 L/s 的 4°C 牛奶利用熱水進行加熱殺菌，殺菌溫度為 72°C。熱水是由工廠利用效率 82% 天然氣鍋爐加熱。殺菌後的牛奶在冷卻成 4°C 之前，會先以 18°C 的水冷卻。為了節能及省錢，此工廠內有一效率為 82% 的再熱裝置。假設天然氣價錢為 \$1.04/therm（1 therm = 105,500 kJ），求此節能設備每年節省的能量及金錢，以及減少的熵產生量。

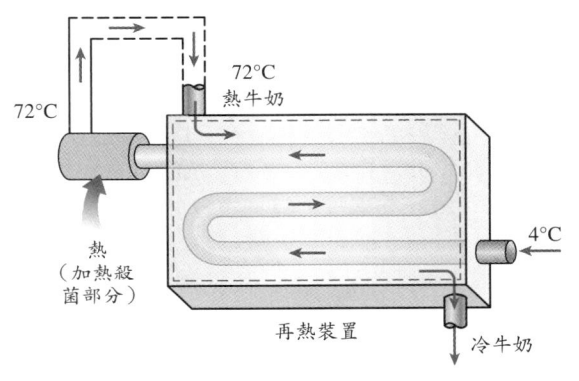

72°C
72°C 熱牛奶
4°C
熱（加熱殺菌部分）
再熱裝置
冷牛奶

圖 P7-119

7-120 一顆雞蛋可近似為直徑 5.5 cm 的球體，將整顆均勻為 8°C 的雞蛋（$\rho = 1020$ kg/m³，$c_p = 3.32$ kJ/kg·°C）丟入 97°C 的沸水中，求：(a) 當均溫達到 70°C 時，有多少熱將傳至雞蛋；(b) 此過程的熵產生量。

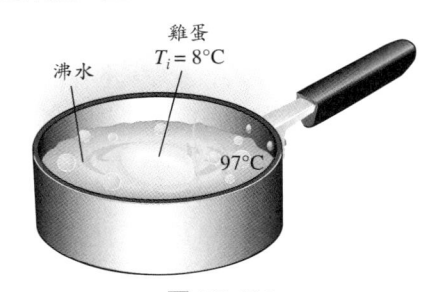

沸水
雞蛋 $T_i = 8°C$
97°C

圖 P7-120

7-121 雞的平均質量 2.2 kg，平均的比熱是 3.54 kJ/kg·°C。利用連續流浸入式製冷機冷卻，水進入的溫度為 0.5°C 並以 2.5°C 離開。雞在 15°C 的均勻溫度下被投進製冷機中，以每小時平均 250 隻的冷卻速率且雞被取出的平均冷卻溫度為 3°C。從冷卻器從 25°C 環境的熱取得率為 150 kJ/h，求：(a) 從雞所移除的熱，以 kW 表示；(b) 在冷卻過程的熵產生率。

7-122 直徑 8 mm 碳鋼球（ρ = 7833 kg/m³ 和 c_p = 0.465 kJ/kg·°C）加熱退火，在爐中加熱至 900°C，然後在環境溫度 35°C 空氣中緩慢冷卻到 100°C。如果每小時將 2500 個鋼球退火，求：(a) 碳鋼球對空氣的傳熱速率；(b) 球熱散失到空氣中的熵產生率。答：(a) 542 W，(b) 0.986 W/K

7-123 在一個生產設施，初始溫度 25°C 的 3 cm 厚 0.6 m×0.6 m 方形銅板（ρ = 8530 kg/m³，c_p = 0.38 kJ/kg·°C）在通過一個 700°C 烘箱以每分鐘 450 kJ 的速率進行加熱。如果將銅板保持在烘箱直至其平均溫度上升到 500°C，求：(a) 烘箱傳熱至方形銅板的傳熱率；(b) 在此傳熱過程中的熵產生率。

7-124 直徑 10 cm 長圓柱鋼管（ρ = 7833 kg/m³，c_p = 0.465 kJ/kg·°C）以一個 7 m 長的火爐在 900°C 內進行熱處理，其抽拉速度為 3 m/min，假設此管以 30°C 進入火爐，700°C 離開，求：(a) 在爐內管子的熱傳率；(b) 此熱傳過程的熵產生量。

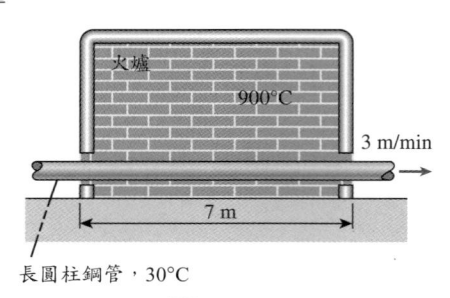

圖 P7-124

7-125 一個 4 m × 10 m、厚度 20 cm 磚牆，其表面內外的溫度分別保持為 16°C 和 4°C。假設經過此牆的熱傳率為 1250 W，求此牆內的熵產生率。

7-126 一個沒有摩擦的活塞-汽缸裝有 275 kPa 的飽和液態水，如今從 537°C 的熱源傳 600 kJ 至水，而且部分水在固定壓力蒸發，求此過程的總熵產生量，以 kJ/K 表示。

7-127 2 MPa、350°C 的水蒸汽以速率 55 m/s 注入一絕熱的噴嘴，而以速率 390 m/s、壓力 0.8 MPa 離開噴嘴。假設此噴嘴入口面積為 7.5 cm²，求：(a) 水蒸汽離開時的溫度；(b) 過程中的熵產生率。答：(a) 303°C，(b) 0.0854 kW/K

7-128 40,000 kg/h 的水蒸汽以 500°C、8 MPa 進入一個渦輪機進行膨脹，以 40 kPa 的飽和蒸氣離開。假設渦輪機輸出功為 8.2 MW，求此過程的熵產生率。假設環境溫度為 25°C。答：11.4 kW/K

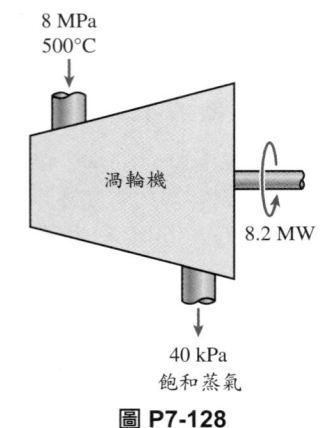

圖 P7-128

7-129 一質量流為 3.6 kg/s 的熱水以 70°C 進入一個絕熱混合室，並和 20°C 的水流混合。假設此混合流以 42°C 離開，求：(a) 冷水的質量流率；(b) 假設所有水流為 200 kPa，求此混合過程的熵產生率。

7-130 200 kPa、15°C 的液態水與 200 kPa、150°C 的過熱水蒸汽混合加熱，液態水以 4.3 kg/s 流入混合室內，而此混合室以 1200 kJ/min 向 20°C 室溫空氣散失熱，假設混合流以 200 kPa、80°C 離開，求：(a) 過熱蒸氣之質量流率；(b) 混合過程的熵產生率。答：(a) 0.481 kg/s，(b) 0.746 kW/K

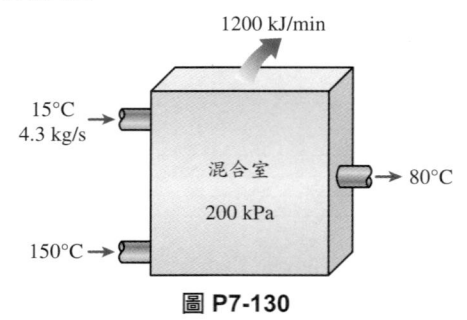

圖 P7-130

7-131 一個 0.18 m³ 的剛槽裝滿 120°C 的飽和液態水，如今將槽底的一個閥打開，讓水以液態流出一半，熱從一個 230°C 的熱源傳至水，使在槽內水之溫度保持不變，求：(a) 此過程總熱傳量；(b) 總熵產生。

7-132 一個未知重量的鐵塊，在 85°C 被丟入一個裝了 20 L、20°C 水的絕熱水槽裡，同時有一個 200 W 馬達的槳開始攪動水，10 分鐘後達到熱平衡溫度 25°C，求：(a) 此鐵塊質量；(b) 此過程所增加的熵。

Chapter 8

氣體動力循環

熱力學的兩個重要領域為動力產生與冷凍,兩者通常以在系統上操作熱力循環來完成。熱力循環可以分為兩種形式:一種為動力循環,將於本章及第 9 章討論;另一種為冷凍循環,將於第 10 章討論。

用於產生淨功輸出的系統或裝置通常稱為引擎,其操作的熱力循環稱為動力循環;用於產生冷凍效應的系統或裝置稱為冰箱、空氣調節裝置或熱泵,其操作的循環稱為冷凍循環。

依據工作流體的相,熱力循環亦可分為氣體循環與蒸氣循環。在氣體循環中,工作流體保持為氣體;在蒸氣循環中,部分循環工作流體以氣體存在,而部分循環工作流體以液體存在。

熱力循環也可以其他方式分類,分為封閉循環與開放循環。在封閉循環中,於過程結束時,工作流體回到初始狀態並重新循環。在開放循環中,於每一循環結束時,工作流體均被更新。在汽車引擎中,在每一循環結束時,燃燒的氣體皆被排出,並由新鮮的空氣-燃料混合物取代。汽車引擎以機器循環運轉,但工作流體並未經歷完整的熱力循環。

熱機依據如何將熱供給予工作流體,而分為內燃機與外燃機。在外燃機中(例如蒸汽發電廠),由外部熱源供熱至工作流體(如爐子、地熱井、核反應器),甚至太陽。在內燃機中(如汽車引擎),係在系統邊界內燃燒燃料而供熱。本章將在簡化的假設下分析不同的氣體動力循環。

學習目標

- 評估整個循環的工作流體維持氣體之氣體動力循環的效能。
- 推導適用於氣體動力循環的簡化假設。
- 回顧往復式引擎的運作。
- 分析封閉式與開放式氣體動力循環。
- 瞭解奧圖循環、迪賽爾循環、史特靈循環、艾力克生循環與布雷登循環。

8-1 分析動力循環的基本考量

大部分的動力產生裝置皆是循環運轉，這些動力循環裝置的研究在熱力學中是十分有趣且重要的課題。實際裝置的循環作用難以分析，因為存在一些複雜的效應（例如摩擦），而且在循環中也缺乏足夠的時間去建立平衡狀態。為方便循環分析研究，需將循環理想化，並將其複雜度控制在可處理的程度（圖 8-1）。當實際的循環除去所有的內部不可逆及複雜的因素，並限制循環使其非常接近實際循環，但全部過程由可逆過程所組成，此一循環稱為**理想循環（ideal cycle）**（圖 8-2）。

一個簡單理想的模型能使工程師研究循環中主要參數的影響，而不致陷入枝節的泥沼。本章所討論的循環有點理想化，但這些循環仍舊維持實際循環的一般特性。理想循環分析的結論亦可應用到實際循環。例如，火花點火汽車引擎之奧圖循環的熱效率隨著壓縮比的增加而增加。但由理想循環分析所得到的數值不一定代表實際循環的效率，在解釋應用上必須小心。在本章中，各種不同實務上動力循環的簡化分析為更深入研究的起點。

設計熱機的目的是將熱能轉換為功，其性能以**熱效率（thermal efficiency）** η_{th} 表示，其為引擎產生的淨功與總輸入熱量的比值：

$$\eta_{th} = \frac{W_{net}}{Q_{in}} \quad 或 \quad \eta_{th} = \frac{w_{net}}{q_{in}} \tag{8-1}$$

回想在全可逆循環（例如卡諾循環）操作的熱機，在所有於兩相同溫度間運轉的熱機中，其擁有最高的熱效率。也就是說，

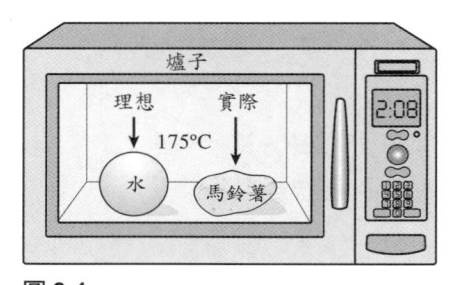

圖 8-1
模式化利用損失一些精確度的代價，提供較深入且簡化的強大工程工具。

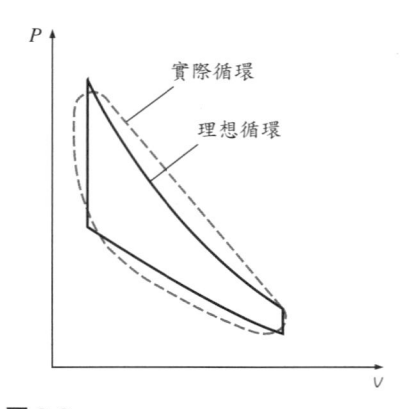

圖 8-2
利用一些理想化條件，可將許多複雜過程的分析簡化為可處理的階段別。

沒有人可以出發展效率高於卡諾循環的循環。既然如此,便產生下列問題:如果卡諾循環是最佳的可能循環,為何我們不使用其為所有熱機的模範循環,而使用麻煩的理想循環?此問題的答案與硬體有關。大部分的實際循環與卡諾循環相差甚大,使得卡諾循環無法成為實際的模型。本章所討論的理想循環為特定的功產生裝置,也是實際循環的理想狀況。

理想循環為內可逆,不需要外可逆,此點與卡諾循環不同。也就是說,系統可能包含外部的不可逆性,例如有限溫差的熱傳遞。因此,一般而言,理想循環的熱效率比在兩相同溫差間運作的全可逆循環低。然而,因為理想化條件的使用,其熱效率仍比實際的循環高出許多(圖 8-3)。

一般動力循環分析所使用的理想化與簡化摘要如下:

1. 循環不包含任何摩擦。因此,流體在管中或裝置(例如熱交換器)內流動而沒有壓降。
2. 所有的壓縮與膨脹在近似平衡下發生。
3. 連接系統的管路具有良好的絕熱,其所發生的熱傳遞可忽略不計。

圖 8-3
汽車引擎與燃燒室。
©Idealink Photography/Alamy RF

忽略工作流體的動能與位能變化是動力循環分析中另一個普遍使用的方法。此為一合理的假設,因為渦輪機、壓縮機、泵等與軸功相關的裝置,在其能量方程式中,動能與位能項比其他項小很多。在冷凝器、鍋爐及混合室等裝置中的流體速度相當低,變化相當小,動能的變化可忽略不計。只有噴嘴及升壓器是針對速度的大幅改變而設計,其動能改變較大。

在先前的章節中,P-v 圖與 T-s 圖等性質圖對於熱力過程的分析有相當大的幫助。在 P-v 圖和 T-s 圖上,循環過程曲線所圍成的面積表示在此循環過程所產生的淨功(圖 8-4),也等於循環中的淨熱傳量。在理想動力循環的分析中,T-s 圖對於可視化觀察的輔助特別有用。理想的動力循環不包含任何內部的不可逆性,因此在過程中,唯一能造成工作流體熵改變的只有熱傳遞。

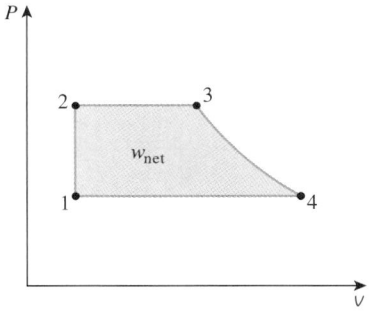

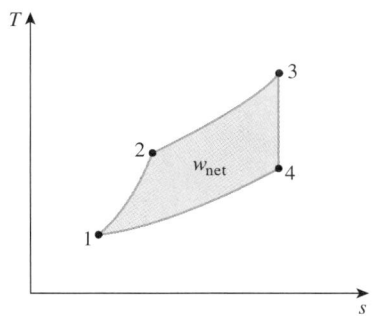

在 T-s 圖上,加熱過程朝熵增加的方向進行,排熱過程朝熵減少的方向進行,等熵過程(內可逆、絕熱)則朝熵為定值的方向進行。在 T-s 圖上,過程曲線下方的面積表示該過程的熱傳量;加熱過程下方的面積為循環過程中總熱供給量 q_{in},而排熱過程下方的面積為總排熱量 q_{out}。兩者之間的差(循環曲線所圍成的面積)為淨熱傳量,也是循環中產生的淨功。因此,在 T-s 圖

圖 8-4
在 P-v 圖與 T-s 圖上,過程曲線所圍成的面積代表循環的淨功。

上，循環曲線圍成的面積與加熱過程曲線下面積的比值，為循環的熱效率。對於增加這兩個面積比值的任何修正也將改善循環的熱效率。

雖然理想動力循環中的工作流體在封閉迴圈中運作，但構成循環每一個過程的形式依執行循環的每一個裝置而定。在蒸汽發電廠的理想循環（朗肯循環）中，工作流體流經一系列的穩流裝置，如渦輪機與冷凝器；然而，在火花點火汽車引擎的理想循環（奧圖循環）中，工作流體在活塞－汽缸裝置內交替地膨脹與壓縮。因此，與穩流系統有關的方程式應被用於朗肯循環的分析，而與封閉系統有關的方程式應被用於奧圖循環的分析。

8-2 卡諾循環與其在工程上的價值

卡諾循環由四個全可逆循環組成：等溫加熱、等熵膨脹、等溫排熱及等熵壓縮。卡諾循環的 P-v 圖與 T-s 圖重繪如圖 8-5。卡諾循環可在封閉系統（活塞－汽缸裝置）或穩流系統中執行（使用兩個渦輪機及兩個壓縮機，如圖 8-6 所示），工作流體可使用氣體或蒸氣。卡諾循環是最有效率的循環，可在溫度 T_H 的熱源與溫度 T_L 的熱沉之間運作，其熱效率表示為

$$\eta_{th,Carnot} = 1 - \frac{T_L}{T_H} \tag{8-2}$$

可逆的等溫熱傳遞實際上是很難達成的，因為需要很大的熱交換器，並且需要花費很長的時間（引擎完成一個動力循環只需要非常短的時間）。因此，建構一近似卡諾循環操作的引擎是不切實際的。

卡諾循環的實際重要性是它可作為實際或理想循環的比較標準。卡諾循環的熱效率為熱源與熱沉溫度的函數。卡諾循環熱效

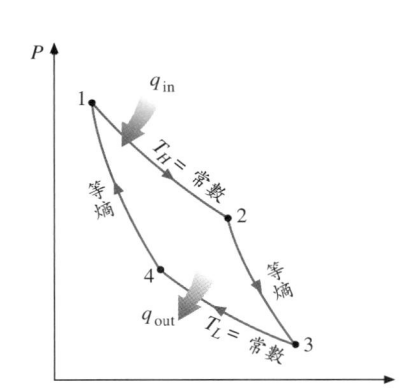

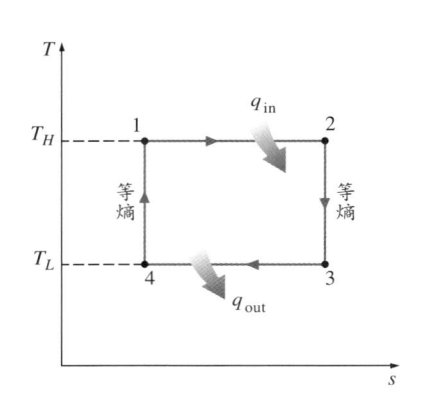

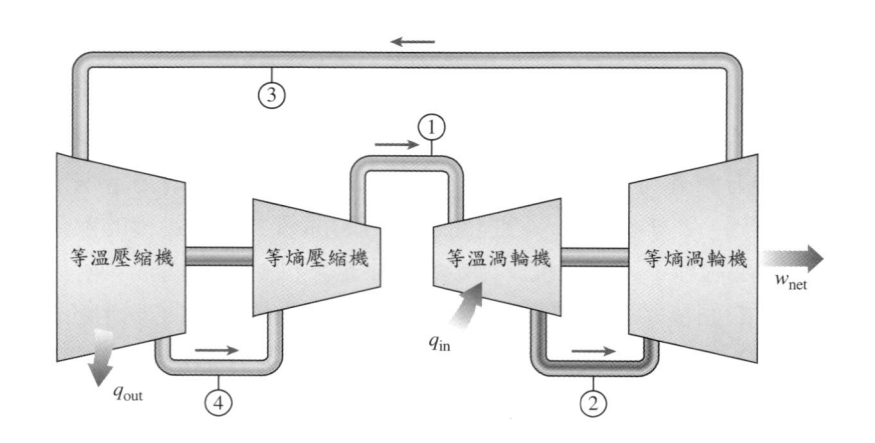

圖 8-5
卡諾循環的 P-v 圖與 T-s 圖。

圖 8-6
穩流卡諾引擎。

率的關係式（公式 8-2）傳達一個適用於理想與實際循環的重要訊息：熱效率隨著熱供給系統平均溫度的增加而增加，或隨著系統的熱排放溫度減少而增加。

然而，熱源與熱沉的溫度在實際狀況下是有限制的。循環的最高溫度受限於熱機內部零件所能承受的最高溫度，最低溫度為循環冷卻介質（例如湖水、河水、空氣）的最低溫度。

例 8-1　卡諾循環熱效率的推導

證明在 T_H 與 T_L 溫度間運轉卡諾循環的熱效率僅為此兩個溫度的函數，如公式 8-2 所示。

解：證明卡諾循環的熱效率僅與熱貯存器和熱沉的溫度相依。

分析：卡諾循環的 T-s 圖如圖 8-7 所示。構成卡諾循環的四個過程均為可逆，因此在每一過程曲線下的面積代表該過程的熱傳量。熱於過程 1-2 傳入系統，並於過程 3-4 排放。因此，熱量輸入與排放的總量可表示為

$$q_{in} = T_H(s_2 - s_1) \quad \text{與} \quad q_{out} = T_L(s_3 - s_4) = T_L(s_2 - s_1)$$

由於過程 2-3 與過程 4-1 為等熵，因此 $s_2 = s_3$ 與 $s_4 = s_1$。將其代入公式 8-1，卡諾循環的熱效率為

$$\eta_{th} = \frac{w_{net}}{q_{in}} = 1 - \frac{q_{out}}{q_{in}} = 1 - \frac{T_L(s_2 - s_1)}{T_H(s_2 - s_1)} = 1 - \frac{T_L}{T_H}$$

討論：注意，卡諾循環的熱效率與使用的工作流體之種類（理想氣體、水蒸汽等）無關，也與循環是在封閉系統或穩流系統內進行無關。

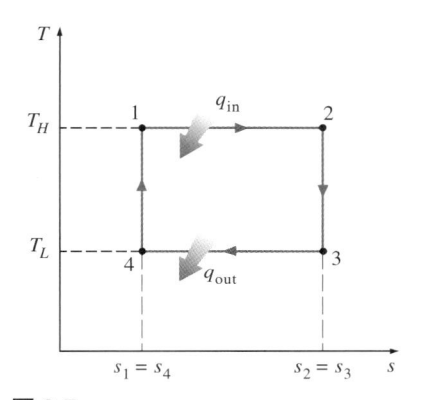

圖 8-7
例 8-1 的 T-s 圖。

8-3　空氣標準假設

在氣體動力循環中，工作流體在整個循環中保持氣體。火花點火引擎、柴油引擎、傳統的燃氣輪機為氣體循環操作裝置的類似例子。在這些引擎中，係在系統邊界內燃燒油料以提供能量，因此是內燃引擎。因為此燃燒過程，工作流體由空氣與燃料的混合物轉變為此循環的燃燒產生物。空氣的主要組份為氮氣，在燃燒室中很難產生化學作用，因此在所有時間中，工作流體幾乎與空氣類似。

雖然內燃機引擎在機械循環上運作（在每一運轉結束後，活塞回到初始位置），工作流體並未完成熱力循環，廢氣在循環中的某一點被排出。在開放循環中運作是所有內燃引擎的特性。

實際的氣體動力循環相當複雜。為了將分析簡化至可控制

的程度，我們利用以下的近似，通常稱為**空氣標準假設**（air-standard assumptions）：

1. 工作流體為空氣，空氣在封閉迴路中連續循環，並視為理想氣體。
2. 組成循環的所有過程均為內部可逆。
3. 燃燒過程被一個外部熱源的加熱過程取代（圖 8-8）。
4. 排氣過程被一個排熱過程取代，經過排熱過程後，工作流體回復到初始狀態。

另一個經常用於簡化分析的假設是空氣比熱為常數，即室溫（25°C）下的比熱。當使用此一假設時，此空氣標準假設稱為**冷空氣標準假設**（cold-air-standard assumptions），使用空氣標準假設的循環通常稱為**空氣標準循環**（air-standard cycle）。

先前的空氣標準假設在分析上有相當大的簡化，與實際循環的差異不大，此簡化模型使我們可以量化實際引擎中各主要參數對引擎性能的影響。

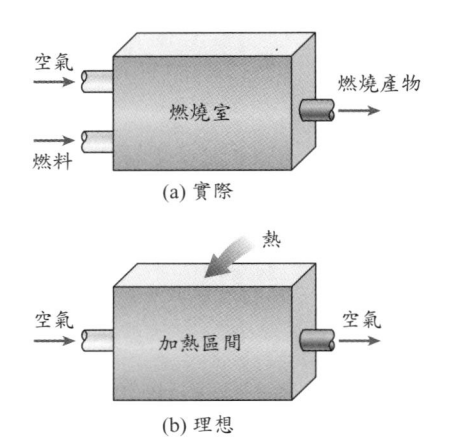

圖 8-8
在理想過程中，燃燒過程由加熱過程取代。

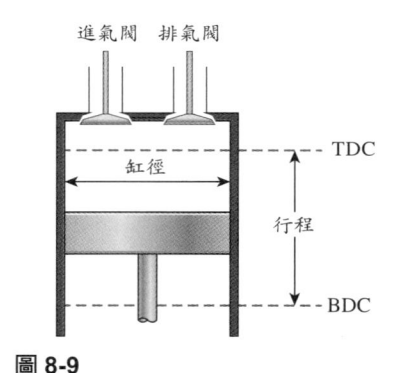

8-4　往復式引擎概述

往復式引擎雖然相當簡單（基本上為活塞—汽缸裝置），但其已被證明是可提供多功能及應用相當廣泛的傑出發明。它是汽車、卡車、輕型飛機、發電機與其他多種裝置主要的動力室。

往復式引擎的基本元件如圖 8-9 所示。活塞在兩固定點間往復運動，分別為**上死點**（top dead center, TDC）與**下死點**（bottom dead center, BDC）。活塞在上死點於汽缸中所形成的體積最小，在下死點於汽缸中所形成的體積最大。上死點與下死點間的距離為活塞所能運動的最大距離，此距離稱為引擎的**行程**（stroke）。活塞的直徑稱為**缸徑**（bore）。空氣或空氣燃油的混合物經由**進氣閥**（intake valve）進到汽缸，燃燒後的產物經由**排氣閥**（exhaust valve）排出。

圖 8-9
往復式引擎。

活塞在上死點於汽缸中所形成的體積，稱為**餘隙體積**（clearance volume）（圖 8-10）。活塞在上死點（TDC）移到下死點（BDC）所形成的體積位移量，稱為**位移體積**（displacement volume）。活塞在汽缸內形成之最大體積與最小體積的比值，稱為引擎的**壓縮比**（compression ratio）r：

$$r = \frac{V_{max}}{V_{min}} = \frac{V_{BDC}}{V_{TDC}} \tag{8-3}$$

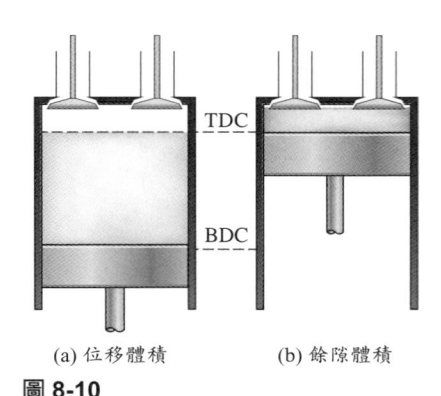

圖 8-10
往復式引擎的位移體積與餘隙體積。

注意，壓縮比為體積比，不可與壓力比混淆。

另一個在往復式引擎常用的項是**平均有效壓力（mean effective pressure, MEP）**。若平均有效壓力於整個動力行程皆作用在活塞上，將與實際循環產生等量的輸出功（圖 8-11），也就是

$$W_{net} = \text{MEP} \times \text{活塞面積} \times \text{行程} = \text{MEP} \times \text{位移體積}$$

或

$$\text{MEP} = \frac{W_{net}}{V_{max} - V_{min}} = \frac{w_{net}}{v_{max} - v_{min}} \quad (\text{kPa}) \qquad (8\text{-}4)$$

平均有效壓力（MEP）是比較相同尺寸往復式引擎之性能的參數。擁有較大 MEP 的引擎，每一個循環會輸出較大的淨功，因此性能較佳。

依據汽缸內燃燒過程開始的方式，往復式引擎分為**火花點火引擎（spark-ignition (SI) engines）**和**壓縮點火引擎（compression-ignition (CI) engines）**。在 SI 引擎，空氣－燃料混合物的燃燒是利用火星塞點火；CI 引擎則是利用壓縮混合物，使其超過自燃溫度而自燃。在下面兩節中，我們將分別討論奧圖循環（Otto cycle）與迪賽爾循環（Diesel cycle），分別是 SI 與 CI 往復式引擎的理想循環。

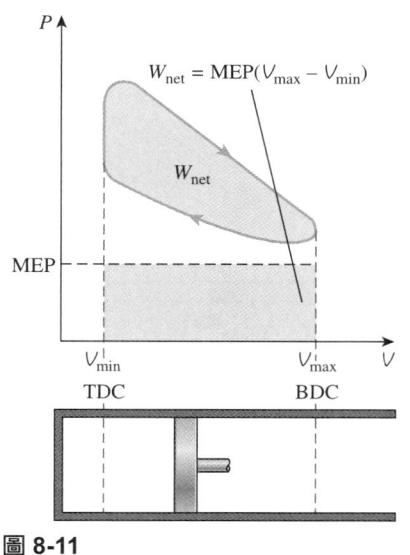

圖 8-11
循環的淨功輸出等於平均有效壓力與位移體積的乘積。

8-5　奧圖循環：火花點火引擎的理想循環

奧圖循環是火花點火往復式引擎的理想循環，以 Nikolaus A. Otto 命名。奧圖利用法國人 Beau de Rochas 在 1862 年所提出的循環，於 1876 年在德國成功地建造四行程引擎。大部分的火花點火引擎，活塞在汽缸內執行四個行程（兩個機械循環），對每一個熱力循環，曲軸完成兩轉，這種引擎稱為**四行程（four-stroke）**內燃機。實際的四行程火花點火引擎每一行程與 $P\text{-}v$ 圖之示意圖可參見圖 8-12(a)。

開始時，進氣閥與排氣閥皆關閉，活塞在最低點的位置（BDC）。在壓縮過程中，活塞向上移動，壓縮空氣－燃料混合物。當活塞到達最高位置（TDC）之前，火星塞點火，混合物開始燃燒，系統的壓力與溫度上升。高壓的氣體將活塞向下壓，此力使曲軸旋轉，在膨脹或動力行程產生有用的功輸出。於膨脹行程結束前，排氣閥打開，高於大氣壓力的燃燒氣體經由打開的排氣閥衝出汽缸。該過程稱為**排氣沖放（exhaust blowdown）**，而大部分燃燒氣體在活塞到達下死點時離開汽缸。汽缸在下死點仍充滿較低壓力的廢氣。此時活塞再次向上，將廢氣經由排氣閥推

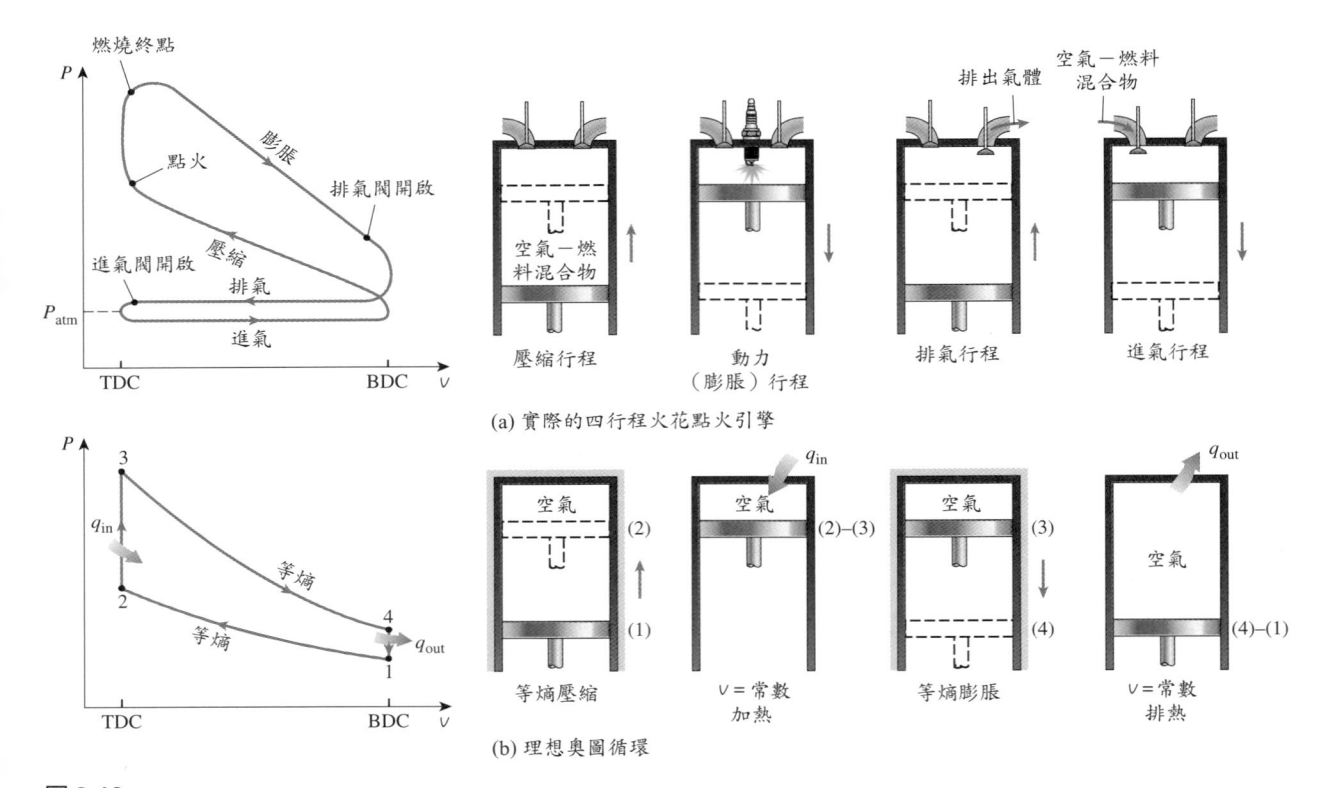

圖 8-12
火花點火引擎的實際與理想循環及其 P-v 圖。

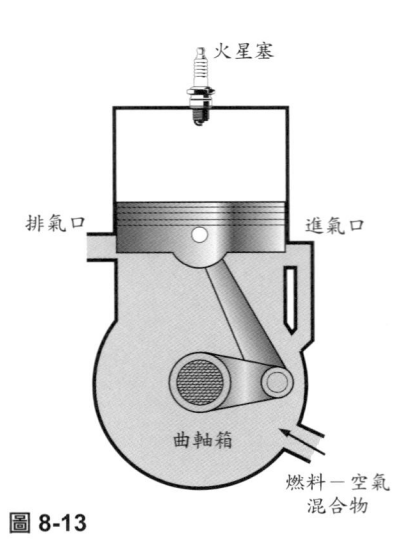

圖 8-13
二行程往復式引擎示意圖。

出（排氣行程），活塞第二次向下時，經由進氣閥吸入新鮮的空氣－燃料混合物（進氣行程）。在排氣行程時，汽缸內的壓力稍微高於大氣壓力值；在進氣行程時，則稍微低於大氣壓力值。

在**二行程引擎**（two-stroke engines）中，上述的壓縮、動力、排氣、進氣功能在動力及壓縮兩個行程內完成。在二行程引擎中，曲軸箱是密封的，活塞的外部運動被用來輕微加壓曲軸箱內的空氣－燃料混合物，如圖 8-13 所示。另外，進氣閥與排氣閥由汽缸壁上較低處的開口取代。在動力行程的後段，活塞無法密封住第一個排氣口，使得部分的廢氣排出，而新鮮的空氣－燃料混合物由進氣口進入，並將殘留在汽缸內的廢氣排出。在壓縮過程時，活塞向上將混合氣壓縮，並進一步由火星塞點火。

二行程引擎的效率較四行程引擎為低，因為二行程引擎排氣較不完全，而且部分新鮮的空氣－燃料混合物隨著廢氣排出。不過，二行程引擎比較簡單、便宜，且有較高的功率／重量與功率／體積比，較適合摩托車、鏈鋸及割草機等需要較小體積與重量的應用（圖 8-14）。

直接燃料噴射、分層進氣燃燒及電子控制等各種不同的先進

技術，可提高性能與燃料效率，使二行程引擎重新受到關注。在特定的重量與體積下，良好設計的二行程引擎可以比四行程提供較多的動力，因為二行程引擎每轉一轉即可產生動力，而四行程引擎每轉兩轉才可產生一次動力。在新型的二行程引擎中，高度霧化燃料噴射於壓縮過程接近終了時，會將燃料噴入燃燒室中，使燃燒更完全。在排氣閥關閉後再噴入燃料，可防止未燃燒的燃料排放到大氣中。分層燃燒的火焰是利用點燃火星塞附近的小量較濃空氣－燃料混合物，並將其傳送到充滿較稀混合物的燃燒室。另外，先進的電子技術使引擎在各種不同負載與速度的狀況下，皆能得到最理想的運轉條件。許多汽車公司著手於二行程引擎的研究，期待二行程引擎在未來能重整旗鼓。

實際的二行程與四行程循環熱力學分析並不容易。然而，利用空氣標準假設可使分析簡化。簡化後的循環稱為理想的**奧圖循環（Otto cycle）**，其與實際的操作狀況相當類似。由四個內部可逆過程組成：

1-2　等熵壓縮
2-3　等容加熱
3-4　等熵膨脹
4-1　等容排熱

奧圖循環在活塞－汽缸裝置內執行的 P-v 圖如圖 8-12(b) 所示，T-s 圖如圖 8-15 所示。

在圖 8-12(b) 所示的理想奧圖循環有一個缺點。理想奧圖循環包含兩個行程，相當於一個機械週期或曲軸旋轉一圈。引擎的實際操作如圖 8-12(a) 所示，換言之，引擎的實際操作包括四個行程，相當於兩個機械週期或曲軸旋轉兩圈。若將進氣和排氣行程加入理想奧圖循環可修正這情形，如圖 8-16 所示。在此修正的循環中，過程 0-1 活塞從上死點移動到活塞下死點期間，空氣／燃料混合物在大氣壓力 P_0（由於空氣標準假設近似為空氣）經由打開的進氣門進入汽缸。進氣閥在狀態 1 關閉，而空氣等熵壓縮到狀態 2。熱量在等容過程被傳遞（過程 2-3）並等熵膨脹到狀態 4 後，熱在等容過程下被排放（過程 4-1）。廢氣（再次近似為空氣）經由打開的排氣閥（過程 1-0）排出，直到壓力保持在定壓 P_0。

在圖 8-16 修正的奧圖循環中，進氣和排氣過程是在開放系統執行，而其餘四個過程是在封閉系統中執行。值得注意的是，在理想奧圖循環中的等容加熱過程（2-3）取代實際引擎操作的

圖 8-14
二行程引擎一般用於摩托車與割草機。
© *John A. Rizzo/Getty Images RF*

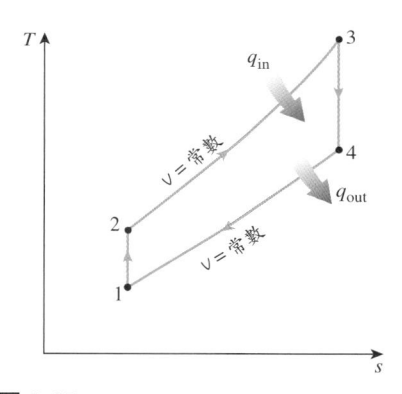

圖 8-15
理想奧圖循環之 T-s 圖。

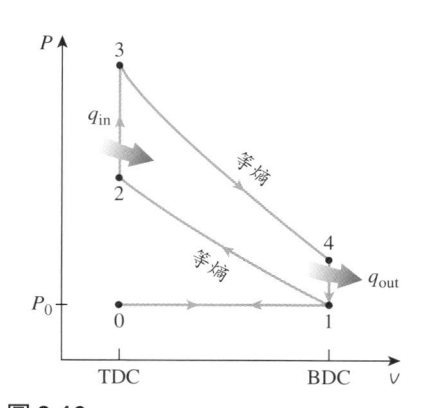

圖 8-16
理想奧圖循環之 P-v 圖，包含輸入與輸出行程。

燃燒過程，而等容排熱過程（4-1）取代排氣過程。

在等壓進氣過程（0-1）與等壓排氣過程（1-0）功的交互作用可表示為

$$W_{\text{out},0-1} = P_0(v_1 - v_0)$$
$$W_{\text{in},1-0} = P_0(v_1 - v_0)$$

進氣過程的功輸出與排氣過程的功輸入會相互抵銷，然後，循環簡化至如圖 8-12(b) 所示。因此，進氣和排氣行程對於循環的淨功輸出沒有影響。然而，在一個理想的奧圖循環分析計算循環的輸出功率時，我們必須考慮理想的奧圖循環與實際的四行程火花點火引擎有四個行程的事實，例 8-2 的最後會舉例說明。

奧圖循環在封閉系統內執行，其動能及位能的變化忽略不計。任一過程的單位質量之能量平衡方程式可表示為

$$(q_{\text{in}} - q_{\text{out}}) + (w_{\text{in}} - w_{\text{out}}) = \Delta u \quad \text{(kJ/kg)} \tag{8-5}$$

因為兩個熱傳遞過程均在等容下發生，故沒有功的作用。因此，工作流體的熱量進出可以表示為

$$q_{\text{in}} = u_3 - u_2 = c_v(T_3 - T_2) \tag{8-6a}$$

和

$$q_{\text{out}} = u_4 - u_1 = c_v(T_4 - T_1) \tag{8-6b}$$

在冷空氣標準假設下，理想奧圖循環的熱效率為

$$\eta_{\text{th,Otto}} = \frac{w_{\text{net}}}{q_{\text{in}}} = 1 - \frac{q_{\text{out}}}{q_{\text{in}}} = 1 - \frac{T_4 - T_1}{T_3 - T_2} = 1 - \frac{T_1(T_4/T_1 - 1)}{T_2(T_3/T_2 - 1)}$$

過程 1-2 與過程 3-4 為等熵，且 $v_2 = v_3$，$v_4 = v_1$。因此，

$$\frac{T_1}{T_2} = \left(\frac{v_2}{v_1}\right)^{k-1} = \left(\frac{v_3}{v_4}\right)^{k-1} = \frac{T_4}{T_3} \tag{8-7}$$

將這些公式代入熱效率關係式，經簡化可得

$$\eta_{\text{th,Otto}} = 1 - \frac{1}{r^{k-1}} \tag{8-8}$$

其中

$$r = \frac{V_{\text{max}}}{V_{\text{min}}} = \frac{V_1}{V_2} = \frac{v_1}{v_2} \tag{8-9}$$

為**壓縮比（compression ratio）**，而 k 為比熱比 c_p/c_v。

公式 8-8 顯示，在標準空氣假設下，理想奧圖循環的熱效率與引擎的壓縮比及工作流體的比熱比有關。理想奧圖循環的熱效率隨著引擎的壓縮比及工作流體的比熱比增加而增加。當空氣在室溫下的比熱比 $k = 1.4$ 時，熱效率與壓縮比的關係圖如圖 8-17 所示。在指定的壓縮比下，實際火花點火引擎的熱效率比理想的

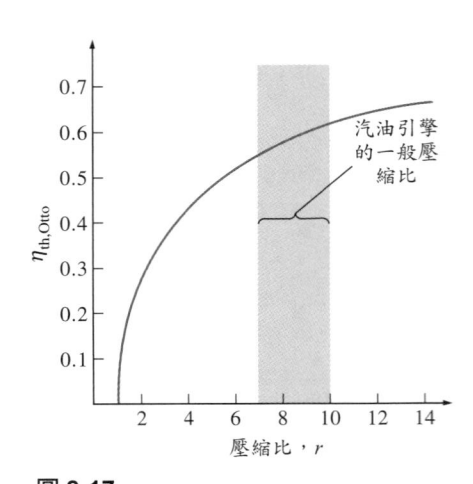

圖 8-17
理想奧圖循環的熱效率為壓縮比的函數（$k = 1.4$）。

奧圖循環來得低，因為其存在不可逆性（例如摩擦）與其他因素（例如不完全燃燒）。

由圖 8-17 可以觀察到熱效率在低壓縮比時相當陡峭，但在壓縮比大約為 8 時開始變得平坦。因此，在高壓縮比下，熱效率的增加並不顯著。另外，在高壓縮比時，於壓縮過程，空氣－燃料混合物的溫度將上升至燃料的自燃溫度（燃料不需火星塞即可燃燒的溫度）之上，導致在火燄前方的某一點或某些點的燃料提早及快速燃燒，接著是末端氣體的瞬間燃燒。此燃料的提早燃燒稱為**自燃（autoignition）**，自燃所產生的噪音稱為**引擎爆震（engine knock）**。在火花點火引擎中，不可以產生自燃，因為自燃會降低引擎的效能，而且可能損害引擎。使用火花點火的內燃機引擎之必要條件為：在最高壓縮比下，不可以產生自燃。

在汽油中添加良好的抗爆性物質能提高壓縮比（高至約 12），不需面對自燃問題便可改善汽油引擎的熱效率，例如在汽油中加入四乙基鉛。從 1920 年代開始將四乙基鉛加入汽油中，是一種提高辛烷值較便宜的方法（辛烷值為汽油抗爆性的量度）。但是，含鉛汽油有非常不好的副作用，其在燃燒過程中所形成的化合物對人體健康有害且會污染環境。為對抗空氣污染，美國政府在 1970 年代中期採取逐漸停用有鉛汽油的政策。由於無法使用有鉛汽油，因此煉油廠商開發其他的技術以提高汽油的抗爆性。從 1975 年開始，大部分的汽車改採無鉛汽油，並降低壓縮比以防止引擎爆震。近年來，高辛烷值的燃料可使引擎提高壓縮比，而且由於降低汽車重量、改善空氣動力設計等方面的改善，今日的汽車具有較好的燃油經濟性。這是工程師在諸多考量的因素中，如何以效率為最終設計唯一考量因素的例子。

在理想奧圖循環中，影響熱效率的第二個因素為比熱比 k。在已知的壓縮比下，理想奧圖循環以單原子氣體（例如氬氣或氦氣，$k = 1.667$）為工作流體，將可得到最高的熱效率。比熱比 k 與理想奧圖循環的熱效率，會隨著工作流體分子的變大而降低（圖 8-18）。在室溫下，空氣的 k 值為 1.4，二氧化碳為 1.3，乙烷為 1.2。在實際的引擎中，工作流體包含較大的分子（例如二氧化碳），其比熱比隨著溫度的升高而降低，此為實際循環的熱效率低於理想奧圖循環熱效率的原因之一。實際上，火花點火引擎的熱效率約為 25% 至 30%。

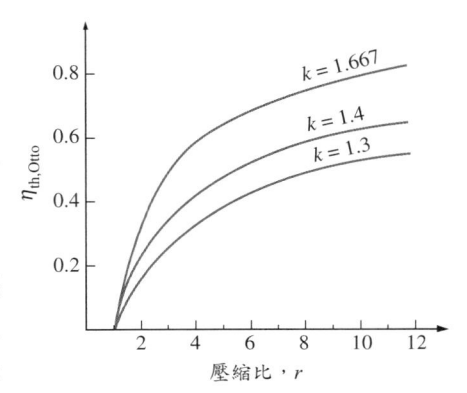

圖 8-18
奧圖循環的熱效率隨著工作流體的比熱比 k 而增加。

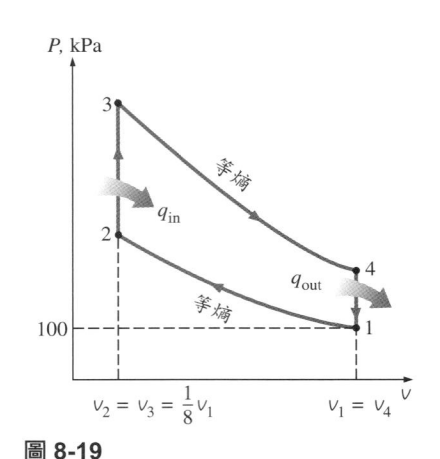

圖 8-19
例 8-2 之理想奧圖循環的 P-v 圖。

例 8-2　理想奧圖循環

一個理想奧圖循環的壓縮比為 8。在壓縮過程開始時，空氣的狀態為 100 kPa 與 17°C，在等容加熱過程中，有 800 kJ/kg 的熱被傳至空氣。若空氣的比熱隨溫度變化，求：(a) 此循環產生的最高溫度與最大壓力；(b) 淨功輸出；(c) 熱效率；(d) 此循環的平均有效壓力；(e) 引擎轉速為 4000 rpm 時此循環的功率輸出（kW）。假設該循環是在一個四汽缸、總排氣量 1.6 L 的引擎運轉。

解： 考慮一個理想的奧圖循環，求其最高溫度與最大壓力、淨功輸出、熱效率及平均有效壓力。

假設： (1) 利用標準空氣假設。(2) 動能與位能的變化忽略不計。(3) 必須考慮比熱隨溫度的變化。

分析： 理想奧圖循環的 P-v 圖如圖 8-19 所示，注意，汽缸內的空氣形成封閉系統。

(a) 奧圖循環的最高溫度與最大壓力發生於等容加熱過程的終點（狀態 3），但我們必須先求等熵壓縮過程結束（狀態 2）時空氣的溫度與壓力。利用表 A-17 的數據：

$$T_1 = 290 \text{ K} \quad \rightarrow \quad u_1 = 206.91 \text{ kJ/kg}$$
$$v_{r1} = 676.1$$

過程 1-2（理想氣體的等熵壓縮）：

$$\frac{v_{r2}}{v_{r1}} = \frac{v_2}{v_1} = \frac{1}{r} \quad \rightarrow \quad v_{r2} = \frac{v_{r1}}{r} = \frac{676.1}{8} = 84.51 \quad \rightarrow \quad T_2 = 652.4 \text{ K}$$
$$u_2 = 475.11 \text{ kJ/kg}$$

$$\frac{P_2 v_2}{T_2} = \frac{P_1 v_1}{T_1} \quad \rightarrow \quad P_2 = P_1 \left(\frac{T_2}{T_1}\right)\left(\frac{v_1}{v_2}\right)$$
$$= (100 \text{ kPa})\left(\frac{652.4 \text{ K}}{290 \text{ K}}\right)(8) = 1799.7 \text{ kPa}$$

過程 2-3（等容加熱）：

$$q_{\text{in}} = u_3 - u_2$$
$$800 \text{ kJ/kg} = u_3 - 475.11 \text{ kJ/kg}$$
$$u_3 = 1275.11 \text{ kJ/kg} \quad \rightarrow \quad T_3 = \mathbf{1575.1 \text{ K}}$$
$$v_{r3} = 6.108$$

$$\frac{P_3 v_3}{T_3} = \frac{P_2 v_2}{T_2} \quad \rightarrow \quad P_3 = P_2 \left(\frac{T_3}{T_2}\right)\left(\frac{v_2}{v_3}\right)$$
$$= (1.7997 \text{ MPa})\left(\frac{1575.1 \text{ K}}{652.4 \text{ K}}\right)(1) = \mathbf{4.345 \text{ MPa}}$$

(b) 欲求循環的淨功輸出，可以利用積分求得每一過程的邊界 ($P\,dV$) 功再相加，或求得淨熱傳遞，因為循環中的淨熱傳量等於淨功輸出。我們採用第二種方法。然而，我們首先需要決定空氣在狀態 4 的內能：

過程 3-4（理想氣體的等熵膨脹）：
$$\frac{v_{r4}}{v_{r3}} = \frac{v_4}{v_3} = r \quad \to \quad v_{r4} = r v_{r3} = (8)(6.108) = 48.864 \to T_4 = 795.6 \text{ K}$$
$$u_4 = 588.74 \text{ kJ/kg}$$

過程 4-1（等容排熱）：
$$-q_{\text{out}} = u_1 - u_4 \quad \to \quad q_{\text{out}} = u_4 - u_1$$
$$q_{\text{out}} = 588.74 - 206.91 = 381.83 \text{ kJ/kg}$$

因此，
$$w_{\text{net}} = q_{\text{net}} = q_{\text{in}} - q_{\text{out}} = 800 - 381.83 = \mathbf{418.17 \text{ kJ/kg}}$$

(c) 利用定義求循環的熱效率：
$$\eta_{\text{th}} = \frac{w_{\text{net}}}{q_{\text{in}}} = \frac{418.17 \text{ kJ/kg}}{800 \text{ kJ/kg}} = \mathbf{0.523 \text{ 或 } 52.3\%}$$

在冷空氣標準假設（在室溫下，比熱為定值）下，其熱效率為（公式 8-8）
$$\eta_{\text{th,Otto}} = 1 - \frac{1}{r^{k-1}} = 1 - r^{1-k} = 1 - (8)^{1-1.4} = 0.565 \text{ 或 } 56.5\%$$

其值與 (b) 小題所求的值明顯不同，因此，在使用冷空氣標準假設時必須相當謹慎。

(d) 利用公式 8-4 的定義求平均有效壓力：
$$\text{MEP} = \frac{w_{\text{net}}}{v_1 - v_2} = \frac{w_{\text{net}}}{v_1 - v_1/r} = \frac{w_{\text{net}}}{v_1(1 - 1/r)}$$

其中
$$v_1 = \frac{RT_1}{P_1} = \frac{(0.287 \text{ kPa} \cdot \text{m}^3/\text{kg} \cdot \text{K})(290 \text{ K})}{100 \text{ kPa}} = 0.832 \text{ m}^3/\text{kg}$$

因此，
$$\text{MEP} = \frac{418.17 \text{ kJ/kg}}{(0.832 \text{ m}^3/\text{kg})(1 - \frac{1}{8})} \left(\frac{1 \text{ kPa} \cdot \text{m}^3}{1 \text{ kJ}} \right) = \mathbf{574 \text{ kPa}}$$

(e) 四個汽缸進氣過程進入的總空氣質量為
$$m = \frac{V_d}{v_1} = \frac{0.0016 \text{ m}^3}{0.8323 \text{ m}^3/\text{kg}} = 0.001922 \text{ kg}$$

每個循環的淨功輸出為
$$W_{\text{net}} = m w_{\text{net}} = (0.001922 \text{ kg})(418.17 \text{ kJ/kg}) = 0.8037 \text{ kJ}$$

也就是每個熱力循環的靜功輸出為 0.8037 kJ/循環。需注意在四行程引擎每個熱力循環為曲軸轉兩轉（或理想的奧圖循環包含進氣行程與排氣行程），引擎所產生的功率為
$$\dot{W}_{\text{net}} = \frac{W_{\text{net}} \dot{n}}{n_{\text{rev}}} = \frac{(0.8037 \text{ kJ/cycle})(4000 \text{ rev/min})}{2 \text{ rev/cycle}} \left(\frac{1 \text{ min}}{60 \text{ s}} \right) = \mathbf{26.8 \text{ kW}}$$

討論：如果我們分析理想奧圖循環二行程引擎上具有相同的運轉條件，功率輸出的計算為
$$\dot{W}_{\text{net}} = \frac{W_{\text{net}} \dot{n}}{n_{\text{rev}}} = \frac{(0.8037 \text{ kJ/cycle})(4000 \text{ rev/min})}{1 \text{ rev/cycle}} \left(\frac{1 \text{ min}}{60 \text{ s}} \right) = 53.6 \text{ kW}$$

需注意二行程引擎在一個熱力循環中曲軸轉一轉。

8-6 迪賽爾循環：壓縮點火引擎的理想循環

迪賽爾循環是壓縮往復式引擎的理想循環。壓縮點火引擎於 1890 年代首先由 Rudolph Diesel 提出。它與上一節討論的火花點火引擎非常類似，主要差異在於燃燒點火的方法。在火花點火引擎（即一般的汽油引擎）中，空氣－燃料混合物被壓縮至低於燃料的自燃溫度以下，其燃燒過程由火星塞點火。在壓縮點火引擎（即一般的柴油引擎）中，空氣被壓縮至高於燃料的自燃溫度。當燃料噴入並接觸熱空氣時，開始燃燒。因此，在柴油引擎中，利用噴油嘴取代火星塞與化油器（圖 8-20）。

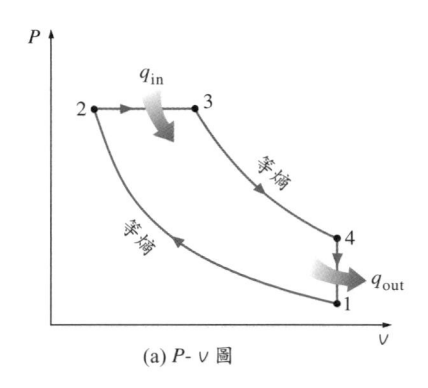

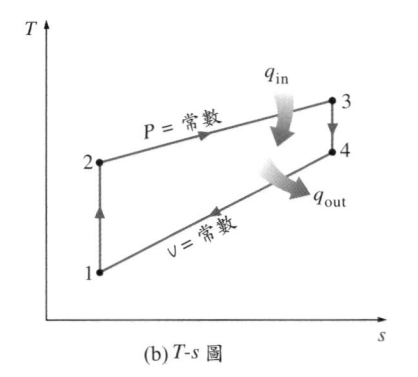

在汽油引擎中，壓縮過程是壓縮空氣－燃料混合物，壓縮比受限於本身的自燃與引擎爆震。在柴油引擎中，壓縮過程只壓縮空氣，免除自燃的可能性。因此，柴油引擎設計用於高壓縮比下操作，壓縮比一般介於 12 至 24。不需處理自燃問題具有其他優點：可以移除許多汽油引擎所需的設備，而且可使用較粗糙（也較便宜）的燃料。

在柴油引擎中，當活塞接近上死點時，於動力行程的第一階段燃料開始並持續噴射。因此，在柴油引擎中，燃燒過程持續較長的一段時間。因為此一較長的區間，理想迪賽爾循環的燃燒過程可以近似為定壓加熱過程。實際上，此行程為奧圖循環與迪賽爾循環唯一不同的地方。這兩個理想循環的其餘三個行程則相同。亦即，過程 1-2 為等熵壓縮，過程 2-3 為等壓加熱，過程 3-4 為等熵膨脹，過程 4-1 則為等容排熱。兩個循環的相似性在迪賽爾循環的 P-v 圖與 T-s 圖上亦很明顯，請參見圖 8-21。

迪賽爾循環在活塞－汽缸裝置所形成的封閉系統中執行。所有的熱量在定壓下傳遞至工作流體，並在定容下排熱，其可以表示為

$$q_{in} - w_{b,out} = u_3 - u_2 \rightarrow q_{in} = P_2(v_3 - v_2) + (u_3 - u_2)$$
$$= h_3 - h_2 = c_p(T_3 - T_2) \quad \textbf{(8-10a)}$$

與

$$-q_{out} = u_1 - u_4 \rightarrow q_{out} = u_4 - u_1 = c_v(T_4 - T_1) \quad \textbf{(8-10b)}$$

因此，理想迪賽爾循環在於冷空氣標準假設下的熱效率變成

$$\eta_{th,Diesel} = \frac{w_{net}}{q_{in}} = 1 - \frac{q_{out}}{q_{in}} = 1 - \frac{T_4 - T_1}{k(T_3 - T_2)} = 1 - \frac{T_1(T_4/T_1 - 1)}{kT_2(T_3/T_2 - 1)}$$

我們定義一個新的量：**停供比（cutoff ratio）** r_c，為燃燒過程前後的流體體積比：

$$r_c = \frac{V_3}{V_2} = \frac{v_3}{v_2} \quad \textbf{(8-11)}$$

利用此定義與過程 1-2、3-4 的理想氣體等熵關係式，可將熱力關係式簡化為：

$$\eta_{th,Diesel} = 1 - \frac{1}{r^{k-1}} \left[\frac{r_c^k - 1}{k(r_c - 1)} \right] \qquad (8\text{-}12)$$

其中，r 為公式 8-9 所定義的壓縮比。仔細觀察公式 8-12，在冷空氣標準假設下，迪賽爾循環與奧圖循環之熱效率差異在於括弧中的值，而此值永遠大於 1。因此，

$$\eta_{th,Otto} > \eta_{th,Diesel} \qquad (8\text{-}13)$$

而兩個循環在相同的壓縮比下運行。另外，迪賽爾循環的效率隨著停供比的減少而增加（圖 8-22）。在極限情況 $r_c = 1$ 之下，括弧內的值為 1（你可以證明嗎？），而奧圖循環與迪賽爾循環的效率相等。記住，雖然柴油引擎在相當高的壓縮比下運行，但其通常比火花點火引擎（汽油引擎）有較高的效率。柴油引擎燃料的燃燒也較完全，因為其每分鐘的轉速較低，而且空氣與燃料的重量比（空燃比）比火花點火引擎高出許多。大型柴油引擎的熱效率約為 35% 至 40%。

柴油引擎的高效率與低燃料價格，使其在大功率需求的使用上更具吸引力，例如火車引擎、緊急發電機、大型輪船與大卡車。柴油引擎所產生的功率有多大？1964 年義大利飛雅特公司（Fiat Corporation）所生產的 12 缸柴油引擎，在 122 rpm 下正常的功率輸出為 25,200 hp（18.8 MW），它的缸徑為 90 cm，行程為 91 cm。

現在的高速壓縮點火引擎將燃料送進燃燒室的速度，比早期的柴油引擎更快。燃料於壓縮行程末期開始點火，因此部分燃燒在定體積下進行。燃料持續噴射直到活塞到達上死點，燃料燃燒會使動力行程維持高壓。因此，整個燃燒過程可以視為固定體積和固定壓力燃燒過程。以此觀念為基礎的循環稱為**雙燃循環**（**dual cycle**），其 P-v 圖如圖 8-23 所示。在每一過程中，可以調整相對的熱傳量，使其更接近實際的循環。奧圖循環與迪賽爾循環是雙燃循環中的特例。雙燃循環比迪賽爾循環更能真實代表現代高速壓縮點火引擎。

圖 8-22
理想迪賽爾循環的熱效率為壓縮與停供比的函數（$k = 1.4$）。

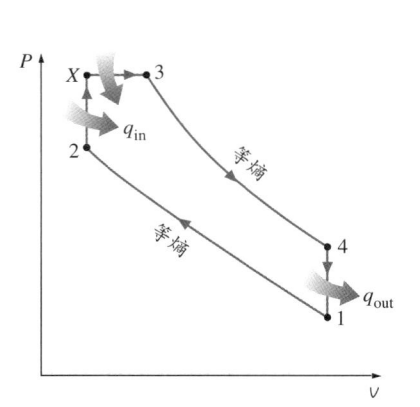

圖 8-23
理想雙燃循環的 P-v 圖。

例 8-3

理想的迪賽爾循環

有一理想迪賽爾循環，壓縮比為 18，停供比為 2，並以空氣為工作流體。在壓縮過程開始時，工作流體的狀態為 100 kPa、27ºC 及 1917 cm³。利用冷空氣標準假設，求：(a) 空氣在每一個過程

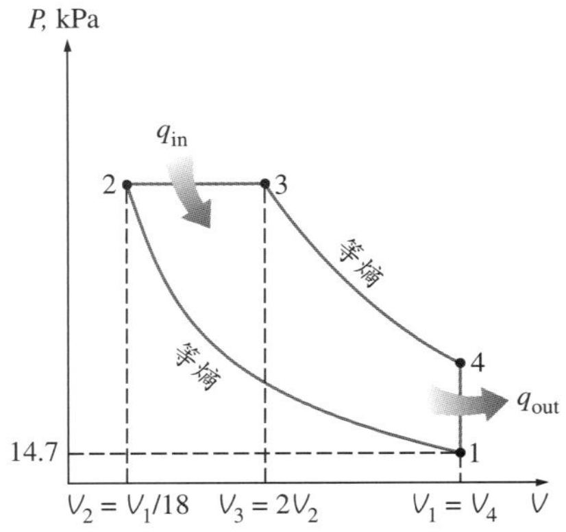

圖 8-24
例 8-3 之理想迪賽爾循環的 P-V 圖。

最終狀態的溫度與壓力；(b) 淨功輸出與熱效率；(c) 平均有效壓力。

解：考慮理想的迪賽爾循環，求每一行程最終狀態的溫度與壓力、淨功輸出、熱效率及平均有效壓力。

假設：(1) 利用冷空氣標準假設，因此空氣在室溫下的比容視為定值。(2) 動能與位能的變化忽略不計。

性質：氣體常數 $R = 0.287$ kPa·m³/kg·K，在室溫下其他的性質為 $c_p = 1.005$ kJ/kg·K、$c_v = 0.718$ kJ/kg·K 和 $k = 1.4$（表 A-2a）。

分析：理想迪賽爾循環 P-V 圖如圖 8-24 所示，空氣在汽缸內形成封閉系統。

(a) 在過程 1-2 與過程 3-4，利用理想氣體之等熵關係式可以決定每一過程最終狀態的溫度與壓力。但我們需先由壓縮比與停供比的定義求得最終狀態的體積：

$$V_2 = \frac{V_1}{r} = \frac{1917 \text{ cm}^3}{18} = 106.5 \text{ cm}^3$$

$$V_3 = r_c V_2 = (2)(106.5 \text{ cm}^3) = 213 \text{ cm}^3$$

$$V_4 = V_1 = 1917 \text{ cm}^3$$

過程 1-2（理想氣體等熵壓縮，比熱為常數）：

$$T_2 = T_1 \left(\frac{V_1}{V_2}\right)^{k-1} = (300 \text{ K})(18)^{1.4-1} = \mathbf{953 \text{ K}}$$

$$P_2 = P_1 \left(\frac{V_1}{V_2}\right)^{k} = (100 \text{ kPa})(18)^{1.4} = \mathbf{5720 \text{ kPa}}$$

過程 2-3（理想氣體等壓加熱）：

$$P_3 = P_2 = \mathbf{5720 \text{ kPa}}$$

$$\frac{P_2 V_2}{T_2} = \frac{P_3 V_3}{T_3} \rightarrow T_3 = T_2 \left(\frac{V_3}{V_2}\right) = (953 \text{ K})(2) = \mathbf{1960 \text{ K}}$$

過程 3-4（理想氣體等熵膨脹，比熱為常數）：

$$T_4 = T_3 \left(\frac{V_3}{V_4}\right)^{k-1} = (1906 \text{ K})\left(\frac{213 \text{ cm}^3}{1917 \text{ cm}^3}\right)^{1.4-1} = \mathbf{791 \text{ K}}$$

$$P_4 = P_3 \left(\frac{V_3}{V_4}\right)^{k} = (5720 \text{ kPa})\left(\frac{213 \text{ cm}^3}{1917 \text{ cm}^3}\right)^{1.4} = \mathbf{264 \text{ kPa}}$$

(b) 循環的淨功等於淨熱傳量，但我們需先求得空氣的質量：

$$m = \frac{P_1 V_1}{RT_1} = \frac{(100 \text{ kPa})(1917 \times 10^{-6} \text{ m}^3)}{(0.287 \text{ kPa·m}^3/\text{kg·K})(300 \text{ K})} = 0.00223 \text{ kg}$$

過程 2-3 為定壓加熱過程，其邊界功與 Δu 之和為 Δh，因此，

$$Q_{in} = m(h_3 - h_2) = mc_p(T_3 - T_2)$$
$$= (0.00223 \text{ kg})(1.005 \text{ kJ/kg·K})[(1906 - 953) \text{ K}]$$
$$= 2.136 \text{ kJ}$$

過程 4-1 為等容排熱過程（沒有功的交互作用），熱排放的總量

為
$$Q_{\text{out}} = m(u_4 - u_1) = mc_v(T_4 - T_1)$$
$$= (0.00223 \text{ kg})(0.718 \text{ kJ/kg} \cdot \text{K})[(791-300) \text{ K}]$$
$$= 0.786 \text{ kJ}$$

因此，
$$W_{\text{net}} = Q_{\text{in}} - Q_{\text{out}} = 2.136 - 0.786 = \mathbf{1.35 \text{ kJ}}$$

熱效率變成
$$\eta_{\text{th}} = \frac{W_{\text{net}}}{Q_{\text{in}}} = \frac{1.35 \text{ kJ}}{2.136 \text{ kJ}} = \mathbf{0.632 \text{ 或 } 63.2\%}$$

在冷空氣標準循環的假設下，迪賽爾循環的熱效率亦可由公式 8-12 求得。

(c) 由平均有效壓力的定義，公式 8-4 可求得
$$\text{MEP} = \frac{W_{\text{net}}}{V_{\text{max}} - V_{\text{min}}} = \frac{W_{\text{net}}}{V_1 - V_2} = \frac{1.35 \text{ kJ}}{(1917-106.5) \times 10^{-6} \text{ m}^3} \left(\frac{1 \text{ kPa} \cdot \text{m}^3}{1 \text{ kJ}}\right)$$
$$= \mathbf{746 \text{ kPa}}$$

討論： 在動力行程下，746 kPa 的定壓力將與整個迪賽爾循環產生相同的淨功輸出。

8-7 史特靈引擎和艾力克生循環

前面所討論的理想奧圖和迪賽爾循環全部皆是由內可逆過程所組成，因此為內可逆循環。這些循環並非完全可逆，因為在非等溫的加熱過程及排熱過程中，包含有限溫差的熱傳遞，其為不可逆，因此，奧圖引擎及迪賽爾引擎的熱效率，小於在兩溫度間操作的卡諾熱機。

考慮在熱源溫度 T_H 及熱沉溫度 T_L 間運轉的熱機。對於全可逆熱機循環，在任何熱傳遞循環過程中，工作流體與熱源（熱沉）的溫差不可大於微分量 dT。也就是說，循環中的排熱及加熱過程需要在等溫下操作，其中一個溫度為 T_H，另一個溫度為 T_L。在卡諾循環下，其操作溫度非常精準。

另外還有兩個循環，一個是在 T_H 溫度下的等溫加熱過程，另一個是在 T_L 溫度下的等溫排熱過程，分別為史特靈循環與艾力克生循環。與卡諾循環的不同之處在於，史特靈循環利用兩個等容再生過程取代兩個等熵過程，艾力克生循環則是利用兩個等壓再生過程取代等熵過程。兩個循環皆利用**再生（regeneration）**，亦即循環的一部分將熱傳遞到熱能儲存裝置（稱為再生器），並經由循環的另一部分將熱回傳給工作流體（圖 8-25）。

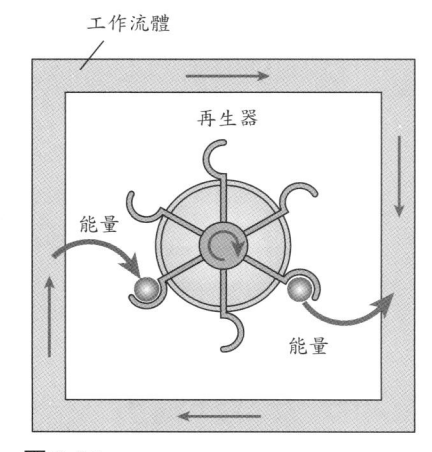

圖 8-25
再生器是一種裝置，循環的一部分會向工作流體借用能量，另一部分則將能量還給工作流體。

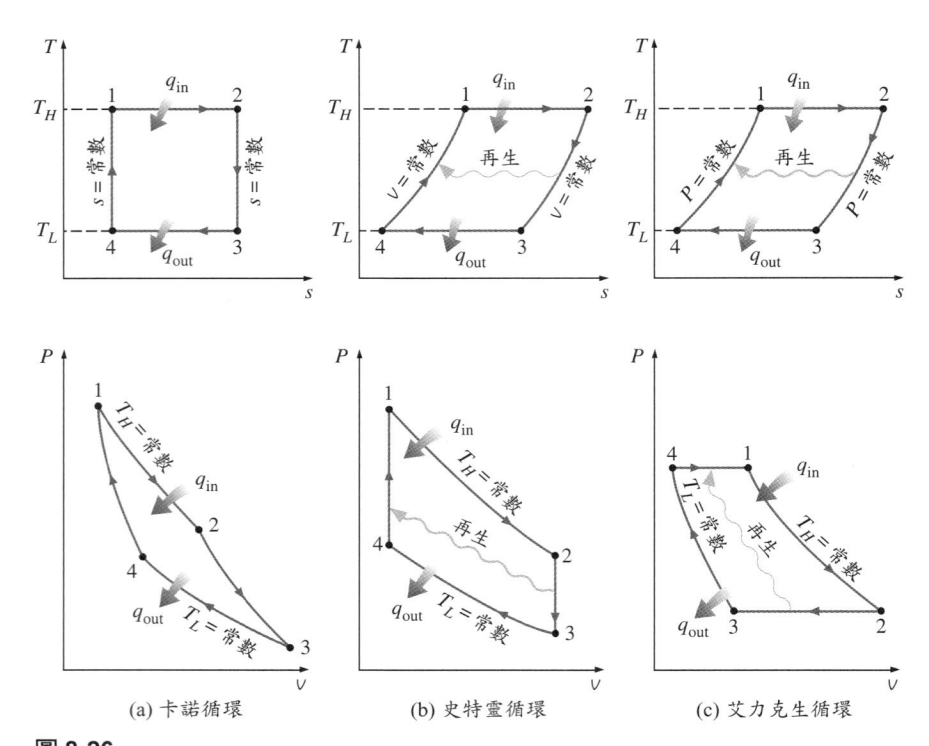

(a) 卡諾循環　　　(b) 史特靈循環　　　(c) 艾力克生循環

圖 8-26
卡諾循環、史特靈循環與艾力克生循環的 T-s 圖與 P-v 圖。

圖 8-26(b) 顯示**史特靈循環（Stirling cycle）**的 T-s 圖和 P-v 圖。史特靈循環是由四個全可逆過程組成：

1-2　T = 常數膨脹（外部熱源加入熱）
2-3　v = 常數再生（經由工作流體內部傳熱到再生器）
3-4　T = 常數壓縮（熱排放至外部熱沉）
4-1　v = 常數再生（經由再生器將熱傳回至工作流體）

史特靈循環的運作需要相當新穎的硬體。實際的史特靈引擎，包含 Robert Stirling 申請專利的原始引擎，皆相當繁複。為免除複雜的說明，在封閉系統內執行的史特靈循環以圖 8-27 的假想引擎來說明。

此系統包含一個汽缸、兩邊的活塞及中間的再生器。再生器可以是電熱線、陶瓷網，或裝填任何高熱質量（質量乘上比熱）的孔狀物。它可用來暫時儲存熱能。在任何時間內，再生器內的工作流體質量皆忽略不計。

剛開始，左室充滿全部高溫高壓的工作流體（氣體）。在過程 1-2，熱由溫度 T_H 的熱源傳熱至氣體。隨著氣體等溫膨脹，左邊的活塞向外移動並作功，使得氣體壓力下降。在過程 2-3 中，兩個活塞以相同的速率向右移動（保持體積固定），直到整個氣

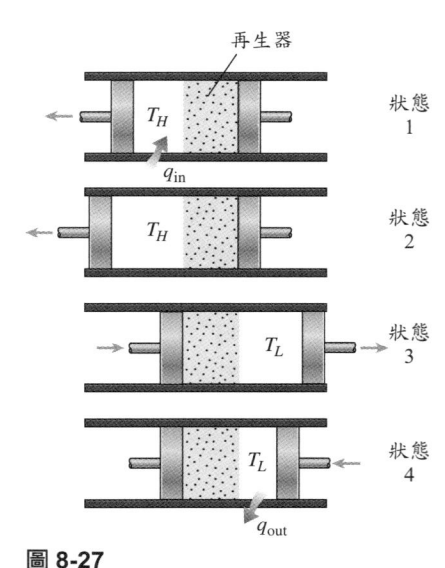

圖 8-27
史特靈循環的運作。

體被推到右室。當整個氣體通過再生器，熱被傳到再生器時，氣體的溫度由 T_H 降至 T_L。因為此熱傳遞過程為可逆，氣體與再生器在任何一點的溫差不可超過微分量 dT。因此，在狀態 3 時，再生器左邊的溫度為 T_H，而右邊的溫度為 T_L。在過程 3-4，右邊的活塞向內移動壓縮氣體，氣體傳熱到 T_L 的熱沉，因此當壓力上升時，氣體的溫度維持 T_L。最後，在過程 4-1，兩個活塞以相同的速率向左移動（保持體積固定），將整個氣體推向左室，氣體通過再生器時吸收在過程 2-3 所儲存的熱量，使氣體溫度由 T_L 升至 T_H，完成整個循環。

注意，第二個等容過程比第一個等容過程的體積小，而且在整個循環中，再生器的淨熱傳量為零，亦即氣體在過程 2-3 儲存於再生器的熱量等於氣體於過程 4-1 所吸收的熱量。

艾力克生循環（Ericsson cycle） 的 *T-s* 圖與 *P-v* 圖如圖 8-26(c) 所示。艾力克生循環與史特靈循環非常相似，只是其利用兩個等壓過程取代兩個等容過程。

艾力克生循環的穩流系統運作如圖 8-28 所示，其等溫膨脹與壓縮過程分別在壓縮機與渦輪機執行，而以逆流式熱交換器取代再生器。熱流體與冷流體分別由熱交換器的兩端進入，並在兩流體蒸氣間產生熱傳遞。在理想狀況下，兩流體在任意點的溫差不可超過微分量，而且冷蒸氣會以熱蒸氣的入口溫度離開熱交換器。

史特靈與艾力克生循環與卡諾循環一樣為全可逆，因此依照卡諾原理，三個循環在相同的溫度區間操作必須有相同的熱效率：

$$\eta_{th,\text{Stirling}} = \eta_{th,\text{Ericsson}} = \eta_{th,\text{Carnot}} = 1 - \frac{T_L}{T_H} \tag{8-14}$$

例 8-1 已證明卡諾循環的熱效率，亦可利用相同的方法證明史特靈與艾力克生循環的熱效率。

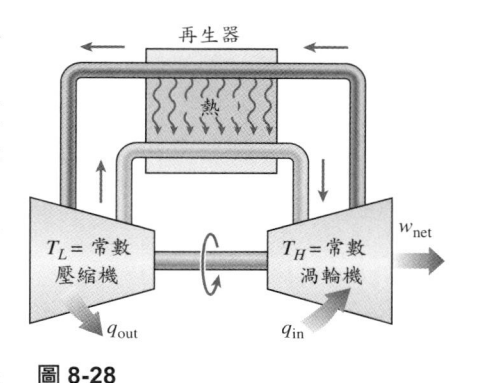

圖 8-28
穩流的艾力克生引擎。

例 8-4

艾力克生循環的熱效率

利用理想氣體作為工作流體，證明運轉於相同的溫度區間的艾力克生循環與卡諾循環的熱效率相同。

解： 證明卡諾循環與艾力克生循環的熱效率相同。

分析： 在過程 1-2，熱量由溫度 T_H 的外部熱源等溫地傳至工作流體，並在過程 3-4 等溫排熱至溫度 T_L 的外部熱沉。對可逆等溫過程，熱傳量與熵變化的關係式為

$$q = T\,\Delta s$$

理想氣體等溫過程的熵變化為

$$\Delta s = c_p \ln \frac{T_e}{T_i}^{\nearrow 0} - R \ln \frac{P_e}{P_i} = -R \ln \frac{P_e}{P_i}$$

熱量輸入與輸出可表示為

$$q_{\text{in}} = T_H(s_2 - s_1) = T_H\left(-R \ln \frac{P_2}{P_1}\right) = RT_H \ln \frac{P_1}{P_2}$$

與

$$q_{\text{out}} = T_L(s_4 - s_3) = -T_L\left(-R \ln \frac{P_4}{P_3}\right) = RT_L \ln \frac{P_4}{P_3}$$

艾力克生循環的熱效率為

$$\eta_{\text{th,Ericsson}} = 1 - \frac{q_{\text{out}}}{q_{\text{in}}} = 1 - \frac{RT_L \ln(P_4/P_3)}{RT_H \ln(P_1/P_2)} = 1 - \frac{T_L}{T_H}$$

因為 $P_1 = P_4$，$P_3 = P_2$。此結果與循環在封閉系統或穩流系統中進行無關。

史特靈與艾力克生循環在實務上很難達成，因為它們牽涉到所有元件中經由微量的溫差產生熱傳遞，包含再生器。此熱傳遞將需要無限大的表面積或無限長的時間，這也並不實際。事實上，所有的熱傳遞過程均在有限溫差下產生，再生器的效率不是100%，而且再生器的壓力損失是相當大的。由於這些限制，長久以來，我們只對史特靈與艾力克生循環的理論感興趣。然而，史特靈與艾力克生循環引擎因具有較高之熱效率與較佳之廢氣排放控制的潛力，而再度受到關注。福特汽車、通用汽車及荷蘭飛利浦實驗室，已成功發展出適用於卡車、巴士、甚至汽車的史特靈引擎。這些引擎在與汽油引擎或柴油引擎競爭前，需要進一步的研究與發展。

史特靈與艾力克生引擎均為外燃引擎，也就是燃料在引擎的汽缸外燃燒，其與汽油引擎和柴油引擎相反，它們是在汽缸內燃燒。

外部燃燒提供的好處如下：首先，可利用各種不同的燃燒作為熱能的來源；其次，有更多的時間可以用來燃燒，使燃燒過程更完全，也就是燃料可以提供更多的能量，並降低空氣污染；第三，引擎在封閉循環下運作，可以使用具最佳特性（穩定性、化學特性、高熱傳導性）的工作流體，氫氣與氦氣最常為這類引擎所用。

儘管有其物理限制與不切實際，史特靈與艾力克生循環提供相當有利的訊息予設計人員：再生可以增加效率。其與現代的燃

氣輪機與蒸汽發電廠廣泛地使用再生不謀而合。事實上，使用於大型燃氣輪機發電廠，且具有內部冷卻、再熱循環與再生的布雷登循環，與艾力克生循環相當類似，將於本章之後討論。

8-8 布雷登循環：燃氣輪機引擎的理想循環

布雷登循環由 George Brayton 首先提出，並於 1870 年應用於往復式燃油引擎，今日只使用在燃氣輪機，其壓縮過程與膨脹過程均發生在旋轉機械中。如圖 8-29 所示，燃氣輪機通常在開放循環中操作。外界的新鮮空氣進入壓縮機後，溫度與壓力上升。高壓的空氣進入燃燒室，燃料在定壓下燃燒，產生的高溫氣體進入渦輪機，當產生動力時，會膨脹至大氣壓力。離開渦輪機的廢氣排出（非循環），使得此循環被分類為開放循環。

利用空氣標準循環假設，上述的燃氣輪機循環可以模擬成封閉循環，如圖 8-30 所示。其維持原有的壓縮及膨脹過程，但利用外部熱源的等壓加熱過程取代燃燒過程，並利用等壓排熱過程取代排氣過程。工作流體在此封閉迴圈進行的理想循環稱為**布雷登循環（Brayton cycle）**，由四個內可逆過程組成：

1-2　等熵壓縮（在壓縮機中）
2-3　等壓加熱
3-4　等熵膨脹（在渦輪機中）
4-1　等壓排熱

理想布雷登循環的 T-s 圖與 P-v 圖如圖 8-31 所示。注意，布雷登循環的四個過程皆在穩流裝置下執行，因此必須使用穩流過程分析。當位能及動能的變化忽略不計，單位質量之穩流過程的能量平衡可表示為

$$(q_{in} - q_{out}) + (w_{in} - w_{out}) = h_{exit} - h_{inlet} \tag{8-15}$$

因此，工作流體所產生的熱傳遞為

$$q_{in} = h_3 - h_2 = c_p(T_3 - T_2) \tag{8-16a}$$

與

$$q_{out} = h_4 - h_1 = c_p(T_4 - T_1) \tag{8-16b}$$

在冷空氣標準循環假設下，理想布雷登循環的熱效率為

$$\eta_{th,Brayton} = \frac{w_{net}}{q_{in}} = 1 - \frac{q_{out}}{q_{in}} = 1 - \frac{c_p(T_4 - T_1)}{c_p(T_3 - T_2)} = 1 - \frac{T_1(T_4/T_1 - 1)}{T_2(T_3/T_2 - 1)}$$

過程 1-2 與過程 3-4 為等熵，且 $P_2 = P_3$，$P_4 = P_1$，因此

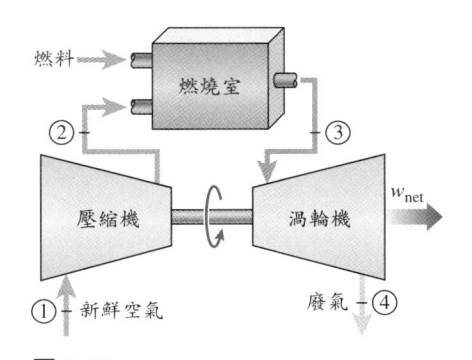

圖 8-29
開放循環燃氣輪機引擎。

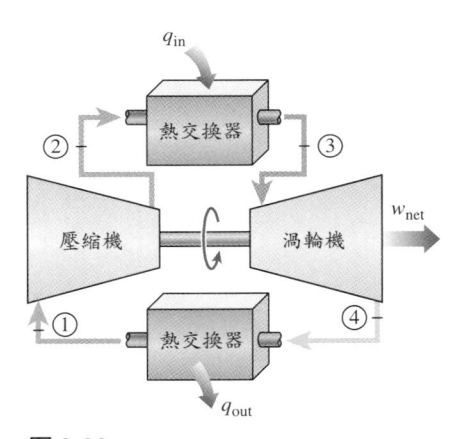

圖 8-30
封閉循環燃氣輪機引擎。

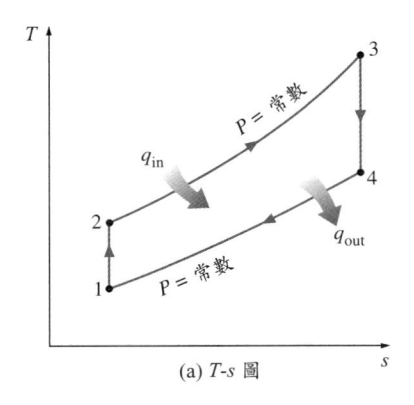

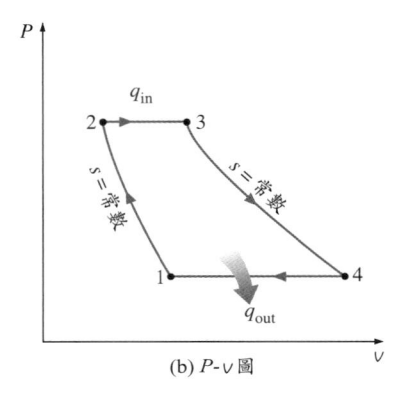

圖 8-31
理想布雷登循環的 T-s 圖與 P-v 圖。

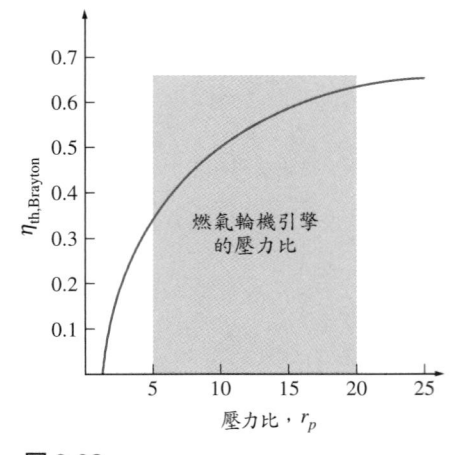

圖 8-32
理想布雷登循環的熱效率為壓力比的函數。

將其代入熱力學關係式並化簡：

$$\eta_{th,Brayton} = 1 - \frac{1}{r_p^{(k-1)/k}} \quad (8-17)$$

其中

$$r_p = \frac{P_2}{P_1} \quad (8-18)$$

為**壓力比（pressure ratio）**，k 為比熱比。公式 8-17 顯示在冷空氣標準假設下，理想布雷登循環的熱效率與燃氣輪機的壓力比及工作流體的比熱比有關，其熱效率隨著這些參數的增加而增加，實際的燃氣輪機中也一樣。圖 8-32 為在室溫下空氣的比熱比 k 為 1.4 時，其熱效率與壓力比的對應值。

循環的最高溫度發生在燃燒過程的終點（狀態 3），其受限於渦輪葉片所能忍受的最高溫度，也同樣限制循環的壓力比。在固定的渦輪機入口溫度 T_3 下，每個循環的淨功輸出隨著壓力比的增加而達到最大值，隨後下降，如圖 8-33 所示。因此，應該在壓力比（熱效率）與淨功輸出之間取得平衡。隨著每個循環淨功輸出的減少，若欲維持相同的淨功輸出，則需要較大的質量流率（較大的系統）。在一般設計中，燃氣輪機的壓力比約為 11 至 16。

空氣在燃氣輪機中有兩個重要的功能。第一個功能是提供燃燒所需要的氧氣，並作為各元件的冷媒，使各元件保持在安全的溫度範圍內。第二個功能是吸入比燃料完全燃燒所需的更多空氣。在燃氣輪機中，一般空氣燃料比為 50 或更高，因此在循環分析中，將燃燒的氣體視為空氣不會導致太大的誤差。另外，由於渦輪機的質量流率大於壓縮機，其差值為燃料的質量流率，因此在整個循環中，假設其流率為定值，能對開放迴圈的燃氣輪機引擎產生適當的結果。

燃氣輪機的兩個主要應用領域為飛機推力與發電廠發電。在飛機推力的使用上，燃氣輪機產生的推力只足夠驅動壓縮機與小型的發電機，以提供輔助設備電力。高速的廢氣負責產生足夠的推力來推動飛機。燃氣輪機亦用於固定發電廠產生電力，或與蒸汽發電廠在高溫端結合。在這些發電廠中，燃氣輪機所排放的高溫廢氣作為水蒸汽的熱源。燃氣輪機循環亦可作為封閉循環，在核能發電廠中執行，此時工作流體不以空氣為限，而可以使用具有更好特性（例如氦氣）的氣體。

西方國家的主要軍艦已經利用燃氣輪機引擎來推動與產生電力。供給船動力的奇異電子 LM2500 燃氣輪機有 37% 的簡單循環熱效率。具中間冷卻與再生的奇異電子 WR-21 燃氣輪機效

率為 43%，並可產生 21.6 MW 的動力。再生器也可將廢氣的溫度由 600°C 降至 350°C。在空氣進入中間冷卻器前，先壓縮至 3 atm。與蒸汽輪機和柴油推力系統相比，在相同的體積與重量下，燃氣輪機引擎可以產生較大的動力，擁有較高的可靠度，壽命較長，操作也更方便。典型的蒸汽推力系統引擎重新啟動的時間為 4 小時，但燃氣輪機縮短為 2 分鐘。因為簡單循環之燃氣輪機的高耗油率，許多現代船舶推力系統使用燃氣輪機搭配柴油引擎，因此，柴油引擎適用於低功率及巡航操作，燃氣輪機則適用於高速航行。

在燃氣輪機發電廠中，壓縮機輸入功與渦輪機輸出功的比值稱為**回功比（back work ratio）**，其值相當高（圖 8-34）。通常渦輪機的輸出功超過一半用於驅動壓縮機。當壓縮機與渦輪機的等熵效率低時，這種狀況更為嚴重。此與蒸汽發電廠形成對比；在蒸汽發電廠，其回功比只有幾個百分點。這點並不令人感到驚訝，因為蒸汽發電廠以壓縮液體取代壓縮氣體，其穩流功與工作流體的比容成正比。

具高回功比的發電廠需要較大的渦輪機去提供壓縮機額外的動力需求，因此在相同的淨功輸出下，燃氣輪機發電廠所使用的渦輪機大於蒸汽發電廠使用的渦輪機。

圖 8-33
在固定的 T_{min} 與 T_{max} 之下，布雷登循環的淨功先隨著壓力比增加，在 $r_p = (T_{max}/T_{min})^{k/[2(k-1)]}$ 時達到最大值，而後減少。

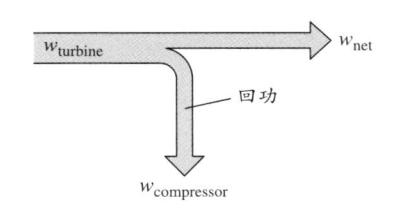

圖 8-34
用於驅動壓縮機之渦輪機功的比例稱為回功比。

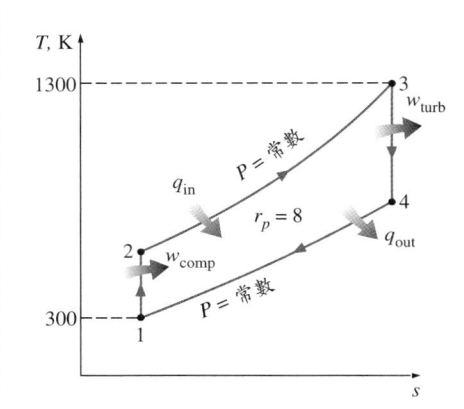

例 8-5 簡單的理想布雷登循環

一壓力比為 8 的理想布雷登循環燃氣輪機發電廠，其壓縮機入口的氣體溫度為 300 K，渦輪機的入口溫度為 1300 K。利用空氣標準假設，求：(a) 壓縮機與渦輪機出口的氣體溫度；(b) 回功比；(c) 熱效率。

解： 在理想布雷登循環運作下，求發電廠壓縮機與渦輪機的出口溫度、回功比與熱效率。

假設： (1) 在穩定條件下操作。(2) 適用空氣標準假設。(3) 動能與位能的變化忽略不計。(4) 必須考慮比熱隨溫度之變化。

分析： 理想布雷登循環的 T-s 圖如圖 8-35 所示。注意，布雷登循環所使用的是穩流裝置。

(a) 由等熵關係可求壓縮機與渦輪機的空氣出口溫度：

過程 1-2（理想氣體等熵壓縮）：

$$T_1 = 300 \text{ K} \rightarrow h_1 = 300.19 \text{ kJ/kg}$$
$$P_{r1} = 1.386$$

$$P_{r2} = \frac{P_2}{P_1} P_{r1} = (8)(1.386) = 11.09 \rightarrow T_2 = \mathbf{540 \text{ K}} \quad \text{（在壓縮機出口）}$$

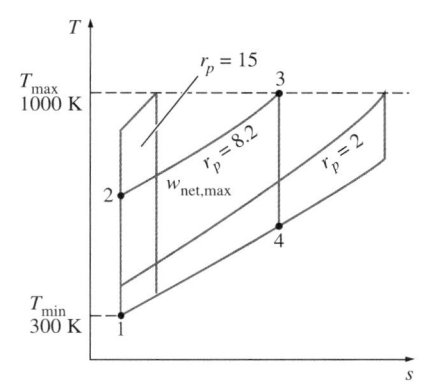

$$h_2 = 544.35 \text{ kJ/kg}$$

圖 8-35
例 8-5 之布雷登循環的 T-s 圖。

過程 3-4（理想氣體等熵膨脹）：
$T_3 = 1300 \text{ K} \rightarrow h_3 = 1395.97 \text{ kJ/kg}$
$$P_{r3} = 330.9$$
$$P_{r4} = \frac{P_4}{P_3} P_{r3} = \left(\frac{1}{8}\right)(330.9) = 41.36 \rightarrow T_4 = \mathbf{770 \text{ K}} \text{（在渦輪機出口）}$$
$$h_4 = 789.37 \text{ kJ/kg}$$

(b) 欲求回功比，我們需要求出壓縮機的輸出功與渦輪機的輸出功：
$$w_{\text{comp,in}} = h_2 - h_1 = 544.35 - 300.19 = 244.16 \text{ kJ/kg}$$
$$w_{\text{turb,out}} = h_3 - h_4 = 1395.97 - 789.37 = 606.60 \text{ kJ/kg}$$

因此，
$$r_{\text{bw}} = \frac{w_{\text{comp,in}}}{w_{\text{turb,out}}} = \frac{244.16 \text{ kJ/kg}}{606.60 \text{ kJ/kg}} = \mathbf{0.403}$$

也就是渦輪機的輸出功有 40.3% 用於驅動壓縮機。

(c) 循環的熱效率為淨輸出功與總輸入熱量的比值：
$$q_{\text{in}} = h_3 - h_2 = 1395.97 - 544.35 = 851.62 \text{ kJ/kg}$$
$$w_{\text{net}} = w_{\text{out}} - w_{\text{in}} = 606.60 - 244.16 = 362.4 \text{ kJ/kg}$$

因此，
$$\eta_{\text{th}} = \frac{w_{\text{net}}}{q_{\text{in}}} = \frac{362.4 \text{ kJ/kg}}{851.62 \text{ kJ/kg}} = \mathbf{0.426} \text{ 或 } \mathbf{42.6\%}$$

熱效率也可由下式求得：
$$\eta_{\text{th}} = 1 - \frac{q_{\text{out}}}{q_{\text{in}}}$$

其中
$$q_{\text{out}} = h_4 - h_1 = 789.37 - 300.19 = 489.2 \text{ kJ/kg}$$

討論：在空氣標準假設（亦即在室溫下，比熱為定值）下，由公式 8-17 可知，熱效率為
$$\eta_{\text{th,Brayton}} = 1 - \frac{1}{r_p^{(k-1)/k}} = 1 - \frac{1}{8^{(1.4-1)/1.4}} = 0.448 \text{ 或 } 44.8\%$$

其與比熱隨溫度變化所求得的值相當接近。

實際燃氣輪機與理想燃氣輪機的差異

實際的燃氣輪機循環與理想布雷登循環有數個差異，其中之一為在加熱及排熱過程中必然會產生壓降。更重要的是，由於不可逆，壓縮機的實際輸入功較大，而渦輪機的實際輸出功較小。實際與理想等熵壓縮機與渦輪機的差異，可以利用渦輪機與壓縮機的等熵效率精準計算為

$$\eta_C = \frac{w_s}{w_a} \cong \frac{h_{2s} - h_1}{h_{2a} - h_1} \tag{8-19}$$

與

$$\eta_T = \frac{w_a}{w_s} \cong \frac{h_3 - h_{4a}}{h_3 - h_{4s}} \quad (8\text{-}20)$$

如圖 8-36 所示，其中狀態 2a 及 4a 分別為壓縮機及渦輪機的實際出口狀態，而 2s 及 4s 為等熵狀態下所對應的出口狀態。在燃氣輪機引擎中，渦輪機及壓縮機之熱效率對效能的影響以下面的例題說明。

圖 8-36
實際的燃氣輪機循環與理想布雷登循環因不可逆性所造成的差異。

例 8-6

實際的燃氣輪機循環

假設壓縮機的效率為 80%，而渦輪機的效率為 85%，求：(a) 回功比；(b) 熱效率；(c) 例 8-5 所討論之燃氣輪機循環的渦輪機出口溫度。

解：重新考慮例 8-5 所討論的布雷登循環。在指定的壓縮機及渦輪機效率下，求回功比、熱效率及渦輪機出口溫度。

分析：(a) 此循環的 T-s 圖如圖 8-37 所示。利用公式 8-19 與公式 8-20 的壓縮機及渦輪機效率定義，可求壓縮機的實際功及渦輪機的實際功：

壓縮機： $w_{\text{comp,in}} = \dfrac{w_s}{\eta_C} = \dfrac{244.16 \text{ kJ/kg}}{0.80} = 305.20 \text{ kJ/kg}$

渦輪機： $w_{\text{turb,out}} = \eta_T w_s = (0.85)(606.60 \text{ kJ/kg}) = 515.61 \text{ kJ/kg}$

因此，

$$r_{\text{bw}} = \frac{w_{\text{comp,in}}}{w_{\text{turb,out}}} = \frac{305.20 \text{ kJ/kg}}{515.61 \text{ kJ/kg}} = \mathbf{0.592}$$

也就是說，壓縮機消耗渦輪機所產生 59.2% 的功（由原來的 40.3% 升高至 59.2%），增加的原因是壓縮機及渦輪機所產生的不可逆性。

(b) 在此例中，空氣在較高的溫度及熵下離開壓縮機，其為

$$w_{\text{comp,in}} = h_{2a} - h_1 \rightarrow h_{2a} = h_1 + w_{\text{comp,in}}$$
$$= 300.19 + 305.20$$
$$= 605.39 \text{ kJ/kg} \quad (\text{及 } T_{2a} = 598 \text{ K})$$

因此，

$$q_{\text{in}} = h_3 - h_{2a} = 1395.97 - 605.39 = 790.58 \text{ kJ/kg}$$
$$w_{\text{net}} = w_{\text{out}} - w_{\text{in}} = 515.61 - 305.20 = 210.41 \text{ kJ/kg}$$

與

$$\eta_{\text{th}} = \frac{w_{\text{net}}}{q_{\text{in}}} = \frac{210.41 \text{ kJ/kg}}{790.58 \text{ kJ/kg}} = \mathbf{0.266 \text{ 或 } 26.6\%}$$

也就是在渦輪機及壓縮機內產生不可逆性，使得燃氣輪機循環的熱效率由 42.6% 下降至 26.6%。此例顯示，燃氣輪機發電廠的效能對壓縮機及渦輪機的效率相當靈敏。事實上，在燃氣輪機與壓縮機設計未出現重大改善前，燃氣輪機效率無法達到競爭值。

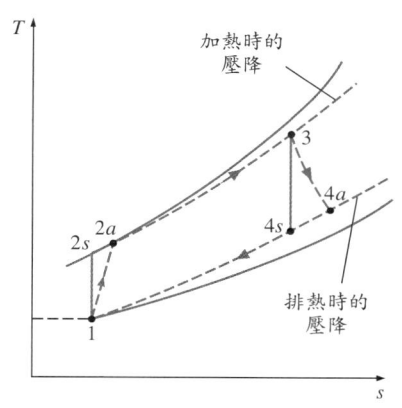

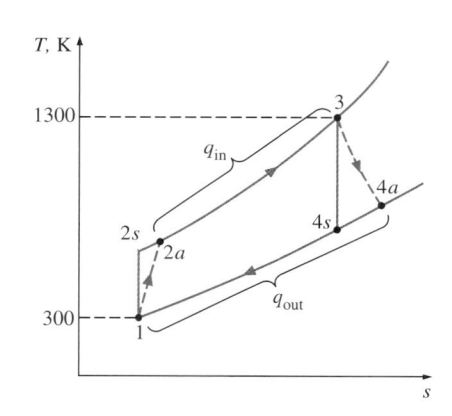

圖 8-37
例 8-6 的燃氣輪機循環之 T-s 圖。

(c) 由渦輪機的能量平衡方程式，可求得渦輪機出口的空氣溫度：

$$w_{\text{turb,out}} = h_3 - h_{4a} \rightarrow h_{4a} = h_3 - w_{\text{turb,out}}$$
$$= 1395.97 - 515.61$$
$$= 880.36 \text{ kJ/kg}$$

而由表 A-17 可知，

$$T_{4a} = 853 \text{ K}$$

討論：渦輪機的出口溫度比壓縮機的出口溫度高很多（$T_{2a} = 598$ K），因此建議用再生器降低燃料成本。

摘 要

在一個循環中能產生淨功的循環，稱為動力循環。若在整個動力循環中，工作流體自始至終均維持為氣體，稱為氣體動力循環。在溫度 T_H 之熱源與溫度 T_L 之熱沉間運作的循環中，最有效率的循環為卡諾循環，其熱效率可表示為

$$\eta_{\text{th,Carnot}} = 1 - \frac{T_L}{T_H}$$

實際的氣體循環相當複雜，近似簡化的分析為知名的空氣標準假設。在這些假設下，所有的過程都假設為內部可逆；工作流體則假設為空氣，並將空氣的行為假設為理想氣體；燃燒及排氣過程則分別以加熱與排熱過程取代。若空氣標準假設下的空氣比熱假設為室溫下的固定比熱，則稱為冷空氣標準假設。

在往復式引擎中，其壓縮比 r 與平均有效壓力 MEP 定義為

$$r = \frac{V_{\max}}{V_{\min}} = \frac{V_{\text{BDC}}}{V_{\text{TDC}}}$$

$$\text{MEP} = \frac{w_{\text{net}}}{v_{\max} - v_{\min}}$$

奧圖循環為火花點火往復式引擎的理想循環，是由以下四個內部可逆之過程所構成：等熵壓縮、等容加熱、等熵膨脹及等容排熱。在冷空氣標準假設下，理想奧圖循環的熱效率為

$$\eta_{\text{th,Otto}} = 1 - \frac{1}{r^{k-1}}$$

其中，r 為壓縮比，而 k 為比熱比 c_p/c_v。

迪賽爾循環為壓縮點火往復式引擎的理想循環。除了以等壓加熱過程取代等容加熱過程，其餘與奧圖循環非常類似。其在冷空氣標準假設下的熱效率為

$$\eta_{\text{th,Diesel}} = 1 - \frac{1}{r^{k-1}}\left[\frac{r_c^k - 1}{k(r_c - 1)}\right]$$

其中，r_c 為停供比，定義為燃燒過程前後之汽缸體積的比值。

史特靈與艾力克生循環為兩個全可逆循環，包含在 T_H 的等溫加熱過程及 T_L 的等溫排熱過程。它們與卡諾循環的差異在於，兩個等熵過程在史特靈循環中由兩個等容再生過程取代，而艾力克生循環以兩個等壓再生過程取代。兩個循環皆使用再生過程，也就是在循環的部分過程中，熱先被傳遞至一熱能量儲存裝置（稱為再生器），然後於循環的另一部分將熱傳回工作流體中。

現代燃氣輪機引擎的理想循環為布雷登循環，是由四個內部可逆過程所組成，包括等熵壓縮、等壓加熱、等熵膨脹及等壓排熱。在冷空氣標準假設下，其熱效率為

$$\eta_{\text{th,Brayton}} = 1 - \frac{1}{r_p^{(k-1)/k}}$$

其中，$r_p = P_{\max}/P_{\min}$ 為壓力比，k 為比熱比。簡單布雷登循環之熱效率會隨壓力比而增加。

實際與理想等熵之壓縮機、渦輪機的差異可以使用其等熵效率來正確計算，定義為

$$\eta_C = \frac{w_s}{w_a} \cong \frac{h_{2s} - h_1}{h_{2a} - h_1}$$

與

$$\eta_T = \frac{w_a}{w_s} \cong \frac{h_3 - h_{4a}}{h_3 - h_{4s}}$$

其中，狀態 1 與 3 為入口狀態，2a 及 4a 為實際出口狀態，而 2s 與 4s 則為等熵下的出口狀態。在燃氣輪機引擎中，離開渦輪機的排氣溫度通常遠高於離開壓縮機的空氣溫度。

參考書目

1. V. D. Chase. "Propfans: A New Twist for the Propeller." *Mechanical Engineering*, November 1986, pp. 47–50.
2. C. R. Ferguson and A. T. Kirkpatrick, *Internal Combustion Engines: Applied Thermosciences*, 2nd ed., New York: Wiley, 2000.
3. R. A. Harmon. "The Keys to Cogeneration and Combined Cycles." *Mechanical Engineering*, February 1988, pp. 64–73.
4. J. Heywood, *Internal Combustion Engine Fundamentals*, New York: McGraw-Hill, 1988.
5. L. C. Lichty. *Combustion Engine Processes*. New York: McGraw-Hill, 1967.
6. H. McIntosh. "Jumbo Jet." *10 Outstanding Achievements 1964–1989*. Washington, D.C.: National Academy of Engineering, 1989, pp. 30–33.
7. W. Pulkrabek, *Engineering Fundamentals of the Internal Combustion Engine*, 2nd ed., Upper Saddle River, NJ: Prentice-Hall, 2004.
8. W. Siuru. "Two-stroke Engines: Cleaner and Meaner." *Mechanical Engineering*. June 1990, pp. 66–69.
9. C. F. Taylor. *The Internal Combustion Engine in Theory and Practice*. Cambridge, MA: M.I.T. Press, 1968.

習題

■ 實際與理想循環、卡諾循環、空氣標準假設、往復式引擎

8-1C 何謂空氣標準假設？

8-2C 空氣標準假設與冷空氣標準假設有何不同？

8-3C 一般來說，在相同溫度範圍操作下，理想循環的熱效率與卡諾循環相較下如何？

8-4C 在 P-v 圖中，由循環所圍住的面積代表什麼？在 T-s 圖中，又代表什麼？

8-5C 定義往復式引擎的壓縮比。

8-6C 如何定義往復引擎的平均有效壓力？

8-7C 操作中的汽車引擎的平均有效壓力可以低於大氣壓力嗎？

8-8C 舊車的壓縮比會改變嗎？平均有效壓力呢？

8-9C 火花點火引擎和壓縮點火引擎兩者有何不同？

8-10C 定義下列與往復式引擎有關的名詞：行程、缸徑、上死點和空隙容積。

8-11 在一封閉活塞系統中的空氣標準循環包含下列三個行程：

1-2 V = 常數，從 100 kPa、27°C 加熱到 700 kPa

2-3 等溫膨脹至 $V_3 = 7V_2$

3-1 P = 常數，排熱到初始狀態

假設空氣的性質為 c_v = 0.718 kJ/kg·K、c_p = 1.005 kJ/kg·K、R = 0.287 kJ/kg·K 和 k = 1.4。

(a) 畫出循環的 P-v 圖和 T-s 圖。

(b) 求壓縮過程與膨脹過程的比值（回功比）。

(c) 計算此熱循環的效率。

答：(b) 0.440，(c) 26.6%

8-12 在一封閉系統中的空氣標準循環具有可變比熱，由下列四個行程組成：

1-2 從 100 kPa、22°C 等熵壓縮到 600 kPa

2-3 V = 常數，加熱到 1500 K

3-4 等熵膨脹到 100 kPa

4-1 P = 常數，排熱到初始狀態

(a) 畫出循環的 P-v 圖和 T-s 圖。

(b) 計算每單位質量的淨功輸出。

(c) 計算熱效率。

8-13 在一封閉系統中的空氣標準循環含有 0.5 kg 空氣，由下列三個行程組成：

1-2 從 100 kPa、27°C 等熵壓縮到 1 MPa

2-3 P = 常數，加熱量 416 kJ

3-1　$P = c_1v + c_2$ 排熱到初始狀態（c_1 和 c_2 皆為常數）

(a) 畫出循環的 P-v 和 T-s 圖。

(b) 計算循環的最大溫度。

(c) 計算熱效率。

假設室溫下為定比熱。答：(b) 272 kJ，(c) 34.7%

8-14 具可變比熱的空氣標準循環在一個封閉系統中執行，由下面的四個過程所組成：

1-2　V = 常數，從 100 kPa、27°C 加入 700 kJ/kg 的熱量

2-3　P = 常數，加熱至 1800 K

3-4　等熵膨脹到 100 kPa

4-1　P = 常數，排熱到初始狀態

(a) 繪出循環的 P-v 圖和 T-s 圖。

(b) 計算每單位質量的總輸入熱量。

(c) 計算熱效率。

答：(b) 1451 kJ/kg，(c) 24.3%

8-15 使用室溫的定比熱重新計算習題 8-14。

8-16 一個封閉的空氣標準卡諾循環在 350 K 和 1200 K 的溫度的封閉系統下執行，等溫壓縮前和壓縮後的壓力分別為 150 和 300 kPa。如果每個循環的淨輸出功為 0.5 kJ，求：(a) 在該循環的最大壓力；(b) 傳遞給空氣的熱量；(c) 空氣的質量。假設空氣的比熱為可變。答：(a) 30.0 MPa，(b) 0.706 kJ，(c) 0.00296 kg

8-17 使用氦氣作為工作流體，重新計算習題 8-16。

8-18 考慮在一封閉系統中的卡諾循環，含有 0.6 kg 的空氣。循環溫度範圍為 300 K 和 1100 K，循環的最小壓力和最大壓力為 20 kPa 和 3000 kPa。假設為定比熱，求每循環的淨功輸出。

8-19 考慮在一封閉系統中的卡諾循環，其以空氣為工作流體。循環中的最大壓力是 1300 kPa，而最大溫度是 950 K。假設在等溫排熱行程期間，熵增加量是 0.25 kJ/kg・K，淨功輸出為 100 kJ/kg，求：(a) 循環的最小壓力；(b) 循環的排熱量；(c) 循環的熱效率；(d) 假如一個實際的熱引擎在相同溫度下操作，從 95 kg/s 空氣流率產生 5200 kW 的動力，求此循環的第二定律效率。

8-20 一裝有理想氣體的活塞－汽缸裝置其動力行程如下：

1-2　等熵壓縮，初始溫度 T_1 = 20°C，壓縮比 r = 5

2-3　等壓加熱

3-1　等容排熱

此氣體為定比熱，c_v = 0.7 kJ/kg・K 和 R = 0.3 kJ/kg・K。

(a) 畫出循環的 P-v 圖和 T-s 圖。

(b) 計算每個過程的熱和功，以 kJ/kg 表示。

(c) 計算循環的熱效率。

(d) 求此循環的熱效率為壓縮比 r 和比熱比 k 的函數表示式。

■ 奧圖循環

8-21C 理想奧圖循環由哪四個過程組成？

8-22C 構成奧圖循環的行程應以封閉系統或穩流系統分析？為什麼？

8-23C 在相同溫度下，如何比較理想奧圖循環和卡諾循環的效率。

8-24C 理想奧圖循環的熱效率如何隨壓縮比引擎和工作流體的比熱改變？

8-25C 在實際四行程汽油引擎，轉速（rpm，每分鐘幾轉）與熱力學循環的關係為何？二行程引擎的關係為何？

8-26C 為何高壓縮比引擎不適用於火花點火引擎？

8-27C 使用：(a) 空氣；(b) 氬氣；(c) 乙烷作為工作流體，理想奧圖循環在指定的壓縮比下運轉。哪一種燃料的熱效率最高？為什麼？

8-28C 噴射汽油引擎和柴油引擎有何不同？

8-29 有一壓縮比為 10.5 的理想奧圖循環，以每分鐘 2500 次抽取 90 kPa、40°C 的空氣。利用室溫下的定比熱，求此循環熱效率和循環產生 90 kW 動力所需輸入的熱量。

8-30 當壓縮比為 8.5，重作習題 8-29。

8-31 壓縮比為 8 的理想奧圖循環，在壓縮行程開始時，空氣為 95 kPa、27°C。在定體積加熱過程中，750 kJ/kg 的熱傳遞到空氣中。考慮比熱隨溫度變化，求：(a) 加熱過程結束時的壓力和溫度；(b) 淨功輸出；(c) 熱效率；(d) 循環的平均有效壓力。答：(a) 3898 kPa，1539 K，(b) 392.4 kJ/kg，(c) 52.3%，(d) 495 kPa

8-32 使用室溫的定比熱重新計算習題 8-31。

8-33 一個六缸、四行程的火花點火引擎在理想奧圖循環下操作,空氣以 95 kPa 和 40°C 進入。此循環的溫度最大限制為 1300°C,每個汽缸孔為 8.9 cm、每個活塞的軸為 9.9 cm。最小封閉容積為最大封閉容積的 9.8%。當引擎轉速 2500 rpm 時,能產生多少馬力?利用室溫下的定比熱計算。

8-34 以空氣作為工作流體的理想奧圖循環其壓縮比為 8。循環中的最低溫度和最高溫度是 300 K 和 1340 K。比熱會隨溫度變化,求:(a) 空氣在加熱過程的總熱傳量;(b) 熱效率;(c) 在相同溫度間操作的卡諾循環熱效率。

8-35 若以氫氣作為工作流體,重作習題 8-34。

8-36 在理想奧圖循環中,若將壓縮比加倍,則在相同的初始空氣狀態和相同的加熱量下,求最大的氣體溫度和壓力會如何改變。利用室溫下的定比熱計算。

8-37 在火花點火引擎裡,在氣體膨脹時會冷卻。此可藉由一多變過程來進行模式化。此模式的多變指數會大於或小於等熵指數?

■ 迪賽爾循環

8-38C 柴油引擎與汽油引擎有何不同?

8-39C 理想迪賽爾循環與理想奧圖循環有何不同?

8-40C 在指定壓縮比下,柴油引擎與汽油引擎的效率何者較高?

8-41C 柴油引擎或汽油引擎的壓縮比何者較高?為什麼?

8-42 一個壓縮比 16 和停供比 2 的空氣標準迪賽爾循環,在壓縮過程開始時,空氣是 95 kPa、27°C。考慮空氣的比熱隨溫度變化,求:(a) 加熱過程後的溫度;(b) 熱效率;(c) 平均有效壓力。答:(a) 1725 K,(b) 56.3%,(c) 675.9 kPa

8-43 使用室溫的定比熱重新計算習題 8-42。

8-44 壓縮比 17 和停供比 1.3 的理想迪賽爾循環,在開始壓縮時的空氣狀態為 90 kPa 和 57°C,所產生的功率為 140 kW。求空氣的最高溫度和加入到該循環的熱量。使用室溫下的定比熱。

8-45 有一壓縮比為 14 和停供比為 1.2 的空氣標準雙燃循環。在固定體積加熱過程,壓力比為 1.5。計算熱效率、熱增加量,以及在最初時此循環在 80 kPa、20°C 的最大空氣壓力和溫度。利用空氣在室溫下為定比熱計算。

8-46 將初始條件設為 80 kPa、−20°C,重作習題 8-45。

8-47 一空氣標準迪賽爾循環的壓縮比為 18.2,空氣在開始壓縮過程是 47°C 和 100 kPa,而在壓縮過程最終為 1800 K。根據可變比熱,求:(a) 停供比;(b) 每單位質量的排熱率;(c) 熱效率。

8-48 利用室溫下的定比熱,重作習題 8-47。

8-49 一理想迪賽爾循環利用空氣為工作流體,其壓縮比為 20。空氣在開始壓縮狀態為 95 kPa 和 20°C。假設循環中的最大溫度不超過 2200 K,求:(a) 熱效率;(b) 平均有效壓力效率。假設空氣在室溫下為定比熱。答:(a) 63.5%,(b) 933 kPa

8-50 由多變膨脹過程($n = 1.35$)取代等熵膨脹過程,利用可變比熱重作習題 8-49。

8-51 在理想迪賽爾循環下操作一個四缸、二行程、2.4 L 的柴油引擎,其壓縮比為 22 且停供比為 1.8。在壓縮過程開始時,空氣為 70°C 和 97 kPa。利用冷空氣標準假設,求引擎在 3500 rpm 時產生多少動力。

8-52 以氮氣作為工作流體,重作習題 8-51。

8-53 有一壓縮比為 15 和停供比 1.4 的理想雙燃循環,在固定體積加熱過程壓力比為 1.1。在開始壓縮時,$P_1 = 98$ kPa,$T_1 = 24°C$,計算此循環的淨比功、比加熱量和熱效率。利用空氣在室溫下為定比熱計算。

8-54 在空氣標準迪賽爾循環中,利用 $q_{in}/(c_p T_1 r^{k-1})$ 推導停供比 r_c 的表示式。

8-55 在一雙燃循環之空氣標準循環的封閉活塞−汽缸系統中,其比熱為常數,由下列五個過程組成:

1-2 等熵壓縮,壓縮比 $r = V_1/V_2$

2-3 固定體積加熱,壓力比 $r_p = P_3/P_2$

3-4 固定壓力加熱,體積比 $r_c = V_4/V_3$

4-5 作功時等熵膨脹至 $V_5 = V_1$

5-1 定體積排熱到初始狀態

(a) 畫出循環的 P-v 圖和 T-s 圖。
(b) 寫出熱效率的表示式，以 k、r、r_c 和 r_p 表示。
(c) 用 r_p 來評估此效率的極限，並和迪賽爾循環效率來比較。
(d) 用 r_c 來評估此效率的極限，並和奧圖循環效率來比較。

■ 史特靈與艾力克生循環

8-56C 何種循環是由兩個等溫和兩個等容過程組成？

8-57C 理想艾力克生循環和卡諾循環有何差別？

8-58C 考慮在相同溫度之間範圍操作的理想奧圖、史特靈、卡諾循環。如何比較這三種循環之間的熱效率？

8-59C 考慮在相同溫度之間範圍操作的理想迪賽爾、艾力克生、卡諾循環。如何比較這三種循環之間的熱效率？

8-60 理想艾力克生引擎使用氦氣作為工作流體，其操作的溫度為 305 和 1665 K，操作的壓力為 175 和 1400 kPa。假設氦氣質量流率為 6 kg/s，求：(a) 該循環的熱效率；(b) 再生器中的熱傳率；(c) 傳遞的動力。

8-61 理想的史特靈引擎使用氦氣作為工作流體，其操作的溫度為 300 和 2000 K，操作的壓力為 150 kPa 和 3 MPa，假設循環中氦氣質量 0.12 kg，求：(a) 該循環的熱效率；(b) 再生器中的熱傳率；(c) 每工作循環的功輸出。

8-62 考慮在穩流系統中以空氣作為工作流體的理想艾力克生循環。在一開始的等溫壓縮過程，空氣為 27ºC、120 kPa，期間 150 kJ/kg 的熱在 1200 K 被排放至空氣中。求：(a) 此循環的最大壓力；(b) 每單位質量空氣的淨功輸出；(c) 此循環的熱效率。答：(a) 685 kPa，(b) 450 kJ/kg，(c) 75.0%

8-63 一空氣標準史特靈循環其操作的最大壓力為 3600 kPa，最小壓力為 50 kPa。空氣的最大體積是最小體積的十二倍。低溫維持在 20ºC，外部溫度和空氣允許相差 5ºC。計算此循環所加入的比熱量、產生的淨比功，以及這個循環所產生的特定淨功。

8-64 在習題 8-63 中，再生器所儲存的熱大約為多少？利用空氣在室溫下為定比熱計算。

■ 理想和真實燃氣輪機（布雷登）循環

8-65C 在簡單理想的布雷登循環中，當最大和最小溫度固定時，壓力比對 (a) 熱效率；(b) 淨功輸出有什麼影響？

8-66C 什麼是回功比？典型的燃氣輪機回功比的值是多少？

8-67C 在燃氣輪機中，為何回功比相對較高？

8-68C (a) 回功比；(b) 燃燃氣輪機的熱效率對壓縮機與渦輪機的損失有何影響？

8-69 一以空氣作為工作流體且壓力比為 10 的簡單理想布雷登循環，空氣以 290 K 進入壓縮機，以 1100 K 進入渦輪機。比熱隨溫度變化，求：(a) 壓縮機出口的空氣溫度；(b) 回功比；(c) 熱效率。

8-70 一燃氣輪機發電廠以簡單的布雷登循環運行，空氣作為工作流體，並提供 32 MW 的電力。循環的最低和最高溫度分別為 310 和 900 K，空氣在壓縮機的出口壓力是壓縮機入口的八倍。假設的壓縮機的等熵效率 80%，渦輪機的效率為 86%，求空氣在該循環的質量流率。假設空氣的比熱隨溫度變化。

8-71 使用室溫的定比熱重新計算習題 8-70。

8-72 簡單理想的布雷登循環中，以空氣為工作流體，壓力比 12，循環的最高溫為 600ºC，壓縮機入口處為 100 kPa、15ºC。當壓縮機的等熵效率為 90%，或者渦輪機的等熵效率為 80% 時，哪一種狀況的回功比較大？利用空氣在室溫下的定比熱計算。

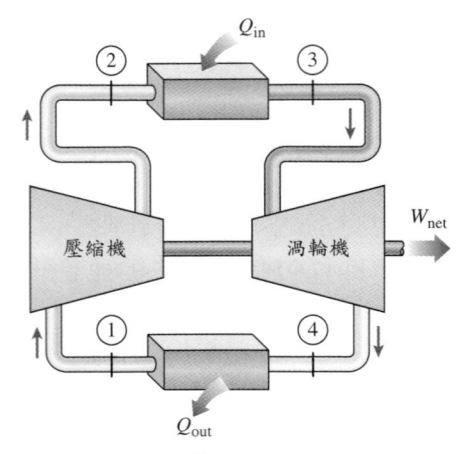

圖 P8-72

8-73 一簡單的理想布雷登循環之壓力比為 12，利用空氣作為工作流體，壓縮機的入口溫度為 300 K，而渦輪機的入口溫度為 1000 K。求淨功輸出 70 MW 所需要的空氣質量流率。假設壓縮機和渦輪機兩者的等熵效率皆為：(a) 100%；(b) 85%。利用空氣在室溫下的定比熱計算。答：(a) 352 kg/s，(b) 1037 kg/s

8-74 飛機引擎以簡單理想布雷登循環操作，其壓力比為 10。熱加入循環的速率為 500 kW；空氣以 1 kg/s 通過引擎，開始壓縮時的狀態為 70 kPa、0°C。求引擎產生的動力及引擎的熱效率。利用空氣在室溫下的定比熱計算。

8-75 若壓力比為 15，重作習題 8-74。

8-76 一燃氣輪機發電廠以簡單理想布雷登循環操作，循環的最低壓力及最高壓力分別為 100 kPa 和 1600 kPa。若工作流體為空氣，空氣以 40°C、850 m³/min 進入壓縮機，並以 650°C 離開渦輪機。假設壓縮機的等熵效率為 85%，渦輪機的等熵效率為 88%。利用可變空氣比熱，求：(a) 淨輸出功；(b) 回功比；(c) 熱效率。答：(a) 6081 kW，(b) 0.536，(c) 37.4%

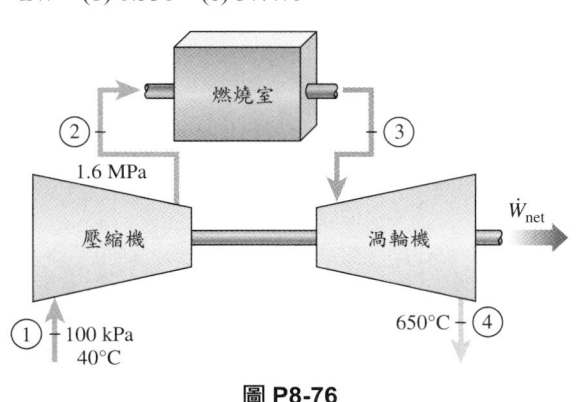

圖 P8-76

8-77 一燃氣輪機發電廠以簡單的布雷登循環運行，工作流體為空氣。空氣進入渦輪機的壓力為 800 kPa 和 1100 K，並以 100 kPa、670 K 離開，熱量排放到環境中的排放率為 6700 kW，並且空氣在循環中的流率為 18 kg/s。假設渦輪為等熵且壓縮機的等熵效率為 80%，求發電廠的功率輸出。假設空氣的比熱隨溫度變化。答：2979 kW

8-78 若習題 8-77 發電廠產生的輸出淨功為零，求壓縮機的效率。

8-79 一燃氣輪機發電廠以簡單的布雷登循環運行，操作的壓力範圍為 100 和 800 kPa。質量流率為 200 kg/s，30°C 的空氣進入壓縮機並以 330°C 離開，循環的最高溫為 1400 K，操作時經由實驗量測循環的淨功率輸出為 60 MW。假設空氣的性質為定質，溫度 300 K 時，c_v = 0.718 kJ/kg・K，c_p=1.005 kJ/kg・K，R = 0.287 kJ/kg・K，k = 1.4。

(a) 畫出循環的 T-s 圖。
(b) 求所述渦輪機操作條件下的等熵效率。
(c) 求循環的熱效率。

8-80 一燃氣輪機發電廠以改良後的布雷登循環操作，整體的壓力比為 8，空氣分別為 0°C 和 100°C 進入壓縮機，循環最大溫度為 1500 K，壓縮機和渦輪機為等熵。高壓渦輪機提供足夠的能量給壓縮機。假設氣體性質為 c_v = 0.718 kJ/kg・K、c_p = 1.005 kJ/kg・K、R = 0.287 kJ/kg・K 和 k = 1.4。

(a) 畫出循環的 T-s 圖並標示之。
(b) 計算在第四狀態點（高壓渦輪機出口處）的溫度和壓力。
(c) 假設淨功輸出為 200 MW，計算空氣流入壓縮機的質量流率，以 kg/s 表示。

答：(b) 1279 K，457 kPa，(c) 442 kg/s

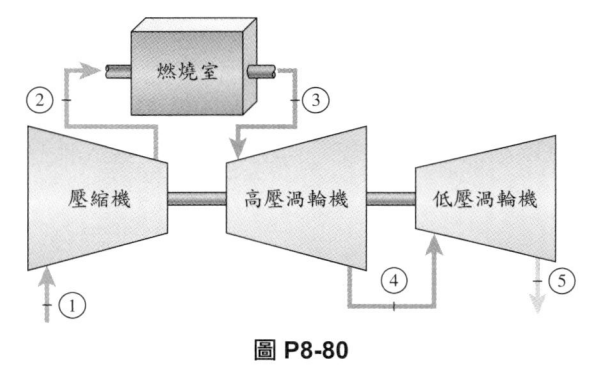

圖 P8-80

Chapter 9

蒸氣與複合動力循環

第 8 章討論整個循環中工作流體一直維持氣體的氣體動力循環。本章將討論工作流體汽化與凝結交替的蒸氣動力循環。

水蒸汽為蒸氣動力循環中最常用的工作流體，因為具有許多優異的特性，例如價格低廉、可用性、高汽化焓。因此，本章將著重於蒸汽發電廠的探討。蒸汽發電廠通常是指燃煤廠、核能廠或天然氣廠，主要取決於供熱至水蒸汽所使用的燃料形式。然而，在所有的發電廠中，水蒸汽均經過相同的基本循環，因此可以使用相同的分析方法。

學習目標

- 分析工作流體汽化與凝結交替的蒸氣動力循環。
- 探討如何修正基本朗肯蒸氣動力循環以提升循環熱效率。

9-1 卡諾蒸氣循環

先前曾提到，卡諾循環為運轉於兩個指定的溫度極限間最有效率的循環。因此，自然而然地會先選擇卡諾循環作為蒸汽發電廠的理想循環。可能的話，我們當然會視其為理想循環。然而，卡諾循環並非動力循環的適當模式，稍後將做說明。在接下來的討論中，皆假設水蒸汽為工作流體，因為它是蒸氣動力循環主要使用的工作流體。

考慮一個在純物質的飽和區間內所運行的穩流卡諾循環，如圖 9-1(a) 所示。流體在鍋爐內進行可逆且等溫加熱（過程 1-2）、在渦輪機中等熵膨脹（過程 2-3）、在冷凝器中可逆且等溫凝結（過程 3-4），以及被壓縮機等熵壓縮至初始狀態（過程 4-1）。

此循環伴隨幾個不實際性：

1. 在兩相系統中進行等溫熱傳遞，實際上並不難達成，因為在裝置內維持固定的壓力即可自動將溫度固定於飽和值。所以在實際的鍋爐與冷凝器中，皆可接近實現過程 1-2 與過程 3-4。然而，若將熱傳遞過程限制於兩相系統，則嚴重限制了循環可使用的最高溫度（必須維持於臨界點以下，水為 374°C）。一旦限制了循環的最高溫度，等於限制了熱效率。任何想要提高循環最高溫度的企圖，會涉及到單相工作流體的熱傳遞，並不容易等溫地達成。

2. 藉由設計良好的渦輪機可進行近似等熵膨脹過程（過程 2-3）。然而在此過程中，水蒸汽的乾度會減少，如圖 9-1(a) 的 T-s 圖所示。因此渦輪機必須處理低乾度，也就是高水分含量的水蒸汽。液滴會侵蝕渦輪機葉片，導致磨耗，因此在發電廠的運轉中，乾度低於大約 90% 的水蒸汽是不被允許的。使用具有極陡峭之飽和蒸氣線的工作流體能解決此一問題。

3. 等熵壓縮過程（過程 4-1）涉及到液－氣混合物至飽和液體的壓縮。此過程有兩個困難處。第一，不容易精確地控制凝結過程，以使其結束於狀態 4 所希望的乾度。第二，設計處理兩相的壓縮機不切實際。

若使卡諾循環以不同的方式進行，則可消除一部分的問題，如圖 9-1(b) 所示。然而，該循環會呈現其他問題，例如等熵壓縮至極高的壓力以及在可變的壓力下的等溫熱傳遞。因此，卡諾循

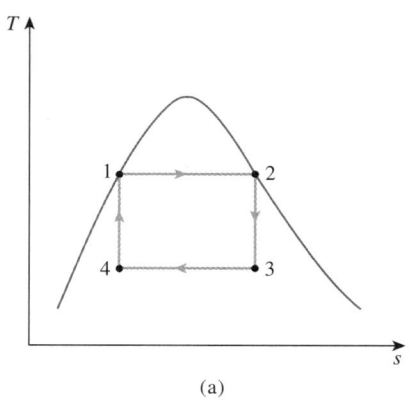

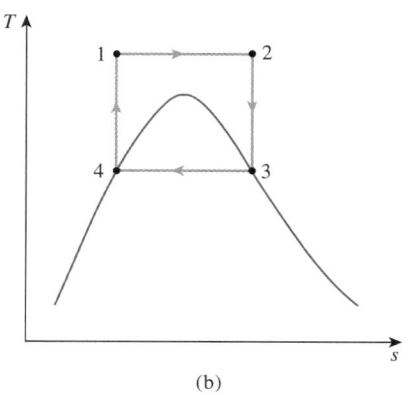

圖 9-1
兩個卡諾蒸氣循環的 T-s 圖。

環無法接近實際裝置,對蒸氣動力循環而言,並非實際的模式。

9-2 朗肯循環:蒸氣動力循環的理想循環

若在鍋爐中將水蒸汽過熱並在冷凝器中予以凝結,可消除許多與卡諾循環相關的不實際性,如圖 9-2 的 T-s 圖。這個循環稱為**朗肯循環(Rankine cycle)**,正是蒸汽發電廠的理想循環。理想朗肯循環不涉及任何內部不可逆性,是由下列四個過程組成:

1-2　在泵中的等熵壓縮
2-3　在鍋爐中的等壓縮加熱
3-4　在渦輪機中的等熵膨脹
4-1　在冷凝器中的等壓排熱

水在狀態 1 以飽和液體進入泵,然後以等熵過程壓縮至鍋爐的操作壓力。在此等熵壓縮過程中,水的比容會稍微降低,而使水的溫度稍微升高。為了清楚表示,將 T-s 圖上狀態 1 與 2 間的垂直距離放大顯示。(若水真的是不可壓縮流體,此過程中會有溫度改變嗎?)

水在狀態 2 以壓縮液體進入鍋爐,而在狀態 3 以過熱蒸氣型態離開。基本上,鍋爐是一個大型的熱交換器,其熱來自燃燒氣體、核反應器或其他熱源,而在等壓下將熱傳至水。鍋爐連同水蒸汽被過熱的部分(過熱器),通常稱為水蒸汽產生器。

狀態 3 的過熱蒸氣進入渦輪機,等熵膨脹並產生轉動軸功而連接至發電機。在此過程中,水蒸汽的壓力與溫度降至狀態 4 的值,而進入冷凝器。在此狀態下,水蒸汽經常為高乾度的液-氣混合物。水蒸汽在等壓下於冷凝器中凝結。基本上,冷凝器是一個大型的熱交換器,其將熱排放至湖水、河水或大氣等冷卻介質。水蒸汽以飽和液體型態離開冷凝器,並進入泵而完成循環。在水資源極為珍貴的地區,發電廠是以空氣取代水來進行冷卻。這種冷卻方法亦使用於汽車引擎,稱為乾冷卻。全世界上有數個發電廠,包括美國的一些發電廠,皆使用乾冷卻方式以節省水資源。

之前曾提過在 T-s 圖中,過程曲線下方的面積代表內部可逆過程的熱傳遞,因此可瞭解過程曲線 2-3 下方的面積代表在鍋爐中傳至水的熱傳遞,而過程曲線 4-1 下方的面積表示在冷凝器中排放的熱。上述兩者(循環曲線所包圍的面積)之間的差,即為循環所產生的淨功。

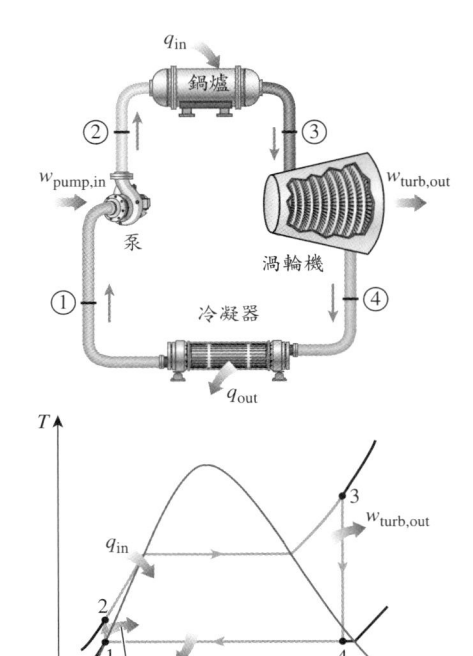

圖 9-2
簡單理想朗肯循環。

理想朗肯循環的能量分析

朗肯循環的四個元件（泵、鍋爐、渦輪機、冷凝器）均為穩流裝置，因此組成朗肯循環的所有四個過程均可使用穩流過程分析。與功及熱傳遞相比，水蒸汽之動能與位能變化經常是很小的，因此可以忽略。水蒸汽每單位質量的穩流能量方程式可簡化為

$$(q_{in} - q_{out}) + (w_{in} - w_{out}) = h_e - h_i \quad (kJ/kg) \quad \textbf{(9-1)}$$

鍋爐與冷凝器不涉及功，而泵與渦輪機假設為等熵，因此每一個裝置的能量守恆關係式可表示如下：

泵（$q = 0$）:
$$w_{pump,in} = h_2 - h_1 \quad \textbf{(9-2)}$$

或者，
$$w_{pump,in} = v(P_2 - P_1) \quad \textbf{(9-3)}$$

其中
$$h_1 = h_{f @ P_1} \quad \text{與} \quad v \cong v_1 = v_{f @ P_1} \quad \textbf{(9-4)}$$

鍋爐（$w = 0$）:
$$q_{in} = h_3 - h_2 \quad \textbf{(9-5)}$$

渦輪機（$q = 0$）:
$$w_{turb,out} = h_3 - h_4 \quad \textbf{(9-6)}$$

冷凝器（$w = 0$）:
$$q_{out} = h_4 - h_1 \quad \textbf{(9-7)}$$

而朗肯循環的熱效率可由下式求得：

$$\eta_{th} = \frac{w_{net}}{q_{in}} = 1 - \frac{q_{out}}{q_{in}} \quad \textbf{(9-8)}$$

其中
$$w_{net} = q_{in} - q_{out} = w_{turb,out} - w_{pump,in}$$

在美國，發電廠的轉換效率通常以**熱率（heat rate）**表示，其為欲產生 1 kWh 的電力所需供給的熱量，並以 Btu 為單位。熱率愈小，效率愈高。若 1 kWh = 3412 Btu，而且不考慮軸功轉換為電功的損失，則熱率與熱效率間的關係可表示為

$$\eta_{th} = \frac{3412 \text{ (Btu/kWh)}}{\text{熱率 (Btu/kWh)}} \quad \textbf{(9-9)}$$

舉例而言，11,363 Btu/kWh 的熱率相當於 30% 的效率。

熱效率亦可解釋為 $T\text{-}s$ 圖上循環所圍成的面積與加熱過程下方面積之比值。下面的例題說明此關係式的運用。

例 9-1　簡單的理想朗肯循環

考慮某一座以簡單理想朗肯循環運轉的蒸汽發電廠，水蒸汽在 3 MPa 與 350°C 進入渦輪機，而在 75 kPa 的壓力下於冷凝器內被凝結，求此循環的熱效率。

解： 一座以簡單理想朗肯循環運轉的蒸汽發電廠，求此循環的熱效率。

假設： (1) 運轉情況為穩定狀態。(2) 動能與位能的變化均可忽略不計。

分析： 圖 9-3 為發電廠的示意圖與循環的 T-s 圖。由於發電廠以理想朗肯循環運轉，故泵與渦輪機均為等熵，在鍋爐與冷凝器中無壓降，而水蒸汽以冷凝器壓力下的飽和液體狀態離開冷凝器並進入泵。

首先從水蒸汽表（表 A-4、表 A-5 與表 A-6）得知循環中各個狀態的焓：

狀態 1： $\left.\begin{array}{l} P_1 = 75 \text{ kPa} \\ \text{飽和液體} \end{array}\right\}$ $\begin{array}{l} h_1 = h_{f\,@\,75\text{ kPa}} = 384.44 \text{ kJ/kg} \\ v_1 = v_{f\,@\,75\text{ kPa}} = 0.001037 \text{ m}^3/\text{kg} \end{array}$

狀態 2： $P_2 = 3 \text{ MPa}$
$\qquad s_2 = s_1$

$$w_{\text{pump,in}} = v_1(P_2 - P_1)$$
$$= (0.001037 \text{ m}^3/\text{kg})[(3000 - 75) \text{ kPa}]\left(\frac{1 \text{ kJ}}{1 \text{ kPa} \cdot \text{m}^3}\right)$$
$$= 3.03 \text{ kJ/kg}$$

$$h_2 = h_1 + w_{\text{pump,in}} = (384.44 + 3.03) \text{ kJ/kg} = 387.47 \text{ kJ/kg}$$

狀態 3： $\left.\begin{array}{l} P_3 = 3 \text{ MPa} \\ T_3 = 350°C \end{array}\right\}$ $\begin{array}{l} h_3 = 3116.1 \text{ kJ/kg} \\ s_3 = 6.7450 \text{ kJ/kg} \cdot \text{K} \end{array}$

狀態 4： $P_4 = 75 \text{ kPa}$　（飽和混合物）
$\qquad s_4 = s_3$

$$x_4 = \frac{s_4 - s_f}{s_{fg}} = \frac{6.7450 - 1.2132}{6.2426} = 0.8861$$

$$h_4 = h_f + x_4 h_{fg} = 384.44 + 0.8861(2278.0) = 2403.0 \text{ kJ/kg}$$

因此，
$$q_{\text{in}} = h_3 - h_2 = (3116.1 - 387.47) \text{ kJ/kg} = 2728.6 \text{ kJ/kg}$$
$$q_{\text{out}} = h_4 - h_1 = (2403.0 - 384.44) \text{ kJ/kg} = 2018.6 \text{ kJ/kg}$$

並且
$$\eta_{\text{th}} = 1 - \frac{q_{\text{out}}}{q_{\text{in}}} = 1 - \frac{2018.6 \text{ kJ/kg}}{2728.6 \text{ kJ/kg}} = \mathbf{0.260\ 或\ 26.0\%}$$

亦可求得熱效率：
$$w_{\text{turb,out}} = h_3 - h_4 = (3116.1 - 2403.0) \text{ kJ/kg} = 713.1 \text{ kJ/kg}$$
$$w_{\text{net}} = w_{\text{turb,out}} - w_{\text{pump,in}} = (713.1 - 3.03) \text{ kJ/kg} = 710.1 \text{ kJ/kg}$$

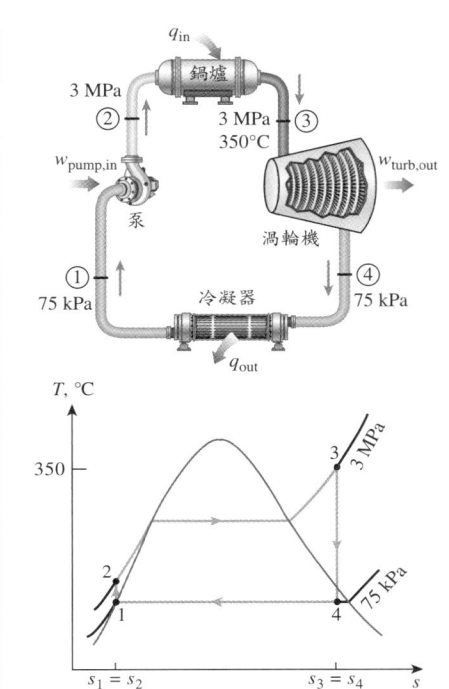

圖 9-3
例 9-1 的示意圖與 T-s 圖。

或

$$w_{\text{net}} = q_{\text{in}} - q_{\text{out}} = (2728.6 - 2018.6) \text{ kJ/kg} = 710.0 \text{ kJ/kg}$$

及

$$\eta_{\text{th}} = \frac{w_{\text{net}}}{q_{\text{in}}} = \frac{710.0 \text{ kJ/kg}}{2728.6 \text{ kJ/kg}} = \mathbf{0.260 \text{ 或 } 26.0\%}$$

換言之，此發電廠將鍋爐接受的 26% 熱轉換為功。對於運轉於相同溫度與壓力極限間的實際發電廠，因為具有摩擦等不可逆因素，其效率較低。

討論： 此發電廠的回功比（$r_{\text{bw}} = w_{\text{in}}/w_{\text{out}}$）為 0.004，因此渦輪機的功輸出僅需 0.4% 用以轉動泵。具有如此低的回功比為蒸氣動力循環的特點。相對於氣體動力循環具有極高的回功比（約 40% 至 80%），兩者成為強烈對比。

更有趣的是，運轉於相同溫度極限間之卡諾循環的熱效率為

$$\eta_{\text{th,Carnot}} = 1 - \frac{T_{\text{min}}}{T_{\text{max}}} = 1 - \frac{(91.76 + 273) \text{ K}}{(350 + 273) \text{ K}} = 0.415$$

兩個效率間的差異是因為加熱過程中，水蒸汽與燃燒氣體間極大的溫差，造成朗肯循環產生較大的外部不可逆性。

9-3 實際蒸氣動力循環與理想動力循環的偏離

如圖 9-4(a) 所示，實際蒸氣動力循環與理想朗肯循環的差異，是由於各個元件中的不可逆性所造成。流體摩擦與傳至外界的熱損失，是不可逆性的兩個主要來源。

流體摩擦造成在鍋爐、冷凝器以及不同元件間管路的壓降，結果導致水蒸汽在較低的壓力離開鍋爐。也因為連接管路的壓降，渦輪機入口的壓力些微低於鍋爐出口的壓力。冷凝器中的壓降通常極小。為了補償此壓降，水必須被推送至比理想循環所需的更高壓力。這需要較大的泵，並輸入更多的功至泵。

不可逆性的另一個主要來源為水蒸汽經過各個元件時，從水蒸汽傳至外界的熱損失。為了維持相同的淨功輸出水準，在鍋爐中需要將更多的熱傳至水蒸汽，以補償不想要的熱損失，結果導致熱效率降低。

在整個過程中，特別重要的不可逆性發生於泵及渦輪機內。也由於此不可逆性，造成泵需要更多的功輸入，而渦輪機輸出較少的功。在理想條件下，流經這些裝置的流體均為等熵。事實上，實際的泵及渦輪機與等熵裝置會發生偏離，而利用等熵效率可精確地計算其偏離。等熵效率可定義為

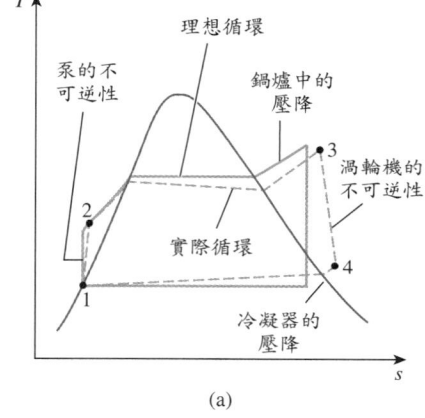

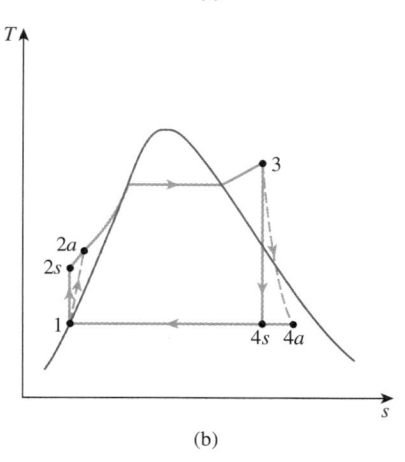

圖 9-4
(a) 實際動力循環與理想朗肯循環的偏離。(b) 泵與渦輪機的不可逆性對理想朗肯循環的影響。

$$\eta_P = \frac{w_s}{w_a} = \frac{h_{2s} - h_1}{h_{2a} - h_1} \tag{9-10}$$

及

$$\eta_T = \frac{w_a}{w_s} = \frac{h_3 - h_{4a}}{h_3 - h_{4s}} \tag{9-11}$$

其中，狀態 2a 與 4a 分別為泵與渦輪機的實際出口狀態，而 2s 與 4s 則為等熵狀態時對應的狀態（圖 9-4(b)）。

在實際的蒸氣動力循環分析中，亦需考量其他因素。例如，在實際的冷凝器中，液體通常為過冷以防止孔蝕，而流體在泵葉輪低壓側的快速汽化及凝結，可能造成葉輪的受損。另一項損失則可能發生於軸承，乃因運動零件間的摩擦所引起。循環中洩漏的水蒸汽及滲入冷凝器的空氣則代表另外兩個損失來源。最後，在計算實際發電廠的效能時，亦應考慮輔助設備所消耗的動力，例如供給空氣至鍋爐的風扇。

不可逆因素對蒸汽動力循環之熱效率的影響，以例 9-2 說明。

例 9-2　實際蒸汽動力循環

一蒸汽發電廠以圖 9-5 所示的循環方式運轉。若渦輪機的等熵效率為 87%，而泵的等熵效率為 85%，求：(a) 循環的熱效率；(b) 質量流率為 15 kg/s 時，發電廠的淨功輸出。

解： 一蒸汽發電廠，已知其渦輪機與泵的等熵效率，求其熱效率與淨功輸出。

假設： (1) 運轉情況為穩定狀態。(2) 動能與位能的變化均可忽略不計。

分析： 發電廠的示意圖與循環的 T-s 圖皆示於圖 9-5。圖上亦標示水蒸汽在各點的溫度與壓力。發電廠具有穩流元件，並以朗肯循環運轉，但需考慮各個元件的不理想性。

(a) 循環的熱效率為淨功輸出與熱輸入的比值，如下：

泵之輸入功：

$$w_{\text{pump,in}} = \frac{w_{s,\text{pump,in}}}{\eta_p} = \frac{v_1(P_2 - P_1)}{\eta_p}$$

$$= \frac{(0.001009 \text{ m}^3/\text{kg})[(16{,}000 - 9) \text{ kPa}]}{0.85} \left(\frac{1 \text{ kJ}}{1 \text{ kPa} \cdot \text{m}^3}\right)$$

$$= 19.0 \text{ kJ/kg}$$

渦輪機之輸出功：

$$w_{\text{turb,out}} = \eta_T w_{s,\text{turb,out}}$$

$$= \eta_T (h_5 - h_{6s}) = 0.87(3583.1 - 2115.3) \text{ kJ/kg}$$

$$= 1277.0 \text{ kJ/kg}$$

圖 9-5

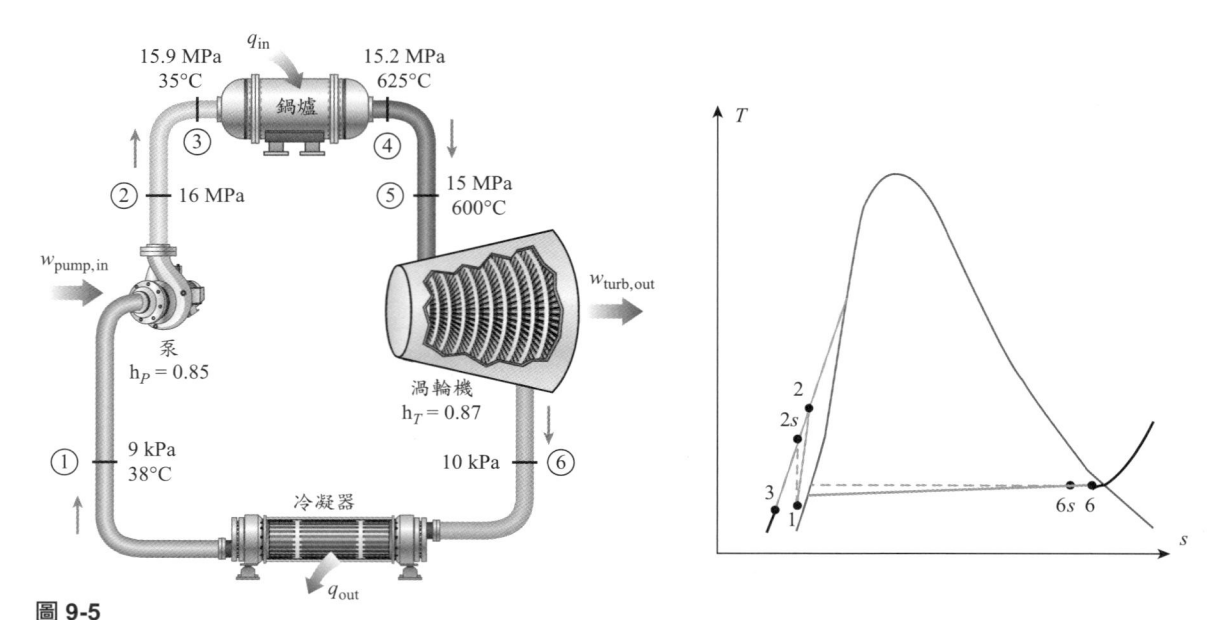

例 9-2 的示意圖與 T-s 圖。

鍋爐之輸入熱：

$$q_{in} = h_4 - h_3 = (3647.6 - 160.1) \text{ kJ/kg} = 3487.5 \text{ kJ/kg}$$

因此，

$$w_{net} = w_{turb,out} - w_{pump,in} = (1277.0 - 19.0) \text{ kJ/kg} = 1258.0 \text{ kJ/kg}$$

$$\eta_{th} = \frac{w_{net}}{q_{in}} = \frac{1258.0 \text{ kJ/kg}}{3487.5 \text{ kJ/kg}} = \mathbf{0.361 \text{ 或 } 36.1\%}$$

(b) 此發電廠產生的功率為

$$\dot{W}_{net} = \dot{m}(w_{net}) = (15 \text{ kg/s})(1258.0 \text{ kJ/kg}) = \mathbf{18.9 \text{ MW}}$$

討論：若無不可逆性，則此循環的熱效率為 43%（見例 9-3c）。

9-4 如何提高朗肯循環的效率？

世界上大部分的電力皆由蒸汽發電廠產生。即使僅能稍微提高熱效率，也將大幅節省燃料的需求，所以蒸汽發電廠運轉效率的改進成為重要課題。

所有用以提高動力循環熱效率的修正方案，基本想法皆相同：提高鍋爐中熱被傳至工作流體的平均溫度，或降低冷凝器中熱從工作流體排放出的平均溫度。換言之，加熱中的平均流體溫度應盡可能高，而放熱中應盡可能低。以下將針對簡單理想朗肯循環討論達到此目標的三個方法。

◯ 降低冷凝器壓力（降低 $T_{low,avg}$）

在冷凝器中的水蒸汽，於操作壓力所對應的飽和溫度下，以飽和混合物態存在於冷凝器內。因此，降低冷凝器的操作壓力自然會降低水蒸汽的溫度，也因此降低排熱溫度。

至於降低冷凝器壓力對朗肯循環效率的影響，則示於圖 9-6 的 T-s 圖。為了比較其效果，必須使渦輪機的入口狀態維持相同。此圖上的陰影面積表示淨功輸出增加，這是由於將冷凝器的壓力從 P_4 降至 P_4' 所造成的。同時，需要的熱輸入亦會增加（即在曲線 2'-2 下方的面積），但此增加量很小。因此，就整體效率而言，降低冷凝器壓力會提高循環的熱效率。

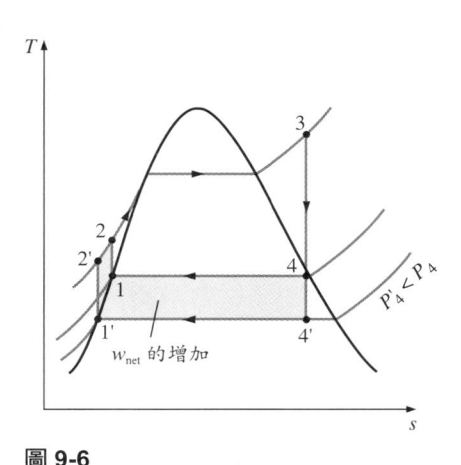

為了獲得在低壓可提高效率的優點，蒸汽發電廠的冷凝器通常操作於大氣壓力以下甚低的壓力。由於蒸氣動力循環是以封閉循環運轉，因此並非主要的問題。但是，可使用的冷凝器壓力具有下限，所以不可能低於冷卻介質溫度所對應的飽和壓力。舉例而言，某一冷凝器以附近 15°C 的河水來進行冷卻，若有效熱傳遞的容許溫差為 10°C，則冷凝器中水蒸汽的溫度必須高於 25°C 以上；也因此，冷凝器壓力必須高於 25°C 的飽和壓力 3.2 kPa 以上。

然而，降低冷凝器的壓力會產生一些負面效應，其中之一是可能會有空氣滲入冷凝器。更重要的是，從圖 9-6 可以看出，這會增加水蒸汽在渦輪機最後階段的水分含量。在渦輪機中含有大量水分是極度不想見到的，因為這樣會降低渦輪機的效率，並侵蝕渦輪機葉片。很幸運地，此問題能夠加以改正，如以下的討論。

圖 9-6
降低冷凝器壓力對理想朗肯循環的影響。

◯ 將水蒸汽過熱至高溫（提高 $T_{high,avg}$）

無需增加鍋爐壓力而藉由將水蒸汽過熱至高溫，便可將熱傳至水蒸汽，使平均溫度提高。過熱對蒸氣動力循環效率的影響表示於圖 9-7 的 T-s 圖。圖中的陰影面積代表淨功的增加，而過程曲線 3-3' 下方的總面積表示熱輸入的增加。因此，將水蒸汽過熱至較高溫，會造成淨功與熱輸入均增加。然而，整體效應亦會使熱效率提高，這是因為熱被加入的平均溫度提高。

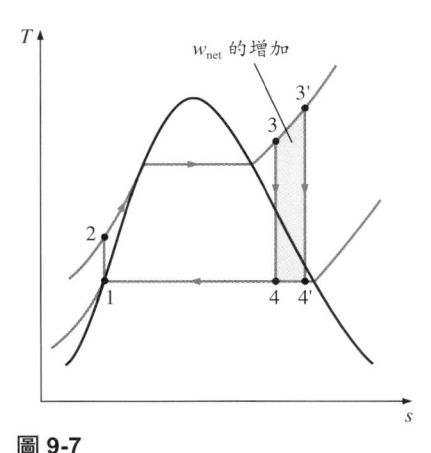

將水蒸汽過熱至較高溫有另一個令人非常期待的效應：減少水蒸汽在渦輪機出口的水分含量，如 T-s 圖所示（即狀態 4' 的乾度大於狀態 4 的乾度）。

然而，水蒸汽可被過熱的溫度會受到冶金考量的限制。目

圖 9-7
水蒸汽被過熱至高溫對理想朗肯循環的影響。

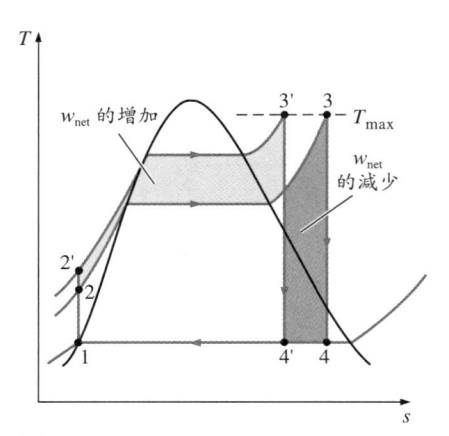

圖 9-8
提高鍋爐壓力對理想朗肯循環的影響。

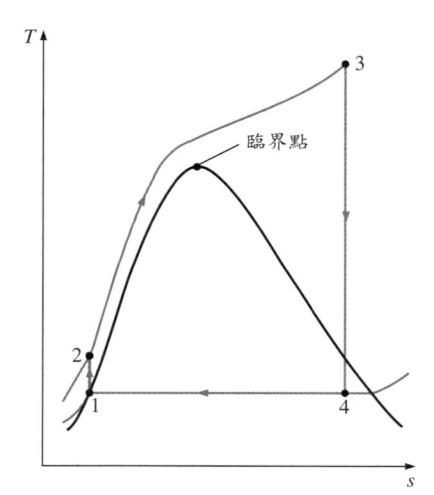

圖 9-9
超臨界朗肯循環。

前渦輪機入口容許的最高蒸汽溫度約為 620°C。若要提高此溫度值，需要改進目前材料或找出可承受較高溫的新材料，而陶瓷是相當具有潛力的新材料。

提高鍋爐壓力（提高 $T_{high,avg}$）

在加熱過程中，另一個提高平均溫度的方法為提高鍋爐的操作壓力，這將會自動升高沸騰發生的溫度，也因此會提高熱被加至水蒸汽的平均溫度，進而增加循環的熱效率。

提高鍋爐壓力對蒸氣動力循環效能的影響，示於圖 9-8 的 T-s 圖。對一固定的渦輪機入口溫度，若循環移向左邊，則水蒸汽在渦輪機出口的水分含量會增加。然而，將水蒸汽再熱，則可修正此不想見到的副作用，如以下的討論。

在過去幾年來，鍋爐的操作壓力逐漸從 1922 年約 2.7 MPa 提高至現在超過 30 MPa。在大型發電廠，會產生足夠的水蒸汽製造出 1000 MW 或更高的淨功輸出。目前許多現代化蒸汽發電廠皆運轉於超臨界壓力（$P > 22.06$ MPa），石化燃料廠有 40% 的熱效率，而核能廠有 34%。目前美國有超過 150 座臨界壓力蒸汽發電廠。核能發電廠的效率較低，是因為這些發電廠為了安全而使用較低的最高溫度。超臨界朗肯循環的 T-s 圖可參見圖 9-9。

降低冷凝器壓力、過熱至較高溫和提高鍋爐壓力，對朗肯循環之熱效率的作用將以例 9-3 來說明。

例 9-3　鍋爐壓力與溫度對效率的影響

考慮一以理想朗肯循環運轉的蒸汽發電廠。水蒸汽在 3 MPa 與 350°C 進入渦輪機，而於冷凝器中在 10 kPa 的壓力下凝結。求：(a) 此發電廠的熱效率；(b) 若水蒸汽被過熱至 600°C 而不是 350°C 的熱效率；(c) 若鍋爐壓力被提高至 15 MPa，而渦輪機之入口溫度維持在 600°C 的熱效率。

解：考慮以理想朗肯循環運轉的蒸汽發電廠。將水蒸汽過熱到較高溫度，並提高鍋爐壓力來探討對熱效率有何影響。

分析：這三種情況之循環的 T-s 圖示於圖 9-10。

(a) 除了冷凝器壓力被降至 10 kPa 之外，此與例 9-1 曾討論過的蒸汽發電廠相同。以類似的方法求得熱效率為：

狀態 1：$P_1 = 10$ kPa $\quad h_1 = h_{f\,@\,10\,kPa} = 191.81$ kJ/kg
飽和液體 $\quad v_1 = v_{f\,@\,10\,kPa} = 0.00101$ m^3/kg

狀態 2：$P_2 = 3$ MPa
$\quad s_2 = s_1$

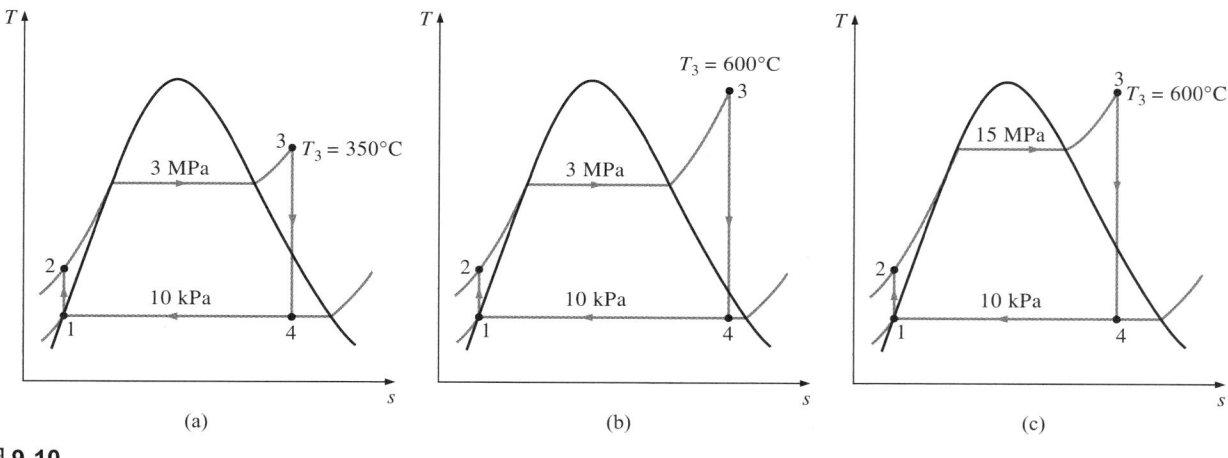

圖 9-10
例 9-3 的三個循環之 T-s 圖。

$$w_{\text{pump,in}} = v_1(P_2 - P_1)$$
$$= (0.00101 \text{ m}^3/\text{kg})[(3000 - 10) \text{ kPa}]\left(\frac{1 \text{ kJ}}{1 \text{ kPa} \cdot \text{m}^3}\right)$$
$$= 3.02 \text{ kJ/kg}$$
$$h_2 = h_1 + w_{\text{pump,in}} = (191.81 + 3.02) \text{ kJ/kg} = 194.83 \text{ kJ/kg}$$

狀態 3： $\quad P_3 = 3 \text{ MPa} \atop T_3 = 350°C$ $\quad h_3 = 3116.1 \text{ kJ/kg}$
$\quad s_3 = 6.7450 \text{ kJ/kg} \cdot \text{K}$

狀態 4： $\quad P_4 = 10 \text{ kPa}$ （飽和混合物）
$\quad s_4 = s_3$

$$x_4 = \frac{s_4 - s_f}{s_{fg}} = \frac{6.7450 - 0.6492}{7.4996} = 0.8128$$

因此，
$$h_4 = h_f + x_4 h_{fg} = 191.81 + 0.8128(2392.1) = 2136.1 \text{ kJ/kg}$$
$$q_{\text{in}} = h_3 - h_2 = (3116.1 - 194.83) \text{ kJ/kg} = 2921.3 \text{ kJ/kg}$$
$$q_{\text{out}} = h_4 - h_1 = (2136.1 - 191.81) \text{ kJ/kg} = 1944.3 \text{ kJ/kg}$$

以及
$$\eta_{\text{th}} = 1 - \frac{q_{\text{out}}}{q_{\text{in}}} = 1 - \frac{1944.3 \text{ kJ/kg}}{2921.3 \text{ kJ/kg}} = \mathbf{0.334 \text{ 或 } 33.4\%}$$

所以，冷凝器壓力從 75 kPa 降至 10 kPa，使得熱效率從 26.0% 提高至 33.4%。同時，水蒸汽的乾度從 88.6% 減少至 81.3%（換言之，水分含量從 11.4% 增加至 18.7%）。

(b) 在此情況中，狀態 1 與狀態 2 維持相同，而狀態 3（3 MPa 與 600°C）與狀態 4（10 kPa 與 $s_4 = s_3$）的焓可求得為
$$h_3 = 3682.8 \text{ kJ/kg}$$
$$h_4 = 2380.3 \text{ kJ/kg} \quad (x_4 = 0.915)$$

因此，

$$q_{in} = h_3 - h_2 = 3682.8 - 194.83 = 3488.0 \text{ kJ/kg}$$
$$q_{out} = h_4 - h_1 = 2380.3 - 191.81 = 2188.5 \text{ kJ/kg}$$

以及
$$\eta_{th} = 1 - \frac{q_{out}}{q_{in}} = 1 - \frac{2188.5 \text{ kJ/kg}}{3488.0 \text{ kJ/kg}} = \textbf{0.373 或 37.3\%}$$

所以，水蒸汽從 350°C 過熱至 600°C，使得熱效率從 33.4% 提高至 37.3%。同時，水蒸汽的乾度從 81.3% 增加至 91.5%（換言之，水分含量從 18.7% 減少至 8.5%）。

(c) 此情況的狀態 1 維持相同，但其他狀態均改變。狀態 2（15 MPa 與 $s_2 = s_1$）、狀態 3（15 MPa 與 600°C）及狀態 4（10 kPa 與 $s_4 = s_3$）的焓以類似的方法求得為

$$h_2 = 206.95 \text{ kJ/kg}$$
$$h_3 = 3583.1 \text{ kJ/kg}$$
$$h_4 = 2115.3 \text{ kJ/kg} \qquad (x_4 = 0.804)$$

因此，
$$q_{in} = h_3 - h_2 = 3583.1 - 206.95 = 3376.2 \text{ kJ/kg}$$
$$q_{out} = h_4 - h_1 = 2115.3 - 191.81 = 1923.5 \text{ kJ/kg}$$

以及
$$\eta_{th} = 1 - \frac{q_{out}}{q_{in}} = 1 - \frac{1923.5 \text{ kJ/kg}}{3376.2 \text{ kJ/kg}} = \textbf{0.430 或 43.0\%}$$

討論：因鍋爐壓力從 3 MPa 提高至 15 MPa，而渦輪機之入口溫度維持在 600°C，使得熱效率從 37.3% 提高至 43.0%。同時，水蒸汽的乾度從 91.5% 減少至 80.4%（換言之，水分含量從 8.5% 增加至 19.6%）。

摘 要

對蒸氣動力循環而言，卡諾循環並非適當的模式，因為實際上它無法被近似。蒸氣動力循環的典型循環為朗肯循環，其由四個內部可逆過程組成：鍋爐中的等壓加熱、渦輪機中的等熵膨脹、冷凝器中的等壓排熱，以及泵中的等熵壓縮。水蒸汽在冷凝器壓力下以飽和液體狀態離開冷凝器。

提高熱被加至工作流體的平均溫度，或降低熱被排放至冷卻介質的平均溫度，皆可以提高朗肯循環的熱效率。降低渦輪機之出口壓力，可降低排熱期間的平均溫度。如此一來，可使大部分蒸汽發電廠之冷凝器壓力比大氣壓力低很多。提高鍋爐壓力或將流體過熱至高溫，可提高加熱期間的平均溫度。但是，過熱的溫度有一極限值，因為流體的溫度不允許超過金屬的安全值。過熱有減少水蒸汽在渦輪機出口之水分含量的額外優點。然而，降低排氣壓力或提高鍋爐壓力皆會增加水分含量。

參考書目

1. R. L. Bannister and G. J. Silvestri. "The Evolution of Central Station Steam Turbines." *Mechanical Engineering*, February 1989, pp. 70–78.
2. R. L. Bannister, G. J. Silvestri, A. Hizume, and T. Fujikawa. "High Temperature Supercritical Steam Turbines." *Mechanical Engineering*, February 1987, pp. 60–65.
3. M. M. El-Wakil. *Powerplant Technology*. New York: McGraw-Hill, 1984.

4. K. W. Li and A. P. Priddy. *Power Plant System Design*. New York: John Wiley & Sons, 1985.
5. H. Sorensen. *Energy Conversion Systems*. New York: John Wiley & Sons, 1983.
6. Steam, *Its Generation and Use*. 39th ed. New York: Babcock and Wilcox Co., 1978.
7. *Turbomachinery* 28, no. 2 (March/April 1987). Norwalk, CT: Business Journals, Inc.
8. J. Weisman and R. Eckart. *Modern Power Plant Engineering*. Englewood Cliffs, NJ: Prentice-Hall, 1985.

習　題

■ 卡諾氣體循環

9-1 一穩流卡諾循環使用水作為工作流體。當熱從 250°C 的熱源傳給水，水從飽和液體狀態改為飽和氣體狀態。熱排放發生於 20 kPa 的壓力。畫出此循環的 T-s 圖，並求：(a) 熱效率；(b) 排放的熱量；(c) 淨輸出功。

9-2 考慮以水作為工作流體的穩流卡諾循環。循環中的最高溫度與最低溫度為 350°C 與 60°C。水在熱排放過程開始與最後的乾度為 0.891 與 0.1。畫出與此循環相關的飽和線 T-s 圖，並求：(a) 熱效率；(b) 渦輪機入口的壓力；(c) 淨輸出功。答：(a) 0.465，(b) 1.40 MPa，(c) 1623 kJ/kg

■ 簡單朗肯循環

9-3C 考慮一具有固定的渦輪機入口條件之簡單理想朗肯循環。降低冷凝器壓力對下列各項的影響為何？

泵功輸入：	(a) 增加；(b) 減少；(c) 維持相同
渦輪機功輸出：	(a) 增加；(b) 減少；(c) 維持相同
供給的熱：	(a) 增加；(b) 減少；(c) 維持相同
排放的熱：	(a) 增加；(b) 減少；(c) 維持相同
循環效率：	(a) 增加；(b) 減少；(c) 維持相同
渦輪機出口水分含量：	(a) 增加；(b) 減少；(c) 維持相同

9-4C 考慮一具有固定的渦輪機入口溫度與冷凝器壓力之簡單理想朗肯循環。提高鍋爐壓力對下列各項的影響效用為何？

泵功輸入：	(a) 增加；(b) 減少；(c) 維持相同
渦輪機功輸出：	(a) 增加；(b) 減少；(c) 維持相同
供給的熱：	(a) 增加；(b) 減少；(c) 維持相同
排放的熱：	(a) 增加；(b) 減少；(c) 維持相同
循環效率：	(a) 增加；(b) 減少；(c) 維持相同
渦輪機出口水分含量：	(a) 增加；(b) 減少；(c) 維持相同

9-5C 實際的蒸氣動力循環與理想化循環有何差異？

9-6C 將 20°C 河水引入冷凝器來進行冷卻，可將冷凝器維持於 10 kPa 的壓力嗎？

9-7 一個簡單的理想朗肯循環以冷媒 R-134a 作為工作流體，運轉於鍋爐壓力 2000 kPa 和冷凝器溫度 24°C 之間。當冷媒混合物離開渦輪機時，乾度為 93%，求渦輪機入口溫度、此循環的熱效率及回功比。

9-8 一個簡單理想朗肯循環以水作為工作流體，而於鍋爐溫度 300°C 和冷凝器溫度 40°C 之間運轉。若水蒸汽進入渦輪機無任何過熱時，計算渦輪機產生的功、供應給鍋爐的熱及此循環的熱效率。

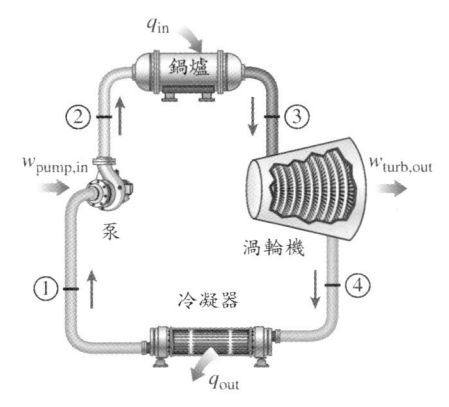

圖 P9-8

9-9 考慮一間以簡單理想朗肯循環運轉的蒸汽發電廠，淨功輸出為 210 MW。水蒸汽在 10 MPa 和 500°C 進入渦輪機，並在 10 kPa 於冷凝器中

冷卻。畫出與此循環相關的飽和線 T-s 圖，並求：(a) 水蒸汽離開渦輪機時的乾度；(b) 循環的熱效率；(c) 水蒸汽的質量流率。答：(a) 0.793，(b) 40.2%，(c) 165 kg/s

9-10 一個簡單的理想朗肯循環以水作為工作流體，運轉於鍋爐壓力 6000 kPa 和冷凝器壓力 50 kPa 之間。渦輪機入口處之溫度為 450°C 進入，渦輪機的等熵效率為 94%。不計壓力與泵損失，水離開冷凝器被降溫 6.3°C。鍋爐的質量流率為 20 kg/s。求輸入於鍋爐的熱傳量、泵所需的功、循環產生的淨功以及熱效率。答：59,660 kW，122 kW，18,050 kW，30.3%

9-11 一座二元地熱發電廠使用 160°C 的地熱水當作熱源，整個循環為簡單理想朗肯循環並以異丁烷作為工作流體。同時，藉由熱交換器將熱傳遞給整個循環系統。其中地熱水以溫度 160°C 及 555.9 kg/s 質量流率進入熱交換器，並以 90°C 離開熱交換器。而異丁烷以 305.6 kg/s 質量流率進入渦輪機，其壓力狀態為 3.25 MPa 和 147°C，離開時為 79.5°C 和 410 kPa。異丁烷在氣冷式冷凝器中冷卻，然後被泵送到熱交換器壓力。假設泵的等熵效率為 90%，求：(a) 渦輪機的等熵效率；(b) 發電廠的淨功輸出；(c) 循環的熱效率。

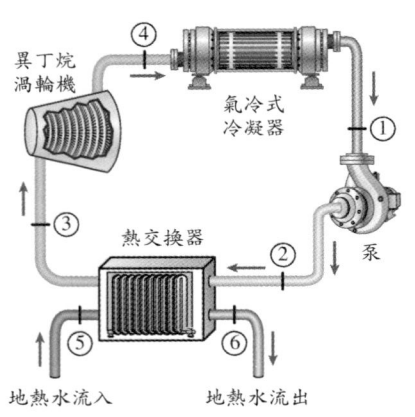

圖 P9-11

9-12 考慮一個可產生 175 MW 的電力的燃煤蒸汽發電廠。此發電廠運轉於一個簡單理想朗肯循環，渦輪機的入口狀態為 7 MPa 和 550°C，冷凝器壓力為 15 kPa。煤的熱值（當燃料燃燒時所釋出的能量）為 29,300 kJ/kg。假設 85% 的能量轉換成鍋爐內的蒸汽，而且發電機有 96% 的效率，求：(a) 整個發電廠的效率（淨電力功率輸出與燃料能量輸入的比值）；(b) 煤的提供率。答：(a) 31.5%，(b) 68.3 t/h

Chapter 10

冷凍循環

冷凍為熱力學的主要應用領域之一,目的是將低溫的熱量傳至高溫的介質。用來冷凍的裝置稱為冷凍機,運轉時所經歷的循環稱為冷凍循環。最常見的循環為蒸氣－壓縮冷凍循環,在此循環中,冷媒交互蒸發與凝結,並且在氣體狀態下被壓縮。

學習目標

- 介紹冷凍機、熱泵的觀念與性能指標。
- 分析理想的蒸氣－壓縮冷凍循環。
- 分析實際的蒸氣－壓縮冷凍循環。
- 分析蒸氣、壓縮冷凍循環的第二定律效率。
- 探討如何選擇正確的冷媒。
- 討論冷凍機與熱泵的操作。

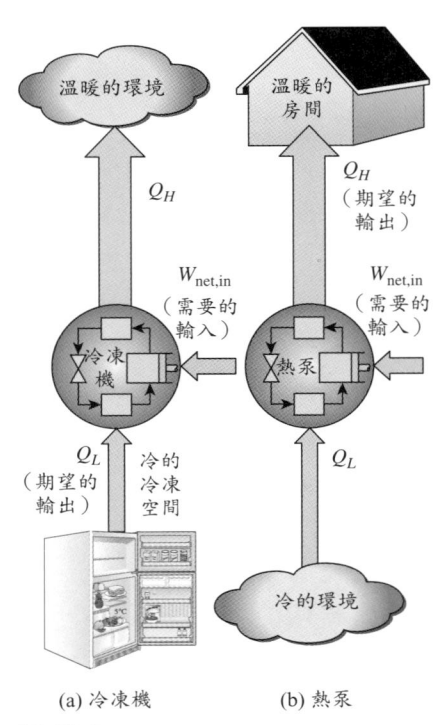

10-1 冷凍機與熱泵

從經驗來說，熱量的流動方向是從高溫往低溫流動，這個過程自然發生，不需要任何裝置。但是，當熱量要從低溫往高溫方向流動時，則需要特殊裝置才能發生，這種裝置稱為**冷凍機**（refrigerator）。

冷凍機是一種循環的裝置，這個過程中使用的工作流體稱為**冷媒**（refrigerant）。圖 10-1(a) 為一冷凍機的示意圖。圖中，Q_L 為要從低溫 T_L 的冷凍空間所移走的熱量，Q_H 為在較高溫 T_H 的環境中要排出的熱量，$W_{net,in}$ 為冷凍機所需輸入的功。如同第 6 章所定義的，Q_L 與 Q_H 皆為正值。

另一種稱為**熱泵**（heat pump）的裝置也是用來將低溫區的熱量移至高溫區。基本上，熱泵和冷凍機為相同的裝置，但是使用的目的不同。冷凍機持續從冷凍空間中移走熱量，以便於保持該空間的低溫。將此熱量釋放至高溫區，只是循環中必要的過程，並不是目的。然而，熱泵的目的在於持續將一個區域維持在高溫中，所以必須從較低溫處吸取熱量來供給高溫區。舉例來說，低溫區包括冬天外界的低溫空氣或水，而較高溫區則為房間內，如圖 10-1(b) 所示。

冷凍機或熱泵的**性能係數**（coefficient of performance，以下簡稱 COP 值）定義為：

$$\text{COP}_R = \frac{\text{期望的輸出}}{\text{需要的輸入}} = \frac{\text{冷卻量能力}}{\text{輸入功}} = \frac{Q_L}{W_{net,in}} \tag{10-1}$$

$$\text{COP}_{HP} = \frac{\text{期望的輸出}}{\text{需要的輸入}} = \frac{\text{暖房能力}}{\text{輸入功}} = \frac{Q_H}{W_{net,in}} \tag{10-2}$$

這些關係式也可以用單位時間的輸出或輸入來表示，只要將 Q_L、Q_H、$W_{net,in}$ 換成 $\dot{Q}_L$、$\dot{Q}_H$、$\dot{W}_{net,in}$ 即可。在公式 10-1 與公式 10-2 中，COP_{HP} 與 COP_R 的值可以大於 1，而且對於固定的 Q_L、Q_H 來說，可以導出

$$\text{COP}_{HP} = \text{COP}_R + 1 \tag{10-3}$$

因為 COP_R 為正，此關係式表示出 $\text{COP}_{HP} > 1$。也就是說，對熱泵而言，在最壞的情況下（即等於電阻式加熱器的功能），輸出熱與輸出功相同。然而在實際情況下，因為部分 Q_H 的熱量會在管路中散失，所以實際的熱泵在外界溫度相當低時，COP_{HP} 會小於 1。因此，系統通常會轉換成電阻或燃料（例如天然氣）加熱模組。

冷凍機的冷卻容量（cooling capacity）定義為冷凍空間中單

位時間移走的熱量，通常以**冷凍噸（tons of refrigeration）**來表示。1 冷凍噸的冷卻容量為在 24 小時內，將 1 ton（2000 lbm）的液態水從 0°C 冷卻成 0°C 的冰，也就是 211 kJ/min 或 200 Btu/min。對於 200 m² 的空間來說，冷卻容量約需要 3 ton（10 kW）左右。

10-2 逆卡諾循環

　　第 6 章曾介紹過，一個可逆的卡諾循環包含兩個等溫過程與兩個等熵過程。在給定的溫度值下操作此熱機，卡諾循環有最大的熱效率，因此與實際的動力循環比較，將能檢視真正的循環可以達到理想卡諾循環效率的幾成。

　　既然卡諾循環是可逆的，所以卡諾循環內的四種過程可以反轉，當循環反轉時，功和熱的方向便會改變。此反轉的卡諾循環稱為**逆卡諾循環（reversed Carnot cycle）**，如圖 10-2 所示的 T-s 圖，此循環為逆時鐘旋轉。符合此循環的冷凍機或熱泵，稱為**卡諾冷凍機（Carnot refrigerator）**或**卡諾熱泵（Carnot heat pump）**。

　　圖 10-2 顯示一個在兩相共存區操作的逆卡諾循環，冷媒從低溫 T_L 處吸收 Q_L 的熱量（過程 1-2）後，以壓縮機等熵壓縮至狀態 3，此時冷媒溫度達 T_H，冷媒在 T_H 時將 Q_H 的熱量等溫傳至外界（過程 3-4），再等熵膨脹至狀態 1，此時冷媒溫度達 T_L。在過程 3-4 中，冷媒在冷凝器中，從飽和蒸氣狀態冷凝成飽和液體狀態。

　　卡諾冷凍機與卡諾熱泵的 COP 值可以用溫度來表示：

$$\text{COP}_{R,\text{Carnot}} = \frac{1}{T_H/T_L - 1} \quad (10\text{-}4)$$

與

$$\text{COP}_{HP,\text{Carnot}} = \frac{1}{1 - T_L/T_H} \quad (10\text{-}5)$$

從式中可以看出，當 T_L 與 T_H 的溫差愈小，COP 值愈大；也就是說，T_L 增加或 T_H 減少皆可以讓 COP 值增加。

　　逆卡諾循環是最有效率的冷凍循環，所以可以用來當作理想的冷凍機循環或熱泵循環，以進行初步的工程估算。但是，之後會談到以逆卡諾循環來操作冷凍循環其實並不合適。

　　在逆卡諾循環中，因為兩相共存，所以兩個等溫過程（即過程 1-2 與過程 3-4）在冷凝器和蒸發器中是容易達成的。然而過程 2-3 與過程 4-1 卻不易在實際機器上操作，因為過程 2-3 使用

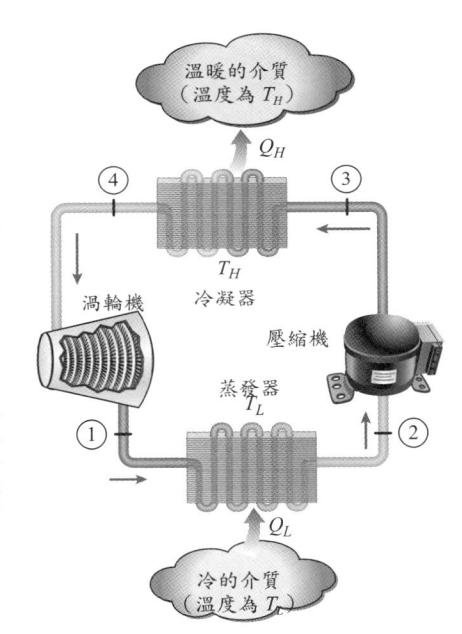

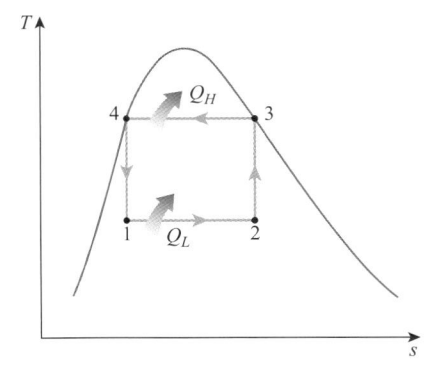

圖 10-2
卡諾循環冷凍機的示意圖與逆卡諾循環的 T-s 圖。

壓縮機壓縮液－氣兩相共存的冷媒，而過程 4-1 則使用渦輪機膨脹低乾度的冷媒。

要解決這些困難，可以讓逆卡諾循環在飽和區外操作，但此時卻會使得過程 1-2 與過程 3-4 的等溫過程無法維持，這就是為何逆卡諾循環不是一個理想冷凍循環的原因。但逆卡諾循環在作為典型的工程估算上，仍具有一定的價值。

10-3　理想蒸氣－壓縮冷凍循環

要解決逆卡諾循環在實務操作上的困難，可以將壓縮前的冷媒完全汽化，並以毛細管或膨脹閥等節流裝置來代替渦輪機。這種循環稱為**理想蒸氣－壓縮冷凍循環**（**ideal vapor-compression refrigeration cycle**），如圖 10-3 所示的 T-s 圖與示意圖。此循環廣泛地用於冷凍機、空調系統與熱泵的循環操作。此循環共有四個過程：

1-2　壓縮機中的等熵壓縮
2-3　冷凝器中的等壓排熱
3-4　膨脹閥中的節流
4-1　蒸發器中的等壓吸熱

在此循環中，進入壓縮機前的冷媒狀態為飽和蒸氣（狀態 1），經過等熵壓縮到冷凝壓力的狀態，此時冷媒因壓縮而溫度升高到高於環境溫度，所以進入冷凝器前為過熱蒸氣（狀態 2），在冷凝器內將熱傳至外界而成為飽和液體（狀態 3）。狀態 3 的溫度仍然較外界環境溫度高。

狀態 3 之飽和液體的冷媒經過膨脹閥節流後，溫度降至冷凍室以下的溫度，此時為一低乾度的兩相共存狀態 4。當此冷媒進入蒸發器中，可以將冷凍室內的熱吸走，而冷媒本身則吸熱成飽和蒸氣（狀態 4），如此就完成整個冷凍循環。

圖 10-4 為一台家庭用冰箱，圖中吸收冷凍室內熱量的管子就是蒸發器，而冰箱背後有將熱排至外界的冷凝器盤管。

由於 T-s 圖下方的面積代表內部可逆過程的熱傳量，所以在過程曲線 4-1 下的面積代表可以在冷凍空間內吸收的熱，過程曲線 2-3 下的面積則為從冷凝器要排至外界的熱。根據經驗，蒸發溫度上升 1°C，或凝結溫度下降 1°C，COP 值可改善 2% 至 4%。

另一個常用來分析此冷凍循環的圖形為 P-h 圖，如圖 10-5 所示。圖中顯示四個過程曲線有三條為直線，而蒸發或冷凝所引起的熱傳量正比於直線的長度。

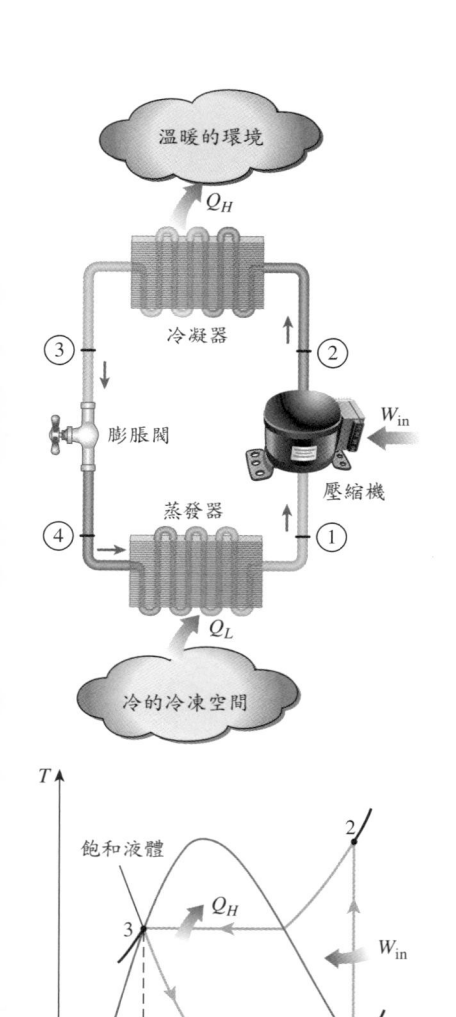

圖 10-3
理想蒸氣－壓縮冷凍循環的示意圖與 T-s 圖。

由於理想的蒸氣－壓縮冷凍循環有一不可逆的節流過程（3 → 4），所以此循環並不是內部可逆的循環。將此節流過程保留於循環中，使得操作變為更趨向實際蒸氣－壓縮冷凍循環。如果將此節流裝置以等熵渦輪機取代，則冷媒進入蒸發器前的狀態就會變成圖 10-3 中的 4′，而非 4。此時，冷凍能力將增加（因 4′ → 1 下方的面積大於 4 → 1 下方的面積），而淨功輸入也將變小（因為可以使用渦輪機的輸出功）。但是，使用渦輪機並不利於實際操作，也就是所增加的好處無法超過所增加的成本。

用於蒸氣－壓縮冷凍循環的四個元件都是穩流裝置，所以皆可以使用穩流過程來分析。四個元件中，動能與位能的變化量都小於功與熱傳量的變化，所以在分析中通常不討論。以單位質量來分析能量守恆：

$$(q_{in} - q_{out}) + (w_{in} - w_{out}) = h_e - h_i \tag{10-6}$$

其中，冷凝器與蒸發器並未牽涉功的輸入，而且通常假設壓縮機為絕熱的。對冷凍機和熱泵來說，COP 值可分別表示成

$$\text{COP}_R = \frac{q_L}{w_{net,in}} = \frac{h_1 - h_4}{h_2 - h_1} \tag{10-7}$$

與

$$\text{COP}_{HP} = \frac{q_H}{w_{net,in}} = \frac{h_2 - h_3}{h_2 - h_1} \tag{10-8}$$

其中，$h_1 = h_{g\,@\,P_1}$，$h_3 = h_{f\,@\,P_3}$。

蒸氣－壓縮冷凍循環源自於 1834 年英國人 Jacob Perkins 使用醚和其他揮發流體的冷媒，所製成的密閉式循環製冰機，但此機器並未商業化量產。1850 年，Alexander Twining 開始使用乙醚當冷媒製作製冰機，此機器體積龐大，主要用於製冰、釀造或冷藏，並沒有自動控制。1890 年代，出現裝有自動控制的馬達驅動系統，使得此冷凍機得以縮小體積，並開始用於肉店與住家。接下來不斷改善，使得可靠、小型、有效率的冷凍系統得以在 1930 年問世。

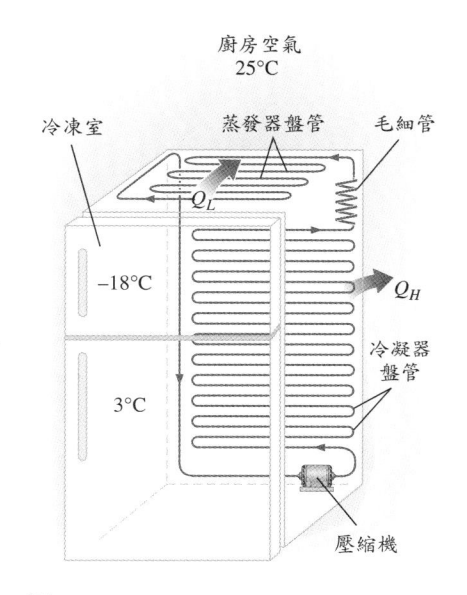

圖 10-4
家庭用冰箱。

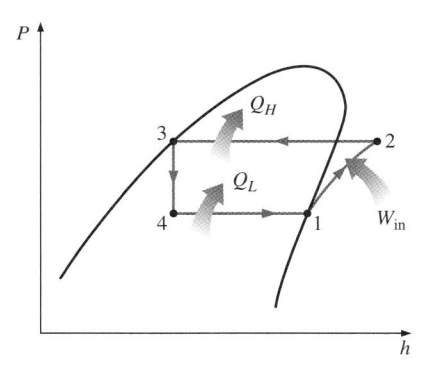

圖 10-5
理想蒸氣－壓縮冷凍循環的 P-h 圖。

例 10-1

理想蒸氣－壓縮冷凍循環

一冷凍機使用冷媒 R-134a 作為工作流體，並且以理想蒸氣－壓縮冷凍循環運轉於 0.14 MPa 與 0.8 MPa 之間。假如冷媒的質量流率為 0.05 kg/s，求：(a) 冷凍室之熱移除率，以及壓縮機所需的功率輸入；(b) 排至環境的熱排放率；(c) 冷凍機的 COP 值。

解：以理想蒸氣－壓縮冷凍循環運轉使用介於兩指定壓力的冷凍機。求冷凍室之熱移除率、輸入功、熱排放率及 COP 值。

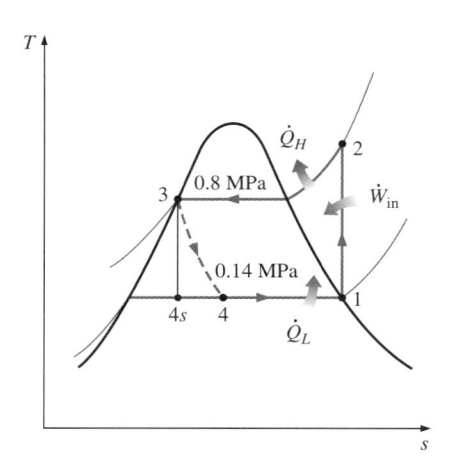

圖 10-6
例 10-1 之理想蒸氣－壓縮冷凍循環的 T-s 圖。

假設：(1) 存在穩定運轉條件。(2) 動能與位能的變化忽略不計。
分析：冷凍循環的 T-s 圖可參見圖 10-6。此為一理想蒸氣－壓縮冷凍循環，因此將壓縮機視為等熵，冷媒以飽和液體狀態離開冷凝器，並且以飽和蒸氣狀態進入壓縮機。從冷媒 R-134a 的表中得知冷媒在四種狀態的所有焓值如下：

$$P_1 = 0.14 \text{ MPa} \longrightarrow h_1 = h_{g \, @ \, 0.14 \text{ MPa}} = 239.19 \text{ kJ/kg}$$
$$s_1 = s_{g \, @ \, 0.14 \text{ MPa}} = 0.94467 \text{ kJ/kg} \cdot \text{K}$$

$$\left. \begin{array}{l} P_2 = 0.8 \text{ MPa} \\ s_2 = s_1 \end{array} \right\} h_2 = 275.40 \text{ kJ/kg}$$

$$P_3 = 0.8 \text{ MPa} \longrightarrow h_3 = h_{f \, @ \, 0.8 \text{ MPa}} = 95.48 \text{ kJ/kg}$$
$$h_4 \cong h_3 \text{（節流）} \longrightarrow h_4 = 95.48 \text{ kJ/kg}$$

(a) 由定義可求得冷凍室之熱移除率以及壓縮機需要的輸入功為：

$$\dot{Q}_L = \dot{m}(h_1 - h_4) = (0.05 \text{ kg/s})[(239.19 - 95.48) \text{ kJ/kg}] = \textbf{7.19 kW}$$

與

$$\dot{W}_{in} = \dot{m}(h_2 - h_1) = (0.05 \text{ kg/s})[(275.40 - 239.19) \text{ kJ/kg}] = \textbf{1.81 kW}$$

(b) 排至環境的熱排放率為

$$\dot{Q}_H = \dot{m}(h_2 - h_3) = (0.05 \text{ kg/s})[(275.40 - 95.48) \text{ kJ/kg}] = \textbf{9.00 kW}$$

亦可由下式求得：

$$\dot{Q}_H = \dot{Q}_L + \dot{W}_{in} = 7.19 + 1.81 = 9.00 \text{ kW}$$

(c) 冷凍機的 COP 值為

$$\text{COP}_R = \frac{\dot{Q}_L}{\dot{W}_{in}} = \frac{7.19 \text{ kW}}{1.81 \text{ kW}} = \textbf{3.97}$$

由此得知，每消耗 1 單位電能，冷凍機可從冷凍室排出將近 4 單位熱能。

討論：我們有興趣知道，假如以等熵渦輪機取代節流閥，將會發生什麼事。在狀態 $4s$（$P_{4s} = 0.14$ MPa 與 $S_{4s} = S_3 = 0.35408$ kJ/kg·K）的焓為 88.95 kJ/kg，渦輪機將產生 0.33 kW 的功率。這將冷凍機的輸入功率由 1.81 kW 降至 1.48 kW，排至環境的熱排放率則由 7.19 kW 增至 7.51 kW。根據這個結果，冷凍機的 COP 值將從 3.97 增至 5.07，提高了 28%。

10-4 實際蒸氣－壓縮冷凍循環

　　由於實際的蒸氣－冷凍循環之各個元件存在一些不可逆性，所以與理想循環有所差異。最常見的不可逆性為流體的摩擦與熱傳遞。圖 10-7 顯示實際的蒸氣－壓縮冷凍循環與 T-s 圖。

在理想循環中，冷媒以飽和蒸氣狀態離開蒸發器與進入壓縮機。但是在實際循環中，不可能如此精準地控制在此飽和狀態。為了確保冷媒在進入壓縮前完全是蒸氣狀態，一般會將冷媒設計成離開蒸發器時為過熱蒸氣狀態。此外，由於蒸發器與壓縮機之間的連接管都很長，所以這段流體的阻力會造成壓力差，並且從外界吸收熱。這些效應皆會導致比容的增加，造成壓縮機所需的功增加（因為流功與比容成正比）。

另外，理想循環中的壓縮過程為可逆與絕熱，所以是等熵壓縮。但是在實際的壓縮過程中，摩擦的效應會導致熵增加，而熱傳遞則視其方向而增加熵或減少熵。如圖 10-7 所顯示，過程 1-2 中冷媒的熵是增加的，而過程 1-2′ 的熵則是減少的。冷媒的熵會增加或減少，端視摩擦與熱傳遞來決定。以壓縮過程 1-2′ 來說，這種過程所需要的功最小，甚至比等熵壓縮更好。為了達到此過程，在實際操作上應該冷卻冷媒。

理想狀態中，在壓縮機出口壓力下，冷媒離開冷凝器為液體狀態。但在實際循環下，由於冷凝器內，冷凝器至壓縮機或是冷凝器至膨脹閥之間的管子，皆會產生壓降，所以無法保持定壓。此外，因為實際操作時必須確保冷媒在進入節流閥前為液體狀態，所以會讓冷媒稍微過冷。這樣的設計會使得冷媒在進入蒸發器前的焓較低，所以更容易吸收冷凍空間的熱，而不必太介意其偏離理想循環的狀況。節流閥與蒸發器之間相當接近，所以兩者間的連接管所引起的壓降較小。

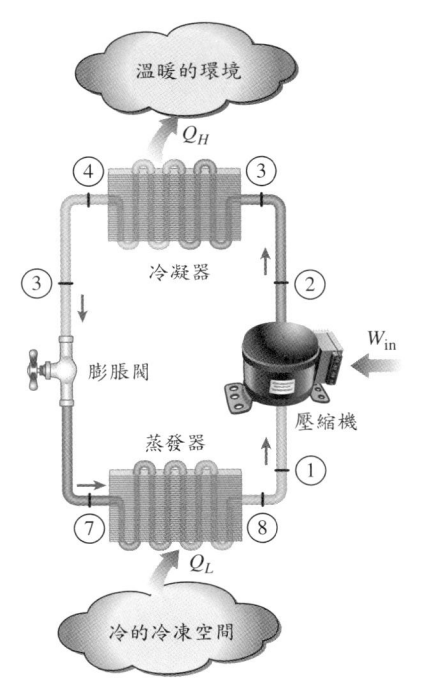

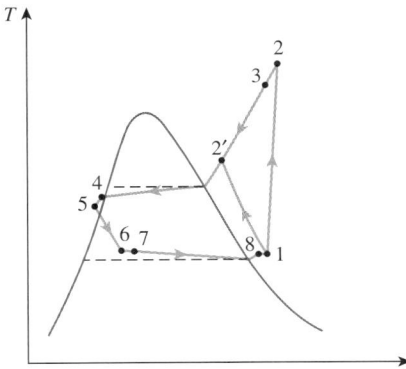

圖 10-7
實際蒸氣－壓縮冷凍循環的示意圖與 T-s 圖。

例 10-2

實際蒸氣－壓縮冷凍循環

一冷凍機之冷媒 R-134a 在 0.14 MPa 與 −10°C 過熱蒸氣狀態下，以 0.05 kg/s 的流率流入壓縮機，而在 0.8 MPa 與 50°C 流出。冷媒在冷凝器中被冷卻至 26°C 與 0.72 MPa，並被節流至 0.15 MPa。不考慮介於元件中連接管線的任何熱傳遞及壓降，求：(a) 冷凍室之熱移除率，以及壓縮機需要的輸入功；(b) 壓縮機的等熵效率；(c) 冷凍機的 COP 值。

解：考慮一蒸氣－壓縮循環運轉的冷凍機。求冷凍室之熱移除率、輸入功、壓縮機效率及 COP 值。

假設：(1) 存在穩定運轉條件。(2) 動能與位能的變化忽略不計。

分析：冷凍循環的 T-s 圖如圖 10-8 所示。冷媒以壓縮液體狀態離開冷凝器，並且以過熱蒸氣狀態進入壓縮機。根據冷媒表，可求得冷媒在不同狀態下的焓值為

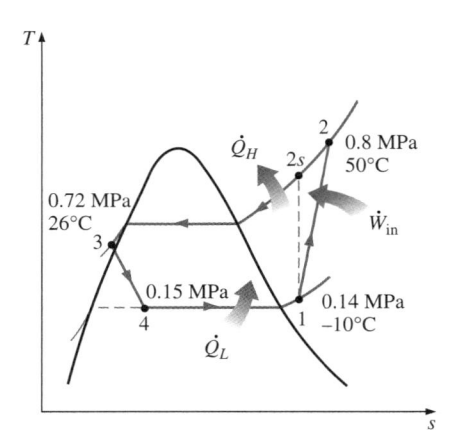

圖 10-8
例 10-2 的 T-s 圖。

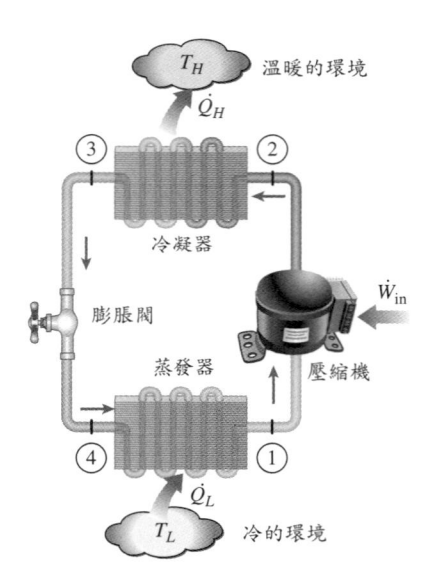

圖 10-9
考慮蒸氣－壓縮冷凍循環的第二定律分析。

$$P_1 = 0.14 \text{ MPa} \atop T_1 = -10°C \Bigg\} \quad h_1 = 246.37 \text{ kJ/kg}$$

$$P_2 = 0.8 \text{ MPa} \atop T_2 = 50°C \Bigg\} \quad h_2 = 286.71 \text{ kJ/kg}$$

$$P_3 = 0.72 \text{ MPa} \atop T_3 = 26°C \Bigg\} \quad h_3 \cong h_{f\,@\,26°C} = 87.83 \text{ kJ/kg}$$

$$h_4 \cong h_3 \text{（節流）} \longrightarrow h_4 = 87.83 \text{ kJ/kg}$$

(a) 由定義可求得冷凍室之熱移除率，以及壓縮機需要的輸入功：

$$\dot{Q}_L = \dot{m}(h_1 - h_4) = (0.05 \text{ kg/s})[(246.37 - 87.83) \text{ kJ/kg}] = \mathbf{7.93 \text{ kW}}$$

與

$$\dot{W}_{in} = \dot{m}(h_2 - h_1) = (0.05 \text{ kg/s})[(286.71 - 246.37) \text{ kJ/kg}] = \mathbf{2.02 \text{ kW}}$$

(b) 壓縮機的等熵效率由下式求得：

$$\eta_C \cong \frac{h_{2s} - h_1}{h_2 - h_1}$$

其中，狀態 2_s（$P_{2s} = 0.8$ MPa 與 $s_{2s} = s_1 = 0.9724$ kJ/kg · K）的焓值為 284.20 kJ/kg。因此，

$$\eta_C = \frac{284.20 - 246.37}{286.71 - 246.37} = \mathbf{0.938 \text{ 或 } 93.8\%}$$

(c) 冷凍機的 COP 值為

$$\text{COP}_R = \frac{\dot{Q}_L}{\dot{W}_{in}} = \frac{7.93 \text{ kW}}{2.02 \text{ kW}} = \mathbf{3.93}$$

討論：此例與例 10-1 十分相似，除了在壓縮機入口處的冷媒稍微過熱，而在冷凝器出口處稍微過冷。同樣地，壓縮機並非等熵。因此，冷凍室之熱移除率增加（10.3%），但壓縮機的輸入功率增加更多（11.6%）。根據這個結果，冷凍機的 COP 值將從 3.97 降至 3.93。

10-5 蒸氣－壓縮冷凍循環之熱力學第二定律分析[1]

圖 10-9 是一個在高溫介質 T_H 與低溫介質 T_L 間操作的蒸氣－壓縮冷凍循環。此循環的最大 COP 值可由公式 10-4 計算出來：

$$\text{COP}_{R,\text{max}} = \text{COP}_{R,\text{rev}} = \text{COP}_{R,\text{Carnot}} = \frac{T_L}{T_H - T_L} = \frac{1}{T_H/T_L - 1} \quad (10\text{-}9)$$

---

[1] 此節由 Gaziantep 大學 Mehmet Kanoglu 教授協助撰寫。

對於實際的冷凍循環來說，由於過程中有不可逆的情形，所以並不會像理想的卡諾循環那麼有效率。儘管如此，從公式 10-9 中，效率與 $T_H - T_L$ 成反比的結果仍可用在實際的冷凍循環中。

冷凍系統的第二定律或焓分析的目的，是為了發現在這個系統中，哪一個零組件的效率較差，必須做改善，以便增加整體效率。此一分析可發現焓耗損最大的地方，以及具有最低焓或第二定律效率的零組件。零組件的焓耗損可直接由焓平衡來分析，也可以間接地由下式來計算：

$$\dot{X}_{\text{dest}} = T_0 \dot{S}_{\text{gen}} \tag{10-10}$$

其中，T_0 為環境（滯息狀態）溫度。對一冷凍機而言，T_0 為高溫介質 T_H 的溫度（對熱泵而言是 T_L）。圖 10-9 為一個進行循環操作的冷凍系統，其中各零組件的焓耗損與第二定律效率可以寫成

壓縮機：

$$\dot{X}_{\text{dest},1-2} = T_0 \dot{S}_{\text{gen},1-2} = \dot{m} T_0 (s_2 - s_1) \tag{10-11}$$

$$\eta_{\text{II,Comp}} = \frac{\dot{X}_{\text{recovered}}}{\dot{X}_{\text{expended}}} = \frac{\dot{W}_{\text{rev}}}{\dot{W}_{\text{act,in}}} = \frac{\dot{m}[h_2 - h_1 - T_0(s_2 - s_1)]}{\dot{m}(h_2 - h_1)} = \frac{\psi_2 - \psi_1}{h_2 - h_1}$$

$$= 1 - \frac{\dot{X}_{\text{dest},1-2}}{\dot{W}_{\text{act,in}}} \tag{10-12}$$

冷凝器：

$$\dot{X}_{\text{dest},2-3} = T_0 \dot{S}_{\text{gen},2-3} = T_0 \left[\dot{m}(s_3 - s_2) + \frac{\dot{Q}_H}{T_H} \right] \tag{10-13}$$

$$\eta_{\text{II,Cond}} = \frac{\dot{X}_{\text{recovered}}}{\dot{X}_{\text{expended}}} = \frac{\dot{X}_{Q_H}}{\dot{X}_2 - \dot{X}_3} = \frac{\dot{Q}_H(1 - T_0/T_H)}{\dot{X}_2 - \dot{X}_3}$$

$$= \frac{\dot{Q}_H(1 - T_0/T_H)}{\dot{m}[h_2 - h_3 - T_0(s_2 - s_3)]} = 1 - \frac{\dot{X}_{\text{dest},2-3}}{\dot{X}_2 - \dot{X}_3} \tag{10-14}$$

要注意的是，當 $T_H = T_0$ 時，$\eta_{\text{II,Cond}} = 0$，這是冷凍機最常遇到的情況，在此狀況下，沒有可回收的焓。

膨脹閥：

$$\dot{X}_{\text{dest},3-4} = T_0 \dot{S}_{\text{gen},3-4} = \dot{m} T_0 (s_4 - s_3) \tag{10-15}$$

$$\eta_{\text{II,ExpValve}} = \frac{\dot{X}_{\text{recovered}}}{\dot{X}_{\text{expended}}} = \frac{0}{\dot{X}_3 - \dot{X}_4} = 0 \quad \text{或}$$

$$\eta_{\text{II,ExpValve}} = 1 - \frac{\dot{X}_{\text{dest},3-4}}{\dot{X}_{\text{expended}}} = 1 - \frac{\dot{X}_3 - \dot{X}_4}{\dot{X}_3 - \dot{X}_4} = 0 \tag{10-16}$$

蒸發器：

$$\dot{X}_{\text{dest},4-1} = T_0 \dot{S}_{\text{gen},4-1} = T_0\left[\dot{m}(s_1 - s_4) - \frac{Q_L}{T_L}\right] \quad (10\text{-}17)$$

$$\eta_{\text{II,Evap}} = \frac{\dot{X}_{\text{recovered}}}{\dot{X}_{\text{expended}}} = \frac{\dot{X}_{\dot{Q}_L}}{\dot{X}_4 - \dot{X}_1} = \frac{\dot{Q}_L(T_0 - T_L)/T_L}{\dot{X}_4 - \dot{X}_1}$$

$$= \frac{\dot{Q}_L(T_0 - T_L)/T_L}{\dot{m}[h_4 - h_1 - T_0(s_4 - s_1)]} = 1 - \frac{\dot{X}_{\text{dest},4-1}}{\dot{X}_4 - \dot{X}_1} \quad (10\text{-}18)$$

其中，$\dot{X}_{\dot{Q}_L}$ 代表從低溫介質在 T_L 溫度時，以 $\dot{Q}_L$ 回收熱量之速率所引起的正向㶲傳遞。但當 $T_L < T_0$ 時，熱與㶲傳遞的方向就變成反方向了。此外，$\dot{X}_{\dot{Q}_L}$ 代表一個卡諾熱機在 T_0 處吸收熱，並在低溫介質 T_L 處以 $\dot{Q}_L$ 速率釋出熱量，可寫成

$$\dot{X}_{\dot{Q}_L} = \dot{Q}_L \frac{T_0 - T_L}{T_L} \quad (10\text{-}19)$$

由可逆的定義可以知道，$\dot{X}_{\dot{Q}_L}$ 相當於以 $\dot{Q}_L$ 的速率將熱從 T_L 介質移出，並且釋放到 T_0 的環境，所需要之最小輸出功或可逆輸出功。也就是說，$\dot{W}_{\text{rev in}} = \dot{W}_{\text{min in}} = \dot{X}_{\dot{Q}_L}$。

對熱泵而言，一般的情況下是當 $T_0 = T_L$ 時，$\eta_{\text{II,Evap}} = 0$，也就是沒有㶲回收。

對一個循環而言，總耗損為各零組件之各別㶲耗損的和：

$$\dot{X}_{\text{dest,total}} = \dot{X}_{\text{dest},1-2} + \dot{X}_{\text{dest},2-3} + \dot{X}_{\text{dest},3-4} + \dot{X}_{\text{dest},4-1} \quad (10\text{-}20)$$

對一個冷凍系統而言，總㶲耗損也可以是㶲使用（輸入功）與㶲回收（從低溫介質所回收的㶲）之差值：

$$\dot{X}_{\text{dest,total}} = \dot{W}_{\text{in}} - \dot{X}_{\dot{Q}_L} \quad (10\text{-}21)$$

此循環之第二定律或㶲效率可表示成

$$\eta_{\text{II,cycle}} = \frac{\dot{X}_{\dot{Q}_L}}{\dot{W}_{\text{in}}} = \frac{\dot{W}_{\text{min,in}}}{\dot{W}_{\text{in}}} = 1 - \frac{\dot{X}_{\text{dest,total}}}{\dot{W}_{\text{in}}} \quad (10\text{-}22)$$

將 $\dot{W}_{\text{in}} = \dfrac{\dot{Q}_L}{\text{COP}_R}$ 和 $\dot{X}_{\dot{Q}_L} = \dot{Q}_L \dfrac{T_0 - T_L}{T_L}$ 代入公式 10-22 後，可得

$$\eta_{\text{II,cycle}} = \frac{\dot{X}_{\dot{Q}_L}}{\dot{W}_{\text{in}}} = \frac{\dot{Q}_L(T_0 - T_L)/T_L}{\dot{Q}_L/\text{COP}_R} = \frac{\text{COP}_R}{T_L/(T_H - T_L)} = \frac{\text{COP}_R}{\text{COP}_{R,\text{rev}}} \quad (10\text{-}23)$$

因為對冷凍循環而言，$T_0 = T_H$。因此，第二定律效率也等於真實的 COP 值與最大 COP 值的比值。此一第二定律效率定義適用於所有具不可逆性之冷凍機，包含冷凍空間和大氣之間的熱傳遞。

例 10-3　蒸氣－壓縮冷凍循環的㶲分析

有一以冷媒 R-134a 為工作流體之蒸氣－壓縮冷凍循環，用來將空間維持於 −13°C，並將熱排至 27°C 的大氣中。冷媒 R-134a 在 100 kPa 進入壓縮機中，並以 0.05 kg/s 的質量流率過熱至 6.4°C。此壓縮機的等熵效率為 85%。冷媒 R-134a 在 39.4°C 之飽和狀態時離開冷凝器。求：(a) 此系統的 COP 值和冷卻速率；(b) 各零組件之㶲耗損；(c) 最小的輸入功和此循環之第二定律效率；(d) 總㶲耗損率。

解：考慮一蒸氣－壓縮冷凍循環，計算冷卻速率、COP 值、㶲耗損、最小輸入功、第二定律效率和總㶲耗損率。

假設：(1) 存在穩態操作。(2) 動能與位能可以忽略不計。

分析：(a) 此循環之 T-s 圖可參見圖 10-10。冷媒 R-134a 之性質（表 A-11 至表 A-13）為

$$\left.\begin{array}{l} P_1 = 100 \text{ kPa} \\ T_1 = T_{\text{sat@100 kPa}} + \Delta T_{\text{superheat}} \\ \quad = -26.4 + 6.4 = -20°C \end{array}\right\} \begin{array}{l} h_1 = 239.52 \text{ kJ/kg} \\ s_1 = 0.9721 \text{ kJ/kg·K} \end{array}$$

$$P_3 = P_{\text{sat@39.4°C}} = 1000 \text{ kPa}$$

$$\left.\begin{array}{l} P_2 = P_3 = 1000 \text{ kPa} \\ s_{2s} = s_1 = 0.9721 \text{ kJ/kg·K} \end{array}\right\} h_{2s} = 289.14 \text{ kJ/kg}$$

$$\left.\begin{array}{l} P_3 = 1000 \text{ kPa} \\ x_3 = 0 \end{array}\right\} \begin{array}{l} h_3 = 107.34 \text{ kJ/kg} \\ s_3 = 0.39196 \end{array}$$

$$h_4 = h_3 = 107.34 \text{ kJ/kg}$$

$$\left.\begin{array}{l} P_4 = 100 \text{ kPa} \\ h_4 = 107.34 \text{ kJ/kg} \end{array}\right\} s_4 = 0.4368 \text{ kJ/kg·K}$$

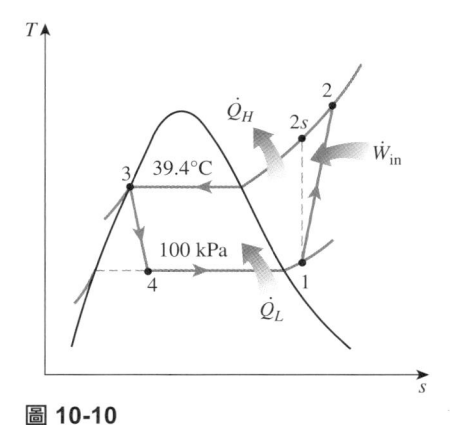

圖 10-10
例 10-3 中蒸氣－壓縮冷凍循環之 T-s 圖。

根據等熵效率的定義，

$$\eta_C = \frac{h_{2s} - h_1}{h_2 - h_1}$$

$$0.85 = \frac{289.14 - 239.52}{h_2 - 239.52} \longrightarrow h_2 = 297.90 \text{ kJ/kg}$$

$$\left.\begin{array}{l} P_2 = 1000 \text{ kPa} \\ h_2 = 297.90 \text{ kJ/kg} \end{array}\right\} s_2 = 0.9984 \text{ kJ/kg·K}$$

冷凍負載、熱排放率和輸入功為

$$\dot{Q}_L = \dot{m}(h_1 - h_4) = (0.05 \text{ kg/s})(239.52 - 107.34)\text{kJ/kg} = \textbf{6.609 kW}$$
$$\dot{Q}_H = \dot{m}(h_2 - h_3) = (0.05 \text{ kg/s})(297.90 - 107.34)\text{kJ/kg} = 9.528 \text{ kW}$$
$$\dot{W}_{\text{in}} = \dot{m}(h_2 - h_1) = (0.05 \text{ kg/s})(297.90 - 239.52)\text{kJ/kg} = 2.919 \text{ kW}$$

所以，此冷凍循環之 COP 值為

$$\text{COP}_R = \frac{\dot{Q}_L}{\dot{W}_{\text{in}}} = \frac{6.609 \text{ kW}}{2.919 \text{ kW}} = \textbf{2.264}$$

(b) 滯息溫度為 $T_0 = T_H = 27 + 273 = 300$ K，因此此循環中各零組件之㶲耗損為

壓縮機：

$$\dot{X}_{\text{dest},1-2} = T_0 \dot{S}_{\text{gen}1-2} = T_0 \dot{m}(s_2 - s_1)$$
$$= (300 \text{ K})(0.05 \text{ kg/s})(0.9984 - 0.9721) \text{kJ/kg·K}$$
$$= \mathbf{0.3945 \text{ kW}}$$

冷凝器：

$$\dot{X}_{\text{dest},2-3} = T_0 \dot{S}_{\text{gen},2-3} = T_0 \left[\dot{m}(s_3 - s_2) + \frac{\dot{Q}_H}{T_H} \right]$$
$$= (300 \text{ K}) \left[(0.05 \text{ kg/s})(0.39196 - 0.9984) \text{ kJ/kg·K} + \frac{9.528 \text{ kW}}{300 \text{ K}} \right]$$
$$= \mathbf{0.4314 \text{ kW}}$$

膨脹閥：

$$\dot{X}_{\text{dest},3-4} = T_0 \dot{S}_{\text{gen},3-4} = T_0 \dot{m}(s_4 - s_3)$$
$$= (300 \text{ K})(0.05 \text{ kg/s})(0.4368 - 0.39196) \text{kJ/kg·K}$$
$$= \mathbf{0.6726 \text{ kW}}$$

蒸發器：

$$\dot{X}_{\text{dest},4-1} = T_0 \dot{S}_{\text{gen},4-1} = T_0 \left[\dot{m}(s_1 - s_4) - \frac{\dot{Q}_L}{T_L} \right]$$
$$= (300 \text{ K}) \left[(0.05 \text{ kg/s})(0.9721 - 0.4368) \text{kJ/kg·K} - \frac{6.609 \text{ kW}}{260 \text{ K}} \right]$$
$$= \mathbf{0.4037 \text{ kW}}$$

(c) 經由熱傳遞而從低溫介質來的㶲流動為

$$\dot{X}_{\dot{Q}_L} = \dot{Q}_L \frac{T_0 - T_L}{T_L} = (6.609 \text{ kW}) \frac{300 \text{ K} - 260 \text{ K}}{260 \text{ K}} = 1.017 \text{ kW}$$

這也是最小或是可逆的輸入功：

$$\dot{W}_{\text{min,in}} = \dot{X}_{\dot{Q}_L} = \mathbf{1.017 \text{ kW}}$$

此循環的第二定律效率為

$$\eta_{\text{II}} = \frac{\dot{X}_{\dot{Q}_L}}{\dot{W}_{\text{in}}} = \frac{1.017 \text{ kW}}{2.919 \text{ kW}} = 0.348 = \mathbf{34.8\%}$$

此效率也可以從 $\eta_{\text{II}} = \text{COP}_R/\text{COP}_{R,\text{rev}}$ 得到，其中

$$\text{COP}_{R,\text{rev}} = \frac{T_L}{T_H - T_L} = \frac{(-13 + 273) \text{ K}}{[27 - (-13)] \text{K}} = 6.500$$

代入可得

$$\eta_{\text{II}} = \frac{\text{COP}_R}{\text{COP}_{R,\text{rev}}} = \frac{2.264}{6.500} = 0.348 = 34.8\%$$

與前一種作法有相同的結果。

(d) 總㶲耗損為使用㶲（輸入功）和回收㶲之間的差：

$$\dot{X}_{\text{dest,total}} = \dot{W}_{\text{in}} - \dot{X}_{\dot{Q}_L} = 2.919 \text{ kW} - 1.017 \text{ kW} = \mathbf{1.902 \text{ kW}}$$

也可以從各零組件之熵耗損相加而來：

$$\dot{X}_{\text{dest,total}} = \dot{X}_{\text{dest},1-2} + \dot{X}_{\text{dest},2-3} + \dot{X}_{\text{dest},3-4} + \dot{X}_{\text{dest},4-1}$$
$$= 0.3945 + 0.4314 + 0.6726 + 0.4037$$
$$= 1.902 \text{ kW}$$

再一次地，兩種作法的結果相同。

討論： 此循環輸入之熵輸入為真正的輸入功，即 2.92 kW。如果使用可逆的冷凍系統，則只需要 34.8% 的功即可（1.02 kW）。之間的差異就是系統的總熵耗損。從此範例來看，膨脹閥為最大的不可逆零組件，約有 35.4% 的不可逆性。因此，更換成渦輪機可有效降低不可逆性及淨輸入功。可是，這在實務上並不實用。在實務操作上，增加蒸氣溫度和降低冷凝溫度也會降低熵耗損。

10-6 選用正確的冷媒

設計冷凍系統時，可以選用的冷媒種類包括氟氯碳化物（CFC）、氨、碳氫化合物（丙烷、乙烷、乙醚等）、二氧化碳、空氣（飛機內空調）、水（在凝固溫度以上），要選用何種冷媒視設計需求而定。在這些冷媒中，R-11、R-12、R-22、R-134a 及 R-502 約占 90% 的美國市場。

1850 年，蒸氣－壓縮系統第一個大量使用的冷媒是乙醚，接下來才使用氨、二氧化碳、氯化甲烷、二氧化硫、丁烷、乙烷、丙烷、同位丁烷、汽油及氟氯碳化物。

至今，即使氨具有毒性，工業上對氨仍然相當滿意，因為氨具有相當多的優點，例如低成本、高 COP 值、較高的熱傳係數、容易檢測是否外洩、對臭氧層無害；氨的缺點則是具有毒性，不適合在家中使用。氨主要應用在食品（例如水果、蔬菜、肉或魚等）、飲料（例如牛奶、啤酒、乳酪）、冰淇淋或其他製藥的低溫冷凍或冷藏上。

早期的家用冷媒都具有毒性，例如二氧化硫、氯化乙烷與氯化甲烷。1920 年代就曾經發生數起因冷媒外洩而造成人員傷亡的事件，所以為了居家安全，便產生對安全冷媒的發展需求。1928 年在 Frigidaire 公司的要求下，通用汽車實驗室迅速研發出 R-21，這是 CFC 冷媒的第一個成員。在數個 CFC 成員中，R-21 最適合商業使用，並以「Freon」的商標來代表 CFC 家族。1931 年，R-11 與 R-12 開始商業化生產，係由通用汽車與 E. I. du Pont de Nemours and Co., Inc 合組的公司生產。由於 CFC 的多元化與

低成本,大部分系統皆選用此冷媒。另外,CFC 也廣泛應用於噴霧罐、發泡體與清潔電腦晶片用的溶劑。

R-11 主要用於建築物中央空調系統的冰水機;R-12 用於家用冰箱、冷凍室及汽車空調;R-22 用於窗型冷氣、熱泵與大型工業用之冷凍系統,與氨是競爭對手;R-502(R-115 與 R-22 的混合物)主要用於超級市場冷凍系統,因為它在單階段壓縮的運轉下,有較低的蒸發溫度。

臭氧層危機引起了冷凍空調工業的衝擊,尤其是在 CFC 冷媒的使用上。1970 年代中期,科學家發現 CFC 會破壞臭氧層,導致更多紫外線進入大氣層,造成全球暖化,因此國際條約禁止使用某些 CFC 冷媒。其中,以 R-11、R-12 與 R-115 對臭氧層的傷害最大。非經鹵化的 R-22 對臭氧的傷害則只有 R-12 的 5%。另外,對臭氧層無害的 R-134a 已經完全取代 R-12。

選用冷媒時,需要考慮兩個重要參數:冷媒冷凍空間的溫度與外界環境的溫度,因為冷媒會與這兩個區域交換熱。

為了得到好的熱傳量,冷媒與另一個介質的溫差應有 5°C 至 10°C。也就是說,若一冷凍空間維持 $-10°C$,則冷媒在蒸發器中的溫度應該在 $-20°C$。在整個循環中,壓力最低點在於蒸發器內,所以蒸發器的壓力應設計成大於大氣壓力,以避免空氣滲入系統。所以,選用的冷媒在 $-20°C$ 時應具有比 1 atm 更大的飽和蒸氣。氨與 R-134a 即是滿足此條件的物質。

冷凝器側的冷媒溫度、壓力則取決於要釋放出的熱介質。如果採用水冷的方式代替氣冷,則可以降低冷凝器內冷媒的溫度,而得到較好的 COP 值。但是,除非是大型工業所用的冷凍系統,使用水冷方式通常成本高且構造複雜。在冷凝器內,冷媒的溫度不可降低至冷卻介質的溫度以下(家用冰箱約 20°C)。若希望放熱過程近似等溫過程,則冷媒在此溫度的飽和壓力應遠低臨界點壓力。若無單一冷媒滿足此要求,則可將不同冷媒用於各循環中再串接起來,此系統稱為串接式系統(cascade system)。

我們希望冷媒最好具有無毒、無腐蝕、無燃燒性及化學穩定等特性,並且有高的汽化潛熱(可以低流量)和低成本。

以熱泵來說,冷媒的最低溫與最低壓一般較高,因為其吸熱源的介質,溫度一般高於冷凍系統中冷凍空間的溫度。

10-7　熱泵系統

相對於其他加熱系統,熱泵的成本相當高。但是,若長期運轉下來,則可省下較多的加熱費用,所以儘管購置成本高,也愈

來愈受歡迎。近年來美國約有三分之一的房子使用熱泵來加熱。

熱泵的能量來源普遍來自於大氣（空氣－空氣系統），也有少量利用地下水或土壤。對以大氣為能量來源的系統而言，主要問題是蒸發管上經常結霜而導致熱量下降，尤其當氣溫下降至 2°C 至 5°C 時。此時，必須借助於熱泵反轉以加熱蒸發管，而除去上面的結霜，但這會造成系統效率的下降。至於以地下水為能量來源的系統，因為地下水來自地下 80 m 深的水，此處的水溫長年保持在 5°C 至 18°C 之間，所以沒有結霜的問題。雖然此系統的 COP 值也較高，但是建構複雜，而且需要大量的水源。以土壤為能量來源的系統也相當複雜，因為需要在地表下方深處埋設相當長的管子，以從常年等溫的土壤中獲得熱量。熱泵的 COP 值一般介於 1.5 至 4 之間，其值的大小取決於能量來源的溫度。最近發展中的熱泵已使用變速馬達來驅動，所以 COP 值可以改善兩倍以上。

由於在低溫時，熱泵的容量和效率都會明顯下降，所以大部分以空氣為能量來源的系統都需要一些輔助加熱系統，例如電熱器或瓦斯爐。對於以水或土壤為能量來源的系統，則不需輔助加熱系統，但通常此種熱泵都是大型的。

既然熱泵和空調機是使用相同的機械元件，所以最好的辦法就是一機兩用，也就是在冬天可以當作熱泵，而在夏天時可以當作冷氣使用。在系統中加裝一個反向閥，即可以達成此功能，其架構如圖 10-11 所示。室內的熱交換器在冬天時是當作熱泵的冷凝器，而在夏天時則為蒸發器；室外的熱交換器在冬天時為熱泵的蒸發器，在夏天時則為冷氣的冷凝器。這種機器可以增加熱泵在商業上的競爭力，通常使用於汽車旅館。

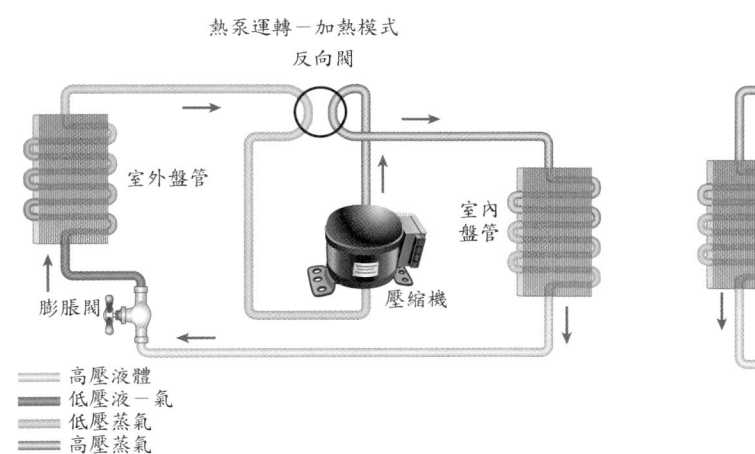

圖 10-11
多功能熱泵可以在冬天提供暖氣給房子，在夏天則提供冷氣。

在夏天需要大量冷氣，而冬天不需要太多暖氣的地區，熱泵最具競爭力，例如美國南部；反之，在美國北部，熱泵最不具優勢。

摘 要

當熱量從低溫往高溫方向流動時稱為冷凍，冷凍裝置稱為冷凍機。冷凍機所操作的循環稱為冷凍循環。另一種用來將低溫區的熱量移至高溫區，以產生暖房功能的裝置，稱為熱泵。

冷凍機與熱泵的 COP 值定義為

$$\text{COP}_R = \frac{期望的輸出}{需要的輸入} = \frac{冷卻量能力}{輸入功} = \frac{Q_L}{W_{net,in}}$$

$$\text{COP}_{HP} = \frac{期望的輸出}{需要的輸入} = \frac{暖房能力}{輸入功} = \frac{Q_H}{W_{net,in}}$$

逆卡諾循環可以用來作為冷凍循環的理想循環。符合逆卡諾循環的冷凍機或熱泵，稱為卡諾冷凍機或卡諾熱泵。卡諾冷凍機與卡諾熱泵的 COP 值可以用溫度來表示：

$$\text{COP}_{R,Carnot} = \frac{1}{T_H/T_L - 1}$$

$$\text{COP}_{HP,Carnot} = \frac{1}{1 - T_L/T_H}$$

最常使用的冷凍循環稱為理想蒸氣－壓縮冷凍循環。在此循環中，進入壓縮機前的冷媒狀態為飽和蒸氣狀態，在冷凝器內將熱傳出至外界而成為飽和液體。飽和液體的冷媒經過膨脹閥節流後，溫度降至冷凍室以下的溫度，此時為低乾度的兩相共存狀態。當此冷媒進入蒸發器中，可以將冷凍室的熱吸走。

參考書目

1. ASHRAE. *Handbook of Fundamentals*. Atlanta: American Society of Heating, Refrigerating, and Air-Conditioning Engineers, 1985.
2. *Heat Pump Systems—A Technology Review*. OECD Report, Paris, 1982.
3. B. Nagengast. "A Historical Look at CFC Refrigerants." *ASHRAE Journal 30*, no. 11 (November 1988), pp. 37–39.
4. W. F. Stoecker. "Growing Opportunities for Ammonia Refrigeration." *Proceedings of the Meeting of the International Institute of Ammonia Refrigeration*, Austin, Texas, 1989.
5. W. F. Stoecker and J. W. Jones. *Refrigeration and Air Conditioning*. 2nd ed. New York: McGraw-Hill, 1982.

習 題

■ 可逆卡諾循環

10-1C 為什麼可以在飽和圓頂內執行的可逆卡諾循環，不是一個實際冷凍循環的模型？

10-2C 為何我們要學習可逆卡諾循環，即使此循環在真實的冷凍循環並不會真的發生？

■ 理想與真實的蒸氣－壓縮冷凍循環

10-3C 在理想的蒸氣－壓縮冷凍循環中，為什麼不以一台等熵渦輪機取代節流閥？

10-4C 在冷凍系統中，如果熱在 15°C 被排放到一種冷卻的媒介，你建議冷媒 R-134a 的壓力應在 0.7 MPa 或 1.0 MPa？為什麼？

10-5C 考慮兩個蒸氣－壓縮冷凍循環。其中一個循環是冷媒以 30°C 的飽和液體進入節流閥，另一個循環是以 30°C 的過冷液體進入節流閥。兩個循環的蒸發器壓力相同，你認為哪一個循環的 COP 值較高？

10-6 一冷凍機於理想的蒸氣－壓縮冷凍循環下操作，並使用冷媒 R-134a 作為工作流體。冷凝器的操作壓力為 1.6 MPa，蒸發器的操作溫度為 $-6°C$。假設離開冷凝器時利用絕熱的可逆膨脹設備取代節流閥，透過使用此設備，COP 值將改進多少？答：9.7%

10-7 一台商業的冷凍機利用冷媒 R-134a 作為工作流體來維持 $-30°C$ 的冷凍空間，藉由冷卻水以 0.25 kg/s 的速率在 18°C 進入冷凝器，並在

第 10 章　冷凍循環　333

26°C 離開排放廢熱。冷媒在 1.2 MPa 和 65°C 進入冷凝器，並在 42°C 離開。壓縮機的入口狀態為 60 kPa 和 −34°C，估計壓縮機可從環境獲得 450 W 的淨熱。求：(a) 在蒸發器入口的冷媒乾度；(b) 冷凍負載；(c) 冷凍機的 COP 值；(d) 對相同輸入功壓縮機的理論最大冷凍負載。

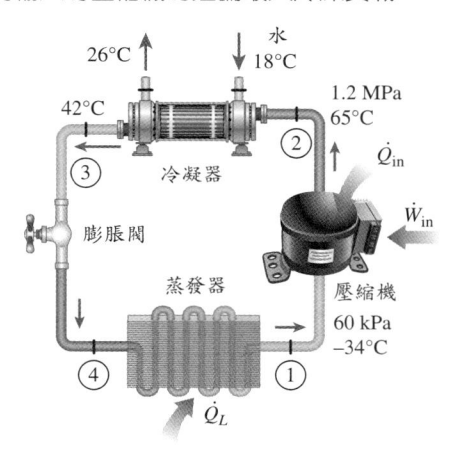

圖 P10-7

10-8　一冷凍機使用冷媒 R-134a 作為工作流體並，在理想蒸氣−壓縮冷凍循環下操作。冷媒在乾度 34% 及 120 kPa 的壓力下進入蒸發器，並在 70°C 離開壓縮機。如果壓縮機消耗的動力為 450 W，求：(a) 冷媒的質量流率；(b) 冷凝器壓力；(c) 冷凍機之 COP 值。答：(a) 0.00644 kg/s，(b) 800 kPa，(c) 2.03

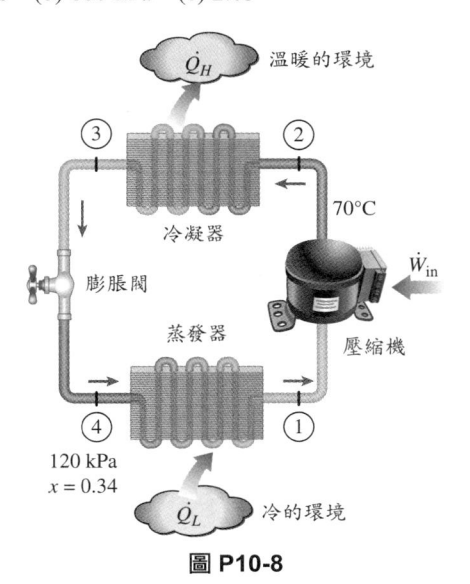

圖 P10-8

10-9　一家空調的廠商宣稱「有一台機型的 SEER 為 16 (Btu/h)/W，此機型為蒸氣−壓縮循環的機種，使用 R-22 為冷媒。SEER 的定義為當蒸發器之飽和溫度為 −5°C，冷凝器之飽和溫度為 45°C，R-22 的部分性質如下表所示：

T, °C	P_{sat}, kPa	h_f, kJ/kg	h_g, kJ/kg	S_g, kJ/kg·K
−5	421.2	38.76	248.1	0.9344
45	1728	101	261.9	0.8682

(a) 繪出此空調 T-s 圖。

(b) 計算被單位質量冷媒所吸收的熱，以 kJ/kg 表示。

(c) 計算壓縮機所需的功和冷凝器所需排出的熱，以 kJ/kg 表示。

■ 蒸氣−壓縮冷凍循環之第二定律分析

10-10C　有一熱泵在蒸氣−壓縮冷凍循環間運作，如何定義其第二定律效率？定義兩種形式，並指出這兩種形式如何從其中一個推導出另一個。

10-11　有一空間以蒸氣−壓縮冷凍循環系統維持在 −15°C 的溫度，此時外界溫度為 25°C。此空間以 3500 kJ/h 的速率取得熱量，且冷凝器將熱排出之速率為 5500 kJ/h，計算輸入功（以 kW 表示）、此循環之 COP 值，以及此系統之第二定律效率。

10-12　有一蒸氣−壓縮循環冷凍系統，從 −0°C 之空間吸取熱量 24,000 Btu/h，並排放熱量至冷凝器的水，其中冷凝器中的水升溫了 12°C。系統的 COP 值為 2.05，求：(a) 系統所需的輸入功，以 kW 表示；(b) 冷凝器的水所需的質量流率；(c) 冷凍機之第二定律效率和㶲耗損。假設 $T_0 = 20°C$，$C_{p,\,water} = 4.18$ kJ/kg·°C。

10-13　一個蒸氣−壓縮冷凍循環以冷媒 R-134a 將一房間維持在 −5°C，如圖 P10-13 所示。冷凝器所排出的熱被冷卻水所移走，冷卻水以 0.13 kg/s、20°C 進入冷凝器，並在 28°C 離開。冷媒以 1.2 MPa 和 50°C 進入冷凝器，以飽和液體離開。假設壓縮機消耗 1.9 kW 的功率，求：(a) 冷房負載（以 Btu/h 表示）與 COP 值；(b) 冷凍機的第二定律效率和循環之總㶲耗損；(c) 冷凝器之㶲耗損。假設 $T_0 = 20°C$，$C_{p,\,water} =$

4.18 kJ/kg・°C。答：(a) 8350 Btu/h，1.29；(b) 12.0%，1.67 kW；(c) 0.303 kW

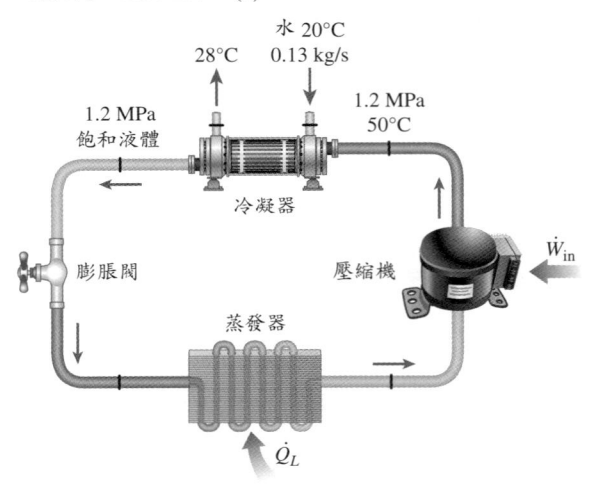

圖 P10-13

10-14 有一冷媒為 NH$_3$，並以理想之蒸氣－壓縮循環之冷凍機，蒸發和凝結的壓力分別為 200 kPa 和 2000 kPa，高低溫環境溫度為 −9°C 和 27°C。假設冷凝器釋出的熱為 18 kW，求：(a) 壓縮機入口之 NH$_3$ 質量流率，以 L/s 表示；(b) 輸入功與 COP 值；(c) 此循環之總熵耗損和第二定律效率。NH$_3$ 的性質為：h_1 = 1439.3 kJ/kg，s_1 = 5.8865 kJ/kg・K，v_1 = 0.5946 m^3/kg，h_2 = 1798.3 kJ/kg，h_3 = 437.4 kJ/kg，s_3 = 1.7892 kJ/kg・K，s_4 = 1.9469 kJ/kg・K。狀態 1：壓縮機入口，狀態 2：壓縮機出口，狀態 3：冷凝器出口，狀態 4：蒸發器入口。

■ 選擇正確的冷媒

10-15C 當選擇冷媒作為特定應用時，你將在冷媒中求得哪些量作為參數？

10-16C 一個使用冷媒 R-134a 的冷凍機將冷凍空間維持在 −10°C。你建議此系統蒸發器壓力為 0.12 MPa 或 0.14 MPa？為什麼？

10-17 操作於理想的蒸氣－壓縮循環使用冷媒 R-134a 的熱泵，透過使用 14°C 地下水作為熱源來加熱房子，並且維持在 26°C。為蒸發器和冷凝器選擇合理的壓力，並且解釋為什麼選擇此壓力值。

■ 熱泵系統

10-18C 什麼是水源熱泵？水源熱泵系統的 COP 值如何與空氣源系統的 COP 值比較？

10-19 一使用冷媒 R-134a，依理想蒸氣－壓縮循環的熱泵，用來以 0.12 kg/s 的速率將水從 15°C 加熱到 45°C。若蒸發器與冷凝器的壓力各為 0.32 與 1.4 MPa，計算熱泵所需的功率。

10-20 冷媒 R-134a 在 800 kPa、50°C 以 0.022 kg/s 的流率進入一個居家熱泵的冷凝器，並且以 750 kPa 降溫 3°C 離開。冷媒以 200 kPa 並過熱 4°C 進入壓縮機。求：(a) 壓縮機的等熵效率；(b) 加熱房間的熱供給率；(c) 熱泵的 COP 值；(d) 如果此熱泵為理想的蒸氣－壓縮循環，並在 200 kPa 和 800 kPa 的壓力間操作，求 COP 值和供熱給房間的速率。

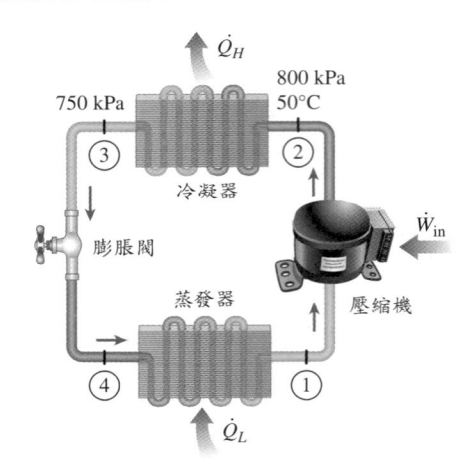

圖 P10-20

10-21 一使用冷媒 R-134a 的熱泵，用來加熱房間，熱源為 8 °C 的地下水，房間的熱散失率為 60,000 kJ/h、280 kPa、0°C 的冷媒進入壓縮機並被壓縮至 1MPa、60°C，冷媒離開冷凝器時為 30°C，計算：(a) 熱泵的功率；(b) 來自水的熱吸收率；(c) 如果用電熱器來加熱房間需要多少功？答：(a) 3.55kW，(b) 13.12kW，(c) 13.12kW

Chapter 11

熱力性質關係式

在前幾章裡，我們廣泛地使用性質表，若無這些圖表，熱力學定律與原理對工程師的助益將很有限。本章將專注於如何製作性質表，以及如何從有限的可用資料中求得一些未知的性質。

某些性質能夠直接量測，例如溫度、壓力、體積及質量等。其他性質則可透過某些簡單的關係式而求得，例如密度與比容。然而，像內能、焓與熵等性質並非如此容易求得，因為它們無法直接量測，或透過某些簡單的關係式來建立其與簡易量測之性質間的關係。因此，推導經常面臨的熱力性質之間的基本關係式有其必要性，並使得一些無法直接量測的性質亦可藉由簡單量測的性質來表示。

由於物質的本性，本章將大量使用偏導數，然後推導馬克斯威爾關係式，其為許多熱力關係式的基礎。其次討論克拉佩龍方程式，其可單獨由 P、v 與 T 的測量求得汽化焓，並推展對全部純物質在所有情況下均有效的 c_v、c_p、du、dh 與 ds 之一般關係式。接著再討論焦耳－湯姆遜係數，其為節流過程中溫度隨壓力變化的量度。

學習目標

- 推導經常面臨的熱力性質之間的基本關係式，並藉由簡單量測的性質來表示一些無法直接量測的性質。
- 推導馬克斯威爾關係式，其為許多熱力關係式的基礎。
- 推導克拉佩龍方程式，並單獨由 P、v 與 T 的測量來求得汽化焓。

- 推導對所有純物質均有效的 c_v、c_p、du、dh 與 ds 之一般關係式。
- 討論焦耳－湯姆遜係數。

11-1 馬克斯威爾關係式

簡單可壓縮系統性質 P、v、T 與 s 等之偏導數間關係的方程式，稱為馬克斯威爾關係式。這些關係式是從四個吉布士方程式熱力性質的微分正合性所推導出來。

吉布士關係式中的兩項關係式已在第 7 章推導，表示為

$$du = T\,ds - P\,dv \tag{11-1}$$

$$dh = T\,ds + v\,dP \tag{11-2}$$

而另外兩項吉布士關係式則是基於兩個新的結合性質：**漢姆赫茲函數（Helmholtz function）** a 與**吉布士函數（Gibbs function）** g，分別定義為

$$a = u - Ts \tag{11-3}$$

$$g = h - Ts \tag{11-4}$$

兩邊同時微分，可得

$$da = du - T\,ds - s\,dT$$

$$dg = dh - T\,ds - s\,dT$$

利用公式 11-1 與公式 11-2 簡化上面兩個關係式，便可得到簡單可壓縮系統的其他兩個吉布士關係式：

$$da = -s\,dT - P\,dv \tag{11-5}$$

$$dg = -s\,dT + v\,dP \tag{11-6}$$

仔細檢視四個吉布士關係式，可顯示出其形式為

$$dz = M\,dx + N\,dy \tag{11-7}$$

與

$$\left(\frac{\partial M}{\partial y}\right)_x = \left(\frac{\partial N}{\partial x}\right)_y \tag{11-8}$$

因為 u、h、a 與 g 均為性質，因此有正合微分。應用公式 11-8 至每一項吉布士關係式，可得

$$\left(\frac{\partial T}{\partial v}\right)_s = -\left(\frac{\partial P}{\partial s}\right)_v \tag{11-9}$$

$$\left(\frac{\partial T}{\partial P}\right)_s = \left(\frac{\partial v}{\partial s}\right)_P \tag{11-10}$$

$$\left(\frac{\partial s}{\partial v}\right)_T = \left(\frac{\partial P}{\partial T}\right)_v \tag{11-11}$$

$$\left(\frac{\partial s}{\partial P}\right)_T = -\left(\frac{\partial v}{\partial T}\right)_P \tag{11-12}$$

這些方程式稱為**馬克斯威爾關係式（Maxwell relations）**（圖 11-1）。這些關係式在熱力學中極具價值，因為只要量測性質 P、v 與 T 的變化，便可獲得無法直接量測的熵變化。上列的馬克斯威爾關係式僅限於簡單可壓縮系統，然而對於非簡單系統，例如涉及電、磁及其他效應的系統，亦可簡易地寫出類似的關係式。

$$\left(\frac{\partial T}{\partial v}\right)_s = -\left(\frac{\partial P}{\partial s}\right)_v$$

$$\left(\frac{\partial T}{\partial P}\right)_s = \left(\frac{\partial v}{\partial s}\right)_P$$

$$\left(\frac{\partial s}{\partial v}\right)_T = \left(\frac{\partial P}{\partial T}\right)_v$$

$$\left(\frac{\partial s}{\partial P}\right)_T = -\left(\frac{\partial v}{\partial T}\right)_P$$

圖 11-1
馬克斯威爾關係式對於熱力學分析極有價值。

例 11-1　馬克斯威爾關係式的驗證

對 250°C、300 kPa 的水蒸汽，驗證最後一個馬克斯威爾關係式（公式 11-12）的有效性。

解：驗證在特定狀態下的水蒸汽，最後一個馬克斯威爾關係式的有效性。

分析：最後一個馬克斯威爾關係式說明，對一簡單可壓縮物質，在固定溫度下，熵隨壓力的變化等於在固定壓力下比容隨溫度變化之負值。

若已知水蒸汽的熵與比容以其他性質表示的明確解析關係式，則可利用微分簡單地證明此問題。然而，對水蒸汽而言，我們只有某區間的性質表。因此，解決此問題的唯一可行辦法，是使用表 A-6 以得到特定狀態或其附近的性質值，將公式 11-12 中的微分量以對應的有限量取代。

$$\left(\frac{\partial s}{\partial P}\right)_T \stackrel{?}{=} -\left(\frac{\partial v}{\partial T}\right)_P$$

$$\left(\frac{\Delta s}{\Delta P}\right)_{T=250°C} \stackrel{?}{\cong} -\left(\frac{\Delta v}{\Delta T}\right)_{P=300\text{ kPa}}$$

$$\left[\frac{s_{400\text{ kPa}} - s_{200\text{ kPa}}}{(400-200)\text{ kPa}}\right]_{T=250°C} \stackrel{?}{\cong} -\left[\frac{v_{300°C} - v_{200°C}}{(300-200)°C}\right]_{P=300\text{ kPa}}$$

$$\frac{(7.3804 - 7.7100)\text{ kJ/kg}\cdot\text{K}}{(400-200)\text{ kPa}} \stackrel{?}{\cong} -\frac{(0.87535 - 0.71643)\text{ m}^3/\text{kg}}{(300-200)°C}$$

$$-0.00165\text{ m}^3/\text{kg}\cdot\text{K} \cong -0.00159\text{ m}^3/\text{kg}\cdot\text{K}$$

其中，$\text{kJ} = \text{kPa}\cdot\text{m}^3$，而且對溫差而言，$\text{K} \equiv °\text{C}$。這兩個值在彼此的 4% 之內，此差異係因將微分量以相當大的有限量取代所造成。基於兩值之間接近的一致性，水蒸汽在指定狀態似乎滿足公式 11-12。

討論：此例顯示出，簡單可壓縮物質在等溫過程中的熵變化能由簡單地量測性質 P、v 與 T 求得。

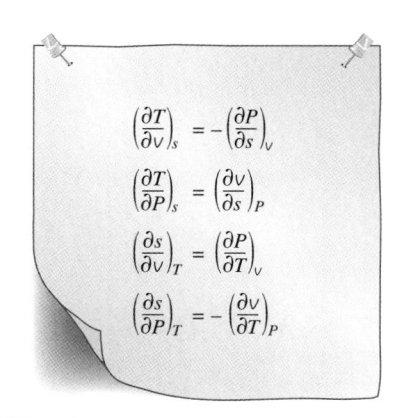

11-2 克拉佩龍方程式

馬克斯威爾關係式在熱力學中涵義深遠，因而經常被用來推導其他有用的熱力關係式。克拉佩龍方程式正是此類關係式之一，它可僅由 P、v 與 T 的數據來求得與相變化有關的焓變化量（例如汽化焓 h_{fg}）。

考慮第三項馬克斯威爾關係式，即公式 11-11：

$$\left(\frac{\partial P}{\partial T}\right)_v = \left(\frac{\partial s}{\partial v}\right)_T$$

在相變化過程中，壓力僅與溫度的飽和壓力有關，與比容無關，即 $P_{sat} = f(T_{sat})$。因此，偏導數 $(\partial P/\partial T)_v$ 可以全導數 $(dP/dT)_{sat}$ 表示，其為 P-T 圖上飽和曲線在一指定飽和狀態下的斜率（圖 11-2）。因為斜率與比容無關，因此公式 11-11 在相同溫度的兩個飽和狀態間積分時，可將斜率視為常數。例如，對一等溫液－氣相變化過程，積分可得

$$s_g - s_f = \left(\frac{dP}{dT}\right)_{sat} (v_g - v_f) \quad \text{(11-13)}$$

或

$$\left(\frac{dP}{dT}\right)_{sat} = \frac{s_{fg}}{v_{fg}} \quad \text{(11-14)}$$

此過程中壓力亦維持固定。因此，由公式 11-2 可知，

$$dh = T\,ds + v\,dP \nearrow^{0} \rightarrow \int_f^g dh = \int_f^g T\,ds \rightarrow h_{fg} = Ts_{fg}$$

將此結果代入公式 11-14 可得

$$\left(\frac{dP}{dT}\right)_{sat} = \frac{h_{fg}}{Tv_{fg}} \quad \text{(11-15)}$$

此稱為**克拉佩龍方程式（Clapeyron equation）**，是以法國工程師兼物理學家 E. Clapeyron（1799-1864）命名。這是一項重要的熱力關係式，因為只要量測在已知溫度下 P-T 圖上飽和曲線的斜率，以及飽和液體與飽和蒸氣的比容，即可求得汽化焓 h_{fg}。

克拉佩龍方程式可應用於固定溫度與壓力下的任一相變化過程，並可以一般式表示為

$$\left(\frac{dP}{dT}\right)_{sat} = \frac{h_{12}}{Tv_{12}} \quad \text{(11-16)}$$

其中，下標 1 與 2 表示兩個相。

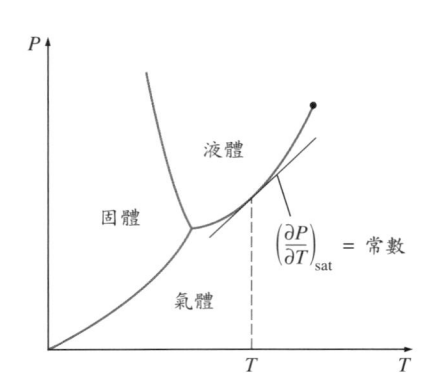

圖 11-2
在固定 T 或 P 條件下，P-T 圖上飽和曲線的斜率為常數。

> ### 例 11-2　從 P-v-T 數據計算物質的 h_{fg}
>
> 使用克拉佩龍方程式，計算冷媒 R-134a 在 20°C 下的汽化焓，並與表列值做比較。
>
> **解：**使用克拉佩龍方程式求得冷媒 R-134a 的 h_{fg}。
>
> **分析：**從公式 11-15 可知：
>
> $$h_{fg} = T v_{fg} \left(\frac{dP}{dT} \right)_{\text{sat}}$$
>
> 並從表 A-11 查出，
>
> $$v_{fg} = (v_g - v_f)_{@\,20°C} = 0.036012 - 0.0008160$$
> $$= 0.035196 \text{ m}^3/\text{kg}$$
>
> $$\left(\frac{dP}{dT} \right)_{\text{sat},20°C} \cong \left(\frac{\Delta P}{\Delta T} \right)_{\text{sat},20°C} = \frac{P_{\text{sat}\,@\,24°C} - P_{\text{sat}\,@\,16°C}}{24°C - 16°C}$$
>
> $$= \frac{646.18 - 504.58 \text{ kPa}}{8°C} = 17.70 \text{ kPa/K}$$
>
> 由於 $\Delta T(°C) \equiv \Delta T(K)$。將上式代入，可得
>
> $$h_{fg} = (293.15 \text{ K})(0.035196 \text{ m}^3/\text{kg})(17.70 \text{ kPa/K}) \left(\frac{1 \text{ kJ}}{1 \text{ kPa} \cdot \text{m}^3} \right)$$
>
> $$= \mathbf{182.62 \text{ kJ/kg}}$$
>
> 在 20°C 的 h_{fg} 表列值為 182.33 kJ/kg，兩個值之間的微小差異是因為在 20°C 求取飽和曲線斜率時，使用近似所造成的結果。

在液－氣與固－氣相變化的過程中，若使用某些近似，可以簡化克拉佩龍方程式。在低壓時，$v_g \gg v_f$，因此 $v_{fg} \cong v_g$。若將氣體視為理想氣體，則 $v_g = RT/P$。將這些近似值代入公式 11-15，可得

$$\left(\frac{dP}{dT} \right)_{\text{sat}} = \frac{P h_{fg}}{RT^2}$$

或

$$\left(\frac{dP}{P} \right)_{\text{sat}} = \frac{h_{fg}}{R} \left(\frac{dT}{T^2} \right)_{\text{sat}}$$

對於小的溫度區間，h_{fg} 可視為某平均值常數，然後在兩個飽和狀態間將此方程式積分，可得

$$\ln \left(\frac{P_2}{P_1} \right)_{\text{sat}} \cong \frac{h_{fg}}{R} \left(\frac{1}{T_1} - \frac{1}{T_2} \right)_{\text{sat}} \quad \textbf{(11-17)}$$

此方程式稱為**克拉佩龍－克勞修斯方程式（Clapeyron-Clausius equation）**，可用來求取飽和壓力隨溫度的變化。若將 h_{fg} 以 h_{ig}（昇華焓）取代，則亦可用於物質的固－氣區域。

> **例 11-3　以克拉佩龍方程式外插表列數據**
>
> 使用冷媒表的數據，估算冷媒 R-134a 在 $-45°C$ 的飽和壓力。
>
> **解：**欲使用其他的表列數據求取冷媒 R-134a 的飽和壓力。
>
> **分析：**表 A-11 僅列出 $-40°C$ 以上的飽和數據，因此必須尋求其他的資料來源或使用外插法，以求得較低溫度的飽和數據。公式 11-17 提供一個聰明的外插方法：
>
> $$\ln\left(\frac{P_2}{P_1}\right)_{sat} \cong \frac{h_{fg}}{R}\left(\frac{1}{T_1} - \frac{1}{T_2}\right)_{sat}$$
>
> 在本例中，$T_1 = -40°C$，$T_2 = -45°C$。對於冷媒 R-134a，$R = 0.08149$ kJ/kg·K。又從表 A-11 查出，在 $-40°C$ 時，$h_{fg} = 225.86$ kJ/kg 與 $P_1 = P_{sat\,@\,-40°C} = 51.25$ kPa。將這些值代入公式 11-17，可得
>
> $$\ln\left(\frac{P_2}{51.25\text{ kPa}}\right) \cong \frac{225.86\text{ kJ/kg}}{0.08149\text{ kJ/kg·K}}\left(\frac{1}{233\text{ K}} - \frac{1}{228\text{ K}}\right)$$
>
> $$P_2 \cong \mathbf{39.48\text{ kPa}}$$
>
> 因此依據公式 11-17，冷媒 R-134a 在 $-45°C$ 的飽和壓力為 39.48 kPa，而從其他資料來源所得到的實際值為 39.15 kPa。因此，公式 11-17 的預估值約有 1% 的誤差，而這對大部分的用途而言是足以接受的。（若使用線性外插法，會得到 37.23 kPa，約有 5% 的誤差。）

11-3　du、dh、ds、c_v 與 c_p 的一般關係式

　　由於簡單可壓縮系統的狀態可以由兩個獨立的內延性質完全確定，因此理論上只要有兩個獨立的內延性質，應該可以計算系統於任一狀態的所有性質。這對於無法直接量測的性質，例如內能、焓及熵而言，無異是一個好消息。然而，由可量測的性質來計算這些性質，則有賴於兩性質間簡單且精準的可用關係式。

　　本節中將僅藉由壓力、比容、溫度及比熱來推導內能、焓與熵之變化的一般關係式。同時，亦將推導一些有關比熱的一般關係式。利用推導出的關係式，便可求取這些性質的變化。只有在選定參考狀態後，才能決定指定狀態性質的值，至於參考狀態則可隨意選定。

⊃ 內能的變化

　　若選定內能為 T 與 v 的函數，即 $u = u(T, v)$，並取其全微分：

$$du = \left(\frac{\partial u}{\partial T}\right)_v dT + \left(\frac{\partial u}{\partial v}\right)_T dv$$

使用 c_v 的定義,可得

$$du = c_v dT + \left(\frac{\partial u}{\partial v}\right)_T dv \qquad (11\text{-}18)$$

現在選定熵為 T 與 v 的函數,即 $s = s(T, v)$,並取其全微分:

$$ds = \left(\frac{\partial s}{\partial T}\right)_v dT + \left(\frac{\partial s}{\partial v}\right)_T dv \qquad (11\text{-}19)$$

將此式代入 $T\,ds$ 關係式 $du = T\,ds - P\,dv$,可得

$$du = T\left(\frac{\partial s}{\partial T}\right)_v dT + \left[T\left(\frac{\partial s}{\partial v}\right)_T - P\right] dv \qquad (11\text{-}20)$$

若比較公式 11-18 與公式 11-20 中 dT 與 dv 的係數,得出

$$\left(\frac{\partial s}{\partial T}\right)_v = \frac{c_v}{T}$$

$$\left(\frac{\partial u}{\partial v}\right)_T = T\left(\frac{\partial s}{\partial v}\right)_T - P \qquad (11\text{-}21)$$

使用第三項馬克斯威爾關係式(公式 11-11),可得

$$\left(\frac{\partial u}{\partial v}\right)_T = T\left(\frac{\partial P}{\partial T}\right)_v - P$$

將此代入公式 11-18,得到想要的 du 關係式:

$$du = c_v\,dT + \left[T\left(\frac{\partial P}{\partial T}\right)_v - P\right] dv \qquad (11\text{-}22)$$

若簡單可壓縮系統的狀態從 (T_1, v_1) 變化至 (T_2, v_2),則其內能的變化可由積分求得:

$$u_2 - u_1 = \int_{T_1}^{T_2} c_v\,dT + \int_{v_1}^{v_2} \left[T\left(\frac{\partial P}{\partial T}\right)_v - P\right] dv \qquad (11\text{-}23)$$

⊃ 焓的變化

dh 的一般關係式可由完全相同的方法得到,此時選定焓為 T 與 P 的函數,即 $h = h(T, P)$,並取其全微分:

$$dh = \left(\frac{\partial h}{\partial T}\right)_P dT + \left(\frac{\partial h}{\partial P}\right)_T dP$$

使用 c_p 的定義,可得

$$dh = c_p dT + \left(\frac{\partial h}{\partial P}\right)_T dP \qquad (11\text{-}24)$$

現在選定熵為 T 與 P 的函數,即 $s = s(T, P)$,並取其全微分:

$$ds = \left(\frac{\partial s}{\partial T}\right)_P dT + \left(\frac{\partial s}{\partial P}\right)_T dP \qquad (11\text{-}25)$$

將此代入 $T\,ds$ 關係式 $dh = T\,ds + v\,dP$，可得

$$dh = T\left(\frac{\partial s}{\partial T}\right)_P dT + \left[v + T\left(\frac{\partial s}{\partial P}\right)_T\right]dP \qquad (11\text{-}26)$$

若比較公式 11-24 與公式 11-26 中 dT 與 dP 的係數，得出

$$\left(\frac{\partial s}{\partial T}\right)_P = \frac{c_p}{T}$$

$$\left(\frac{\partial h}{\partial P}\right)_T = v + T\left(\frac{\partial s}{\partial P}\right)_T \qquad (11\text{-}27)$$

使用第四項馬克斯威爾關係式（公式 11-12），可得

$$\left(\frac{\partial h}{\partial P}\right)_T = v - T\left(\frac{\partial v}{\partial T}\right)_P$$

將此代入公式 11-24，得到想要的 dh 關係式：

$$dh = c_p\,dT + \left[v - T\left(\frac{\partial v}{\partial T}\right)_P\right]dP \qquad (11\text{-}28)$$

若簡單可壓縮系統的狀態從 (T_1, P_1) 變化至 (T_2, P_2)，則其焓的變化可由積分求得：

$$h_2 - h_1 = \int_{T_1}^{T_2} c_p\,dT + \int_{P_1}^{P_2}\left[v - T\left(\frac{\partial v}{\partial T}\right)_P\right]dP \qquad (11\text{-}29)$$

事實上，僅需從公式 11-23 求取 $u_2 - u_1$，或從公式 11-29 求取 $h_2 - h_1$，視手上的數據何者較適當而定。使用焓的定義 $h = u + Pv$ 可簡單地求得另一個方程式：

$$h_2 - h_1 = u_2 - u_1 + (P_2 v_2 - P_1 v_1) \qquad (11\text{-}30)$$

熵的變化

以下將對簡單可壓縮系統推導兩個熵的變化之一般關係式。

將 ds 的全微分（公式 11-19）中的第一個偏導數以公式 11-21 取代可得第一個關係式，而第二個偏導數以第三項馬克斯威爾關係式（公式 11-11）取代可得出：

$$ds = \frac{c_v}{T}\,dT + \left(\frac{\partial P}{\partial T}\right)_v dv \qquad (11\text{-}31)$$

與

$$s_2 - s_1 = \int_{T_1}^{T_2} \frac{c_v}{T}\,dT + \int_{v_1}^{v_2}\left(\frac{\partial P}{\partial T}\right)_v dv \qquad (11\text{-}32)$$

將 ds 的全微分（公式 11-25）中的第一個偏微分，以公式 11-27 取代可得第二個關係式，而第二個偏導數以第四項馬克斯威爾關係式（公式 11-12）取代可得出，

$$ds = \frac{c_P}{T} dT - \left(\frac{\partial v}{\partial T}\right)_P dP \tag{11-33}$$

與

$$s_2 - s_1 = \int_{T_1}^{T_2} \frac{c_p}{T} dT - \int_{P_1}^{P_2} \left(\frac{\partial v}{\partial T}\right)_P dP \tag{11-34}$$

每一個關係式都可用來求取熵的變化，至於如何選擇適當的關係式，則取決於可用的數據。

⊃ 比熱 c_v 與 c_p

回想一下先前曾經提到，理想氣體的比熱僅與溫度有關，但是對一般純物質而言，比熱與比容或壓力及溫度有關。以下將推導一些物質之比熱與壓力、比容及溫度相關的一般關係式。

在低壓下的氣體行為如同理想氣體一般，其比熱基本上僅與溫度有關。這類比熱稱為零壓力或理想氣體比熱（以 c_{v0} 與 c_{p0} 表示），它們相當容易求得。因此我們希望有一些一般關係式，可以從已知的 c_{v0} 或 c_{p0} 及物質的 P-v-T 行為特性，計算在較高壓力（或較小比容）下的比熱。這類關係式是對公式 11-31 與公式 11-33 應用正合性測試（公式 11-8）而得到，因此：

$$\left(\frac{\partial c_v}{\partial v}\right)_T = T\left(\frac{\partial^2 P}{\partial T^2}\right)_v \tag{11-35}$$

與

$$\left(\frac{\partial c_p}{\partial P}\right)_T = -T\left(\frac{\partial^2 v}{\partial T^2}\right)_P \tag{11-36}$$

所以，隨著壓力的升高，c_p 與 c_{p0} 的偏差量是藉由公式 11-36 從零壓力沿著等溫路徑積分至任一壓力值而求得：

$$(c_p - c_{p0})_T = -T\int_0^P \left(\frac{\partial^2 v}{\partial T^2}\right)_P dP \tag{11-37}$$

上式右邊的積分，僅需知道物質的 P-v-T 行為特性即可求出。該符號指出 v 應在固定的 P 下對 T 進行兩次微分，而得到的結果在固定 T 下對 P 微分。

另一個涉及到比熱的一般關係式，為兩個比熱 c_p 與 c_v 之間的關係。這一個關係式的優點很明顯：僅需求取一個比熱（通常為 c_p），再使用該關係式及物質的 P-v-T 數據計算另一個比熱。比較兩個 ds 關係式（公式 11-31 與公式 11-33）並求解 dT，可推導出關係式：

$$dT = \frac{T(\partial P/\partial T)_v}{c_p - c_v} dv + \frac{T(\partial v/\partial T)_P}{c_p - c_v} dP$$

選定 $T = T(v, P)$ 並微分，可得

$$dT = \left(\frac{\partial T}{\partial v}\right)_P dv + \left(\frac{\partial T}{\partial P}\right)_v dP$$

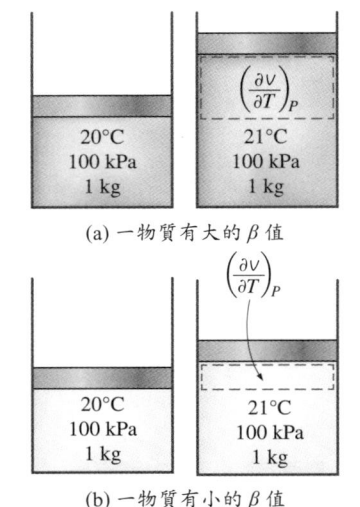

比較上面兩個方程式的 dv 或 dP 之係數，可得到想要的結果：

$$c_p - c_v = T\left(\frac{\partial v}{\partial T}\right)_P \left(\frac{\partial P}{\partial T}\right)_v \tag{11-38}$$

使用循環關係式可得到此關係式的另一個形式：

$$\left(\frac{\partial P}{\partial T}\right)_v \left(\frac{\partial T}{\partial v}\right)_P \left(\frac{\partial v}{\partial P}\right)_T = -1 \rightarrow \left(\frac{\partial P}{\partial T}\right)_v = -\left(\frac{\partial v}{\partial T}\right)_P \left(\frac{\partial P}{\partial v}\right)_T$$

將結果代入公式 11-38 可得

$$c_p - c_v = -T\left(\frac{\partial v}{\partial T}\right)_P^2 \left(\frac{\partial P}{\partial v}\right)_T \tag{11-39}$$

此關係式是藉由兩個熱力性質來表示：**體積膨脹性（volume expansivity）** β 與 **等溫壓縮性（isothermal compressibility）** α，其分別定義為（圖 11-3）

$$\beta = \frac{1}{v}\left(\frac{\partial v}{\partial T}\right)_P \tag{11-40}$$

與

$$\alpha = -\frac{1}{v}\left(\frac{\partial v}{\partial P}\right)_T \tag{11-41}$$

將這兩個關係式代入公式 11-39，得到 $c_p - c_v$ 的第三個一般關係式：

$$c_p - c_v = \frac{vT\beta^2}{\alpha} \tag{11-42}$$

此關係式稱為**麥爾關係式（Mayer relation）**，是以德國醫生兼物理學家 J. R. Mayer（1814-1878）所命名。由此關係式可歸納出幾個結論：

1. 對全部物質的所有相，其等溫壓縮性為正值。但是，對於某些物質（例如在 4°C 以下的液體水），其體積膨脹性可為負值，但其平方必為正或零。此關係式中的溫度 T 為絕對溫度，同樣必為正值。因此可推論，定壓比熱永遠大於或等於定容比熱：

$$c_p \geq c_v \tag{11-43}$$

2. 當絕對溫度趨近零時，c_p 與 c_v 間的差接近於零。

3. 對於真正不可壓縮物質，因 $v =$ 常數，故兩個比熱相同。對幾乎不可壓縮的物質，例如液體與固體，兩個比熱間的差極小，通常不考慮其差異性。

圖 11-3
體積膨脹性（亦稱為體積膨脹係數）為在固定壓力下，體積隨溫度變化的量度。

例 11-4 van der Waals 氣體的內能變化

針對 van der Waals 狀態方程式的氣體，推導內能變化之關係式。假設在探討範圍內，c_v 依據關係式 $c_v = c_1 + c_2 T$ 變化，其中 c_1 與 c_2 均為常數。

解： 求 van der Waals 氣體內能變化的關係式。

分析： 任何簡單可壓縮系統於過程中任何相的內能變化，可由公式 11-23 求得：

$$u_2 - u_1 = \int_{T_1}^{T_2} c_v \, dT + \int_{v_1}^{v_2} \left[T \left(\frac{\partial P}{\partial T} \right)_v - P \right] dv$$

van der Waals 狀態方程式為

$$P = \frac{RT}{v - b} - \frac{a}{v^2}$$

則

$$\left(\frac{\partial P}{\partial T} \right)_v = \frac{R}{v - b}$$

因此，

$$T \left(\frac{\partial P}{\partial T} \right)_v - P = \frac{RT}{v - b} - \frac{RT}{v - b} + \frac{a}{v^2} = \frac{a}{v^2}$$

代入可得

$$u_2 - u_1 = \int_{T_1}^{T_2} (c_1 + c_2 T) \, dT + \int_{v_1}^{v_2} \frac{a}{v^2} \, dv$$

積分得到

$$u_2 - u_1 = c_1 (T_2 - T_1) + \frac{c_2}{2} (T_2^2 - T_1^2) + a \left(\frac{1}{v_1} - \frac{1}{v_2} \right)$$

其為想要的關係式。

例 11-5 內能僅為溫度的函數

證明 (a) 理想氣體及 (b) 不可壓縮物質的內能僅為溫度的函數，$u = u(T)$。

解： 欲證明對理想氣體與不可壓縮物質而言，$u = u(T)$。

分析： 一般簡單可壓縮系統內能的微量變化是以公式 11-22 表示為

$$du = c_v \, dT + \left[T \left(\frac{\partial P}{\partial T} \right)_v - P \right] dv$$

(a) 對理想氣體，$Pv = RT$，則

$$T \left(\frac{\partial P}{\partial T} \right)_v - P = T \left(\frac{R}{v} \right) - P = P - P = 0$$

因此，

$$du = c_v \, dT$$

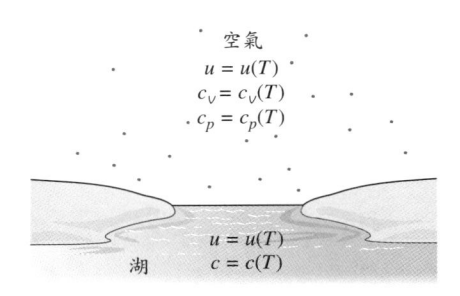

空氣
$u = u(T)$
$c_v = c_v(T)$
$c_p = c_p(T)$

湖
$u = u(T)$
$c = c(T)$

圖 11-4
理想氣體與不可壓縮物質的內能與比熱，僅與溫度有關。

為了完成證明，需證明 c_v 亦非 v 的函數。可藉由公式 11-35 來進行：

$$\left(\frac{\partial c_v}{\partial v}\right)_T = T\left(\frac{\partial^2 P}{\partial T^2}\right)_v$$

對理想氣體，$P = RT/v$，則

$$\left(\frac{\partial P}{\partial T}\right)_v = \frac{R}{v} \quad 與 \quad \left(\frac{\partial^2 P}{\partial T^2}\right)_v = \left[\frac{\partial (R/v)}{\partial T}\right]_v = 0$$

因此，

$$\left(\frac{\partial c_v}{\partial v}\right)_T = 0$$

此式說明了 c_v 不隨比容而變化，即 c_v 不為比容的函數。因此可得知，理想氣體的內能僅為溫度的函數（圖 11-4）。

(b) 對於不可壓縮物質，$v =$ 常數，因此 $dv = 0$。對於不可壓縮物質，$\alpha = \beta = 0$，並由公式 11-42 得知 $c_p = c_v = c$。因此，公式 11-22 可簡化為

$$du = c\, dT$$

在此，可再一次證明比熱 c 僅與溫度有關，而與壓力或比容無關。由公式 11-36 得知：

$$\left(\frac{\partial c_p}{\partial P}\right)_T = -T\left(\frac{\partial^2 v}{\partial T^2}\right)_P = 0$$

因為 $v =$ 常數。因此，真正不可壓縮物質的內能僅與溫度有關。

例 11-6 理想氣體的比熱差

證明理想氣體的比熱關係式 $c_p - c_v = R$。

解： 欲證明理想氣體比熱差等於其氣體常數。

分析： 證明公式 11-39 的右邊等於理想氣體的氣體常數，即可簡單地證明此關係式：

$$c_p - c_v = -T\left(\frac{\partial v}{\partial T}\right)_P^2 \left(\frac{\partial P}{\partial v}\right)_T$$

$$P = \frac{RT}{v} \rightarrow \left(\frac{\partial P}{\partial v}\right)_T = -\frac{RT}{v^2} = -\frac{P}{v}$$

$$v = \frac{RT}{P} \rightarrow \left(\frac{\partial v}{\partial T}\right)_P^2 = \left(\frac{R}{P}\right)^2$$

代入，

$$-T\left(\frac{\partial v}{\partial T}\right)_P^2 \left(\frac{\partial P}{\partial v}\right)_T = -T\left(\frac{R}{P}\right)^2\left(-\frac{P}{v}\right) = R$$

因此，

$$c_p - c_v = R$$

11-4 焦耳－湯姆遜係數

當流體通過限流器，例如多孔塞、毛細管或一般的閥，其壓力會降低。如第 5 章所示，在節流過程中，流體的焓幾乎維持固定。回想一下，節流作用可能會造成流體的溫度大幅降低，這也是冷凍機與空調機運轉的基礎。然而，並非所有的節流皆如此。在節流過程中，流體的溫度亦可能會維持不變，甚至升高（圖 11-5）。

在節流過程（h = 常數）中，流體的溫度特性是以**焦耳－湯姆遜係數（Joule-Thomson coefficient）**所描述，其定義為

$$\mu = \left(\frac{\partial T}{\partial P}\right)_h \quad (11\text{-}44)$$

值得注意的是，在節流過程中，若

$$\mu_{JT} \begin{cases} < 0 & \text{表示溫度增加} \\ = 0 & \text{表示溫度維持固定} \\ > 0 & \text{表示溫度降低} \end{cases}$$

因此，焦耳－湯姆遜係數為等焓過程中溫度隨壓力變化的量度。

仔細觀察其定義方程式可以看出，焦耳－湯姆遜係數表示等焓線在 T-P 圖上的斜率。僅由節流過程中溫度與壓力的量測，即可簡易地建構該分析圖。有一流體在固定的溫度與壓力 T_1 與 P_1（因而焓值固定）下流經一多孔塞柱，並量測其下游的溫度與壓力（T_2 與 P_2）。若以不同尺寸的多孔塞柱重複進行實驗，則每個實驗可得到不同組的 T_2 與 P_2。以溫度對壓力可繪出 T-P 圖上的等焓線，如圖 11-6 所示。對不同組的進口壓力與溫度重複進行實驗並繪出結果，便可對一物質建構出數條等焓線的 T-P 圖，如圖 11-7 所示。

在 T-P 圖上，有些等焓線通過零斜率或零焦耳－湯姆遜係數的點，它們稱為**反曲線（inversion line）**，而在等焓線與反曲線相交之點的溫度，稱為**反曲溫度（inversion temperature）**。在 P = 0 線（垂直座標）與反曲線上部之交點的溫度，稱為**最高反曲溫度（maximum inversion temperature）**。在反曲線右邊狀態的等焓線斜率為負（$\mu_{JT} < 0$），而在反曲線左邊為正（$\mu_{JT} > 0$）。

節流過程沿著一等焓線往降低壓力的方向前進，即從右至左。因此，發生於反曲線右手邊的節流過程中，流體的溫度將升高。然而，發生於反曲線左手邊的節流過程中，流體的溫度將降低。由此圖可清楚看出，除非流體低於最高反曲溫度，否則無法以節流方式達到冷卻效果。但某些物質的最高反曲溫度比室

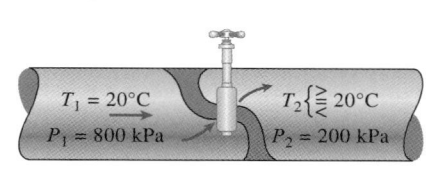

圖 11-5
在節流過程中，流體的溫度可能升高、降低，或維持固定。

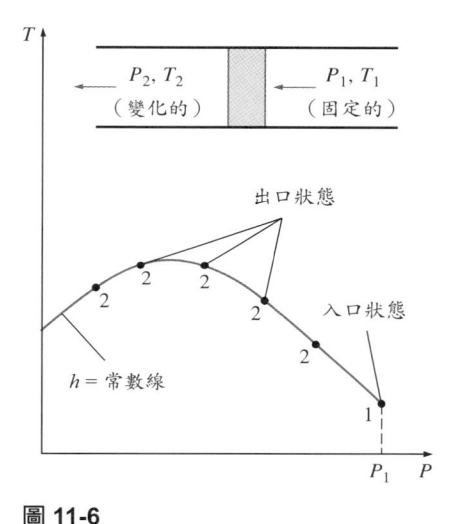

圖 11-6
T-P 圖上等焓線（h = 常數）的發展。

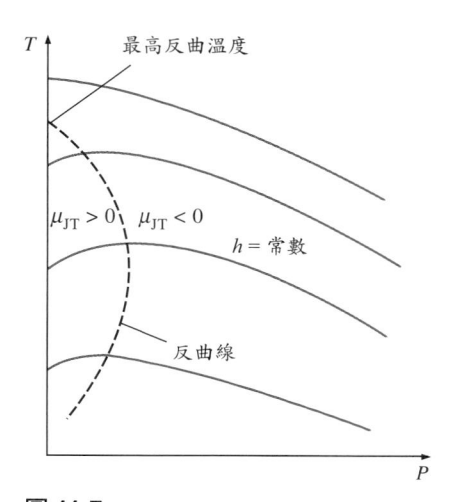

圖 11-7
T-P 圖上物質的等焓線。

溫低很多，這代表存在一個問題。例如，氫的最高反曲溫度為 $-68°C$，此時必須冷卻至此溫度，才能利用節流方式達到進一步的冷卻。

接下來，我們將推導藉由比熱、壓力、比容及溫度等所表示的焦耳－湯姆遜係數一般關係式。其實只要對焓變化的一般關係式（公式 11-28）做修正即可：

$$dh = c_p\, dT + \left[v - T\left(\frac{\partial v}{\partial T}\right)_P\right] dP$$

對於等焓過程，$dh = 0$，則此方程式可以重新整理為

$$-\frac{1}{c_p}\left[v - T\left(\frac{\partial v}{\partial T}\right)_P\right] = \left(\frac{\partial T}{\partial P}\right)_h = \mu_{JT} \quad (11\text{-}45)$$

此為我們想要的關係式。因此，焦耳－湯姆遜係數可由已知的定壓比熱及物質的 P-v-T 特性求得。當然，使用相當容易求得的焦耳－湯姆遜係數，連同物質的 P-v-T 數據，亦可預測物質的定壓比熱。

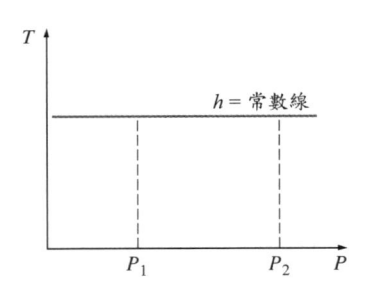

圖 11-8
在節流過程中，理想氣體的溫度維持固定，因為 T-P 圖上等焓線與等溫線一致。

例 11-7　理想氣體的焦耳－湯姆遜係數

證明理想氣體的焦耳－湯姆遜係數為零。

解： 欲證明對理想氣體 $\mu_{JT} = 0$。

分析： 對理想氣體，$v = RT/P$，因此

$$\left(\frac{\partial v}{\partial T}\right)_P = \frac{R}{P}$$

將此公式代入式 11-45 可得

$$\mu_{JT} = \frac{-1}{c_p}\left[v - T\left(\frac{\partial v}{\partial T}\right)_P\right] = \frac{-1}{c_p}\left[v - T\frac{R}{P}\right] = -\frac{1}{c_p}(v - v) = 0$$

討論： 此結果並不令人感到訝異，因為理想氣體的焓僅為溫度的函數，$h = h(T)$。當焓維持固定時，溫度也必須維持固定。因此，節流過程不能用來降低理想氣體的溫度（圖 11-8）。

摘　要

簡單可壓縮物質之 P、v、T 及 s 等性質的偏導數，彼此之間的關係方程式稱為馬克斯威爾關係式，可由下列四個吉布士方程式得出：

$$du = T\,ds - P\,dv$$
$$dh = T\,ds + v\,dP$$
$$da = -s\,dT - P\,dv$$
$$dg = -s\,dT + v\,dP$$

馬克斯威爾關係式為

$$\left(\frac{\partial T}{\partial v}\right)_s = -\left(\frac{\partial P}{\partial s}\right)_v$$
$$\left(\frac{\partial T}{\partial P}\right)_s = \left(\frac{\partial v}{\partial s}\right)_P$$
$$\left(\frac{\partial s}{\partial v}\right)_T = \left(\frac{\partial P}{\partial T}\right)_v$$
$$\left(\frac{\partial s}{\partial P}\right)_T = -\left(\frac{\partial v}{\partial T}\right)_P$$

藉由克拉佩龍方程式，可以僅由 P、v 及 T 數據求取與相變化有關的焓變化，其表示為

$$\left(\frac{dP}{dT}\right)_{\text{sat}} = \frac{h_{fg}}{T v_{fg}}$$

在低壓下的液－氣與固－氣相變化可被近似為

$$\ln\left(\frac{P_2}{P_1}\right)_{\text{sat}} \cong \frac{h_{fg}}{R}\left(\frac{T_2 - T_1}{T_1 T_2}\right)_{\text{sat}}$$

簡單可壓縮物質的內能、焓及熵之變化，可僅用壓力、比容、溫度及比熱表示為

$$du = c_v\,dT + \left[T\left(\frac{\partial P}{\partial T}\right)_v - P\right]dv$$
$$dh = c_p\,dT + \left[v - T\left(\frac{\partial v}{\partial T}\right)_P\right]dP$$
$$ds = \frac{c_v}{T}\,dT + \left(\frac{\partial P}{\partial T}\right)_v dv$$

或

$$ds = \frac{c_p}{T}\,dT - \left(\frac{\partial v}{\partial T}\right)_P dP$$

比熱具有下列的一般關係式：

$$\left(\frac{\partial c_v}{\partial v}\right)_T = T\left(\frac{\partial^2 P}{\partial T^2}\right)_v$$
$$\left(\frac{\partial c_p}{\partial P}\right)_T = -T\left(\frac{\partial^2 v}{\partial T^2}\right)_P$$
$$c_{p,T} - c_{p0,T} = -T\int_0^P \left(\frac{\partial^2 v}{\partial T^2}\right)_P dP$$
$$c_p - c_v = -T\left(\frac{\partial v}{\partial T}\right)_P^2\left(\frac{\partial P}{\partial v}\right)_T$$
$$c_p - c_v = \frac{vT\beta^2}{\alpha}$$

其中，β 為體積膨脹性，α 為等溫壓縮性，分別定義為

$$\beta = \frac{1}{v}\left(\frac{\partial v}{\partial T}\right)_P \quad \text{與} \quad \alpha = -\frac{1}{v}\left(\frac{\partial v}{\partial P}\right)_T$$

定壓比熱與定容比熱之差為 $c_p - c_v$，對理想氣體而言，其值等於 R；而對不可壓縮物質而言，其值等於零。

在節流過程（$h = $ 常數）中，流體的溫度行為是以焦耳－湯姆遜係數描述，其定義為

$$\mu_{\text{JT}} = \left(\frac{\partial T}{\partial P}\right)_h$$

焦耳－湯姆遜係數為等焓過程中物質的溫度隨壓力變化的測量，亦可表示為

$$\mu_{\text{JT}} = -\frac{1}{c_p}\left[v - T\left(\frac{\partial v}{\partial T}\right)_P\right]$$

參考書目

1. A. Bejan. *Advanced Engineering Thermodynamics*. 3rd ed. New York: Wiley, 2006.
2. K. Wark, Jr. *Advanced Thermodynamics for Engineers*. New York: McGraw-Hill, 1995.

習　題

■ 馬克斯威爾關係式

11-1 驗證最後一項馬克斯威爾關係式（公式 11-12）對冷媒 R-134a 在 50°C 與 0.7 MPa 的有效性。

11-2 使用馬克斯威爾關係式，對狀態方程式 $P(v-b) = RT$ 的氣體，求 $(\partial s/\partial P)_T$ 的關係式。
答：$-R/P$

11-3 證明 $\left(\dfrac{\partial P}{\partial T}\right)_s = \dfrac{k}{k-1}\left(\dfrac{\partial P}{\partial T}\right)_v$。

■ 克拉佩龍方程式

11-4C 克拉佩龍方程式涉及任何近似性？或是它為正合？

11-5 使用克拉佩龍方程式，估算冷媒 R-134a 在 40°C 的汽化焓，並與表列值做比較。

11-6 藉由冷卻一個負重的活塞－汽缸裝置，將 0.22 kg 的飽和蒸氣轉換成飽和液體，其過程維持壓力在 350 kPa。在相變化過程中，系統的體積減少 0.04 m³，並需要移除 250 kJ 的熱，而物質的溫度維持在 −10°C。估算當壓力在 420 kPa 時，該物質之沸點溫度為何？答：266 K

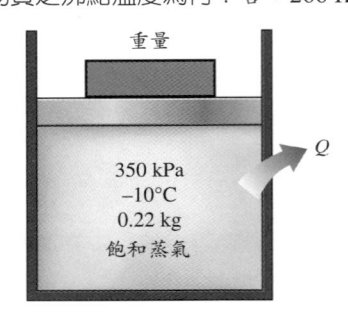

圖 P11-6

11-7 承上題，估算該物質在 −10°C 時之 s_{fg} 為何？答：4.32 kJ/kg·K

11-8 使用克拉佩龍－克勞修斯方程式與水的三相點，估算水在 −30°C 時的昇華壓力，並與表 A-8 的值相比較。

■ du、dh、ds、c_v 與 c_p 的一般關係式

11-9 估算冷媒 R-134a 在 200 kPa 與 30°C 的體積膨脹性 β 及等溫壓縮性 α。

11-10 估算液態水在 15 MPa 與 80°C 狀態下之定壓比熱與定容比熱差 $c_p - c_v$。答：0.32 kJ/kg·K

11-11 當空氣從 100 kPa、34°C 的狀態變化到 800 kPa、420°C 時，利用狀態方程式 $P(v-a) = RT$ 決定空氣的焓變化為多少？以 kJ/kg 表示。其中 $a = 0.01$ m³/kg，並與由理想氣體方程式所求出的值相比較。答：404 kJ/kg，397 kJ/kg

11-12 當氮氣從 100 kPa、20°C 的狀態變化到 600 kPa、300°C 時，利用狀態方程式 $P(v-a) = RT$ 決定氮氣的熵變化為多少？以 kJ/kg 表示。其中 $a = 0.01$ m³/kg，並與由理想氣體方程式所求出的值相比較。答：−0.239 kJ/kg·K，−0.239 kJ/kg·K

11-13 對滿足 van der Waals 狀態方程式的氣體，推導等溫過程中：(a) Δu；(b) Δh；(c) Δs 的表示式。

11-14 針對：(a) 理想氣體；(b) van der Waals 氣體；(c) 不可壓縮物質，來推導定壓比熱與定容比熱差 $c_p - c_v$。

11-15 針對：(a) 理想氣體；(b) 狀態方程式為 $P(v-a) = RT$ 的氣體，推導體積膨脹係數 β 與等溫壓縮係數 α 的關係式。

11-16 推導一物質的體積膨脹係數，其狀態方程式為
$$P = \frac{RT}{v-b} - \frac{a}{v^2 T}$$
其中 a 和 b 為經驗常數。

11-17 證明一理想氣體的焓僅為溫度之函數，並證明對於不可壓縮物質，其焓也與壓力有關。

■ 焦耳－湯姆遜係數

11-18 水蒸汽從 2 MPa 與 500°C 狀態下被稍微節流，則在此過程中，水蒸汽的溫度將升高、降低或維持相同？

11-19 估算水蒸汽在：(a) 3 MPa 和 300°C；(b) 6 MPa 和 500°C 的焦耳－湯姆遜係數。

11-20 證明焦耳－湯姆遜係數為
$$\mu = \frac{T^2}{c_p}\left[\frac{\partial(v/T)}{\partial T}\right]_P$$

11-21 一氣體的狀態方程式為 $P(v-a) = RT$，其中 a 為正的常數，則此氣體可藉由節流過程來進行冷卻嗎？

11-22 一氣體的狀態方程式為 $(P + a/v^2)v$，推導焦耳－湯姆遜係數與逆向溫度的關係式。

Chapter 12

氣體－蒸氣混合物與空氣調節

若物質的溫度低於臨界溫度，則其氣相經常被視為蒸氣。蒸氣一詞意味著接近物質飽和區域的氣體狀態，會提高過程中凝結的可能性。

在處理氣體－蒸氣混合物時，過程中的蒸氣可能從混合物中凝結出來而形成兩相混合物，可能會使分析變得十分複雜。因此，分析氣體－蒸氣混合物與分析一般氣體混合物有所不同。

在工程上常會遇到各種氣體－蒸氣混合物。本章僅考慮空氣－水蒸汽混合物，因為在實務上最常遇到。同時，也將一併討論空氣調節系統，因為這也是空氣－水蒸汽混合物最主要的應用領域。

學習目標

- 瞭解乾空氣與大氣空氣的差異。
- 定義並計算大氣空氣的比溼度與相對溼度。
- 計算大氣空氣的露點溫度。
- 大氣空氣中絕熱飽和溫度與溼球溫度的關係。
- 以空氣線圖為工具來分析大氣空氣的性質。
- 應用質量守恆與能量守恆原理於各種空氣調節過程。

12-1　乾空氣與大氣空氣

空氣為氮、氧及其他少量氣體的混合物。正常而言，大氣環境中的空氣均含有一些水蒸汽（或水分），稱為**大氣空氣**（atmospheric air）。相對地，不含水蒸汽的空氣稱為**乾空氣**（dry air）。為了方便起見，經常將空氣視為水蒸汽與乾空氣的混合物，因為乾空氣的組份相當固定，而水蒸汽會因為從海洋、湖泊、河流、甚至從人體的蒸發及凝結而造成量的變化。雖然空氣中水蒸汽的量很少，但在人類舒適性中扮演著重要的角色。因此，在空氣調節應用中，水蒸汽是一個重要的考量。

在空氣調節應用中，空氣溫度的範圍約從 $-10°C$ 到 $50°C$。在此範圍中，乾空氣可以視為理想氣體，其 c_p 值為固定值 1.005 kJ/kg・K，並且可以忽略誤差（0.2% 以下），如圖 12-1 所示。若取 $0°C$ 為參考溫度，則乾空氣的焓及焓變化可由下式求得：

$$h_{\text{dry air}} = c_p T = (1.005 \text{ kJ/kg} \cdot °C)T \quad (\text{kJ/kg}) \quad \textbf{(12-1a)}$$

與

$$\Delta h_{\text{dry air}} = c_p \Delta T = (1.005 \text{ kJ/kg} \cdot °C)\Delta T \quad (\text{kJ/kg}) \quad \textbf{(12-1b)}$$

其中，T 為空氣溫度（以 $°C$ 表示），而 ΔT 為溫度的變化。在空氣調節過程中，我們關心的是焓的變化 Δh，與選用的參考點無關。

實驗顯示，我們可以將空氣中的水蒸汽也視為理想氣體，且不會犧牲太大的精確度。水在 $50°C$ 的飽和壓力為 12.3 kPa，若壓力低於此值，水蒸汽可以視為理想氣體，其誤差可忽略（0.2% 以下），即使是飽和蒸氣也是如此。因此，空氣中的水蒸汽可視為單獨存在，並依循理想氣體關係式 $Pv = RT$。故大氣空氣可以視為理想氣體混合物，其壓力為乾空氣*的分壓 P_a 與水蒸汽的分壓 P_v 之和：

$$P = P_a + P_v \quad (\text{kPa}) \quad \textbf{(12-2)}$$

水蒸汽的分壓通常被稱為**蒸氣壓**（vapor pressure），並可視為水蒸汽單獨存在於環境壓力與體積下所施加的壓力。

因水蒸汽為理想氣體，故水蒸汽的焓僅為溫度的函數，即 $h = h(T)$，此點亦可由圖 A-9 與圖 12-2 的水 T-s 圖觀察出。在低於 $50°C$ 時，其等焓線與等溫線一致。因此，空氣中水蒸汽的焓可以等於在相同溫度之飽和蒸氣的焓。換言之，

圖 12-1

乾空氣	
$T, °C$	c_p, kJ/kg・°C
−10	1.0038
0	1.0041
10	1.0045
20	1.0049
30	1.0054
40	1.0059
50	1.0065

在 $-10°C$ 至 $50°C$ 的溫度範圍，空氣的 c_p 值可以假設為常數 1.005 kJ/kg・°C，誤差在 0.2% 以下。

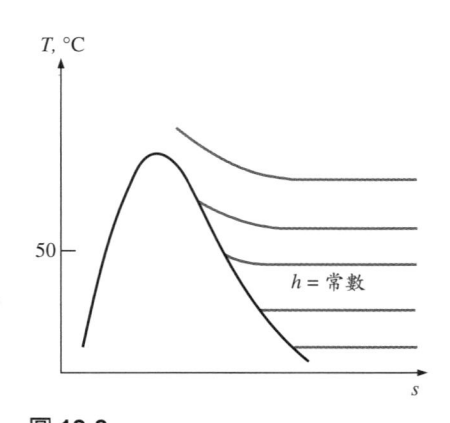

圖 12-2

在低於 $50°C$ 的溫度，水在過熱蒸氣區的等焓線與等溫線一致。

---

* 在本章中，下標 a 表示乾空氣，而下標 v 表示水蒸汽。

$$h_v(T, \text{低 } P) \cong h_g(T) \quad (12\text{-}3)$$

水蒸汽在 0°C 的焓為 2500.9 kJ/kg；水蒸汽在 −10°C 至 50°C 之溫度範圍的平均 c_p 值，可以設定為 1.82 kJ/kg·°C；水蒸汽在 −10°C 至 50°C（或 15°F 至 120°F）之溫度範圍的焓，可由下式近似求得：

$$h_g(T) \cong 2500.9 + 1.82T \quad (\text{kJ/kg}) \quad T \text{ 的單位為 °C} \quad (12\text{-}4)$$

或

$$h_g(T) \cong 1060.9 + 0.435T \quad (\text{Btu/lbm}) \quad T \text{ 的單位為 °F} \quad (12\text{-}5)$$

其中，忽略某些誤差，如圖 12-3 所示。

12-2 空氣的比溼度與相對溼度

空氣中水蒸汽的量可以用不同的方法來指定。最合邏輯的方法也許是直接指定在乾空氣的單位質量中，所含水蒸汽的質量，我們稱此為**絕對溼度（absolute humidity）**或**比溼度（specific humidity）**（亦稱為溼度比），以 ω 表示：

$$\omega = \frac{m_v}{m_a} \quad (\text{kg 水蒸汽/kg 乾空氣}) \quad (12\text{-}6)$$

比溼度亦可表示為

$$\omega = \frac{m_v}{m_a} = \frac{P_v V/R_v T}{P_a V/R_a T} = \frac{P_v/R_v}{P_a/R_a} = 0.622 \frac{P_v}{P_a} \quad (12\text{-}7)$$

或

$$\omega = \frac{0.622 P_v}{P - P_v} \quad (\text{kg 水蒸汽/kg 乾空氣}) \quad (12\text{-}8)$$

其中，P 為總壓力。

考慮 1 kg 的乾空氣。由定義得知，乾空氣不含水蒸汽，因此比溼度為零。現在加一些水蒸汽至此乾空氣，比溼度將增加。當更多水蒸汽或水分被加入，比溼度會持續增加，直到空氣無法再保留更多水分。此時，空氣所含的水分已完全飽和，稱為**飽和空氣（saturated air）**。若再有任何水分被引入飽和空氣中，將會發生凝結現象。在一指定溫度與壓力下之飽和空氣的水蒸汽量，可從公式 12-8 以 P_g 取代 P_v 而求得，而 P_g 值為水在該溫度的飽和壓力（圖 12-4）。

空氣中水分的量對我們在環境中的舒適度，有相當程度的影響。然而，舒適程度更取決於空氣保有水分的量（m_v），相對於空氣在相同溫度下可保有水分的最大量（m_g）。這兩個量的比稱為**相對溼度（relative humidity）** ϕ（圖 12-5）：

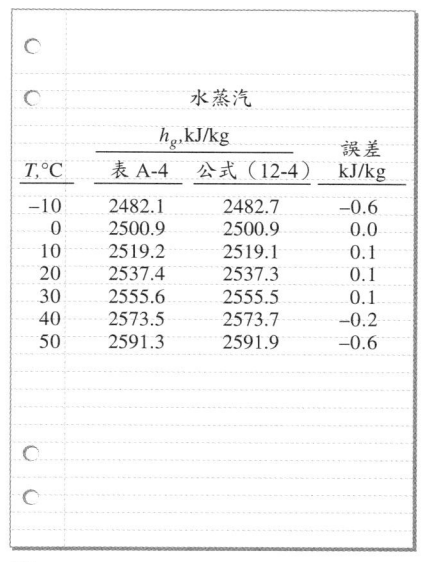

水蒸汽

T,°C	h_g,kJ/kg 表 A-4	公式（12-4）	誤差 kJ/kg
−10	2482.1	2482.7	−0.6
0	2500.9	2500.9	0.0
10	2519.2	2519.1	0.1
20	2537.4	2537.3	0.1
30	2555.6	2555.5	0.1
40	2573.5	2573.7	−0.2
50	2591.3	2591.9	−0.6

圖 12-3
在 −10°C 至 50°C 的溫度範圍，水的 h_g 值可由公式 12-4 求得，其誤差可忽略。

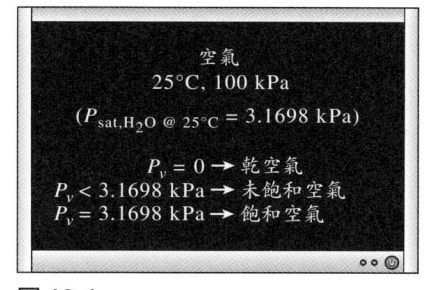

空氣
25°C, 100 kPa
(P_{sat,H_2O} @ 25°C = 3.1698 kPa)
$P_v = 0 \rightarrow$ 乾空氣
$P_v < 3.1698$ kPa $\rightarrow$ 未飽和空氣
$P_v = 3.1698$ kPa $\rightarrow$ 飽和空氣

圖 12-4
飽和空氣的蒸氣壓等於水的飽和壓力。

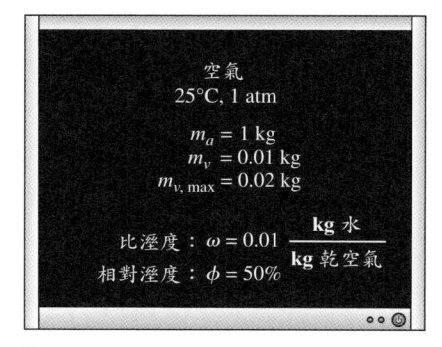

空氣
25°C, 1 atm
$m_a = 1$ kg
$m_v = 0.01$ kg
$m_{v,\text{max}} = 0.02$ kg
比溼度：$\omega = 0.01 \dfrac{\text{kg 水}}{\text{kg 乾空氣}}$
相對溼度：$\phi = 50\%$

圖 12-5
比溼度為 1 kg 乾空氣中的水蒸汽實際含量，相對溼度為空氣中水分的實際含量對空氣在該溫度下可保有水分的最大量之比值。

$$\phi = \frac{m_v}{m_g} = \frac{P_v V/R_v T}{P_g V/R_v T} = \frac{P_v}{P_g} \qquad (12\text{-}9)$$

其中

$$P_g = P_{\text{sat} @ T} \qquad (12\text{-}10)$$

結合公式 12-8 與公式 12-9，可以將相對溼度表示為

$$\phi = \frac{\omega P}{(0.622 + \omega)P_g} \quad \text{與} \quad \omega = \frac{0.622 \phi P_g}{P - \phi P_g} \qquad (12\text{-}11a, b)$$

相對溼度的範圍從乾空氣的 0 到飽和空氣的 1。特別值得注意的是，空氣可以保有水分的量與溫度有關，因此即使其比溼度維持固定，空氣的相對溼度也會隨溫度而變化。

大氣空氣為乾空氣與水蒸汽的混合物，因此空氣的焓是以乾空氣與水蒸汽的焓來表示。在大部分的實際應用中，空氣－水蒸汽混合物中的乾空氣量維持固定，但水蒸汽的量會改變。因此，大氣空氣的焓以每單位質量的乾空氣表示，而不採用每單位質量的空氣－水蒸汽混合物。

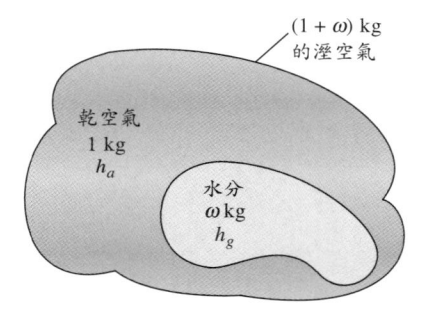

大氣空氣的總焓（外延性質）為乾空氣焓與水蒸汽焓的和：

$$H = H_a + H_v = m_a h_a + m_v h_v$$

同除以 m_a 可得：

$$h = \frac{H}{m_a} = h_a + \frac{m_v}{m_a} h_v = h_a + \omega h_v$$

或

$$h = h_a + \omega h_g \qquad (\text{kJ/kg 乾空氣}) \qquad (12\text{-}12)$$

因為 $h_v \cong h_g$（圖 12-6）。

同時必須注意，一般大氣空氣的溫度通常是指**乾球溫度（dry-bulb temperature）**，它與即將討論的其他形式溫度有所不同。

圖 12-6
溼（大氣）空氣的焓以每單位質量的乾空氣表示，而非每單位質量的溼空氣。

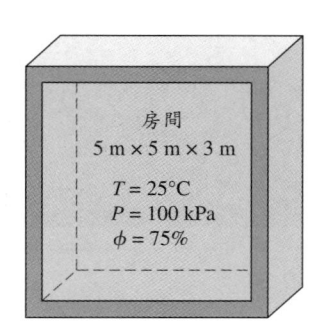

圖 12-7
例 12-1 的示意圖。

例 12-1 房間內空氣的水蒸汽量

一個 5 m × 5 m × 3 m 的房間，如圖 12-7 所示，包含溫度為 25°C、壓力為 100 kPa 以及相對溼度為 75% 的空氣。求：(a) 乾空氣的分壓；(b) 比溼度；(c) 每單位質量乾空氣的焓；(d) 房間內乾空氣與水蒸汽的質量。

解： 已知房間內空氣的相對溼度，求乾空氣的分壓、比溼度、焓，以及房間內乾空氣與水蒸汽的質量。

假設： 房內的乾空氣與水蒸汽均為理想氣體。

性質： 在室溫下，空氣的定壓比熱為 c_p = 1.005 kJ/kg·K（表 A-2a）。對於 25°C 的水，其 T_{sat} = 3.1698 kPa 且 h_g = 2546.5 kJ/kg（表 A-4）。

分析：(a) 乾空氣的分壓可由公式 12-2 求得：
$$P_a = P - P_v$$
其中
$$P_v = \phi P_g = \phi P_{\text{sat @ 25°C}} = (0.75)(3.1698 \text{ kPa}) = 2.38 \text{ kPa}$$
因此，
$$P_a = (100 - 2.38) \text{ kPa} = \mathbf{97.62 \text{ kPa}}$$

(b) 空氣的比溼度可由公式 12-8 求得：
$$\omega = \frac{0.622 P_v}{P - P_v} = \frac{(0.622)(2.38 \text{ kPa})}{(100 - 2.38) \text{ kPa}} = \mathbf{0.0152 \text{ kg 水/kg 乾空氣}}$$

(c) 每單位質量乾空氣的焓可由公式 12-12 求得：
$$h = h_a + \omega h_v \cong c_p T + \omega h_g$$
$$= (1.005 \text{ kJ/kg} \cdot \text{°C})(25\text{°C}) + (0.0152)(2546.5 \text{ kJ/kg})$$
$$= \mathbf{63.8 \text{ kJ/kg 乾空氣}}$$

水蒸汽的焓（2546.5 kJ/kg）亦可由公式 12-4 求得近似值：
$$h_{g \text{ @ 25°C}} \cong 2500.9 + 1.82(25) = 2546.4 \text{ kJ/kg}$$

此值幾乎與表 A-4 得到的值相等。

(d) 乾空氣與水蒸汽皆完全充滿整個房間，因此每一種氣體的體積等於房間的體積：
$$V_a = V_v = V_{\text{room}} = (5 \text{ m})(5 \text{ m})(3 \text{ m}) = 75 \text{ m}^3$$

將理想氣體關係式應用於每一種氣體，可以求得乾空氣與水蒸汽的質量：
$$m_a = \frac{P_a V_a}{R_a T} = \frac{(97.62 \text{ kPa})(75 \text{ m}^3)}{(0.287 \text{ kPa} \cdot \text{m}^3/\text{kg} \cdot \text{K})(298 \text{ K})} = \mathbf{85.61 \text{ kg}}$$

$$m_v = \frac{P_v V_v}{R_v T} = \frac{(2.38 \text{ kPa})(75 \text{ m}^3)}{(0.4615 \text{ kPa} \cdot \text{m}^3/\text{kg} \cdot \text{K})(298 \text{ K})} = \mathbf{1.30 \text{ kg}}$$

空氣中水蒸汽的質量亦可由公式 12-6 求得：
$$m_v = \omega m_a = (0.0152)(85.61 \text{ kg}) = 1.30 \text{ kg}$$

12-3 露點溫度

　　假如你居住在潮溼地區，在夏天早上也許會發現草是溼的，但前一天晚上並沒有下雨，那是為什麼？事實上，那只是空氣中過量的水分凝結於冷的表面上，形成所謂的露。夏天時，白天有相當大量的水汽化，而晚間當溫度降低，空氣中的「水分容量」亦降低。水分容量為空氣可保有水分的最大量。（此過程中，相對溼度有何改變？）過沒多久，空氣的水分容量等於其水分含

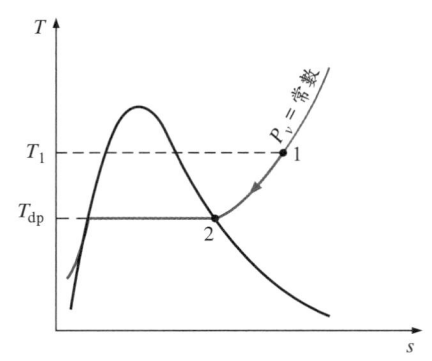

圖 12-8
在水的 T-s 圖上顯示溼空氣的等壓冷卻與露點溫度。

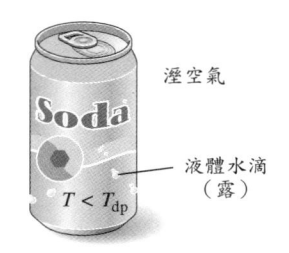

圖 12-9
當冷飲的溫度低於外界空氣的露點溫度時，會有「冒汗」現象。

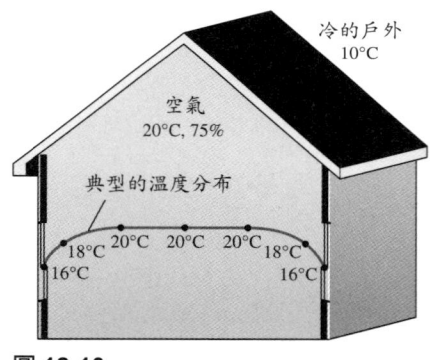

圖 12-10
例 12-2 的示意圖。

量，空氣在此點為飽和，其相對溼度為 100%。任何進一步的溫度降低將造成部分的水分凝結，便開始形成所謂的露。

露點溫度（dew-point temperature） T_{dp} 定義為當空氣在定壓下被冷卻，開始凝結時的溫度。換句話說，T_{dp} 為對應於蒸氣壓之水的飽和溫度：

$$T_{dp} = T_{sat\ @\ P_v} \tag{12-13}$$

如圖 12-8 所示。當空氣在定壓下被冷卻，蒸氣壓 P_v 會維持固定。因此，空氣中的氣體（狀態 1）進行等壓冷卻過程，直到它到達飽和蒸氣線（狀態 2）。此點的溫度為 T_{dp}，若溫度進一步降低，部分氣體便會凝結。結果空氣中的氣體量減少，而造成 P_v 降低。在凝結過程中，空氣維持飽和，因此依循 100% 相對溼度（飽和蒸氣線）的路徑。飽和空氣的一般溫度與露點溫度相同。

你也許曾注意到這樣的現象：在又熱又潮溼的日子，從自動販賣機買了一瓶冰冷的罐裝飲料時，罐上會有露的產生，這說明了飲料的溫度低於外界空氣的露點溫度（圖 12-9）。

加少量的冰於金屬杯內的水並攪拌，使水冷卻，可以簡易地求得室內空氣的露點溫度。當露開始於金屬杯的表面形成時，金屬杯的外表面溫度即為空氣的露點溫度。

例 12-2　房子內窗戶的結霜

在寒冷的天氣裡，由於窗戶表面有較低的空氣溫度，因此在窗戶的內部表面經常發生凝結。考慮圖 12-10 所示的房子，其中含有 20°C 與 75% 相對溼度的空氣。在何種窗戶溫度下，空氣中的水分會開始在窗戶的內部表面凝結？

解：房子的內部表面維持特定的溫度與溼度，求開始結霜的窗戶溫度。

性質：在 20°C 時，水的飽和壓力為 P_{sat} = 2.3392 kPa（表 A-4）。

分析：一般而言，房子內的溫度分布並不均勻。當冬天戶外溫度降低時，靠近牆壁與窗戶的室內溫度也會降低。因此，即使整個房子的總氣壓與蒸氣壓維持固定，靠近牆壁與窗戶的空氣會比房子內部溫度來得低。結果，靠近牆壁與窗戶的空氣將進行 P_v = 常數的冷卻過程，直到空氣中的水分開始凝結。而當空氣達到露點溫度 T_{dp} 時，將會發生上述現象。其露點溫度可由公式 12-13 求得：

$$T_{dp} = T_{sat\ @\ P_v}$$

其中

$$P_v = \phi P_{g\ @\ 20°C} = (0.75)(2.3392\ \text{kPa}) = 1.754\ \text{kPa}$$

因此,
$$T_{dp} = T_{sat @ 1.754 kPa} = \mathbf{15.4 \, °C}$$

討論:注意,假如想要避免在窗戶表面產生水氣凝結現象,應將窗戶的內部表面溫度維持於 15.4°C 以上。

12-4 絕對飽和溫度與溼球溫度

相對溼度與比溼度經常用於工程與大氣科學,我們希望找出它們與可簡易量測的量(例如溫度及壓力等)之間的關係。求得相對溼度的一個方法,正如同前一節所討論的,即求出空氣的露點溫度。知道露點溫度後,便可求得蒸氣壓 P_v,進而可求得相對溼度。此方法雖然簡單,但並不實際。

求取絕對或相對溼度的另一種方法與絕熱飽和過程有關,如圖 12-11 之示意圖與 T-s 圖所示。該系統包括一條裝有池水的絕熱通道。一股比溼度為 ω_1(未知)、溫度為 T_1 的未飽和空氣流穩定地通過此通道。當空氣流過水的上方時,部分水被蒸發並與空氣流體混合。在此過程中,空氣的水分含量將增加,溫度將降低,因為蒸發水的汽化潛熱一部分是來自於空氣。若通道夠長,空氣流體將在溫度 T_2 以飽和空氣($\phi = 100\%$)的狀態流出,此溫度稱為**絕熱飽和溫度**(**adiabatic saturation temperature**)。

假使在溫度 T_2 所形成的水分以蒸發率供至通道,則上述的絕熱飽和過程可視為穩流過程來加以分析。因過程未涉及熱或功的作用,而且動能與位能的變化均可忽略不計。因此,這個具有兩個入口和一個出口之穩流系統,其質量守恆與能量守恆關係式可以簡化為:

質量平衡: $\dot{m}_{a_1} = \dot{m}_{a_2} = \dot{m}_a$ (乾空氣的質量流率維持不變)

$\dot{m}_{w_1} + \dot{m}_f = \dot{m}_{w_2}$ (空氣中蒸氣之質量流率的增加量等於蒸發率 $\dot{m}_f$)

或
$$\dot{m}_a \omega_1 + \dot{m}_f = \dot{m}_a \omega_2$$

因此,
$$\dot{m}_f = \dot{m}_a(\omega_2 - \omega_1)$$

能量平衡: $\dot{E}_{in} = \dot{E}_{out}$ (因 $\dot{Q} = 0$ 且 $\dot{W} = 0$)

$$\dot{m}_a h_1 + \dot{m}_f h_{f_2} = \dot{m}_a h_2$$

或

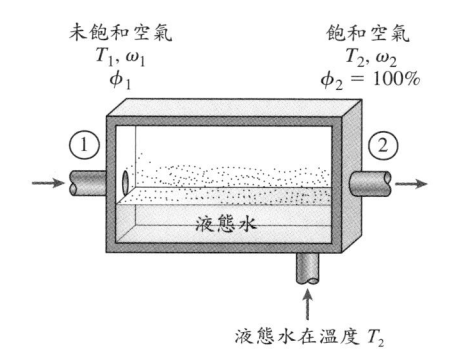

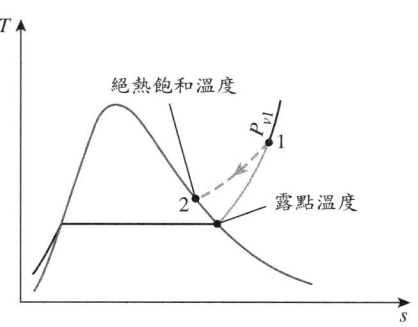

圖 12-11
在水的 T-s 圖上顯示絕熱飽和過程。

$$\dot{m}_a h_1 + \dot{m}_a(\omega_2 - \omega_1)h_{f_2} = \dot{m}_a h_2$$

同除以 $\dot{m}_a$ 可得:

$$h_1 + (\omega_2 - \omega_1)h_{f_2} = h_2$$

或

$$(c_p T_1 + \omega_1 h_{g_1}) + (\omega_2 - \omega_1)h_{f_2} = (c_p T_2 + \omega_2 h_{g_2})$$

可得出

$$\omega_1 = \frac{c_p(T_2 - T_1) + \omega_2 h_{fg_2}}{h_{g_1} - h_{f_2}} \quad \textbf{(12-14)}$$

其中,因為 $\phi_2 = 100\%$,由公式 12-11b 可得出:

$$\omega_2 = \frac{0.622 P_{g_2}}{P_2 - P_{g_2}} \quad \textbf{(12-15)}$$

因此可得到結論:藉由公式 12-14 與公式 12-15 量測空氣在絕熱飽和器之入口與出口的壓力和溫度,即可求得空氣的比溼度(與相對溼度)。

假如進入通道的空氣已經飽和,則絕熱飽和溫度 T_2 會與入口溫度 T_1 相同,而由公式 12-14 可得到 $\omega_1 = \omega_2$。一般而言,絕熱飽和溫度介於入口溫度與露點溫度之間。

上述所討論的絕熱飽和過程可提供求出空氣之絕對溼度或相對溼度的方法,但它需要較長的通道或噴灑裝置,才能夠在出口處達到飽和。一個更實際的方法是,使用以沾滿水的棉蕊包覆感溫球之溫度計,而將空氣吹向棉蕊,如圖 12-12 所示。此方法測得的溫度稱為**溼球溫度(wet-bulb temperature)**T_{wb},常應用於空氣調節分析。

上述方法的基本原理與絕熱飽和過程類似。當未飽和空氣通過溼棉蕊,棉蕊中的一些水分蒸發,結果造成水的溫度降低,而在空氣與水之間產生溫差(這正是熱傳遞的驅動力)。不久之後,水由於蒸發作用所損失的熱會等於從空氣中所獲得的熱,因此水溫達到穩定,在此點的溫度計讀數即為溼球溫度。另一種方式是將溼棉蕊溫度計置於連接至一把手的夾持器中,並快速旋轉夾持器,即以移動溫度計取代空氣的移動。依此原理作用的裝置稱為**搖轉溼度計(sling psychrometer)**,如圖 12-13 所示。通常在此裝置的架構上也會裝上一支乾球溫度計,因此可同時讀取溼球溫度與乾球溫度。

電子設備的進步使得我們可以快速且可靠的方法直接測量溼度,而搖轉溼度計與溼棉蕊溫度計似乎即將成為古董。目前的手持電子式溼度量測裝置,是基於當聚合物薄膜吸收水蒸汽時電容

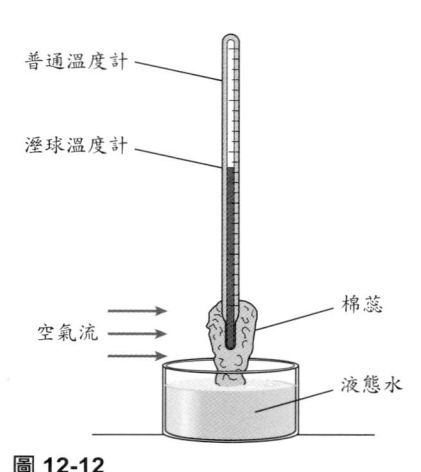

圖 12-12
一種量測溼球溫度的簡單裝置。

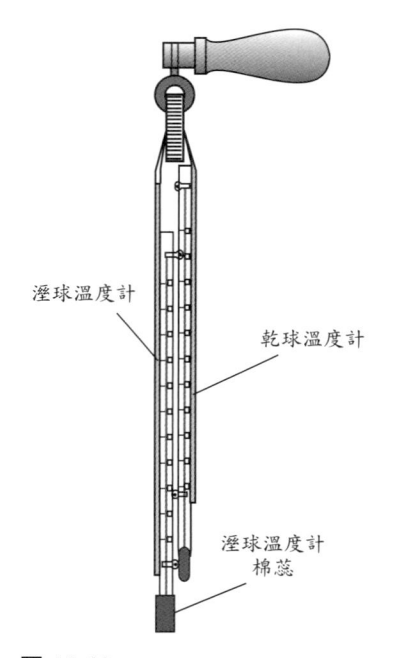

圖 12-13
搖轉溼度計。

量改變的原理，可以在數秒內感應並以數位方式顯示相對溼度，其精準度在 1% 以內。

一般而言，絕熱飽和溫度與溼球溫度並不相同。然而，對大氣壓力下的空氣－水蒸汽混合物，溼球溫度近似於絕熱飽和溫度。因此，溼球溫度 T_{wb} 可以用於公式 12-14 中並取代 T_2，以求出空氣的比溼度。

例 12-3　空氣的比溼度與相對溼度

在 1 atm（101.325 kPa）的大氣空氣中，以搖轉溼度計量測，求得乾球溫度與溼球溫度分別為 25°C 與 15°C。求：(a) 比溼度；(b) 相對溼度；(c) 空氣的焓。

解：已知乾球溫度與溼球溫度，求比溼度、相對溼度及焓。

性質：在 15°C 時，水的飽和壓力為 1.7057 kPa；在 25°C 時，水的飽和壓力為 3.1698 kPa（表 A-4）。室溫時，空氣的定壓比熱為 $c_p = 1.005$ kJ/kg · K（表 A-2a）。

分析：(a) 由公式 12-14 求得比溼度 ω_1：

$$\omega_1 = \frac{c_p(T_2 - T_1) + \omega_2 h_{fg_2}}{h_{g_1} - h_{f_2}}$$

其中 T_2 為溼球溫度，而 ω_2 為

$$\omega_2 = \frac{0.622 P_{g_2}}{P_2 - P_{g_2}} = \frac{(0.622)(1.7057 \text{ kPa})}{(101.325 - 1.7057) \text{ kPa}}$$

$$= 0.01065 \text{ kg 水}/\text{kg 乾空氣}$$

因此，

$$\omega_1 = \frac{(1.005 \text{ kJ/kg} \cdot \text{°C})[(15 - 25)\text{°C}] + (0.01065)(2465.4 \text{ kJ/kg})}{(2546.5 - 62.982) \text{ kJ/kg}}$$

$$= \mathbf{0.00653 \text{ kg 水}/\text{kg 乾空氣}}$$

(b) 相對溼度 ϕ_1 可由公式 12-11a 求得：

$$\phi_1 = \frac{\omega_1 P_2}{(0.622 + \omega_1) P_{g_1}} = \frac{(0.00653)(101.325 \text{ kPa})}{(0.622 + 0.00653)(3.1698 \text{ kPa})}$$

$$= \mathbf{0.332 \text{ 或 } 33.2\%}$$

(c) 每單位質量乾空氣之空氣的焓可由公式 12-12 求得：

$$h_1 = h_{a_1} + \omega_1 h_{v_1} \cong c_p T_1 + \omega_1 h_{g_1}$$

$$= (1.005 \text{ kJ/kg} \cdot \text{°C})(25\text{°C}) + (0.00653)(2546.5 \text{ kJ/kg})$$

$$= \mathbf{41.8 \text{ kJ/kg 乾空氣}}$$

12-5 空氣線圖

在一特定壓力下的大氣空氣狀態,可由兩個獨立的內延性質完全指定。從先前的關係式可以簡易地計算出其餘的性質。典型空氣調節系統的尺寸設計涉及大量的計算,即使是最有耐心的工程師最後也會感到厭煩。因此,我們希望以電腦化計算或嘗試做一次計算,並將數據以容易讀取的圖表呈現。這類圖表稱為**空氣線圖(psychrometric chart)**,其廣泛地應用於空氣調節系統中。對於 1 atm(101.325 kPa)的空氣線圖,以 SI 單位標示於圖 A-25。而在其他壓力下(遠高於海平面的高度),亦有對應的空氣線圖可用。

空氣線圖的基本圖形顯示於圖 12-14。水平軸代表乾球溫度,而垂直軸代表比溼度。(有些空氣線圖會同時將蒸氣壓標示於垂直軸,因為在一固定的總壓力 P 下,比溼度 ω 與蒸氣壓 P_v 之間有一對一的對應關係,如公式 12-8 所示。)在圖的左邊有一曲線(稱為飽和線),所有飽和空氣狀態均位於此曲線上。因此,這也代表 100% 相對溼度的曲線。其他等相對溼度曲線都有相同的一般線形。

等溼球溫度線有向右下降的趨勢。等比容線(以 m³/kg 乾空氣表示)的外觀相似,只是比較陡峭。等焓線(以 kJ/kg 乾空氣表示)與等溼球溫度線非常接近平行,因此在許多圖上,會將等溼球溫度線視為等焓線。

對飽和空氣而言,乾球溫度、溼球溫度及露點溫度均相同(圖 12-15)。所以,大氣在圖上任一點的露點溫度可從該點畫一條水平線(一條 ω = 常數或 P_v = 常數的線)到飽和曲線而求得,其交點處即為露點溫度。

空氣線圖在空氣調節過程的觀察中亦十分具有價值。舉例來說,對於一般的加熱過程或冷卻過程,若未涉及加溼或除溼(即 ω = 常數),則會在此圖上呈現一條水平線。從水平線上的偏離量即可看出,在過程中是否有水分加入空氣或從空氣移除。

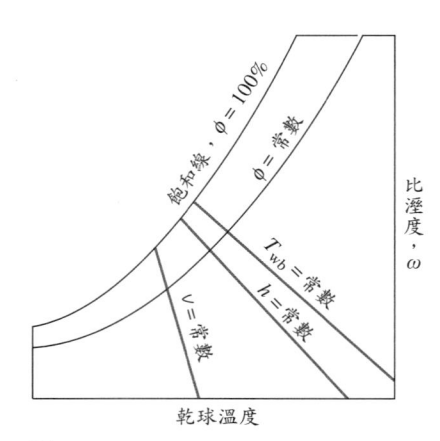

圖 12-14
空氣線圖的示意圖。

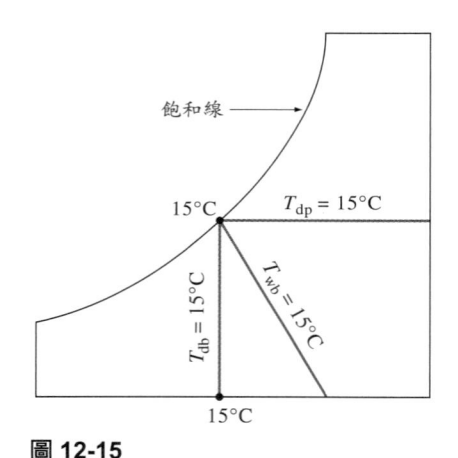

圖 12-15
飽和空氣的乾球溫度、溼球溫度及露點溫度均相同。

例 12-4 空氣線圖的使用

考慮一個房間,其內部的空氣狀態為 1 atm、35°C,以及 40% 的相對溼度。使用空氣線圖,求空氣的:(a) 比溼度;(b) 焓;(c) 溼球溫度;(d) 露點溫度;(e) 比容。

解:已知房間的相對溼度,利用空氣線圖,求空氣的比溼度、焓、溼球溫度、露點溫度及比容。

分析： 在一已知總壓力下，大氣的狀態可由兩個獨立性質完全地指出，例如乾球溫度與相對溼度。其他性質則可由指定狀態直接讀取其值。

(a) 比溼度可從指定狀態向右畫一條水平線，直到與 ω 軸相交而求得，如圖 12-16 所示。在交點上可讀出：

$$\omega = 0.0142 \text{ kg 水/kg 乾空氣}$$

(b) 每個單位質量乾空氣之空氣的焓，可從指定狀態畫一條線平行於 $h =$ 常數線，直到與焓標度相交而求得。在交點讀出：

$$h = 71.5 \text{ kJ/kg 乾空氣}$$

(c) 溼球溫度可從指定狀態畫一條線平行於 $T_{wb} =$ 常數線，直到與飽和線相交而求得。在交點讀出：

$$T_{wb} = 24°C$$

(d) 露點溫度可從指定狀態畫一條水平線，直到與飽和線相交而求得。在交點讀出：

$$T_{dp} = 19.4°C$$

(e) 每單位質量乾空氣的比容，是藉由指定狀態與該點兩側 $v =$ 常數線之間的距離而求得。利用觀察內插法，求得比容為

$$v = 0.893 \text{ m}^3/\text{kg 乾空氣}$$

討論： 從空氣線圖所讀出的數值難免會有讀取誤差，因此無法達到百分百的精確度。

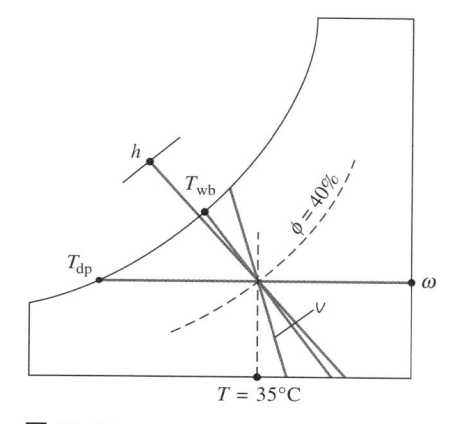

圖 12-16
例 12-4 的示意圖。

12-6　人類舒適感與空氣調節

人類有一與生俱來的弱點，那就是要感覺舒適。人們要生活在不熱、不冷與不溼、不乾的環境中。然而，舒適度並不容易達到，因為人類的需求與天氣無法完全配合。要追求舒適度，必須長期與造成不舒適的因素戰鬥，這些因素如高低溫度與高低溼度。身為工程師的職責就是設法使人們感到舒適。

不需費時太久，人們就確知無法改變地區的天氣，能做的只是改變房子或工作場所等有限空間的氣候（圖 12-17）。在過去，借助於升火或簡單的室內加熱系統可以部分達成上述目的。現在，新型的空氣調節系統可對空氣進行加熱、冷卻、保溼、除溼、清潔，甚至除臭──換句話說，將空氣調節至人們的需求。空氣調節系統被設計成可以滿足人體的需求；因此，對人體在熱力方面的瞭解很重要。

人體可以視為一部熱機，其能量輸入為食物。就像其他熱機一樣，若身體要繼續運作，人體產生的廢熱需排放至外界環

圖 12-17
我們無法改變天氣，但可以藉由空氣調節在特定空間裡改變氣候。

© Ryan McVay/Getty Images RF

圖 12-18
當身體能夠自行且不過量地將廢熱排出，身體便會感到舒適。

境。熱產生率與活動的程度有關。對一普通成年男性，睡覺時約為 87 W，休息或辦公室工作時約為 115 W，打保齡球時約為 230 W，而做重度勞力工作時約為 440 W。成年女性的相對數據約少 15%。（造成差異的原因在於體型，而不是體溫。健康者的體內溫度約固定在 37°C。）人體可以將此廢熱舒適地排放而感覺到環境的舒適（圖 12-18）。

熱傳遞與溫度差成正比。在冷的環境中，身體損失的熱比正常產生的熱還要多，因此會造成不舒服的感覺。身體藉由阻斷接近皮膚的血液循環（造成蒼白情況）來最小化能量的不足，如此一來會降低皮膚的溫度（一般人約為 34°C），也因此降低熱傳率。低的皮膚溫度會使人感到不舒服。例如，當皮膚溫度達到 10°C，手會感受到令人痛苦的冷。在熱傳遞的途徑設置屏障（例如添加衣物、毯子等），或運動以增加體內的熱產生率，都可減少從身體的熱損失。例如，在 10°C 的房間中，一個靜止的人穿著保暖的冬天衣物之舒適水準，約等於一個人在 −23°C 的房間內進行中度工作之舒適水準。此外，亦可彎曲身體，並將手放在兩腿間減少熱流經的表面積。

在熱的環境中，會產生相反的問題——似乎無法從身體散發足夠的熱，而感覺身體即將爆裂。穿著輕薄的衣服可以使熱從身體散出，減少活動則能降低體內的廢熱產生率。此外，亦可打開風扇而持續以房間中較冷的空氣，取代環繞在身體表面的暖空氣層。在做輕度工作或慢走時，所放出的體熱約有一半是經由汗水以潛熱（latent heat）排出，而另一半是經由對流與輻射以顯熱（sensible heat）排放。在靜止或做辦公室工作時，大部分的熱（約 70%）是以顯熱的形式排放。在做重度勞力的工作時，大部分的熱（約 60%）是以潛熱的形式排放。人們藉由流出更多的汗來幫助身體排熱。當汗水蒸發，會從身體吸收潛熱而進行冷卻。然而，當環境的相對溼度接近 100% 時，流汗的幫助不大。若長期流汗而未吸取任何流體，將造成脫水並減少流汗，進而導致體溫上升並熱昏。

另一個影響人類舒適感的重要因素，為人體與外界表面（例如牆壁及窗戶等）之間的輻射熱傳遞關係。太陽光以輻射行經空間。在火之前可感到溫暖，即使你與火之間的空氣相當冷。同樣地，若天花板或牆壁表面處於相當低的溫度，則在溫暖的房間內仍會感到冰冷。這是因為身體與外界表面之間以輻射直接進行熱傳遞。因此，輻射加熱器經常用於難以加熱的場所，例如汽車修

護廠等。

人體的舒適感主要與三個因素有關：（乾球）溫度、相對溼度與空氣流動。環境溫度為舒適感最重要的指標。當環境溫度介於 22°C 與 27°C 之間時，大部分的人會感到舒適。相對溼度對於舒適感亦有相當的影響，因為其影響身體經由蒸發可排放的熱量。相對溼度為空氣吸收更多水分之能力的量度。高的相對溼度減緩經由蒸發所排放的熱，而低的相對溼度則會加速。大部分的人偏好 40% 至 60% 的相對溼度。

空氣流動在人類舒適感中亦扮演重要的角色，其將使身體周圍暖而溼的空氣移走，並且移入新鮮空氣。因此，空氣流動可以對流與蒸發的方式改善熱的排放。空氣流動應強到足以從身體附近移走熱及水分，但必須溫和到令人無法察覺。大部分的人對約 15 m/min 的空氣速度感到舒適。極高速的空氣流動會使人感到不舒服。例如，在 10°C 的環境下速度 48 km/h 的風，會感覺與 –7°C 的環境下速度 3 km/h 的風一樣冷，這是因為空氣流動使身體產生冰冷效應〔風冷因子（wind-chill factor）〕。此外，影響舒適感的其他因素還包括空氣的清淨度、氣味、噪音及輻射效應。

12-7 空氣調節過程

欲將生活空間或工業設備維持於所欲的溫度與溼度，需要空氣調節過程。這些過程包括簡單加熱（升溫）、簡單冷卻（降溫）、加溼（添加水分）及除溼（移除水分）。有時候，需要兩個或更多這些過程，才能將空氣引至希望的溫度與溼度水準。

各種空氣調節過程說明於圖 12-19 的空氣線圖。簡單加熱與冷卻過程在圖上呈現為水平線，因為過程中空氣的水分含量維持固定（ω = 常數）。在冬天，空氣通常需要加熱與加溼，而在夏天則為冷卻與除溼。注意呈現在空氣線圖上的過程。

大部分的空氣調節過程可以穩流過程來進行模擬分析，因此乾空氣與水的質量平衡關係式 $\dot{m}_{in} = \dot{m}_{out}$ 可表示為

乾空氣的質量平衡： $\sum_{in} \dot{m}_a = \sum_{out} \dot{m}_a$ (kg/s) **(12-16)**

水的質量平衡： $\sum_{in} \dot{m}_w = \sum_{out} \dot{m}_w$ 或 $\sum_{in} \dot{m}_a \omega = \sum_{out} \dot{m}_a \omega$ **(12-17)**

若不考慮動能與位能變化，此時穩流能量平衡關係式 $\dot{E}_{in} = \dot{E}_{out}$ 可表示為

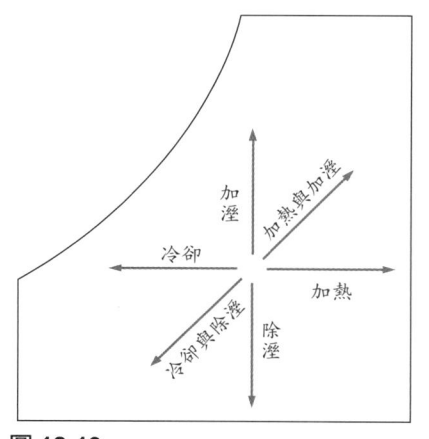

圖 12-19
各種空氣調節過程。

$$\dot{Q}_{in} + \dot{W}_{in} + \sum_{in} \dot{m}h = \dot{Q}_{out} + \dot{W}_{out} + \sum_{out} \dot{m}h \qquad (12\text{-}18)$$

上述方程式中，功的項通常包含風扇功的輸入，但相對於能量平衡關係式中的其他項而言很小。接下來，我們將考慮空氣調節中一些經常遇到的過程。

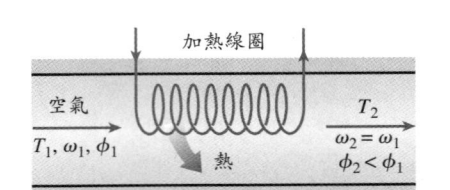

簡單加熱與冷卻（ω = 常數）

許多住家加熱系統包含爐子、熱泵或電阻式加熱器。在這些系統中，空氣是藉由循環流過裝有熱氣體的管子或電阻線的管道而加熱，如圖 12-20 所示。在過程中，空氣中的水分含量維持固定，因為沒有水分被加入或從空氣中移除。也就是在無加溼或除溼的加熱（或冷卻）過程中，空氣的比溼度維持固定（ω = 常數）。在空氣線圖中，此一過程將依固定比溼度線往遞增乾球溫度的方向前進，並呈現一水平線。

值得注意的是，即使比溼度 ω 維持固定，但加熱過程中，空氣的相對溼度會降低。這是因為相對溼度是空氣中的水分含量，與在相同溫度下空氣所能容許的水分容量之比值，而該水分容量會隨溫度之增加而增加，也因此造成相對溼度的降低。所以，被加熱空氣的相對溼度可能遠低於舒適水準，並造成皮膚乾燥、呼吸困難及靜電。

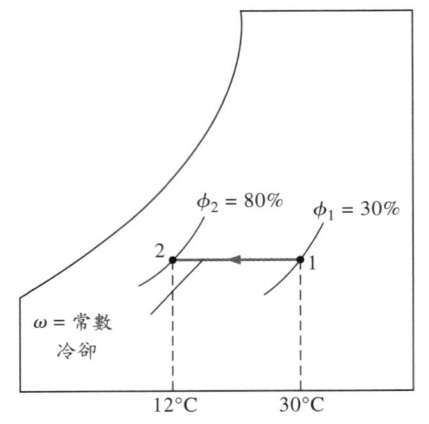

在固定比溼度下的冷卻過程類似上面討論的加熱過程，除了過程中乾球溫度降低及相對溼度會提高，如圖 12-21 所示。讓空氣通過一些冷媒或冰水流經的盤管，可以達成冷卻目的。

無加溼或除溼的加熱或冷卻過程的質量守恆方程式，對乾空氣而言可以簡化為 $\dot{m}_{a_1} = \dot{m}_{a_2} = \dot{m}_a$，對水而言則為 $\omega_1 = \omega_2$。若忽略任何可能出現的風扇功，則能量守恆方程式可簡化為

$$\dot{Q} = \dot{m}_a(h_2 - h_1) \quad \text{或} \quad q = h_2 - h_1$$

其中，h_1 與 h_2 分別為每單位質量乾空氣加熱或冷卻部分之入口與出口的焓。

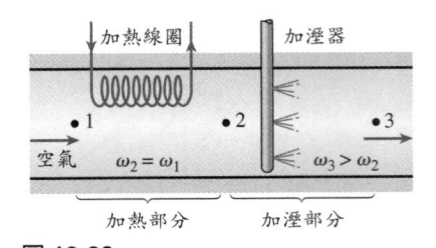

具有加溼的加熱

因簡單加熱所衍生的低相對溼度等問題，可對被加熱的空氣進行加溼而消除。使空氣先通過加熱部分（過程 1-2），而後通過加溼部分（過程 2-3）便可完成，如圖 12-22 所示。

狀態 3 的位置與加溼如何完成有關。假如水蒸汽被引入加溼部分，將造成具有額外加熱（$T_3 > T_2$）的加溼。若是經由噴灑水進入空氣流而完成加溼，部分汽化潛熱將來自空氣，造成加熱空

氣流的冷卻（$T_3 < T_2$）。在此例中，加熱部分的空氣應被加熱至較高的溫度，以彌補加溼過程中的冷卻效果。

例 12-5　空氣的加熱與加溼

有一空氣調節系統以 45 m³/min 的穩定流率，引入 10°C 與 30% 之相對溼度的室外空氣，並予以調節至 25°C 與 60% 之相對溼度。室外空氣先在加熱部分加熱至 22°C，然後加溼部分以噴射熱水蒸汽來加溼。假設整個過程發生於 100 kPa 的壓力下，求：(a) 在加熱部分的供熱率；(b) 在加溼部分所需的水蒸汽質量流率。

解：室外空氣先被加熱，然後以噴射熱水蒸汽來加溼。求熱傳率與水蒸汽質量流率。

假設：(1) 此為穩流過程，因此整個過程中，乾空氣的質量流率維持固定。(2) 乾空氣與水蒸汽為理想氣體。(3) 動能與位能的變化均可忽略不計。

性質：室溫時，空氣的定壓比熱為 $c_p = 1.005$ kJ/kg·K，氣體常數為 $R_a = 0.287$ kJ/kg·K（表 A-2a）。水的飽和壓力在 10°C 時為 1.2281 kPa，在 25°C 時為 3.1698 kPa。飽和水蒸汽的焓在 10°C 時為 2519.2 kJ/kg，在 22°C 時為 2541.0 kJ/kg（表 A-4）。

分析：依適當情況，視加熱部分或加溼部分為系統。系統的示意圖與過程的空氣線圖，如圖 12-23 所示。在加熱部分，空氣中的水蒸汽量維持固定（$\omega_1 = \omega_2$），但在加溼部分中則是增加（$\omega_3 > \omega_2$）。

(a) 在加熱部分中，應用質量平衡與能量平衡關係式可得出：

乾空氣質量平衡：　　$\dot{m}_{a_1} = \dot{m}_{a_2} = \dot{m}_a$

水質量平衡：　　$\dot{m}_{a_1}\omega_1 = \dot{m}_{a_2}\omega_2 \rightarrow \omega_1 = \omega_2$

能量平衡：　　$\dot{Q}_{in} + \dot{m}_a h_1 = \dot{m}_a h_2 \rightarrow \dot{Q}_{in} = \dot{m}_a(h_2 - h_1)$

在求取溼空氣的性質中，空氣線圖提供很大的方便性。然而，其僅限用於指定的壓力，例如附錄中所標示的壓力為 1 atm（101.325 kPa）。在 1 atm 以外的壓力，應該使用該壓力的圖表或稍早推導的關係式。在此例中，選擇很明確：

$P_{v_1} = \phi_1 P_{g_1} = \phi P_{\text{sat @ 10°C}} = (0.3)(1.2281 \text{ kPa}) = 0.368 \text{ kPa}$

$P_{a_1} = P_1 - P_{v_1} = (100 - 0.368) \text{ kPa} = 99.632 \text{ kPa}$

$v_1 = \dfrac{R_a T_1}{P_a} = \dfrac{(0.287 \text{ kPa} \cdot \text{m}^3/\text{kg} \cdot \text{K})(283 \text{ K})}{99.632 \text{ kPa}} = 0.815 \text{ m}^3/\text{kg 乾空氣}$

$\dot{m}_a = \dfrac{\dot{V}_1}{v_1} = \dfrac{45 \text{ m}^3/\text{min}}{0.815 \text{ m}^3/\text{kg}} = 55.2 \text{ kg/min}$

$\omega_1 = \dfrac{0.622 P_{v_1}}{P_1 - P_{v_1}} = \dfrac{0.622(0.368 \text{ kPa})}{(100 - 0.368) \text{ kPa}} = 0.0023 \text{ kg 水/kg 乾空氣}$

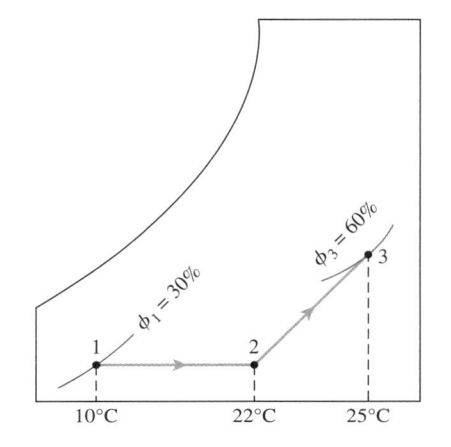

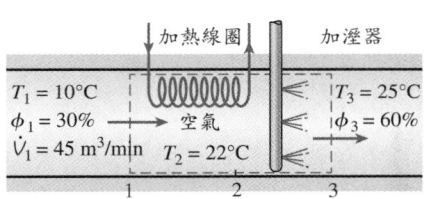

圖 12-23
例 12-5 的示意圖與空氣線圖。

$$h_1 = c_p T_1 + \omega_1 h_{g_1} = (1.005 \text{ kJ/kg} \cdot {}^\circ\text{C})(10{}^\circ\text{C})$$
$$+ (0.0023)(2519.2 \text{ kJ/kg}) = 15.8 \text{ kJ/kg 乾空氣}$$
$$h_2 = c_p T_2 + \omega_2 h_{g_2} = (1.005 \text{ kJ/kg} \cdot {}^\circ\text{C})(22{}^\circ\text{C})$$
$$+ (0.0023)(2541.0 \text{ kJ/kg}) = 28.0 \text{ kJ/kg 乾空氣}$$

因為 $\omega_2 = \omega_1$。在加熱部分中，傳至空氣的熱傳率為

$$\dot{Q}_{in} = \dot{m}_a(h_2 - h_1) = (55.2 \text{ kg/min})[(28.0 - 15.8) \text{ kJ/kg}]$$
$$= \mathbf{673 \text{ kJ/min}}$$

(b) 在加溼部分中，水的質量平衡可表示為

$$\dot{m}_{a_2}\omega_2 + \dot{m}_w = \dot{m}_{a_3}\omega_3$$

或

$$\dot{m}_w = \dot{m}_a(\omega_3 - \omega_2)$$

其中

$$\omega_3 = \frac{0.622\phi_3 P_{g_3}}{P_3 - \phi_3 P_{g_3}} = \frac{0.622(0.60)(3.1698 \text{ kPa})}{[100 - (0.60)(3.1698)] \text{ kPa}}$$
$$= 0.01206 \text{ kg 水/kg 乾空氣}$$

因此

$$\dot{m}_w = (55.2 \text{ kg/min})(0.01206 - 0.0023)$$
$$= \mathbf{0.539 \text{ kg/min}}$$

討論： 以 0.539 kg/min 的流率，可以很明顯地推算出每天需要將近 1 噸的水。

⏵ 具有除溼的冷卻

　　簡單冷卻過程中，空氣的比溼度維持固定，但相對溼度將增高。若相對溼度高出我們的期望，需要從空氣移除一些水分，也就是要進行除溼動作。這需要將空氣冷卻至露點溫度以下。

　　對於具有除溼的冷卻過程，我們以例 12-6 及圖 12-24 的示意圖與空氣線圖來加以說明。熱的溼空氣在狀態 1 進入冷卻區段。在固定比溼度下通過冷卻盤管時，其溫度會降低，而相對溼度會升高。假設冷卻區段夠長，空氣將達到露點（狀態 x，飽和空氣）。若空氣進一步冷卻，將造成空氣中部分水分凝結。在整個凝結過程中，空氣維持飽和，並依循 100% 之相對溼度線一直到最後狀態（狀態 2）。此過程期間，由空氣凝結出的水蒸汽經由分離的通道，從冷卻區段移除。冷凝水通常被假設在溫度 T_2 時離開冷卻區段。

　　在狀態 2 的冷卻飽和空氣通常都直接被引入房間，而與房間的空氣混合。但在某些狀況下，狀態 2 的空氣可能處於適當的比溼度，卻有很低的溫度。此時，在空氣被引入房間之前，會通過加熱區段而使溫度升高至較舒適的水準。

例 12-6 空氣的除溼與冷卻

空氣在 1 atm、30°C 及 80% 之相對溼度的條件下,以 10 m³/min 的流率進入一窗型空氣調節機,而以 14°C 的飽和空氣離開。在過程中,空氣凝結的部分水分亦在 14°C 移除,求空氣的熱與水分移除率。

解: 空氣由一部窗型空氣調節機進行冷卻與除溼,求空氣的熱移除率與水分移除率。

假設: (1) 此為穩流過程,因此整個過程中乾空氣的質量流率維持固定。(2) 乾空氣與水蒸汽均為理想氣體。(3) 動能與位能的變化可忽略不計。

性質: 飽和液體水的焓在 14°C 時為 58.8 kJ/kg(表 A-4)。同時,空氣的入口與出口狀態被指定,且總壓力為 1 atm。因此,從空氣線圖可以求出空氣在兩個狀態下的性質:

$h_1 = 85.4$ kJ/kg 乾空氣 $h_2 = 39.3$ kJ/kg 乾空氣
$\omega_1 = 0.0216$ kg 水/kg 乾空氣 與 $\omega_2 = 0.0100$ kg 水/kg 乾空氣
$v_1 = 0.889$ m³/kg 乾空氣

分析: 視冷卻區段為系統。系統的示意圖與過程的空氣線圖如圖 12-24 所示。在過程中,空氣中水蒸汽的量因除溼而減少($\omega_2 < \omega_1$)。應用質量平衡與能量平衡於冷卻與除溼區段可得:

乾空氣的質量平衡: $\dot{m}_{a_1} = \dot{m}_{a_2} = \dot{m}_a$
水的質量平衡: $\dot{m}_{a_1}\omega_1 = \dot{m}_{a_2}\omega_2 + \dot{m}_w$ → $\dot{m}_w = \dot{m}_a(\omega_1 - \omega_2)$
能量平衡:

$$\sum_{in} \dot{m}h = \dot{Q}_{out} + \sum_{out} \dot{m}h \rightarrow \dot{Q}_{out} = \dot{m}(h_1 - h_2) - \dot{m}_w h_w$$

然後,

$$\dot{m}_a = \frac{\dot{V}_1}{v_1} = \frac{10 \text{ m}^3/\text{min}}{0.889 \text{ m}^3/\text{乾空氣}} = 11.25 \text{ kg/min}$$

$\dot{m}_w = (11.25 \text{ kg/min})(0.0216 - 0.0100) = \mathbf{0.131}$ **kg/min**

$\dot{Q}_{out} = (11.25 \text{ kg/min})[(85.4 - 39.3) \text{ kJ/kg}]$
$\quad\quad\quad - (0.131 \text{ kg/min})(58.8 \text{ kJ/kg}) = \mathbf{511}$ **kJ/min**

因此,此空氣調節機從空氣分別以 0.131 kg/min 與 511 kJ/min 的速率移除水分與熱。

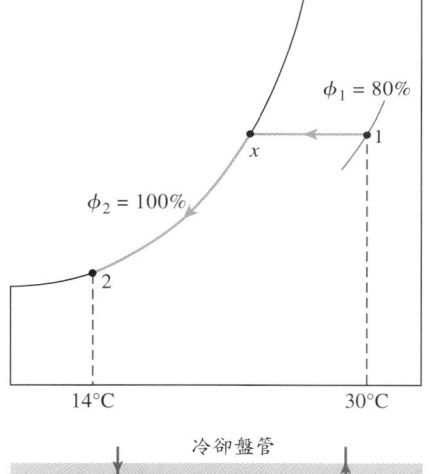

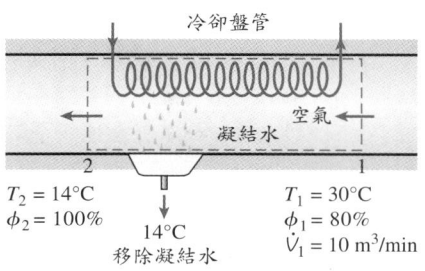

圖 12-24
例 12-6 的示意圖與空氣線圖。

摘 要

本章所討論的空氣－水蒸汽混合物為實際上最常遇到的氣體－蒸氣混合物。大氣中的空氣在正常情況下都含有一些水蒸汽，稱為大氣空氣。相反地，不含水蒸汽的空氣稱為乾空氣。在空氣調節應用所遇到的溫度範圍中，乾空氣與水蒸汽均可視為理想氣體。在過程中，乾空氣的焓變化可求得如下：

$$\Delta h_{\text{dry air}} = c_p \Delta T = (1.005 \text{ kJ/kg} \cdot °C) \Delta T$$

大氣空氣可以視為理想氣體混合物，其壓力為乾空氣的分壓 P_a 與水蒸汽的分壓 P_v 之和：

$$P = P_a + P_v$$

空氣中水蒸汽的焓，在 $-10°C$ 至 $50°C$（$15°F$ 至 $120°F$）的溫度範圍內，可被視為等於相同溫度之飽和氣體的焓：

$h_v(T, 低 P) \cong h_g(T)$
$\cong 2500.9 + 1.82T$　(kJ/kg)　T 的單位為 $°C$
$\cong 1060.9 + 0.435T$　(Btu/lbm)　T 的單位為 $°F$

每單位質量乾空氣中水蒸汽的質量稱為比溼度或絕對溼度 ω：

$$\omega = \frac{m_v}{m_a} = \frac{0.622 P_v}{P - P_v} \quad (\text{kg 水}/\text{kg 乾空氣})$$

其中，P 為空氣的總壓力，而 P_v 為蒸氣壓。空氣在某一已知溫度下能保有的水蒸汽量有一極限。在特定溫度下，空氣保有的水分若與其所能保有的水分一樣多，則稱為飽和空氣。空氣保有水分的量（m_v）與空氣在相對溫度可保有水分的最大量（m_g）的比值，稱為相對溼度 ϕ：

$$\phi = \frac{m_v}{m_g} = \frac{P_v}{P_g}$$

其中，$P_g = P_{\text{sat} @ T}$。相對溼度與比溼度亦可表示為

$$\phi = \frac{\omega P}{(0.622 + \omega) P_g} \quad 與 \quad \omega = \frac{0.622 \phi P_g}{P - \phi P_g}$$

相對溼度的範圍為從乾空氣的 0 到飽和空氣的 1。

大氣空氣的焓以每單位質量的乾空氣來表示，而非每單位質量的空氣－水蒸汽混合物，因此其值為

$$h = h_a + \omega h_g \quad (\text{kJ/kg 乾空氣})$$

一般大氣空氣的溫度稱為乾球溫度，不同於其他形式的溫度。若空氣在定壓下被冷卻，開始凝結的溫度稱為露點溫度 T_{dp}：

$$T_{\text{dp}} = T_{\text{sat} @ P_v}$$

空氣的相對溼度與比溼度可由絕熱飽和溫度的量測而求得，其為空氣在長的絕熱通道中流過水直到飽和後所得的溫度。

$$\omega_1 = \frac{c_p(T_2 - T_1) + \omega_2 h_{fg_2}}{h_{g_1} - h_{f_2}}$$

其中

$$\omega_2 = \frac{0.622 P_{g_2}}{P_2 - P_{g_2}}$$

且 T_2 為絕熱飽和溫度。一個更實際的空氣調節應用方法為，使用以飽和水棉蕊包覆在感溫球上的溫度計，並令空氣吹經棉蕊。以此方法量得的溫度稱為溼球溫度 T_{wb}，用以取代絕熱飽和溫度。在一特定總壓下的大氣空氣性質，以一個易於讀取的圖表呈現，稱為空氣線圖。在這些圖表上，等焓線與等溼球溫度線幾乎平行。

人體的需求並非十分符合環境的情況。因此，經常需要改變生活空間的情況使其更為舒適。將生活空間或工廠設施維持於想要的溫度與溼度，可能需要簡單加熱（升高溫度）、簡單冷卻（降低溫度）、加溼（加入水分）或除溼（移除水分）。有時候需要其中兩個或更多過程，以將空氣改變為所想要的溫度與溼度程度。大部分空氣調節過程可以穩流過程進行模擬，因此可以應用穩流質量（對乾空氣與水）與能量平衡分析：

乾空氣的質量：$\sum_{\text{in}} \dot{m}_a = \sum_{\text{out}} \dot{m}_a$

水的質量：

$$\sum_{\text{in}} \dot{m}_w = \sum_{\text{out}} \dot{m}_w \quad 或 \quad \sum_{\text{in}} \dot{m}_a \omega = \sum_{\text{out}} \dot{m}_a \omega$$

能量：$\dot{Q}_{\text{in}} + \dot{W}_{\text{in}} + \sum_{\text{in}} \dot{m} h = \dot{Q}_{\text{out}} + \dot{W}_{\text{out}} + \sum_{\text{out}} \dot{m} h$

動能與位能的變化均忽略不計。

簡單加熱或冷卻過程中，比溼度維持固定，但溫度與相對溼度會發生變化。有時空氣在被加熱後被加溼，而有時冷卻過程則包含除溼作用。

參考書目

1. ASHRAE. *1981 Handbook of Fundamentals.* Atlanta, GA: American Society of Heating, Refrigerating, and Air-Conditioning Engineers, 1981.
2. S. M. Elonka. "Cooling Towers." *Power*, March 1963.
3. W. F. Stoecker and J. W. Jones. *Refrigeration and Air Conditioning.* 2nd ed. New York: McGraw-Hill, 1982.
4. L. D. Winiarski and B. A. Tichenor. "Model of Natural Draft Cooling Tower Performance." *Journal of the Sanitary Engineering Division, Proceedings of the American Society of Civil Engineers*, August 1970.

習 題

■ 乾空氣與大氣空氣：比溼度與相對溼度

12-1C 乾空氣與大氣空氣有何差異？

12-2C 比溼度與相對溼度有何差異？

12-3C 溼空氣通過一冷卻部分而被冷卻與除溼，此過程中，空氣的：(a) 比溼度；(b) 相對溼度如何變化？

12-4C 當一密封良好房間的空氣被加熱時，(a) 比溼度；(b) 相對溼度如何變化？

12-5 一容器內在 30°C 與 100 kPa 總壓下裝有 15 kg 的乾空氣和 0.17 kg 的水蒸汽。求：(a) 比溼度；(b) 相對溼度；(c) 容器的體積。

12-6 一個 8 m³ 的容器裝有 30°C、105 kPa 的飽和空氣。求：(a) 乾空氣的質量；(b) 空氣的比溼度；(c) 每單位質量乾空氣的焓。

12-7 一 90 m³ 房間內的空氣狀態為 93 kPa、26°C 及 50% 的相對溼度。分別求乾空氣與水蒸汽的質量。答：95.8 kg、1.10 kg

12-8 溼空氣在 100 kPa、20°C 和 90% 的相對溼度狀態下，於穩流等熵壓縮機中被壓縮到 800 kPa。壓縮機出口的空氣相對溼度為何？

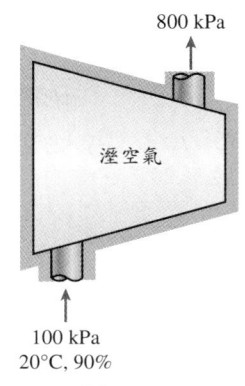

圖 P12-8

■ 露點溫度、絕熱飽和溫度與溼球溫度

12-9C 何謂露點溫度？

12-10C 在某些地區，將冰從汽車擋風玻璃上清除是冬天早晨的例行工作。解釋在沒有下雨或下雪的日子，冰如何在擋風玻璃上形成？

12-11C 何時乾球溫度與露點溫度會相同？

12-12 一個戴著眼鏡的人在 12°C 的戶外走了一段遠路之後，進入 25°C 與 55% 相對溼度的房間。眼鏡是否會起霧？

12-13 在某一房間內的空氣有 26°C 的乾球溫度與 21°C 的溼球溫度。假設壓力為 100 kPa，求：(a) 比溼度；(b) 相對溼度；(c) 露點溫度。答：(a) 0.0138 kg 水 /kg 乾空氣，(b) 64.4%，(c) 18.8°C

■ 空氣線圖

12-14C 在空氣線圖上，哪些狀態的乾球溫度、溼球溫度及露點溫度均相同？

12-15C 如何在空氣線圖上求出在一指定狀態的露點溫度？

12-16C 從在海平面之空氣線圖求得的焓值可使用於高度較高的地區嗎？

12-17 一房間裡的空氣壓力為 1 atm，溫度為 28°C，相對溼度為 70%。使用空氣線圖，求空氣的：(a) 比溼度；(b) 焓，以 kJ/kg 乾空氣表示；(c) 溼球溫度；(d) 露點溫度；(e) 比容，以 m³/kg 乾空氣表示。

12-18 一房間裡的空氣壓力為 1 atm，乾球溫度為 24°C，溼球溫度為 17°C。使用空氣線圖，求

空氣的：(a) 比溼度；(b) 焓，以 kJ/kg 乾空氣表示；(c) 相對溼度；(d) 露點溫度；(e) 比容，以 m³/kg 乾空氣表示。

12-19 大氣中的空氣壓力為 1 atm，乾球溫度為 28°C，溼球溫度為 20°C。使用空氣線圖，求：(a) 相對溼度；(b) 溼度比；(c) 焓；(d) 露點溫度；(e) 水蒸汽壓力。

圖 P12-19

12-20 大氣中的空氣壓力為 1 atm，乾球溫度為 30°C，溼球溫度為 24°C。使用空氣線圖，求：(a) 相對溼度；(b) 溼度比；(c) 焓；(d) 露點溫度；(e) 水蒸汽壓力。

12-21 承上題，求溼空氣的絕熱飽和溫度（如圖 P12-21 所示）。

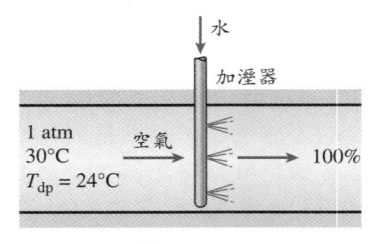

圖 P12-21

■ 人類的舒適感與空氣調節

12-22C 現代的空氣調節系統除了加熱或冷卻空氣外，還可做些什麼？

12-23C 溼度如何影響人類的舒適感？

12-24C 何謂加溼與除溼？

12-25C 何謂潛熱？人體的顯熱損失如何受 (a) 皮膚溼度；(b) 環境相對溼度的影響？身體的蒸發率與潛熱損失率有何關係？

12-26 對每小時換氣（ACH）為 1.2 的滲入率，求當戶外空氣在 32°C 與 35% 的相對溼度時，某建築物的顯熱、潛熱及總滲入熱負荷，以 kW 表示。假設該建築位於海平面、20 m 長、13 m 寬、3 m 高，經常維持於 24°C 與 55% 的相對溼度。

12-27 一般人在淋浴時會產生 0.25 kg 的水分，而在盆浴時則產生 0.05 kg。考慮一個四口之家，每人每天在無通風的浴室淋浴一次。若汽化熱為 2450 kJ/kg，求夏天時淋浴對空氣調節機每天之潛熱負荷的增加量。

■ 簡單加熱與冷卻

12-28C 在簡單加熱過程中，相對溼度與比溼度如何變化？同時也對簡單冷卻過程回答相同問題。

12-29 空氣在 95 kPa、12°C 與 30% 的相對溼度以 6 m³/s 進入一加熱區段，並以 25°C 離開此區段。求：(a) 此加熱區段的熱傳率；(b) 空氣的出口相對溼度。答：(a) 91.1 kJ/min，(b) 13.3%

12-30 潮溼空氣在 1 atm、30°C 與 45% 的相對溼度，在定壓下冷卻到露點溫度。求乾燥空氣在冷卻過程的冷卻量。答：14.2 kJ/kg 乾空氣

12-31 空氣在 1 atm、35°C 與 45% 的相對溼度以 18 m/s 進入一 30 cm 直徑的冷卻部分。熱從空氣中以 750 kJ/s 的速率被移走。求：(a) 出口溫度；(b) 空氣的出口相對溼度；(c) 出口速度。答：(a) 26.5°C，(b) 73.1%，(c) 17.5 m/s

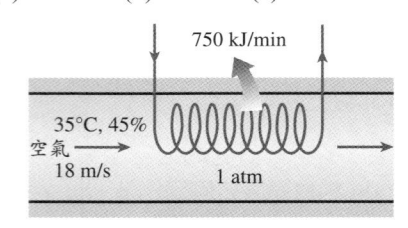

圖 P12-31

■ 具有加溼的加熱

12-32C 為何加熱的空氣有時需要加溼？

12-33 空氣在 1 atm、15°C 與 60% 的相對溼度，首先於一加熱部分被加熱至 20°C，而後因引入水蒸汽而被加溼。空氣在 25°C 與 65% 的相對溼度離開加溼部分。求：(a) 加至空氣的水蒸汽量；(b) 在加熱部分傳至空氣的熱傳量。答：(a) 0.0065 kg 水/kg 乾空氣，(b) 5.1 kJ/kg 乾空氣

12-34 一空氣調節系統運轉於 1 atm 的總壓下，而整個系統是由一個加熱部分與一個供給 100°C 水蒸汽（飽和水蒸汽）的加溼器所組成。空氣在 10°C 與 70% 的相對溼度以 35 m³/min 的流率進

入加熱部分，而在 20°C 與 60% 的相對溼度離開加溼部分。求：(a) 空氣在離開加熱部分時的溫度與相對溼度；(b) 在加熱部分的熱傳率；(c) 在加溼部分加至空氣的水之添加率。

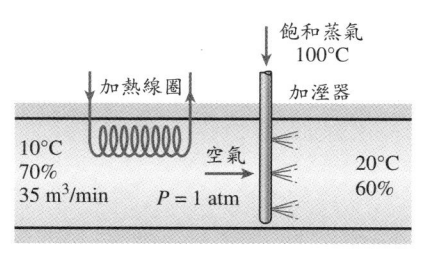

圖 P12-34

■ 具有除溼的冷卻

12-35C 夏天時，為何冷卻的空氣在被排放至房間前，有時會被再加熱？

12-36 空氣在 1atm、32°C 與 70% 的相對溼度以 2 m³/min 的流率進入一窗型空氣調節機中，而以 15°C 的飽和空氣形態離開。在此過程中有部分的空氣中水氣亦在此 15°C 溫度下被冷凝。求熱傳率與從空氣中所移除的水氣量。答：97.7 kJ/min，0.023 kg/min

12-37 潮溼大氣中的空氣在 1 atm、30°C 與 90% 的相對溼度被冷卻到 10°C，而混合壓力維持固定。當液態水離開系統時，溫度為 15°C，計算從空氣中移除的總水量和冷卻所需的熱量，以 kJ/kg 乾空氣表示。

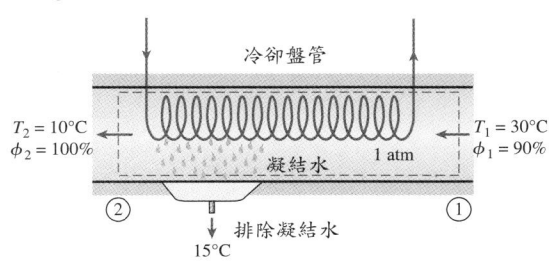

圖 P12-37

12-38 大氣中的空氣從汽車內部，以壓力為 1 atm、27°C 和 50% 的相對溼度之狀態進入空氣調節器的蒸發器。空氣回到汽車內為 10°C 和 90% 的相對溼度。乘客隔間體積為 2 m³，並需要每分鐘進行 5 次空氣交換，以維持車內的舒適程度。畫出大氣中的空氣流經空氣調節的空氣線圖，並求出在蒸發器入口處的露點溫度和溼球溫度，以 °C 表示。求從大氣中的空氣到蒸發流體所需的熱傳率，以 kW 表示，以及水蒸汽在蒸發器部分的凝結率，以 kg/min 表示。

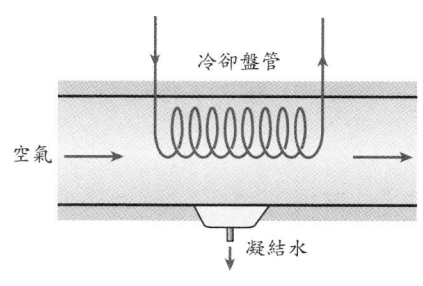

圖 P12-38

12-39 一個簡單理想蒸氣壓縮冷凍系統，使用冷媒 R-134a 當作工作流體，以提供大氣空氣在 1 atm、32°C 和 95% 的相對溼度狀態下，被冷卻至 24°C 和 60% 的相對溼度之冷卻所需。其中蒸發器於 4°C 下操作，而冷凝器於飽和溫度 39.4°C 下操作。冷凝器將熱排至紐奧良的夏日空氣中。計算系統中每 1000 m³ 乾空氣進行過程的㶲耗損，以 kJ 表示。

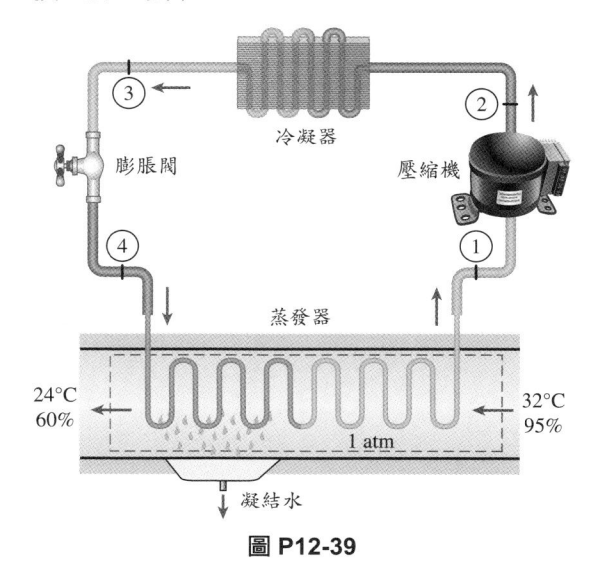

圖 P12-39

12-40 潮溼空氣在常壓 1 atm、39°C 乾球溫度與 50% 的相對溼度狀態下被調節至 17°C 乾球溫度與 10.8°C 的溼球溫度。空氣流經冷卻盤管以移除水分而達到所需的水分含量，之後流經加熱線圈而達到最後的狀態。(a) 畫出整個過程之空氣線圖；(b) 求在冷卻盤管與加熱線圈入口處混合物之露點溫度；(c) 整個過程之的淨熱傳量為何？以 kJ/kg 乾空氣表示。

加熱線圈　冷卻盤管

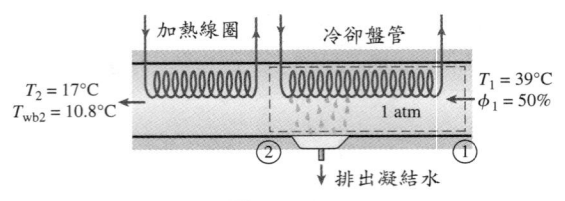

$T_2 = 17°C$　　　　　　　$T_1 = 39°C$
$T_{wb2} = 10.8°C$　1 atm　$\phi_1 = 50\%$

② 排出凝結水 ①

圖 P12-40

附錄 A
性質表與圖（SI單位）

表 **A-1**	莫耳質量、氣體常數與臨界點性質	表 **A-18**	氮（N_2）的理想氣體性質
表 **A-2**	氣體的理想氣體比熱	表 **A-19**	氧（O_2）的理想氣體性質
表 **A-3**	常見液體、固體與食物的性質	表 **A-20**	二氧化碳（CO_2）的理想氣體性質
表 **A-4**	飽和水——溫度表	表 **A-21**	一氧化碳（CO）的理想氣體性質
表 **A-5**	飽和水——壓力表		
表 **A-6**	水的過熱蒸氣狀態	表 **A-22**	氫（H_2）的理想氣體性質
表 **A-7**	水的壓縮液體狀態	表 **A-23**	水（H_2O）的理想氣體性質
表 **A-8**	飽和冰—水蒸氣	圖 **A-24**	通用焓偏差圖
圖 **A-9**	水的 T-s 圖	圖 **A-25**	總壓為 1 atm 之空氣溼度圖
圖 **A-10**	水的莫里爾圖		
表 **A-11**	飽和冷媒 R-134a——溫度表		
表 **A-12**	飽和冷媒 R-134a——壓力表		
表 **A-13**	冷媒 R-134a 的過熱狀態		
圖 **A-14**	冷媒 R-134a 的 P-h 圖		
圖 **A-15**	Nelson–Obert 通用壓縮性圖		
表 **A-16**	高海拔區域的大氣狀態		
表 **A-17**	空氣的理想氣體性質		

表 A-1

莫耳質量、氣體常數與臨界點性質

物質	化學式	莫耳質量 M kg/kmol	氣體常數 R kJ/kg·K*	臨界點性質 溫度 K	臨界點性質 壓力 MPa	臨界點性質 體積 m^3/kmol
空氣	—	28.97	0.2870	132.5	3.77	0.0883
氨	NH_3	17.03	0.4882	405.5	11.28	0.0724
氬	Ar	39.948	0.2081	151	4.86	0.0749
苯	C_6H_6	78.115	0.1064	562	4.92	0.2603
溴	Br_2	159.808	0.0520	584	10.34	0.1355
正丁烷	C_4H_{10}	58.124	0.1430	425.2	3.80	0.2547
二氧化碳	CO_2	44.01	0.1889	304.2	7.39	0.0943
一氧化碳	CO	28.011	0.2968	133	3.50	0.0930
四氯化碳	CCl_4	153.82	0.05405	556.4	4.56	0.2759
氯	Cl_2	70.906	0.1173	417	7.71	0.1242
哥羅芳	$CHCl_3$	119.38	0.06964	536.6	5.47	0.2403
二氯二氟甲烷（冷媒 R-12）	CCl_2F_2	120.91	0.06876	384.7	4.01	0.2179
二氯一氟甲烷（冷媒 R-21）	$CHCl_2F$	102.92	0.08078	451.7	5.17	0.1973
乙烷	C_2H_6	30.070	0.2765	305.5	4.48	0.1480
乙醇	C_2H_5OH	46.07	0.1805	516	6.38	0.1673
乙烯	C_2H_4	28.054	0.2964	282.4	5.12	0.1242
氦	He	4.003	2.0769	5.3	0.23	0.0578
正己烷	C_6H_{14}	86.179	0.09647	507.9	3.03	0.3677
氫（正常）	H_2	2.016	4.1240	33.3	1.30	0.0649
氪	Kr	83.80	0.09921	209.4	5.50	0.0924
甲烷	CH_4	16.043	0.5182	191.1	4.64	0.0993
甲醇（木精）	CH_3OH	32.042	0.2595	513.2	7.95	0.1180
氯化甲基	CH_3Cl	50.488	0.1647	416.3	6.68	0.1430
氖	Ne	20.183	0.4119	44.5	2.73	0.0417
氮	N_2	28.013	0.2968	126.2	3.39	0.0899
一氧化二氮	N_2O	44.013	0.1889	309.7	7.27	0.0961
氧	O_2	31.999	0.2598	154.8	5.08	0.0780
丙烷	C_3H_8	44.097	0.1885	370	4.26	0.1998
丙烯	C_3H_6	42.081	0.1976	365	4.62	0.1810
二氧化硫	SO_2	64.063	0.1298	430.7	7.88	0.1217
四氟乙烷（冷媒 R-134a）	CF_3CH_2F	102.03	0.08149	374.2	4.059	0.1993
三氯一氟甲烷（冷媒 R-11）	CCl_3F	137.37	0.06052	471.2	4.38	0.2478
水	H_2O	18.015	0.4615	647.1	22.06	0.0560
氙	Xe	131.30	0.06332	289.8	5.88	0.1186

*單位kJ/kg·K相當於kPa·m^3/kg·K。氣體常數係由$R = R_u/M$計算，其中R_u = 8.31447 kJ/kmol·K，M為莫耳質量。

資料來源：K. A. Kobe and R. E. Lynn, Jr., *Chemical Review* 52 (1953), pp. 117–236; and ASHRAE, *Handbook of Fundamentals* (Atlanta, GA: American Society of Heating, Refrigerating and Air-Conditioning Engineers, Inc., 1993), pp. 16.4 and 36.1.

表 A-2

氣體的理想氣體比熱

(a) 在 300 K

氣體	化學式	氣體常數, R kJ/kg·K	c_p kJ/kg·K	c_v kJ/kg·K	k
空氣	—	0.2870	1.005	0.718	1.400
氬	Ar	0.2081	0.5203	0.3122	1.667
丁烷	C_4H_{10}	0.1433	1.7164	1.5734	1.091
二氧化碳	CO_2	0.1889	0.846	0.657	1.289
一氧化碳	CO	0.2968	1.040	0.744	1.400
乙烷	C_2H_6	0.2765	1.7662	1.4897	1.186
乙烯	C_2H_4	0.2964	1.5482	1.2518	1.237
氦	He	2.0769	5.1926	3.1156	1.667
氫	H_2	4.1240	14.307	10.183	1.405
甲烷	CH_4	0.5182	2.2537	1.7354	1.299
氖	Ne	0.4119	1.0299	0.6179	1.667
氮	N_2	0.2968	1.039	0.743	1.400
辛烷	C_8H_{18}	0.0729	1.7113	1.6385	1.044
氧	O_2	0.2598	0.918	0.658	1.395
丙烷	C_3H_8	0.1885	1.6794	1.4909	1.126
水蒸氣	H_2O	0.4615	1.8723	1.4108	1.327

註：單位kJ/kg·K相當於kJ/kg·°C。

資料來源：*Chemical and Process Thermodynamics* 3/E by Kyle, B. G., © 2000. Adapted by permission of Pearson Education, Inc., Upper Saddle River, NJ.

表 A-2

氣體的理想氣體比熱（續）

(b) 在不同的溫度

溫度 K	c_p kJ/kg·K	c_v kJ/kg·K	k	c_p kJ/kg·K	c_v kJ/kg·K	k	c_p kJ/kg·K	c_v kJ/kg·K	k
	空氣			二氧化碳, CO_2			一氧化碳, CO		
250	1.003	0.716	1.401	0.791	0.602	1.314	1.039	0.743	1.400
300	1.005	0.718	1.400	0.846	0.657	1.288	1.040	0.744	1.399
350	1.008	0.721	1.398	0.895	0.706	1.268	1.043	0.746	1.398
400	1.013	0.726	1.395	0.939	0.750	1.252	1.047	0.751	1.395
450	1.020	0.733	1.391	0.978	0.790	1.239	1.054	0.757	1.392
500	1.029	0.742	1.387	1.014	0.825	1.229	1.063	0.767	1.387
550	1.040	0.753	1.381	1.046	0.857	1.220	1.075	0.778	1.382
600	1.051	0.764	1.376	1.075	0.886	1.213	1.087	0.790	1.376
650	1.063	0.776	1.370	1.102	0.913	1.207	1.100	0.803	1.370
700	1.075	0.788	1.364	1.126	0.937	1.202	1.113	0.816	1.364
750	1.087	0.800	1.359	1.148	0.959	1.197	1.126	0.829	1.358
800	1.099	0.812	1.354	1.169	0.980	1.193	1.139	0.842	1.353
900	1.121	0.834	1.344	1.204	1.015	1.186	1.163	0.866	1.343
1000	1.142	0.855	1.336	1.234	1.045	1.181	1.185	0.888	1.335
	氫, H_2			氮, N_2			氧, O_2		
250	14.051	9.927	1.416	1.039	0.742	1.400	0.913	0.653	1.398
300	14.307	10.183	1.405	1.039	0.743	1.400	0.918	0.658	1.395
350	14.427	10.302	1.400	1.041	0.744	1.399	0.928	0.668	1.389
400	14.476	10.352	1.398	1.044	0.747	1.397	0.941	0.681	1.382
450	14.501	10.377	1.398	1.049	0.752	1.395	0.956	0.696	1.373
500	14.513	10.389	1.397	1.056	0.759	1.391	0.972	0.712	1.365
550	14.530	10.405	1.396	1.065	0.768	1.387	0.988	0.728	1.358
600	14.546	10.422	1.396	1.075	0.778	1.382	1.003	0.743	1.350
650	14.571	10.447	1.395	1.086	0.789	1.376	1.017	0.758	1.343
700	14.604	10.480	1.394	1.098	0.801	1.371	1.031	0.771	1.337
750	14.645	10.521	1.392	1.110	0.813	1.365	1.043	0.783	1.332
800	14.695	10.570	1.390	1.121	0.825	1.360	1.054	0.794	1.327
900	14.822	10.698	1.385	1.145	0.849	1.349	1.074	0.814	1.319
1000	14.983	10.859	1.380	1.167	0.870	1.341	1.090	0.830	1.313

資料來源：Kenneth Wark, *Thermodynamics,* 4th ed. (New York: McGraw-Hill, 1983), p. 783, Table A–4M. Originally published in *Tables of Thermal Properties of Gases,* NBS Circular 564, 1955.

表 A-2

氣體的理想氣體比熱（續）

(c) 溫度的函數

$$\bar{c}_p = a + bT + cT^2 + dT^3$$

（T 的單位為 K，c_p 的單位為 kJ/kmol·K）

物質	化學式	a	b	c	d	溫度範圍 K	% 誤差 最大	% 誤差 平均
氮	N_2	28.90	-0.1571×10^{-2}	0.8081×10^{-5}	-2.873×10^{-9}	273–1800	0.59	0.34
氧	O_2	25.48	1.520×10^{-2}	-0.7155×10^{-5}	1.312×10^{-9}	273–1800	1.19	0.28
空氣	—	28.11	0.1967×10^{-2}	0.4802×10^{-5}	-1.966×10^{-9}	273–1800	0.72	0.33
氫	H_2	29.11	-0.1916×10^{-2}	0.4003×10^{-5}	-0.8704×10^{-9}	273–1800	1.01	0.26
一氧化碳	CO	28.16	0.1675×10^{-2}	0.5372×10^{-5}	-2.222×10^{-9}	273–1800	0.89	0.37
二氧化碳	CO_2	22.26	5.981×10^{-2}	-3.501×10^{-5}	7.469×10^{-9}	273–1800	0.67	0.22
水蒸氣	H_2O	32.24	0.1923×10^{-2}	1.055×10^{-5}	-3.595×10^{-9}	273–1800	0.53	0.24
一氧化氮	NO	29.34	-0.09395×10^{-2}	0.9747×10^{-5}	-4.187×10^{-9}	273–1500	0.97	0.36
一氧化二氮	N_2O	24.11	5.8632×10^{-2}	-3.562×10^{-5}	10.58×10^{-9}	273–1500	0.59	0.26
二氧化氮	NO_2	22.9	5.715×10^{-2}	-3.52×10^{-5}	7.87×10^{-9}	273–1500	0.46	0.18
氨	NH_3	27.568	2.5630×10^{-2}	0.99072×10^{-5}	-6.6909×10^{-9}	273–1500	0.91	0.36
硫	S_2	27.21	2.218×10^{-2}	-1.628×10^{-5}	3.986×10^{-9}	273–1800	0.99	0.38
二氧化硫	SO_2	25.78	5.795×10^{-2}	-3.812×10^{-5}	8.612×10^{-9}	273–1800	0.45	0.24
三氧化硫	SO_3	16.40	14.58×10^{-2}	-11.20×10^{-5}	32.42×10^{-9}	273–1300	0.29	0.13
乙炔	C_2H_2	21.8	9.2143×10^{-2}	-6.527×10^{-5}	18.21×10^{-9}	273–1500	1.46	0.59
苯	C_6H_6	-36.22	48.475×10^{-2}	-31.57×10^{-5}	77.62×10^{-9}	273–1500	0.34	0.20
甲醇	CH_4O	19.0	9.152×10^{-2}	-1.22×10^{-5}	-8.039×10^{-9}	273–1000	0.18	0.08
乙醇	C_2H_6O	19.9	20.96×10^{-2}	-10.38×10^{-5}	20.05×10^{-9}	273–1500	0.40	0.22
氯化氫	HCl	30.33	-0.7620×10^{-2}	1.327×10^{-5}	-4.338×10^{-9}	273–1500	0.22	0.08
甲烷	CH_4	19.89	5.024×10^{-2}	1.269×10^{-5}	-11.01×10^{-9}	273–1500	1.33	0.57
乙烷	C_2H_6	6.900	17.27×10^{-2}	-6.406×10^{-5}	7.285×10^{-9}	273–1500	0.83	0.28
丙烷	C_3H_8	-4.04	30.48×10^{-2}	-15.72×10^{-5}	31.74×10^{-9}	273–1500	0.40	0.12
正丁烷	C_4H_{10}	3.96	37.15×10^{-2}	-18.34×10^{-5}	35.00×10^{-9}	273–1500	0.54	0.24
異丁烷	C_4H_{10}	-7.913	41.60×10^{-2}	-23.01×10^{-5}	49.91×10^{-9}	273–1500	0.25	0.13
正戊烷	C_5H_{12}	6.774	45.43×10^{-2}	-22.46×10^{-5}	42.29×10^{-9}	273–1500	0.56	0.21
正己烷	C_6H_{14}	6.938	55.22×10^{-2}	-28.65×10^{-5}	57.69×10^{-9}	273–1500	0.72	0.20
乙烯	C_2H_4	3.95	15.64×10^{-2}	-8.344×10^{-5}	17.67×10^{-9}	273–1500	0.54	0.13
丙烯	C_3H_6	3.15	23.83×10^{-2}	-12.18×10^{-5}	24.62×10^{-9}	273–1500	0.73	0.17

資料來源：B. G. Kyle, *Chemical and Process Thermodynamics* (Englewood Cliffs, NJ: Prentice-Hall, 1984). Used with permission.

表 A-3

常見液體、固體與食物的性質

(a) 液體

物質	正常沸點, °C	汽化潛熱 h_{fg}, kJ/kg	凝固點, °C	熔解潛熱 h_{if}, kJ/kg	溫度 °C	密度 ρ, kg/m³	比熱 c_p, kJ/kg·K
氨	−33.3	1357	−77.7	322.4	−33.3	682	4.43
					−20	665	4.52
					0	639	4.60
					25	602	4.80
氬	−185.9	161.6	−189.3	28	−185.6	1394	1.14
苯	80.2	394	5.5	126	20	879	1.72
鹽水（氯化鈉占質量20%）	103.9	—	−17.4	—	20	1150	3.11
正丁烷	−0.5	385.2	−138.5	80.3	−0.5	601	2.31
二氧化碳	−78.4*	230.5 (at 0°C)	−56.6	—	0	298	0.59
乙醇	78.2	838.3	−114.2	109	25	783	2.46
酒精	78.6	855	−156	108	20	789	2.84
乙基乙二醇	198.1	800.1	−10.8	181.1	20	1109	2.84
甘油	179.9	974	18.9	200.6	20	1261	2.32
氦	−268.9	22.8	—	—	−268.9	146.2	22.8
氫	−252.8	445.7	−259.2	59.5	−252.8	70.7	10.0
同位丁烷	−11.7	367.1	−160	105.7	−11.7	593.8	2.28
煤油	204–293	251	−24.9	—	20	820	2.00
水銀	356.7	294.7	−38.9	11.4	25	13,560	0.139
甲烷	−161.5	510.4	−182.2	58.4	−161.5	423	3.49
					−100	301	5.79
甲醇	64.5	1100	−97.7	99.2	25	787	2.55
氮	−195.8	198.6	−210	25.3	−195.8	809	2.06
					−160	596	2.97
辛烷	124.8	306.3	−57.5	180.7	20	703	2.10
油（輕）					25	910	1.80
氧	−183	212.7	−218.8	13.7	−183	1141	1.71
石油	—	230–384			20	640	2.0
丙烷	−42.1	427.8	−187.7	80.0	−42.1	581	2.25
					0	529	2.53
					50	449	3.13
冷媒 R-134a	−26.1	217.0	−96.6	—	−50	1443	1.23
					−26.1	1374	1.27
					0	1295	1.34
					25	1207	1.43
水	100	2257	0.0	333.7	0	1000	4.22
					25	997	4.18
					50	988	4.18
					75	975	4.19
					100	958	4.22

* 昇華溫度。（在低於三相點壓力 518 kPa 以下的壓力，二氧化碳以固體或氣體存在。另外，二氧化碳的凝固點溫度為三相點溫度−56.5°C。）

表 A-3
常見液體、固體與食物的性質（續）

(b) 固體（室溫或指定溫度下的值）

物質	密度 ρ kg/m³	比熱 c_p kJ/kg · K	物質	密度 ρ kg/m³	比熱 c_p kJ/kg · K
金屬			**非金屬**		
鋁			柏油	2110	0.920
200 K		0.797	普通磚	1922	0.79
250 K		0.859	耐火磚（500°C）	2300	0.960
300 K	2,700	0.902	水泥	2300	0.653
350 K		0.929	陶瓷土	1000	0.920
400 K		0.949	鑽石	2420	0.616
450 K		0.973	窗玻璃	2700	0.800
500 K		0.997	耐熱玻璃	2230	0.840
青銅（76% 銅、2% 鋅、2% 鋁）	8,280	0.400	石墨	2500	0.711
			花崗石	2700	1.017
黃銅（65% 銅、35% 鋅）	8,310	0.400	石膏或石膏板	800	1.09
			冰		
銅			200 K		1.56
−173°C		0.254	220 K		1.71
−100°C		0.342	240 K		1.86
−50°C		0.367	260 K		2.01
0°C		0.381	273 K	921	2.11
27°C	8,900	0.386	石灰岩	1650	0.909
100°C		0.393	大理石	2600	0.880
200°C		0.403	合板（道格拉斯樅木）	545	1.21
鐵	7,840	0.45	軟橡膠	1100	1.840
鉛	11,310	0.128	硬橡膠	1150	2.009
鎂	1,730	1.000	砂	1520	0.800
鎳	8,890	0.440	石頭	1500	0.800
銀	10,470	0.235	硬木材（楓木、橡木等）	721	1.26
軟鋼	7,830	0.500	軟木材（樅木、松木等）	513	1.38
鎢	19,400	0.130			

(c) 食物

食物	水含量（% 質量）	凝固點 °C	比熱 kJ/kg · K 凝固點以上	比熱 kJ/kg · K 凝固點以下	熔化潛熱 kJ/kg	食物	水含量（% 質量）	凝固點 °C	比熱 kJ/kg · K 凝固點以上	比熱 kJ/kg · K 凝固點以下	熔化潛熱 kJ/kg
蘋果	84	−1.1	3.65	1.90	281	萵苣	95	−0.2	4.02	2.04	317
香蕉	75	−0.8	3.35	1.78	251	全脂牛奶	88	−0.6	3.79	1.95	294
牛腿肉	67	—	3.08	1.68	224	橘子	87	−0.8	3.75	1.94	291
甘藍	90	−0.6	3.86	1.97	301	馬鈴薯	78	−0.6	3.45	1.82	261
奶油	16	—	—	1.04	53	鮭魚	64	−2.2	2.98	1.65	214
硬乳酪	39	−10.0	2.15	1.33	130	蝦子	83	−2.2	3.62	1.89	277
櫻桃	80	−1.8	3.52	1.85	267	菠菜	93	−0.3	3.96	2.01	311
雞	74	−2.8	3.32	1.77	247	草莓	90	−0.8	3.86	1.97	301
甜玉米	74	−0.6	3.32	1.77	247	成熟的番茄	94	−0.5	3.99	2.02	314
全蛋	74	−0.6	3.32	1.77	247	火雞	64	—	2.98	1.65	214
冰淇淋	63	−5.6	2.95	1.63	210	西瓜	93	−0.4	3.96	2.01	311

資料來源：表中的值係從不同的手冊、其他來源或計算得到的。水含量與凝固點數據係取自ASHRAE的*Handbook of Fundamentals*（SI版本，Atlanta, GA: American Society of Heating, Refrigerating and Air-Conditioning Engineers, Inc., 1993）第30章的表1。對水果與蔬菜而言，凝固點為開始凝固時的溫度，而對於其他食物則為平均凝固溫度。

表 A-4

飽和水──溫度表

溫度 T °C	飽和壓力 P_{sat} kPa	比容 m³/kg 飽和液體 v_f	比容 飽和蒸氣 v_g	內能 kJ/kg 飽和液體 u_f	內能 蒸發 u_{fg}	內能 飽和蒸氣 u_g	焓 kJ/kg 飽和液體 h_f	焓 蒸發 h_{fg}	焓 飽和蒸氣 h_g	熵 kJ/kg·K 飽和液體 s_f	熵 蒸發 s_{fg}	熵 飽和蒸氣 s_g
0.01	0.6117	0.001000	206.00	0.000	2374.9	2374.9	0.001	2500.9	2500.9	0.0000	9.1556	9.1556
5	0.8725	0.001000	147.03	21.019	2360.8	2381.8	21.020	2489.1	2510.1	0.0763	8.9487	9.0249
10	1.2281	0.001000	106.32	42.020	2346.6	2388.7	42.022	2477.2	2519.2	0.1511	8.7488	8.8999
15	1.7057	0.001001	77.885	62.980	2332.5	2395.5	62.982	2465.4	2528.3	0.2245	8.5559	8.7803
20	2.3392	0.001002	57.762	83.913	2318.4	2402.3	83.915	2453.5	2537.4	0.2965	8.3696	8.6661
25	3.1698	0.001003	43.340	104.83	2304.3	2409.1	104.83	2441.7	2546.5	0.3672	8.1895	8.5567
30	4.2469	0.001004	32.879	125.73	2290.2	2415.9	125.74	2429.8	2555.6	0.4368	8.0152	8.4520
35	5.6291	0.001006	25.205	146.63	2276.0	2422.7	146.64	2417.9	2564.6	0.5051	7.8466	8.3517
40	7.3851	0.001008	19.515	167.53	2261.9	2429.4	167.53	2406.0	2573.5	0.5724	7.6832	8.2556
45	9.5953	0.001010	15.251	188.43	2247.7	2436.1	188.44	2394.0	2582.4	0.6386	7.5247	8.1633
50	12.352	0.001012	12.026	209.33	2233.4	2442.7	209.34	2382.0	2591.3	0.7038	7.3710	8.0748
55	15.763	0.001015	9.5639	230.24	2219.1	2449.3	230.26	2369.8	2600.1	0.7680	7.2218	7.9898
60	19.947	0.001017	7.6670	251.16	2204.7	2455.9	251.18	2357.7	2608.8	0.8313	7.0769	7.9082
65	25.043	0.001020	6.1935	272.09	2190.3	2462.4	272.12	2345.4	2617.5	0.8937	6.9360	7.8296
70	31.202	0.001023	5.0396	293.04	2175.8	2468.9	293.07	2333.0	2626.1	0.9551	6.7989	7.7540
75	38.597	0.001026	4.1291	313.99	2161.3	2475.3	314.03	2320.6	2634.6	1.0158	6.6655	7.6812
80	47.416	0.001029	3.4053	334.97	2146.6	2481.6	335.02	2308.0	2643.0	1.0756	6.5355	7.6111
85	57.868	0.001032	2.8261	355.96	2131.9	2487.8	356.02	2295.3	2651.4	1.1346	6.4089	7.5435
90	70.183	0.001036	2.3593	376.97	2117.0	2494.0	377.04	2282.5	2659.6	1.1929	6.2853	7.4782
95	84.609	0.001040	1.9808	398.00	2102.0	2500.1	398.09	2269.6	2667.6	1.2504	6.1647	7.4151
100	101.42	0.001043	1.6720	419.06	2087.0	2506.0	419.17	2256.4	2675.6	1.3072	6.0470	7.3542
105	120.90	0.001047	1.4186	440.15	2071.8	2511.9	440.28	2243.1	2683.4	1.3634	5.9319	7.2952
110	143.38	0.001052	1.2094	461.27	2056.4	2517.7	461.42	2229.7	2691.1	1.4188	5.8193	7.2382
115	169.18	0.001056	1.0360	482.42	2040.9	2523.3	482.59	2216.0	2698.6	1.4737	5.7092	7.1829
120	198.67	0.001060	0.89133	503.60	2025.3	2528.9	503.81	2202.1	2706.0	1.5279	5.6013	7.1292
125	232.23	0.001065	0.77012	524.83	2009.5	2534.3	525.07	2188.1	2713.1	1.5816	5.4956	7.0771
130	270.28	0.001070	0.66808	546.10	1993.4	2539.5	546.38	2173.7	2720.1	1.6346	5.3919	7.0265
135	313.22	0.001075	0.58179	567.41	1977.3	2544.7	567.75	2159.1	2726.9	1.6872	5.2901	6.9773
140	361.53	0.001080	0.50850	588.77	1960.9	2549.6	589.16	2144.3	2733.5	1.7392	5.1901	6.9294
145	415.68	0.001085	0.44600	610.19	1944.2	2554.4	610.64	2129.2	2739.8	1.7908	5.0919	6.8827
150	476.16	0.001091	0.39248	631.66	1927.4	2559.1	632.18	2113.8	2745.9	1.8418	4.9953	6.8371
155	543.49	0.001096	0.34648	653.19	1910.3	2563.5	653.79	2098.0	2751.8	1.8924	4.9002	6.7927
160	618.23	0.001102	0.30680	674.79	1893.0	2567.8	675.47	2082.0	2757.5	1.9426	4.8066	6.7492
165	700.93	0.001108	0.27244	696.46	1875.4	2571.9	697.24	2065.6	2762.8	1.9923	4.7143	6.7067
170	792.18	0.001114	0.24260	718.20	1857.5	2575.7	719.08	2048.8	2767.9	2.0417	4.6233	6.6650
175	892.60	0.001121	0.21659	740.02	1839.4	2579.4	741.02	2031.7	2772.7	2.0906	4.5335	6.6242
180	1002.8	0.001127	0.19384	761.92	1820.9	2582.8	763.05	2014.2	2777.2	2.1392	4.4448	6.5841
185	1123.5	0.001134	0.17390	783.91	1802.1	2586.0	785.19	1996.2	2781.4	2.1875	4.3572	6.5447
190	1255.2	0.001141	0.15636	806.00	1783.0	2589.0	807.43	1977.9	2785.3	2.2355	4.2705	6.5059
195	1398.8	0.001149	0.14089	828.18	1763.6	2591.7	829.78	1959.0	2788.8	2.2831	4.1847	6.4678
200	1554.9	0.001157	0.12721	850.46	1743.7	2594.2	852.26	1939.8	2792.0	2.3305	4.0997	6.4302

表 A-4

飽和水——溫度表（續）

溫度 T °C	飽和壓力 P_{sat} kPa	比容 m³/kg 飽和液體 v_f	比容 飽和蒸氣 v_g	內能 kJ/kg 飽和液體 u_f	內能 蒸發 u_{fg}	內能 飽和蒸氣 u_g	焓 kJ/kg 飽和液體 h_f	焓 蒸發 h_{fg}	焓 飽和蒸氣 h_g	熵 kJ/kg·K 飽和液體 s_f	熵 蒸發 s_{fg}	熵 飽和蒸氣 s_g
205	1724.3	0.001164	0.11508	872.86	1723.5	2596.4	874.87	1920.0	2794.8	2.3776	4.0154	6.3930
210	1907.7	0.001173	0.10429	895.38	1702.9	2598.3	897.61	1899.7	2797.3	2.4245	3.9318	6.3563
215	2105.9	0.001181	0.094680	918.02	1681.9	2599.9	920.50	1878.8	2799.3	2.4712	3.8489	6.3200
220	2319.6	0.001190	0.086094	940.79	1660.5	2601.3	943.55	1857.4	2801.0	2.5176	3.7664	6.2840
225	2549.7	0.001199	0.078405	963.70	1638.6	2602.3	966.76	1835.4	2802.2	2.5639	3.6844	6.2483
230	2797.1	0.001209	0.071505	986.76	1616.1	2602.9	990.14	1812.8	2802.9	2.6100	3.6028	6.2128
235	3062.6	0.001219	0.065300	1010.0	1593.2	2603.2	1013.7	1789.5	2803.2	2.6560	3.5216	6.1775
240	3347.0	0.001229	0.059707	1033.4	1569.8	2603.1	1037.5	1765.5	2803.0	2.7018	3.4405	6.1424
245	3651.2	0.001240	0.054656	1056.9	1545.7	2602.7	1061.5	1740.8	2802.2	2.7476	3.3596	6.1072
250	3976.2	0.001252	0.050085	1080.7	1521.1	2601.8	1085.7	1715.3	2801.0	2.7933	3.2788	6.0721
255	4322.9	0.001263	0.045941	1104.7	1495.8	2600.5	1110.1	1689.0	2799.1	2.8390	3.1979	6.0369
260	4692.3	0.001276	0.042175	1128.8	1469.9	2598.7	1134.8	1661.8	2796.6	2.8847	3.1169	6.0017
265	5085.3	0.001289	0.038748	1153.3	1443.2	2596.5	1159.5	1633.7	2793.5	2.9304	3.0358	5.9662
270	5503.0	0.001303	0.035622	1177.9	1415.7	2593.7	1185.1	1604.6	2789.7	2.9762	2.9542	5.9305
275	5946.4	0.001317	0.032767	1202.9	1387.4	2590.3	1210.7	1574.5	2785.2	3.0221	2.8723	5.8944
280	6416.6	0.001333	0.030153	1228.2	1358.2	2586.4	1236.7	1543.2	2779.9	3.0681	2.7898	5.8579
285	6914.6	0.001349	0.027756	1253.7	1328.1	2581.8	1263.1	1510.7	2773.7	3.1144	2.7066	5.8210
290	7441.8	0.001366	0.025554	1279.7	1296.9	2576.5	1289.8	1476.9	2766.7	3.1608	2.6225	5.7834
295	7999.0	0.001384	0.023528	1306.0	1264.5	2570.5	1317.1	1441.6	2758.7	3.2076	2.5374	5.7450
300	8587.9	0.001404	0.021659	1332.7	1230.9	2563.6	1344.8	1404.8	2749.6	3.2548	2.4511	5.7059
305	9209.4	0.001425	0.019932	1360.0	1195.9	2555.8	1373.1	1366.3	2739.4	3.3024	2.3633	5.6657
310	9865.0	0.001447	0.018333	1387.7	1159.3	2547.1	1402.0	1325.9	2727.9	3.3506	2.2737	5.6243
315	10,556	0.001472	0.016849	1416.1	1121.1	2537.2	1431.6	1283.4	2715.0	3.3994	2.1821	5.5816
320	11,284	0.001499	0.015470	1445.1	1080.9	2526.0	1462.0	1238.5	2700.6	3.4491	2.0881	5.5372
325	12,051	0.001528	0.014183	1475.0	1038.5	2513.4	1493.4	1191.0	2684.3	3.4998	1.9911	5.4908
330	12,858	0.001560	0.012979	1505.7	993.5	2499.2	1525.8	1140.3	2666.0	3.5516	1.8906	5.4422
335	13,707	0.001597	0.011848	1537.5	945.5	2483.0	1559.4	1086.0	2645.4	3.6050	1.7857	5.3907
340	14,601	0.001638	0.010783	1570.7	893.8	2464.5	1594.6	1027.4	2622.0	3.6602	1.6756	5.3358
345	15,541	0.001685	0.009772	1605.5	837.7	2443.2	1631.7	963.4	2595.1	3.7179	1.5585	5.2765
350	16,529	0.001741	0.008806	1642.4	775.9	2418.3	1671.2	892.7	2563.9	3.7788	1.4326	5.2114
355	17,570	0.001808	0.007872	1682.2	706.4	2388.6	1714.0	812.9	2526.9	3.8442	1.2942	5.1384
360	18,666	0.001895	0.006950	1726.2	625.7	2351.9	1761.5	720.1	2481.6	3.9165	1.1373	5.0537
365	19,822	0.002015	0.006009	1777.2	526.4	2303.6	1817.2	605.5	2422.7	4.0004	0.9489	4.9493
370	21,044	0.002217	0.004953	1844.5	385.6	2230.1	1891.2	443.1	2334.3	4.1119	0.6890	4.8009
373.95	22,064	0.003106	0.003106	2015.7	0	2015.7	2084.3	0	2084.3	4.4070	0	4.4070

資料來源：表 A–4 到 A–8 的數據水用 S. A. Klein 與 F. L. Alvarado 所發展之程式所計算出來的，計算所使用的副程式為 Steam_IAPWS，方程式為 1995 年由 IAPWS（The International Association for the Properties of Water and Steam）所發展出來。此方程式已經取代在 1984 年間常用的 Hemisphere Publishing 與 Kell 的方程式（NBS/NRC Steam Tables Hemisphere Publishing Co）。此副程式也在 EES 中名為 STEAM，新方程式參見 Soul 與 Wagner（J. Phys. Chem. Ref. Data, 16, 893, 1987）對國際溫標的（1990）的修正，可在期刊論文 J. Phys. Chem. Ref. Data, 22, 783, 1993 中找到更詳細的資料。水的性質來自於 Hyland 與 Wexler 所著的文章 "Formulations for the Thermodynamic Properties of the Saturated Phases of H₂O from 173.15 K to 473.15 K," *ASHRAE Trans.*, Part 2A, Paper 2793, 1983。

表 A-5

飽和水──壓力表

壓力 P kPa	飽和 溫度 T_{sat} °C	比容 m³/kg 飽和液體 v_f	飽和蒸氣 v_g	內能 kJ/kg 飽和液體 u_f	蒸發 u_{fg}	飽和蒸氣 u_g	焓 kJ/kg 飽和液體 h_f	蒸發 h_{fg}	飽和蒸氣 h_g	熵 kJ/kg·K 飽和液體 s_f	蒸發 s_{fg}	飽和蒸氣 s_g
1.0	6.97	0.001000	129.19	29.302	2355.2	2384.5	29.303	2484.4	2513.7	0.1059	8.8690	8.9749
1.5	13.02	0.001001	87.964	54.686	2338.1	2392.8	54.688	2470.1	2524.7	0.1956	8.6314	8.8270
2.0	17.50	0.001001	66.990	73.431	2325.5	2398.9	73.433	2459.5	2532.9	0.2606	8.4621	8.7227
2.5	21.08	0.001002	54.242	88.422	2315.4	2403.8	88.424	2451.0	2539.4	0.3118	8.3302	8.6421
3.0	24.08	0.001003	45.654	100.98	2306.9	2407.9	100.98	2443.9	2544.8	0.3543	8.2222	8.5765
4.0	28.96	0.001004	34.791	121.39	2293.1	2414.5	121.39	2432.3	2553.7	0.4224	8.0510	8.4734
5.0	32.87	0.001005	28.185	137.75	2282.1	2419.8	137.75	2423.0	2560.7	0.4762	7.9176	8.3938
7.5	40.29	0.001008	19.233	168.74	2261.1	2429.8	168.75	2405.3	2574.0	0.5763	7.6738	8.2501
10	45.81	0.001010	14.670	191.79	2245.4	2437.2	191.81	2392.1	2583.9	0.6492	7.4996	8.1488
15	53.97	0.001014	10.020	225.93	2222.1	2448.0	225.94	2372.3	2598.3	0.7549	7.2522	8.0071
20	60.06	0.001017	7.6481	251.40	2204.6	2456.0	251.42	2357.5	2608.9	0.8320	7.0752	7.9073
25	64.96	0.001020	6.2034	271.93	2190.4	2462.4	271.96	2345.5	2617.5	0.8932	6.9370	7.8302
30	69.09	0.001022	5.2287	289.24	2178.5	2467.7	289.27	2335.3	2624.6	0.9441	6.8234	7.7675
40	75.86	0.001026	3.9933	317.58	2158.8	2476.3	317.62	2318.4	2636.1	1.0261	6.6430	7.6691
50	81.32	0.001030	3.2403	340.49	2142.7	2483.2	340.54	2304.7	2645.2	1.0912	6.5019	7.5931
75	91.76	0.001037	2.2172	384.36	2111.8	2496.1	384.44	2278.0	2662.4	1.2132	6.2426	7.4558
100	99.61	0.001043	1.6941	417.40	2088.2	2505.6	417.51	2257.5	2675.0	1.3028	6.0562	7.3589
101.325	99.97	0.001043	1.6734	418.95	2087.0	2506.0	419.06	2256.5	2675.6	1.3069	6.0476	7.3545
125	105.97	0.001048	1.3750	444.23	2068.8	2513.0	444.36	2240.6	2684.9	1.3741	5.9100	7.2841
150	111.35	0.001053	1.1594	466.97	2052.3	2519.2	467.13	2226.0	2693.1	1.4337	5.7894	7.2231
175	116.04	0.001057	1.0037	486.82	2037.7	2524.5	487.01	2213.1	2700.2	1.4850	5.6865	7.1716
200	120.21	0.001061	0.88578	504.50	2024.6	2529.1	504.71	2201.6	2706.3	1.5302	5.5968	7.1270
225	123.97	0.001064	0.79329	520.47	2012.7	2533.2	520.71	2191.0	2711.7	1.5706	5.5171	7.0877
250	127.41	0.001067	0.71873	535.08	2001.8	2536.8	535.35	2181.2	2716.5	1.6072	5.4453	7.0525
275	130.58	0.001070	0.65732	548.57	1991.6	2540.1	548.86	2172.0	2720.9	1.6408	5.3800	7.0207
300	133.52	0.001073	0.60582	561.11	1982.1	2543.2	561.43	2163.5	2724.9	1.6717	5.3200	6.9917
325	136.27	0.001076	0.56199	572.84	1973.1	2545.9	573.19	2155.4	2728.6	1.7005	5.2645	6.9650
350	138.86	0.001079	0.52422	583.89	1964.6	2548.5	584.26	2147.7	2732.0	1.7274	5.2128	6.9402
375	141.30	0.001081	0.49133	594.32	1956.6	2550.9	594.73	2140.4	2735.1	1.7526	5.1645	6.9171
400	143.61	0.001084	0.46242	604.22	1948.9	2553.1	604.66	2133.4	2738.1	1.7765	5.1191	6.8955
450	147.90	0.001088	0.41392	622.65	1934.5	2557.1	623.14	2120.3	2743.4	1.8205	5.0356	6.8561
500	151.83	0.001093	0.37483	639.54	1921.2	2560.7	640.09	2108.0	2748.1	1.8604	4.9603	6.8207
550	155.46	0.001097	0.34261	655.16	1908.8	2563.9	655.77	2096.6	2752.4	1.8970	4.8916	6.7886
600	158.83	0.001101	0.31560	669.72	1897.1	2566.8	670.38	2085.8	2756.2	1.9308	4.8285	6.7593
650	161.98	0.001104	0.29260	683.37	1886.1	2569.4	684.08	2075.5	2759.6	1.9623	4.7699	6.7322
700	164.95	0.001108	0.27278	696.23	1875.6	2571.8	697.00	2065.8	2762.8	1.9918	4.7153	6.7071
750	167.75	0.001111	0.25552	708.40	1865.6	2574.0	709.24	2056.4	2765.7	2.0195	4.6642	6.6837

表 A-5

飽和水──壓力表（續）

壓力 P kPa	飽和溫度 T_{sat} °C	比容 m³/kg 飽和液體 v_f	比容 飽和蒸氣 v_g	內能 kJ/kg 飽和液體 u_f	內能 蒸發 u_{fg}	內能 飽和蒸氣 u_g	焓 kJ/kg 飽和液體 h_f	焓 蒸發 h_{fg}	焓 飽和蒸氣 h_g	熵 kJ/kg·K 飽和液體 s_f	熵 蒸發 s_{fg}	熵 飽和蒸氣 s_g
800	170.41	0.001115	0.24035	719.97	1856.1	2576.0	720.87	2047.5	2768.3	2.0457	4.6160	6.6616
850	172.94	0.001118	0.22690	731.00	1846.9	2577.9	731.95	2038.8	2770.8	2.0705	4.5705	6.6409
900	175.35	0.001121	0.21489	741.55	1838.1	2579.6	742.56	2030.5	2773.0	2.0941	4.5273	6.6213
950	177.66	0.001124	0.20411	751.67	1829.6	2581.3	752.74	2022.4	2775.2	2.1166	4.4862	6.6027
1000	179.88	0.001127	0.19436	761.39	1821.4	2582.8	762.51	2014.6	2777.1	2.1381	4.4470	6.5850
1100	184.06	0.001133	0.17745	779.78	1805.7	2585.5	781.03	1999.6	2780.7	2.1785	4.3735	6.5520
1200	187.96	0.001138	0.16326	796.96	1790.9	2587.8	798.33	1985.4	2783.8	2.2159	4.3058	6.5217
1300	191.60	0.001144	0.15119	813.10	1776.8	2589.9	814.59	1971.9	2786.5	2.2508	4.2428	6.4936
1400	195.04	0.001149	0.14078	828.35	1763.4	2591.8	829.96	1958.9	2788.9	2.2835	4.1840	6.4675
1500	198.29	0.001154	0.13171	842.82	1750.6	2593.4	844.55	1946.4	2791.0	2.3143	4.1287	6.4430
1750	205.72	0.001166	0.11344	876.12	1720.6	2596.7	878.16	1917.1	2795.2	2.3844	4.0033	6.3877
2000	212.38	0.001177	0.099587	906.12	1693.0	2599.1	908.47	1889.8	2798.3	2.4467	3.8923	6.3390
2250	218.41	0.001187	0.088717	933.54	1667.3	2600.9	936.21	1864.3	2800.5	2.5029	3.7926	6.2954
2500	223.95	0.001197	0.079952	958.87	1643.2	2602.1	961.87	1840.1	2801.9	2.5542	3.7016	6.2558
3000	233.85	0.001217	0.066667	1004.6	1598.5	2603.2	1008.3	1794.9	2803.2	2.6454	3.5402	6.1856
3500	242.56	0.001235	0.057061	1045.4	1557.6	2603.0	1049.7	1753.0	2802.7	2.7253	3.3991	6.1244
4000	250.35	0.001252	0.049779	1082.4	1519.3	2601.7	1087.4	1713.5	2800.8	2.7966	3.2731	6.0696
5000	263.94	0.001286	0.039448	1148.1	1448.9	2597.0	1154.5	1639.7	2794.2	2.9207	3.0530	5.9737
6000	275.59	0.001319	0.032449	1205.8	1384.1	2589.9	1213.8	1570.9	2784.6	3.0275	2.8627	5.8902
7000	285.83	0.001352	0.027378	1258.0	1323.0	2581.0	1267.5	1505.2	2772.6	3.1220	2.6927	5.8148
8000	295.01	0.001384	0.023525	1306.0	1264.5	2570.5	1317.1	1441.6	2758.7	3.2077	2.5373	5.7450
9000	303.35	0.001418	0.020489	1350.9	1207.6	2558.5	1363.7	1379.3	2742.9	3.2866	2.3925	5.6791
10,000	311.00	0.001452	0.018028	1393.3	1151.8	2545.2	1407.8	1317.6	2725.5	3.3603	2.2556	5.6159
11,000	318.08	0.001488	0.015988	1433.9	1096.6	2530.4	1450.2	1256.1	2706.3	3.4299	2.1245	5.5544
12,000	324.68	0.001526	0.014264	1473.0	1041.3	2514.3	1491.3	1194.1	2685.4	3.4964	1.9975	5.4939
13,000	330.85	0.001566	0.012781	1511.0	985.5	2496.6	1531.4	1131.3	2662.7	3.5606	1.8730	5.4336
14,000	336.67	0.001610	0.011487	1548.4	928.7	2477.1	1571.0	1067.0	2637.9	3.6232	1.7497	5.3728
15,000	342.16	0.001657	0.010341	1585.5	870.3	2455.7	1610.3	1000.5	2610.8	3.6848	1.6261	5.3108
16,000	347.36	0.001710	0.009312	1622.6	809.4	2432.0	1649.9	931.1	2581.0	3.7461	1.5005	5.2466
17,000	352.29	0.001770	0.008374	1660.2	745.1	2405.4	1690.3	857.4	2547.7	3.8082	1.3709	5.1791
18,000	356.99	0.001840	0.007504	1699.1	675.9	2375.0	1732.2	777.8	2510.0	3.8720	1.2343	5.1064
19,000	361.47	0.001926	0.006677	1740.3	598.9	2339.2	1776.8	689.2	2466.0	3.9396	1.0860	5.0256
20,000	365.75	0.002038	0.005862	1785.8	509.0	2294.8	1826.6	585.5	2412.1	4.0146	0.9164	4.9310
21,000	369.83	0.002207	0.004994	1841.6	391.9	2233.5	1888.0	450.4	2338.4	4.1071	0.7005	4.8076
22,000	373.71	0.002703	0.003644	1951.7	140.8	2092.4	2011.1	161.5	2172.6	4.2942	0.2496	4.5439
22,064	373.95	0.003106	0.003106	2015.7	0	2015.7	2084.3	0	2084.3	4.4070	0	4.4070

表 A-6

水的過熱蒸氣狀態

T °C	v m³/kg	u kJ/kg	h kJ/kg	s kJ/kg·K	v m³/kg	u kJ/kg	h kJ/kg	s kJ/kg·K	v m³/kg	u kJ/kg	h kJ/kg	s kJ/kg·K
	\multicolumn{4}{c}{P = 0.01 MPa (45.81°C)*}	\multicolumn{4}{c}{P = 0.05 MPa (81.32°C)}	\multicolumn{4}{c}{P = 0.10 MPa (99.61°C)}
飽和[†]	14.670	2437.2	2583.9	8.1488	3.2403	2483.2	2645.2	7.5931	1.6941	2505.6	2675.0	7.3589
50	14.867	2443.3	2592.0	8.1741								
100	17.196	2515.5	2687.5	8.4489	3.4187	2511.5	2682.4	7.6953	1.6959	2506.2	2675.8	7.3611
150	19.513	2587.9	2783.0	8.6893	3.8897	2585.7	2780.2	7.9413	1.9367	2582.9	2776.6	7.6148
200	21.826	2661.4	2879.6	8.9049	4.3562	2660.0	2877.8	8.1592	2.1724	2658.2	2875.5	7.8356
250	24.136	2736.1	2977.5	9.1015	4.8206	2735.1	2976.2	8.3568	2.4062	2733.9	2974.5	8.0346
300	26.446	2812.3	3076.7	9.2827	5.2841	2811.6	3075.8	8.5387	2.6389	2810.7	3074.5	8.2172
400	31.063	2969.3	3280.0	9.6094	6.2094	2968.9	3279.3	8.8659	3.1027	2968.3	3278.6	8.5452
500	35.680	3132.9	3489.7	9.8998	7.1338	3132.6	3489.3	9.1566	3.5655	3132.2	3488.7	8.8362
600	40.296	3303.3	3706.3	10.1631	8.0577	3303.1	3706.0	9.4201	4.0279	3302.8	3705.6	9.0999
700	44.911	3480.8	3929.9	10.4056	8.9813	3480.6	3929.7	9.6626	4.4900	3480.4	3929.4	9.3424
800	49.527	3665.4	4160.6	10.6312	9.9047	3665.2	4160.4	9.8883	4.9519	3665.0	4160.2	9.5682
900	54.143	3856.9	4398.3	10.8429	10.8280	3856.8	4398.2	10.1000	5.4137	3856.7	4398.0	9.7800
1000	58.758	4055.3	4642.8	11.0429	11.7513	4055.2	4642.7	10.3000	5.8755	4055.0	4642.6	9.9800
1100	63.373	4260.0	4893.8	11.2326	12.6745	4259.9	4893.7	10.4897	6.3372	4259.8	4893.6	10.1698
1200	67.989	4470.9	5150.8	11.4132	13.5977	4470.8	5150.7	10.6704	6.7988	4470.7	5150.6	10.3504
1300	72.604	4687.4	5413.4	11.5857	14.5209	4687.3	5413.3	10.8429	7.2605	4687.2	5413.3	10.5229
	\multicolumn{4}{c}{P = 0.20 MPa (120.21°C)}	\multicolumn{4}{c}{P = 0.30 MPa (133.52°C)}	\multicolumn{4}{c}{P = 0.40 MPa (143.61°C)}
飽和	0.88578	2529.1	2706.3	7.1270	0.60582	2543.2	2724.9	6.9917	0.46242	2553.1	2738.1	6.8955
150	0.95986	2577.1	2769.1	7.2810	0.63402	2571.0	2761.2	7.0792	0.47088	2564.4	2752.8	6.9306
200	1.08049	2654.6	2870.7	7.5081	0.71643	2651.0	2865.9	7.3132	0.53434	2647.2	2860.9	7.1723
250	1.19890	2731.4	2971.2	7.7100	0.79645	2728.9	2967.9	7.5180	0.59520	2726.4	2964.5	7.3804
300	1.31623	2808.8	3072.1	7.8941	0.87535	2807.0	3069.6	7.7037	0.65489	2805.1	3067.1	7.5677
400	1.54934	2967.2	3277.0	8.2236	1.03155	2966.0	3275.5	8.0347	0.77265	2964.9	3273.9	7.9003
500	1.78142	3131.4	3487.7	8.5153	1.18672	3130.6	3486.6	8.3271	0.88936	3129.8	3485.5	8.1933
600	2.01302	3302.2	3704.8	8.7793	1.34139	3301.6	3704.0	8.5915	1.00558	3301.0	3703.3	8.4580
700	2.24434	3479.9	3928.8	9.0221	1.49580	3479.5	3928.2	8.8345	1.12152	3479.0	3927.6	8.7012
800	2.47550	3664.7	4159.8	9.2479	1.65004	3664.3	4159.3	9.0605	1.23730	3663.9	4158.9	8.9274
900	2.70656	3856.3	4397.7	9.4598	1.80417	3856.0	4397.3	9.2725	1.35298	3855.7	4396.9	9.1394
1000	2.93755	4054.8	4642.3	9.6599	1.95824	4054.5	4642.0	9.4726	1.46859	4054.3	4641.7	9.3396
1100	3.16848	4259.6	4893.3	9.8497	2.11226	4259.4	4893.1	9.6624	1.58414	4259.2	4892.9	9.5295
1200	3.39938	4470.5	5150.4	10.0304	2.26624	4470.3	5150.2	9.8431	1.69966	4470.2	5150.0	9.7102
1300	3.63026	4687.1	5413.1	10.2029	2.42019	4686.9	5413.0	10.0157	1.81516	4686.7	5412.8	9.8828
	\multicolumn{4}{c}{P = 0.50 MPa (151.83°C)}	\multicolumn{4}{c}{P = 0.60 MPa (158.83°C)}	\multicolumn{4}{c}{P = 0.80 MPa (170.41°C)}
飽和	0.37483	2560.7	2748.1	6.8207	0.31560	2566.8	2756.2	6.7593	0.24035	2576.0	2768.3	6.6616
200	0.42503	2643.3	2855.8	7.0610	0.35212	2639.4	2850.6	6.9683	0.26088	2631.1	2839.8	6.8177
250	0.47443	2723.8	2961.0	7.2725	0.39390	2721.2	2957.6	7.1833	0.29321	2715.9	2950.4	7.0402
300	0.52261	2803.3	3064.6	7.4614	0.43442	2801.4	3062.0	7.3740	0.32416	2797.5	3056.9	7.2345
350	0.57015	2883.0	3168.1	7.6346	0.47428	2881.6	3166.1	7.5481	0.35442	2878.6	3162.2	7.4107
400	0.61731	2963.7	3272.4	7.7956	0.51374	2962.5	3270.8	7.7097	0.38429	2960.2	3267.7	7.5735
500	0.71095	3129.5	3484.5	8.0893	0.59200	3128.2	3483.4	8.0041	0.44332	3126.6	3481.3	7.8692
600	0.80409	3300.4	3702.5	8.3544	0.66976	3299.8	3701.7	8.2695	0.50186	3298.7	3700.1	8.1354
700	0.89696	3478.6	3927.0	8.5978	0.74725	3478.1	3926.4	8.5132	0.56011	3477.2	3925.3	8.3794
800	0.98966	3663.6	4158.4	8.8240	0.82457	3663.2	4157.9	8.7395	0.61820	3662.5	4157.0	8.6061
900	1.08227	3855.4	4396.6	9.0362	0.90179	3855.1	4396.2	8.9518	0.67619	3854.5	4395.5	8.8185
1000	1.17480	4054.0	4641.4	9.2364	0.97893	4053.8	4641.1	9.1521	0.73411	4053.3	4640.5	9.0189
1100	1.26726	4259.0	4892.6	9.4263	1.05603	4258.8	4892.4	9.3420	0.79197	4258.3	4891.9	9.2090
1200	1.35972	4470.0	5149.8	9.6071	1.13309	4469.8	5149.6	9.5229	0.84980	4469.4	5149.3	9.3898
1300	1.45214	4686.6	5412.6	9.7797	1.21012	4686.4	5412.5	9.6955	0.90761	4686.1	5412.2	9.5625

*括弧內的溫度為在指定壓力的飽和溫度。

[†] 在指定壓力之飽和蒸氣的性質。

表 A-6

水的過熱蒸氣狀態（續）

T °C	v m³/kg	u kJ/kg	h kJ/kg	s kJ/kg·K	v m³/kg	u kJ/kg	h kJ/kg	s kJ/kg·K	v m³/kg	u kJ/kg	h kJ/kg	s kJ/kg·K
	\multicolumn{4}{c	}{P = 1.00 MPa (179.88°C)}	\multicolumn{4}{c	}{P = 1.20 MPa (187.96°C)}	\multicolumn{4}{c	}{P = 1.40 MPa (195.04°C)}
飽和	0.19437	2582.8	2777.1	6.5850	0.16326	2587.8	2783.8	6.5217	0.14078	2591.8	2788.9	6.4675
200	0.20602	2622.3	2828.3	6.6956	0.16934	2612.9	2816.1	6.5909	0.14303	2602.7	2803.0	6.4975
250	0.23275	2710.4	2943.1	6.9265	0.19241	2704.7	2935.6	6.8313	0.16356	2698.9	2927.9	6.7488
300	0.25799	2793.7	3051.6	7.1246	0.21386	2789.7	3046.3	7.0335	0.18233	2785.7	3040.9	6.9553
350	0.28250	2875.7	3158.2	7.3029	0.23455	2872.7	3154.2	7.2139	0.20029	2869.7	3150.1	7.1379
400	0.30661	2957.9	3264.5	7.4670	0.25482	2955.5	3261.3	7.3793	0.21782	2953.1	3258.1	7.3046
500	0.35411	3125.0	3479.1	7.7642	0.29464	3123.4	3477.0	7.6779	0.25216	3121.8	3474.8	7.6047
600	0.40111	3297.5	3698.6	8.0311	0.33395	3296.3	3697.0	7.9456	0.28597	3295.1	3695.5	7.8730
700	0.44783	3476.3	3924.1	8.2755	0.37297	3475.3	3922.9	8.1904	0.31951	3474.4	3921.7	8.1183
800	0.49438	3661.7	4156.1	8.5024	0.41184	3661.0	4155.2	8.4176	0.35288	3660.3	4154.3	8.3458
900	0.54083	3853.9	4394.8	8.7150	0.45059	3853.3	4394.0	8.6303	0.38614	3852.7	4393.3	8.5587
1000	0.58721	4052.7	4640.0	8.9155	0.48928	4052.2	4639.4	8.8310	0.41933	4051.7	4638.8	8.7595
1100	0.63354	4257.9	4891.4	9.1057	0.52792	4257.5	4891.0	9.0212	0.45247	4257.0	4890.5	8.9497
1200	0.67983	4469.0	5148.9	9.2866	0.56652	4468.7	5148.5	9.2022	0.48558	4468.3	5148.1	9.1308
1300	0.72610	4685.8	5411.9	9.4593	0.60509	4685.5	5411.6	9.3750	0.51866	4685.1	5411.3	9.3036
	\multicolumn{4}{c	}{P = 1.60 MPa (201.37°C)}	\multicolumn{4}{c	}{P = 1.80 MPa (207.11°C)}	\multicolumn{4}{c	}{P = 2.00 MPa (212.38°C)}
飽和	0.12374	2594.8	2792.8	6.4200	0.11037	2597.3	2795.9	6.3775	0.09959	2599.1	2798.3	6.3390
225	0.13293	2645.1	2857.8	6.5537	0.11678	2637.0	2847.2	6.4825	0.10381	2628.5	2836.1	6.4160
250	0.14190	2692.9	2919.9	6.6753	0.12502	2686.7	2911.7	6.6088	0.11150	2680.3	2903.3	6.5475
300	0.15866	2781.6	3035.4	6.8864	0.14025	2777.4	3029.9	6.8246	0.12551	2773.2	3024.2	6.7684
350	0.17459	2866.6	3146.0	7.0713	0.15460	2863.6	3141.9	7.0120	0.13860	2860.5	3137.7	6.9583
400	0.19007	2950.8	3254.9	7.2394	0.16849	2948.3	3251.6	7.1814	0.15122	2945.9	3248.4	7.1292
500	0.22029	3120.1	3472.6	7.5410	0.19551	3118.5	3470.4	7.4845	0.17568	3116.9	3468.3	7.4337
600	0.24999	3293.9	3693.9	7.8101	0.22200	3292.7	3692.3	7.7543	0.19962	3291.5	3690.7	7.7043
700	0.27941	3473.5	3920.5	8.0558	0.24822	3472.6	3919.4	8.0005	0.22326	3471.7	3918.2	7.9509
800	0.30865	3659.5	4153.4	8.2834	0.27426	3658.8	4152.4	8.2284	0.24674	3658.0	4151.5	8.1791
900	0.33780	3852.1	4392.6	8.4965	0.30020	3851.5	4391.9	8.4417	0.27012	3850.9	4391.1	8.3925
1000	0.36687	4051.2	4638.2	8.6974	0.32606	4050.7	4637.6	8.6427	0.29342	4050.2	4637.1	8.5936
1100	0.39589	4256.6	4890.0	8.8878	0.35188	4256.2	4889.6	8.8331	0.31667	4255.7	4889.1	8.7842
1200	0.42488	4467.9	5147.7	9.0689	0.37766	4467.6	5147.3	9.0143	0.33989	4467.2	5147.0	8.9654
1300	0.45383	4684.8	5410.9	9.2418	0.40341	4684.5	5410.6	9.1872	0.36308	4684.2	5410.3	9.1384
	\multicolumn{4}{c	}{P = 2.50 MPa (223.95°C)}	\multicolumn{4}{c	}{P = 3.00 MPa (233.85°C)}	\multicolumn{4}{c	}{P = 3.50 MPa (242.56°C)}
飽和	0.07995	2602.1	2801.9	6.2558	0.06667	2603.2	2803.2	6.1856	0.05706	2603.0	2802.7	6.1244
225	0.08026	2604.8	2805.5	6.2629								
250	0.08705	2663.3	2880.9	6.4107	0.07063	2644.7	2856.5	6.2893	0.05876	2624.0	2829.7	6.1764
300	0.09894	2762.2	3009.6	6.6459	0.08118	2750.8	2994.3	6.5412	0.06845	2738.8	2978.4	6.4484
350	0.10979	2852.5	3127.0	6.8424	0.09056	2844.4	3116.1	6.7450	0.07680	2836.0	3104.9	6.6601
400	0.12012	2939.8	3240.1	7.0170	0.09938	2933.6	3231.7	6.9235	0.08456	2927.2	3223.2	6.8428
450	0.13015	3026.2	3351.6	7.1768	0.10789	3021.2	3344.9	7.0856	0.09198	3016.1	3338.1	7.0074
500	0.13999	3112.8	3462.8	7.3254	0.11620	3108.6	3457.2	7.2359	0.09913	3104.5	3451.7	7.1593
600	0.15931	3288.5	3686.8	7.5979	0.13245	3285.5	3682.8	7.5103	0.11325	3282.5	3678.9	7.4357
700	0.17835	3469.3	3915.2	7.8455	0.14841	3467.0	3912.2	7.7590	0.12702	3464.7	3909.3	7.6855
800	0.19722	3656.2	4149.2	8.0744	0.16420	3654.3	4146.9	7.9885	0.14061	3652.5	4144.6	7.9156
900	0.21597	3849.4	4389.3	8.2882	0.17988	3847.9	4387.5	8.2028	0.15410	3846.4	4385.7	8.1304
1000	0.23466	4049.0	4635.6	8.4897	0.19549	4047.7	4634.2	8.4045	0.16751	4046.4	4632.7	8.3324
1100	0.25330	4254.7	4887.9	8.6804	0.21105	4253.6	4886.7	8.5955	0.18087	4252.5	4885.6	8.5236
1200	0.27190	4466.3	5146.0	8.8618	0.22658	4465.3	5145.1	8.7771	0.19420	4464.4	5144.1	8.7053
1300	0.29048	4683.4	5409.5	9.0349	0.24207	4682.6	5408.8	8.9502	0.20750	4681.8	5408.0	8.8786

表 A-6

水的過熱蒸氣狀態（續）

T °C	v m³/kg	u kJ/kg	h kJ/kg	s kJ/kg·K	v m³/kg	u kJ/kg	h kJ/kg	s kJ/kg·K	v m³/kg	u kJ/kg	h kJ/kg	s kJ/kg·K
	\multicolumn{4}{c}{$P = 4.0$ MPa (250.35°C)}									
飽和	0.04978	2601.7	2800.8	6.0696	0.04406	2599.7	2798.0	6.0198	0.03945	2597.0	2794.2	5.9737
275	0.05461	2668.9	2887.3	6.2312	0.04733	2651.4	2864.4	6.1429	0.04144	2632.3	2839.5	6.0571
300	0.05887	2726.2	2961.7	6.3639	0.05138	2713.0	2944.2	6.2854	0.04535	2699.0	2925.7	6.2111
350	0.06647	2827.4	3093.3	6.5843	0.05842	2818.6	3081.5	6.5153	0.05197	2809.5	3069.3	6.4516
400	0.07343	2920.8	3214.5	6.7714	0.06477	2914.2	3205.7	6.7071	0.05784	2907.5	3196.7	6.6483
450	0.08004	3011.0	3331.2	6.9386	0.07076	3005.8	3324.2	6.8770	0.06332	3000.6	3317.2	6.8210
500	0.08644	3100.3	3446.0	7.0922	0.07652	3096.0	3440.4	7.0323	0.06858	3091.8	3434.7	6.9781
600	0.09886	3279.4	3674.9	7.3706	0.08766	3276.4	3670.9	7.3127	0.07870	3273.3	3666.9	7.2605
700	0.11098	3462.4	3906.3	7.6214	0.09850	3460.0	3903.3	7.5647	0.08852	3457.7	3900.3	7.5136
800	0.12292	3650.6	4142.3	7.8523	0.10916	3648.8	4140.0	7.7962	0.09816	3646.9	4137.7	7.7458
900	0.13476	3844.8	4383.9	8.0675	0.11972	3843.3	4382.1	8.0118	0.10769	3841.8	4380.2	7.9619
1000	0.14653	4045.1	4631.2	8.2698	0.13020	4043.9	4629.8	8.2144	0.11715	4042.6	4628.3	8.1648
1100	0.15824	4251.4	4884.4	8.4612	0.14064	4250.4	4883.2	8.4060	0.12655	4249.3	4882.1	8.3566
1200	0.16992	4463.5	5143.2	8.6430	0.15103	4462.6	5142.2	8.5880	0.13592	4461.6	5141.3	8.5388
1300	0.18157	4680.9	5407.2	8.8164	0.16140	4680.1	5406.5	8.7616	0.14527	4679.3	5405.7	8.7124
	\multicolumn{4}{c}{$P = 6.0$ MPa (275.59°C)}									
飽和	0.03245	2589.9	2784.6	5.8902	0.027378	2581.0	2772.6	5.8148	0.023525	2570.5	2758.7	5.7450
300	0.03619	2668.4	2885.6	6.0703	0.029492	2633.5	2839.9	5.9337	0.024279	2592.3	2786.5	5.7937
350	0.04225	2790.4	3043.9	6.3357	0.035262	2770.1	3016.9	6.2305	0.029975	2748.3	2988.1	6.1321
400	0.04742	2893.7	3178.3	6.5432	0.039958	2879.5	3159.2	6.4502	0.034344	2864.6	3139.4	6.3658
450	0.05217	2989.9	3302.9	6.7219	0.044187	2979.0	3288.3	6.6353	0.038194	2967.8	3273.3	6.5579
500	0.05667	3083.1	3423.1	6.8826	0.048157	3074.3	3411.4	6.8000	0.041767	3065.4	3399.5	6.7266
550	0.06102	3175.2	3541.3	7.0308	0.051966	3167.9	3531.6	6.9507	0.045172	3160.5	3521.8	6.8800
600	0.06527	3267.2	3658.8	7.1693	0.055665	3261.0	3650.6	7.0910	0.048463	3254.7	3642.4	7.0221
700	0.07355	3453.0	3894.3	7.4247	0.062850	3448.3	3888.3	7.3487	0.054829	3443.6	3882.2	7.2822
800	0.08165	3643.2	4133.1	7.6582	0.069866	3639.5	4128.5	7.5836	0.061011	3635.7	4123.8	7.5185
900	0.08964	3838.8	4376.6	7.8751	0.076750	3835.7	4373.0	7.8014	0.067082	3832.7	4369.3	7.7372
1000	0.09756	4040.1	4625.4	8.0786	0.083571	4037.5	4622.5	8.0055	0.073079	4035.0	4619.6	7.9419
1100	0.10543	4247.1	4879.7	8.2709	0.090341	4245.0	4877.4	8.1982	0.079025	4242.8	4875.0	8.1350
1200	0.11326	4459.8	5139.4	8.4534	0.097075	4457.9	5137.4	8.3810	0.084934	4456.1	5135.5	8.3181
1300	0.12107	4677.7	5404.1	8.6273	0.103781	4676.1	5402.6	8.5551	0.090817	4674.5	5401.0	8.4925
	\multicolumn{4}{c}{$P = 9.0$ MPa (303.35°C)}									
飽和	0.020489	2558.5	2742.9	5.6791	0.018028	2545.2	2725.5	5.6159	0.013496	2505.6	2674.3	5.4638
325	0.023284	2647.6	2857.1	5.8738	0.019877	2611.6	2810.3	5.7596				
350	0.025816	2725.0	2957.3	6.0380	0.022440	2699.6	2924.0	5.9460	0.016138	2624.9	2826.6	5.7130
400	0.029960	2849.2	3118.8	6.2876	0.026436	2833.1	3097.5	6.2141	0.020030	2789.6	3040.0	6.0433
450	0.033524	2956.3	3258.0	6.4872	0.029782	2944.5	3242.4	6.4219	0.023019	2913.7	3201.5	6.2749
500	0.036793	3056.3	3387.4	6.6603	0.032811	3047.0	3375.1	6.5995	0.025630	3023.2	3343.6	6.4651
550	0.039885	3153.0	3512.0	6.8164	0.035655	3145.4	3502.0	6.7585	0.028033	3126.1	3476.5	6.6317
600	0.042861	3248.4	3634.1	6.9605	0.038378	3242.0	3625.8	6.9045	0.030306	3225.8	3604.6	6.7828
650	0.045755	3343.4	3755.2	7.0954	0.041018	3338.0	3748.1	7.0408	0.032491	3324.1	3730.2	6.9227
700	0.048589	3438.8	3876.1	7.2229	0.043597	3434.0	3870.0	7.1693	0.034612	3422.0	3854.6	7.0540
800	0.054132	3632.0	4119.2	7.4606	0.048629	3628.2	4114.5	7.4085	0.038724	3618.8	4102.8	7.2967
900	0.059562	3829.6	4365.7	7.6802	0.053547	3826.5	4362.0	7.6290	0.042720	3818.9	4352.9	7.5195
1000	0.064919	4032.4	4616.7	7.8855	0.058391	4029.9	4613.8	7.8349	0.046641	4023.5	4606.5	7.7269
1100	0.070224	4240.7	4872.7	8.0791	0.063183	4238.5	4870.3	8.0289	0.050510	4233.1	4864.5	7.9220
1200	0.075492	4454.2	5133.6	8.2625	0.067938	4452.4	5131.7	8.2126	0.054342	4447.7	5127.0	8.1065
1300	0.080733	4672.9	5399.5	8.4371	0.072667	4671.3	5398.0	8.3874	0.058147	4667.3	5394.1	8.2819

Column groups: $P = 4.5$ MPa (257.44°C), $P = 5.0$ MPa (263.94°C), $P = 7.0$ MPa (285.83°C), $P = 8.0$ MPa (295.01°C), $P = 10.0$ MPa (311.00°C), $P = 12.5$ MPa (327.81°C)

表 A-6

水的過熱蒸氣狀態（續）

T °C	v m³/kg	u kJ/kg	h kJ/kg	s kJ/kg·K	v m³/kg	u kJ/kg	h kJ/kg	s kJ/kg·K	v m³/kg	u kJ/kg	h kJ/kg	s kJ/kg·K
	\multicolumn{4}{c}{P = 15.0 MPa (342.16°C)}			P = 17.5 MPa (354.67°C)				P = 20.0 MPa (365.75°C)		
飽和	0.010341	2455.7	2610.8	5.3108	0.007932	2390.7	2529.5	5.1435	0.005862	2294.8	2412.1	4.9310
350	0.011481	2520.9	2693.1	5.4438								
400	0.015671	2740.6	2975.7	5.8819	0.012463	2684.3	2902.4	5.7211	0.009950	2617.9	2816.9	5.5526
450	0.018477	2880.8	3157.9	6.1434	0.015204	2845.4	3111.4	6.0212	0.012721	2807.3	3061.7	5.9043
500	0.020828	2998.4	3310.8	6.3480	0.017385	2972.4	3276.7	6.2424	0.014793	2945.3	3241.2	6.1446
550	0.022945	3106.2	3450.4	6.5230	0.019305	3085.8	3423.6	6.4266	0.016571	3064.7	3396.2	6.3390
600	0.024921	3209.3	3583.1	6.6796	0.021073	3192.5	3561.3	6.5890	0.018185	3175.3	3539.0	6.5075
650	0.026804	3310.1	3712.1	6.8233	0.022742	3295.8	3693.8	6.7366	0.019695	3281.4	3675.3	6.6593
700	0.028621	3409.8	3839.1	6.9573	0.024342	3397.5	3823.5	6.8735	0.021134	3385.1	3807.8	6.7991
800	0.032121	3609.3	4091.1	7.2037	0.027405	3599.7	4079.3	7.1237	0.023870	3590.1	4067.5	7.0531
900	0.035503	3811.2	4343.7	7.4288	0.030348	3803.5	4334.6	7.3511	0.026484	3795.7	4325.4	7.2829
1000	0.038808	4017.1	4599.2	7.6378	0.033215	4010.7	4592.0	7.5616	0.029020	4004.3	4584.7	7.4950
1100	0.042062	4227.7	4858.6	7.8339	0.036029	4222.3	4852.2	7.7588	0.031504	4216.9	4847.0	7.6933
1200	0.045279	4443.1	5122.3	8.0192	0.038806	4438.5	5117.6	7.9449	0.033952	4433.8	5112.9	7.8802
1300	0.048469	4663.3	5390.3	8.1952	0.041556	4659.2	5386.5	8.1215	0.036371	4655.2	5382.7	8.0574
	\multicolumn{4}{c}{P = 25.0 MPa}			P = 30.0 MPa				P = 35.0 MPa		
375	0.001978	1799.9	1849.4	4.0345	0.001792	1738.1	1791.9	3.9313	0.001701	1702.8	1762.4	3.8724
400	0.006005	2428.5	2578.7	5.1400	0.002798	2068.9	2152.8	4.4758	0.002105	1914.9	1988.6	4.2144
425	0.007886	2607.8	2805.0	5.4708	0.005299	2452.9	2611.8	5.1473	0.003434	2253.3	2373.5	4.7751
450	0.009176	2721.2	2950.6	5.6759	0.006737	2618.9	2821.0	5.4422	0.004957	2497.5	2671.0	5.1946
500	0.011143	2887.3	3165.9	5.9643	0.008691	2824.0	3084.8	5.7956	0.006933	2755.3	2997.9	5.6331
550	0.012736	3020.8	3339.2	6.1816	0.010175	2974.5	3279.7	6.0403	0.008348	2925.8	3218.0	5.9093
600	0.014140	3140.0	3493.5	6.3637	0.011445	3103.4	3446.8	6.2373	0.009523	3065.6	3399.0	6.1229
650	0.015430	3251.9	3637.7	6.5243	0.012590	3221.7	3599.4	6.4074	0.010565	3190.9	3560.7	6.3030
700	0.016643	3359.9	3776.0	6.6702	0.013654	3334.3	3743.9	6.5599	0.011523	3308.3	3711.6	6.4623
800	0.018922	3570.7	4043.8	6.9322	0.015628	3551.2	4020.0	6.8301	0.013278	3531.6	3996.3	6.7409
900	0.021075	3780.2	4307.1	7.1668	0.017473	3764.6	4288.8	7.0695	0.014904	3749.0	4270.6	6.9853
1000	0.023150	3991.5	4570.2	7.3821	0.019240	3978.6	4555.8	7.2880	0.016450	3965.8	4541.5	7.2069
1100	0.025172	4206.1	4835.4	7.5825	0.020954	4195.2	4823.9	7.4906	0.017942	4184.4	4812.4	7.4118
1200	0.027157	4424.6	5103.5	7.7710	0.022630	4415.3	5094.2	7.6807	0.019398	4406.1	5085.0	7.6034
1300	0.029115	4647.2	5375.1	7.9494	0.024279	4639.2	5367.6	7.8602	0.020827	4631.2	5360.2	7.7841
	\multicolumn{4}{c}{P = 40.0 MPa}			P = 50.0 MPa				P = 60.0 MPa		
375	0.001641	1677.0	1742.6	3.8290	0.001560	1638.6	1716.6	3.7642	0.001503	1609.7	1699.9	3.7149
400	0.001911	1855.0	1931.4	4.1145	0.001731	1787.8	1874.4	4.0029	0.001633	1745.2	1843.2	3.9317
425	0.002538	2097.5	2199.0	4.5044	0.002009	1960.3	2060.7	4.2746	0.001816	1892.9	2001.8	4.1630
450	0.003692	2364.2	2511.8	4.9449	0.002487	2160.3	2284.7	4.5896	0.002086	2055.1	2180.2	4.4140
500	0.005623	2681.6	2906.5	5.4744	0.003890	2528.1	2722.6	5.1762	0.002952	2393.2	2570.3	4.9356
550	0.006985	2875.1	3154.4	5.7857	0.005118	2769.5	3025.4	5.5563	0.003955	2664.6	2901.9	5.3517
600	0.008089	3026.8	3350.4	6.0170	0.006108	2947.1	3252.6	5.8245	0.004833	2866.8	3156.8	5.6527
650	0.009053	3159.5	3521.6	6.2078	0.006957	3095.6	3443.5	6.0373	0.005591	3031.3	3366.8	5.8867
700	0.009930	3282.0	3679.2	6.3740	0.007717	3228.7	3614.6	6.2179	0.006265	3175.4	3551.3	6.0814
800	0.011521	3511.8	3972.6	6.6613	0.009073	3472.2	3925.8	6.5225	0.007456	3432.6	3880.0	6.4033
900	0.012980	3733.3	4252.5	6.9107	0.010296	3702.0	4216.8	6.7819	0.008519	3670.9	4182.1	6.6725
1000	0.014360	3952.9	4527.3	7.1355	0.011441	3927.4	4499.4	7.0131	0.009504	3902.0	4472.2	6.9099
1100	0.015686	4173.7	4801.1	7.3425	0.012534	4152.2	4778.9	7.2244	0.010439	4130.9	4757.3	7.1255
1200	0.016976	4396.9	5075.9	7.5357	0.013590	4378.6	5058.1	7.4207	0.011339	4360.5	5040.8	7.3248
1300	0.018239	4623.3	5352.8	7.7175	0.014620	4607.5	5338.5	7.6048	0.012213	4591.8	5324.5	7.5111

表 A-7

水的壓縮液體狀態

T °C	v m³/kg	u kJ/kg	h kJ/kg	s kJ/kg·K	v m³/kg	u kJ/kg	h kJ/kg	s kJ/kg·K	v m³/kg	u kJ/kg	h kJ/kg	s kJ/kg·K
	\multicolumn{4}{c	}{P = 5 MPa (263.94°C)}	\multicolumn{4}{c	}{P = 10 MPa (311.00°C)}	\multicolumn{4}{c}{P = 15 MPa (342.16°C)}
飽和	0.0012862	1148.1	1154.5	2.9207	0.0014522	1393.3	1407.9	3.3603	0.0016572	1585.5	1610.3	3.6848
0	0.0009977	0.04	5.03	0.0001	0.0009952	0.12	10.07	0.0003	0.0009928	0.18	15.07	0.0004
20	0.0009996	83.61	88.61	0.2954	0.0009973	83.31	93.28	0.2943	0.0009951	83.01	97.93	0.2932
40	0.0010057	166.92	171.95	0.5705	0.0010035	166.33	176.37	0.5685	0.0010013	165.75	180.77	0.5666
60	0.0010149	250.29	255.36	0.8287	0.0010127	249.43	259.55	0.8260	0.0010105	248.58	263.74	0.8234
80	0.0010267	333.82	338.96	1.0723	0.0010244	332.69	342.94	1.0691	0.0010221	331.59	346.92	1.0659
100	0.0010410	417.65	422.85	1.3034	0.0010385	416.23	426.62	1.2996	0.0010361	414.85	430.39	1.2958
120	0.0010576	501.91	507.19	1.5236	0.0010549	500.18	510.73	1.5191	0.0010522	498.50	514.28	1.5148
140	0.0010769	586.80	592.18	1.7344	0.0010738	584.72	595.45	1.7293	0.0010708	582.69	598.75	1.7243
160	0.0010988	672.55	678.04	1.9374	0.0010954	670.06	681.01	1.9316	0.0010920	667.63	684.01	1.9259
180	0.0011240	759.47	765.09	2.1338	0.0011200	756.48	767.68	2.1271	0.0011160	753.58	770.32	2.1206
200	0.0011531	847.92	853.68	2.3251	0.0011482	844.32	855.80	2.3174	0.0011435	840.84	858.00	2.3100
220	0.0011868	938.39	944.32	2.5127	0.0011809	934.01	945.82	2.5037	0.0011752	929.81	947.43	2.4951
240	0.0012268	1031.6	1037.7	2.6983	0.0012192	1026.2	1038.3	2.6876	0.0012121	1021.0	1039.2	2.6774
260	0.0012755	1128.5	1134.9	2.8841	0.0012653	1121.6	1134.3	2.8710	0.0012560	1115.1	1134.0	2.8586
280					0.0013226	1221.8	1235.0	3.0565	0.0013096	1213.4	1233.0	3.0410
300					0.0013980	1329.4	1343.3	3.2488	0.0013783	1317.6	1338.3	3.2279
320									0.0014733	1431.9	1454.0	3.4263
340									0.0016311	1567.9	1592.4	3.6555
	\multicolumn{4}{c	}{P = 20 MPa (365.75°C)}	\multicolumn{4}{c	}{P = 30 MPa}	\multicolumn{4}{c}{P = 50 MPa}
飽和	0.0020378	1785.8	1826.6	4.0146								
0	0.0009904	0.23	20.03	0.0005	0.0009857	0.29	29.86	0.0003	0.0009767	0.29	49.13	−0.0010
20	0.0009929	82.71	102.57	0.2921	0.0009886	82.11	111.77	0.2897	0.0009805	80.93	129.95	0.2845
40	0.0009992	165.17	185.16	0.5646	0.0009951	164.05	193.90	0.5607	0.0009872	161.90	211.25	0.5528
60	0.0010084	247.75	267.92	0.8208	0.0010042	246.14	276.26	0.8156	0.0009962	243.08	292.88	0.8055
80	0.0010199	330.50	350.90	1.0627	0.0010155	328.40	358.86	1.0564	0.0010072	324.42	374.78	1.0442
100	0.0010337	413.50	434.17	1.2920	0.0010290	410.87	441.74	1.2847	0.0010201	405.94	456.94	1.2705
120	0.0010496	496.85	517.84	1.5105	0.0010445	493.66	525.00	1.5020	0.0010349	487.69	539.43	1.4859
140	0.0010679	580.71	602.07	1.7194	0.0010623	576.90	608.76	1.7098	0.0010517	569.77	622.36	1.6916
160	0.0010886	665.28	687.05	1.9203	0.0010823	660.74	693.21	1.9094	0.0010704	652.33	705.85	1.8889
180	0.0011122	750.78	773.02	2.1143	0.0011049	745.40	778.55	2.1020	0.0010914	735.49	790.06	2.0790
200	0.0011390	837.49	860.27	2.3027	0.0011304	831.11	865.02	2.2888	0.0011149	819.45	875.19	2.2628
220	0.0011697	925.77	949.16	2.4867	0.0011595	918.15	952.93	2.4707	0.0011412	904.39	961.45	2.4414
240	0.0012053	1016.1	1040.2	2.6676	0.0011927	1006.9	1042.7	2.6491	0.0011708	990.55	1049.1	2.6156
260	0.0012472	1109.0	1134.0	2.8469	0.0012314	1097.8	1134.7	2.8250	0.0012044	1078.2	1138.4	2.7864
280	0.0012978	1205.6	1231.5	3.0265	0.0012770	1191.5	1229.8	3.0001	0.0012430	1167.7	1229.9	2.9547
300	0.0013611	1307.2	1334.4	3.2091	0.0013322	1288.9	1328.9	3.1761	0.0012879	1259.6	1324.0	3.1218
320	0.0014450	1416.6	1445.5	3.3996	0.0014014	1391.7	1433.7	3.3558	0.0013409	1354.3	1421.4	3.2888
340	0.0015693	1540.2	1571.6	3.6086	0.0014932	1502.4	1547.1	3.5438	0.0014049	1452.9	1523.1	3.4575
360	0.0018248	1703.6	1740.1	3.8787	0.0016276	1626.8	1675.6	3.7499	0.0014848	1556.5	1630.7	3.6301
380					0.0018729	1782.0	1838.2	4.0026	0.0015884	1667.1	1746.5	3.8102

表 A-8

飽和冰—水蒸氣

溫度 $T\ °C$	飽和壓力 P_{sat} kPa	比容 m³/kg 飽和冰 v_i	比容 m³/kg 飽和蒸氣 v_g	內能 kJ/kg 飽和冰 u_i	內能 kJ/kg 昇華 u_{ig}	內能 kJ/kg 飽和蒸氣 u_g	焓 kJ/kg 飽和冰 h_i	焓 kJ/kg 昇華 h_{ig}	焓 kJ/kg 飽和蒸氣 h_g	熵 kJ/kg·K 飽和冰 s_i	熵 kJ/kg·K 昇華 s_{ig}	熵 kJ/kg·K 飽和蒸氣 s_g
0.01	0.61169	0.001091	205.99	−333.40	2707.9	2374.5	−333.40	2833.9	2500.5	−1.2202	10.374	9.154
0	0.61115	0.001091	206.17	−333.43	2707.9	2374.5	−333.43	2833.9	2500.5	−1.2204	10.375	9.154
−2	0.51772	0.001091	241.62	−337.63	2709.4	2371.8	−337.63	2834.5	2496.8	−1.2358	10.453	9.218
−4	0.43748	0.001090	283.84	−341.80	2710.8	2369.0	−341.80	2835.0	2493.2	−1.2513	10.533	9.282
−6	0.36873	0.001090	334.27	−345.94	2712.2	2366.2	−345.93	2835.4	2489.5	−1.2667	10.613	9.347
−8	0.30998	0.001090	394.66	−350.04	2713.5	2363.5	−350.04	2835.8	2485.8	−1.2821	10.695	9.413
−10	0.25990	0.001089	467.17	−354.12	2714.8	2360.7	−354.12	2836.2	2482.1	−1.2976	10.778	9.480
−12	0.21732	0.001089	554.47	−358.17	2716.1	2357.9	−358.17	2836.6	2478.4	−1.3130	10.862	9.549
−14	0.18121	0.001088	659.88	−362.18	2717.3	2355.2	−362.18	2836.9	2474.7	−1.3284	10.947	9.618
−16	0.15068	0.001088	787.51	−366.17	2718.6	2352.4	−366.17	2837.2	2471.0	−1.3439	11.033	9.689
−18	0.12492	0.001088	942.51	−370.13	2719.7	2349.6	−370.13	2837.5	2467.3	−1.3593	11.121	9.761
−20	0.10326	0.001087	1131.3	−374.06	2720.9	2346.8	−374.06	2837.7	2463.6	−1.3748	11.209	9.835
−22	0.08510	0.001087	1362.0	−377.95	2722.0	2344.1	−377.95	2837.9	2459.9	−1.3903	11.300	9.909
−24	0.06991	0.001087	1644.7	−381.82	2723.1	2341.3	−381.82	2838.1	2456.2	−1.4057	11.391	9.985
−26	0.05725	0.001087	1992.2	−385.66	2724.2	2338.5	−385.66	2838.2	2452.5	−1.4212	11.484	10.063
−28	0.04673	0.001086	2421.0	−389.47	2725.2	2335.7	−389.47	2838.3	2448.8	−1.4367	11.578	10.141
−30	0.03802	0.001086	2951.7	−393.25	2726.2	2332.9	−393.25	2838.4	2445.1	−1.4521	11.673	10.221
−32	0.03082	0.001086	3610.9	−397.00	2727.2	2330.2	−397.00	2838.4	2441.4	−1.4676	11.770	10.303
−34	0.02490	0.001085	4432.4	−400.72	2728.1	2327.4	−400.72	2838.5	2437.7	−1.4831	11.869	10.386
−36	0.02004	0.001085	5460.1	−404.40	2729.0	2324.6	−404.40	2838.4	2434.0	−1.4986	11.969	10.470
−38	0.01608	0.001085	6750.5	−408.07	2729.9	2321.8	−408.07	2838.4	2430.3	−1.5141	12.071	10.557
−40	0.01285	0.001084	8376.7	−411.70	2730.7	2319.0	−411.70	2838.3	2426.6	−1.5296	12.174	10.644

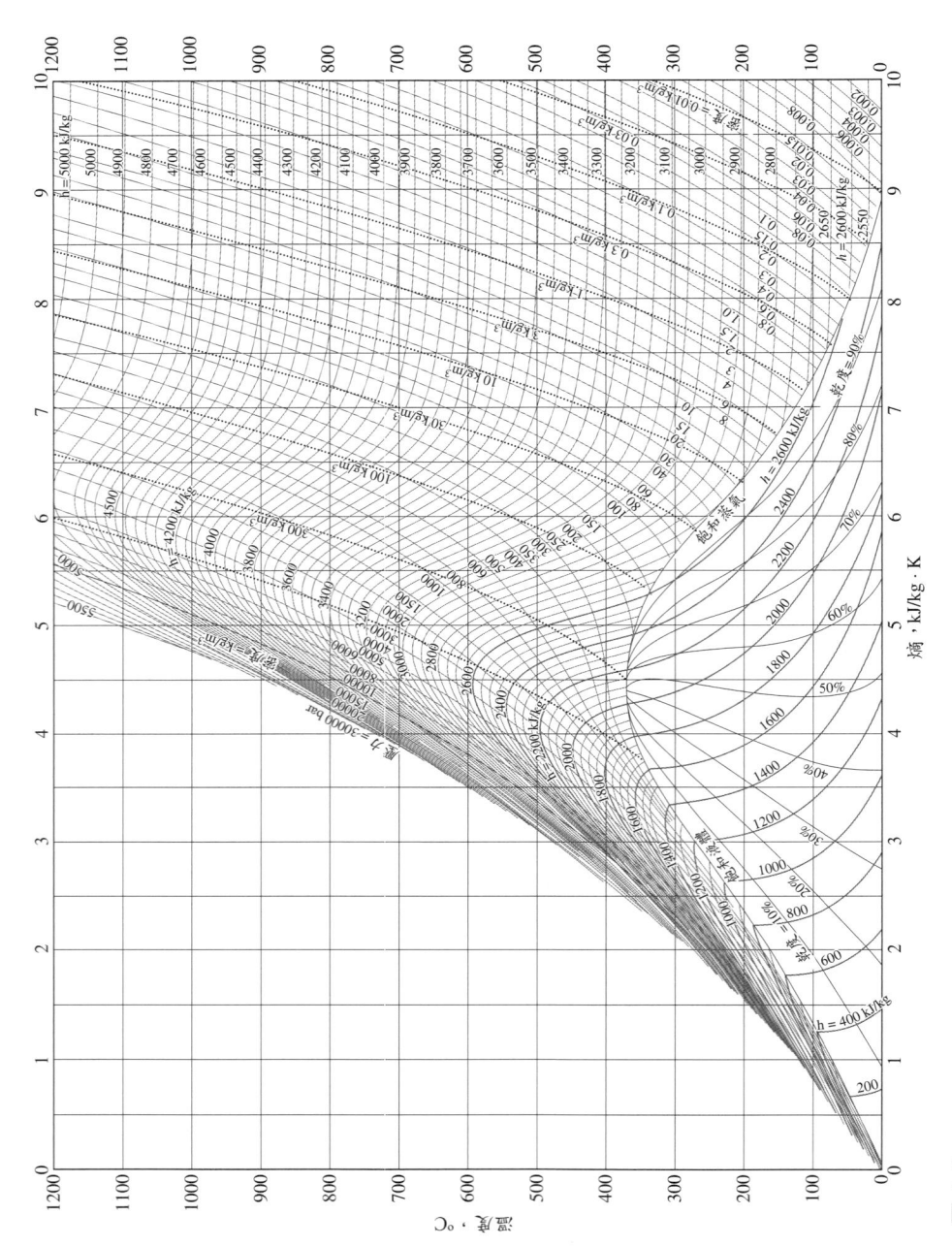

圖 A-9

水的 T-s 圖。

資料來源：© 1984. *NBS/NRC Steam Tables/1* by Lester Haar, John S. Gallagher, and George S. Kell. (Routledge/Taylor & Francis Books, Inc.)

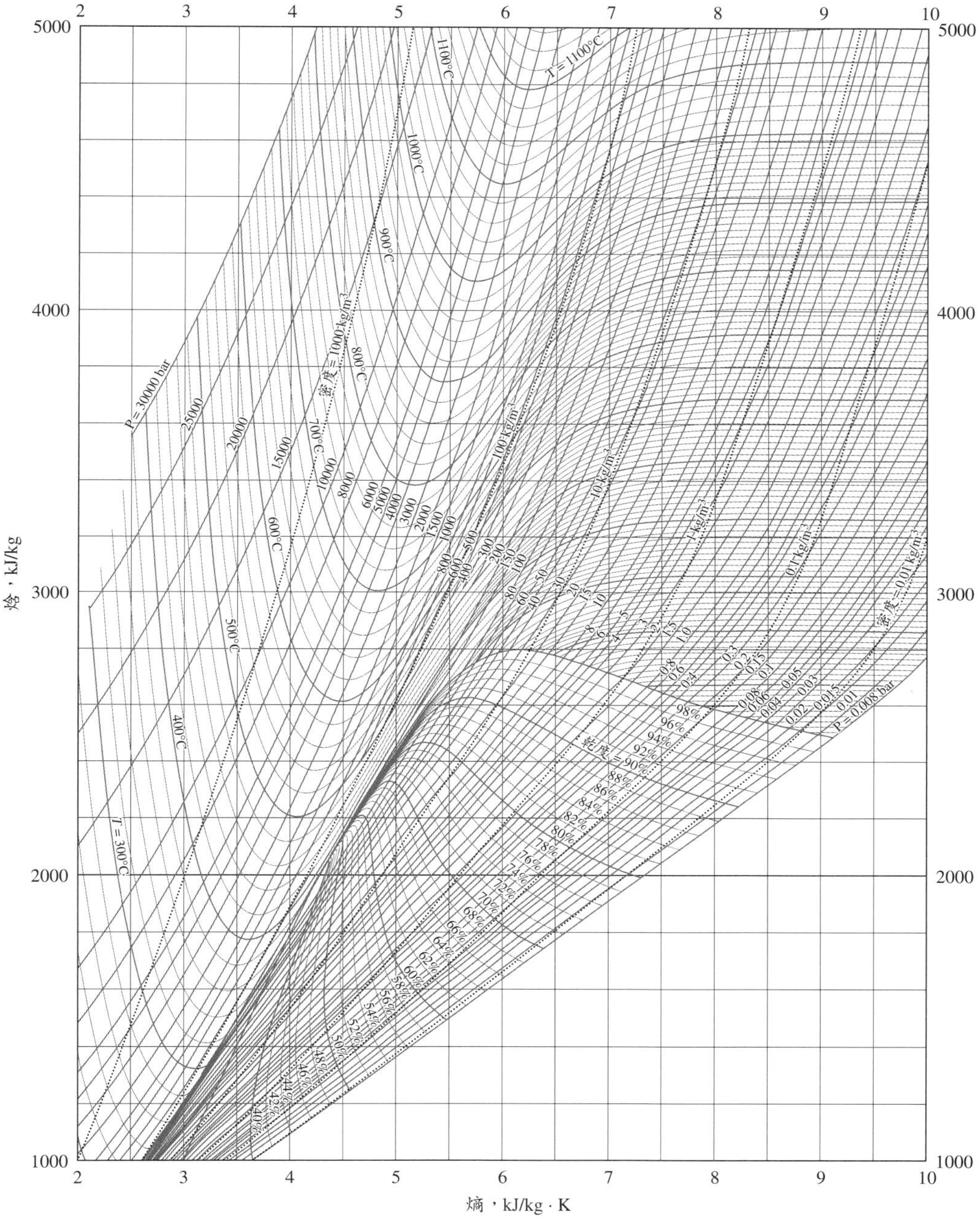

圖 A-10

水的莫里爾圖。

資料來源：© 1984. *NBS/NRC Steam Tables/1* by Lester Haar, John S. Gallagher, and George S. Kell.(Routledge/Taylor & Francis Books, Inc.)

表 A-11

飽和冷媒 R-134a——溫度表

溫度 T °C	飽和壓力 P_{sat} kPa	比容 m³/kg 飽和液體 v_f	比容 飽和蒸氣 v_g	內能 kJ/kg 飽和液體 u_f	內能 蒸發 u_{fg}	內能 飽和蒸氣 u_g	焓 kJ/kg 飽和液體 h_f	焓 蒸發 h_{fg}	焓 飽和蒸氣 h_g	熵 kJ/kg·K 飽和液體 s_f	熵 蒸發 s_{fg}	熵 飽和蒸氣 s_g
−40	51.25	0.0007054	0.36081	−0.036	207.40	207.37	0.000	225.86	225.86	0.00000	0.96866	0.96866
−38	56.86	0.0007083	0.32732	2.475	206.04	208.51	2.515	224.61	227.12	0.01072	0.95511	0.96584
−36	62.95	0.0007112	0.29751	4.992	204.67	209.66	5.037	223.35	228.39	0.02138	0.94176	0.96315
−34	69.56	0.0007142	0.27090	7.517	203.29	210.81	7.566	222.09	229.65	0.03199	0.92859	0.96058
−32	76.71	0.0007172	0.24711	10.05	201.91	211.96	10.10	220.81	230.91	0.04253	0.91560	0.95813
−30	84.43	0.0007203	0.22580	12.59	200.52	213.11	12.65	219.52	232.17	0.05301	0.90278	0.95579
−28	92.76	0.0007234	0.20666	15.13	199.12	214.25	15.20	218.22	233.43	0.06344	0.89012	0.95356
−26	101.73	0.0007265	0.18946	17.69	197.72	215.40	17.76	216.92	234.68	0.07382	0.87762	0.95144
−24	111.37	0.0007297	0.17395	20.25	196.30	216.55	20.33	215.59	235.92	0.08414	0.86527	0.94941
−22	121.72	0.0007329	0.15995	22.82	194.88	217.70	22.91	214.26	s237.17	0.09441	0.85307	0.94748
−20	132.82	0.0007362	0.14729	25.39	193.45	218.84	25.49	212.91	238.41	0.10463	0.84101	0.94564
−18	144.69	0.0007396	0.13583	27.98	192.01	219.98	28.09	211.55	239.64	0.11481	0.82908	0.94389
−16	157.38	0.0007430	0.12542	30.57	190.56	221.13	30.69	210.18	240.87	0.12493	0.81729	0.94222
−14	170.93	0.0007464	0.11597	33.17	189.09	222.27	33.30	208.79	242.09	0.13501	0.80561	0.94063
−12	185.37	0.0007499	0.10736	35.78	187.62	223.40	35.92	207.38	243.30	0.14504	0.79406	0.93911
−10	200.74	0.0007535	0.099516	38.40	186.14	224.54	38.55	205.96	244.51	0.15504	0.78263	0.93766
−8	217.08	0.0007571	0.092352	41.03	184.64	225.67	41.19	204.52	245.72	0.16498	0.77130	0.93629
−6	234.44	0.0007608	0.085802	43.66	183.13	226.80	43.84	203.07	246.91	0.17489	0.76008	0.93497
−4	252.85	0.0007646	0.079804	46.31	181.61	227.92	46.50	201.60	248.10	0.18476	0.74896	0.93372
−2	272.36	0.0007684	0.074304	48.96	180.08	229.04	49.17	200.11	249.28	0.19459	0.73794	0.93253
0	293.01	0.0007723	0.069255	51.63	178.53	230.16	51.86	198.60	250.45	0.20439	0.72701	0.93139
2	314.84	0.0007763	0.064612	54.30	176.97	231.27	54.55	197.07	251.61	0.21415	0.71616	0.93031
4	337.90	0.0007804	0.060338	56.99	175.39	232.38	57.25	195.51	252.77	0.22387	0.70540	0.92927
6	362.23	0.0007845	0.056398	59.68	173.80	233.48	59.97	193.94	253.91	0.23356	0.69471	0.92828
8	387.88	0.0007887	0.052762	62.39	172.19	234.58	62.69	192.35	255.04	0.24323	0.68410	0.92733
10	414.89	0.0007930	0.049403	65.10	170.56	235.67	65.43	190.73	256.16	0.25286	0.67356	0.92641
12	443.31	0.0007975	0.046295	67.83	168.92	236.75	68.18	189.09	257.27	0.26246	0.66308	0.92554
14	473.19	0.0008020	0.043417	70.57	167.26	237.83	70.95	187.42	258.37	0.27204	0.65266	0.92470
16	504.58	0.0008066	0.040748	73.32	165.58	238.90	73.73	185.73	259.46	0.28159	0.64230	0.92389
18	537.52	0.0008113	0.038271	76.08	163.88	239.96	76.52	184.01	260.53	0.29112	0.63198	0.92310

表 A-11

飽和冷媒 R-134a──溫度表（續）

溫度 T °C	飽和壓力 P_{sat} kPa	比容 m³/kg 飽和液體 v_f	比容 m³/kg 飽和蒸氣 v_g	內能 kJ/kg 飽和液體 u_f	內能 kJ/kg 蒸發 u_{fg}	內能 kJ/kg 飽和蒸氣 u_g	焓 kJ/kg 飽和液體 h_f	焓 kJ/kg 蒸發 h_{fg}	焓 kJ/kg 飽和蒸氣 h_g	熵 kJ/kg·K 飽和液體 s_f	熵 kJ/kg·K 蒸發 s_{fg}	熵 kJ/kg·K 飽和蒸氣 s_g
20	572.07	0.0008161	0.035969	78.86	162.16	241.02	79.32	182.27	261.59	0.30063	0.62172	0.92234
22	608.27	0.0008210	0.033828	81.64	160.42	242.06	82.14	180.49	262.64	0.31011	0.61149	0.92160
24	646.18	0.0008261	0.031834	84.44	158.65	243.10	84.98	178.69	263.67	0.31958	0.60130	0.92088
26	685.84	0.0008313	0.029976	87.26	156.87	244.12	87.83	176.85	264.68	0.32903	0.59115	0.92018
28	727.31	0.0008366	0.028242	90.09	155.05	245.14	90.69	174.99	265.68	0.33846	0.58102	0.91948
30	770.64	0.0008421	0.026622	92.93	153.22	246.14	93.58	173.08	266.66	0.34789	0.57091	0.91879
32	815.89	0.0008478	0.025108	95.79	151.35	247.14	96.48	171.14	267.62	0.35730	0.56082	0.91811
34	863.11	0.0008536	0.023691	98.66	149.46	248.12	99.40	169.17	268.57	0.36670	0.55074	0.91743
36	912.35	0.0008595	0.022364	101.55	147.54	249.08	102.33	167.16	269.49	0.37609	0.54066	0.91675
38	963.68	0.0008657	0.021119	104.45	145.58	250.04	105.29	165.10	270.39	0.38548	0.53058	0.91606
40	1017.1	0.0008720	0.019952	107.38	143.60	250.97	108.26	163.00	271.27	0.39486	0.52049	0.91536
42	1072.8	0.0008786	0.018855	110.32	141.58	251.89	111.26	160.86	272.12	0.40425	0.51039	0.91464
44	1130.7	0.0008854	0.017824	113.28	139.52	252.80	114.28	158.67	272.95	0.41363	0.50027	0.91391
46	1191.0	0.0008924	0.016853	116.26	137.42	253.68	117.32	156.43	273.75	0.42302	0.49012	0.91315
48	1253.6	0.0008996	0.015939	119.26	135.29	254.55	120.39	154.14	274.53	0.43242	0.47993	0.91236
52	1386.2	0.0009150	0.014265	125.33	130.88	256.21	126.59	149.39	275.98	0.45126	0.45941	0.91067
56	1529.1	0.0009317	0.012771	131.49	126.28	257.77	132.91	144.38	277.30	0.47018	0.43863	0.90880
60	1682.8	0.0009498	0.011434	137.76	121.46	259.22	139.36	139.10	278.46	0.48920	0.41749	0.90669
65	1891.0	0.0009750	0.009950	145.77	115.05	260.82	147.62	132.02	279.64	0.51320	0.39039	0.90359
70	2118.2	0.0010037	0.008642	154.01	108.14	262.15	156.13	124.32	280.46	0.53755	0.36227	0.89982
75	2365.8	0.0010372	0.007480	162.53	100.60	263.13	164.98	115.85	280.82	0.56241	0.33272	0.89512
80	2635.3	0.0010772	0.006436	171.40	92.23	263.63	174.24	106.35	280.59	0.58800	0.30111	0.88912
85	2928.2	0.0011270	0.005486	180.77	82.67	263.44	184.07	95.44	279.51	0.61473	0.26644	0.88117
90	3246.9	0.0011932	0.004599	190.89	71.29	262.18	194.76	82.35	277.11	0.64336	0.22674	0.87010
95	3594.1	0.0012933	0.003726	202.40	56.47	258.87	207.05	65.21	272.26	0.67578	0.17711	0.85289
100	3975.1	0.0015269	0.002630	218.72	29.19	247.91	224.79	33.58	258.37	0.72217	0.08999	0.81215

資料來源：表A-11到A-13是藉由 S. A. Klein 與 F. L. Alvarado所發展出來的工程方程式求解器（EES）軟體所產生出來的。冷媒R-134a最常被套用於此軟體來計算其性質，並根據R. Tillner-Roth 與 H. D. Baehr所發表的「1,1,1,2-四氟乙烷（HFC-134a）在溫度從170 K至455 K，以及壓力最高至70 MPa的狀態下的熱力學性質國際標準公式」文章中所發展的狀態方程式來計算（參見文章出處：*J. Phys. Chem, Ref. Data, Vol. 23, No. 5, 1994*）。飽和液體的焓值與熵值在溫度–40°C狀態下被設定為零。

表 A-12

飽和冷媒 R-134a——壓力表

壓力 P kPa	飽和溫度 T_{sat} °C	比容 m³/kg 飽和液體 v_f	比容 飽和蒸氣 v_g	內能 kJ/kg 飽和液體 u_f	內能 蒸發 u_{fg}	內能 飽和蒸氣 u_g	焓 kJ/kg 飽和液體 h_f	焓 蒸發 h_{fg}	焓 飽和蒸氣 h_g	熵 kJ/kg·K 飽和液體 s_f	熵 蒸發 s_{fg}	熵 飽和蒸氣 s_g
60	−36.95	0.0007098	0.31121	3.798	205.32	209.12	3.841	223.95	227.79	0.01634	0.94807	0.96441
70	−33.87	0.0007144	0.26929	7.680	203.20	210.88	7.730	222.00	229.73	0.03267	0.92775	0.96042
80	−31.13	0.0007185	0.23753	11.15	201.30	212.46	11.21	220.25	231.46	0.04711	0.90999	0.95710
90	−28.65	0.0007223	0.21263	14.31	199.57	213.88	14.37	218.65	233.02	0.06008	0.89419	0.95427
100	−26.37	0.0007259	0.19254	17.21	197.98	215.19	17.28	217.16	234.44	0.07188	0.87995	0.95183
120	−22.32	0.0007324	0.16212	22.40	195.11	217.51	22.49	214.48	236.97	0.09275	0.85503	0.94779
140	−18.77	0.0007383	0.14014	26.98	192.57	219.54	27.08	212.08	239.16	0.11087	0.83368	0.94456
160	−15.60	0.0007437	0.12348	31.09	190.27	221.35	31.21	209.90	241.11	0.12693	0.81496	0.94190
180	−12.73	0.0007487	0.11041	34.83	188.16	222.99	34.97	207.90	242.86	0.14139	0.79826	0.93965
200	−10.09	0.0007533	0.099867	38.28	186.21	224.48	38.43	206.03	244.46	0.15457	0.78316	0.93773
240	−5.38	0.0007620	0.083897	44.48	182.67	227.14	44.66	202.62	247.28	0.17794	0.75664	0.93458
280	−1.25	0.0007699	0.072352	49.97	179.50	229.46	50.18	199.54	249.72	0.19829	0.73381	0.93210
320	2.46	0.0007772	0.063604	54.92	176.61	231.52	55.16	196.71	251.88	0.21637	0.71369	0.93006
360	5.82	0.0007841	0.056738	59.44	173.94	233.38	59.72	194.08	253.81	0.23270	0.69566	0.92836
400	8.91	0.0007907	0.051201	63.62	171.45	235.07	63.94	191.62	255.55	0.24761	0.67929	0.92691
450	12.46	0.0007985	0.045619	68.45	168.54	237.00	68.81	188.71	257.53	0.26465	0.66069	0.92535
500	15.71	0.0008059	0.041118	72.93	165.82	238.75	73.33	185.98	259.30	0.28023	0.64377	0.92400
550	18.73	0.0008130	0.037408	77.10	163.25	240.35	77.54	183.38	260.92	0.29461	0.62821	0.92282
600	21.55	0.0008199	0.034295	81.02	160.81	241.83	81.51	180.90	262.40	0.30799	0.61378	0.92177
650	24.20	0.0008266	0.031646	84.72	158.48	243.20	85.26	178.51	263.77	0.32051	0.60030	0.92081
700	26.69	0.0008331	0.029361	88.24	156.24	244.48	88.82	176.21	265.03	0.33230	0.58763	0.91994
750	29.06	0.0008395	0.027371	91.59	154.08	245.67	92.22	173.98	266.20	0.34345	0.57567	0.91912
800	31.31	0.0008458	0.025621	94.79	152.00	246.79	95.47	171.82	267.29	0.35404	0.56431	0.91835
850	33.45	0.0008520	0.024069	97.87	149.98	247.85	98.60	169.71	268.31	0.36413	0.55349	0.91762
900	35.51	0.0008580	0.022683	100.83	148.01	248.85	101.61	167.66	269.26	0.37377	0.54315	0.91692
950	37.48	0.0008641	0.021438	103.69	146.10	249.79	104.51	165.64	270.15	0.38301	0.53323	0.91624
1000	39.37	0.0008700	0.020313	106.45	144.23	250.68	107.32	163.67	270.99	0.39189	0.52368	0.91558
1200	46.29	0.0008934	0.016715	116.70	137.11	253.81	117.77	156.10	273.87	0.42441	0.48863	0.91303
1400	52.40	0.0009166	0.014107	125.94	130.43	256.37	127.22	148.90	276.12	0.45315	0.45734	0.91050
1600	57.88	0.0009400	0.012123	134.43	124.04	258.47	135.93	141.93	277.86	0.47911	0.42873	0.90784
1800	62.87	0.0009639	0.010559	142.33	117.83	260.17	144.07	135.11	279.17	0.50294	0.40204	0.90498
2000	67.45	0.0009886	0.009288	149.78	111.73	261.51	151.76	128.33	280.09	0.52509	0.37675	0.90184
2500	77.54	0.0010566	0.006936	166.99	96.47	263.45	169.63	111.16	280.79	0.57531	0.31695	0.89226
3000	86.16	0.0011406	0.005275	183.04	80.22	263.26	186.46	92.63	279.09	0.62118	0.25776	0.87894

表 A-13

冷媒 R-134a 的過熱狀態

T °C	v m³/kg	u kJ/kg	h kJ/kg	s kJ/kg·K	v m³/kg	u kJ/kg	h kJ/kg	s kJ/kg·K	v m³/kg	u kJ/kg	h kJ/kg	s kJ/kg·K
	\multicolumn{4}{l}{$P = 0.06$ MPa ($T_{sat} = -36.95°C$)}									
飽和	0.31121	209.12	227.79	0.9644	0.19254	215.19	234.44	0.9518	0.14014	219.54	239.16	0.9446
−20	0.33608	220.60	240.76	1.0174	0.19841	219.66	239.50	0.9721				
−10	0.35048	227.55	248.58	1.0477	0.20743	226.75	247.49	1.0030	0.14605	225.91	246.36	0.9724
0	0.36476	234.66	256.54	1.0774	0.21630	233.95	255.58	1.0332	0.15263	233.23	254.60	1.0031
10	0.37893	241.92	264.66	1.1066	0.22506	241.30	263.81	1.0628	0.15908	240.66	262.93	1.0331
20	0.39302	249.35	272.94	1.1353	0.23373	248.79	272.17	1.0918	0.16544	248.22	271.38	1.0624
30	0.40705	256.95	281.37	1.1636	0.24233	256.44	280.68	1.1203	0.17172	255.93	279.97	1.0912
40	0.42102	264.71	289.97	1.1915	0.25088	264.25	289.34	1.1484	0.17794	263.79	288.70	1.1195
50	0.43495	272.64	298.74	1.2191	0.25937	272.22	298.16	1.1762	0.18412	271.79	297.57	1.1474
60	0.44883	280.73	307.66	1.2463	0.26783	280.35	307.13	1.2035	0.19025	279.96	306.59	1.1749
70	0.46269	288.99	316.75	1.2732	0.27626	288.64	316.26	1.2305	0.19635	288.28	315.77	1.2020
80	0.47651	297.41	326.00	1.2997	0.28465	297.08	325.55	1.2572	0.20242	296.75	325.09	1.2288
90	0.49032	306.00	335.42	1.3260	0.29303	305.69	334.99	1.2836	0.20847	305.38	334.57	1.2553
100	0.50410	314.74	344.99	1.3520	0.30138	314.46	344.60	1.3096	0.21449	314.17	344.20	1.2814
	\multicolumn{4}{l}{$P = 0.18$ MPa ($T_{sat} = -12.73°C$)}									
飽和	0.11041	222.99	242.86	0.9397	0.09987	224.48	244.46	0.9377	0.08390	227.14	247.28	0.9346
−10	0.11189	225.02	245.16	0.9484	0.09991	224.55	244.54	0.9380				
0	0.11722	232.48	253.58	0.9798	0.10481	232.09	253.05	0.9698	0.08617	231.29	251.97	0.9519
10	0.12240	240.00	262.04	1.0102	0.10955	239.67	261.58	1.0004	0.09026	238.98	260.65	0.9831
20	0.12748	247.64	270.59	1.0399	0.11418	247.35	270.18	1.0303	0.09423	246.74	269.36	1.0134
30	0.13248	255.41	279.25	1.0690	0.11874	255.14	278.89	1.0595	0.09812	254.61	278.16	1.0429
40	0.13741	263.31	288.05	1.0975	0.12322	263.08	287.72	1.0882	0.10193	262.59	287.06	1.0718
50	0.14230	271.36	296.98	1.1256	0.12766	271.15	296.68	1.1163	0.10570	270.71	296.08	1.1001
60	0.14715	279.56	306.05	1.1532	0.13206	279.37	305.78	1.1441	0.10942	278.97	305.23	1.1280
70	0.15196	287.91	315.27	1.1805	0.13641	287.73	315.01	1.1714	0.11310	287.36	314.51	1.1554
80	0.15673	296.42	324.63	1.2074	0.14074	296.25	324.40	1.1983	0.11675	295.91	323.93	1.1825
90	0.16149	305.07	334.14	1.2339	0.14504	304.92	333.93	1.2249	0.12038	304.60	333.49	1.2092
100	0.16622	313.88	343.80	1.2602	0.14933	313.74	343.60	1.2512	0.12398	313.44	343.20	1.2356
	\multicolumn{4}{l}{$P = 0.28$ MPa ($T_{sat} = -1.25°C$)}									
飽和	0.07235	229.46	249.72	0.9321	0.06360	231.52	251.88	0.9301	0.051201	235.07	255.55	0.9269
0	0.07282	230.44	250.83	0.9362								
10	0.07646	238.27	259.68	0.9680	0.06609	237.54	258.69	0.9544	0.051506	235.97	256.58	0.9305
20	0.07997	246.13	268.52	0.9987	0.06925	245.50	267.66	0.9856	0.054213	244.18	265.86	0.9628
30	0.08338	254.06	277.41	1.0285	0.07231	253.50	276.65	1.0157	0.056796	252.36	275.07	0.9937
40	0.08672	262.10	286.38	1.0576	0.07530	261.60	285.70	1.0451	0.059292	260.58	284.30	1.0236
50	0.09000	270.27	295.47	1.0862	0.07823	269.82	294.85	1.0739	0.061724	268.90	293.59	1.0528
60	0.09324	278.56	304.67	1.1142	0.08111	278.15	304.11	1.1021	0.064104	277.32	302.96	1.0814
70	0.09644	286.99	314.00	1.1418	0.08395	286.62	313.48	1.1298	0.066443	285.86	312.44	1.1094
80	0.09961	295.57	323.46	1.1690	0.08675	295.22	322.98	1.1571	0.068747	294.53	322.02	1.1369
90	0.10275	304.29	333.06	1.1958	0.08953	303.97	332.62	1.1840	0.071023	303.32	331.73	1.1640
100	0.10587	313.15	342.80	1.2222	0.09229	312.86	342.39	1.2105	0.073274	312.26	341.57	1.1907
110	0.10897	322.16	352.68	1.2483	0.09503	321.89	352.30	1.2367	0.075504	321.33	351.53	1.2171
120	0.11205	331.32	362.70	1.2742	0.09775	331.07	362.35	1.2626	0.077717	330.55	361.63	1.2431
130	0.11512	340.63	372.87	1.2997	0.10045	340.39	372.54	1.2882	0.079913	339.90	371.87	1.2688
140	0.11818	350.09	383.18	1.3250	0.10314	349.86	382.87	1.3135	0.082096	349.41	382.24	1.2942

Column groups: $P = 0.06, 0.10, 0.14$ MPa ($T_{sat} = -36.95, -26.37, -18.77°C$); $P = 0.18, 0.20, 0.24$ MPa ($T_{sat} = -12.73, -10.09, -5.38°C$); $P = 0.28, 0.32, 0.40$ MPa ($T_{sat} = -1.25, 2.46, 8.91°C$).

表 A-13

冷媒 R-134a 的過熱狀態（續）

T °C	v m³/kg	u kJ/kg	h kJ/kg	s kJ/kg·K	v m³/kg	u kJ/kg	h kJ/kg	s kJ/kg·K	v m³/kg	u kJ/kg	h kJ/kg	s kJ/kg·K
	\multicolumn{4}{c}{$P = 0.50$ MPa ($T_{sat} = 15.71°C$)}									
飽和	0.041118	238.75	259.30	0.9240	0.034295	241.83	262.40	0.9218	0.029361	244.48	265.03	0.9199
20	0.042115	242.40	263.46	0.9383								
30	0.044338	250.84	273.01	0.9703	0.035984	249.22	270.81	0.9499	0.029966	247.48	268.45	0.9313
40	0.046456	259.26	282.48	1.0011	0.037865	257.86	280.58	0.9816	0.031696	256.39	278.57	0.9641
50	0.048499	267.72	291.96	1.0309	0.039659	266.48	290.28	1.0121	0.033322	265.20	288.53	0.9954
60	0.050485	276.25	301.50	1.0599	0.041389	275.15	299.98	1.0417	0.034875	274.01	298.42	1.0256
70	0.052427	284.89	311.10	1.0883	0.043069	283.89	309.73	1.0705	0.036373	282.87	308.33	1.0549
80	0.054331	293.64	320.80	1.1162	0.044710	292.73	319.55	1.0987	0.037829	291.80	318.28	1.0835
90	0.056205	302.51	330.61	1.1436	0.046318	301.67	329.46	1.1264	0.039250	300.82	328.29	1.1114
100	0.058053	311.50	340.53	1.1705	0.047900	310.73	339.47	1.1536	0.040642	309.95	338.40	1.1389
110	0.059880	320.63	350.57	1.1971	0.049458	319.91	349.59	1.1803	0.042010	319.19	348.60	1.1658
120	0.061687	329.89	360.73	1.2233	0.050997	329.23	359.82	1.2067	0.043358	328.55	358.90	1.1924
130	0.063479	339.29	371.03	1.2491	0.052519	338.67	370.18	1.2327	0.044688	338.04	369.32	1.2186
140	0.065256	348.83	381.46	1.2747	0.054027	348.25	380.66	1.2584	0.046004	347.66	379.86	1.2444
150	0.067021	358.51	392.02	1.2999	0.055522	357.96	391.27	1.2838	0.047306	357.41	390.52	1.2699
160	0.068775	368.33	402.72	1.3249	0.057006	367.81	402.01	1.3088	0.048597	367.29	401.31	1.2951
	\multicolumn{4}{c}{$P = 0.80$ MPa ($T_{sat} = 31.31°C$)}									
飽和	0.025621	246.79	267.29	0.9183	0.022683	248.85	269.26	0.9169	0.020313	250.68	270.99	0.9156
40	0.027035	254.82	276.45	0.9480	0.023375	253.13	274.17	0.9327	0.020406	251.30	271.71	0.9179
50	0.028547	263.86	286.69	0.9802	0.024809	262.44	284.77	0.9660	0.021796	260.94	282.74	0.9525
60	0.029973	272.83	296.81	1.0110	0.026146	271.60	295.13	0.9976	0.023068	270.32	293.38	0.9850
70	0.031340	281.81	306.88	1.0408	0.027413	280.72	305.39	1.0280	0.024261	279.59	303.85	1.0160
80	0.032659	290.84	316.97	1.0698	0.028630	289.86	315.63	1.0574	0.025398	288.86	314.25	1.0458
90	0.033941	299.95	327.10	1.0981	0.029806	299.06	325.89	1.0860	0.026492	298.15	324.64	1.0748
100	0.035193	309.15	337.30	1.1258	0.030951	308.34	336.19	1.1140	0.027552	307.51	335.06	1.1031
110	0.036420	318.45	347.59	1.1530	0.032068	317.70	346.56	1.1414	0.028584	316.94	345.53	1.1308
120	0.037625	327.87	357.97	1.1798	0.033164	327.18	357.02	1.1684	0.029592	326.47	356.06	1.1580
130	0.038813	337.40	368.45	1.2061	0.034241	336.76	367.58	1.1949	0.030581	336.11	366.69	1.1846
140	0.039985	347.06	379.05	1.2321	0.035302	346.46	378.23	1.2210	0.031554	345.85	377.40	1.2109
150	0.041143	356.85	389.76	1.2577	0.036349	356.28	389.00	1.2467	0.032512	355.71	388.22	1.2368
160	0.042290	366.76	400.59	1.2830	0.037384	366.23	399.88	1.2721	0.033457	365.70	399.15	1.2623
170	0.043427	376.81	411.55	1.3080	0.038408	376.31	410.88	1.2972	0.034392	375.81	410.20	1.2875
180	0.044554	386.99	422.64	1.3327	0.039423	386.52	422.00	1.3221	0.035317	386.04	421.36	1.3124
	\multicolumn{4}{c}{$P = 1.20$ MPa ($T_{sat} = 46.29°C$)}									
飽和	0.016715	253.81	273.87	0.9130	0.014107	256.37	276.12	0.9105	0.012123	258.47	277.86	0.9078
50	0.017201	257.63	278.27	0.9267								
60	0.018404	267.56	289.64	0.9614	0.015005	264.46	285.47	0.9389	0.012372	260.89	280.69	0.9163
70	0.019502	277.21	300.61	0.9938	0.016060	274.62	297.10	0.9733	0.013430	271.76	293.25	0.9535
80	0.020529	286.75	311.39	1.0248	0.017023	284.51	308.34	1.0056	0.014362	282.09	305.07	0.9875
90	0.021506	296.26	322.07	1.0546	0.017923	294.28	319.37	1.0364	0.015215	292.17	316.52	1.0194
100	0.022442	305.80	332.73	1.0836	0.018778	304.01	330.30	1.0661	0.016014	302.14	327.76	1.0500
110	0.023348	315.38	343.40	1.1118	0.019597	313.76	341.19	1.0949	0.016773	312.07	338.91	1.0795
120	0.024228	325.03	354.11	1.1394	0.020388	323.55	352.09	1.1230	0.017500	322.02	350.02	1.1081
130	0.025086	334.77	364.88	1.1664	0.021155	333.41	363.02	1.1504	0.018201	332.00	361.12	1.1360
140	0.025927	344.61	375.72	1.1930	0.021904	343.34	374.01	1.1773	0.018882	342.05	372.26	1.1632
150	0.026753	354.56	386.66	1.2192	0.022636	353.37	385.07	1.2038	0.019545	352.17	383.44	1.1900
160	0.027566	364.61	397.69	1.2449	0.023355	363.51	396.20	1.2298	0.020194	362.38	394.69	1.2163
170	0.028367	374.78	408.82	1.2703	0.024061	373.75	407.43	1.2554	0.020830	372.69	406.02	1.2421
180	0.029158	385.08	420.07	1.2954	0.024757	384.10	418.76	1.2807	0.021456	383.11	417.44	1.2676

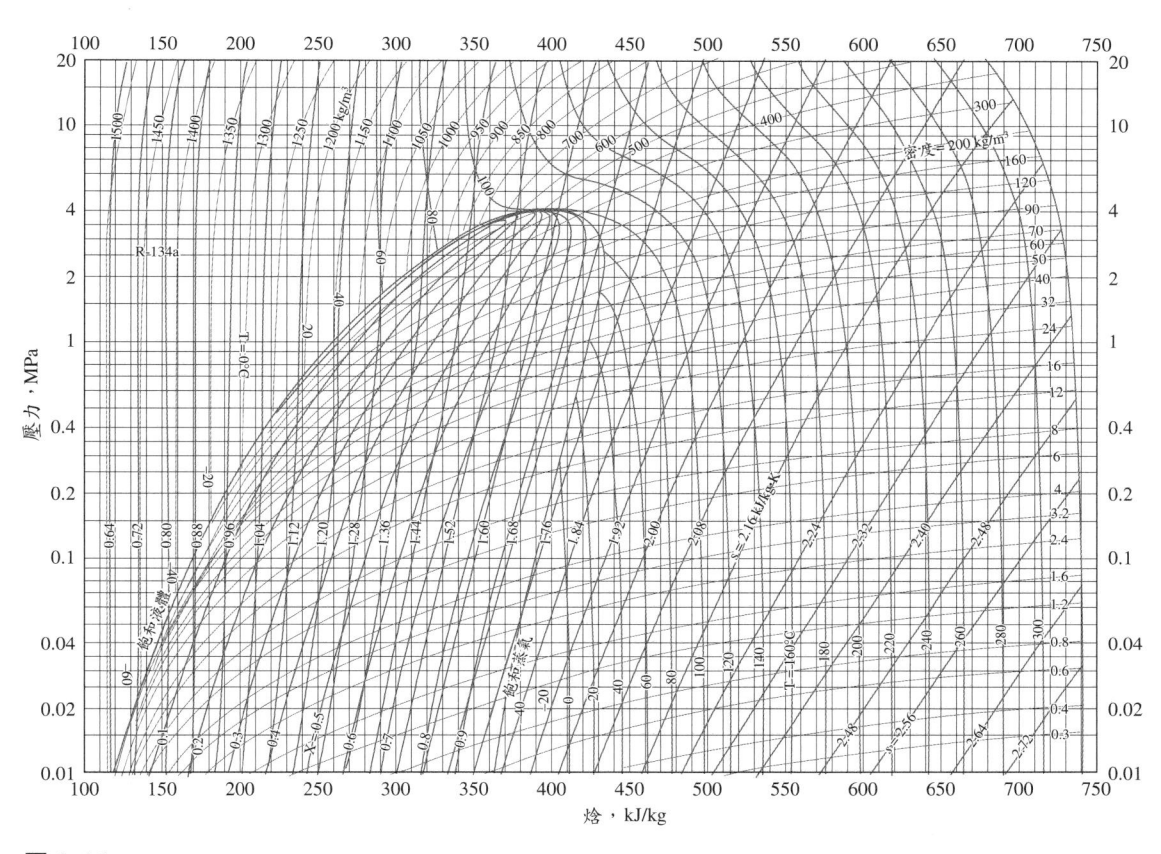

附 錄 A 性質表與圖（SI 單位） | 397

圖 A-14

冷媒 R-134a 的 *P-h* 圖。

註：本圖使用的參考點與冷媒 R-134a 表所使用的不同。因此，應使用從表或圖得到所有的性質以解析問題，不可同時使用兩者。

經 American Society of Heating, Refrigerating, and Air-Conditioning Engineers, Inc., Atlanta, GA 許可使用。

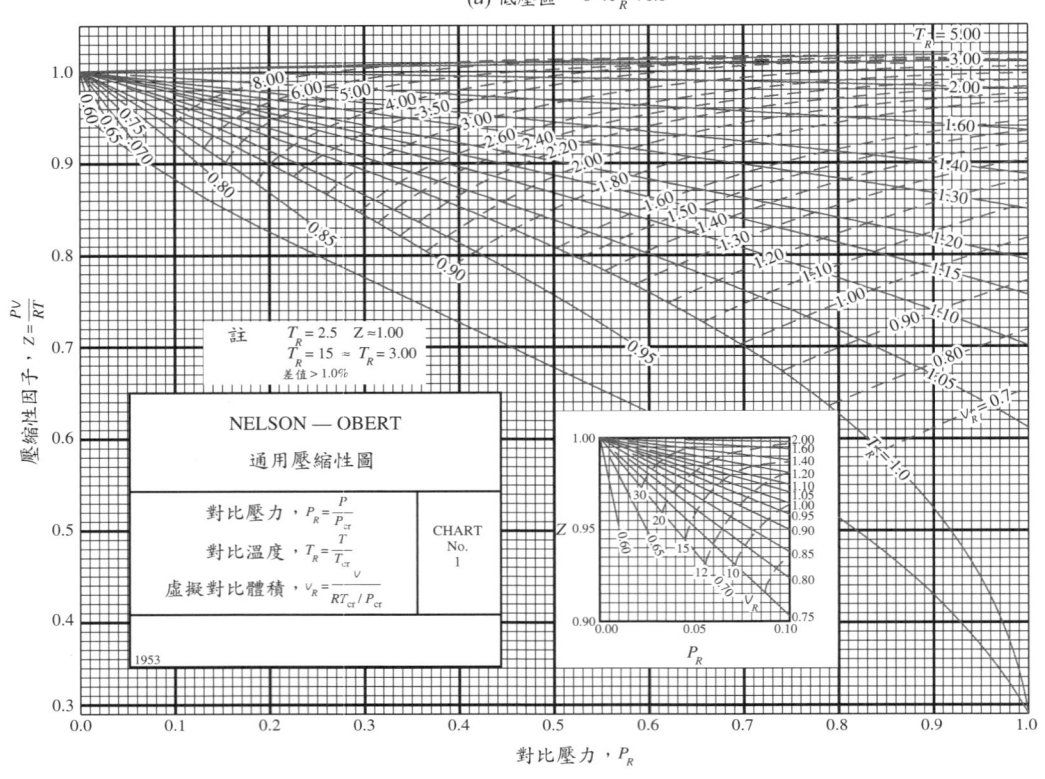

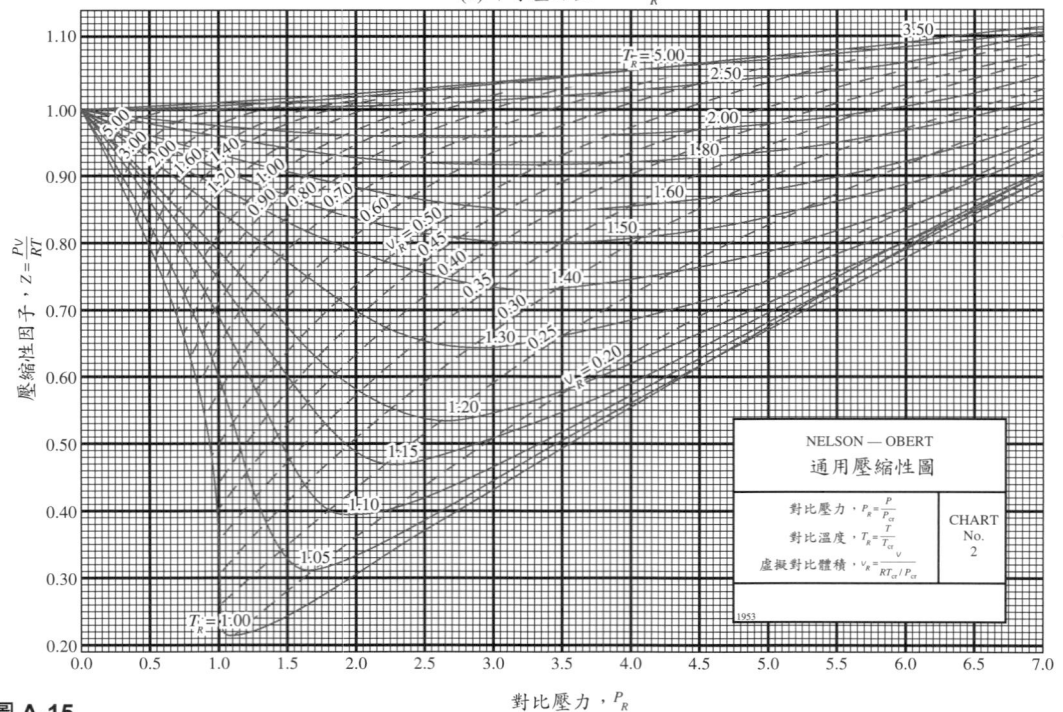

圖 A-15

Nelson–Obert 通用壓縮性圖。

經 Dr. Edward E. Obert, University of Wisconsin 許可使用。

表 A-16

高海拔區域的大氣狀態

海拔 m	溫度 °C	壓力 kPa	重力 g, m/s^2	音速 m/s	密度 kg/m^3	黏滯 係數 μ, kg/m·s	熱傳導 係數 W/m·K
0	15.00	101.33	9.807	340.3	1.225	1.789×10^{-5}	0.0253
200	13.70	98.95	9.806	339.5	1.202	1.783×10^{-5}	0.0252
400	12.40	96.61	9.805	338.8	1.179	1.777×10^{-5}	0.0252
600	11.10	94.32	9.805	338.0	1.156	1.771×10^{-5}	0.0251
800	9.80	92.08	9.804	337.2	1.134	1.764×10^{-5}	0.0250
1000	8.50	89.88	9.804	336.4	1.112	1.758×10^{-5}	0.0249
1200	7.20	87.72	9.803	335.7	1.090	1.752×10^{-5}	0.0248
1400	5.90	85.60	9.802	334.9	1.069	1.745×10^{-5}	0.0247
1600	4.60	83.53	9.802	334.1	1.048	1.739×10^{-5}	0.0245
1800	3.30	81.49	9.801	333.3	1.027	1.732×10^{-5}	0.0244
2000	2.00	79.50	9.800	332.5	1.007	1.726×10^{-5}	0.0243
2200	0.70	77.55	9.800	331.7	0.987	1.720×10^{-5}	0.0242
2400	−0.59	75.63	9.799	331.0	0.967	1.713×10^{-5}	0.0241
2600	−1.89	73.76	9.799	330.2	0.947	1.707×10^{-5}	0.0240
2800	−3.19	71.92	9.798	329.4	0.928	1.700×10^{-5}	0.0239
3000	−4.49	70.12	9.797	328.6	0.909	1.694×10^{-5}	0.0238
3200	−5.79	68.36	9.797	327.8	0.891	1.687×10^{-5}	0.0237
3400	−7.09	66.63	9.796	327.0	0.872	1.681×10^{-5}	0.0236
3600	−8.39	64.94	9.796	326.2	0.854	1.674×10^{-5}	0.0235
3800	−9.69	63.28	9.795	325.4	0.837	1.668×10^{-5}	0.0234
4000	−10.98	61.66	9.794	324.6	0.819	1.661×10^{-5}	0.0233
4200	−12.3	60.07	9.794	323.8	0.802	1.655×10^{-5}	0.0232
4400	−13.6	58.52	9.793	323.0	0.785	1.648×10^{-5}	0.0231
4600	−14.9	57.00	9.793	322.2	0.769	1.642×10^{-5}	0.0230
4800	−16.2	55.51	9.792	321.4	0.752	1.635×10^{-5}	0.0229
5000	−17.5	54.05	9.791	320.5	0.736	1.628×10^{-5}	0.0228
5200	−18.8	52.62	9.791	319.7	0.721	1.622×10^{-5}	0.0227
5400	−20.1	51.23	9.790	318.9	0.705	1.615×10^{-5}	0.0226
5600	−21.4	49.86	9.789	318.1	0.690	1.608×10^{-5}	0.0224
5800	−22.7	48.52	9.785	317.3	0.675	1.602×10^{-5}	0.0223
6000	−24.0	47.22	9.788	316.5	0.660	1.595×10^{-5}	0.0222
6200	−25.3	45.94	9.788	315.6	0.646	1.588×10^{-5}	0.0221
6400	−26.6	44.69	9.787	314.8	0.631	1.582×10^{-5}	0.0220
6600	−27.9	43.47	9.786	314.0	0.617	1.575×10^{-5}	0.0219
6800	−29.2	42.27	9.785	313.1	0.604	1.568×10^{-5}	0.0218
7000	−30.5	41.11	9.785	312.3	0.590	1.561×10^{-5}	0.0217
8000	−36.9	35.65	9.782	308.1	0.526	1.527×10^{-5}	0.0212
9000	−43.4	30.80	9.779	303.8	0.467	1.493×10^{-5}	0.0206
10,000	−49.9	26.50	9.776	299.5	0.414	1.458×10^{-5}	0.0201
12,000	−56.5	19.40	9.770	295.1	0.312	1.422×10^{-5}	0.0195
14,000	−56.5	14.17	9.764	295.1	0.228	1.422×10^{-5}	0.0195
16,000	−56.5	10.53	9.758	295.1	0.166	1.422×10^{-5}	0.0195
18,000	−56.5	7.57	9.751	295.1	0.122	1.422×10^{-5}	0.0195

資料來源：U.S. Standard Atmosphere Supplements, U.S. Government Printing Office, 1966. 基於在緯度45°的全年平均情況，而隨著季節與氣象模式而變化。在海平面（$z = 0$）的狀態為$P = 101.325$ kPa，$T = 15$°C，$\rho = 1.2250$ kg/m^3，$g = 9.80665$ m^2/s。

表 A-17

空氣的理想氣體性質

T K	h kJ/kg	P_r	u kJ/kg	v_r	$s°$ kJ/kg·K	T K	h kJ/kg	P_r	u kJ/kg	v_r	$s°$ kJ/kg·K
200	199.97	0.3363	142.56	1707.0	1.29559	580	586.04	14.38	419.55	115.7	2.37348
210	209.97	0.3987	149.69	1512.0	1.34444	590	596.52	15.31	427.15	110.6	2.39140
220	219.97	0.4690	156.82	1346.0	1.39105	600	607.02	16.28	434.78	105.8	2.40902
230	230.02	0.5477	164.00	1205.0	1.43557	610	617.53	17.30	442.42	101.2	2.42644
240	240.02	0.6355	171.13	1084.0	1.47824	620	628.07	18.36	450.09	96.92	2.44356
250	250.05	0.7329	178.28	979.0	1.51917	630	638.63	19.84	457.78	92.84	2.46048
260	260.09	0.8405	185.45	887.8	1.55848	640	649.22	20.64	465.50	88.99	2.47716
270	270.11	0.9590	192.60	808.0	1.59634	650	659.84	21.86	473.25	85.34	2.49364
280	280.13	1.0889	199.75	738.0	1.63279	660	670.47	23.13	481.01	81.89	2.50985
285	285.14	1.1584	203.33	706.1	1.65055	670	681.14	24.46	488.81	78.61	2.52589
290	290.16	1.2311	206.91	676.1	1.66802	680	691.82	25.85	496.62	75.50	2.54175
295	295.17	1.3068	210.49	647.9	1.68515	690	702.52	27.29	504.45	72.56	2.55731
298	298.18	1.3543	212.64	631.9	1.69528	700	713.27	28.80	512.33	69.76	2.57277
300	300.19	1.3860	214.07	621.2	1.70203	710	724.04	30.38	520.23	67.07	2.58810
305	305.22	1.4686	217.67	596.0	1.71865	720	734.82	32.02	528.14	64.53	2.60319
310	310.24	1.5546	221.25	572.3	1.73498	730	745.62	33.72	536.07	62.13	2.61803
315	315.27	1.6442	224.85	549.8	1.75106	740	756.44	35.50	544.02	59.82	2.63280
320	320.29	1.7375	228.42	528.6	1.76690	750	767.29	37.35	551.99	57.63	2.64737
325	325.31	1.8345	232.02	508.4	1.78249	760	778.18	39.27	560.01	55.54	2.66176
330	330.34	1.9352	235.61	489.4	1.79783	780	800.03	43.35	576.12	51.64	2.69013
340	340.42	2.149	242.82	454.1	1.82790	800	821.95	47.75	592.30	48.08	2.71787
350	350.49	2.379	250.02	422.2	1.85708	820	843.98	52.59	608.59	44.84	2.74504
360	360.58	2.626	257.24	393.4	1.88543	840	866.08	57.60	624.95	41.85	2.77170
370	370.67	2.892	264.46	367.2	1.91313	860	888.27	63.09	641.40	39.12	2.79783
380	380.77	3.176	271.69	343.4	1.94001	880	910.56	68.98	657.95	36.61	2.82344
390	390.88	3.481	278.93	321.5	1.96633	900	932.93	75.29	674.58	34.31	2.84856
400	400.98	3.806	286.16	301.6	1.99194	920	955.38	82.05	691.28	32.18	2.87324
410	411.12	4.153	293.43	283.3	2.01699	940	977.92	89.28	708.08	30.22	2.89748
420	421.26	4.522	300.69	266.6	2.04142	960	1000.55	97.00	725.02	28.40	2.92128
430	431.43	4.915	307.99	251.1	2.06533	980	1023.25	105.2	741.98	26.73	2.94468
440	441.61	5.332	315.30	236.8	2.08870	1000	1046.04	114.0	758.94	25.17	2.96770
450	451.80	5.775	322.62	223.6	2.11161	1020	1068.89	123.4	776.10	23.72	2.99034
460	462.02	6.245	329.97	211.4	2.13407	1040	1091.85	133.3	793.36	23.29	3.01260
470	472.24	6.742	337.32	200.1	2.15604	1060	1114.86	143.9	810.62	21.14	3.03449
480	482.49	7.268	344.70	189.5	2.17760	1080	1137.89	155.2	827.88	19.98	3.05608
490	492.74	7.824	352.08	179.7	2.19876	1100	1161.07	167.1	845.33	18.896	3.07732
500	503.02	8.411	359.49	170.6	2.21952	1120	1184.28	179.7	862.79	17.886	3.09825
510	513.32	9.031	366.92	162.1	2.23993	1140	1207.57	193.1	880.35	16.946	3.11883
520	523.63	9.684	374.36	154.1	2.25997	1160	1230.92	207.2	897.91	16.064	3.13916
530	533.98	10.37	381.84	146.7	2.27967	1180	1254.34	222.2	915.57	15.241	3.15916
540	544.35	11.10	389.34	139.7	2.29906	1200	1277.79	238.0	933.33	14.470	3.17888
550	555.74	11.86	396.86	133.1	2.31809	1220	1301.31	254.7	951.09	13.747	3.19834
560	565.17	12.66	404.42	127.0	2.33685	1240	1324.93	272.3	968.95	13.069	3.21751
570	575.59	13.50	411.97	121.2	2.35531						

表 A-17

空氣的理想氣體性質（續）

T K	h kJ/kg	P_r	u kJ/kg	v_r	s° kJ/kg·K	T K	h kJ/kg	P_r	u kJ/kg	v_r	s° kJ/kg·K
1260	1348.55	290.8	986.90	12.435	3.23638	1600	1757.57	791.2	1298.30	5.804	3.52364
1280	1372.24	310.4	1004.76	11.835	3.25510	1620	1782.00	834.1	1316.96	5.574	3.53879
1300	1395.97	330.9	1022.82	11.275	3.27345	1640	1806.46	878.9	1335.72	5.355	3.55381
1320	1419.76	352.5	1040.88	10.747	3.29160	1660	1830.96	925.6	1354.48	5.147	3.56867
1340	1443.60	375.3	1058.94	10.247	3.30959	1680	1855.50	974.2	1373.24	4.949	3.58335
1360	1467.49	399.1	1077.10	9.780	3.32724	1700	1880.1	1025	1392.7	4.761	3.5979
1380	1491.44	424.2	1095.26	9.337	3.34474	1750	1941.6	1161	1439.8	4.328	3.6336
1400	1515.42	450.5	1113.52	8.919	3.36200	1800	2003.3	1310	1487.2	3.994	3.6684
1420	1539.44	478.0	1131.77	8.526	3.37901	1850	2065.3	1475	1534.9	3.601	3.7023
1440	1563.51	506.9	1150.13	8.153	3.39586	1900	2127.4	1655	1582.6	3.295	3.7354
1460	1587.63	537.1	1168.49	7.801	3.41247	1950	2189.7	1852	1630.6	3.022	3.7677
1480	1611.79	568.8	1186.95	7.468	3.42892	2000	2252.1	2068	1678.7	2.776	3.7994
1500	1635.97	601.9	1205.41	7.152	3.44516	2050	2314.6	2303	1726.8	2.555	3.8303
1520	1660.23	636.5	1223.87	6.854	3.46120	2100	2377.7	2559	1775.3	2.356	3.8605
1540	1684.51	672.8	1242.43	6.569	3.47712	2150	2440.3	2837	1823.8	2.175	3.8901
1560	1708.82	710.5	1260.99	6.301	3.49276	2200	2503.2	3138	1872.4	2.012	3.9191
1580	1733.17	750.0	1279.65	6.046	3.50829	2250	2566.4	3464	1921.3	1.864	3.9474

註：性質 P_r（相對壓力）與 V_r（相對比容）為使用於等熵過程之分析中的無因次量，勿和性質壓力與比容混淆。

資料來源：Kenneth Wark, *Thermodynamics,* 4th ed. (New York: McGraw-Hill, 1983), pp. 785–86, table A–5. Originally published in J. H. Keenan and J. Kaye, *Gas Tables* (New York: John Wiley & Sons, 1948).

表 A-18

氮（N_2）的理想氣體性質

T K	$\bar{h}$ kJ/kmol	$\bar{u}$ kJ/kmol	$\bar{s}°$ kJ/kmol·K	T K	$\bar{h}$ kJ/kmol	$\bar{u}$ kJ/kmol	$\bar{s}°$ kJ/kmol·K
0	0	0	0	600	17,563	12,574	212.066
220	6,391	4,562	182.639	610	17,864	12,792	212.564
230	6,683	4,770	183.938	620	18,166	13,011	213.055
240	6,975	4,979	185.180	630	18,468	13,230	213.541
250	7,266	5,188	186.370	640	18,772	13,450	214.018
260	7,558	5,396	187.514	650	19,075	13,671	214.489
270	7,849	5,604	188.614	660	19,380	13,892	214.954
280	8,141	5,813	189.673	670	19,685	14,114	215.413
290	8,432	6,021	190.695	680	19,991	14,337	215.866
298	8,669	6,190	191.502	690	20,297	14,560	216.314
300	8,723	6,229	191.682	700	20,604	14,784	216.756
310	9,014	6,437	192.638	710	20,912	15,008	217.192
320	9,306	6,645	193.562	720	21,220	15,234	217.624
330	9,597	6,853	194.459	730	21,529	15,460	218.059
340	9,888	7,061	195.328	740	21,839	15,686	218.472
350	10,180	7,270	196.173	750	22,149	15,913	218.889
360	10,471	7,478	196.995	760	22,460	16,141	219.301
370	10,763	7,687	197.794	770	22,772	16,370	219.709
380	11,055	7,895	198.572	780	23,085	16,599	220.113
390	11,347	8,104	199.331	790	23,398	16,830	220.512
400	11,640	8,314	200.071	800	23,714	17,061	220.907
410	11,932	8,523	200.794	810	24,027	17,292	221.298
420	12,225	8,733	201.499	820	24,342	17,524	221.684
430	12,518	8,943	202.189	830	24,658	17,757	222.067
440	12,811	9,153	202.863	840	24,974	17,990	222.447
450	13,105	9,363	203.523	850	25,292	18,224	222.822
460	13,399	9,574	204.170	860	25,610	18,459	223.194
470	13,693	9,786	204.803	870	25,928	18,695	223.562
480	13,988	9,997	205.424	880	26,248	18,931	223.927
490	14,285	10,210	206.033	890	26,568	19,168	224.288
500	14,581	10,423	206.630	900	26,890	19,407	224.647
510	14,876	10,635	207.216	910	27,210	19,644	225.002
520	15,172	10,848	207.792	920	27,532	19,883	225.353
530	15,469	11,062	208.358	930	27,854	20,122	225.701
540	15,766	11,277	208.914	940	28,178	20,362	226.047
550	16,064	11,492	209.461	950	28,501	20,603	226.389
560	16,363	11,707	209.999	960	28,826	20,844	226.728
570	16,662	11,923	210.528	970	29,151	21,086	227.064
580	16,962	12,139	211.049	980	29,476	21,328	227.398
590	17,262	12,356	211.562	990	29,803	21,571	227.728

表 A-18

氮（N_2）的理想氣體性質（續）

T K	$\bar{h}$ kJ/kmol	$\bar{u}$ kJ/kmol	$\bar{s}°$ kJ/kmol·K	T K	$\bar{h}$ kJ/kmol	$\bar{u}$ kJ/kmol	$\bar{s}°$ kJ/kmol·K
1000	30,129	21,815	228.057	1760	56,227	41,594	247.396
1020	30,784	22,304	228.706	1780	56,938	42,139	247.798
1040	31,442	22,795	229.344	1800	57,651	42,685	248.195
1060	32,101	23,288	229.973	1820	58,363	43,231	248.589
1080	32,762	23,782	230.591	1840	59,075	43,777	248.979
1100	33,426	24,280	231.199	1860	59,790	44,324	249.365
1120	34,092	24,780	231.799	1880	60,504	44,873	249.748
1140	34,760	25,282	232.391	1900	61,220	45,423	250.128
1160	35,430	25,786	232.973	1920	61,936	45,973	250.502
1180	36,104	26,291	233.549	1940	62,654	46,524	250.874
1200	36,777	26,799	234.115	1960	63,381	47,075	251.242
1220	37,452	27,308	234.673	1980	64,090	47,627	251.607
1240	38,129	27,819	235.223	2000	64,810	48,181	251.969
1260	38,807	28,331	235.766	2050	66,612	49,567	252.858
1280	39,488	28,845	236.302	2100	68,417	50,957	253.726
1300	40,170	29,361	236.831	2150	70,226	52,351	254.578
1320	40,853	29,378	237.353	2200	72,040	53,749	255.412
1340	41,539	30,398	237.867	2250	73,856	55,149	256.227
1360	42,227	30,919	238.376	2300	75,676	56,553	257.027
1380	42,915	31,441	238.878	2350	77,496	57,958	257.810
1400	43,605	31,964	239.375	2400	79,320	59,366	258.580
1420	44,295	32,489	239.865	2450	81,149	60,779	259.332
1440	44,988	33,014	240.350	2500	82,981	62,195	260.073
1460	45,682	33,543	240.827	2550	84,814	63,613	260.799
1480	46,377	34,071	241.301	2600	86,650	65,033	261.512
1500	47,073	34,601	241.768	2650	88,488	66,455	262.213
1520	47,771	35,133	242.228	2700	90,328	67,880	262.902
1540	48,470	35,665	242.685	2750	92,171	69,306	263.577
1560	49,168	36,197	243.137	2800	94,014	70,734	264.241
1580	49,869	36,732	243.585	2850	95,859	72,163	264.895
1600	50,571	37,268	244.028	2900	97,705	73,593	265.538
1620	51,275	37,806	244.464	2950	99,556	75,028	266.170
1640	51,980	38,344	244.896	3000	101,407	76,464	266.793
1660	52,686	38,884	245.324	3050	103,260	77,902	267.404
1680	53,393	39,424	245.747	3100	105,115	79,341	268.007
1700	54,099	39,965	246.166	3150	106,972	80,782	268.601
1720	54,807	40,507	246.580	3200	108,830	82,224	269.186
1740	55,516	41,049	246.990	3250	110,690	83,668	269.763

資料來源：表A-18至表A-23均取自Kenneth Wark, *Thermodynamics,* 4th ed. (New York: McGraw-Hill, 1983), pp. 787–98。原始出版於 JANAF, *Thermochemical Tables,* NSRDS-NBS-37, 1971.

表 A-19

氧（O_2）的理想氣體性質

T K	$\bar{h}$ kJ/kmol	$\bar{u}$ kJ/kmol	$\bar{s}°$ kJ/kmol·K	T K	$\bar{h}$ kJ/kmol	$\bar{u}$ kJ/kmol	$\bar{s}°$ kJ/kmol·K
0	0	0	0	600	17,929	12,940	226.346
220	6,404	4,575	196.171	610	18,250	13,178	226.877
230	6,694	4,782	197.461	620	18,572	13,417	227.400
240	6,984	4,989	198.696	630	18,895	13,657	227.918
250	7,275	5,197	199.885	640	19,219	13,898	228.429
260	7,566	5,405	201.027	650	19,544	14,140	228.932
270	7,858	5,613	202.128	660	19,870	14,383	229.430
280	8,150	5,822	203.191	670	20,197	14,626	229.920
290	8,443	6,032	204.218	680	20,524	14,871	230.405
298	8,682	6,203	205.033	690	20,854	15,116	230.885
300	8,736	6,242	205.213	700	21,184	15,364	231.358
310	9,030	6,453	206.177	710	21,514	15,611	231.827
320	9,325	6,664	207.112	720	21,845	15,859	232.291
330	9,620	6,877	208.020	730	22,177	16,107	232.748
340	9,916	7,090	208.904	740	22,510	16,357	233.201
350	10,213	7,303	209.765	750	22,844	16,607	233.649
360	10,511	7,518	210.604	760	23,178	16,859	234.091
370	10,809	7,733	211.423	770	23,513	17,111	234.528
380	11,109	7,949	212.222	780	23,850	17,364	234.960
390	11,409	8,166	213.002	790	24,186	17,618	235.387
400	11,711	8,384	213.765	800	24,523	17,872	235.810
410	12,012	8,603	214.510	810	24,861	18,126	236.230
420	12,314	8,822	215.241	820	25,199	18,382	236.644
430	12,618	9,043	215.955	830	25,537	18,637	237.055
440	12,923	9,264	216.656	840	25,877	18,893	237.462
450	13,228	9,487	217.342	850	26,218	19,150	237.864
460	13,525	9,710	218.016	860	26,559	19,408	238.264
470	13,842	9,935	218.676	870	26,899	19,666	238.660
480	14,151	10,160	219.326	880	27,242	19,925	239.051
490	14,460	10,386	219.963	890	27,584	20,185	239.439
500	14,770	10,614	220.589	900	27,928	20,445	239.823
510	15,082	10,842	221.206	910	28,272	20,706	240.203
520	15,395	11,071	221.812	920	28,616	20,967	240.580
530	15,708	11,301	222.409	930	28,960	21,228	240.953
540	16,022	11,533	222.997	940	29,306	21,491	241.323
550	16,338	11,765	223.576	950	29,652	21,754	241.689
560	16,654	11,998	224.146	960	29,999	22,017	242.052
570	16,971	12,232	224.708	970	30,345	22,280	242.411
580	17,290	12,467	225.262	980	30,692	22,544	242.768
590	17,609	12,703	225.808	990	31,041	22,809	242.120

表 A-19

氧（O_2）的理想氣體性質（續）

T K	$\bar{h}$ kJ/kmol	$\bar{u}$ kJ/kmol	$\bar{s}°$ kJ/kmol·K	T K	$\bar{h}$ kJ/kmol	$\bar{u}$ kJ/kmol	$\bar{s}°$ kJ/kmol·K
1000	31,389	23,075	243.471	1760	58,880	44,247	263.861
1020	32,088	23,607	244.164	1780	59,624	44,825	264.283
1040	32,789	24,142	244.844	1800	60,371	45,405	264.701
1060	33,490	24,677	245.513	1820	61,118	45,986	265.113
1080	34,194	25,214	246.171	1840	61,866	46,568	265.521
1100	34,899	25,753	246.818	1860	62,616	47,151	265.925
1120	35,606	26,294	247.454	1880	63,365	47,734	266.326
1140	36,314	26,836	248.081	1900	64,116	48,319	266.722
1160	37,023	27,379	248.698	1920	64,868	48,904	267.115
1180	37,734	27,923	249.307	1940	65,620	49,490	267.505
1200	38,447	28,469	249.906	1960	66,374	50,078	267.891
1220	39,162	29,018	250.497	1980	67,127	50,665	268.275
1240	39,877	29,568	251.079	2000	67,881	51,253	268.655
1260	40,594	30,118	251.653	2050	69,772	52,727	269.588
1280	41,312	30,670	252.219	2100	71,668	54,208	270.504
1300	42,033	31,224	252.776	2150	73,573	55,697	271.399
1320	42,753	31,778	253.325	2200	75,484	57,192	272.278
1340	43,475	32,334	253.868	2250	77,397	58,690	273.136
1360	44,198	32,891	254.404	2300	79,316	60,193	273.891
1380	44,923	33,449	254.932	2350	81,243	61,704	274.809
1400	45,648	34,008	255.454	2400	83,174	63,219	275.625
1420	46,374	34,567	255.968	2450	85,112	64,742	276.424
1440	47,102	35,129	256.475	2500	87,057	66,271	277.207
1460	47,831	35,692	256.978	2550	89,004	67,802	277.979
1480	48,561	36,256	257.474	2600	90,956	69,339	278.738
1500	49,292	36,821	257.965	2650	92,916	70,883	279.485
1520	50,024	37,387	258.450	2700	94,881	72,433	280.219
1540	50,756	37,952	258.928	2750	96,852	73,987	280.942
1560	51,490	38,520	259.402	2800	98,826	75,546	281.654
1580	52,224	39,088	259.870	2850	100,808	77,112	282.357
1600	52,961	39,658	260.333	2900	102,793	78,682	283.048
1620	53,696	40,227	260.791	2950	104,785	80,258	283.728
1640	54,434	40,799	261.242	3000	106,780	81,837	284.399
1660	55,172	41,370	261.690	3050	108,778	83,419	285.060
1680	55,912	41,944	262.132	3100	110,784	85,009	285.713
1700	56,652	42,517	262.571	3150	112,795	86,601	286.355
1720	57,394	43,093	263.005	3200	114,809	88,203	286.989
1740	58,136	43,669	263.435	3250	116,827	89,804	287.614

表 A-20

二氧化碳（CO_2）的理想氣體性質

T K	$\bar{h}$ kJ/kmol	$\bar{u}$ kJ/kmol	$\bar{s}°$ kJ/kmol·K	T K	$\bar{h}$ kJ/kmol	$\bar{u}$ kJ/kmol	$\bar{s}°$ kJ/kmol·K
0	0	0	0	600	22,280	17,291	243.199
220	6,601	4,772	202.966	610	22,754	17,683	243.983
230	6,938	5,026	204.464	620	23,231	18,076	244.758
240	7,280	5,285	205.920	630	23,709	18,471	245.524
250	7,627	5,548	207.337	640	24,190	18,869	246.282
260	7,979	5,817	208.717	650	24,674	19,270	247.032
270	8,335	6,091	210.062	660	25,160	19,672	247.773
280	8,697	6,369	211.376	670	25,648	20,078	248.507
290	9,063	6,651	212.660	680	26,138	20,484	249.233
298	9,364	6,885	213.685	690	26,631	20,894	249.952
300	9,431	6,939	213.915	700	27,125	21,305	250.663
310	9,807	7,230	215.146	710	27,622	21,719	251.368
320	10,186	7,526	216.351	720	28,121	22,134	252.065
330	10,570	7,826	217.534	730	28,622	22,522	252.755
340	10,959	8,131	218.694	740	29,124	22,972	253.439
350	11,351	8,439	219.831	750	29,629	23,393	254.117
360	11,748	8,752	220.948	760	30,135	23,817	254.787
370	12,148	9,068	222.044	770	30,644	24,242	255.452
380	12,552	9,392	223.122	780	31,154	24,669	256.110
390	12,960	9,718	224.182	790	31,665	25,097	256.762
400	13,372	10,046	225.225	800	32,179	25,527	257.408
410	13,787	10,378	226.250	810	32,694	25,959	258.048
420	14,206	10,714	227.258	820	33,212	26,394	258.682
430	14,628	11,053	228.252	830	33,730	26,829	259.311
440	15,054	11,393	229.230	840	34,251	27,267	259.934
450	15,483	11,742	230.194	850	34,773	27,706	260.551
460	15,916	12,091	231.144	860	35,296	28,125	261.164
470	16,351	12,444	232.080	870	35,821	28,588	261.770
480	16,791	12,800	233.004	880	36,347	29,031	262.371
490	17,232	13,158	233.916	890	36,876	29,476	262.968
500	17,678	13,521	234.814	900	37,405	29,922	263.559
510	18,126	13,885	235.700	910	37,935	30,369	264.146
520	18,576	14,253	236.575	920	38,467	30,818	264.728
530	19,029	14,622	237.439	930	39,000	31,268	265.304
540	19,485	14,996	238.292	940	39,535	31,719	265.877
550	19,945	15,372	239.135	950	40,070	32,171	266.444
560	20,407	15,751	239.962	960	40,607	32,625	267.007
570	20,870	16,131	240.789	970	41,145	33,081	267.566
580	21,337	16,515	241.602	980	41,685	33,537	268.119
590	21,807	16,902	242.405	990	42,226	33,995	268.670

表 A-20

二氧化碳（CO_2）的理想氣體性質（續）

T K	$\bar{h}$ kJ/kmol	$\bar{u}$ kJ/kmol	$\bar{s}°$ kJ/kmol·K	T K	$\bar{h}$ kJ/kmol	$\bar{u}$ kJ/kmol	$\bar{s}°$ kJ/kmol·K
1000	42,769	34,455	269.215	1760	86,420	71,787	301.543
1020	43,859	35,378	270.293	1780	87,612	72,812	302.217
1040	44,953	36,306	271.354	1800	88,806	73,840	302.884
1060	46,051	37,238	272.400	1820	90,000	74,868	303.544
1080	47,153	38,174	273.430	1840	91,196	75,897	304.198
1100	48,258	39,112	274.445	1860	92,394	76,929	304.845
1120	49,369	40,057	275.444	1880	93,593	77,962	305.487
1140	50,484	41,006	276.430	1900	94,793	78,996	306.122
1160	51,602	41,957	277.403	1920	95,995	80,031	306.751
1180	52,724	42,913	278.361	1940	97,197	81,067	307.374
1200	53,848	43,871	297.307	1960	98,401	82,105	307.992
1220	54,977	44,834	280.238	1980	99,606	83,144	308.604
1240	56,108	45,799	281.158	2000	100,804	84,185	309.210
1260	57,244	46,768	282.066	2050	103,835	86,791	310.701
1280	58,381	47,739	282.962	2100	106,864	89,404	312.160
1300	59,522	48,713	283.847	2150	109,898	92,023	313.589
1320	60,666	49,691	284.722	2200	112,939	94,648	314.988
1340	61,813	50,672	285.586	2250	115,984	97,277	316.356
1360	62,963	51,656	286.439	2300	119,035	99,912	317.695
1380	64,116	52,643	287.283	2350	122,091	102,552	319.011
1400	65,271	53,631	288.106	2400	125,152	105,197	320.302
1420	66,427	54,621	288.934	2450	128,219	107,849	321.566
1440	67,586	55,614	289.743	2500	131,290	110,504	322.808
1460	68,748	56,609	290.542	2550	134,368	113,166	324.026
1480	66,911	57,606	291.333	2600	137,449	115,832	325.222
1500	71,078	58,606	292.114	2650	140,533	118,500	326.396
1520	72,246	59,609	292.888	2700	143,620	121,172	327.549
1540	73,417	60,613	292.654	2750	146,713	123,849	328.684
1560	74,590	61,620	294.411	2800	149,808	126,528	329.800
1580	76,767	62,630	295.161	2850	152,908	129,212	330.896
1600	76,944	63,741	295.901	2900	156,009	131,898	331.975
1620	78,123	64,653	296.632	2950	159,117	134,589	333.037
1640	79,303	65,668	297.356	3000	162,226	137,283	334.084
1660	80,486	66,592	298.072	3050	165,341	139,982	335.114
1680	81,670	67,702	298.781	3100	168,456	142,681	336.126
1700	82,856	68,721	299.482	3150	171,576	145,385	337.124
1720	84,043	69,742	300.177	3200	174,695	148,089	338.109
1740	85,231	70,764	300.863	3250	177,822	150,801	339.069

表 A-21

一氧化碳（CO）的理想氣體性質

T K	$\bar{h}$ kJ/kmol	$\bar{u}$ kJ/kmol	$\bar{s}°$ kJ/kmol·K	T K	$\bar{h}$ kJ/kmol	$\bar{u}$ kJ/kmol	$\bar{s}°$ kJ/kmol·K
0	0	0	0	600	17,611	12,622	218.204
220	6,391	4,562	188.683	610	17,915	12,843	218.708
230	6,683	4,771	189.980	620	18,221	13,066	219.205
240	6,975	4,979	191.221	630	18,527	13,289	219.695
250	7,266	5,188	192.411	640	18,833	13,512	220.179
260	7,558	5,396	193.554	650	19,141	13,736	220.656
270	7,849	5,604	194.654	660	19,449	13,962	221.127
280	8,140	5,812	195.713	670	19,758	14,187	221.592
290	8,432	6,020	196.735	680	20,068	14,414	222.052
298	8,669	6,190	197.543	690	20,378	14,641	222.505
300	8,723	6,229	197.723	700	20,690	14,870	222.953
310	9,014	6,437	198.678	710	21,002	15,099	223.396
320	9,306	6,645	199.603	720	21,315	15,328	223.833
330	9,597	6,854	200.500	730	21,628	15,558	224.265
340	9,889	7,062	201.371	740	21,943	15,789	224.692
350	10,181	7,271	202.217	750	22,258	16,022	225.115
360	10,473	7,480	203.040	760	22,573	16,255	225.533
370	10,765	7,689	203.842	770	22,890	16,488	225.947
380	11,058	7,899	204.622	780	23,208	16,723	226.357
390	11,351	8,108	205.383	790	23,526	16,957	226.762
400	11,644	8,319	206.125	800	23,844	17,193	227.162
410	11,938	8,529	206.850	810	24,164	17,429	227.559
420	12,232	8,740	207.549	820	24,483	17,665	227.952
430	12,526	8,951	208.252	830	24,803	17,902	228.339
440	12,821	9,163	208.929	840	25,124	18,140	228.724
450	13,116	9,375	209.593	850	25,446	18,379	229.106
460	13,412	9,587	210.243	860	25,768	18,617	229.482
470	13,708	9,800	210.880	870	26,091	18,858	229.856
480	14,005	10,014	211.504	880	26,415	19,099	230.227
490	14,302	10,228	212.117	890	26,740	19,341	230.593
500	14,600	10,443	212.719	900	27,066	19,583	230.957
510	14,898	10,658	213.310	910	27,392	19,826	231.317
520	15,197	10,874	213.890	920	27,719	20,070	231.674
530	15,497	11,090	214.460	930	28,046	20,314	232.028
540	15,797	11,307	215.020	940	28,375	20,559	232.379
550	16,097	11,524	215.572	950	28,703	20,805	232.727
560	16,399	11,743	216.115	960	29,033	21,051	233.072
570	16,701	11,961	216.649	970	29,362	21,298	233.413
580	17,003	12,181	217.175	980	29,693	21,545	233.752
590	17,307	12,401	217.693	990	30,024	21,793	234.088

表 A-21

一氧化碳（CO）的理想氣體性質（續）

T K	$\bar{h}$ kJ/kmol	$\bar{u}$ kJ/kmol	$\bar{s}°$ kJ/kmol·K	T K	$\bar{h}$ kJ/kmol	$\bar{u}$ kJ/kmol	$\bar{s}°$ kJ/kmol·K
1000	30,355	22,041	234.421	1760	56,756	42,123	253.991
1020	31,020	22,540	235.079	1780	57,473	42,673	254.398
1040	31,688	23,041	235.728	1800	58,191	43,225	254.797
1060	32,357	23,544	236.364	1820	58,910	43,778	255.194
1080	33,029	24,049	236.992	1840	59,629	44,331	255.587
1100	33,702	24,557	237.609	1860	60,351	44,886	255.976
1120	34,377	25,065	238.217	1880	61,072	45,441	256.361
1140	35,054	25,575	238.817	1900	61,794	45,997	256.743
1160	35,733	26,088	239.407	1920	62,516	46,552	257.122
1180	36,406	26,602	239.989	1940	63,238	47,108	257.497
1200	37,095	27,118	240.663	1960	63,961	47,665	257.868
1220	37,780	27,637	241.128	1980	64,684	48,221	258.236
1240	38,466	28,426	241.686	2000	65,408	48,780	258.600
1260	39,154	28,678	242.236	2050	67,224	50,179	259.494
1280	39,844	29,201	242.780	2100	69,044	51,584	260.370
1300	40,534	29,725	243.316	2150	70,864	52,988	261.226
1320	41,226	30,251	243.844	2200	72,688	54,396	262.065
1340	41,919	30,778	244.366	2250	74,516	55,809	262.887
1360	42,613	31,306	244.880	2300	76,345	57,222	263.692
1380	43,309	31,836	245.388	2350	78,178	58,640	264.480
1400	44,007	32,367	245.889	2400	80,015	60,060	265.253
1420	44,707	32,900	246.385	2450	81,852	61,482	266.012
1440	45,408	33,434	246.876	2500	83,692	62,906	266.755
1460	46,110	33,971	247.360	2550	85,537	64,335	267.485
1480	46,813	34,508	247.839	2600	87,383	65,766	268.202
1500	47,517	35,046	248.312	2650	89,230	67,197	268.905
1520	48,222	35,584	248.778	2700	91,077	68,628	269.596
1540	48,928	36,124	249.240	2750	92,930	70,066	270.285
1560	49,635	36,665	249.695	2800	94,784	71,504	270.943
1580	50,344	37,207	250.147	2850	96,639	72,945	271.602
1600	51,053	37,750	250.592	2900	98,495	74,383	272.249
1620	51,763	38,293	251.033	2950	100,352	75,825	272.884
1640	52,472	38,837	251.470	3000	102,210	77,267	273.508
1660	53,184	39,382	251.901	3050	104,073	78,715	274.123
1680	53,895	39,927	252.329	3100	105,939	80,164	274.730
1700	54,609	40,474	252.751	3150	107,802	81,612	275.326
1720	55,323	41,023	253.169	3200	109,667	83,061	275.914
1740	56,039	41,572	253.582	3250	111,534	84,513	276.494

表 A-22

氫（H_2）的理想氣體性質

T K	$\bar{h}$ kJ/kmol	$\bar{u}$ kJ/kmol	$\bar{s}°$ kJ/kmol·K	T K	$\bar{h}$ kJ/kmol	$\bar{u}$ kJ/kmol	$\bar{s}°$ kJ/kmol·K
0	0	0	0	1440	42,808	30,835	177.410
260	7,370	5,209	126.636	1480	44,091	31,786	178.291
270	7,657	5,412	127.719	1520	45,384	32,746	179.153
280	7,945	5,617	128.765	1560	46,683	33,713	179.995
290	8,233	5,822	129.775	1600	47,990	34,687	180.820
298	8,468	5,989	130.574	1640	49,303	35,668	181.632
300	8,522	6,027	130.754	1680	50,622	36,654	182.428
320	9,100	6,440	132.621	1720	51,947	37,646	183.208
340	9,680	6,853	134.378	1760	53,279	38,645	183.973
360	10,262	7,268	136.039	1800	54,618	39,652	184.724
380	10,843	7,684	137.612	1840	55,962	40,663	185.463
400	11,426	8,100	139.106	1880	57,311	41,680	186.190
420	12,010	8,518	140.529	1920	58,668	42,705	186.904
440	12,594	8,936	141.888	1960	60,031	43,735	187.607
460	13,179	9,355	143.187	2000	61,400	44,771	188.297
480	13,764	9,773	144.432	2050	63,119	46,074	189.148
500	14,350	10,193	145.628	2100	64,847	47,386	189.979
520	14,935	10,611	146.775	2150	66,584	48,708	190.796
560	16,107	11,451	148.945	2200	68,328	50,037	191.598
600	17,280	12,291	150.968	2250	70,080	51,373	192.385
640	18,453	13,133	152.863	2300	71,839	52,716	193.159
680	19,630	13,976	154.645	2350	73,608	54,069	193.921
720	20,807	14,821	156.328	2400	75,383	55,429	194.669
760	21,988	15,669	157.923	2450	77,168	56,798	195.403
800	23,171	16,520	159.440	2500	78,960	58,175	196.125
840	24,359	17,375	160.891	2550	80,755	59,554	196.837
880	25,551	18,235	162.277	2600	82,558	60,941	197.539
920	26,747	19,098	163.607	2650	84,368	62,335	198.229
960	27,948	19,966	164.884	2700	86,186	63,737	198.907
1000	29,154	20,839	166.114	2750	88,008	65,144	199.575
1040	30,364	21,717	167.300	2800	89,838	66,558	200.234
1080	31,580	22,601	168.449	2850	91,671	67,976	200.885
1120	32,802	23,490	169.560	2900	93,512	69,401	201.527
1160	34,028	24,384	170.636	2950	95,358	70,831	202.157
1200	35,262	25,284	171.682	3000	97,211	72,268	202.778
1240	36,502	26,192	172.698	3050	99,065	73,707	203.391
1280	37,749	27,106	173.687	3100	100,926	75,152	203.995
1320	39,002	28,027	174.652	3150	102,793	76,604	204.592
1360	40,263	28,955	175.593	3200	104,667	78,061	205.181
1400	41,530	29,889	176.510	3250	106,545	79,523	205.765

表 A-23

水（H_2O）的理想氣體性質

T K	$\bar{h}$ kJ/kmol	$\bar{u}$ kJ/kmol	$\bar{s}°$ kJ/kmol·K	T K	$\bar{h}$ kJ/kmol	$\bar{u}$ kJ/kmol	$\bar{s}°$ kJ/kmol·K
0	0	0	0	600	20,402	15,413	212.920
220	7,295	5,466	178.576	610	20,765	15,693	213.529
230	7,628	5,715	180.054	620	21,130	15,975	214.122
240	7,961	5,965	181.471	630	21,495	16,257	214.707
250	8,294	6,215	182.831	640	21,862	16,541	215.285
260	8,627	6,466	184.139	650	22,230	16,826	215.856
270	8,961	6,716	185.399	660	22,600	17,112	216.419
280	9,296	6,968	186.616	670	22,970	17,399	216.976
290	9,631	7,219	187.791	680	23,342	17,688	217.527
298	9,904	7,425	188.720	690	23,714	17,978	218.071
300	9,966	7,472	188.928	700	24,088	18,268	218.610
310	10,302	7,725	190.030	710	24,464	18,561	219.142
320	10,639	7,978	191.098	720	24,840	18,854	219.668
330	10,976	8,232	192.136	730	25,218	19,148	220.189
340	11,314	8,487	193.144	740	25,597	19,444	220.707
350	11,652	8,742	194.125	750	25,977	19,741	221.215
360	11,992	8,998	195.081	760	26,358	20,039	221.720
370	12,331	9,255	196.012	770	26,741	20,339	222.221
380	12,672	9,513	196.920	780	27,125	20,639	222.717
390	13,014	9,771	197.807	790	27,510	20,941	223.207
400	13,356	10,030	198.673	800	27,896	21,245	223.693
410	13,699	10,290	199.521	810	28,284	21,549	224.174
420	14,043	10,551	200.350	820	28,672	21,855	224.651
430	14,388	10,813	201.160	830	29,062	22,162	225.123
440	14,734	11,075	201.955	840	29,454	22,470	225.592
450	15,080	11,339	202.734	850	29,846	22,779	226.057
460	15,428	11,603	203.497	860	30,240	23,090	226.517
470	15,777	11,869	204.247	870	30,635	23,402	226.973
480	16,126	12,135	204.982	880	31,032	23,715	227.426
490	16,477	12,403	205.705	890	31,429	24,029	227.875
500	16,828	12,671	206.413	900	31,828	24,345	228.321
510	17,181	12,940	207.112	910	32,228	24,662	228.763
520	17,534	13,211	207.799	920	32,629	24,980	229.202
530	17,889	13,482	208.475	930	33,032	25,300	229.637
540	18,245	13,755	209.139	940	33,436	25,621	230.070
550	18,601	14,028	209.795	950	33,841	25,943	230.499
560	18,959	14,303	210.440	960	34,247	26,265	230.924
570	19,318	14,579	211.075	970	34,653	26,588	231.347
580	19,678	14,856	211.702	980	35,061	26,913	231.767
590	20,039	15,134	212.320	990	35,472	27,240	232.184

表 A-23

水（H_2O）的理想氣體性質

T K	$\bar{h}$ kJ/kmol	$\bar{u}$ kJ/kmol	$\bar{s}°$ kJ/kmol·K	T K	$\bar{h}$ kJ/kmol	$\bar{u}$ kJ/kmol	$\bar{s}°$ kJ/kmol·K
1000	35,882	27,568	232.597	1760	70,535	55,902	258.151
1020	36,709	28,228	233.415	1780	71,523	56,723	258.708
1040	37,542	28,895	234.223	1800	72,513	57,547	259.262
1060	38,380	29,567	235.020	1820	73,507	58,375	259.811
1080	39,223	30,243	235.806	1840	74,506	59,207	260.357
1100	40,071	30,925	236.584	1860	75,506	60,042	260.898
1120	40,923	31,611	237.352	1880	76,511	60,880	261.436
1140	41,780	32,301	238.110	1900	77,517	61,720	261.969
1160	42,642	32,997	238.859	1920	78,527	62,564	262.497
1180	43,509	33,698	239.600	1940	79,540	63,411	263.022
1200	44,380	34,403	240.333	1960	80,555	64,259	263.542
1220	45,256	35,112	241.057	1980	81,573	65,111	264.059
1240	46,137	35,827	241.773	2000	82,593	65,965	264.571
1260	47,022	36,546	242.482	2050	85,156	68,111	265.838
1280	47,912	37,270	243.183	2100	87,735	70,275	267.081
1300	48,807	38,000	243.877	2150	90,330	72,454	268.301
1320	49,707	38,732	244.564	2200	92,940	74,649	269.500
1340	50,612	39,470	245.243	2250	95,562	76,855	270.679
1360	51,521	40,213	245.915	2300	98,199	79,076	271.839
1380	52,434	40,960	246.582	2350	100,846	81,308	272.978
1400	53,351	41,711	247.241	2400	103,508	83,553	274.098
1420	54,273	42,466	247.895	2450	106,183	85,811	275.201
1440	55,198	43,226	248.543	2500	108,868	88,082	276.286
1460	56,128	43,989	249.185	2550	111,565	90,364	277.354
1480	57,062	44,756	249.820	2600	114,273	92,656	278.407
1500	57,999	45,528	250.450	2650	116,991	94,958	279.441
1520	58,942	46,304	251.074	2700	119,717	97,269	280.462
1540	59,888	47,084	251.693	2750	122,453	99,588	281.464
1560	60,838	47,868	252.305	2800	125,198	101,917	282.453
1580	61,792	48,655	252.912	2850	127,952	104,256	283.429
1600	62,748	49,445	253.513	2900	130,717	106,605	284.390
1620	63,709	50,240	254.111	2950	133,486	108,959	285.338
1640	64,675	51,039	254.703	3000	136,264	111,321	286.273
1660	65,643	51,841	255.290	3050	139,051	113,692	287.194
1680	66,614	52,646	255.873	3100	141,846	116,072	288.102
1700	67,589	53,455	256.450	3150	144,648	118,458	288.999
1720	68,567	54,267	257.022	3200	147,457	120,851	289.884
1740	69,550	55,083	257.589	3250	150,272	123,250	290.756

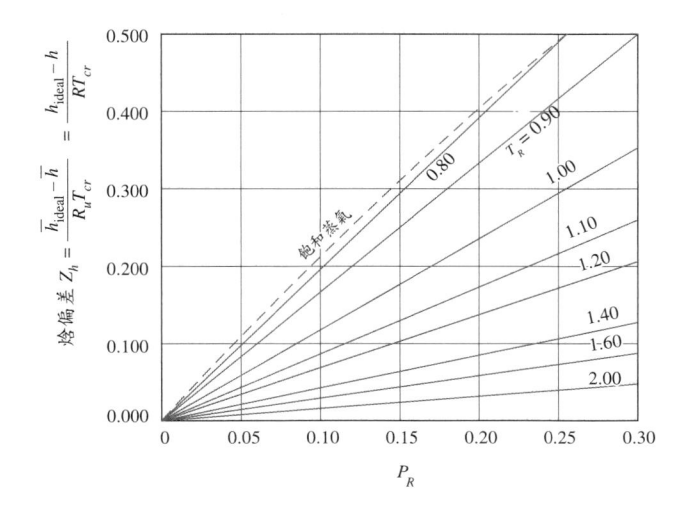

圖 A-24

通用焓偏差圖。

資料來源：John R. Howell and Richard O. Buckius, *Fundamentals of Engineering Thermodynamics,* SI Version (New York: McGraw-Hill, 1987), p. 558, fig. C.2, and p. 561, fig. C.5.

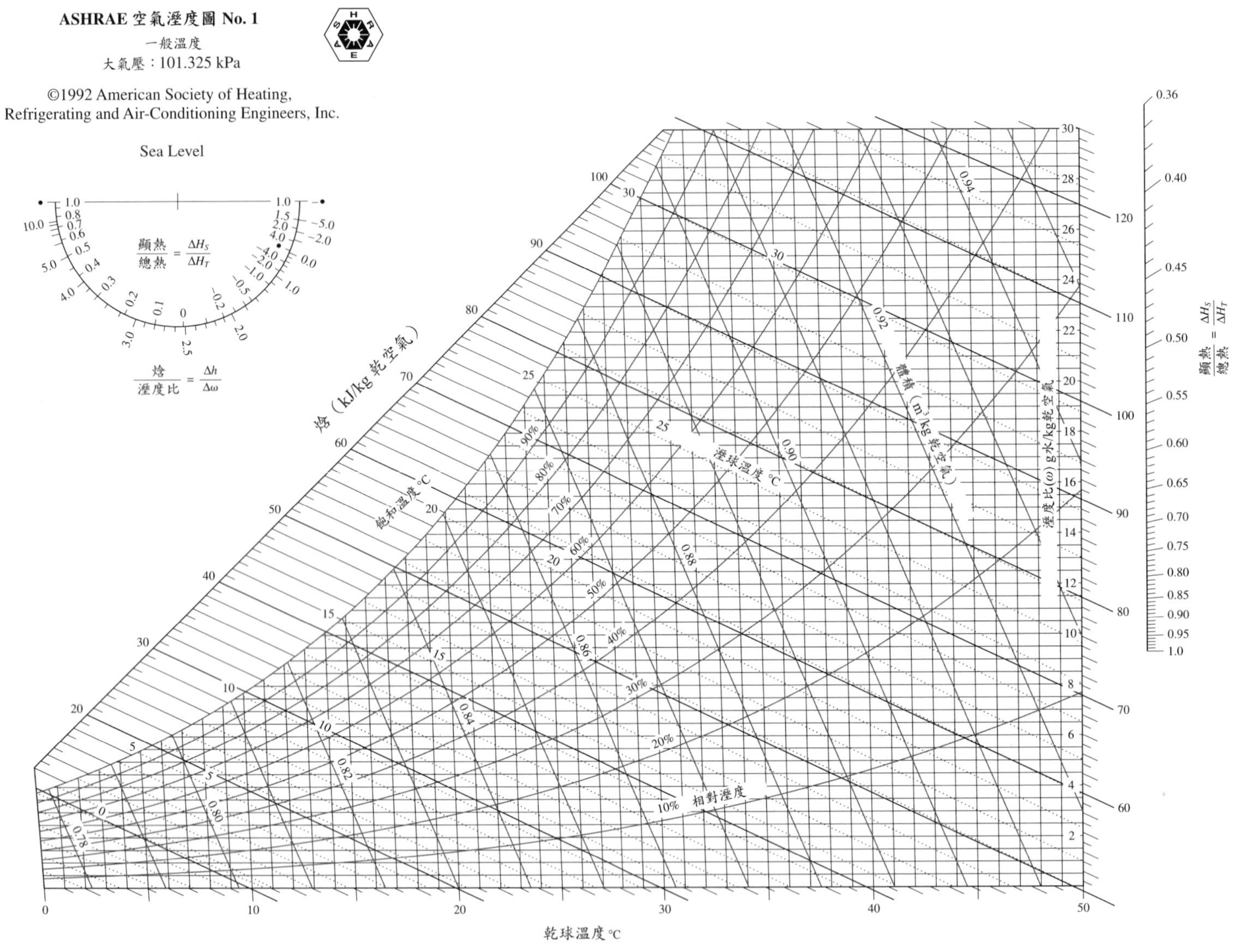

圖 A-25

總壓為 1 atm 之空氣溼度圖。

經 American Society of Heating, Refrigerating 與 Air-Conditioning Engineers, Inc., Atlanta, GA 許可使用。

附錄 B
符號索引

a	加速度，m/s^2	H	總焓，$U+PV$，kJ
a	比漢姆霍茲函數，$u-Ts$，kJ/kg	$\bar{h}_c$	燃燒焓，kJ/kmol 燃料
A	面積，m^2	$\bar{h}_f$	生成焓，kJ/kmol
A	漢姆霍茲函數，$U-TS$，kJ	$\bar{h}_R$	反應焓，kJ/kmol
AF	空燃比	HHV	高熱值，kJ/kg 燃料
c	音速，m/s	i	比不可逆性，kJ/kg
c	比熱，kJ/kg·K	I	電流，A
c_p	定壓比熱，kJ/kg·K	I	總不可逆性，kJ
c_v	定容比熱，kJ/kg·K	k	比熱比，c_p/c_v
COP	性能係數	k_s	彈性係數
COP_{HP}	熱泵之性能係數	k_t	熱傳導係數
COP_R	冷凍機之性能係數	K_p	化學平衡常數
d, D	直徑，m	ke	比動能，$V^2/2$，kJ/kg
e	比總能，kJ/kg	KE	總動能，$mV^2/2$，kJ
E	總能，kJ	LHV	低熱值，kJ/kg 燃料
EER	能源效率比	m	質量，kg
F	力，N	$\dot{m}$	質量流率，kg/s
FA	燃空比	M	莫耳質量或分子量，kg/kmol
g	重力加速度，m/s^2	Ma	馬赫數
g	比吉布士函數，$h-Ts$，kJ/kg	MEP	平均有效壓力，kPa
G	吉布士函數，$H-TS$，kJ	mf	質量分率
h	熱對流布斯係數，$W/m^2·°C$	n	多變指數
h	比焓，$u+Pv$，kJ/kg	N	莫耳數，kmol

P	壓力，kPa	T_0	外界溫度，°C 或 K
P_{cr}	臨界壓力，kPa	u	比內能，kJ/kg
P_i	分壓，kPa	U	總內能，kJ
P_m	混合物壓力，kPa	v	比容，m³/kg
P_r	相對壓力	v_{cr}	臨界比容，m³/kg
P_R	對比壓力	v_r	對比比容
P_v	蒸氣壓，kPa	v_R	虛擬對比比容
P_0	外界壓力，kPa	V	總容積，m³
pe	比位能，gz，kJ/kg	$\dot{V}$	體積流率，m³/s
PE	總位能，mgz，kJ	**V**	電壓，V
q	單位質量能量，kJ/kg	V	速度，m/s
Q	熱傳量，kJ	V_{avg}	平均速度
$\dot{Q}$	熱傳率，kW	w	每單位質量之功，kJ/kg
Q_H	與高溫物體間之熱傳量，kJ	W	總功，kJ
Q_L	與低溫物體間之熱傳量，kJ	$\dot{W}$	功率，kW
r	壓縮比	W_{in}	輸入功，kJ
R	氣體常數，kJ/kg·K	W_{out}	輸出功，kJ
r_c	停供比	W_{rev}	可逆功，kJ
r_p	壓力比	x	乾度
R_u	氣體常數，kJ/kmol·K	x	比㶲，kJ/kg
s	比熵，kJ/kg·K	X	總㶲，kJ
S	總熵，kJ/K	x_{dest}	比㶲耗損，kJ/kg
s_{gen}	比熵增生，kJ/kg·K	X_{dest}	總㶲耗損，kJ
S_{gen}	總產生熵增生，kJ/K	$\dot{X}_{dest}$	總㶲耗損率，kW
SG	比重或相對密度	y	莫耳分率
t	時間，s	z	高度，m
T	溫度，°C 或 K	Z	壓縮性因數
T	力矩，N·m	Z_h	焓偏差因數
T_{cr}	臨界溫度，K	Z_s	熵偏差因數
T_{db}	乾球溫度，°C		
T_{dp}	露點溫度，°C	**希臘字母**	
T_f	總體流體溫度，°C	α	吸收性
T_H	高溫物體之溫度，K	α	等溫壓縮性，1/kPa
T_L	低溫物體之溫度，K	β	體積膨脹係數，1/K
T_R	對比溫度	Δ	有限變化量
T_{wb}	溼球溫度，°C	ε	放射率；效率

η_{th}	熱效率	f	飽和液體
η_{II}	第二定律效率	fg	飽和液體與飽和蒸氣性質之差
θ	流動流體之總能，kJ/kg	g	飽和蒸氣
μ_{JT}	焦耳－湯姆遜係數，K/kPa	gen	增生
μ	化學勢，kJ/kg	H	高溫（與在 T_H 及 Q_H 中同義）
ν	當量係數	i	入口狀態
ρ	密度，kg/m^3	i	第 i 種組份
σ	史蒂芬－波茲曼常數	L	低溫（與在 T_L 及 Q_L 中同義）
σ_n	正壓力，N/m^2	m	混合物
σ_s	表面張力，N/m	r	相對
ϕ	相對溼度	R	對比
ϕ	封閉系統之比㶲，kJ/kg	rev	可逆
Φ	封閉系統之總㶲，kJ	s	等熵
ψ	流動㶲，kJ/kg	sat	飽和
ω	比溼度或絕對溼度，kg 水/kg 乾空氣	surr	外界
		sys	系統
		v	水蒸汽

下標

a	空氣	0	滯息狀態
abs	絕對	1	初始狀態或入口狀態
act	實際	2	最終狀態或出口狀態
atm	大氣		
avg	平均		

上標

·	每單位時間的量
–	每單位莫耳的量
°	標準參考狀態
*	一大氣壓下的量

c	燃燒
cr	臨界點
CV	控制體積
e	出口狀態

附錄 C
單位轉換

因次	公制	公制／英制
加速度	1 m/s² = 100 cm/s²	1 m/s² = 3.2808 ft/s² 1 ft/s² = 0.3048* m/s²
面積	1 m² = 10⁴ cm² = 10⁶ mm² = 10⁻⁶ km²	1 m² = 1550 in² = 10.764 ft² 1 ft² = 144 in² = 0.09290304* m²
密度	1 g/cm³ = 1 kg/L = 1000 kg/m³	1 g/cm³ = 62.428 lbm/ft³ = 0.036127 lbm/in³ 1 lbm/in³ = 1728 lbm/ft³ 1 kg/m³ = 0.062428 lbm/ft³
能量、熱、功、 內能、焓	1 kJ = 1000 J = 1000 N · m = 1 kPa · m³ 1 kJ/kg = 1000 m²/s² 1 kWh = 3600 kJ 1 cal[†] = 4.184 J 1 IT cal[†] = 4.1868 J 1 Cal[†] = 4.1868 kJ	1 kJ = 0.94782 Btu 1 Btu = 1.055056 kJ = 5.40395 psia · ft³ = 778.169 lbf · ft 1 Btu/lbm = 25,037 ft²/s² = 2.326* kJ/kg 1 kJ/kg = 0.430 Btu/lbm 1 kWh = 3412.14 Btu 1 therm = 10⁵ Btu = 1.055 × 10⁵ kJ （天然氣）
力	1 N = 1 kg · m/s² = 10⁵ dyne 1 kgf = 9.80665 N	1 N = 0.22481 lbf 1 lbf = 32.174 lbm · ft/s² = 4.44822 N
熱通量	1 W/cm² = 10⁴ W/m²	1 W/m² = 0.3171 Btu/h · ft²
熱傳係數	1 W/m² · °C = 1 W/m² · K	1 W/m² · °C = 0.17612 Btu/h · ft² · °F
長度	1 m = 100 cm = 1000 mm = 10⁶ μm 1 km = 1000 m	1 m = 39.370 in = 3.2808 ft = 1.0926 yd 1 ft = 12 in = 0.3048* m 1 mile = 5280 ft = 1.6093 km 1 in = 2.54* cm

*確切的單位轉換介於公制與英制之間。

[†] 升高 1 g 的水 1°C 所需要的熱量稱為卡，但這個值會隨著水的溫度而變。國際水蒸汽表（international steam table，IT）定義 1 卡為 4.1868 J，較常為工程界所採用，此值為以 15°C 的水所量出。熱化學卡定義為 4.184 J，此為以室溫的水所量得。兩者之差僅為 0.06%，可以忽略。營養學家通常使用大卡為單位，大卡為 1000 卡（1000 IT卡）。

附錄 C 單位轉換

因次	公制	公制／英制
質量	1 kg = 1000 g 1 metric ton = 1000 kg	1 kg = 2.2046226 lbm 1 lbm = 0.45359237* kg 1 ounce = 28.3495 g 1 slug = 32.174 lbm = 14.5939 kg 1 short ton = 2000 lbm = 907.1847 kg
功率、熱傳率	1 W = 1 J/s 1 kW = 1000 W = 1.341 hp 1 hp‡ = 745.7 W	1 kW = 3412.14 Btu/h $\quad$ = 737.56 lbf · ft/s 1 hp = 550 lbf · ft/s = 0.7068 Btu/s $\quad$ = 42.41 Btu/min = 2544.5 Btu/h $\quad$ = 0.74570 kW 1 boiler hp = 33,475 Btu/h 1 Btu/h = 1.055056 kJ/h 1 ton 的冷媒 = 200 Btu/min
壓力	1 Pa = 1 N/m^2 1 kPa = 10^3 Pa = 10^{-3} MPa 1 atm = 101.325 kPa = 1.01325 bars $\quad$ = 760 mm Hg at 0°C $\quad$ = 1.03323 kgf/cm^2 1 mm Hg = 0.1333 kPa	1 Pa = 1.4504 × 10^{-4} psia $\quad$ = 0.020886 lbf/ft^2 1 psi = 144 lbf/ft^2 = 6.894757 kPa 1 atm = 14.696 psia = 29.92 in Hg at 30°F 1 in Hg = 3.387 kPa
比熱	1 kJ/kg · °C = 1 kJ/kg · K = 1 J/g · °C	1 Btu/lbm · °F = 4.1868 kJ/kg · °C 1 Btu/lbmol · R = 4.1868 kJ/kmol · K 1 kJ/kg · °C = 0.23885 Btu/lbm · °F $\quad$ = 0.23885 Btu/lbm · R
比容	1 m^3/kg = 1000 L/kg = 1000 cm^3/g	1 m^3/kg = 16.02 ft^3/lbm 1 ft^3/lbm = 0.062428 m^3/kg
溫度	$T(K) = T(°C) + 273.15$ $\Delta T(K) = \Delta T(°C)$	$T(R) = T(°F) + 459.67 = 1.8T(K)$ $T(°F) = 1.8 \, T(°C) + 32$ $\Delta T(°F) = \Delta T(R) = 1.8 \, \Delta T(K)$
熱傳遞	1 W/m · °C = 1 W/m · K	1 W/m · °C = 0.57782 Btu/h · ft · °F
速度	1 m/s = 3.60 km/h	1 m/s = 3.2808 ft/s = 2.237 mi/h 1 mi/h = 1.46667 ft/s 1 mi/h = 1.6093 km/h
體積	1 m^3 = 1000 L = 10^6 cm^3 (cc)	1 m^3 = 6.1024 × 10^4 in^3 = 35.315 ft^3 $\quad$ = 264.17 gal (U.S.) 1 U.S. gallon = 231 in^3 = 3.7854 L 1 fl ounce = 29.5735 cm^3 = 0.0295735 L 1 U.S. gallon = 128 fl ounces
體積流率	1 m^3/s = 60,000 L/min = 10^6 cm^3/s	1 m^3/s = 15,850 gal/min (gpm) = 35.315 ft^3/s $\quad$ = 2118.9 ft^3/min (cfm)

‡ 機械馬力。電機馬力為746 W。

物理常數

萬有氣體常數	R_u = 8.31447 kJ/kmol · K = 8.31447 kPa · m^3/kmol · K = 0.0831447 bar · m^3/kmol · K = 82.05 L · atm/kmol · K = 1.9858 Btu/lbmol · R = 1545.37 ft · lbf/lbmol · R = 10.73 psia · ft^3/lbmol · R
標準重力加速度	g = 9.80665 m/s^2 = 32.174 ft/s^2
標準大氣壓	1 atm = 101.325 kPa = 1.01325 bar = 14.696 psia = 760 mm Hg (0°C) = 29.9213 in Hg (32°F) = 10.3323 m H$_2$O (4°C)
史蒂芬－波茲曼常數	σ = 5.6704 × 10^{-8} W/m^2 · K^4 = 0.1714 × 10^{-8} Btu/h · ft^2 · R^4
波茲曼常數	k = 1.380650 × 10^{-23} J/K
真空下的光速	c_o = 2.9979 × 10^8 m/s = 9.836 × 10^8 ft/s
0°C、1 atm 下乾空氣的音速	c = 331.36 m/s = 1089 ft/s
1 atm 下水的熔解熱	h_{if} = 333.7 kJ/kg = 143.5 Btu/lbm
1 atm 下水的蒸發焓	h_{fg} = 2256.5 kJ/kg = 970.12 Btu/lbm

中英文索引

Btu（British thermal unit）6
SI 公制（System International）3

二畫

二行程引擎（two-stroke engines）278

三畫

三相線（triple line）73
三相點（triple point）73
下死點（bottom dead center, BDC）276
上死點（top dead center, TDC）276
大氣空氣（atmospheric air）352
工作流體（working fluid）174

四畫

不可逆性（irreversibility）189
不可逆過程（irreversible process）188
不可壓縮物質（incompressible substance）119
內延性質（intensive property）10
內能（internal energy）28
內部可逆（internally reversible）190
化學平衡（chemical equilibrium）12
化學能（chemical energy）30
升壓器（diffuser）142
反曲溫度（inversion temperature）347
反曲線（inversion line）347
巴斯卡原理（Pascal's law）21
引擎爆震（engine knock）281
比性質（specific property）10
比重（specific gravity）11
比重量（specific weight）11
比容（specific volume）11
比溼度（specific humidity）353
比熱（specific heat）111
比熱比（specific heat ratio）115
火花點火引擎（spark-ignition (SI) engines）277

五畫

功（work）31, 250
功率（power）37
卡（calorie, cal）6
卡路里（caloric）36

卡諾冷凍循環（Carnot refrigeration cycle）193
卡諾冷凍機（Carnot refrigerator）199, 319
卡諾原理（Carnot principles）193
卡諾效率（Carnot efficiency）197
卡諾循環（Carnot cycle）191
卡諾熱泵（Carnot heat pump）200, 319
卡諾熱機（Carnot heat engine）191, 196
可逆（reversible）190
可逆過程（reversible process）188
古典熱力學（classical thermodynamics）3
史特靈循環（Stirling cycle）288
四行程（four-stroke）277
外延性質（extensive property）10
外界（surrounding）8
外部可逆（externally reversible）190
布雷登循環（Brayton cycle）291
平均有效壓力（mean effective pressure, MEP）277
平均速度（average velocity）129
平衡（equilibrium）12
正合微分（exact differentials）38
正式符號約定（formal sign convention）37
永動機（perpetual-motion machine）185

六畫

光效率（lighting efficacy）53
全部可逆（totally reversible）190
再生（regeneration）287
冰袋（package icing）70
吉布士函數（Gibbs function）336
因次（dimension）3
回功比（back work ratio）293
多變過程（polytropic process）105
年燃料利用效率（annual fuel utilization efficiency, AFUE）53
自燃（autoignition）281
艾力克生循環（Ericsson cycle）289
行程（stroke）276

七畫

位能（potential energy, PE）28
位移體積（displacement volume）276
似對比比容（pseudo-reduced specific volume）91
克拉佩龍方程式（Clapeyron equation）338

克拉佩龍－克勞修斯方程式（Clapeyron-Clausius equation）339
克勞修斯不等式（Clausius inequality）210
冷空氣標準假設（cold-air-standard assumptions）276
冷凍噸（tons of refrigeration）319
冷凍機（refrigerator）179, 318
冷媒（refrigerant）179, 318
均流過程（uniform-flow process）156
宏觀（macroscopic）28
每單位質量（per unit mass）107
汽化焓（enthalpy of vaporization）77
汽化潛熱（latent heat of vaporization）68

八畫

具中間冷卻的多階段壓縮（multistage compression with intercooling）240
固體（solid）64
季節比效比（seasonal energy efficiency ratio, SEER）182
定容比熱（specific heat at constant volume）111
定容氣體溫度計（constant-volume gas thermometer）15
定壓比熱（specific heat at constant pressure）111
帕（pascal, Pa）17
性能係數（coefficient of performance）180, 318
性質（property）9
昇華（sublimation）74
波茲曼關係式（Boltzmann relation）223
炊具的效率（efficiency of a cooking appliance）54
狀態（state）11
狀態方程式（equation of state）85
狀態假說（state postulate）12
空氣標準循環（air-standard cycle）276
空氣線圖（psychrometric chart）360
空調機（air conditioners）182
表面張力（surface tension）42
近似平衡過程（quasi-static process; quasi-equilibrium process）13
非正合微分（inexact differentials）38

九畫

品質（quality）198
封閉系統（closed system）8
柏努利方程式（Bernoulli equation）237
流功（flow work）135
流能（flow energy）135
流動流體（flowing fluid）136
泵效率（pump efficiency）56

相平衡（phase equilibrium）12
相圖（phase diagram）74
相對比容（relative specific volume）234
相對密度（relative density）11
相對溼度（relative humidity）353
相對壓力（relative pressure）234
缸徑（bore）276
英制（English System）3
衍生因次（secondary dimension；derived dimension）3

十畫

朗肯溫標（Rankine scale）15
核能（nuclear energy）30
氣標準假設（air-standard assumptions）276
氣體（gas）65
氣體常數（gas constant）86
真空冷卻（vaccum cooling）69
真空冷凍（vacuum freezing）70
真空壓力（vacuum pressure）18
純物質（pure substance）64
能量平衡（energy balance）46
能量守恆（conservation of energy principle）2
能源效率評比（energy efficiency ratio, EER）182
逆卡諾循環（reversed Carnot cycle）319
馬克斯威爾關係式（Maxwell relations）337
馬達效率（motor efficiency）56
乾空氣（dry air）352
乾度（quality）78

十一畫

停供比（cutoff ratio）284
動力學（kinetic theory）36
動能（kinetic energy, KE）28
基本因次（primary dimension；fundamental dimension）3
密度（density）10
控制質量（control mass）8
控制體積（control volume）8
排氣沖放（exhaust blowdown）277
排氣閥（exhaust valve）276
液－氣飽和曲線（liquid-vapor saturation curve）68
液體（liquid）65
混合室（mixing chamber）149
理想氣體（ideal gas）86
理想氣體狀態方程式（ideal-gas equation of state）86
理想氣體溫標（ideal-gas temperature scale）15
理想氣體關係（ideal-gas relation）86

理想循環（ideal cycle）272
理想蒸氣－壓縮冷凍循環（ideal vapor-compression refrigeration cycle）320
第一定律（first law）45
第一類永動機（perpetual-motion machine of the first kind, PMM1）185
第二定律效率（second-law efficiency）188
第二類永動機（perpetual-motion machine of the second kind, PMM2）185
統計熱力學（statistical thermodynamics）3
莫耳質量（molar mass）86
莫利爾圖（Mollier diagram）222
通用氣體常數（universal gas constant）86
通用壓縮性圖（generalized compressibility chart）89
連續體（continuum）10
麥爾關係式（Mayer relation）344
焓（enthalpy）76

十二畫

最高反曲溫度（maximum inversion temperature）347
凱氏溫標（Kelvin scale）15, 196
單位（unit）3
單位時間變化率的形式（rate form）107
單位轉換比（unity conversion ratios）7
循環（cycle）48, 107
渦輪機的等熵效率（isentropoc efficiency of a turbine）243
渦輪機效率（turbine efficiency）56
焦耳（joule, J）5
焦耳－湯姆遜係數（Joule-Thomson coefficient）347
無受限膨脹（unrestrained expansion）189
發電機效率（generator efficiency）53, 56
稀薄氣體理論（rarefied gas flow theory）10
等容過程（isochoric process；isometric process）13
等溫效率（isothermal efficiency）245
等溫過程（isothermal process）13
等溫壓縮性（isothermal compressibility）344
等熵效率（isentropic efficiency）243
等熵過程（isentropic process）219
等壓過程（isobaric process）13
絕對溼度（absolute humidity）353
絕對溫度（absolute temperature）196
絕對熵（absolute entropy）223
絕對壓力（absolute pressure）18
絕熱效率（adiabatic efficiency）243
絕熱過程（adiabatic process）35
絕熱飽和溫度（adiabatic saturation temperature）357
華氏溫標（Fahrenheit scale）15

進氣閥（intake valve）276
開放系統（open system）8

十三畫

傳導（conduction）37
奧圖循環（Otto cycle）279
微觀（microscopic）28
溼區（wet region）71
溼球溫度（wet-bulb temperature）358
路徑（path）13
路徑函數（path function）38
過冷液體（subcooled liquid）66
過程（process）13
過熱蒸氣（superheated vapor）67
過熱蒸氣區（superheated vapor region）71
隔絕系統（isolated system）8
電力功（electrical work）44
電功率（electrical power）40
電極化功（electrical polarization work）44
飽和空氣（saturated air）353
飽和液－氣混合物（saturated liquid-vapor mixture）66
飽和液－氣混合物區（saturated liquid-vapor mixture region）71
飽和液體（saturated liquid）66
飽和液體線（saturated liquid line）71
飽和溫度（saturation temperature）67
飽和蒸氣（saturated vapor）66
飽和蒸氣線（saturated vapor line）71
飽和壓力（saturation pressure）67

十四畫

對比溫度（reduced temperature）89
對比壓力（reduced pressure）89
對流（convection）37
對應狀態原理（principle of corresponding states）89
漢姆赫茲函數（Helmholtz function）336
熔化潛熱（latent heat of fusion）68
磁力功（magnetic work）44
蒸氣壓（vapor pressure）352

十五畫

噴嘴（nozzle）142
噴嘴的等熵效率（isentropic efficiency of a nozzle）247
摩擦（friction）189
潛能（latent energy）30
潛熱（latent heat）68
熱力溫標（thermodynamic temperature scale）194

熱力學第一定律（first law of thermodynamics）2, 45
熱力學第二定律（second law of thermodynamics）2
熱力學第三定律（third law of thermodynamics）223
熱力學第零定律（zeroth law of thermodynamics）14
熱力學溫標（thermodynamic temperature scale）15
熱水器的效率（efficiency of water heater）52
熱平衡（thermal equilibrium）12, 14
熱交換器（heat exchanger）150
熱沉（heat sink）173
熱泵（heat pump）181, 318
熱效率（thermal efficiency）175, 272
熱能貯存器（thermal energy reservoir）173
熱貯存器（heat reservoir）173
熱傳遞（heat transfer）31, 189
熱源（heat source）173
熱機（heat engines）174
磅重（pound-force, lbf）5
質量不滅定律（conservation of mass principle）130
質量平衡（mass balance）130
質量流率（mass flow rate）29, 128
餘隙體積（clearance volume）276
熵（entropy）211
熵平衡（entropy balance）248
熵產生（entropy generation）214
熵增加原理（increase of entropy principle）214

十六畫

機械平衡（mechanical equilibrium）12
機械效率（mechanical efficiency）55
機械能（mechanical energy）33
燃料的熱值（heating value of the fuel）52
燃燒效率（combustion efficiency）52
獨立（independent）12
輻射（radiation）37
錶壓力（gage pressure）18
靜止系統（stationary systems）29, 47

十七畫

壓力（pressure）17
壓縮比（compression ratio）276, 280
壓縮性因子（compressibility factor）89
壓縮液體（compressed liquid）66
壓縮液體區（compressed liquid region）71
壓縮機的等熵效率（isentropic efficiency of a compressor）245
壓縮點火引擎（compression-ignition (CI) engines）277
環境（environment）54
總效率（combined efficiency; overall efficiency）53, 56
總能（total energy）27
臨界點（critical point）70
點函數（point function）38

十八畫

簡單可壓縮系統（simple compressible system）12
雙燃循環（dual cycle）285

十九畫

穩態流動過程（steady-flow process，簡稱穩流過程）14, 138, 253
邊界（boundary）8
邊界功（boundary work）102
邊界移動功（moving boundary work）102

二十一畫

攝氏溫標（Celsius scale）15
露點溫度（dew-point temperature）356

二十三畫

顯能（sensible energy）30
體積流率（volume flow rate）29, 129
體積膨脹性（volume expansivity）344